普通高等教育计算机系列规划教材

大学计算机基础

（Windows 7 + Office 2010）

张 永 主编

聂 明 主审

電子工業出版社

Publishing House of Electronics Industry

北京 • BEIJING

内 容 简 介

本书根据大学计算机基础课程教学实际需求编写而成，充分考虑了学生的信息技术水平和普遍接受能力，具有较强的实用性。本书可以与《大学计算机基础实践指导（Windows 7 + Office 2010）》（张永主编，电子工业出版社出版）辅助教材配套练习，也可以单独使用。全书共 9 章，主要内容包括计算机基本操作、Windows 7 操作系统、Word 2010 文字处理、Excel 2010 电子表格数据处理、PowerPoint 2010 演示文稿制作、Access 2010 数据库技术基础、计算机维护、信息技术基础以及网络空间安全。

本书适合作为高等院校计算机基础类课程的教材，也可供普通信息化应用读者自学使用。

图书在版编目（CIP）数据

大学计算机基础：Windows 7+Office 2010 / 张永主编. —北京：电子工业出版社，2017.9
ISBN 978-7-121-32365-2

Ⅰ. ①大…　Ⅱ. ①张…　Ⅲ. ①Windows 操作系统－高等学校－教材②办公自动化－应用软件－高等学校－教材　Ⅳ. ①TP316.7②TP317.1

中国版本图书馆 CIP 数据核字（2017）第 176784 号

策划编辑：程超群
责任编辑：程超群
印　　刷：北京七彩京通数码快印有限公司
装　　订：北京七彩京通数码快印有限公司
出版发行：电子工业出版社
　　　　　北京市海淀区万寿路 173 信箱　邮编　100036
开　　本：787×1 092　1/16　印张：19.75　字数：506 千字
版　　次：2017 年 9 月第 1 版
印　　次：2020 年 9 月第 2 次印刷
定　　价：46.00 元

凡所购买电子工业出版社图书有缺损问题，请向购买书店调换。若书店售缺，请与本社发行部联系，联系及邮购电话：（010）88254888，88258888。

质量投诉请发邮件至 zlts@phei.com.cn，盗版侵权举报请发邮件至 dbqq@phei.com.cn。

本书咨询联系方式：（010）88254577，ccq@phei.com.cn。

前　言

当今社会已经进入全面信息化时代，信息技术及其相关应用对我们的影响达到了前所未有的高度。在社会生活的各个方面，几乎每个领域都离不开信息化手段的支持，这对从业者或者是终端用户，都提出了很高的信息化能力要求。如果哪个人不能很好地适应和使用各种信息化工具及相关技术，将很快面临被当今社会所淘汰的危险。

近年来，我国更是将"互联网+"上升到国家战略层面，在此背景之下，国内高校的计算机基础教育已经进入了一个较高的发展阶段。现今刚入学的大学生，在信息化应用层次上，已经普遍具备了一定的基础和水准，这就要求计算机基础课程教学要与时俱进。为了适应这种新发展，教育部高等学校计算机科学与技术教学指导委员会不断研讨和发布针对不同层次、不同类别的大学计算机基础课程教学要求的指导性文件，许多学校也结合文件精神以及自身的特色，修订了符合教学需求的计算机基础课程的教学标准，课程内容与教学资源也不断推陈出新。

大学计算机基础课程几乎是所有高校普遍开设的公共必修课程，是学习其他相关技术的前导基础课程。本书的编写目的就是使具有简单信息化应用能力的读者，通过本书相关章节的学习和实践操作，能进一步提高信息化应用能力水平，可以全面、系统地掌握信息化技术知识，具备解决实际工作需求的技术能力。

本书充分考虑了不同专业和层次读者的实际情况，精心组织和编排了章节内容，具有较强的实用性。全书共 9 章，主要内容包括计算机基本操作、Windows 7 操作系统、Word 2010 文字处理、Excel 2010 电子表格数据处理、PowerPoint 2010 演示文稿制作、Access 2010 数据库技术基础、计算机维护、信息技术基础以及网络空间安全。

本书适用于各层次高等院校计算机基础课程的教学，也适合于普通信息化应用读者自学使用。本书的内容编排及语言组织，在培养实践操作能力的同时，也贯穿了信息化能力素养的培养，这对读者将来的信息化应用能力的迁移或者是进一步提升，都是十分有益的。

本书由南京信息职业技术学院张永主编，聂明教授担任主审，参与本书编写的还有南京信息职业技术学院夏平、崔艳春、史律、章春梅、王莉、许丽婷、孙仁鹏等资深一线教师。

当今信息技术发展日新月异，新技术、新名词层出不穷，加之编者水平所限，书中难免存在疏漏之处，恳请读者批评指正。

编　者

目 录

第1章　计算机基本操作

1.1　计算机的开机与关机

正确的计算机开机和关机操作，有助于保持系统的健康，延长硬件的寿命。

1．开机顺序

正确的计算机开机顺序是：先接通并开启计算机的外围设备电源（如显示器、打印机等），然后再开启计算机的主机电源（对于笔记本电脑一类的便携式计算机，通常机器上面仅有一个电源控制按钮，这与台式机略有不同，使用时要区别对待）。

2．开机过程

计算机中安装好操作系统后，正确的开机过程如下：

（1）首先按下显示器电源按钮，然后按下计算机主机的开关按钮，计算机会自动启动并且进行开机自检（自检主要是检查计算机主板、内存、显卡显存等设备的状态），现在多数品牌计算机此处仅显示品牌商的Logo，如图1-1-1所示。

（2）成功自检后会进入启动界面，其中显示计算机启动的进度，如图1-1-2所示。

图1-1-1　开机自检界面

正在启动 Windows

图1-1-2　启动界面

（3）启动完毕后将进入欢迎界面，单击需要登录的【用户名】，然后在【用户名】下的文本框中输入登录密码，按【Enter】键确认，如图1-1-3所示。

（4）如果密码正确，经过几秒钟后，系统会成功进入Windows 7系统桌面，这就表明已经开机成功，如图1-1-4所示。

图1-1-3　输入【密码】界面

图1-1-4　Windows 7系统桌面

3．正常关机

当用户不再使用计算机时，需要将其关闭。

单击【开始】按钮，在【开始】菜单中单击【关机】按钮，如图1-1-5所示，操作系统会自

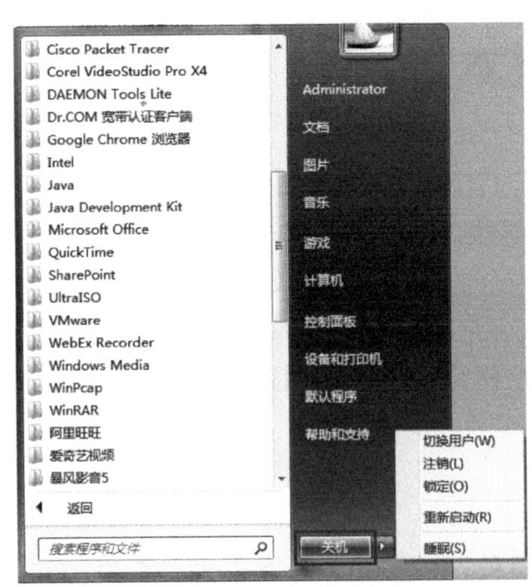

图 1-1-5 【关机】级联菜单

动关闭计算机。也可以单击【关机】按钮右侧的小箭头，选择关机选项。

4. 非正常关机

非正常关机的方式主要有以下两种：

（1）手动关机。用户在使用计算机的过程中，可能会出现非正常情况，包括蓝屏、花屏和死机等现象。这时用户无法通过【开始】菜单关闭计算机，而需要长按主机箱上的电源按钮（笔记本电脑是长按开关键），直到计算机关机为止，此种操作为手动强制关机。

（2）直接关闭主机电源。直接拔下主机的电源也是非正常关机的一种方式（笔记本电脑的操作是切断外部电源，再抠掉电池）。另外，当突然停电，造成主机直接断电，这也属于非正常关机。非正常关机如无必要，千万不可频繁使用，因为计算机的部件在高速运转下突然停止运转，可能会造成损坏。

1.2 鼠 标 操 作

鼠标作为计算机的标准输入设备，可以快速、方便地完成大部分的操作功能，所以鼠标操作是最常用的计算机控制技术。当前有一些计算机使用了触摸屏技术，如平板电脑，此时手指的操作就代替了鼠标操作，原理还是一样的。

（1）关于鼠标。从外形上看，标准鼠标好像一只卧着的老鼠；从结构上讲，鼠标包括左键、右键、滚轮、数据线和接口几个部分。

鼠标按接口类型可分为 USB 接口鼠标、PS/2 接口鼠标以及无线鼠标，如图 1-2-1 至图 1-2-3 所示。目前，USB 接口鼠标和无线鼠标是比较主流的接口形式，其中有线鼠标的灵敏性更好一些。

（2）鼠标的“握”法。正确的鼠标“握”法是手腕自然放在桌面上，用右手大拇指和无名指轻轻夹住鼠标的两侧，食指和中指分别对准鼠标的左键和右键，手掌心不要紧贴在鼠标上，这样有利于鼠标的移动操作，如图 1-2-4 所示。

图 1-2-1 USB 接口鼠标

图 1-2-2 PS/2 接口鼠标

图 1-2-3 无线鼠标

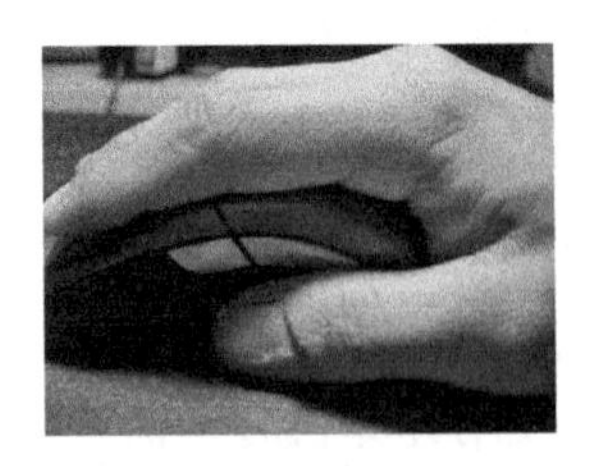

图 1-2-4 正确的鼠标“握”法

1.3　键盘使用与输入法

键盘是计算机系统中最基本的输入设备，用户的各种命令、程序和数据都可以通过键盘输入计算机中。尽管现在鼠标已经代替了键盘的一部分工作，但是像文字和数据输入这样的工作还要靠键盘来完成。按其工作原理划分，键盘主要分为机械式和电容式两类，现在的键盘大多都是电容式键盘。如果按其外形划分，键盘又可分为普通标准键盘和人体工学键盘两类。

1．键盘的布局

整个键盘可以分为5个区域，如图1-3-1所示。

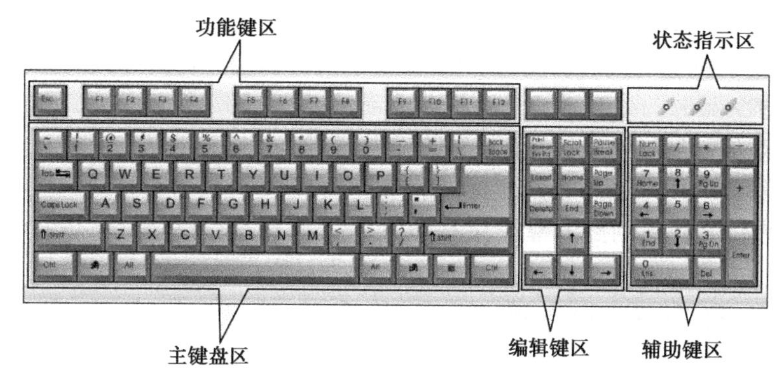

图1-3-1　键盘区

（1）功能键区。功能键区位于键盘的上方，由【Esc】键、【F1】～【F12】以及其他几个功能键组成，这些键在不同的环境中有不同的作用，如图1-3-2所示。

图1-3-2　功能键区

功能键区各个键的作用如下：

【Esc】：也称为强行退出键，用来撤销某项操作、退出当前环境或返回到原菜单。

【F1】～【F12】：用户可以根据自己的需要来定义它们的功能，不同的程序可以对它们有不同的操作功能定义。

【PrintScreen】：在Windows环境下，按【PrintScreen】键可以将当前屏幕上的内容复制到剪贴板中，按【Alt＋PrintScreen】组合键可以将当前屏幕上活动窗口中的内容复制到剪贴板，这样剪贴板中的内容就可以粘贴（按【Ctrl＋V】组合键）到其他的应用程序中去。

【ScrollLock】：用来锁定屏幕，按下此键后屏幕停止滚动，再次按下此键则解除锁定。

【Pause/Break】：暂停键。用户直接按该键时，暂停正在进行的操作；在用户按【Ctrl】键的同时再按下此键，则强行中止当前程序的运行。

（2）主键盘区。主键盘区位于键盘的左下部，是键盘的最大区域。主键盘区既是键盘的主体部分，也是经常操作的部分，除了包含数字和字母之外，还有下列辅助按键：

【Tab】：制表定位键。通常情况下，按此键可使光标向右移动8个字符的位置。

【CapsLock】：用来锁定字母的输入为大写状态。

【Shift】：换档键。在字符键区域，很多键位上有两个字符，按【Shift】键的同时按下这些键，可以在两个字符间进行切换。

【Ctrl】：控制键。与其他键同时使用，用来实现应用程序中定义的功能。

【Alt】：转换键。与其他键同时使用，组合成各种组合控制键。

空格键：键盘上最长的一个键，用来输入一个空格，并使光标向右移动一个字符的位置。

【Enter】：回车键。确认将命令或数据输入计算机时按此键。录入文字时，按回车键可以将光标移到下一行的行首位置。

【BackSpace】：退格键。按一次该键，屏幕上的光标在现有位置退回一格（一格为一个字符位置），并抹去退回的那一格内容（一个字符），删除刚输入的字符。

【】：Windows 图标键。在 Windows 环境下，按此键可以打开【开始】菜单，以执行所需要的菜单命令。

【】：Application 键。在 Windows 环境下，按此键可打开当前所选对象的快捷菜单。

（3）编辑键区。编辑键区位于键盘的中间部分，包括上、下、左、右 4 个方向键和 6 个控制键，如图 1-3-3 所示。

【Insert】：用来切换“插入”与“改写”的输入状态。

【Delete】：删除键，用来删除当前光标处的字符。

【Home】：用来将光标移动到屏幕的左上角。

【End】：用来将光标移动到当前行最后一个字符的右边。

【PageUp】：用来将光标翻到上一页。

【PageDown】：用来将光标翻到下一页。

【↑ ↓ ← →】：光标移动键。用来将光标向上、下、左、右分别移动一个字符的位置。

（4）辅助键区。辅助键区位于键盘的右下部，如图 1-3-4 所示，集中了录入数据时的快捷键和一些常用功能键。其中的按键功能，都可以用其他区域中的按键代替。

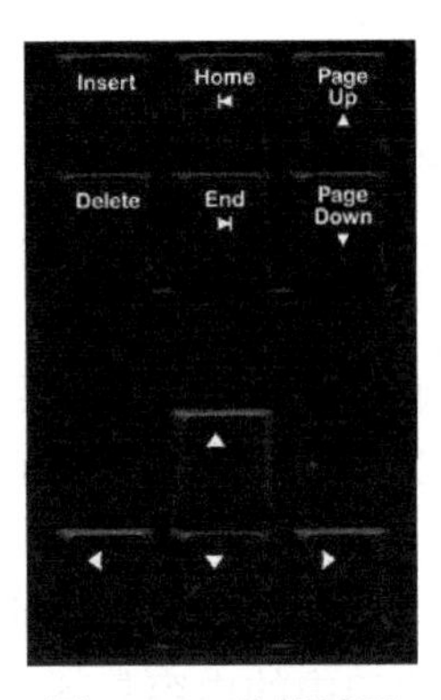

图 1-3-3　编辑键区

图 1-3-4　辅助键区

（5）状态指示区。键盘上除了按键以外，还有 3 个指示灯。它们位于键盘的右上角，从左到右依次为 NumLock 指示灯、CapsLock 指示灯、ScrollLock 指示灯。它们与键盘上的【NumLock】键、【CapsLock】键以及【ScrollLock】键对应。

2．打字的指法与击键

准备打字时，左右两手的拇指应放在空格键上，其余的 8 个手指分别放在基本键上，如图 1-3-5 所示，这样使十指分工明确，更有利于打字。

每个手指除了指定的基本键外，还分工有其他键，称为它的范围键，如图 1-3-6 所示。开始录入时，左手小指、无名指、中指和食指应分别对应并虚放在【A】、【S】、【D】、【F】键上，右手的食指、中指、无名指和小指分别虚放在【J】、【K】、【L】、【；】键上，两个大拇指则虚放在空格键上。基本键是录入时手指所处的基准位置，击打其他任何键，手指都从这里出发，击键之后又须立即返回到基本键位。

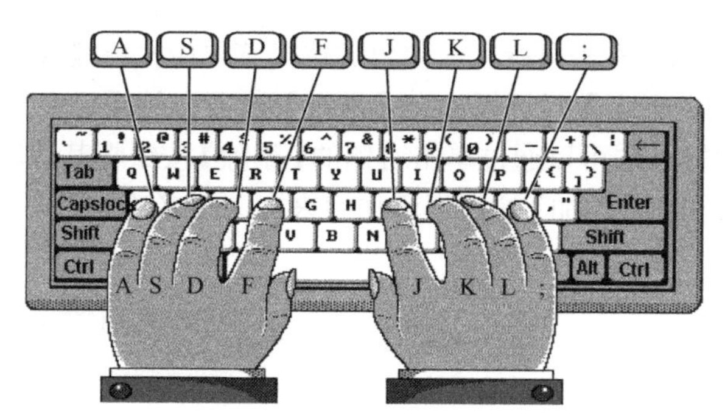

图 1-3-5　手指放置位置

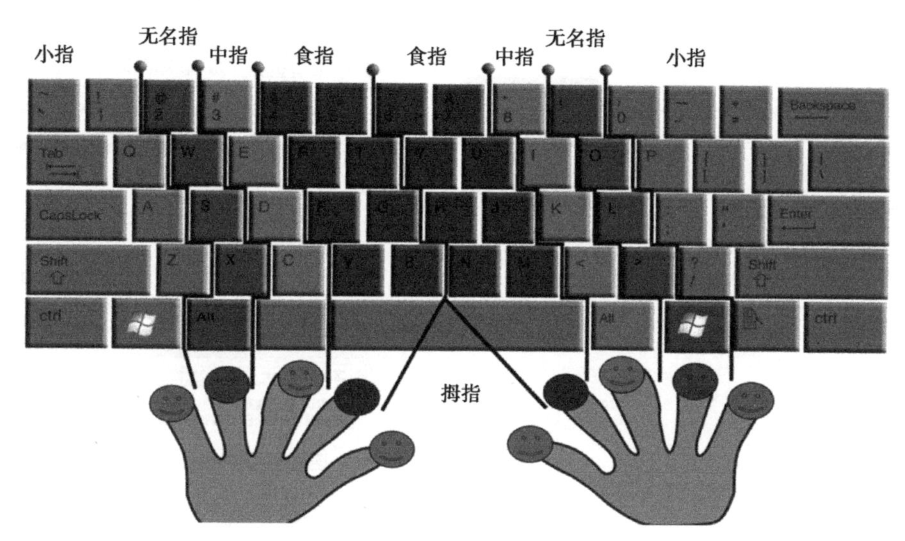

图 1-3-6　手指按键分布

键盘的打字键区域上方以及右边有一些特殊的按键，在这些按键上都标示有两个符号，位于上方的符号是无法直接打出的，它们就是上档键。只有同时按住【Shift】键与所需的符号键，才能打出这个符号。如打一个感叹号（!）的指法是：右手小指按住右边【Shift】键，左手小指敲击【!】键。

3．关于输入法

输入法是指为了将各种符号输入计算机或其他设备而采用的编码方法。汉字输入的编码方法，基本上都是将音、形、义与特定的键相联系，再根据不同汉字进行组合来完成汉字的输入。通过输入法打字时所敲击的键位编码称之为“输入码”。现在用得比较多的也比较容易上手的输入法基本上都是拼音输入法。

4．安装输入法

Windows 操作系统虽然自带了一些输入法，但不一定能满足用户的需求。用户可以自行安装和删除相关的输入法。安装输入法之前，用户需要先从网络下载输入法安装程序。

下面以安装谷歌拼音输入法为例，介绍安装输入法的一般方法。

（1）到对应的网站找到谷歌拼音输入法的安装文件进行下载，如图 1-3-7 所示。

（2）下载好文件后，双击原始安装文件，根据安装向导进行安装即可，如图 1-3-8 所示。

5．设置默认的输入法

计算系统默认的输入状态是英文输入，用户可根据输入习惯来设置自己需要的其他输入法，其操作方法如下：

在任务栏的输入法图标上右击鼠标，在弹出的快捷菜单中执行【设置】命令，如图 1-3-9 所示，打开【文本服务和输入语言】对话框，在【常规】选项卡的【已安装的服务】列表框中选择需要的输入法，不需要的输入法可以通过单击右侧的【删除】按钮将其从输入法列表中删除掉（以后如果需要，还可以通过单击【添加】按钮再添加回来），单击【确定】按钮完成操作，如图 1-3-10 所示。

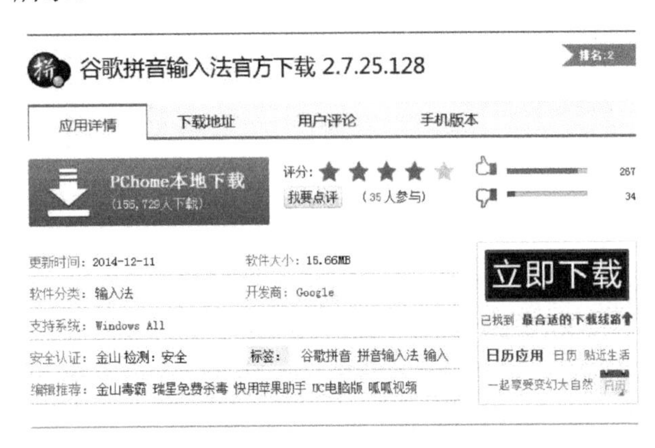

图 1-3-7　下载输入法原始安装文件

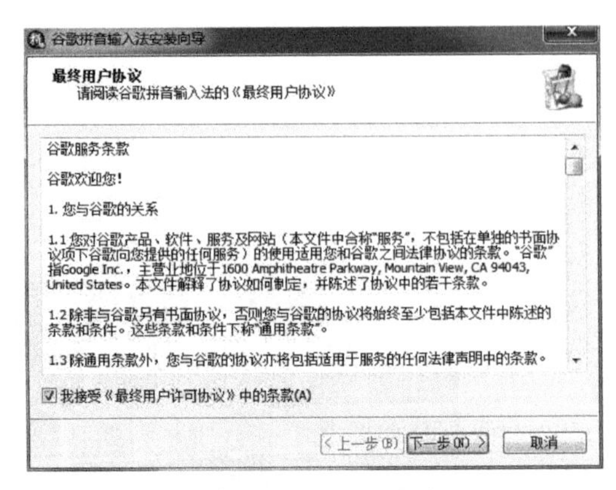

图 1-3-8　输入法安装向导

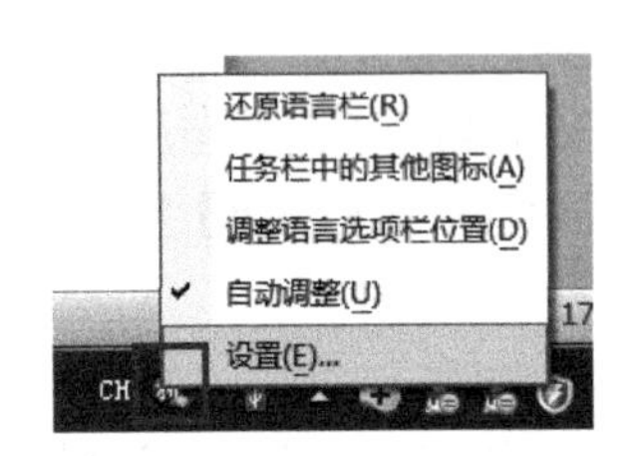

图 1-3-9　输入法快捷设置

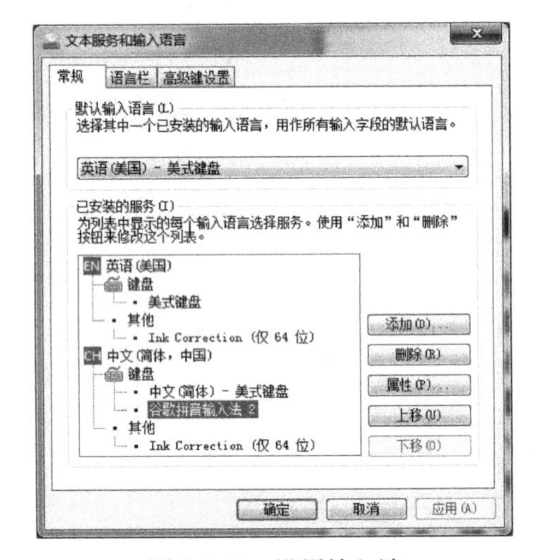

图 1-3-10　设置输入法

用户自己安装的输入法，如果确实不需要了，可以通过卸载安装软件的方法，将其从操作系统中彻底删除。

第 2 章　Windows 7 操作系统

2.1　Windows 7 桌面

桌面是人和计算机对话的主要入口，是人机交互的图形用户界面。Windows 7 的桌面主要由桌面背景、图标、【开始】按钮、快速启动工具栏和任务栏等 5 个部分组成。

1．桌面背景

桌面背景可以是个人计算机中所收集的数字图片，也可以是Windows 7操作系统自带的图片，如图 2-1-1 和图 2-1-2 所示。

图 2-1-1　自定义桌面

图 2-1-2　默认桌面

2．图标

在 Windows 7 操作系统中，所有的文件、文件夹和应用程序等都用相应的图标表示。桌面图标一般由文字和图片组成，主要包括常用图标和快捷方式图标两类，如图 2-1-3 和图 2-1-4 所示。

图 2-1-3　常用图标

图 2-1-4　快捷方式图标

用户用鼠标双击桌面上的常用图标或快捷方式图标，可以快速打开相应的文件、文件夹或者应用程序。如用鼠标双击桌面上的【回收站】图标即可打开【回收站】窗口，如图 2-1-5 所示；用鼠标双击【QQ】快捷方式图标即可打开【QQ】登录对话框，如图 2-1-6 所示。

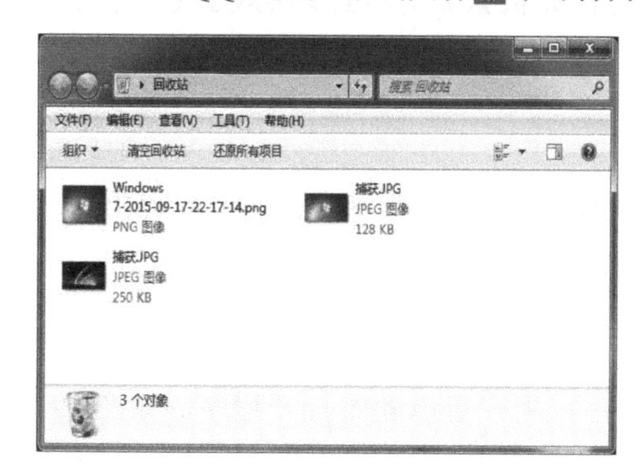

图 2-1-5　【回收站】窗口

图 2-1-6　【QQ】登录对话框

3．【开始】按钮

用鼠标单击桌面左下角的【开始】按钮，弹出【开始】菜单。【开始】菜单主要包括【搜索】框、【关机】按钮区、【所有程序】列表、【程序】列表和【启动】菜单，如图 2-1-7 所示。

（1）【搜索】框。【搜索】框位于【开始】菜单最下方的左侧位置，主要用来搜索计算机中的项目资源，它是快速查找资源的有力工具。在【搜索】框中输入需要查询的文件名并按【Enter】键，即可进行搜索操作。

（2）【关机】按钮区。【关机】按钮区位于【开始】菜单下方的右侧，主要用来对计算机系统进行关闭操作。单击【关机】按钮，可进行关机操作；单击【关机】按钮右侧的三角形按钮，在弹出的快捷菜单中，用户可以选择【切换用户】、【注销】、【锁定】、【重新启动】、【睡眠】和【休眠】操作，如图 2-1-8 所示。

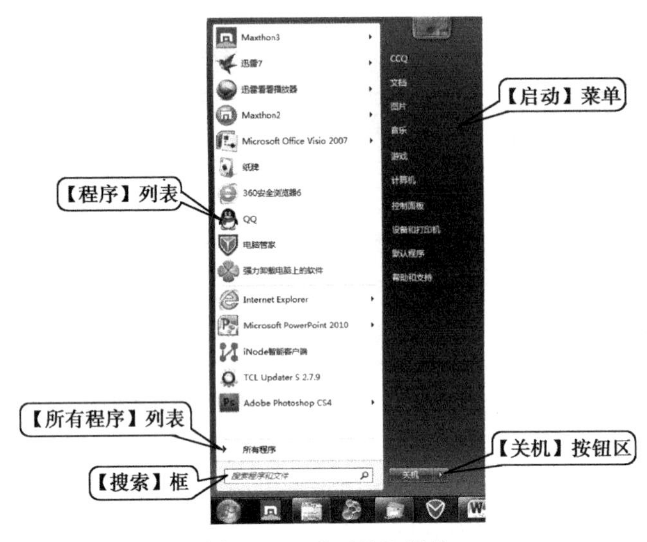

图 2-1-7 【开始】菜单

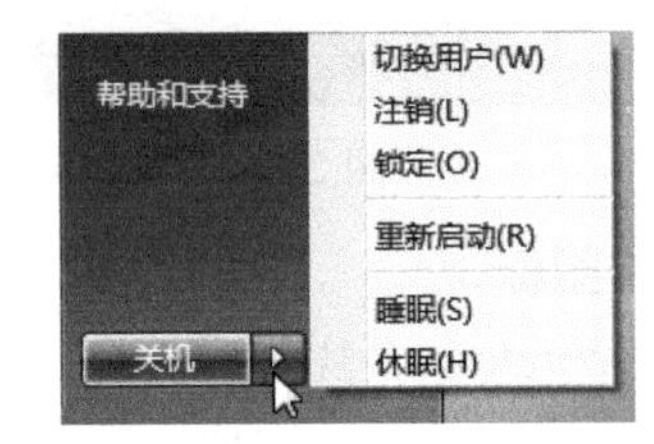

图 2-1-8 关机操作命令

（3）【所有程序】列表。用户在【所有程序】列表中可以查看系统中安装的所有软件程序。单击【所有程序】按钮，可打开【所有程序】列表，如图 2-1-9 所示；单击文件夹图标，可以继续展开相应的程序；单击【返回】按钮，可隐藏【所有程序】列表。

（4）【程序】列表。此列表中主要存放用户常用的应用程序。此列表是随着时间而动态变化的，如果超过 10 个，它们会按照时间的先后顺序依次替换，如图 2-1-10 所示。

（5）【启动】菜单。位于【开始】菜单的右侧窗格是【启动】菜单。在【启动】菜单中会列出用户经常使用的 Windows 程序的链接，常见的有【计算机】、【文档】、【游戏】、【控制面板】、【设备和打印机】和【帮助和支持】等，单击不同的程序选项，即可快速打开相应的程序，如图 2-1-11 所示。

4．快速启动栏

在 Windows 7 中取消了快速启动工具栏。如果要快速打开程序，可以将程序锁定到任务栏中。将程序锁定到任务栏中的具体操作步骤如下：

（1）如果程序已经打开，在【任务栏】上选择程序并用鼠标右键单击，从弹出的快捷菜单中执行【将此程序锁定到任务栏】命令，如图 2-1-12 所示。

（2）任务栏上将会一直存在上一步添加的应用程序，用户可以随时打开程序，如图 2-1-13 所示。

（3）如果程序没有打开，执行【开始】→【所有程序】菜单命令，在弹出的菜单中选择需要添加到任务栏中的应用程序，用鼠标右键单击，并在弹出的快捷菜单中执行【锁定到任务栏】菜单命令，如图 2-1-14 所示。

图 2-1-9　【所有程序】列表

图 2-1-10　【程序】列表

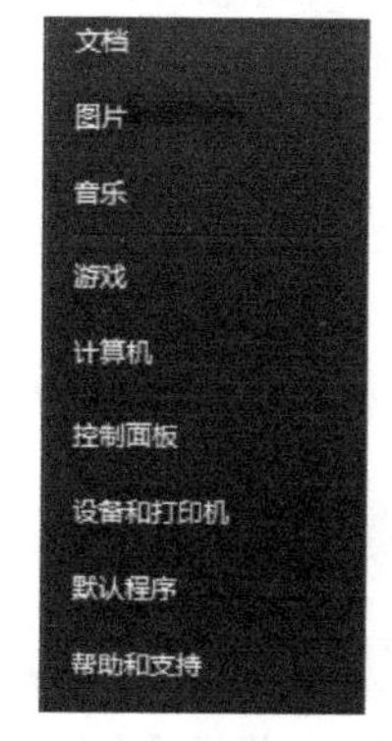

图 2-1-11　【启动】菜单

图 2-1-12　【将此程序锁定到任务栏】命令

图 2-1-13　锁定程序

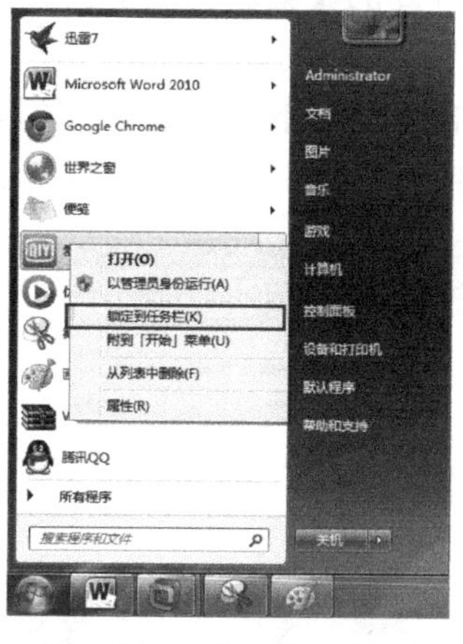

图 2-1-14　锁定到任务栏

5．任务栏

任务栏是位于桌面最底部的长条，主要由【程序】区域、【通知】区域和【显示桌面】按钮组成，如图 2-1-15 所示。和以前的系统相比，Windows 7 中的任务栏设计更加人性化，使用更加方便、灵活，功能更加强大。用户按【Alt+Tab】组合键可以在任务栏中不同的任务窗口之间进行切换操作。

图 2-1-15　任务栏

2.2　屏 幕 设 置

用户可以对桌面进行个性化设置，将桌面的背景修改为自己喜欢的图片，或根据自己的操作习惯对分辨率进行设置等。

1．设置桌面背景

无论是 Windows 自带的图片，还是个人珍藏的精美图片，均可以设置为桌面背景。设置桌面背景的方法有以下几种：

（1）设置 Windows 自带的图片为桌面背景。其具体操作步骤如下：

① 在桌面的空白处用鼠标右键单击，在弹出的快捷菜单中执行【个性化】命令，如图 2-2-1 所示。

② 打开【个性化】窗口，单击【桌面背景】图标，如图 2-2-2 所示。

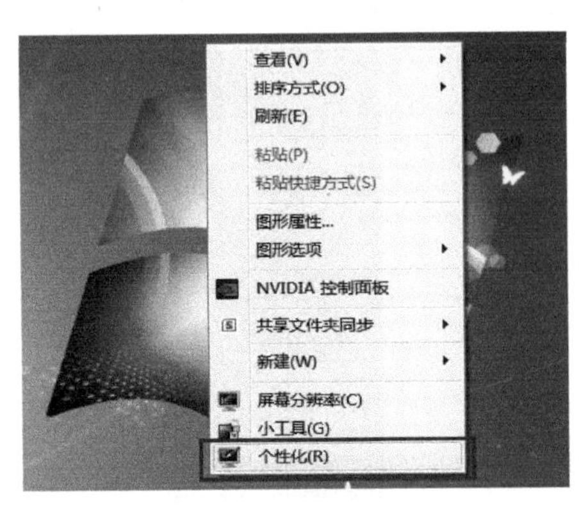

图 2-2-1　执行【个性化】命令

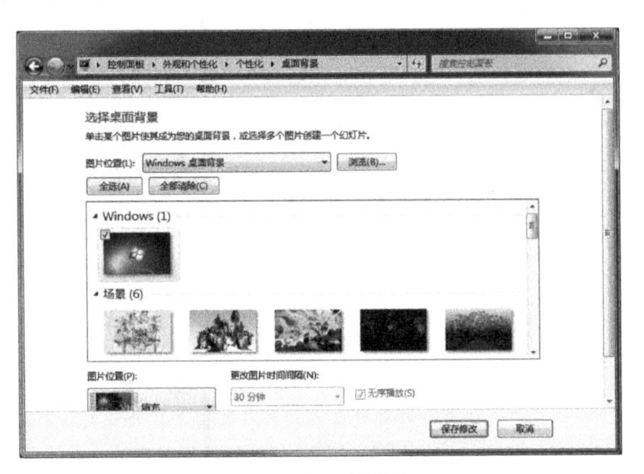

图 2-2-2　【个性化】窗口

③ 在打开的【桌面背景】窗口的【图片位置】下拉列表框中列出了系统默认的图片存放文件夹，如图 2-2-3 所示。

④ 单击窗口左下角的【图片位置】向下按钮，弹出桌面背景的显示方式，包括“填充”、“适应”、“拉伸”、“平铺”和“居中”5 种显示方式，这里选择“拉伸”显示方式，如图 2-2-4 所示。

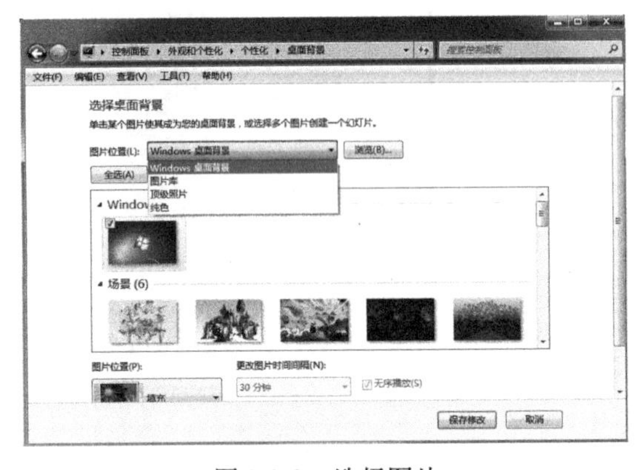

图 2-2-3　选择图片

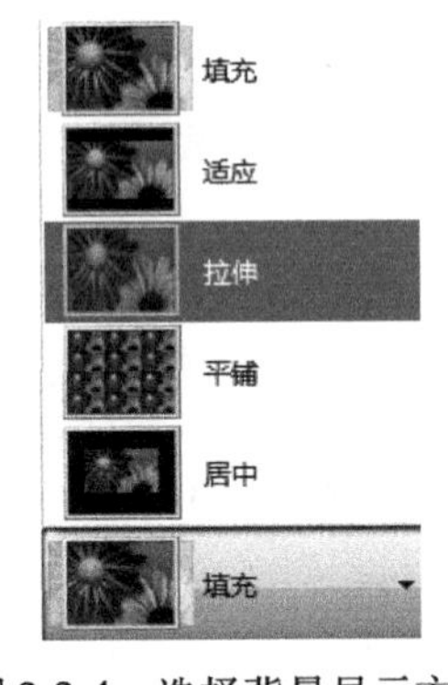

图 2-2-4　选择背景显示方式

⑤ 单击【保存修改】按钮，返回到【桌面背景】窗口，在【我的主题】组合框中单击【保存主题】文本链接，如图 2-2-5 所示。

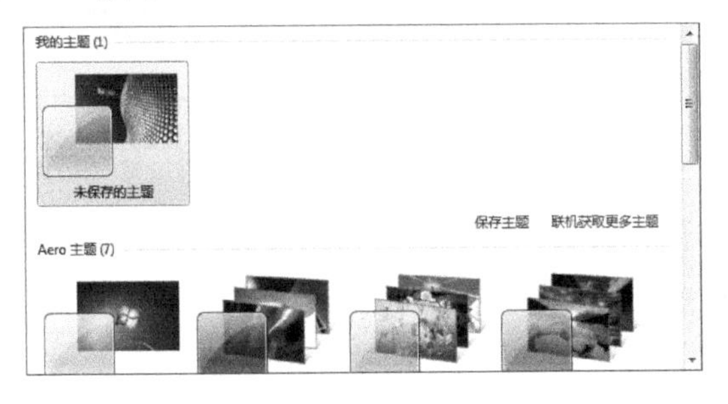

图 2-2-5　保存新主题

⑥ 在打开的【将主题另存为】对话框中，输入主题名称，如这里输入“Win7 图标主题”，如图 2-2-6 所示。

⑦ 单击【保存】按钮，并单击【个性化】窗口右上角的【关闭】按钮，即可应用所选择的背景，如图 2-2-7 所示。

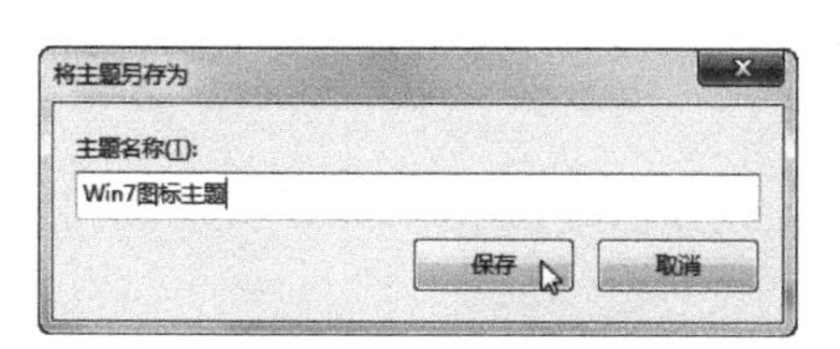

图 2-2-6　保存主题

图 2-2-7　应用的桌面背景

（2）添加个人珍藏的精美图片为桌面背景。如果用户对 Windows 自带的图片不满意，可以将自己保存的精美图片设置为桌面背景，具体操作步骤如下：

① 在【桌面背景】窗口中单击【浏览】按钮，打开【浏览文件夹】对话框，选择图片所在的文件夹，单击【确定】按钮，如图 2-2-8 所示。

② 选择文件夹中的图片被加载到【图片位置】下面的列表框中，从列表框中选择一张图片作为桌面背景图片，单击【保存修改】按钮，返回到【桌面背景】窗口，在【我的主题】组合框中保存主题即可将个人珍藏的图片应用到桌面背景，如图 2-2-9 和图 2-2-10 所示。

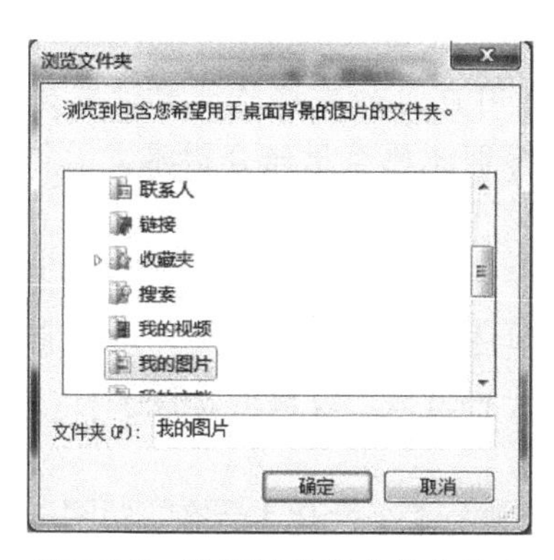

图 2-2-8　选择图片所在的文件夹

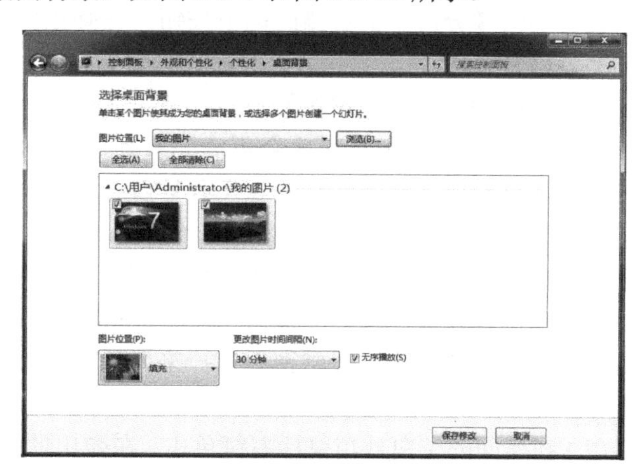

图 2-2-9　选择图片

图 2-2-10　应用的桌面背景

2．设置屏幕分辨率

屏幕分辨率指的是屏幕上显示的文本和图像的清晰度。分辨率越高，项目越清楚，在屏幕上显示的项目越小，因此屏幕上可以容纳更多的项目。分辨率越低，在屏幕上显示的项目越少，但屏幕上项目的尺寸越大。设置屏幕分辨率的操作步骤如下：

（1）在桌面上空白处用鼠标右键单击，在弹出的快捷菜单中执行【屏幕分辨率】命令，如图 2-2-11 所示。

（2）打开【屏幕分辨率】窗口，用户可以看到系统设置的默认分辨率与方向，如图 2-2-12 所示。

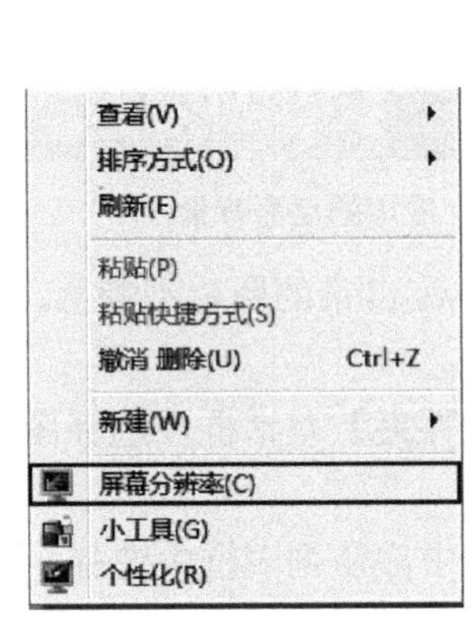

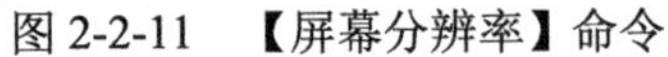

图 2-2-11 【屏幕分辨率】命令

图 2-2-12 系统默认屏幕分辨率

（3）单击【分辨率】右侧的向下按钮，在弹出的列表中拖动滑块，选择需要设置的分辨率，如图 2-2-13 所示。

（4）返回到【屏幕分辨率】窗口，单击【确定】按钮即可完成设置。

提示：更改屏幕分辨率会影响登录到此计算机上的所有用户。如果将监视器设置为它不支持的屏幕分辨率，那么该屏幕在几秒钟内将变为黑色，监视器则还原至原始分辨率。

3．设置屏幕保护程序

在指定的一段时间内没有使用鼠标或键盘后，屏幕保护程序就会出现在计算机的屏幕上，此程序为变动的图片或图案。屏幕保护程序最初用于保护较旧的单色显示器免遭损坏，现在它们主要是个性化计算机或通过提供密码保护来增强计算机安全性的一种方式。设置屏幕保护程序的具体操作步骤如下：

（1）在桌面的空白处用鼠标右键单击，在弹出的快捷菜单中执行【个性化】命令，如图 2-2-14 所示。

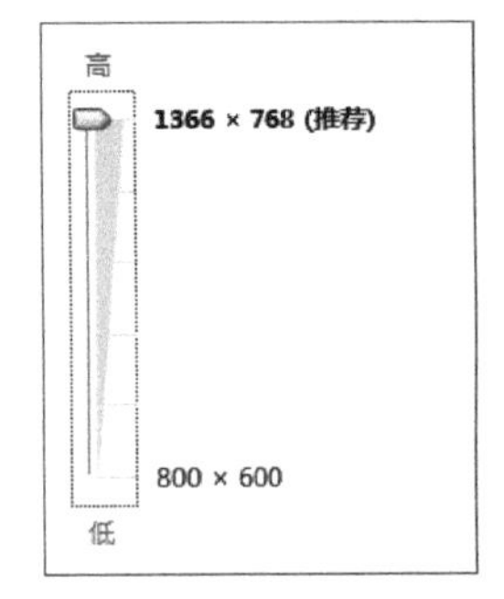

图 2-2-13 设置屏幕分辨率

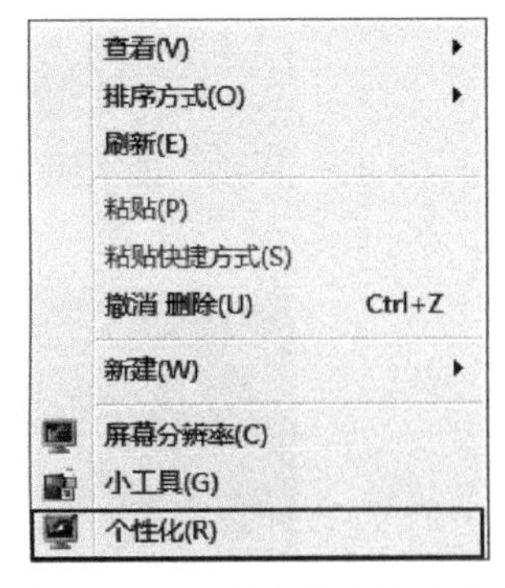

图 2-2-14 【个性化】命令

（2）打开【更改计算机上的视觉效果和声音】窗口，单击【屏幕保护程序】选项，如图 2-2-15 所示。

（3）打开【屏幕保护程序设置】对话框，在【屏幕保护程序】下拉列表框中选择系统自带的屏幕保护程序，此时在上方的预览框中可以看到设置后的效果(此处选择【三维文字】)，如图 2-2-16 所示。

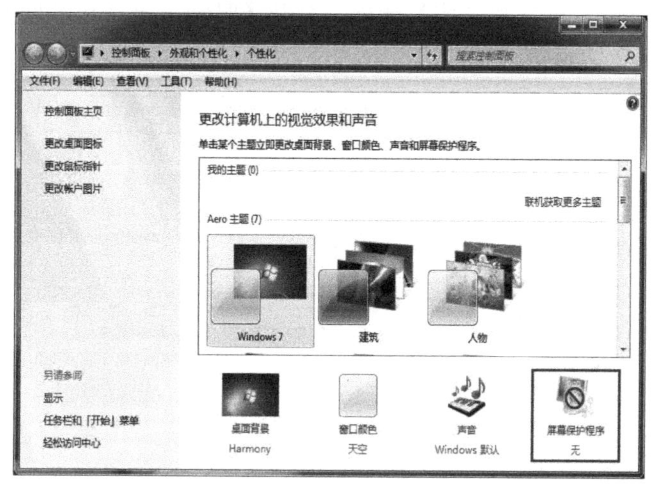

图 2-2-15　【屏幕保护程序】选项

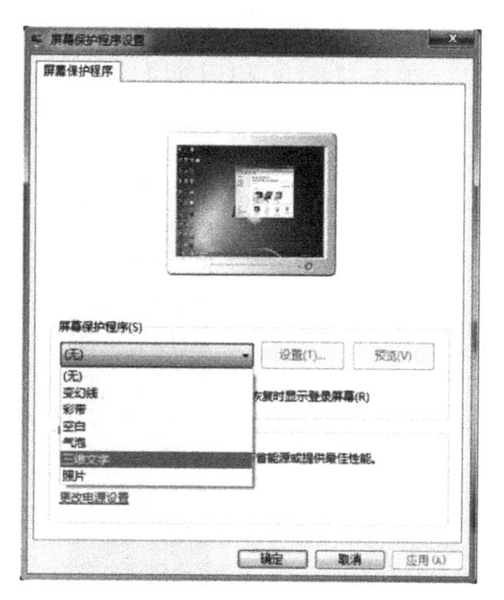

图 2-2-16　【屏幕保护程序设置】对话框

（4）在【等待】微调框中设置等待的时间，本实例设置为 5 分钟，勾选【在恢复时显示登录屏幕】复选框。如果想详细设置屏幕保护程序的参数，还可以单击【设置】按钮。

（5）打开【三维文字设置】对话框，在【自定义文字】文本框中输入“计算机应用基础”，设置【旋转类型】为【跷跷板式】，用户也可以设置其他的参数，设置完成后，单击【确定】按钮，如图 2-2-17 所示。

（6）返回到【屏幕保护程序设置】对话框，单击【确定】按钮，如图 2-2-18 所示。如果用户在 5 分钟内没有对计算机进行任何操作，系统会自动启动屏幕保护程序。

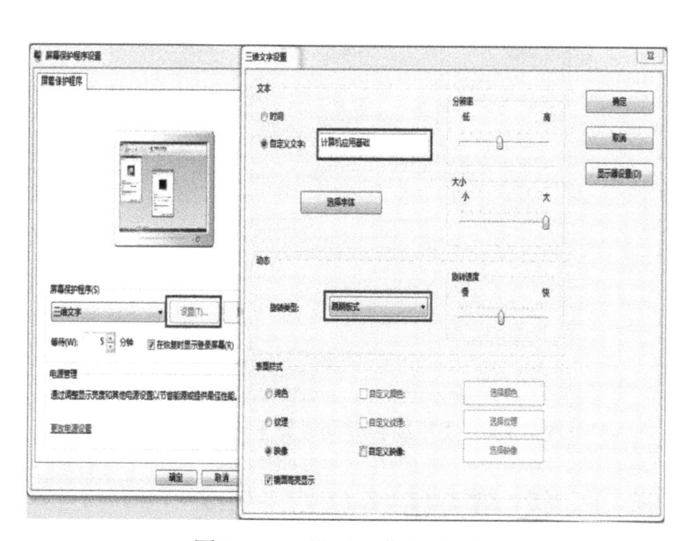

图 2-2-17　设置屏幕保护参数

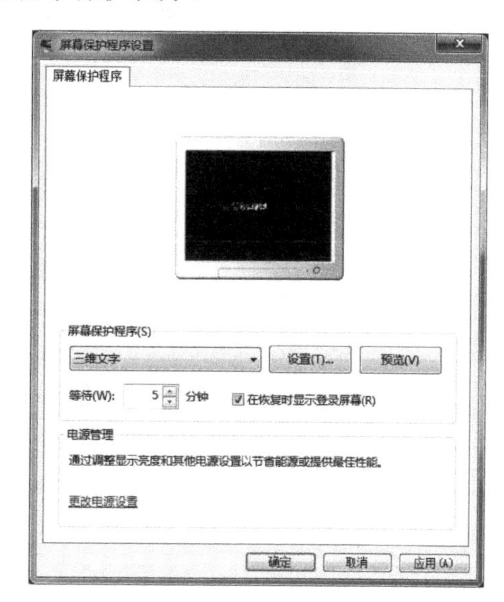

图 2-2-18　设置完成

2.3 调整日期和时间

在 Windows 7 操作系统桌面的右下角显示有系统的日期和时间，如果日期或时间显示不正确，可以手动调整日期和时间，具体操作如下：

（1）单击【开始】按钮，在弹出的【开始】菜单中执行【控制面板】命令，如图 2-3-1 所示。

（2）打开【控制面板】窗口，单击【时钟、语言和区域】选项，打开【时钟、语言和区域】窗口，单击【时间和日期】链接，如图 2-3-2 所示。

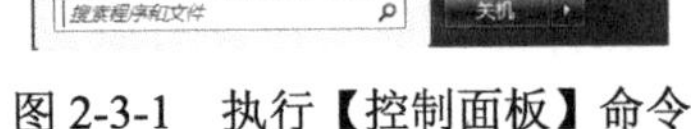
图 2-3-1　执行【控制面板】命令

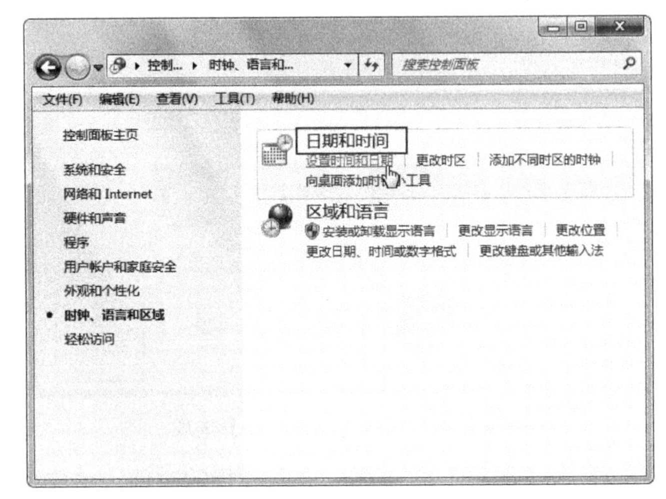

图 2-3-2　【时钟、语言和区域】窗口

（3）打开【日期和时间】对话框，选择【日期和时间】选项卡，在此用户可以设置时区、日期和时间，单击【更改日期和时间】按钮，如图 2-3-3 所示。

（4）打开【日期和时间设置】对话框，在【日期】列表中用户可以设置年、月、日，在【时间】选项中可以设置时间，设置完成后单击【确定】按钮，如图 2-3-4 所示。

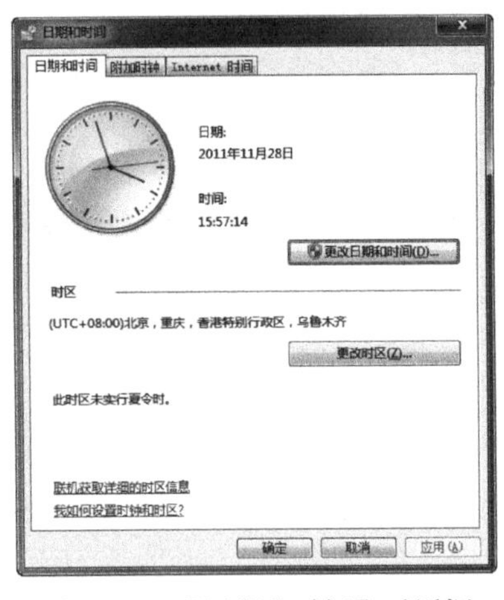

图 2-3-3　【日期和时间】对话框

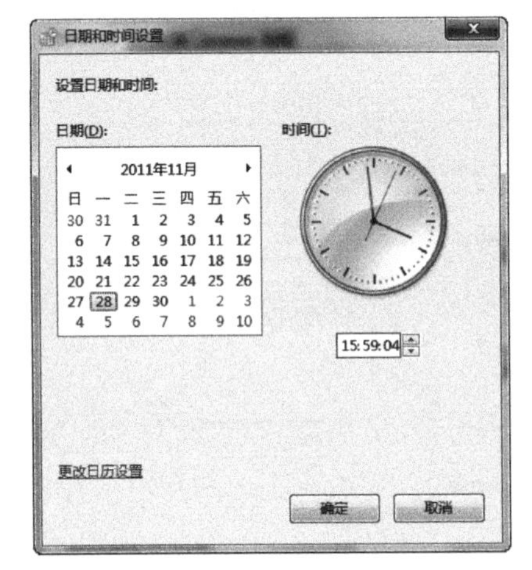

图 2-3-4　【日期和时间设置】对话框

2.4 账 户 设 置

一台计算机通常可允许多人进行访问，如果每个人都可以随意更改文件的话，计算机将会很不安全，可以采用对账户进行设置的方法，为每一个用户设置具体的使用权限。

2.4.1　添加和删除账户

用户可以为其他特殊的用户添加一个新账户，也可以随时将多余的账户进行删除，其操作步骤如下：

1. 添加账户

（1）单击【开始】按钮，在弹出的【开始】菜单中执行【控制面板】命令，打开【控制面板】窗口，在【用户账户和家庭安全】功能区中单击【添加或删除用户账户】链接，如图 2-4-1 所示。

（2）打开【管理账户】窗口，单击【创建一个新账户】链接，如图 2-4-2 所示。

图 2-4-1　【控制面板】窗口

图 2-4-2　【管理账户】窗口

（3）打开【创建新账户】窗口，输入账户名称“嘟嘟”，将账户类型设置为【标准用户】，单击【创建账户】按钮，如图 2-4-3 所示。

（4）返回到【管理账户】窗口，可以看到新建的账户，如图 2-4-4 所示。

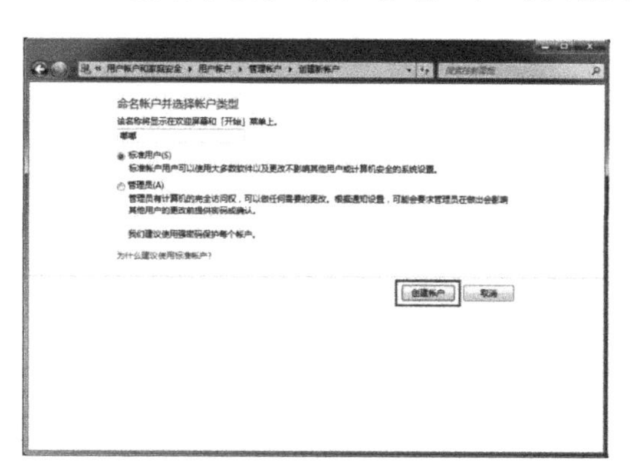

图 2-4-3　创建新账户

图 2-4-4　查看创建的新账户

2. 删除账户

（1）在【管理账户】窗口中，如果想删除某个账户，直接单击该账户名称，这里选择“嘟嘟”账户，如图 2-4-5 所示，打开【更改账户】窗口。

（2）在打开的【更改账户】窗口中，单击【删除账户】按钮，在打开的【删除账户】窗口中单击【删除文件】按钮，如图 2-4-6 所示。

（3）打开【确认删除】窗口，之后单击【删除账户】按钮，返回到【管理账户】窗口，可以发现选择的账户已被删除，如图 2-4-7 所示。

图 2-4-5　选择账户

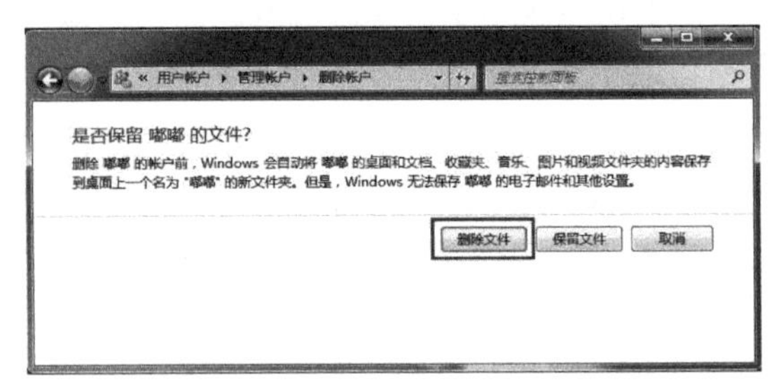

图 2-4-6　选择删除方式

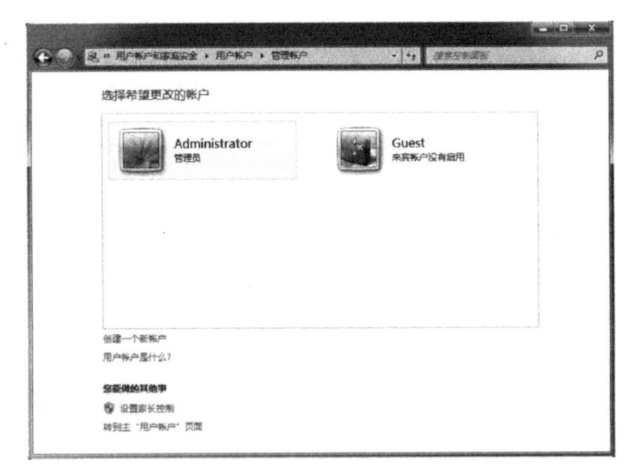

图 2-4-7　将选择账户删除

提示：由于系统为每个账户都设置了不同的文件，包括桌面、文档、音乐、收藏夹、视频文件等，因此，在删除某个用户的账户时，如果用户想保留账户的这些文件，可以单击图 2-4-6 中的【保留文件】按钮，否则单击【删除文件】按钮。

2.4.2　设置账户属性

用户添加新的账户后，为了方便管理与使用，还可以对新添加的账户设置不同的名称、密码和头像图标等属性。

（1）在【管理账户】窗口中选择需要更改属性的账户，这里选择“嘟嘟”账户，如图 2-4-8 所示，打开【更改账户】窗口。

（2）在打开的【更改账户】窗口中，选择【更改账户名称】选项，打开【重命名账户】窗口，输入账户的新名称为“小嘟”，如图 2-4-9 所示。

（3）单击【更改名称】按钮，返回【更改账户】窗口，用户可以更改账户的密码、头像图标等属性，如图 2-4-10 所示。

（4）单击【创建密码】链接，在打开的【创建密码】窗口中可以创建密码，如图 2-4-11 所示。

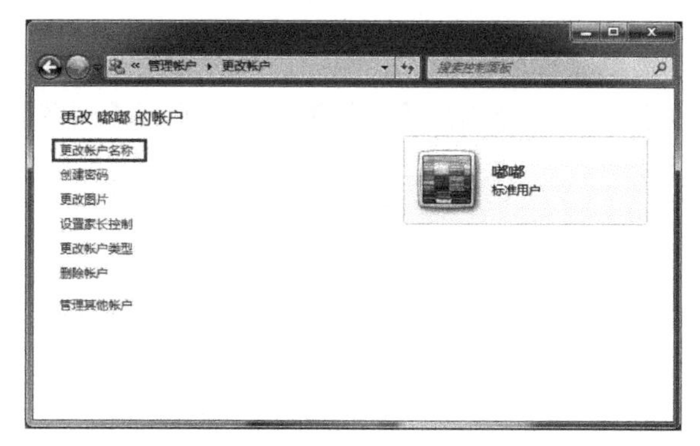

图 2-4-8 【更改账户】窗口

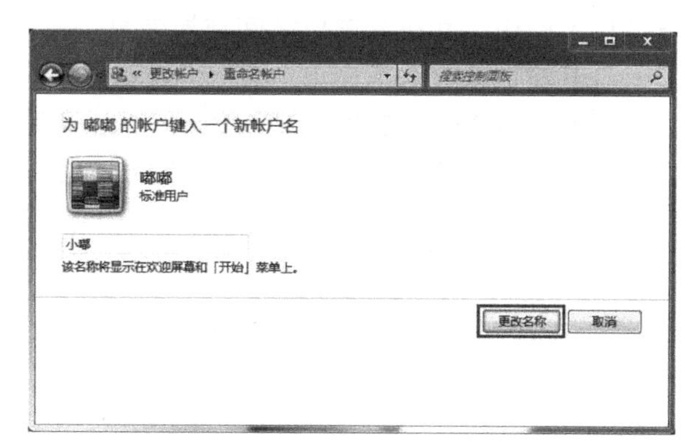

图 2-4-9 【重命名账户】窗口

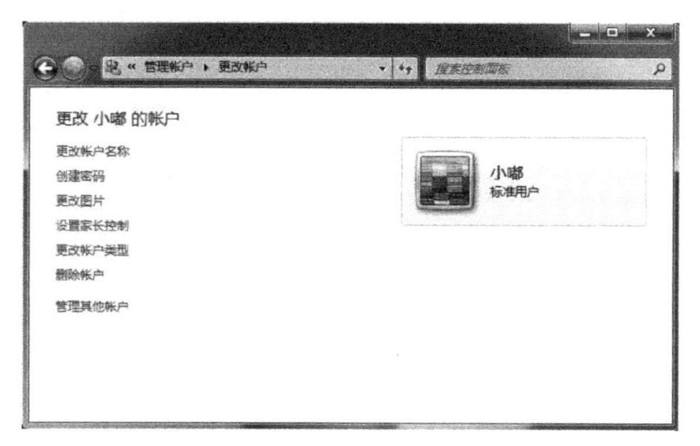

图 2-4-10 重命名后的【更改账户】窗口

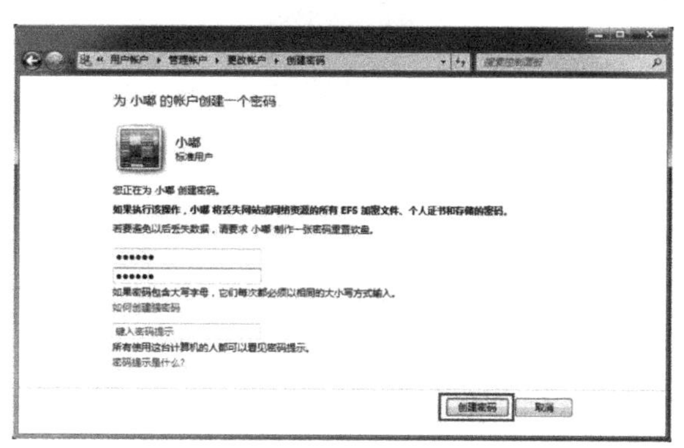

图 2-4-11 创建密码

（5）返回到【更改账户】窗口，单击【更改图片】链接，在打开的【选择图片】窗口中选择系统提供的图标后，单击【更改图片】按钮即可更改图标，如图 2-4-12 所示。

（6）返回到【更改账户】窗口，可查看更改效果，如图 2-4-13 所示。

图 2-4-12 更改用户头像图标

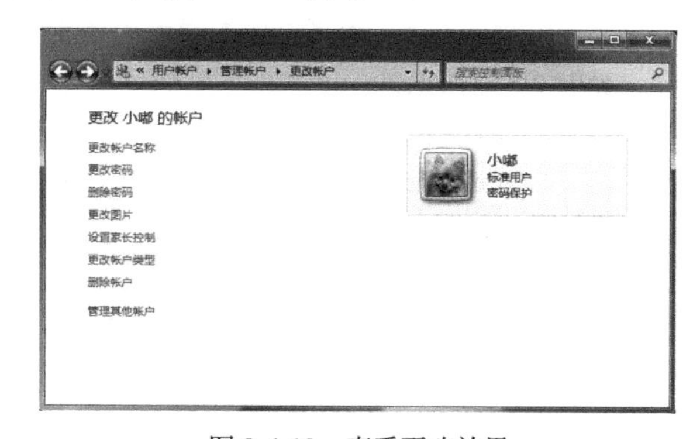

图 2-4-13 查看更改效果

2.5 窗口的基本操作

在 Windows 7 操作系统中，窗口是用户界面中最重要的组成部分，对窗口的操作也是最基本的操作之一。

1．打开窗口

在 Windows 7 操作系统中，显示屏幕区域被划分成许多框，这些框被称为窗口。窗口是屏幕上与应用程序相对应的矩形区域，是用户与产生该窗口的应用程序之间的可视界面。用户可在任意窗口上操作，并在各窗口之间交换信息。

打开窗口的方法很简单，用户可以利用【开始】菜单和桌面快捷方式图标这两种方法来打开。

（1）利用【开始】菜单打开窗口。单击【开始】按钮，在弹出的【开始】菜单中执行【画图】命令，即可打开【画图】窗口，如图 2-5-1 和图 2-5-2 所示。

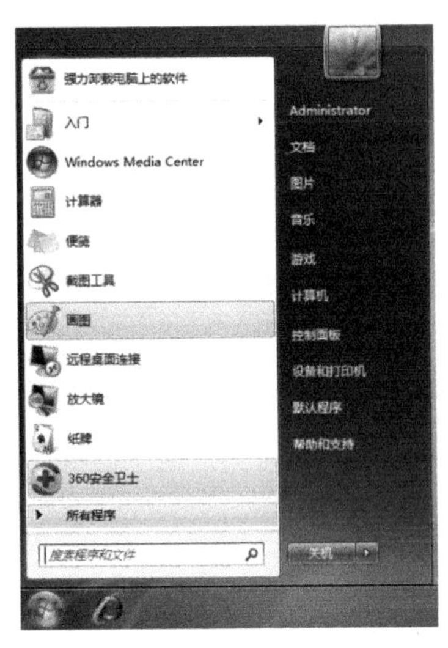

图 2-5-1　执行【画图】命令

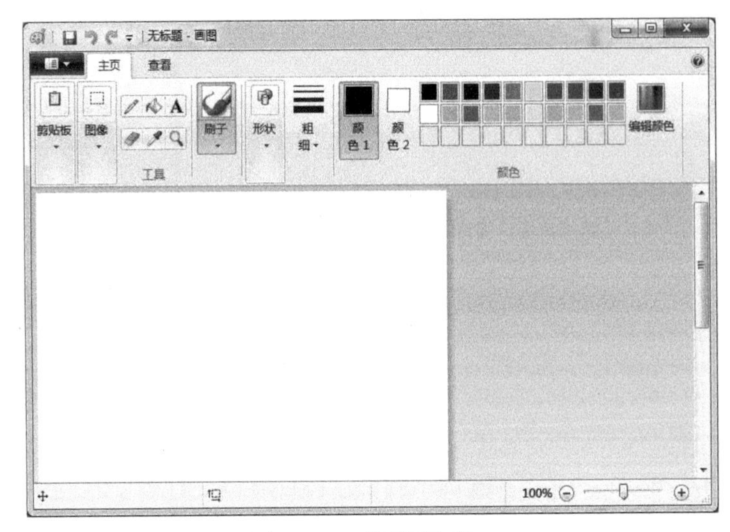

图 2-5-2　【画图】窗口

（2）利用桌面快捷图标打开窗口。用鼠标双击桌面上的【画图】图标，或者在【画图】图标上用鼠标右键单击，在弹出的快捷菜单中执行【打开】命令，如图 2-5-3 所示，也可以打开所选软件的操作窗口。

2. 关闭窗口

窗口使用完后，用户可以将其关闭，以节省计算机的内存使用空间。下面以关闭【画图】窗口为例来介绍几种关闭窗口的常用操作方法。

（1）使用菜单命令。在【画图】窗口中单击【画图】标签，在弹出的下拉菜单中执行【退出】命令，如图 2-5-4 所示。

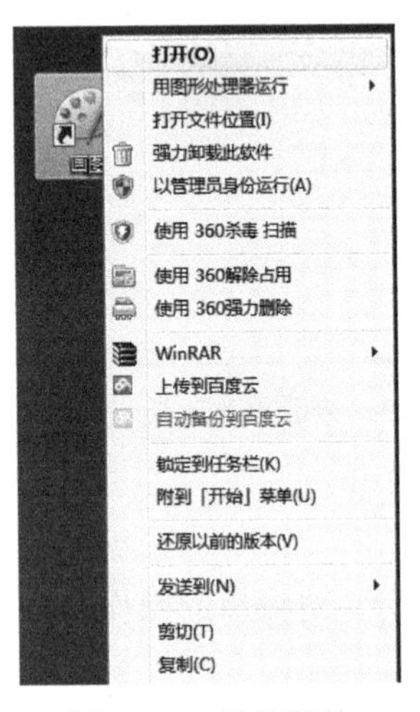

图 2-5-3　快捷菜单

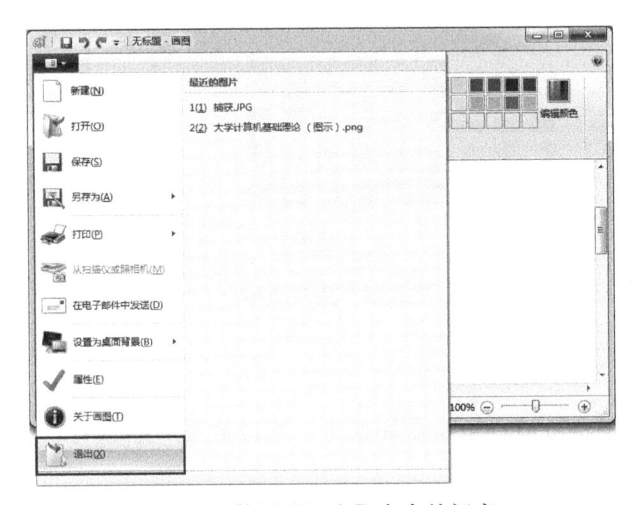

图 2-5-4　使用【退出】命令关闭窗口

（2）使用【关闭】按钮。单击【画图】窗口右上角的【关闭】按钮可直接关闭窗口，如图 2-5-5 所示。

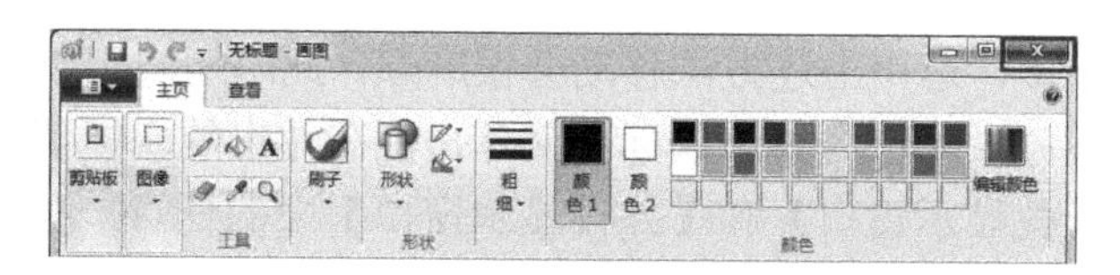

图 2-5-5 单击【关闭】按钮关闭窗口

（3）利用标题栏。在标题栏上用鼠标右键单击，在弹出的快捷菜单中执行【关闭】命令可关闭窗口，如图 2-5-6 所示。

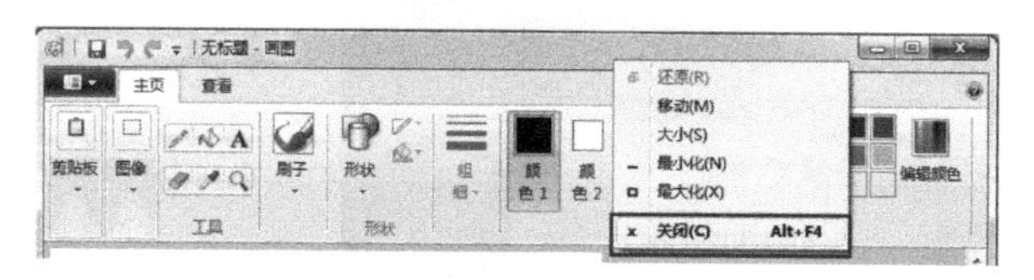

图 2-5-6 利用标题栏关闭窗口

（4）利用任务栏。在任务栏上用鼠标右键单击【画图】程序，在弹出的快捷菜单中执行【关闭】命令可关闭窗口。

（5）利用软件图标。单击窗口左上端的【画图】图标，在弹出的快捷菜单中执行【关闭】命令可关闭窗口，如图 2-5-7 所示。

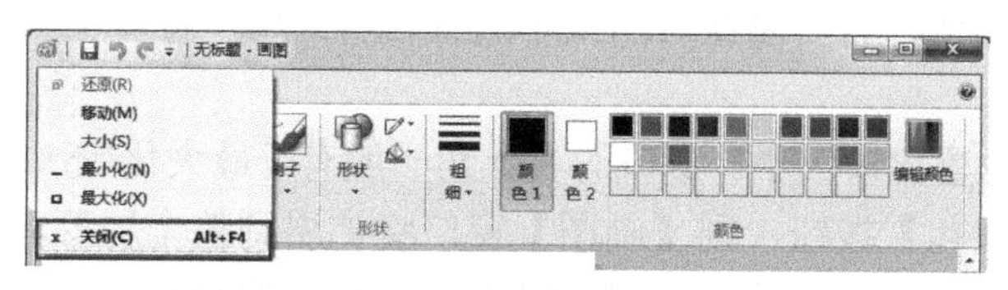

图 2-5-7 利用软件图标关闭窗口

（6）利用键盘组合键。选择【画图】窗口，使其成为当前活动窗口，按【Alt+F4】组合键也可以关闭该窗口。

3．移动窗口的位置

Windows 7 操作系统中的窗口有一定的透明度，如果打开多个窗口，会出现多个窗口重叠的现象，这使得窗口的标题栏有时候会模糊不清，用户可以将窗口移动到合适的位置。其操作方法如下：

（1）将鼠标光标放在需要移动位置的窗口的标题栏上，如图 2-5-8 所示。

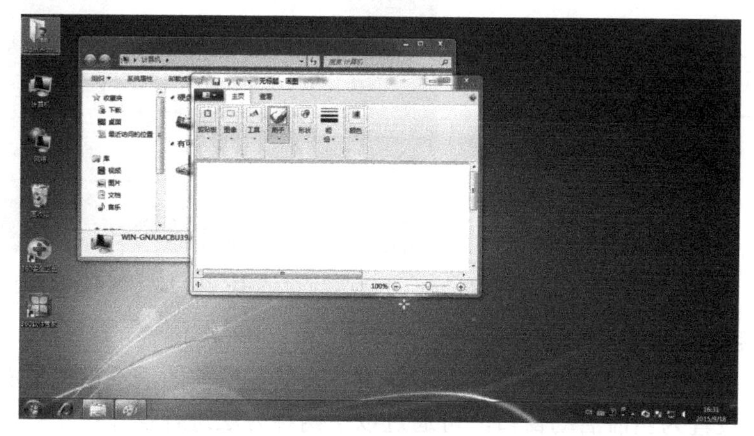

图 2-5-8 移动前

（2）按住鼠标左键不放，拖动到需要的位置，松开鼠标，即可完成窗口位置的移动，如图 2-5-9 所示。

如果桌面上的窗口很多，运用上述方法移动会很麻烦，此时用户可以通过设置窗口的显示形式对窗口进行排列。在任务栏的空白处用鼠标右键单击，在弹出的快捷菜单中，用户可以根据需要选择【层叠窗口】、【堆叠显示窗口】和【并排显示窗口】中的任意一种排列方式，如图 2-5-10 所示。

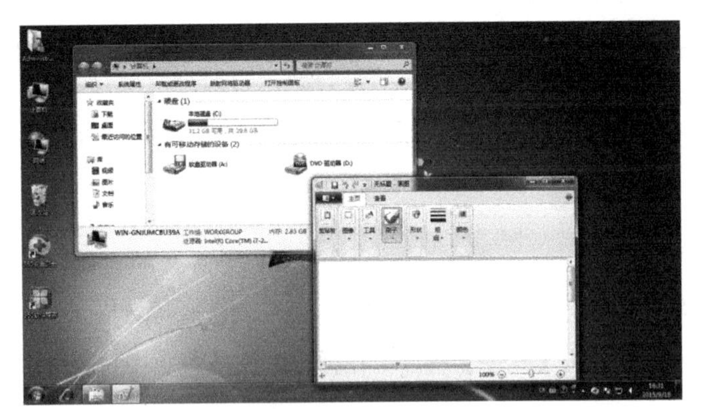

图 2-5-9　移动后

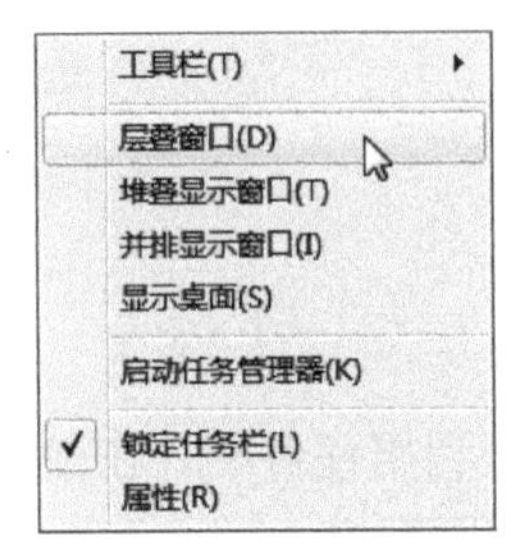

图 2-5-10　选择窗口排列形式

4．调整窗口的大小

有的时候为了操作方便，需要对窗口的大小进行设置。用户可以根据需要按照下述操作方法来调整窗口的大小。

（1）利用窗口按钮设置窗口大小。窗口的右上角一般有【最大化/还原】、【最小化】和【关闭】这 3 个按钮。单击【最大化】按钮，则【画图】窗口将扩展到整个屏幕，显示所有的窗口内容，此时【最大化】按钮变成【还原】按钮，单击该按钮，又可将窗口还原为原来的大小，如图 2-5-11 所示。

（2）手动调整窗口的大小。当窗口处于非最小化和最大化状态时，用户可以通过手动调整窗口的大小。即将鼠标指针移动到窗口右下角的边框上，此时鼠标指针变成⤡形状，按住鼠标左键不放拖动边框，拖动到合适的位置后松开鼠标即可，如图 2-5-12 和图 2-5-13 所示。

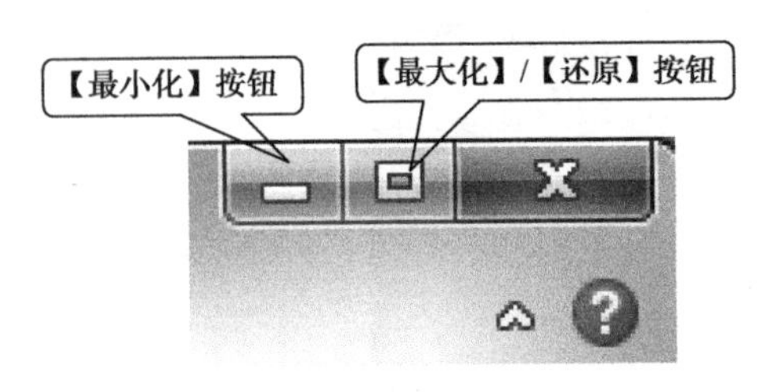

图 2-5-11　窗口调整按钮

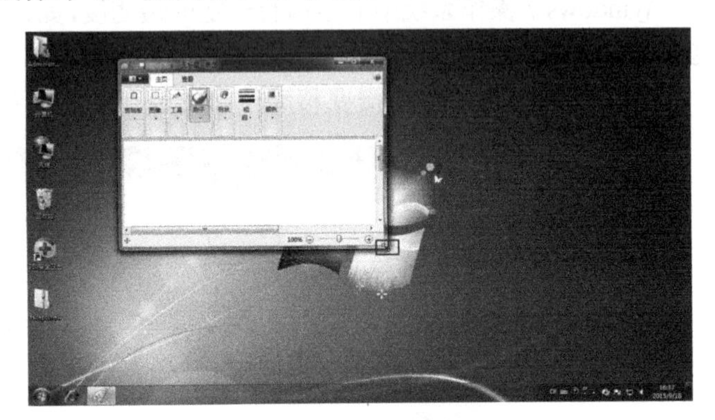

图 2-5-12　调整窗口前

5．切换当前活动窗口

在 Windows 7 操作系统中可以同时打开多个窗口，但是当前的活动窗口只有一个。用户若需要将所需要的窗口设置为当前活动窗口，可通过以下两种方法进行操作：

（1）利用程序按钮区。每个打开的程序在任务栏中都有一个相对应的程序图标按钮。将鼠标放在程序图标按钮区域上时，可弹出软件的预览窗口，单击程序图标按钮即可打开对应的程序窗口，如图 2-5-14 所示。

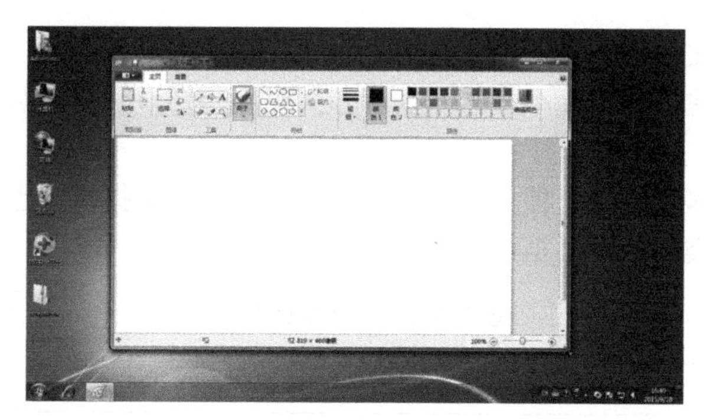

图 2-5-13　调整窗口后

图 2-5-14　程序图标按钮

（2）利用【Alt+Tab】组合键。利用【Alt+Tab】组合键可以实现各个窗口的快速切换。按住【Alt】键不放，然后按【Tab】键可以在不同的窗口之间进行切换，选择需要的窗口后，松开按键，即可打开相应的程序窗口，如图 2-5-15 所示。

图 2-5-15　在多窗口之间切换

2.6　文件与文件夹

在 Windows 操作系统中，文件是最小的数据组织单位。文件中可以存放文本、图像和数值数据等信息，这些文件被存放在硬盘的文件夹中。

1．文件

文件是 Windows 操作系统存取磁盘信息的基本单位，一个文件是磁盘上存储信息的一个集合，可以是文字、图片、影片或一个应用程序等。每个文件都有自己唯一的名称，Windows 7 正是通过文件的名字来对文件进行管理的。

在 Windows 7 操作系统中，文件的命名具有以下特征：

（1）支持长文件名。

（2）文件的名称中允许有空格。

（3）文件名称的长度最多可达 256 个字符，命名时不区分字母大小写。

（4）默认情况下系统自动按照文件类型显示和查找文件。

（5）同一个文件夹中的文件不能同名。

2．文件的类型

在 Windows 7 操作系统中，利用文件的扩展名识别文件是一种常用的重要方法。文件的类型是由文件的扩展名来标识的。一般情况下，文件可以分为文本文件、图像文件、照片文件、压缩文件、音频文件、视频文件等。

不同的文件类型，往往其图标不一样，查看方式也不一样，只有安装了相应的软件，才能查看文件的内容。

（1）文本文件。文本文件是一种典型的顺序文件，在读取数据时，也是按照顺序从上到下读取的。常用的文本文件类型如表 2-6-1 所示。

表 2-6-1　文本文件类型

文件扩展名	文件简介
.txt	文本文件，用于存储无格式的文字信息
.doc 或.docx	Word 文件，使用 Microsoft Office Word 创建
.xls 或.xlsx	Excel 电子表格文件，使用 Microsoft Office Excel 创建
.ppt 或.pptx	PowerPoint 幻灯片文件，使用 Microsoft Office PowerPoint 创建
.pdf	PDF 是 Portable Document Format（便携文件格式）的缩写，是一种电子文件格式，与操作系统平台无关

（2）图像文件和照片文件。图像文件和照片文件由图像程序生成，或通过扫描、数码相机等方式生成。常见的图像文件和照片文件类型如表 2-6-2 所示。

表 2-6-2　图像文件和照片文件类型

文件扩展名	文件简介
.jpeg/.jpg	广泛使用的压缩图像文件格式，显示文件的颜色没有限制，效果好，体积小
.psd	Photoshop 生成的文件，可保存各种 Photoshop 中的专用属性，如图层、通道等信息，体积较大
.gif	用于互联网的压缩文件格式，只能显示 256 种颜色，不过可以显示多帧动画
.bmp	位图文件，不压缩的文件格式，显示文件的颜色没有限制，效果好，唯一的缺点就是文件体积大
.png	.png 文件能够提供长度比.gif 文件小 30%的无损压缩图像文件，是网络上比较受欢迎的图片格式之一

（3）压缩文件。压缩文件是通过压缩算法将普通文件打包压缩之后生成的文件，可以有效地节省存储空间。常见的压缩文件类型如表 2-6-3 所示。

表 2-6-3　压缩文件类型

文件扩展名	文件简介
.rar	通过 RAR 算法压缩的文件，目前使用较为广泛
.zip	使用 ZIP 算法压缩的文件，历史比较悠久
.jar	用于 Java 程序打包的压缩文件
.cab	微软制定的压缩文件格式，用于各种软件压缩和发布

（4）音频文件。音频文件是通过录制和压缩而生成的声音文件。常见的音频文件类型如表 2-6-4 所示。

表 2-6-4　音频文件类型

文件扩展名	文件简介
.wav	波形声音文件，通常通过直接录制采样生成，其体积比较大
.mp3	使用 mp3 格式压缩存储的声音文件，是使用最为广泛的声音文件格式之一
.wma	微软公司制定的声音文件格式，可被媒体播放机直接播放，体积小，便于传播
.ra	RealPlayer 声音文件，广泛用于网络的声音播放

（5）视频文件。视频文件是由专门的动画软件制作而成或通过拍摄方式生成的文件。常见的视频文件类型如表 2-6-5 所示。

表 2-6-5　视频文件类型

文件扩展名	文 件 简 介
.swf	Flash 视频文件，通过 Flash 软件制作并输出的视频文件，用于网络的传播
.avi	使用 MPG4 编码的视频文件，用于存储高质量视频文件
.wmv	微软公司制定的视频文件格式，可被媒体播放机直接播放，体积小，便于传播
.rm	RealPlayer 视频文件，广泛用于网络的视频播放

（6）其他常见文件。其他常见的文件类型如表 2-6-6 所示。

表 2-6-6　其他常见文件类型

文件扩展名	文 件 简 介
.exe	可执行文件，二进制信息，可以被计算机直接执行
.ico	图标文件，固定大小和尺寸的图标图片
.dll	动态链接库文件，被可执行程序所调用，用于功能封装

3．文件夹

在 Windows 7 操作系统中，文件夹主要用来存放文件，是存放文件的“容器”。文件夹和文件一样，都有自己的名字，系统也都是根据它们的名字来存取数据的。文件夹的命名规则具有以下特征：

（1）支持长文件夹名称。

（2）文件夹的名称中允许有空格，但不允许有斜线（\、/）、竖线（|）、小于号（<）、大于号（>）、冒号（:）、引号（“或‘）、问号（?）、星号（*）等符号。

（3）文件夹名称的长度最多可达 256 个字符，命名时不区分字母大小写。

（4）文件夹没有扩展名。

（5）同一个文件夹中的文件夹不能同名。

2.7　文 件 操 作

掌握文件的基本操作是用户熟悉和管理计算机的前提。文件的基本操作包括查看文件属性、查看文件的扩展名、打开和关闭文件、复制和移动文件、更改文件的名称、删除文件、压缩文件、隐藏或显示文件等。

1．查看文件的属性

对于计算机中的任何一个文件，如果用户想知道文件的详细信息，可以通过查看文件的属性来了解。

（1）在需要查看属性的文件名上用鼠标右键单击，在弹出的快捷菜单中执行【属性】命令，如图 2-7-1 所示。

（2）系统打开所选文件的【属性】对话框，在【常规】选项卡中，用户可以看到所选文件的常规信息，如图 2-7-2 所示。

【属性】对话框【常规】选项卡中各个参数的含义说明如下：

①【文件类型】：显示所选文件的类型。如果类型为快捷方式，则显示项目快捷方式的属性，而非原始项目的属性。

图 2-7-1　执行【属性】命令

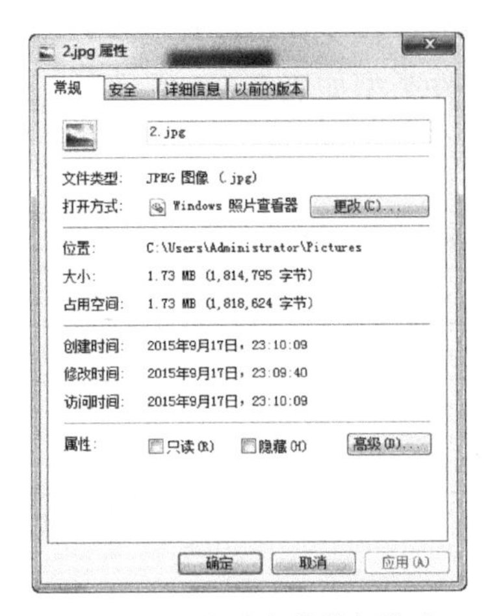

图 2-7-2　查看文件常规信息

② 【打开方式】：打开文件所使用的软件名称。

③ 【位置】：显示文件在计算机中的位置。

④ 【大小】：显示文件的大小。

⑤ 【占用空间】：显示所选文件实际使用的磁盘空间，即文件使用簇的大小。

⑥ 【创建时间】：显示文件的创建时间。

⑦ 【修改时间】：显示文件的修改时间。

⑧ 【访问时间】：显示文件的访问时间。

⑨ 【只读】：设置文件是否为只读（意味着不能更改或意外删除）。复选框为灰色则表示有些文件是只读的，有些不是。

⑩ 【隐藏】：设置该文件是否被隐藏，隐藏后如果不知道其名称就无法查看或使用此文件或文件夹。复选框为灰色则表示有些文件是隐藏文件，有些不是。

（3）选择【安全】选项卡，在此可查看并设置每个用户对文件的使用权限，如图 2-7-3 所示。

2．查看文件的扩展名

Windows 7 系统默认情况下并不显示文件的扩展名，用户可以使用以下方法使文件的扩展名显示出来：

（1）打开任意一个文件夹，可以看到该文件夹内的所有文件都不显示扩展名，执行【工具】→【文件夹选项】菜单命令，如图 2-7-4 所示。

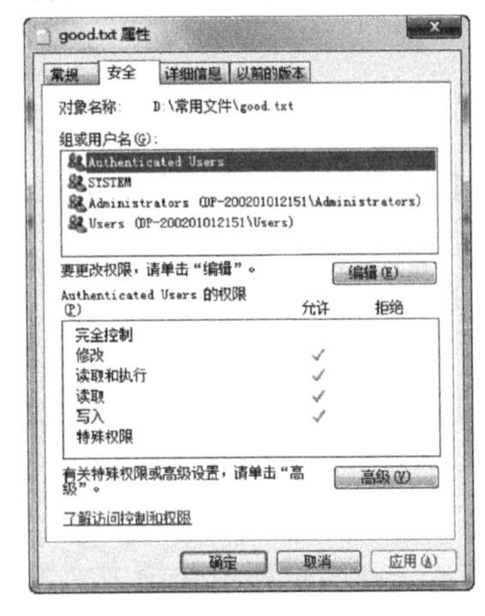

图 2-7-3　查看文件的使用权限

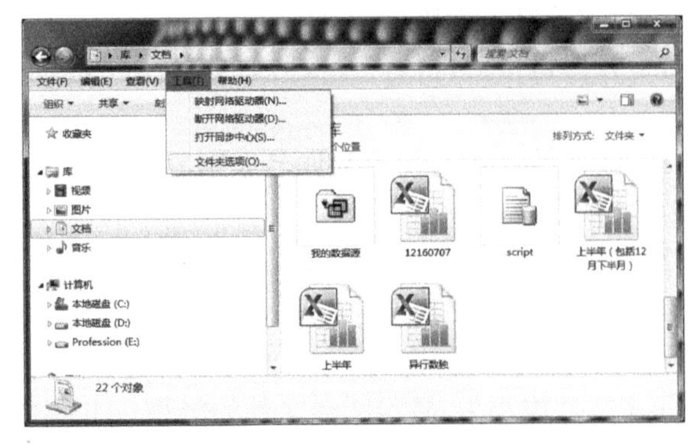

图 2-7-4　选择【文件夹选项】命令

提示：在打开任意一个文件夹后，如果没有显示工具栏，按一下【Alt】功能键即可显示出来。

（2）打开【文件夹选项】对话框。选择【查看】选项卡，在【高级设置】列表框中取消勾选【隐藏已知文件类型的扩展名】复选框，如图 2-7-5 所示。

（3）单击【确定】按钮，此时用户可以查看到文件的扩展名，如图 2-7-6 所示。

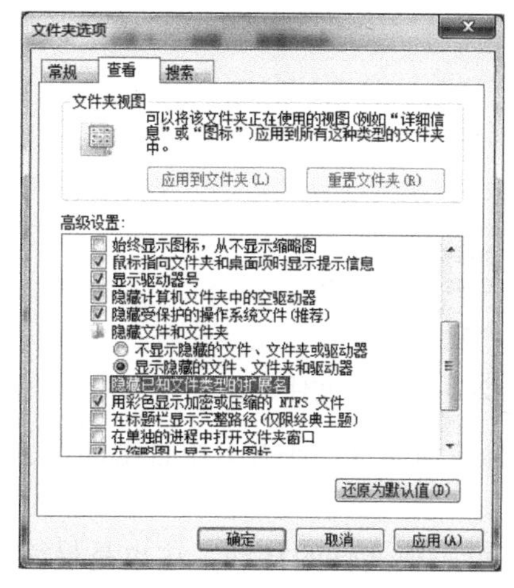

图 2-7-5　设置文件类型显示方式

图 2-7-6　查看文件的扩展名

3．打开和关闭文件

文件在使用时，通常都需要先将其打开，然后进行读或写操作，最后将其保存并关闭。

（1）打开文件。打开文件常见的方法有以下 3 种：

① 选择需要打开的文件，用鼠标双击文件的图标即可。

② 在需要打开的文件名上用鼠标右键单击，在弹出的快捷菜单中执行【打开】命令，如图 2-7-7 所示。

③ 利用【打开方式】菜单命令打开文件。其操作方法为，在需要打开的文件图标上用鼠标右键单击，在弹出的快捷菜单中执行【打开方式】命令，在弹出的子菜单中选择相应的软件即可。

提示：利用【打开方式】命令打开文件时，所选择的软件应支持所打开的文件格式。如要打开一个文本文件，就需要选择"记事本"软件，而不能使用画图软件来打开，也不能使用影视软件来打开。

（2）关闭文件。关闭文件常用的两种操作方法如下：

① 一般文件的打开都和相应的软件有关，在软件的右上角都有一个【关闭】按钮，单击【关闭】按钮可以直接关闭文件。

② 使所要关闭的文件为当前活动窗口，按【Alt+F4】组合键，可以快速地关闭当前被打开的文件。

4．复制和移动文件

在工作或学习中，经常需要用户对一些文件进行备份，也就是创建文件的副本，或者改变文件的位置进行保存，这就需要对文件进行复制或移动操作。

（1）复制文件。复制文件的方法有以下 3 种：

① 选中要复制的文件，在按住【Ctrl】键的同时，按住鼠标左键并拖动鼠标至目标位置后松开鼠标按键，即可复制文件。

② 选中要复制的文件，用鼠标右键单击并拖动到目标位置，在弹出的快捷菜单中执行【复

制到当前位置】命令，如图 2-7-8 所示，即可复制文件。

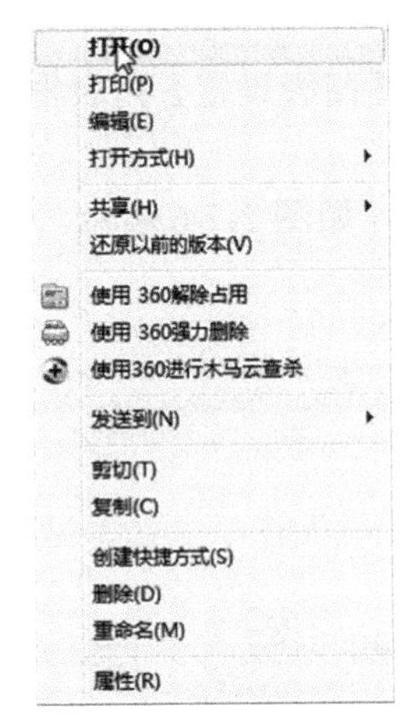

图 2-7-7 【打开】文件命令

图 2-7-8 复制文件命令

③ 选择要复制的文件，按【Ctrl+C】组合键，然后在目标位置按【Ctrl+V】组合键即可。

（2）移动文件。移动文件的常用方法有以下 3 种：

① 选择要移动的文件，用鼠标直接拖动到目标位置，即可完成文件的移动，这也是最简单的一种操作方法。

② 选择要移动的文件，按住【Shift】键拖动到目标位置即可实现文件的移动。

③ 通过【剪切】与【粘贴】菜单命令移动文件，其操作步骤如下：

- 在需要移动的文件图标上用鼠标右键单击，在弹出的快捷菜单中执行【剪切】命令，如图 2-7-9 所示。
- 选中目的文件夹并打开，用鼠标右键单击并在弹出的快捷菜单中执行【粘贴】命令，则选中的文件就被移动到当前文件夹，如图 2-7-10 所示。

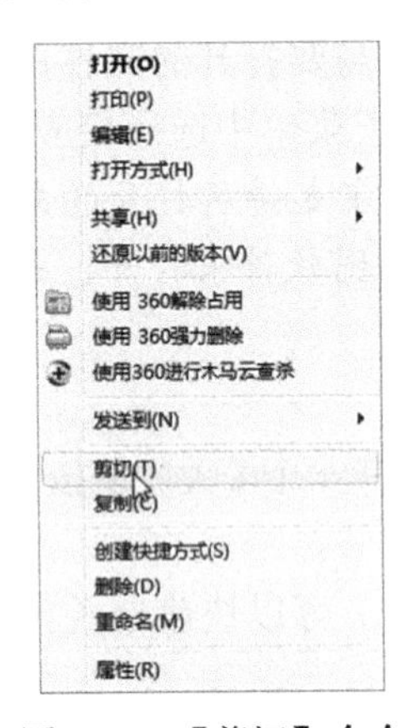

图 2-7-9 【剪切】命令

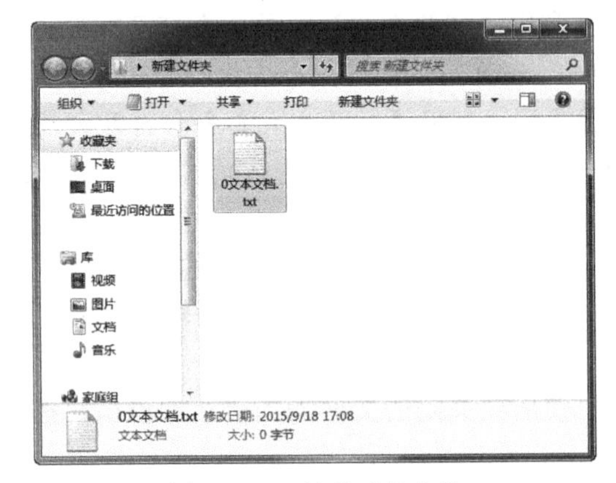

图 2-7-10 被移动的文件

提示：用户除了可以使用上述操作方法移动文件外，还可以使用【Ctrl+X】组合键实现【剪切】功能，使用【Ctrl+V】组合键实现【粘贴】功能。

5．更改文件的名称

新建文件都是以一个默认的名称作为文件名。为了方便记忆和管理，用户可以对新建的文件或已有的文件进行重命名。对文件进行重新命名的操作方法如下：

（1）选中要重命名的文件，用鼠标右键单击并在弹出的快捷菜单中执行【重命名】命令，如

图 2-7-11 所示。

（2）需要重命名的文件名称将会以蓝色背景显示，如图 2-7-12 所示。

（3）用户直接输入文件的新名称，按【Enter】键，即可完成对文件名称的更改，如图 2-7-13 所示。

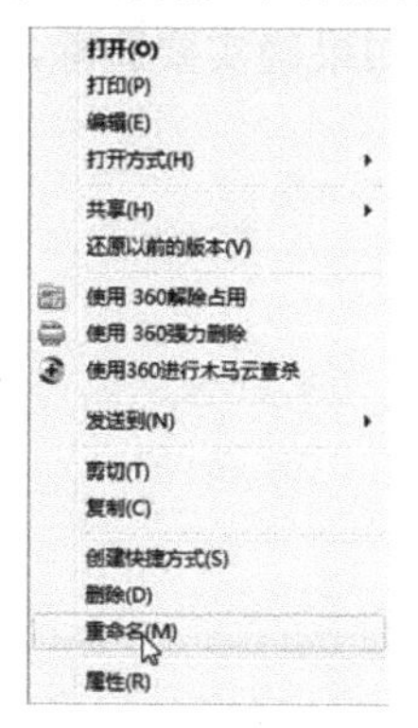

图 2-7-11 【重命名】命令

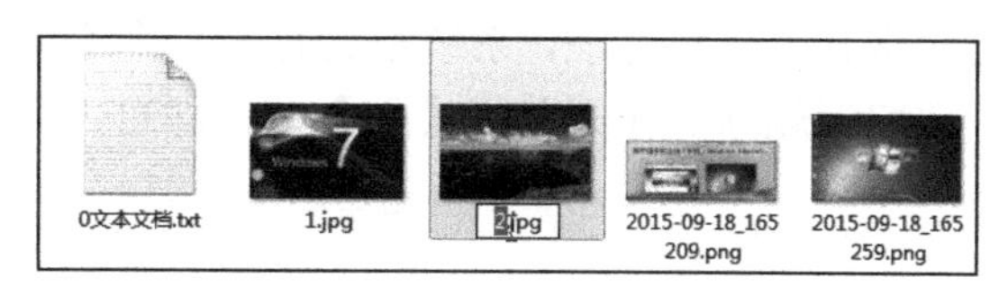

图 2-7-12 重命名文件的状态

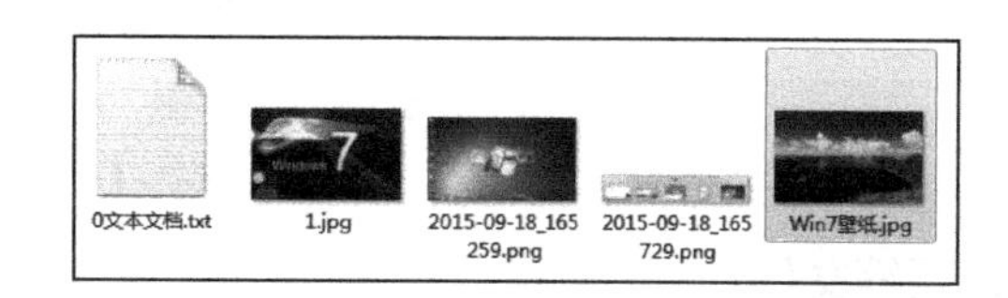

图 2-7-13 更改文件名称

提示：在重命名文件时，不能改变已有文件的扩展名，否则当要打开该文件时，文件就会损坏，或系统不能确认要使用哪种程序打开该文件。

如果更换的文件名与已有的文件名重复，系统则会提示用户无法使用更换的文件名，确定后重新输入即可。

用户还可以选择需要更改名称的文件，按【F2】功能键，从而快速地更改文件的名称；或用鼠标分两次单击（不是双击）文件名，之后选择的文件名将显示为可写状态，在其中输入新的名称，按【Enter】键即可。

6．删除文件

删除文件的常用方法有以下几种：

（1）选中要删除的文件，按键盘上的【Delete】键可直接将其删除。

（2）选中要删除的文件，用鼠标右键单击并在弹出的快捷菜单中执行【删除】命令即可将其删除，如图 2-7-14 所示。

（3）选中要删除的文件，直接拖动到【回收站】中。

（4）使用工具栏中的【删除】菜单命令删除文件。选中要删除的文件，执行【文件】→【删除】命令即可删除文件，如图 2-7-15 所示。

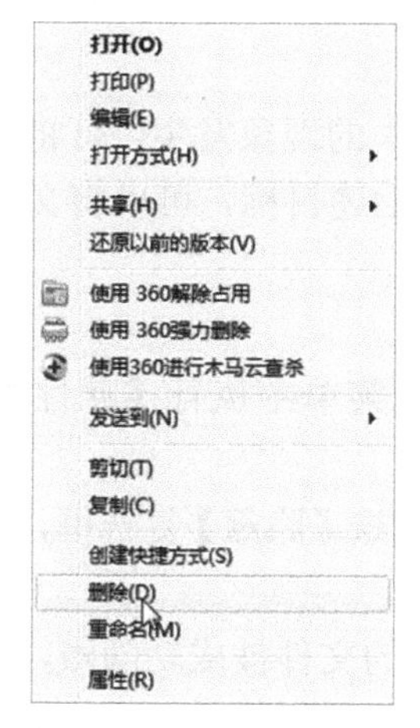

图 2-7-14 【删除】命令

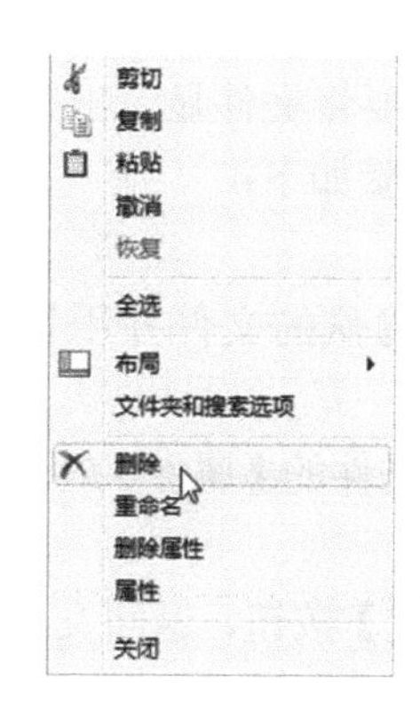

图 2-7-15 通过工具栏删除文件

提示：本节所讲到的删除，仅仅是将文件移到【回收站】中，并没有从磁盘上彻底清除，所以可以从【回收站】中恢复。此外，如果要彻底删除文件，则可以先选择要删除的文件，然后按【Shift+Del】组合键，或者将移入【回收站】中的文件清空即可。

无论选择哪一种方法，系统都会打开一个【删除文件】对话框，如果确实要删除，单击【是】按钮，要取消删除操作则单击【否】按钮即可，如图 2-7-16 所示。

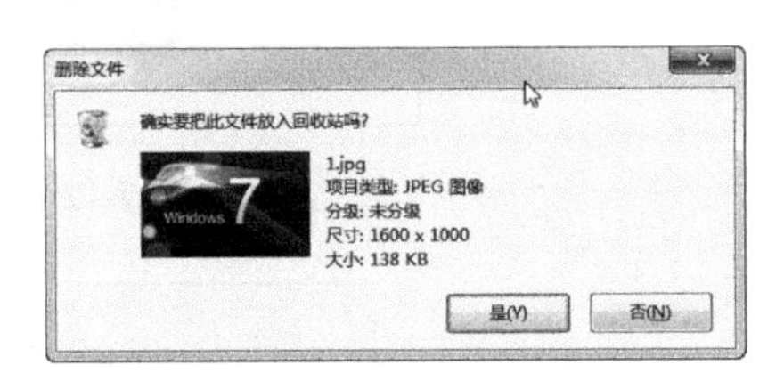

图 2-7-16　【删除文件】对话框

7. 压缩文件

压缩文件可以使文件更快速地传输，有利于网络上资源的共享；同时，还能节省大量的磁盘空间。通过 WinRAR 压缩文件的操作方法如下：

（1）选择需要压缩的文件（此处为“视频”），用鼠标右键单击并在弹出的快捷菜单中执行【WinRAR】→【添加到“视频.rar”】命令，如图 2-7-17 所示。

（2）打开【正在创建压缩文件】对话框，并显示压缩的进度，如图 2-7-18 所示。完成文件压缩后系统将自动关闭压缩文件对话框。

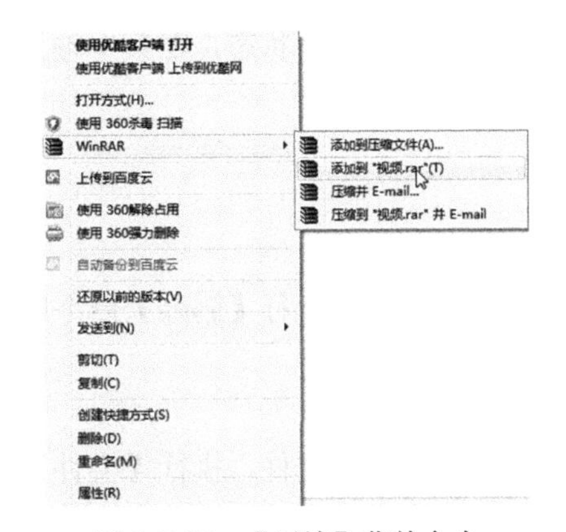

图 2-7-17　【压缩】菜单命令

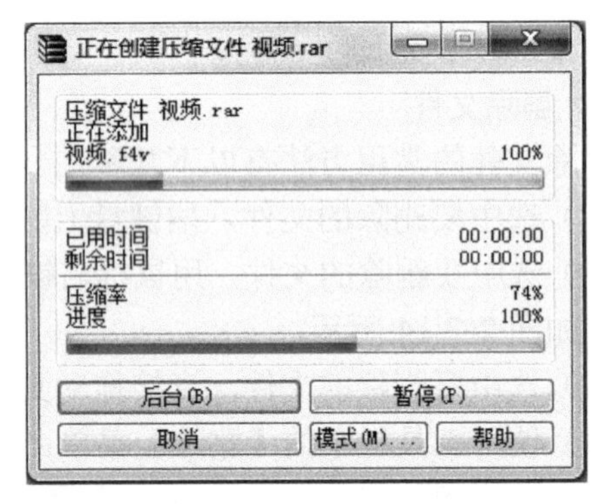

图 2-7-18　压缩文件

8. 隐藏或显示文件

对于不希望别人看到的文件，或防止因误操作而导致文件丢失的现象发生，可将文件隐藏起来；有时又常常需要将文件显示出来，便于查看和修改。为实现上述目标，可以将文件隐藏或取消隐藏，其操作步骤如下：

（1）隐藏文件：

① 选择需要隐藏的文件并用鼠标右键单击，在弹出的快捷菜单中执行【属性】命令，如图 2-7-19 所示。

② 打开所选文件的【属性】对话框，选择【常规】选项卡，勾选【隐藏】复选框，如图 2-7-20 所示。

③ 单击【确定】按钮，返回文件所在的目录，可以看到选择的文件被成功隐藏，如图 2-7-21 所示。

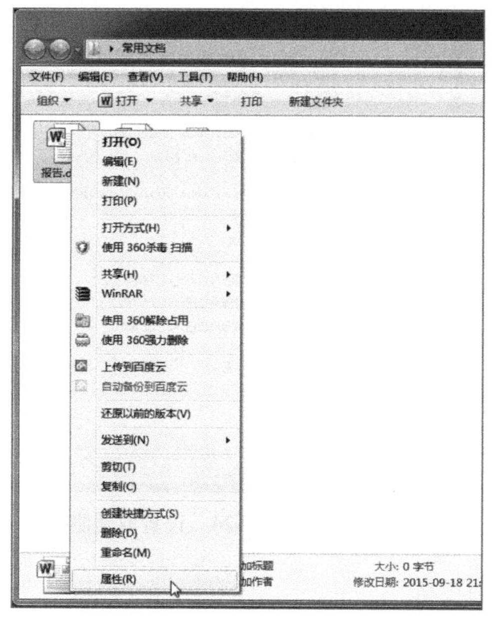

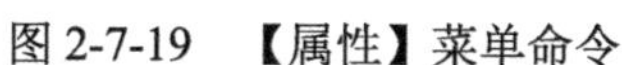
图 2-7-19 【属性】菜单命令

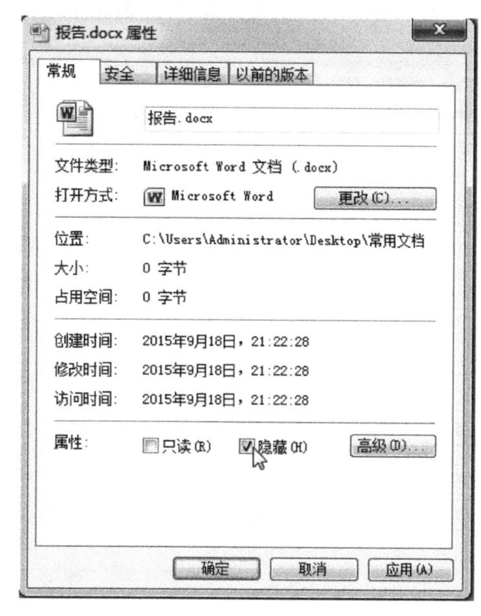

图 2-7-20 【隐藏】复选框

（2）显示文件。文件被隐藏后，用户要想对隐藏文件进行操作，需要先显示文件，具体操作步骤如下：

① 执行【工具】→【文件夹选项】菜单命令，在打开的【文件夹选项】对话框中选择【查看】选项卡，在【高级设置】列表框中选中【显示隐藏的文件、文件夹和驱动器】单选按钮，如图 2-7-22 所示。

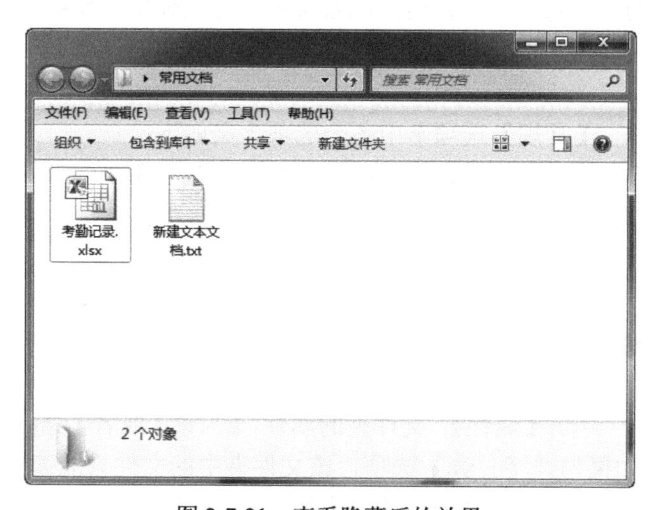

图 2-7-21 查看隐藏后的效果

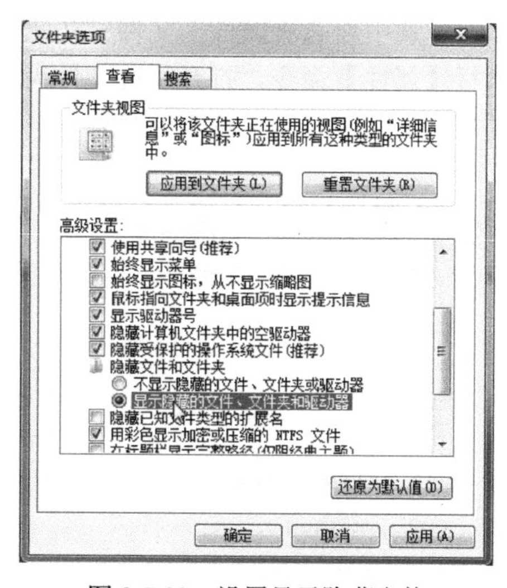

图 2-7-22 设置显示隐藏文件

② 单击【确定】按钮，返回到文件窗口中，可以看到隐藏的文件被显示出来，如图 2-7-23 所示。

用户若想取消某个文件的隐藏，可以按以下方法进行操作：选择被隐藏的文件，用鼠标右键单击并在弹出的快捷菜单中执行【属性】命令，打开所选文件的【属性】对话框，取消勾选【隐藏】复选框，单击【确定】按钮，可取消文件的隐藏，如图 2-7-24 所示。

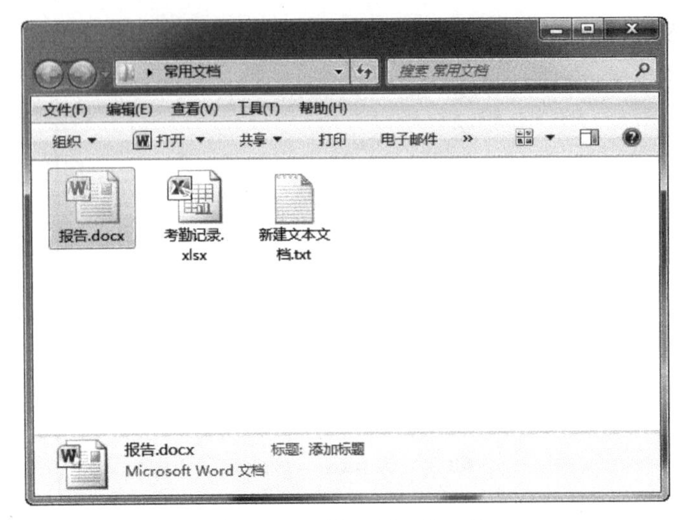

图 2-7-23　显示的隐藏文件

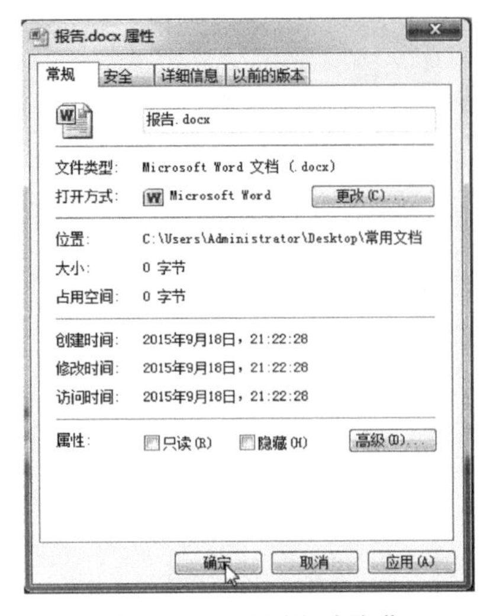

图 2-7-24　设置取消隐藏

2.8　文件夹操作

文件夹的打开、关闭、复制、移动和删除等基本操作与文件的基本操作类似，这里不再赘述。本节主要介绍查看文件夹的属性，设置文件夹的显示方式、文件夹选项，创建文件夹的快捷方式等基本操作。

1. 查看文件夹的属性

每一个文件夹都有自己的属性信息，如文件夹的类型、位置、占用空间、修改时间和创建时间等，如果用户需要查看这些属性信息可以按照以下操作进行：

（1）选中要查看属性的文件夹（此处为“常用文档”），用鼠标右键单击并在弹出的快捷菜单中执行【属性】命令，打开所选文件夹的【属性】对话框，如图 2-8-1 所示，其中对话框名称中的“常用文档”是指文件夹的名称。

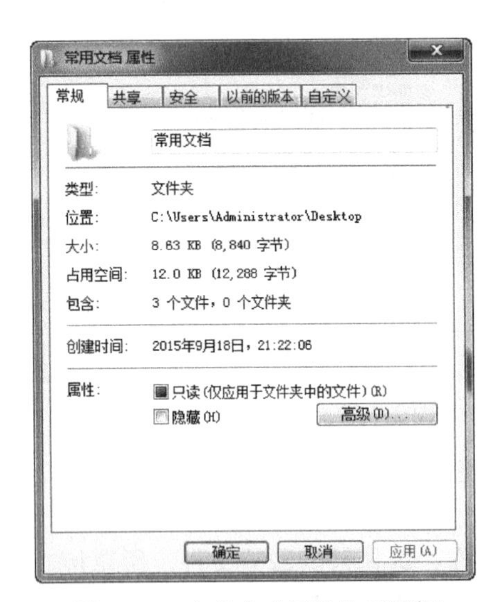

图 2-8-1　文件夹【属性】对话框

【常规】选项卡中各个选项含义如下：

① 【位置】：文件夹在【资源管理器】中的存放位置。

② 【大小】：文件夹占用空间的大小。

③ 【包含】：显示包含在这个文件夹中的文件和文件夹的数目。

④ 【创建时间】：显示文件夹的创建时间。

⑤ 【属性】：文件夹的属性，【只读】或者【隐藏】。如果勾选【只读】选项，该文件夹中的文件只能读出，不能修改；如果勾选【隐藏】选项，该文件夹将被隐藏。

（2）选择【共享】选项卡，单击【共享】按钮，可实现对该文件夹的共享操作，如图 2-8-2 所示。

（3）选择【安全】选项卡，在此可设置计算机中每个用户对该文件夹的权限，如图 2-8-3 所示。

（4）选择【以前的版本】选项卡，在此可以看到该文件夹以前的版本信息，如图 2-8-4 所示。

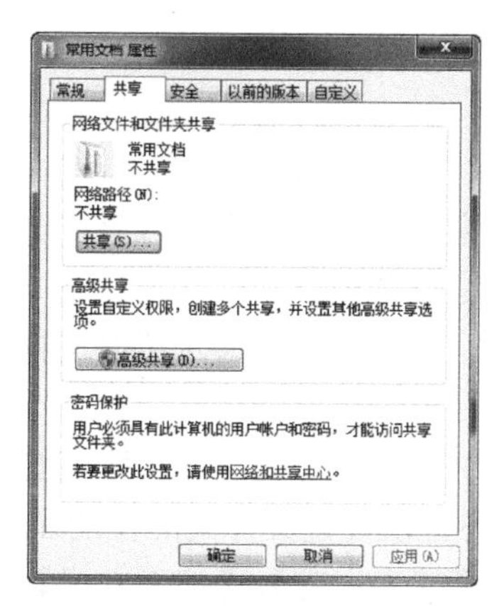

图 2-8-2　设置文件夹共享

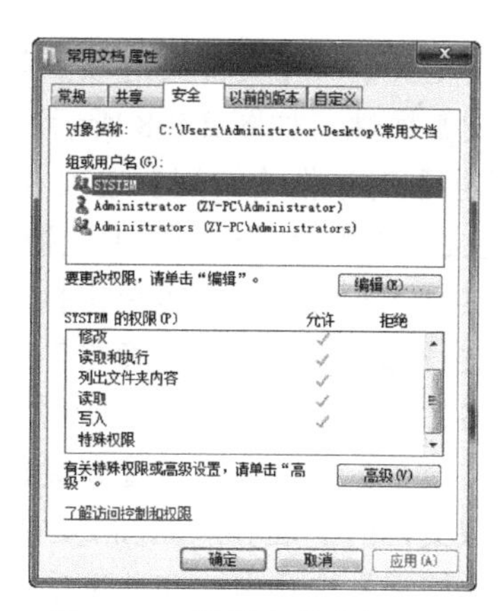

图 2-8-3　设置文件夹的权限

2. 设置文件夹的显示方式

用户还可以设置文件夹的显示方式，如文件夹的排列方式、显示大小等。设置文件夹显示方式的操作方法如下：

（1）在需要设置文件夹显示方式的路径下，用鼠标右键单击并在弹出的快捷菜单中执行【查看】→【中等图标】命令，如图 2-8-5 所示。

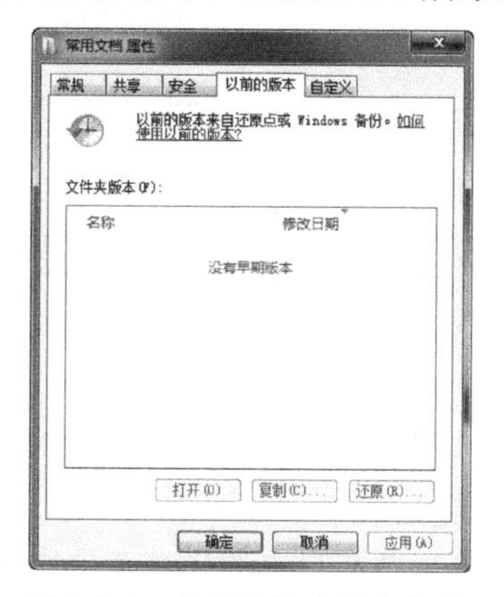

图 2-8-4　查看文件夹版本信息

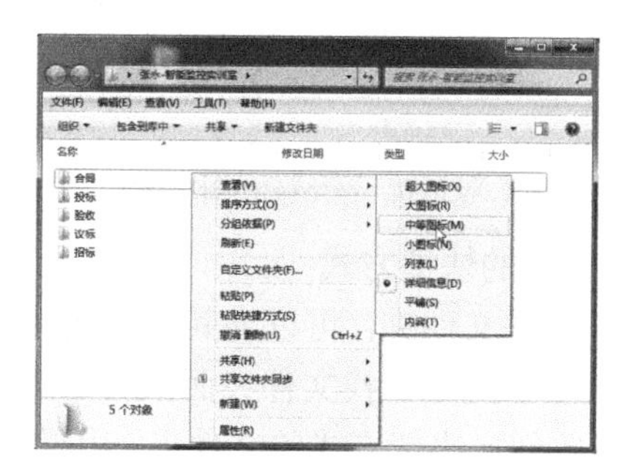

图 2-8-5　【中等图标】菜单命令

（2）系统将自动以中等图标的形式显示文件夹，如图 2-8-6 所示。

（3）用鼠标右键单击并在弹出的快捷菜单中执行【排序方式】→【类型】命令，系统将自动根据文件夹的类型排列文件夹，如图 2-8-7 所示。

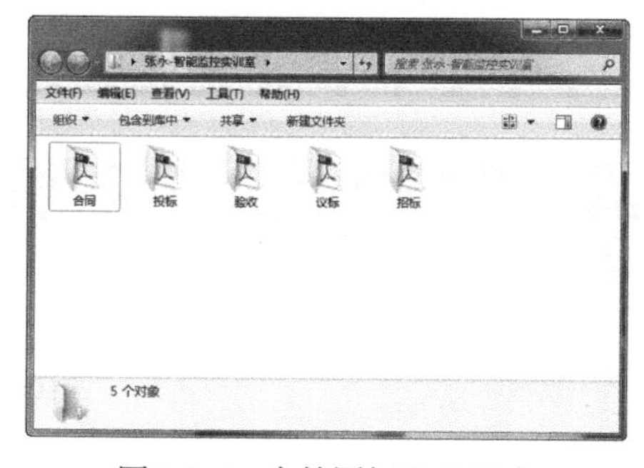

图 2-8-6　中等图标显示形式

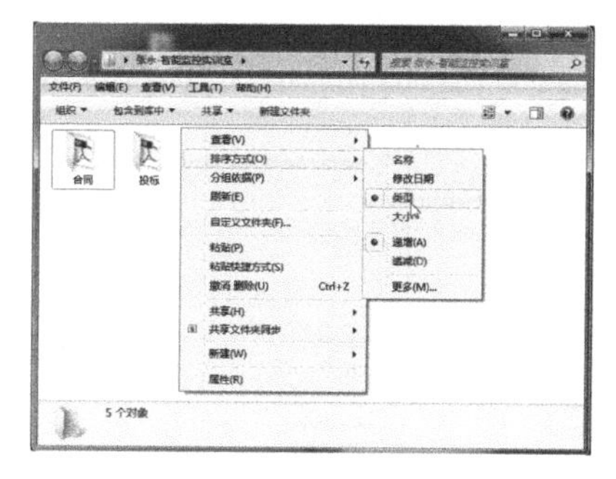

图 2-8-7　【类型】菜单命令

3. 文件夹选项

用户可以在【文件夹选项】对话框中对文件夹进行详细设置，其操作步骤如下：

（1）执行【工具】→【文件夹选项】菜单命令，打开【文件夹选项】对话框，用户可以设置文件夹的【常规】属性，如图 2-8-8 所示。

【文件夹选项】对话框【常规】选项卡中各个参数的含义如下：

①【浏览文件夹】：设置是在同一窗口还是在不同窗口中打开多个文件夹。

②【打开项目的方式】：设置单击打开项目还是双击打开项目。

③【导航窗格】：设置【导航窗格】中的显示方法。如果勾选【显示所有文件夹】复选框，则在【导航窗格】中显示计算机中的所有文件夹。

（2）选择【查看】选项卡，在【高级设置】列表框中勾选【隐藏已知文件类型的扩展名】复选框，即可隐藏文件的扩展名，如图 2-8-9 所示，用户还可以设置文件夹的视图显示。

（3）选择【搜索】选项卡，在此选项卡中可以设置【搜索内容】、【搜索方式】和【在搜索没有索引的位置时】的操作，如图 2-8-10 所示。

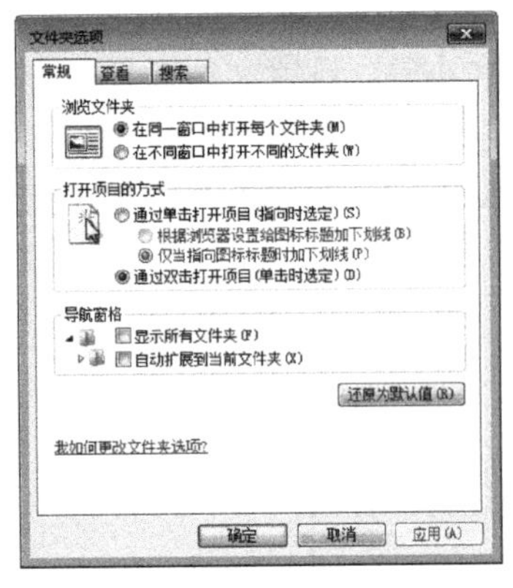

图 2-8-8 【文件夹选项】对话框

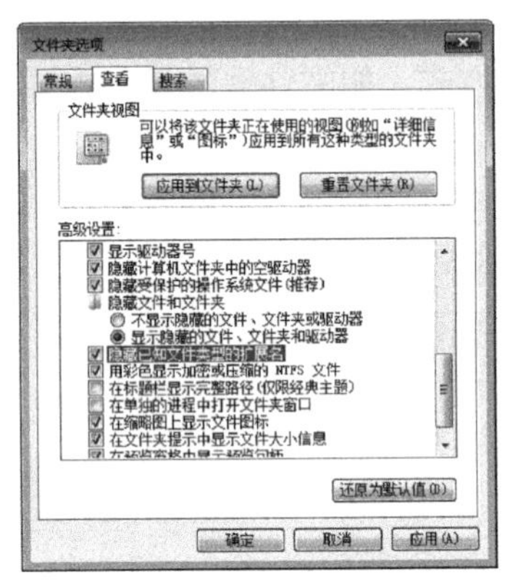

图 2-8-9 文件夹的高级设置

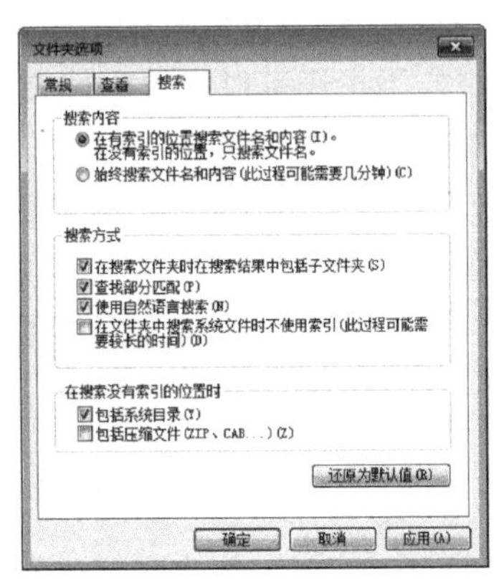

图 2-8-10 搜索内容设置

4．创建文件夹的快捷方式

对于经常使用的文件夹，可以为其创建快捷方式图标，将其放在桌面上或其他可以快速访问的地方，这样可以避免因寻找文件夹而浪费时间，从而提高效率。

（1）选中需要创建快捷方式的文件夹，用鼠标右键单击并在弹出的快捷菜单中执行【发送到】→【桌面快捷方式】命令，如图 2-8-11 所示。

（2）系统将自动在桌面上添加一个所选文件夹的快捷方式，如图 2-8-12 所示，用鼠标双击就可以打开文件夹。

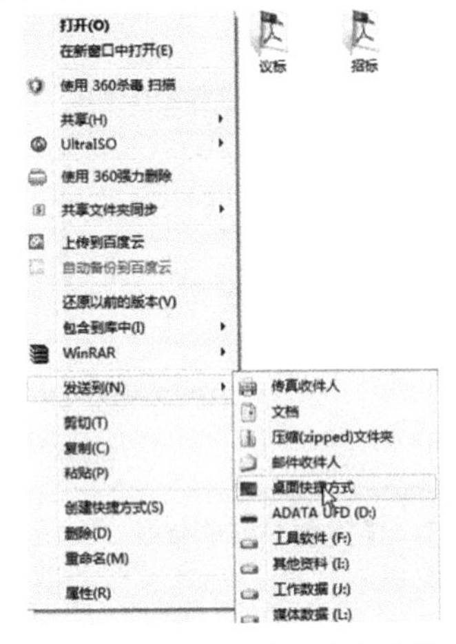

图 2-8-11 【桌面快捷方式】菜单命令

图 2-8-12 查看创建结果

2.9　设置桌面图标

在 Windows 7 操作系统中，所有的文件、文件夹以及应用程序都可用形象化的图标表示。

在桌面上的图标被称为桌面图标，用户用鼠标双击桌面图标可以快速打开相应的文件、文件夹或应用程序。

1．添加桌面图标

将系统自带的图标或应用程序图标添加到桌面上，可以方便快速地打开文件、文件夹或应用程序。

（1）添加系统图标。刚装好 Windows 7 操作系统时，桌面上只有【回收站】一个图标，用户可以通过以下方法添加【计算机】、【网络】和【控制面板】等图标到桌面上：

① 在桌面的空白处用鼠标右键单击，在弹出的快捷菜单中执行【个性化】命令，如图 2-9-1 所示。

② 系统将打开【个性化】窗口，如图 2-9-2 所示。

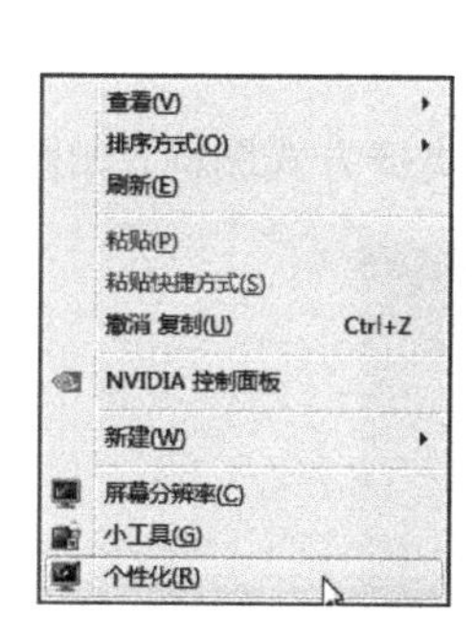

图 2-9-1　执行【个性化】命令

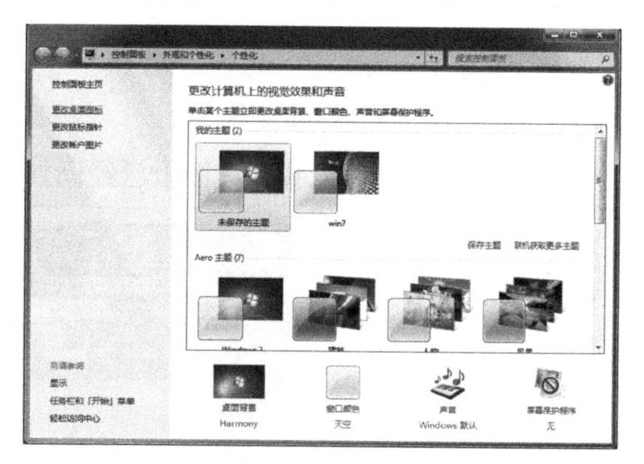

图 2-9-2　【个性化】窗口

③ 单击左侧窗格中的【更改桌面图标】链接，打开【桌面图标设置】对话框，如图 2-9-3 所示。

④ 在【桌面图标】选项组中勾选相应的复选框，单击【确定】按钮，即可在桌面上添加所选的图标，如图 2-9-4 所示。

图 2-9-3　【桌面图标设置】对话框

图 2-9-4　添加到桌面上的图标

（2）添加应用程序的桌面图标。用户也可以将应用程序的快捷方式放置在桌面上，以【记事本】程序为例，其添加方法如下：

① 单击【开始】按钮，在弹出的菜单中执行【所有程序】→【附件】→【记事本】命令，

如图 2-9-5 所示。

② 在程序列表中的【记事本】菜单命令上用鼠标右键单击，在弹出的快捷菜单中执行【发送到】→【桌面快捷方式】命令，如图 2-9-6 所示。

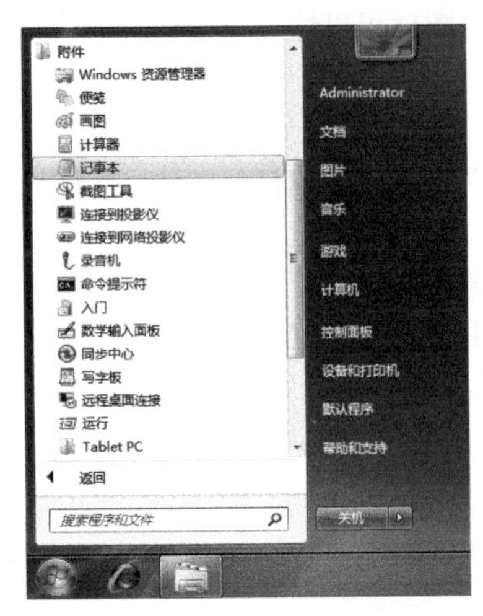

图 2-9-5 【记事本】菜单命令

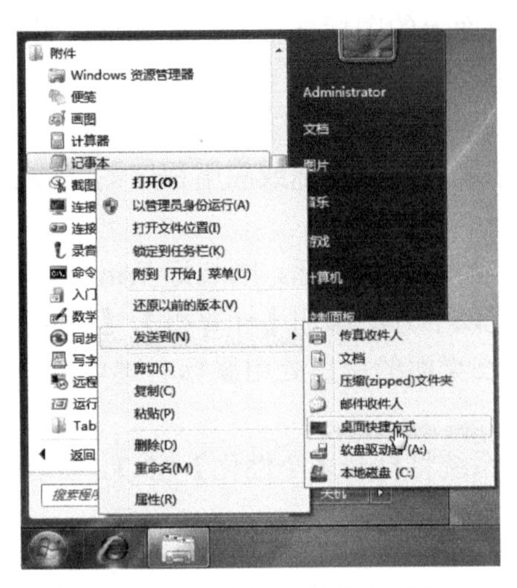

图 2-9-6 设置桌面应用程序图标

③ 返回到桌面，可以看到桌面上已经添加了一个【记事本】的快捷方式图标，如图 2-9-7 所示。

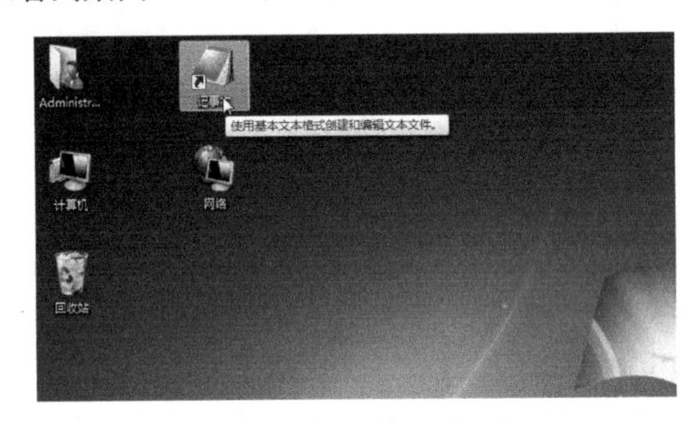

图 2-10-7 查看设置的图标

提示：用户除了添加系统图标和应用程序图标之外，还可以将文件或文件夹图标添加至桌面，其操作方法与创建应用程序的快捷方式图标类似，这里不再赘述。

2. 删除桌面图标

对于不常用的桌面图标，用户可以将其删除，这样有利于管理，同时使桌面看起来更加简洁美观。

（1）使用【删除】命令。用户可以选择桌面上不常用的图标，用鼠标右键单击并在弹出的快捷菜单中执行【删除】命令，打开【删除快捷方式】对话框，单击【是】按钮即可，如图 2-9-8 和图 2-9-9 所示。

（2）利用快捷键删除。选择需要删除的桌面图标，按【Delete】键，在打开的【删除快捷方式】对话框中单击【是】按钮，可将选择的图标删除，如图 2-9-9 所示。

提示：用户在选择桌面图标后，按【Shift+Delete】组合键可彻底删除桌面图标。

3. 设置桌面图标的大小和排序方式

桌面上放置的图标比较多时，会显得杂乱无章，毫无头绪，此时可以通过设置桌面图标的大小和排序方式等来整理桌面。图标的显示方式有 3 种，分别为【大图标】、【中等图标】和【小图标】，用户可根据实际情况来选择桌面图标显示的大小。图标的排序方式有 4 种，分别为【名称】、

【大小】、【项目类型】和【修改日期】，用户可根据需要进行选择。

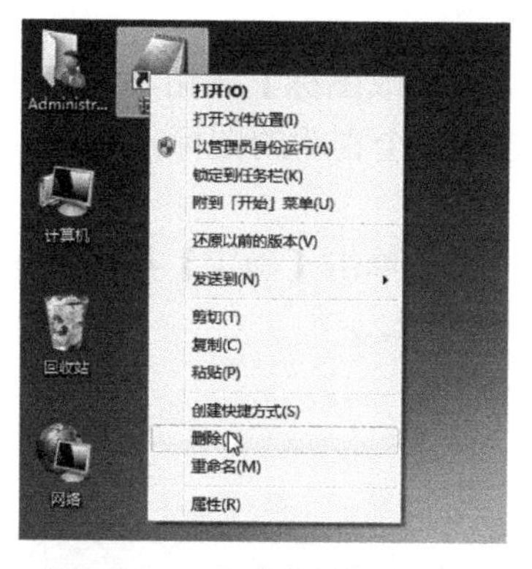

图 2-9-8 【删除】菜单命令

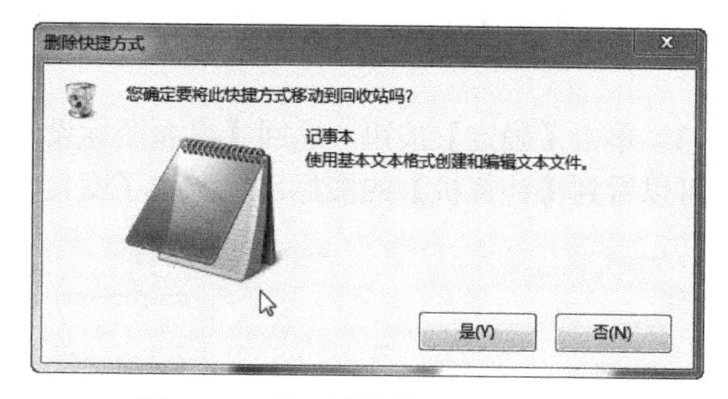

图 2-9-9 【删除快捷方式】对话框

（1）在桌面的空白处用鼠标右键单击，在弹出的快捷菜单中执行【查看】→【小图标】命令，如图 2-9-10 所示。

（2）返回到桌面，此时桌面图标已经以小图标的方式显示，如图 2-9-11 所示。

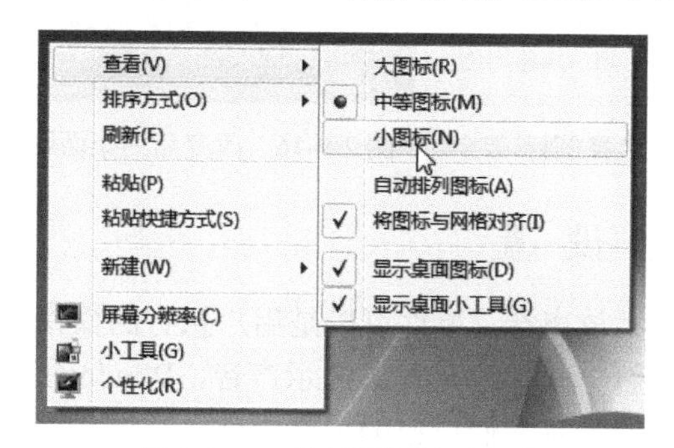

图 2-9-10 选择图标显示方式

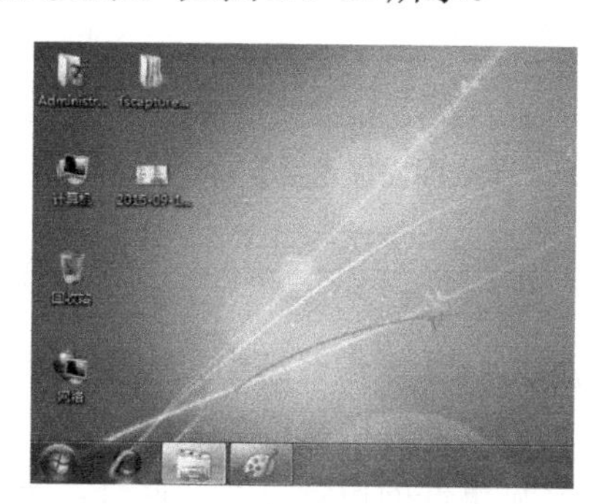

图 2-9-11 查看显示效果

（3）在桌面的空白处用鼠标右键单击，在弹出的快捷菜单中执行【排序方式】→【名称】命令，如图 2-9-12 所示。

（4）返回到桌面，图标将按名称进行排序，如图 2-9-13 所示。

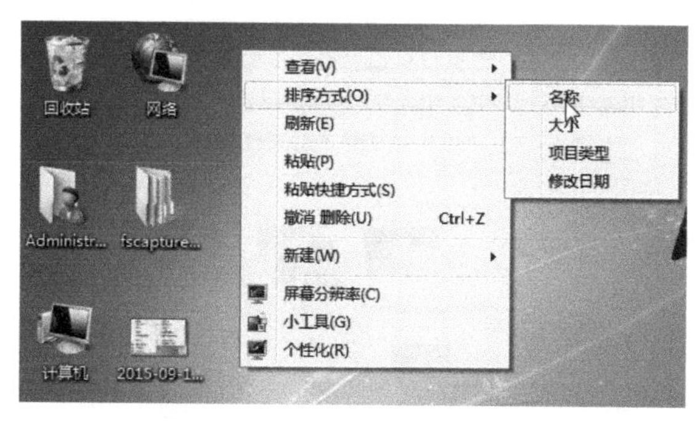

图 2-9-12 选择图标排序方式

图 2-9-13 查看排序结果

4. 更改桌面图标

用户还可以为桌面图标设置一个好听的名字或设置一个醒目的图标。其中，设置桌面名称与更改文件的名称操作方法类似，这里不再赘述。而更改桌面图标的操作步骤如下：

（1）在桌面的空白处用鼠标右键单击，在弹出的快捷菜单中执行【个性化】命令，打开【个性化】窗口，单击左侧窗格中的【更改桌面图标】链接，打开【桌面图标设置】对话框，如图 2-9-14 所示。

（2）选择一个桌面图标，这里选择【计算机】图标，单击【更改图标】按钮，在打开的【更改图标】对话框的【从以下列表中选择一个图标】列表框中选择一个喜欢的图标，如图 2-9-15 所示。

（3）单击【确定】按钮，返回【桌面图标设置】对话框，再次单击【确定】按钮，返回至桌面，可以看到【计算机】的图标已经发生了变化，如图 2-9-16 所示。

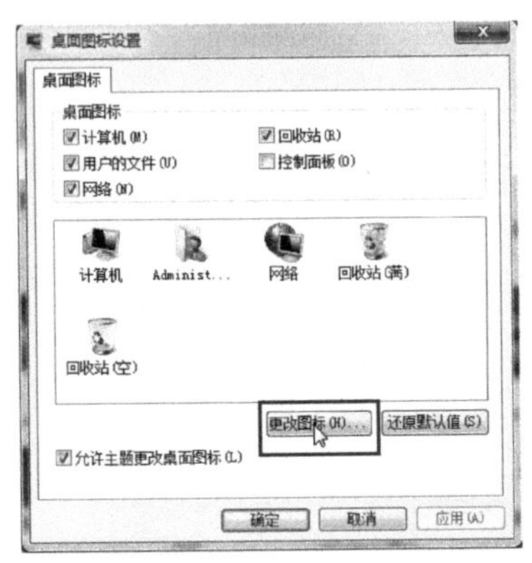

图 2-9-14 【桌面图标设置】对话框

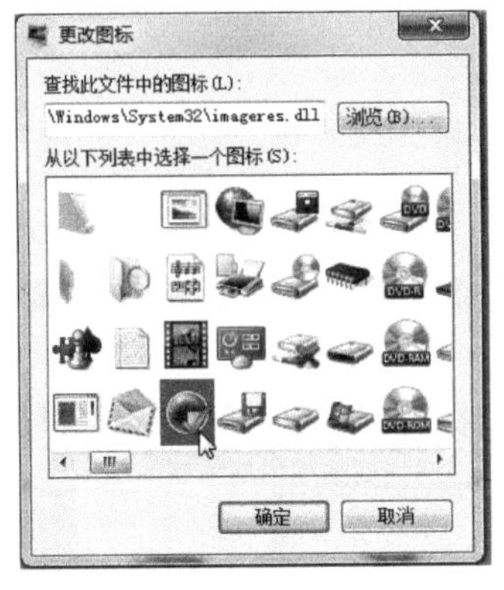

图 2-9-15 选择图标

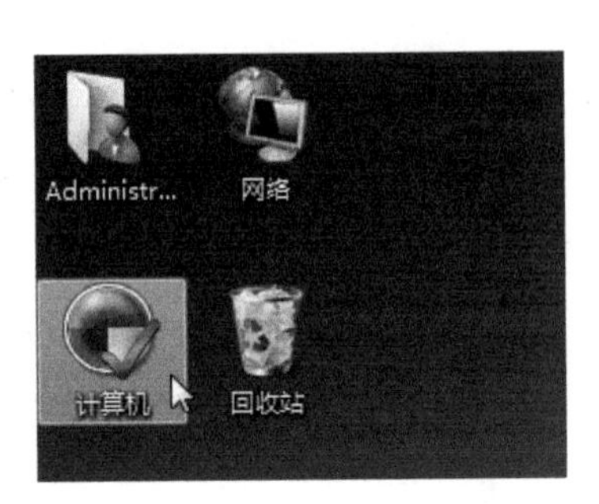

图 2-9-16 改变后的桌面图标

2.10 声音设置

在 Windows 7 操作系统中，发生某些事件时会播放声音。事件可以是用户执行的操作，如登录到计算机，或计算机执行的某些操作，如在收到新电子邮件时发出提示声音。Windows 7 附带多种针对常见事件的声音方案。此外，某些桌面主题也有它们自己的声音方案。

自定义声音的具体操作步骤如下：

（1）在桌面的空白处用鼠标右键单击，在弹出的快捷菜单中执行【个性化】命令，如图 2-10-1 所示。

（2）打开【个性化】窗口，单击【声音】选项，如图 2-10-2 所示。

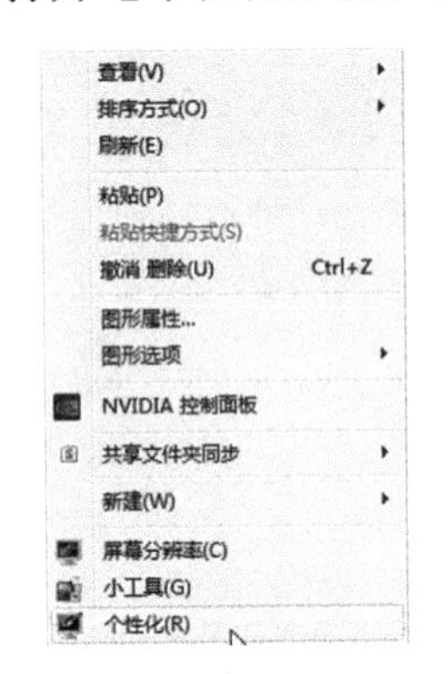

图 2-10-1 【个性化】命令

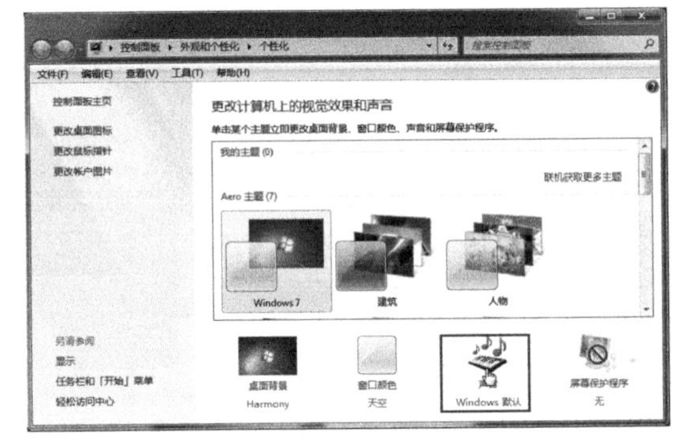

图 2-10-2 【声音】选项

（3）打开【声音】对话框，选择【声音】选项卡，在【声音方案】下拉列表框中选择一种喜欢的声音方案，如图 2-10-3 所示。

（4）如果用户想具体设置每个事件的声音，可以在【程序事件】列表框中选择需要修改的事件，然后在【声音】下拉列表框中为其选择声音，如图 2-10-4 所示。

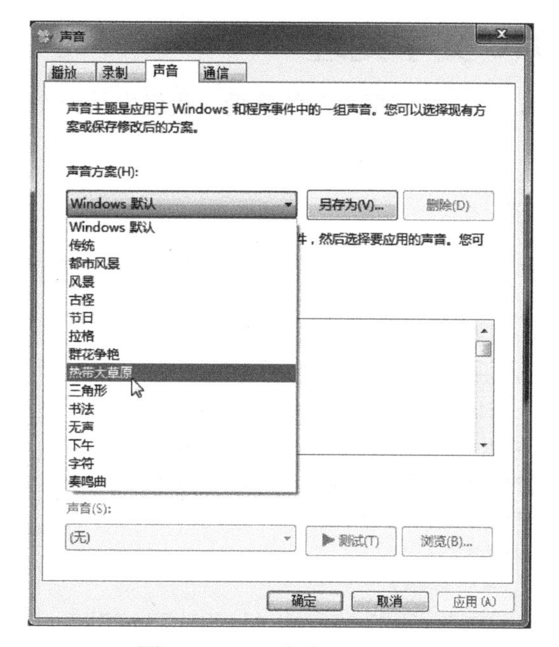

图 2-10-3 【声音】对话框

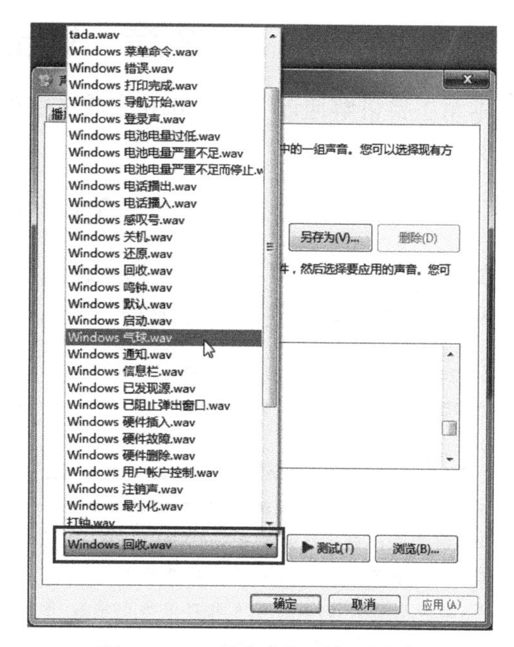

图 2-10-4 【声音】下拉列表框

（5）如果对系统提供的声音不满意，用户还可以自定义声音。选择【程序事件】列表框中的【Windows 注销】后单击【浏览】按钮，打开【浏览新的 Windows 注销声音】对话框，选择修改后的声音文件，单击【打开】按钮。这里选择“Windows 导航开始”声音文件，如图 2-10-5 所示。

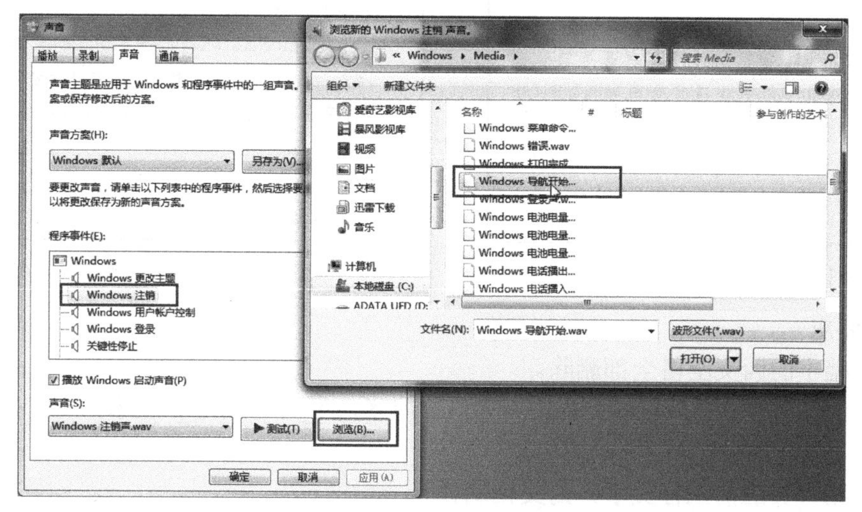

图 2-10-5 【浏览新的 Windows 注销声音】对话框

（6）返回到【声音】对话框，单击【测试】按钮即可试听声音，单击【确定】按钮完成设置。

第 3 章　Word 2010 文字处理

本章主要讲解通过 Word 2010 完成文字处理工作，为了能有更直观的感受，我们先从一个操作案例开始。

3.1　案 例 操 作

如图 3-1-1 和图 3-1-2 所示，为一篇网页上的文字资料，共计有 10 页（限于篇幅，仅展示其中的两页），现需对其进行美化编排。

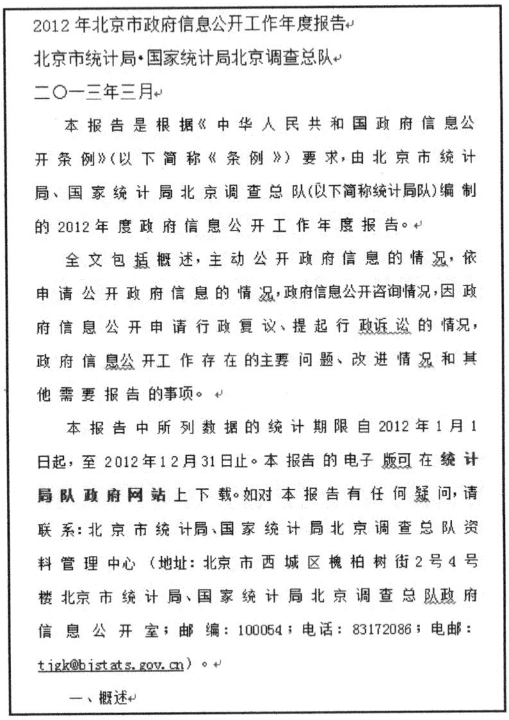

2012 年北京市政府信息公开工作年度报告

北京市统计局•国家统计局北京调查总队

二〇一三年三月

本报告是根据《中华人民共和国政府信息公开条例》(以下简称《条例》)要求，由北京市统计局、国家统计局北京调查总队(以下简称统计局队)编制的 2012 年度政府信息公开工作年度报告。

全文包括概述，主动公开政府信息的情况，依申请公开政府信息的情况，政府信息公开咨询情况，因政府信息公开申请行政复议、提起行政诉讼的情况，政府信息公开工作存在的主要问题、改进情况和其他需要报告的事项。

本报告中所列数据的统计期限自 2012 年 1 月 1 日起，至 2012 年 12 月 31 日止。本报告的电子版可在**统计局队政府网站**上下载。如对本报告有任何疑问，请联系：北京市统计局、国家统计局北京调查总队资料管理中心（地址：北京市西城区槐柏树街 2 号 4 楼北京市统计局、国家统计局北京调查总队政府信息公开室；邮编：100054；电话：83172086；电邮：tjgk@bjstats.gov.cn）。

一、概述

图 3-1-1　长文档示例（第 1 页）

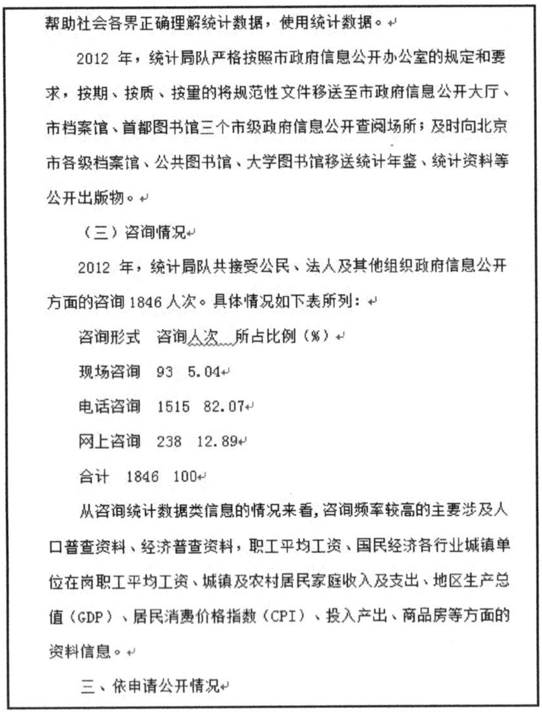

帮助社会各界正确理解统计数据，使用统计数据。

2012 年，统计局队严格按照市政府信息公开办公室的规定和要求，按期、按质、按量的将规范性文件移送至市政府信息公开大厅、市档案馆、首都图书馆三个市级政府信息公开查阅场所；及时向北京市各级档案馆、公共图书馆、大学图书馆移送统计年鉴、统计资料等公开出版物。

（三）咨询情况

2012 年，统计局队共接受公民、法人及其他组织政府信息公开方面的咨询 1846 人次。具体情况如下表所列：

咨询形式　咨询人次　所占比例（%）

现场咨询　93　5.04

电话咨询　1515　82.07

网上咨询　238　12.89

合计　1846　100

从咨询统计数据类信息的情况来看，咨询频率较高的主要涉及人口普查资料、经济普查资料，职工平均工资、国民经济各行业城镇单位在岗职工平均工资、城镇及农村居民家庭收入及支出、地区生产总值（GDP）、居民消费价格指数（CPI）、投入产出、商品房等方面的资料信息。

三、依申请公开情况

图 3-1-2　长文档示例（第 7 页）

1．操作要求

（1）将文档中的西文空格全部删除。

（2）纸张大小设置为 16 开，上页边距为 3.2 厘米，下页边距为 3 厘米，左、右页边距均为 2.5 厘米。

（3）使用第一页的前三行文字，为文档制作一个封面页。

（4）将标题“（三）咨询情况”下用蓝色标出的段落部分转换为表格，并为其套用一种美观的样式。基于该表格数据，在表格下方插入一个饼图，用于显示各种咨询形式所占的比例，饼图要求仅显示百分比。

（5）将文档中以“一、”、“二、”、“三、”……开头的段落设置为“标题 1”样式；以“（一）”、“（二）”……开头的段落设置为“标题 2”样式；以“1、”、“2、”……开头的段落设置为“标题 3”样式。

（6）给正文第 2 段中用红色标出的文字“统计局队政府网站”添加超链接地址“http://www.bjstats.gov.cn”。同时，在“统计局队政府网站”后添加脚注，内容为“http://www.bjstats.gov.cn”。

（7）将正文第一页的前三段分为两栏显示。

（8）在封面页与正文之间插入目录，目录要求包含标题第 1～3 级及对应页码编号，目录单独占用一页。

（9）除封面页和目录页外，在正文页上添加页眉和页码，页眉文字为“政府信息公开工作年度报告”，正文页码从第 1 页开始。

2．操作步骤

（1）【操作步骤】

步骤 1：按【Ctrl+H】组合键，弹出【查找和替换】对话框，在【查找内容】文本框中输入西文空格（即在英文输入法模式下，按一次空格键），【替换为】栏内不输入任何内容，单击【全部替换】按钮，如图 3-1-3 所示。

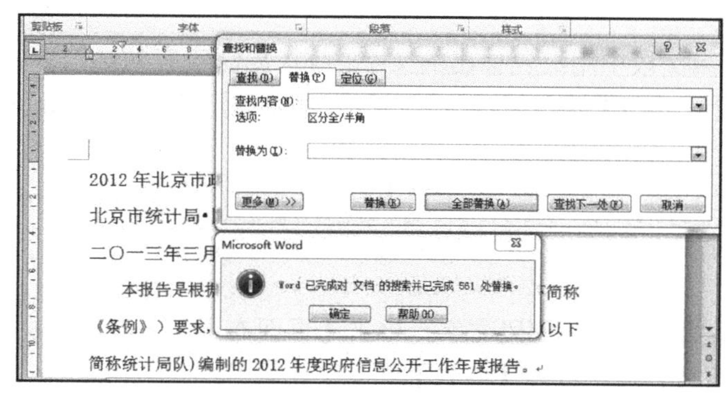

图 3-1-3　【查找和替换】对话框

（2）【操作步骤】

步骤 1：单击【页面布局】选项卡【页面设置】组中的【页面设置】按钮，弹出【页面设置】对话框，单击【纸张】选项卡，设置【纸张大小】为“16 开”。单击【页边距】选项卡，在页边距的上、下、左、右输入框中，输入对应的值，单击【确定】按钮。

（3）【操作步骤】

步骤 1：单击【插入】选项卡下【页】组中的【封面】按钮，从弹出的下拉列表中选择【运动型】。

步骤 2：将第一页前三行文字移动到封面的相对位置，并设置适当的字体和字号，如图 3-1-4 所示。

图 3-1-4　插入“封面”

（4）【操作步骤】

步骤 1：选中标题“（三）咨询情况”下用蓝色标出的段落部分，在【插入】选项卡【表格】组中单击【表格】下拉按钮，从弹出的下拉列表中选择【文本转换成表格】命令，弹出【将文字转换成表格】对话框，单击【确定】按钮。

步骤 2：选中表格，在【表格工具】|【设计】选项卡【表格样式】组中选择一种样式。

步骤 3：将光标定位到表格下方，单击【插入】选项卡【插图】组中的【图表】按钮，弹出【插入图表】对话框，选择【饼图】选项中的【饼图】选项，单击【确定】按钮。将 Word 中的表格数据的第一列和第三列复制、粘贴到 Excel 中（Excel 中多余的数据行要删除掉）。

步骤 4：选中图表，在【图表工具】|【布局】选项卡【标签】组中，单击【数据标签】按钮，从弹出的下拉列表中选择一种样式，此处我们选择【居中】。然后关闭 Excel 文件，设置后的效果如图 3-1-5 所示。

（5）【操作步骤】

步骤 1：选中文档中以“一、”、“二、”……开头的段落（可以按住键盘上的【Ctrl】键后一次性用鼠标跳跃选取），单击【开始】选项卡【样式】组中的【标题 1】。

步骤 2：选中以“（一）”、“（二）”……开头的段落（选取技巧同上），单击【开始】选项卡【样式】组中的【标题 2】。

步骤 3：选中以“1、”、“2、”……开头的段落，单击【开始】选项卡【样式】组中的【标题 3】。

（6）【操作步骤】

步骤 1：选中正文第 2 段中用红色标出的文字“统计局队政府网站”，单击【插入】选项卡【链接】组中的【超链接】按钮，弹出【插入超链接】对话框，在地址栏中输入“http://www.bjstats.gov.cn/”，单击【确定】按钮。

步骤 2：选中“统计局队政府网站”，单击【引用】选项卡【脚注】组中的【插入脚注】按钮，在页面底部光标闪烁处输入“http://www.bjstats.gov.cn”。

（7）【操作步骤】

步骤 1：选中正文第一页的前三段文字，单击【页面布局】选项卡【页面设置】组中的【分栏】按钮，从弹出的下拉列表中选择【两栏】。

（8）【操作步骤】

步骤 1：在封面页后另起一页，单击【引用】选项卡【目录】组中的【目录】按钮，从弹出的下拉列表中选择【插入目录】，弹出【目录】对话框，格式选择【正式】，显示级别选择【3】，单击【确定】按钮，如图 3-1-6 所示。

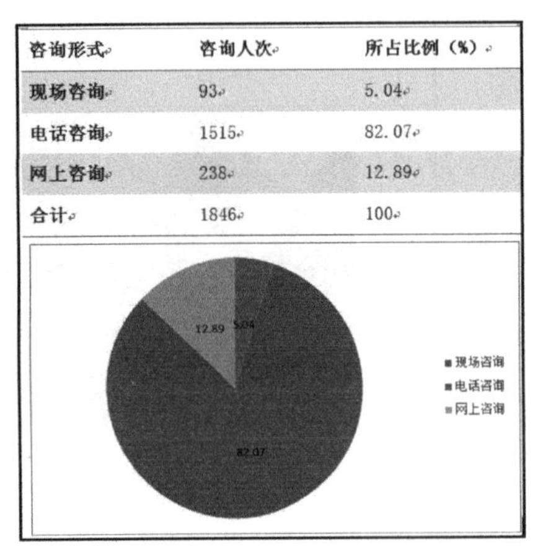

咨询形式	咨询人次	所占比例（%）
现场咨询	93	5.04
电话咨询	1515	82.07
网上咨询	238	12.89
合计	1846	100

图 3-1-5　设置表格和图表

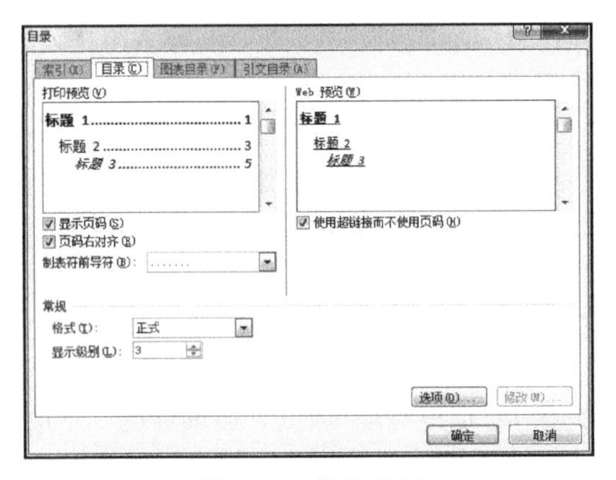

图 3-1-6　插入目录

步骤 2：光标定位在目录页的最后，单击【页面布局】选项卡【页面设置】组中的【分隔符】按钮，从弹出的下拉列表中选择【分节符】下的【下一页】。

（9）【操作步骤】

步骤 1：双击正文部分（即目录页后面的正文页）页眉处，弹出【页眉和页脚工具】选项卡，在该选项卡中取消掉【链接到前一条页眉】。

步骤 2：在页眉编辑部分输入文字“政府信息公开工作年度报告”，如图 3-1-7 所示。

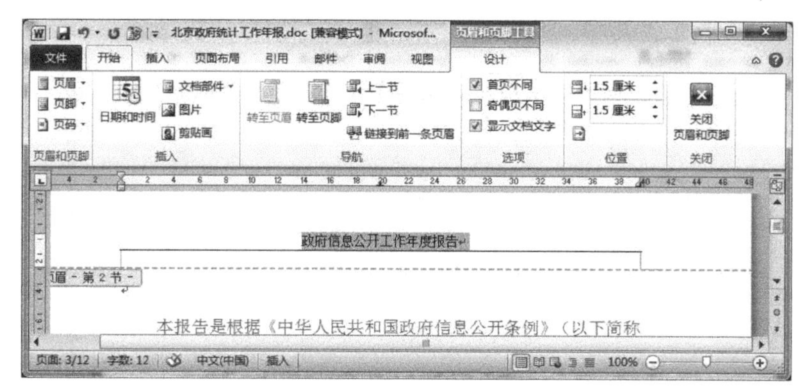

图 3-1-7　输入页眉

步骤 3：单击【转至页脚】按钮，继续取消掉【链接到前一条页眉】，然后单击【页码】按钮，选择【页面底端】组中的【普通数字 2】，如图 3-1-8 所示，在页脚部分将添加一个页码标记，起始数字为“0”；

步骤 4：选中数字“0”页码标记，在上面单击鼠标右键，在弹出的快捷菜单中选择【设置页码格式】，弹出【页码格式】对话框，如图 3-1-9 所示，将起始页码数字调整为“1”，单击【确定】按钮。

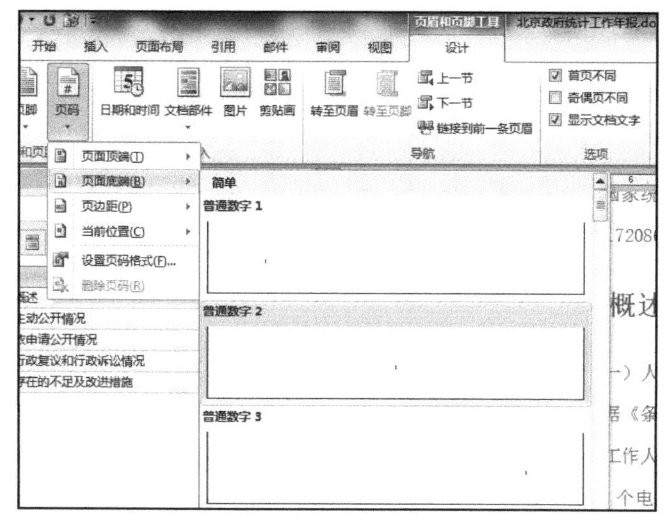

图 3-1-8　插入页码

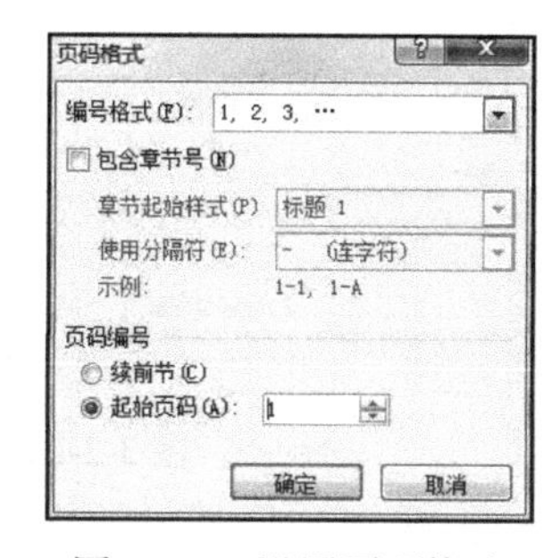

图 3-1-9　设置页码格式

步骤 5：单击【关闭页眉和页脚】按钮，返回正常编辑界面，单击【保存】按钮保存文件。

3.2　Word 2010 的工作界面

Word 2010 的工作界面包括【文件】选项卡、快速访问工具栏、标题栏、功能区、状态栏和文档编辑区等内容，如图 3-2-1 所示。

1.【文件】选项卡

在 Word 2010 的工作界面中，选择【文件】选项卡后，可以看到【文件】选项卡中主要包含了【保存】、【另存为】、【打开】、【关闭】、【信息】、【最近所用文件】、【新建】、【打印】、【保存并发送】、【帮助】、【选项】和【退出】等选项，如图 3-2-2 所示。

2．快速访问工具栏

用户可以使用快速访问工具栏快速使用常用的功能，如保存、撤销、恢复、打印预览和快速打印等功能，如图 3-2-3 所示。

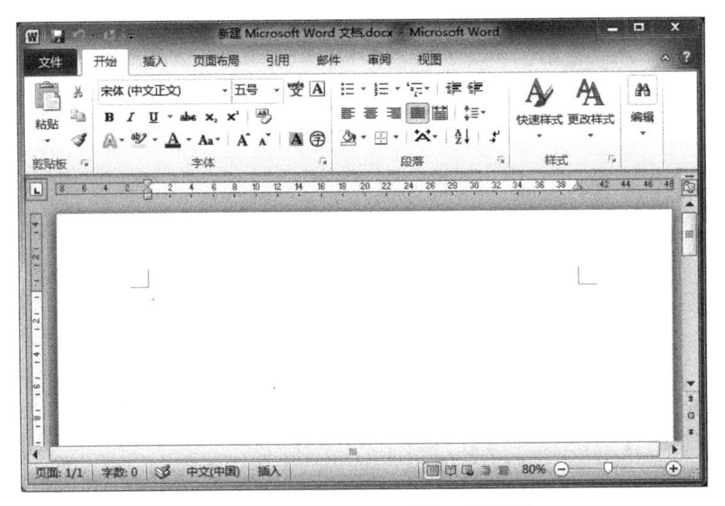

图 3-2-1　Word 2010 的工作界面

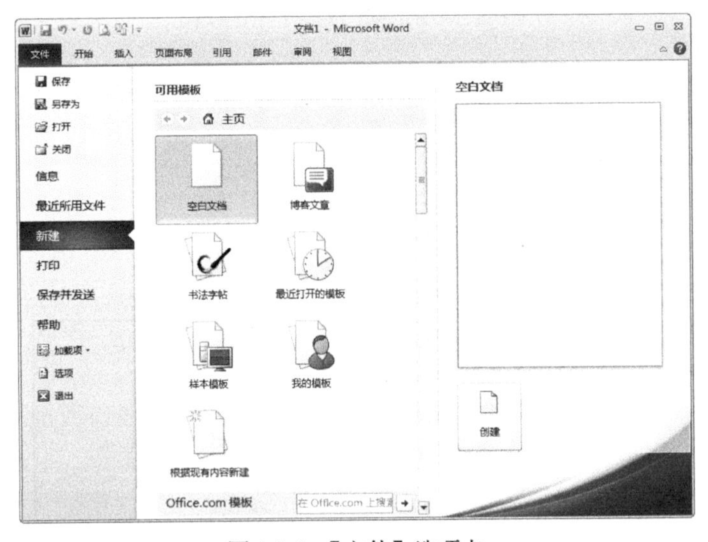

图 3-2-2 【文件】选项卡

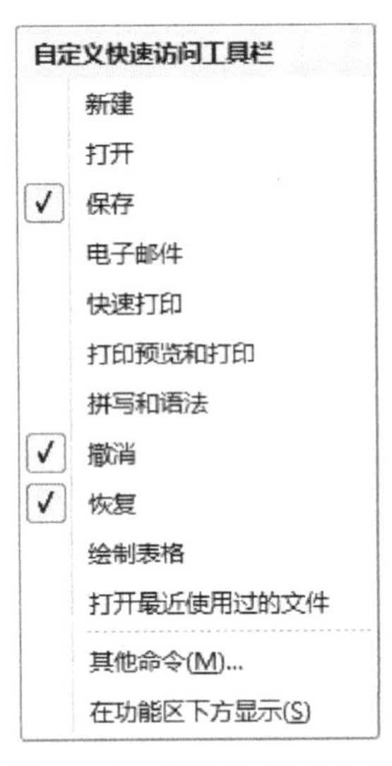

图 3-2-3　快速访问工具栏

3．标题栏

标题栏中间显示当前文件的文件名和正在使用的 Office 组件的名称，如“文档 1- Microsoft Word”。

在标题栏的右侧有 3 个窗口控制按钮，分别为【最小化】按钮、【最大化】按钮和【关闭】按钮，如图 3-2-4 所示。

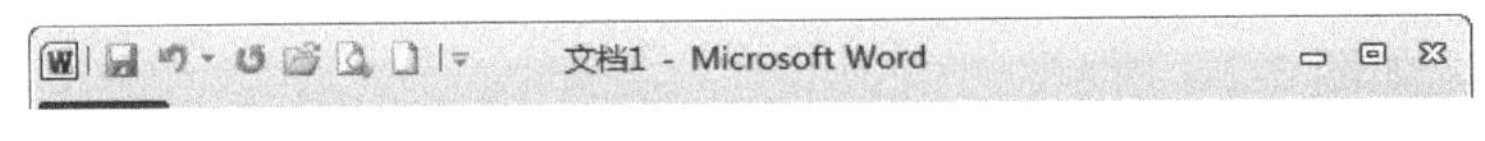

图 3-2-4　标题栏

另外，用户还可以在标题栏上用鼠标右键单击打开窗口控制菜单，通过菜单命令操作窗口，如还原、移动、大小、最小化、最大化和关闭等，如图 3-2-5 所示。

4．功能区

功能区几乎涵盖了所有的按钮、库和对话框。功能区首先将控件对象分为多个选项卡，然后在选项卡中将控件细化为不同的选项组，如图 3-2-6 所示。

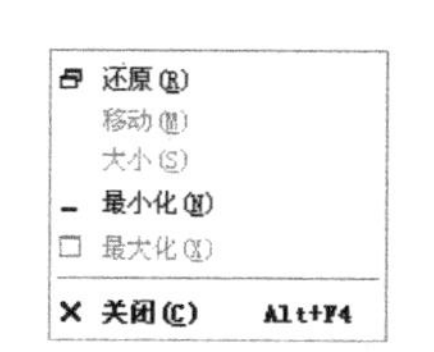

图 3-2-5　窗口控制菜单

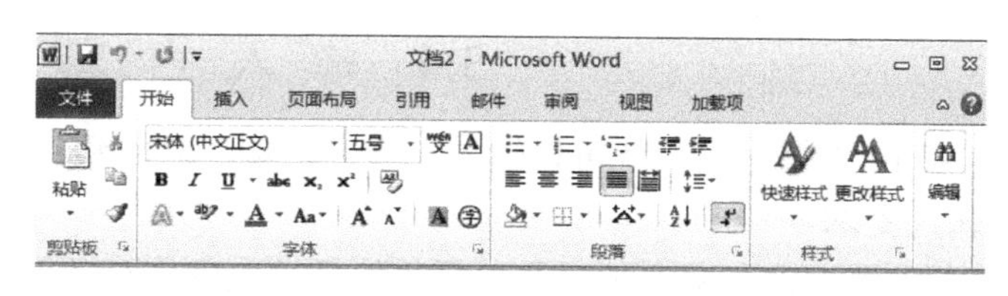

图 3-2-6　功能区

5. 文档编辑区

文档编辑区是工作的主要区域，用来实现文档的编辑和显示。在进行文档编辑时，可以使用水平标尺、垂直标尺、水平滚动条和垂直滚动条等辅助工具，如图 3-2-7 所示。

6. 状态栏

状态栏提供了页面、字数统计、拼音、语法检查、改写、视图方式、显示比例和缩放滑块等辅助功能，以显示当前文档的各种编辑状态，如图 3-2-8 所示。

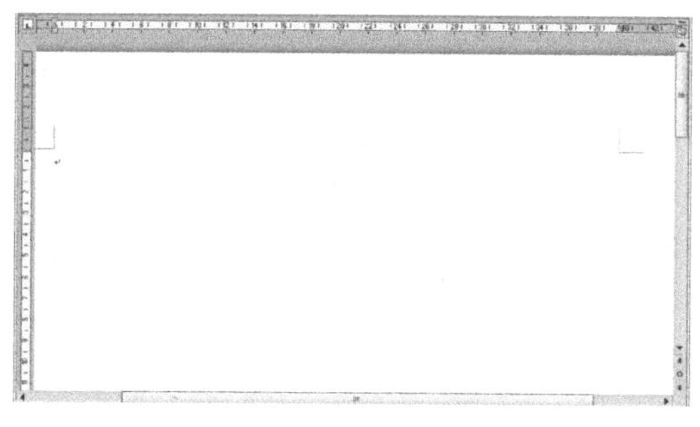

图 3-2-7　文档编辑区

图 3-2-8　状态栏

3.3　新 建 文 档

新建文档常用的方法如下：

1. 创建空白文档

默认情况下，每一次启动 Microsoft Word 2010，都会自动创建一个空白 Word 文档，用户可以对文档进行各种编辑操作。

2. 使用系统自带的模板

打开 Word 2010，在【文件】选项卡中选择【新建】选项，在打开的【可用模板】设置区域中选择对应的模板，单击【创建】按钮，即可创建对应格式的文档，如图 3-3-1 所示。

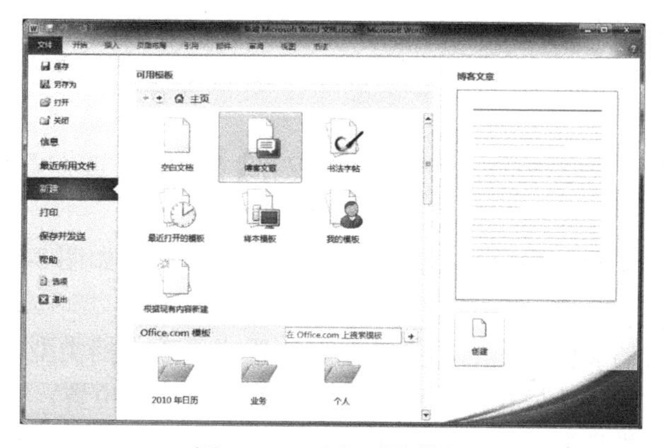

图 3-3-1　选择系统模板

3.4 输 入 内 容

创建 Word 文档之后，就可以输入文字、日期、时间和符号等内容。

1．输入文本

用户在文档中输入文本时，最主要的就是输入汉字和英文字符。Word 2010 的输入功能十分强大，并且易用，只要会使用键盘打字，就可以方便地在文档中输入文字内容。

在输入文字过程中，如果输入错误可以按【Backspace】键删除错误的字符，然后再输入正确的字符。同时，当输入的文字到达一行的最右端时，输入的文本会自动跳转到下一行。如果在未输入完一行时就要换行输入，则可按【Enter】键来进行换行，这样会产生一个段落标记“↵”。如果按【Shift+Enter】组合键来结束一个段落，这样也会产生一个段落标记“↓”，虽然此时也能达到换行输入的目的，但这样并不会结束这个段落，只是换行输入而已，实际上前一个段落与后一个段落仍为一个整体，在 Word 中仍默认它们为一个段落。

2．输入日期和时间

日期和时间在文档中会经常用到，在文档中输入日期的操作非常简单，其具体操作步骤如下：

（1）在文档编辑区将光标移动到需要输入日期和时间的位置，选择【插入】选项卡，在【文本】选项组中单击【日期和时间】按钮，打开【日期和时间】对话框，如图 3-4-1 所示。

（2）在【可用格式】列表框中根据需要选择相应的格式，单击【确定】按钮，即可在文档编辑区中输入时间和日期，如图 3-4-2 所示。

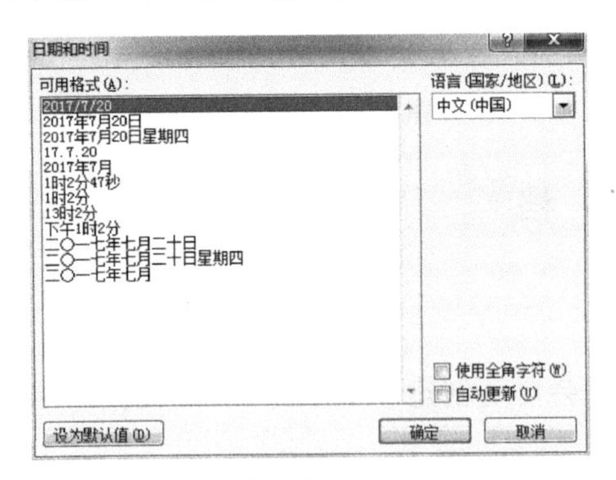

图 3-4-1 【时间和日期】对话框

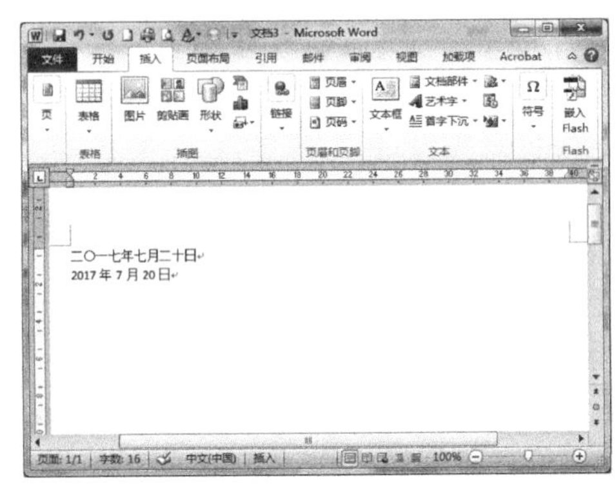

图 3-4-2 在文档中插入日期和时间

3.5 保存和另存为文档

用户在文档编辑的过程中，应养成随时保存文档的良好习惯，以免由于操作失误或计算机故障等造成数据丢失。

1．保存新建文档

在打开的文档中，单击快速访问工具栏上的【保存】按钮，或在【文件】选项卡中选择【保存】选项，都可以对文档进行保存，如图 3-5-1 所示。

如果当前文档是新建文档，系统将打开【另存为】对话框，如图 3-5-2 所示。

2．文件另存

如果用户需要对当前的文档重命名、更换保存位置或更改文档类型，可以选择【文件】选项卡中的【另存为】选项，打开【另存为】对话框，重新选择保存位置，在【文件名】文本框中输入文档的名称，在【保存类型】下拉列表框中选择要保存文档的类型，然后单击【保存】按钮，即可另存文件，如图 3-5-3 所示。

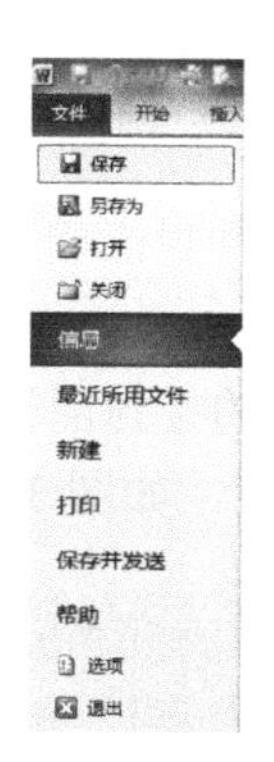

图 3-5-1　保存文档

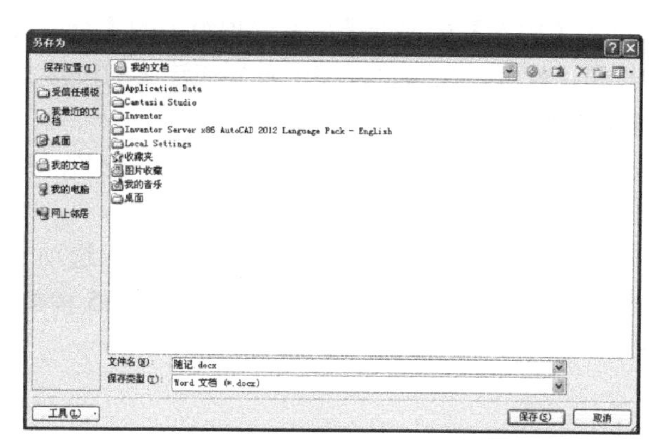

图 3-5-2　【另存为】对话框

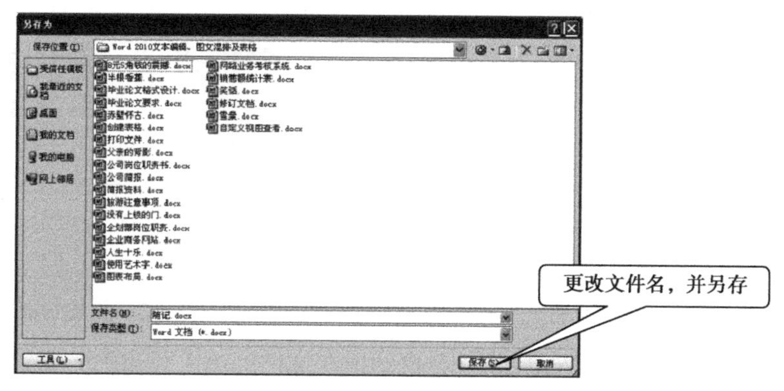

图 3-5-3　文件另存

3.6　插入页和页码

当输入文本或插入表格、图片满一页时，Word 2010 会自动开始新的一页。在一份多页的文档中，如果存在目录而没有页码，那么用户就不能快速地找到需要浏览的内容。本节介绍插入页和页码的方法。

1. 插入空白页

(1) 打开一个事先编辑好的文档，将鼠标光标移至需要插入空白页的位置，如图 3-6-1 所示。

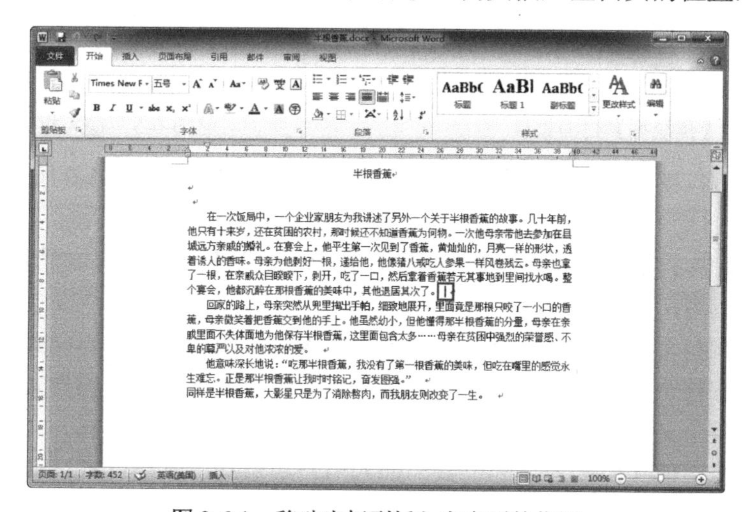

图 3-6-1　移动光标到插入空白页的位置

（2）单击【插入】选项卡【页】选项组中的【空白页】按钮，在快速访问工具栏中单击【打印预览】按钮，就可以在预览视图中看到在连续的段落文字中间插入了空白页，如图 3-6-2 所示。

2．插入封面

使用封面可以使文档显得更加美观、正式，在 Word 2010 中提供了多种封面模板。插入封面的具体操作步骤如下：

（1）新建一个 Word 2010 文档。单击【插入】选项卡【页】选项组中的【封面】按钮，在弹出的【内置】下拉列表中以缩略图的形式显示了 15 种类型的内置封面模板，如图 3-6-3 所示。

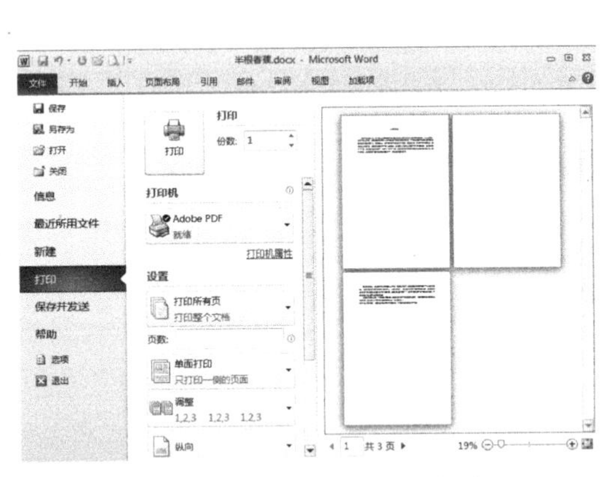

图 3-6-2　预览插入的空白页

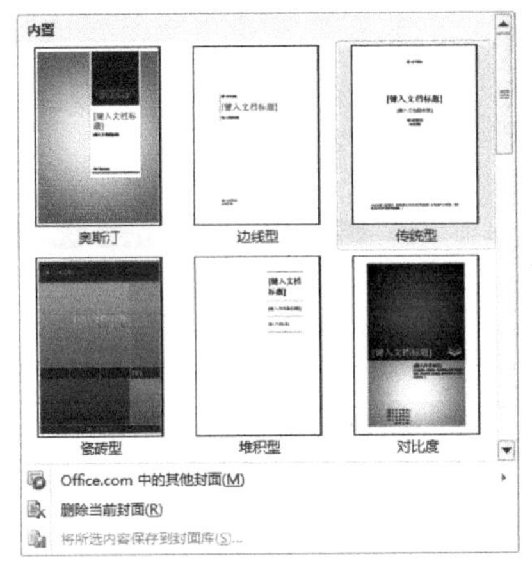

图 3-6-3　内置封面模板

（2）单击需要的封面模板，Word 2010 会自动地在文档的第 1 页添加一个封面页。这里选择【传统型】模板，结果如图 3-6-4 所示。

（3）在模板中系统已经预先设置了【公司】、【标题】、【副标题】、【作者】、【日期】和【文档摘要】等文本区域，单击相应的区域，然后输入文字，即可完成封面的制作，如图 3-6-5 所示。

图 3-6-4　【传统型】封面模板

图 3-6-5　输入相关内容

（4）输入内容后，就可以在打印预览窗口中查看整体效果，如图 3-6-6 所示。

3．插入页码

Word 2010 中提供了【页面顶端】、【页面底端】、【页边距】和【当前位置】等 4 类页码格式，供用户插入页码时选用，如图 3-6-7 所示。

【页面顶端】：在整个文档的每一个页面顶端，插入用户所选择的页码样式。

【页面底端】：在整个文档的每一个页面底端，插入用户所选择的页码样式。

【页边距】：在整个文档的每一个页边距，插入用户所选择的页码样式。

【当前位置】：在当前文档插入点的位置，插入用户所选择的页码样式。

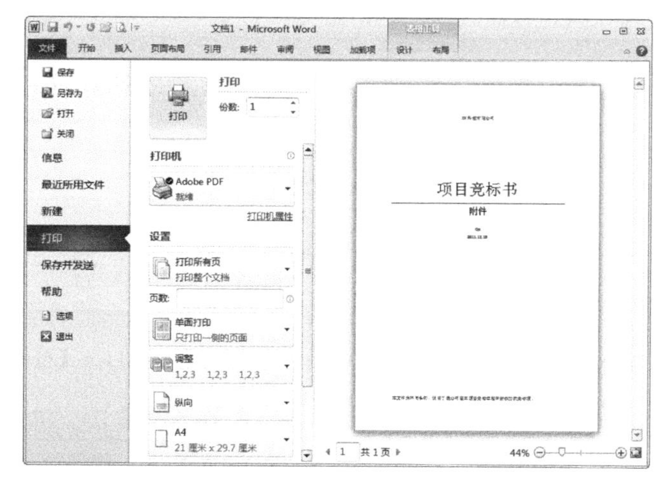

图 3-6-6　打印预览效果

在 Word 2010 中插入页码的具体操作步骤如下：

（1）新建一个空白文档，单击【插入】选项卡【页眉和页脚】选项组中的【页码】按钮，如图 3-6-8 所示。

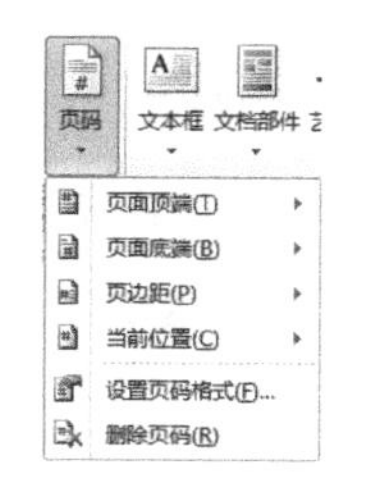

图 3-6-7　页码下拉列表

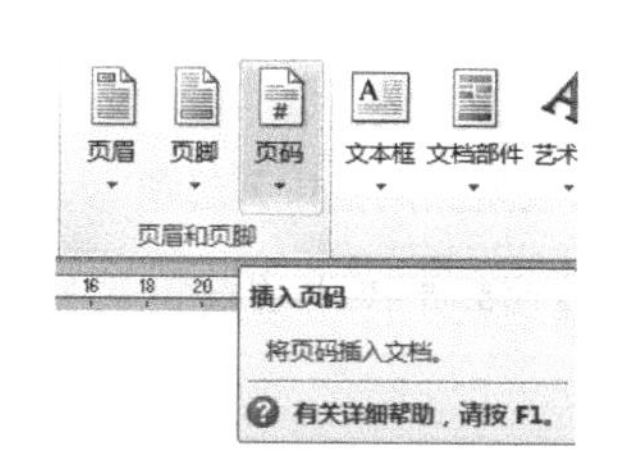

图 3-6-8　【页码】按钮

（2）在弹出的【页码】下拉列表中选择需要插入页码的位置，此时会弹出包含各种页码样式的列表，如图 3-6-9 所示。

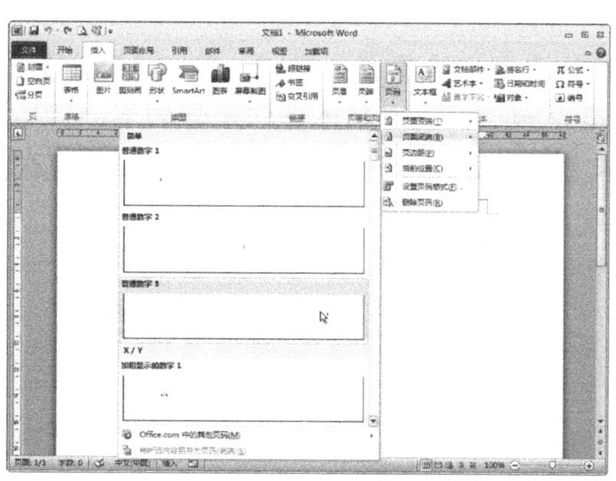

图 3-6-9　页码样式

（3）单击列表中需要插入的页码样式，即可在指定的位置插入指定的页码，如图 3-6-10 所示。

在 Word 2010 中设置页码格式的具体操作步骤如下：

（1）新建一个空白文档，单击【插入】选项卡【页眉和页脚】选项组中的【页码】按钮，如图 3-6-11 所示。

（2）在弹出的【页码】下拉列表中选择【设置页码格式】选项，如图 3-6-12 所示，打开【页码格式】对话框，如图 3-6-13 所示。

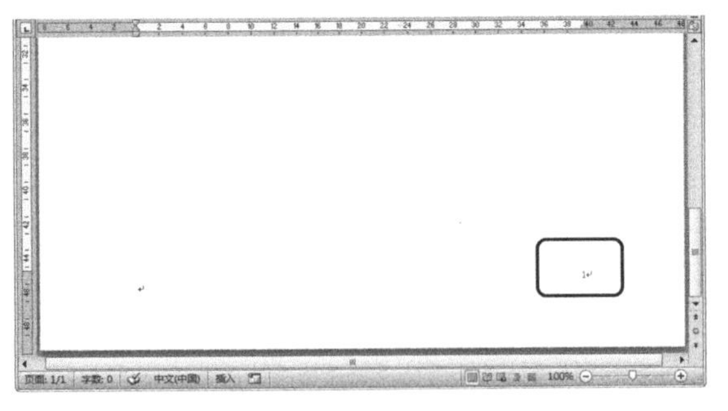

图 3-6-10　插入页码

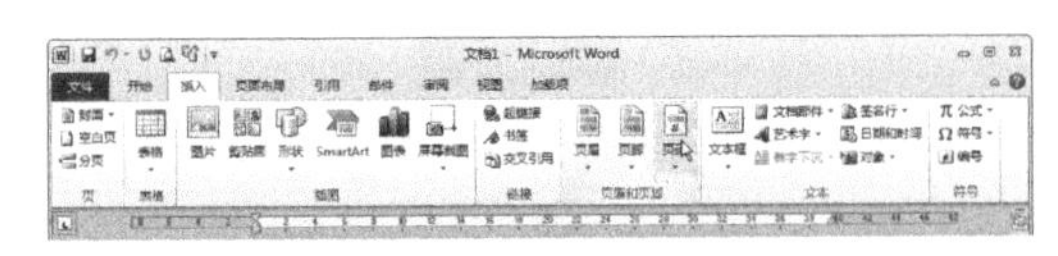

图 3-6-11　【页码】按钮

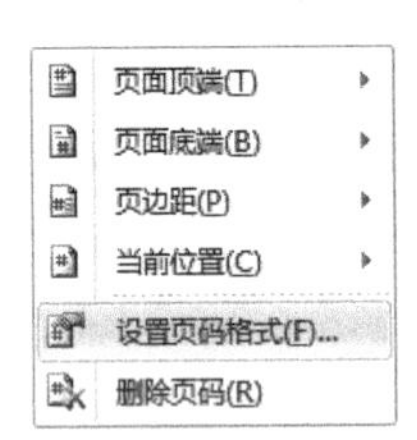

图 3-6-12　【设置页码格式】选项

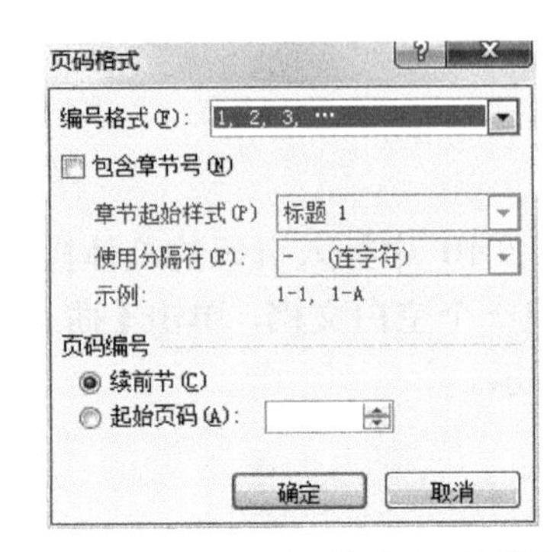

图 3-6-13　【页码格式】对话框

在【页码编号】选项中可以设置页码的起始数字，选项介绍如表 3-6-1 所示。

表 3-6-1　页码编号

选　　项	功　　能
续前节	接着上一节最后一页的页码编号继续编排
起始页码	从指定页码开始继续编排

（3）在【编号格式】下拉列表框中选择页码样式，单击【确定】按钮，便可完成页码的设置。

当用户不需要页码时，可以删除页码，具体操作步骤如下：

（1）单击【插入】选项卡【页眉和页脚】组中的【页码】按钮，在弹出的下拉列表中选择【删除页码】选项，如图 3-6-14 所示。

（2）删除页码后的页面如图 3-6-15 所示。

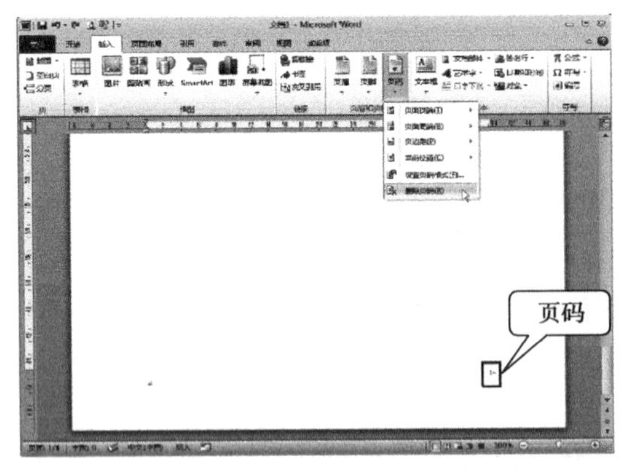

图 3-6-14　【删除页码】选项

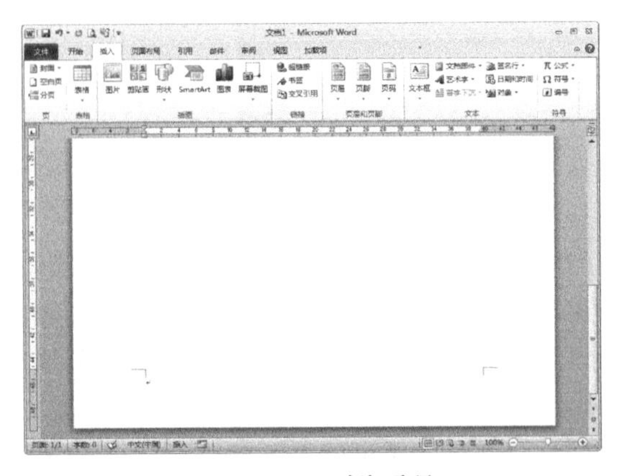

图 3-6-15　删除页码

3.7 设置页眉和页脚

Word 2010 提供了丰富的页眉和页脚模板，用户可以快速地插入页眉和页脚。本节介绍如何使用内置的模板插入页眉和页脚。

1. 插入页眉

在 Word 2010 文档中，插入页眉的具体操作步骤如下：

（1）打开一个事先编辑过的文档，单击【插入】选项卡【页眉和页脚】选项组中的【页眉】按钮，弹出【页眉】下拉列表，如图 3-7-1 所示。

（2）选择需要的页眉模板，如这里选择【危险性】选项，Word 2010 会在文档每一页的顶部插入页眉，并显示两个文本域，如图 3-7-2 所示。

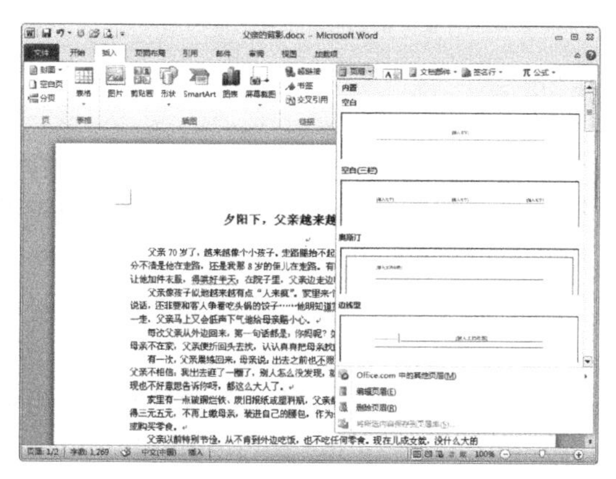

图 3-7-1 【页眉】下拉列表

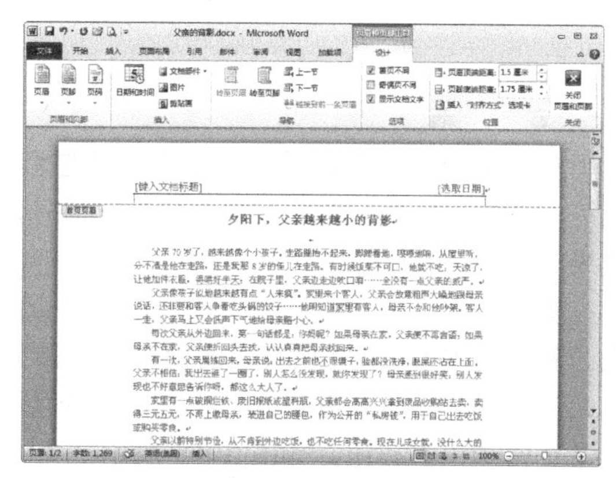

图 3-7-2 【危险性】页眉模板

（3）在页眉的文本域中输入文档的标题和年份，然后单击【关闭页眉和页脚】按钮，如图 3-7-3 所示。

2. 插入页脚

在 Word 2010 文档中，插入页脚的具体操作步骤如下：

（1）在【设计】选项卡中单击【页眉和页脚】选项组中的【页脚】按钮，在弹出的【页脚】下拉列表中选择需要的页眉样式，这里选择【危险性】样式，如图 3-7-4 所示。

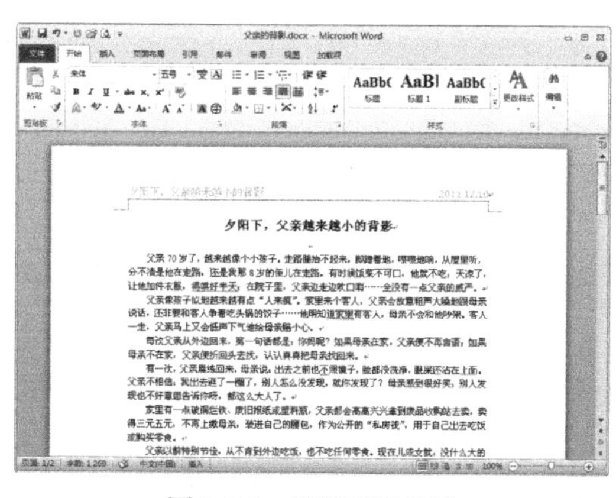

图 3-7-3 设置页眉效果

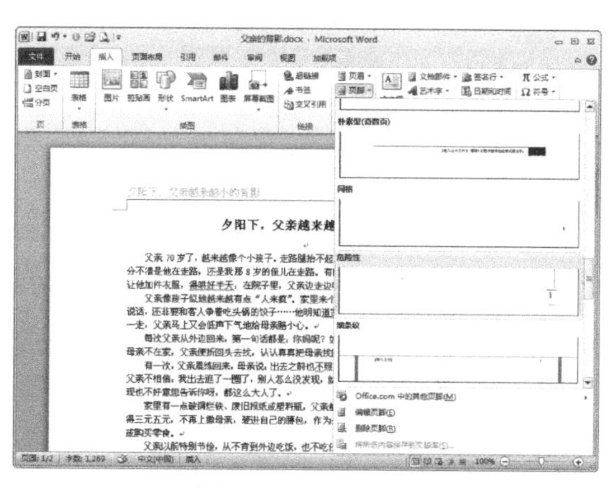

图 3-7-4 页脚样式

（2）Word 2010 会在文档每一页的底部插入页脚，单击【关闭页眉和页脚】按钮，效果如图 3-7-5 所示。

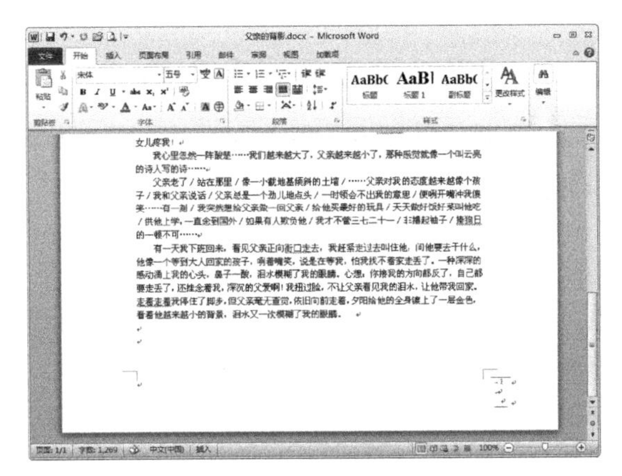

图 3-7-5　插入页脚后的效果

3.8　页面整体设置

用户对文档进行编辑后，可以对页面进行整体的设置。可以通过设置页面的大小、方向和页边距等，决定文档输出的格式以及大小。另外，用户还可以设置页面的颜色、边框、水印或稿纸等效果。

设置了自定义的文档背景页面后，仅供查阅使用，在打印文档时，所设置的背景不会被打印出来。整体设置 Word 文档页面的操作步骤如下：

（1）打开一个事先编辑好的文档，选择【页面布局】选项卡，然后在【页面背景】选项组中单击【页面颜色】按钮，如图 3-8-1 所示。

（2）在弹出的【主题颜色】下拉列表中选择需要的颜色即可，这里选择“橙色，强调文字颜色 6，淡色 80%”，如图 3-8-2 所示。

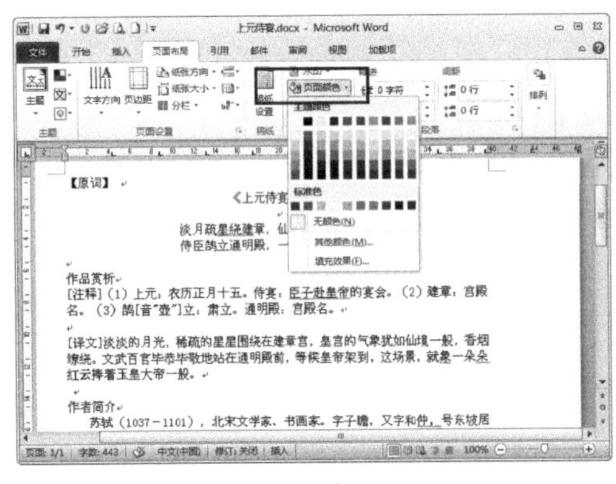

图 3-8-1　【页面颜色】按钮

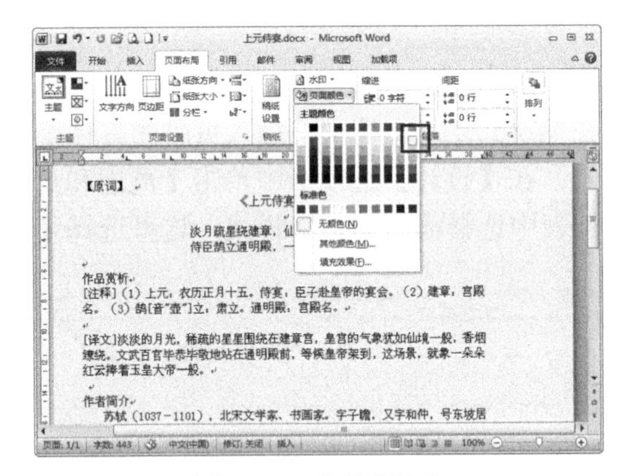

图 3-8-2　选择背景色

（3）除此之外，用户还可以选择【其他颜色】选项，如图 3-8-3 所示，在打开的【颜色】对话框中选择需要的颜色，然后单击【确定】按钮即可，如图 3-8-4 所示。

（4）选择【填充效果】选项，在打开的【填充效果】对话框中可以设置填充的图案及样式，如图 3-8-5 所示。

（5）在【颜色】选项区选中【双色】单选按钮，在【底纹样式】选项区选中【斜上】单选按钮，如图 3-8-6 所示。

（6）单击【确定】按钮，设置的结果如图 3-8-7 所示。

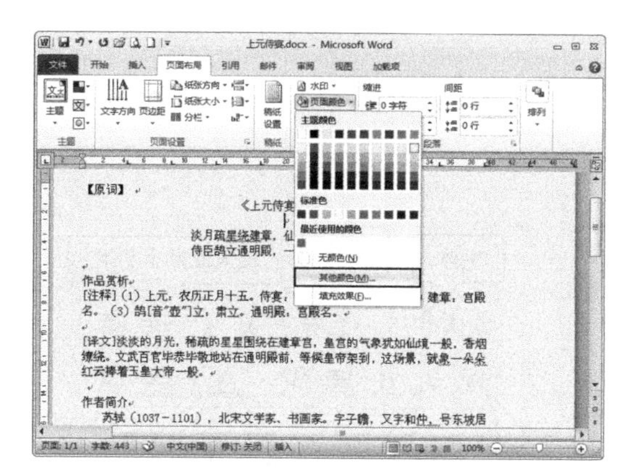

图 3-8-3　【其他颜色】选项

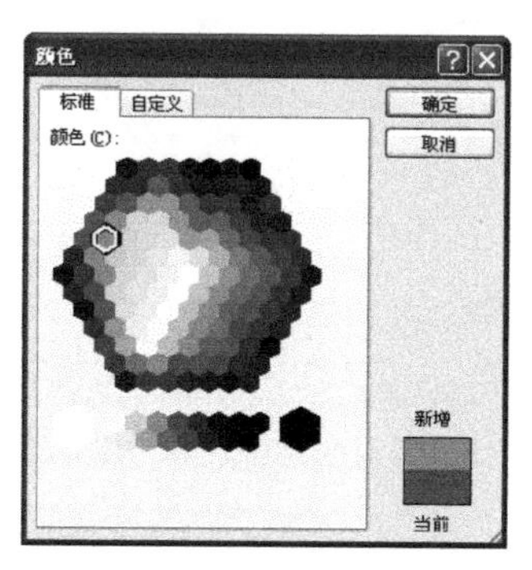

图 3-8-4　【颜色】对话框

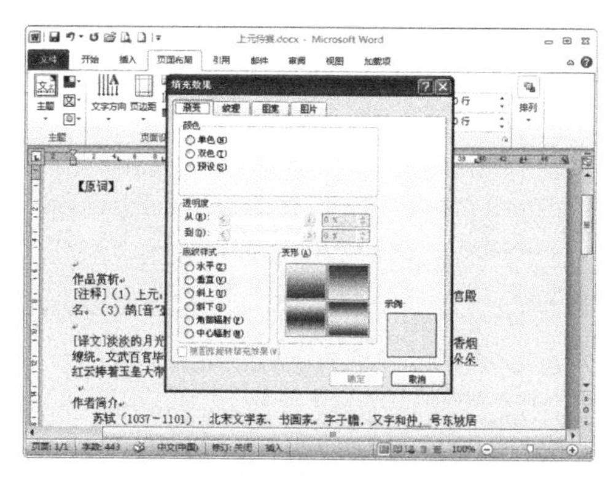

图 3-8-5　【填充效果】对话框

图 3-8-6　设置【颜色】和【底纹样式】选项

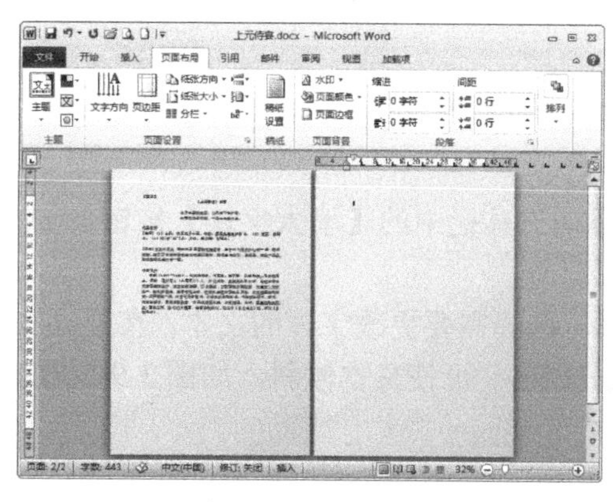

图 3-8-7　设置效果

3.9　设置字体样式

字体样式设置的好坏，直接影响到文本内容的可读性，优秀的文本样式可以给人简洁、清新、易读的感觉，如图 3-9-1 所示。

Word 2010 中提供了便捷的更改字体的方法，用户可以按照以下几种方法改变字体样式。

1. 使用浮动工具栏修改文本格式

选择需要更改格式的文本后，Word 会自动打开浮动工具栏，此时工具栏显示为半透明状态，当鼠标进入此区域时将变为不透明，如图 3-9-2 所示。

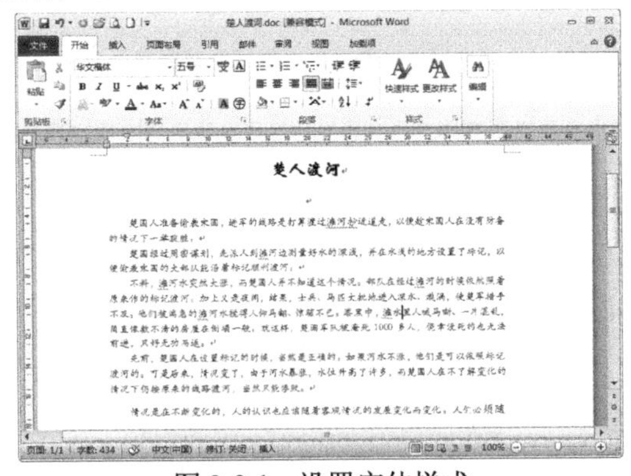

图 3-9-1　设置字体样式

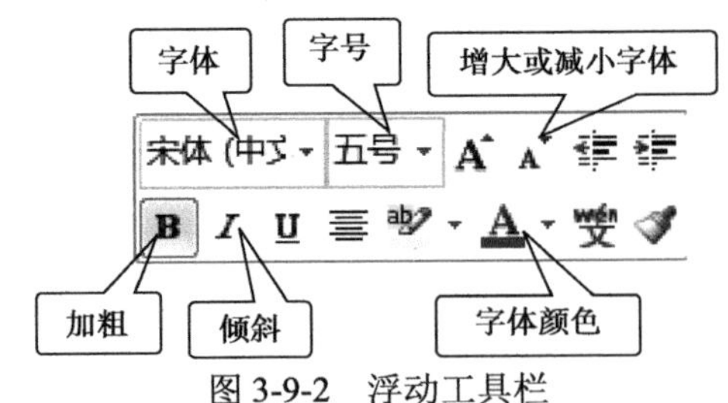

图 3-9-2　浮动工具栏

（1）改变字体。选择需要更改字体的文本，在【字体】下拉列表中选择【华文仿宋】选项，即可将字体更改为“华文仿宋”，如图 3-9-3 所示。

（2）改变字号。选择需要更改字号的文本，在【字号】下拉列表中选择【小四】选项，即可将文本的字号更改为“小四”，如图 3-9-4 所示。

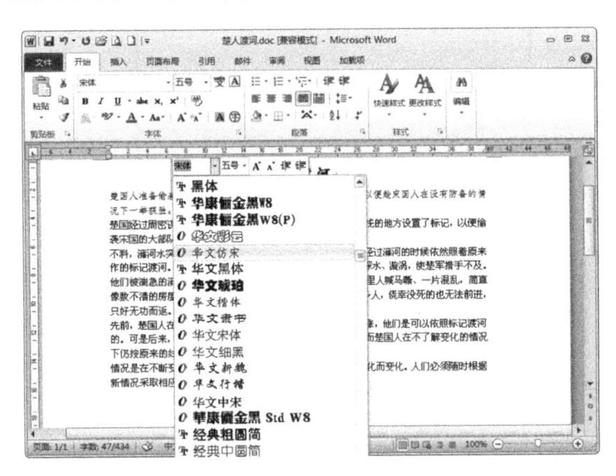

图 3-9-3　选择字体

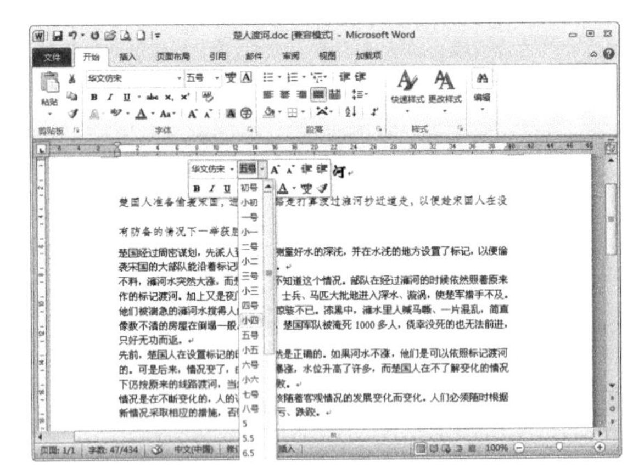

图 3-9-4　设置字号为“小四”

另外，用户还可以使用浮动工具栏中的【增大字体】按钮或者【缩小字体】按钮来改变字体的大小。

（3）加粗字体和倾斜字体。选择需要更改字体的文本，在浮动工具栏中单击【加粗】按钮可对文本加粗，单击【倾斜】按钮可使文本倾斜，如图 3-9-5 所示。

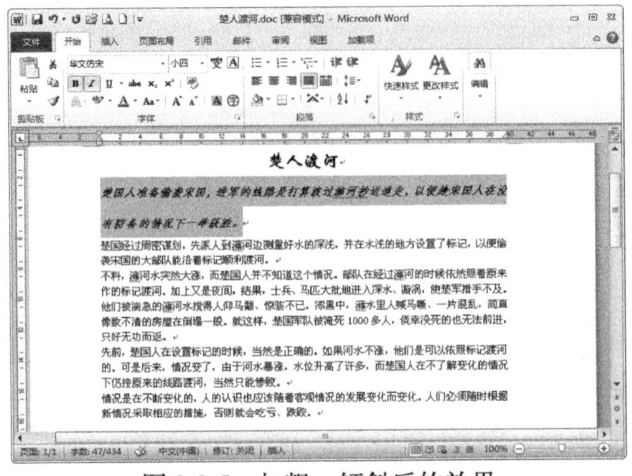

图 3-9-5　加粗、倾斜后的效果

（4）设置字体颜色。选择需要更改颜色的文本，然后在浮动工具栏中单击【字体颜色】按钮右侧的下三角形按钮▾，在【颜色】下拉列表中选择想要更改的颜色，即可更改文字的颜色，如图 3-9-6 所示。

2. 使用【字体】选项组修改文本格式

除了通过浮动工具栏更改字体格式外，还可以利用【开始】选项卡【字体】选项组中的相关命令按钮来更改，如图 3-9-7 所示。

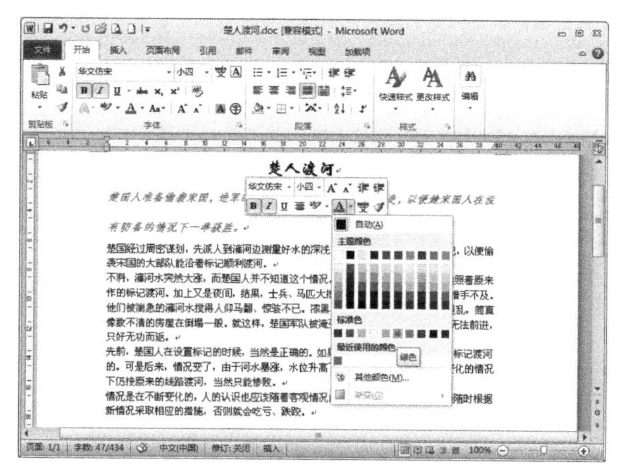

图 3-9-6　设置字体颜色

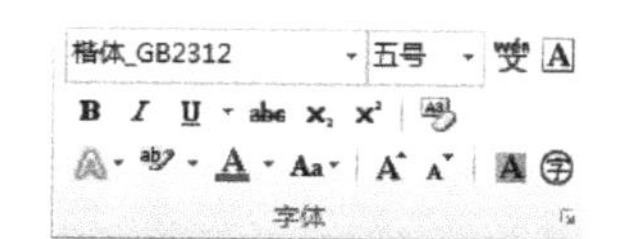

图 3-9-7　【字体】选项组

【字体】选项组中的大部分按钮和浮动工具栏中的一致，其他一些按钮及功能如表 3-9-1 所示。

表 3-9-1　【字体】选项组的部分按钮

按　钮	功　能
Aa	清除格式
wén 变	显示文本的拼音
A	在一组字符周围添加边框
U ▾	为文本添加下画线
abc	为文本添加删除线
x_2	为文本添加下标
x^2	为文本添加上标
Aa ▾	更改英文大小写
ab ▾	以不同颜色突出显示文本
A	为文本添加底纹背景
字	改变字体为带圈字符

对于不需要的格式，可以在【开始】选项卡【字体】选项组中单击【清除格式】按钮，将设置的格式完全清除，恢复到默认状态。

选择需要清除格式的文本，然后单击【清除格式】按钮，原来设置的格式即会被清除，如图 3-9-8 和图 3-9-9 所示。

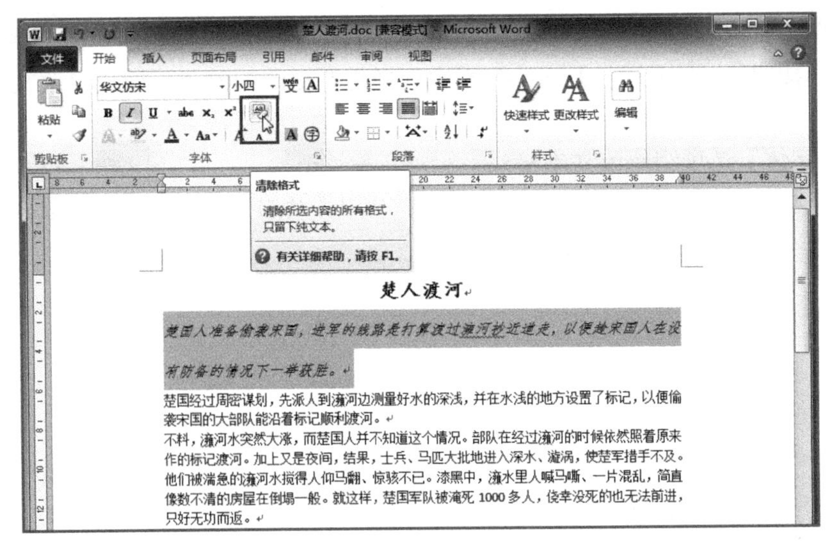

图 3-9-8　选择文本

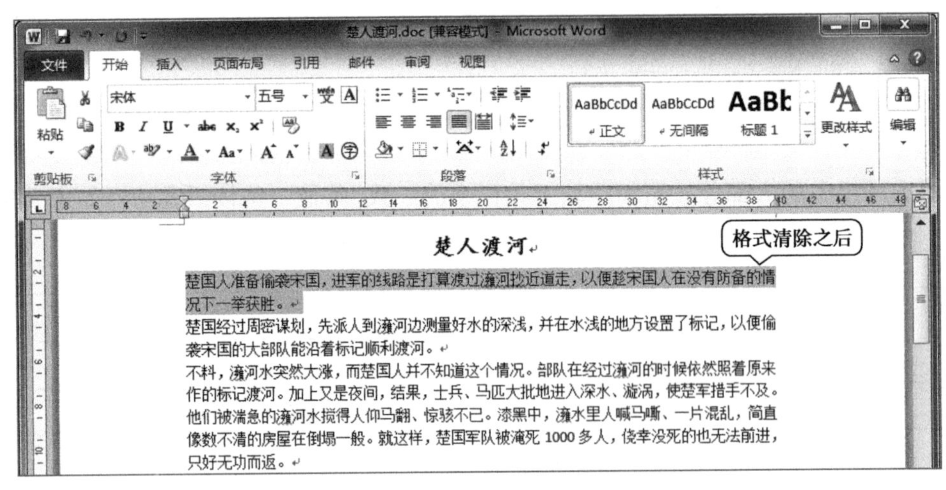

图 3-9-9　格式清除

3.10　设置段落样式

段落样式是指以段落为单位所进行的格式设置。本节讲解设置段落的对齐方式、段落的缩进以及设置行间距和段间距等内容，图 3-10-1 和图 3-10-2 分别为设置段落前和设置段落后的效果。

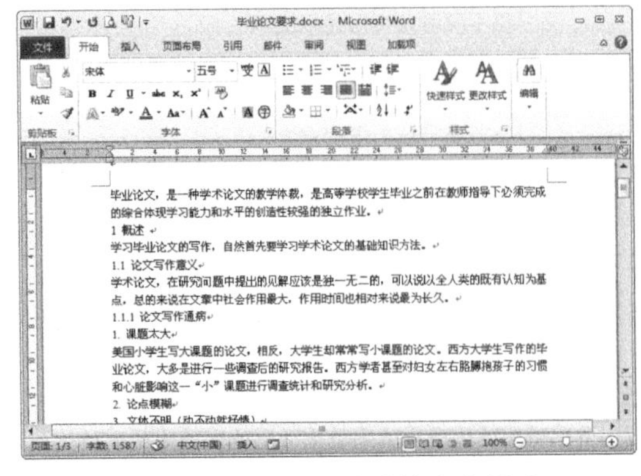

图 3-10-1　设置段落前的文本样式

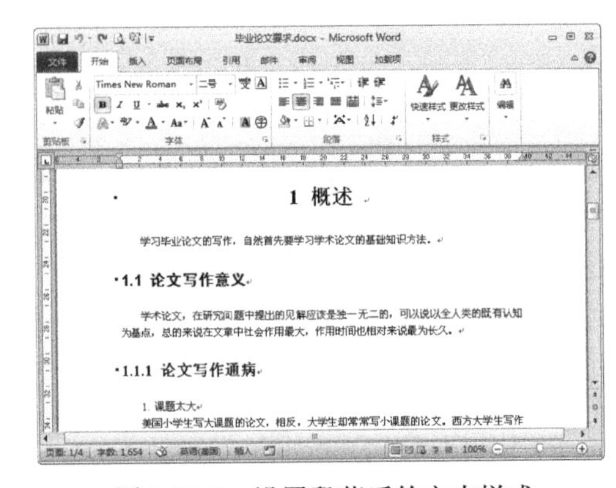

图 3-10-2　设置段落后的文本样式

1. 设置对齐方式

编辑文档后，对文档进行排版，可以让文档看起来更为美观。对齐方式就是段落中文本的排列方式。Word 2010 提供了 5 种常用的对齐方式，如表 3-10-1 所示。

表 3-10-1　段落对齐方式

按　钮	功　能
	使文字左对齐
	使文字居中对齐
	使文字右对齐
	将文字两端同时对齐，并根据需要增加字间距
	使段落两端同时对齐，并根据需要增加字符间距

用户可以根据需要，在【开始】选项卡【段落】选项组中单击相应的按钮，设置其对齐方式，如图 3-10-3 所示。

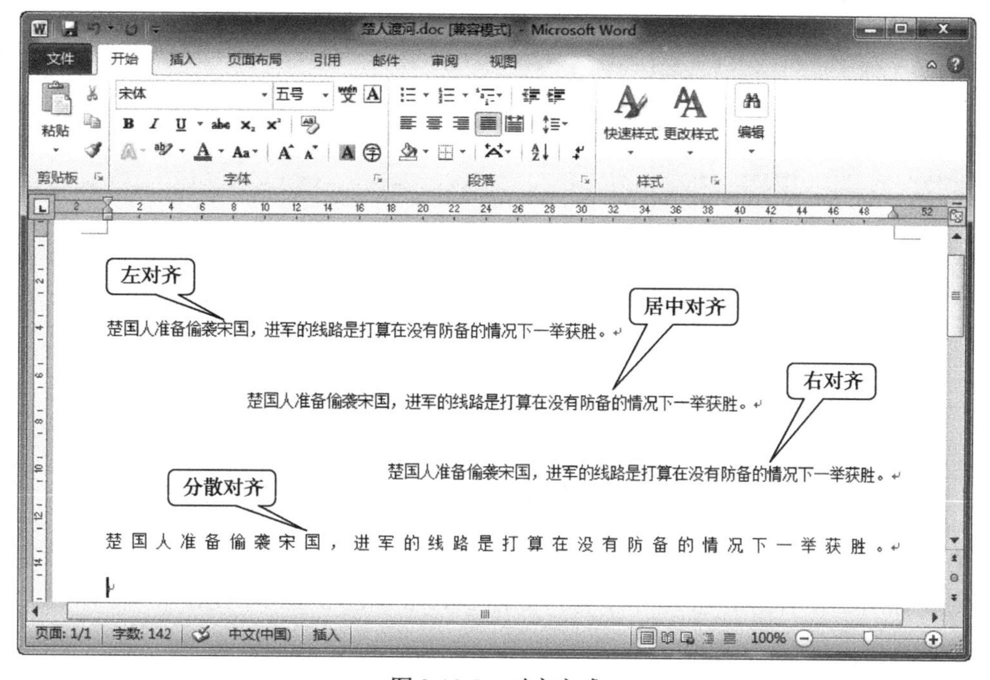

图 3-10-3　对齐方式

2. 设置段落缩进

缩进是指段落到左右页边距的距离。根据中文的书写形式，通常情况下，正文中的每个段落都会首行缩进两个字符，如图 3-10-4 所示。

单击【开始】选项卡【段落】组中右下角的对话框启动器按钮，打开【段落】对话框，选择【缩进和间距】选项卡，在【缩进】选项中可以设置缩进量，如图 3-10-5 所示。

（1）左缩进。在【缩进】选项组中的【左侧】微调框中输入“10 字符”，如图 3-10-6 所示，单击【确定】按钮，即可对光标所在行左侧缩进 10 个字符，如图 3-10-7 所示。

用户还可以直接单击【开始】选项卡【段落】选项组中的【减少缩进量】按钮或【增加缩进量】按钮，减少或增加左缩进量，每单击一次，可缩进 1 个字符。

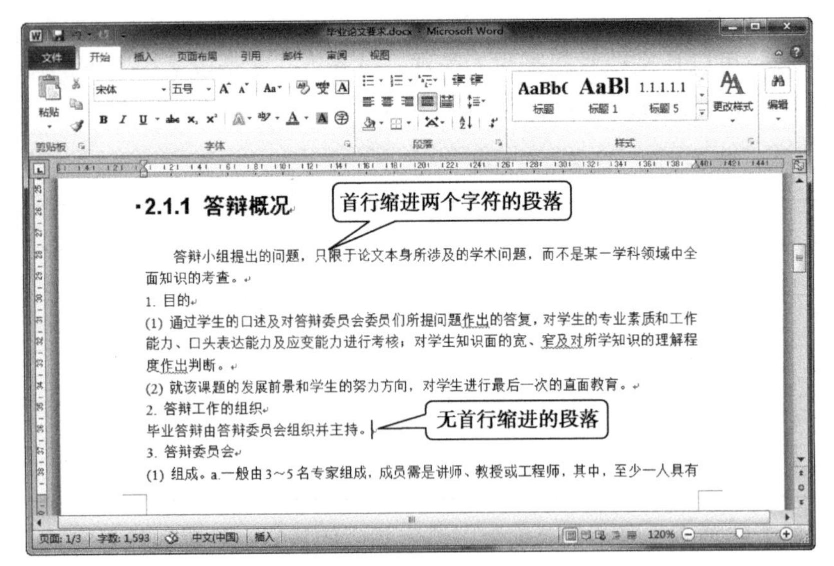

图 3-10-4　设置首行缩进

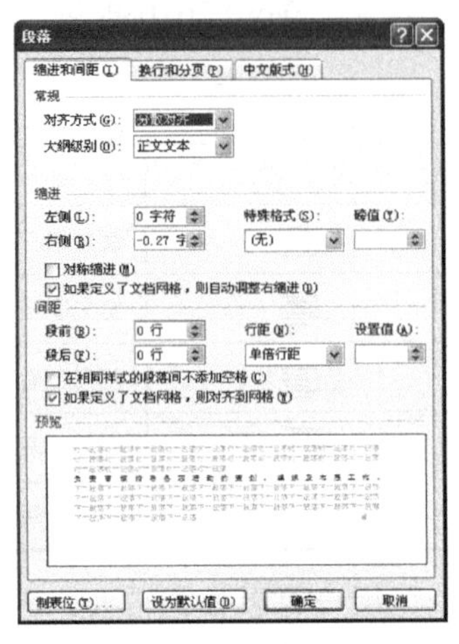

图 3-10-5　【段落】对话框

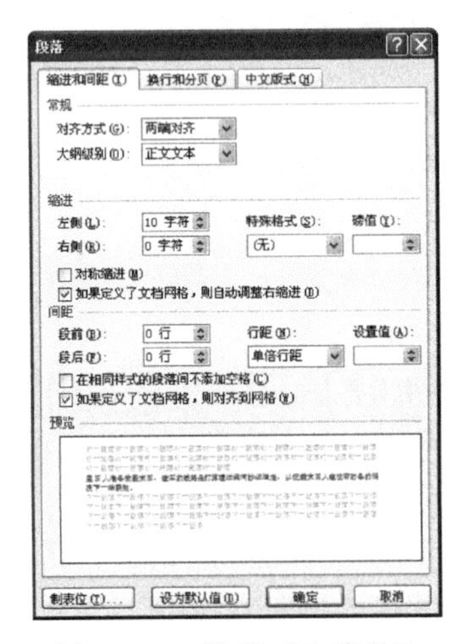

图 3-10-6　设置“左缩进”

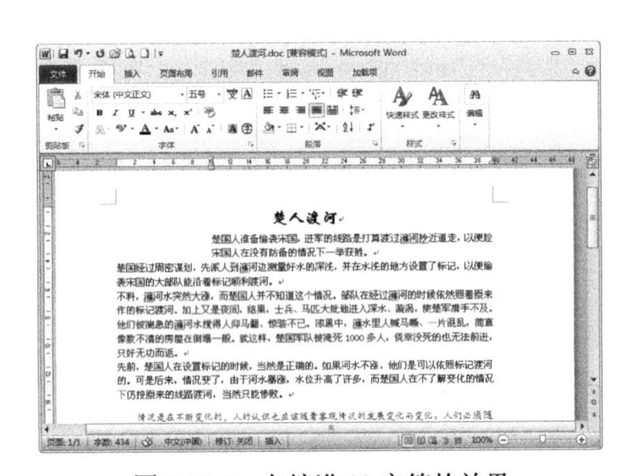

图 3-10-7　左缩进 10 字符的效果

（2）右缩进。在【缩进】选项组中的【右侧】微调框中输入“10 字符”，单击【确定】按钮，即可实现对光标所在行右侧缩进 10 个字符，如图 3-10-8 和图 3-10-9 所示。

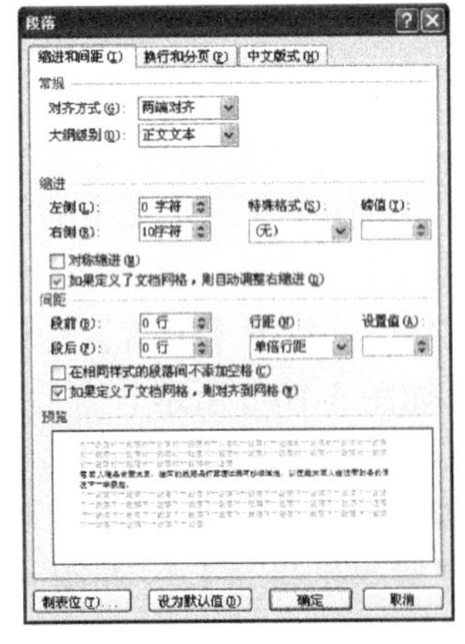

图 3-10-8　设置“右缩进”

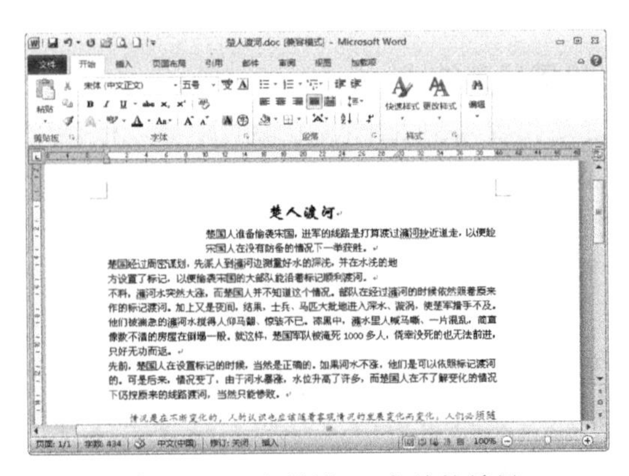

图 3-10-9　右缩进 10 字符的效果

（3）首行缩进。在【缩进】选项组中的【特殊格式】下拉列表框中选择【首行缩进】选项，在右侧的【磅值】微调框中输入“2 字符”，单击【确定】按钮，即可实现段落首行缩进 2 字符，如图 3-10-10 和图 3-10-11 所示。

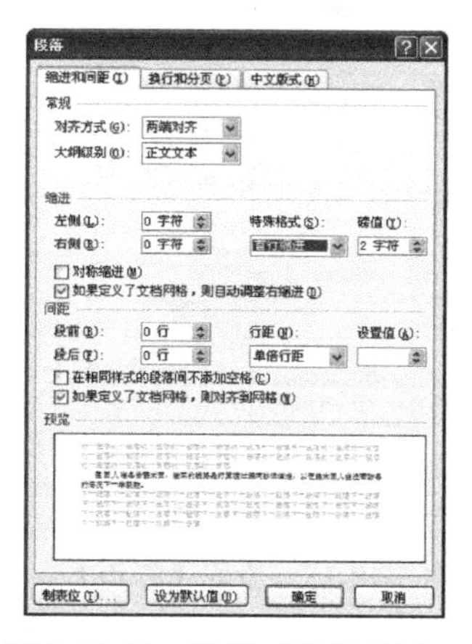

图 3-10-10　设置“首行缩进”

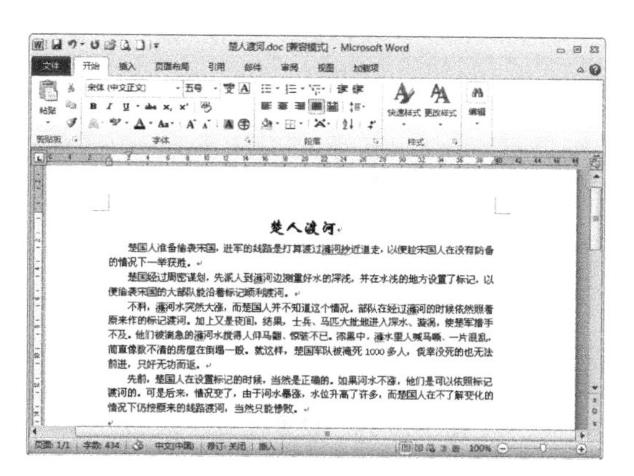

图 3-10-11　首行缩进 2 字符的效果

（4）悬挂缩进。在【缩进】选项组中的【特殊格式】下拉列表框中选择【悬挂缩进】选项，然后在右侧的【磅值】微调框中输入“5 字符”，单击【确定】按钮，即可实现本段落除首行外其他各行缩进 5 字符，如图 3-10-12 和图 3-10-13 所示。

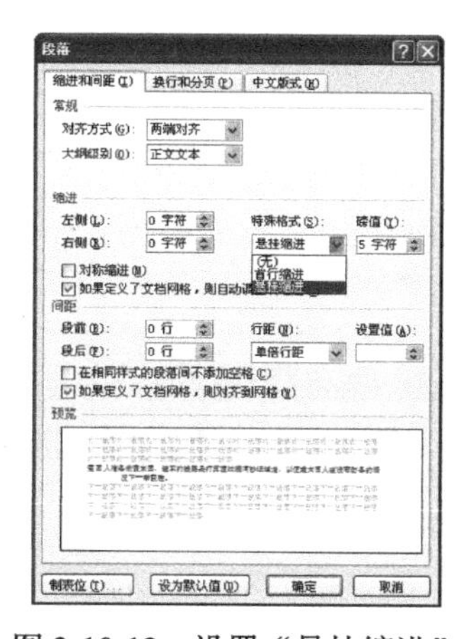

图 3-10-12　设置“悬挂缩进”

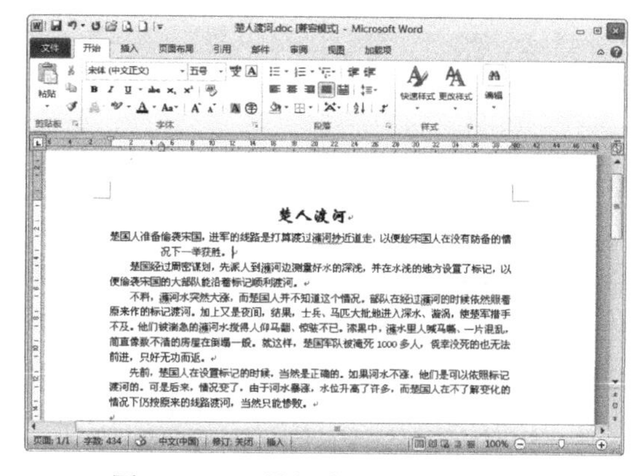

图 3-10-13　悬挂缩进 5 字符的效果

3．设置行间距和段间距

行间距是指行与行之间的距离，段间距是指文档中段落与段落之间的距离。

（1）设置行间距。选择要设置行间距的文本，单击【开始】选项卡【段落】选项组中的【行和段落间距】按钮，在下拉列表中选择【2.5】选项，即可将本段行距更改为“2.5 倍行距”，如图 3-10-14 所示。

同时，还可以在【段落】对话框中选择【缩进和间距】选项卡，在【间距】选项组的【行距】下拉列表框中选择相应的行距大小。如果选择【最小值】、【固定值】或【多倍行距】选项，还需要在右侧的【设置值】微调框中输入具体的数值，如图 3-10-15 和图 3-10-16 所示。

（2）设置段间距。将鼠标光标放置在要设置段间距的文本中，选择【段落】对话框中的【缩进和间距】选项卡，在【间距】选项组中的【段前】和【段后】微调框中输入相应的数值，如输入“1 行”，即可更改段前和段后的间距，如图 3-10-17 所示。

另外，还可以在【页面布局】选项卡【段落】选项组中的【间距】选项中设置段间距，如

图 3-10-18 所示。

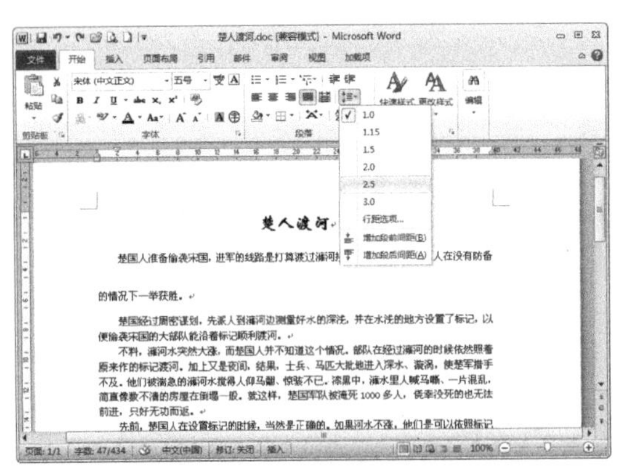

图 3-10-14　设置行间距

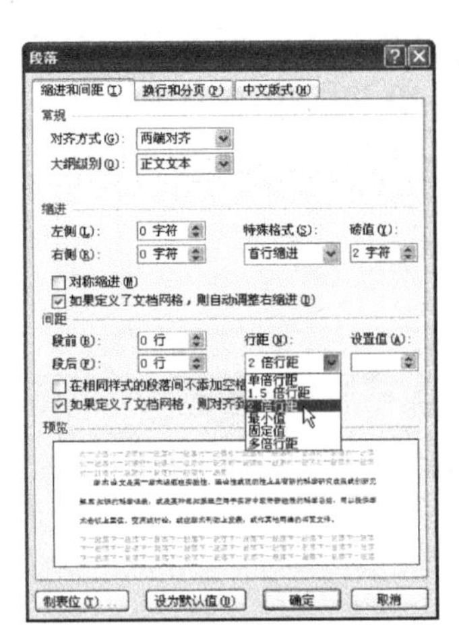

图 3-10-15　设置【行距】

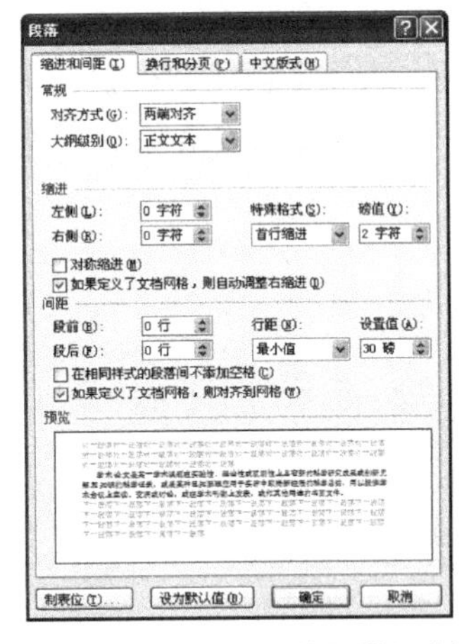

图 3-10-16　【设置值】微调框

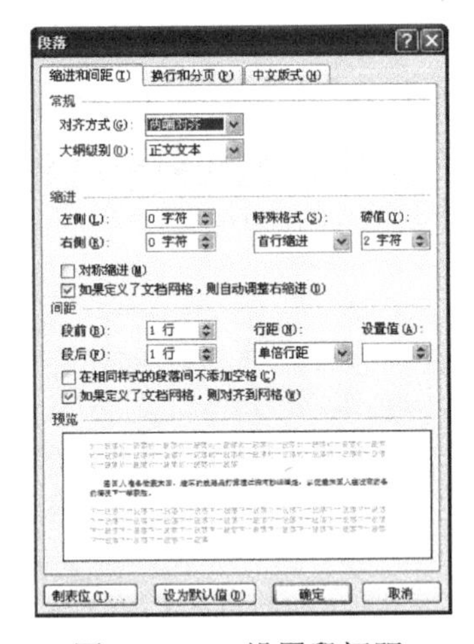

图 3-10-17　设置段间距

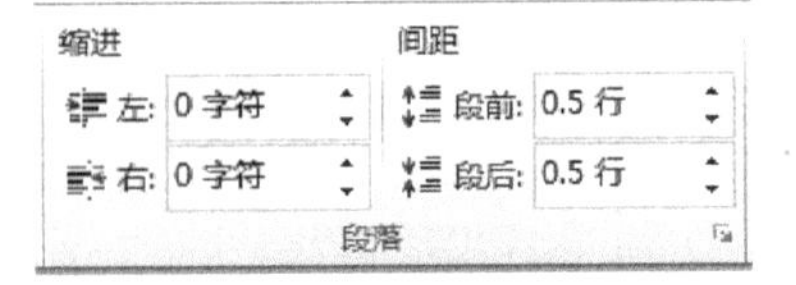

图 3-10-18　【段落】选项组

3.11　应 用 样 式

样式是特定格式的集合，它设定了文本和段落的格式，且各有不同的样式名称。通过应用样式可以简化操作、节约时间，而且有助于保持整篇文档的一致性。

3.11.1　内置样式

Word 2010 内置了很多样式，并将常用的样式放在快速样式列表中，方便用户使用。使用快速样式，可以更加方便地设置文档的格式。

1. 使用快速样式

套用 Word 2010 快速样式的具体操作步骤如下：

（1）打开一个事先编辑过的文档，选择需要应用样式的文本，或者将插入点移至需要应用样式的段落内的任意一个位置，如图 3-11-1 所示。

（2）将鼠标光标移至【开始】选项卡【样式】选项组中的快速样式名时，所选择的文本或段落就会预览显示选择样式后的格式，单击样式名即可应用新的样式，如图 3-11-2 所示。

（3）用户还可以单击【其他】按钮，在弹出的下拉列表中选择【副标题】样式，如图 3-11-3

所示。

（4）应用样式后的效果如图 3-11-4 所示。

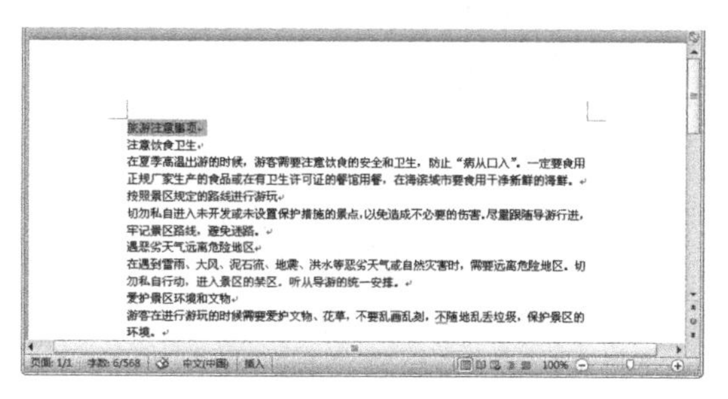

图 3-11-1　选择文本

图 3-11-2　【样式】选项组

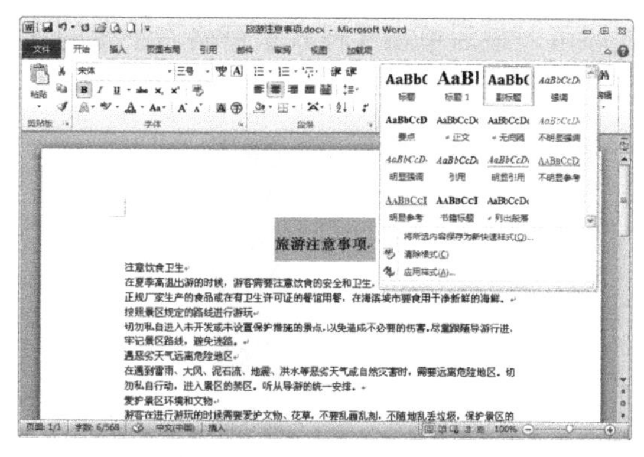

图 3-11-3　选择副标题样式

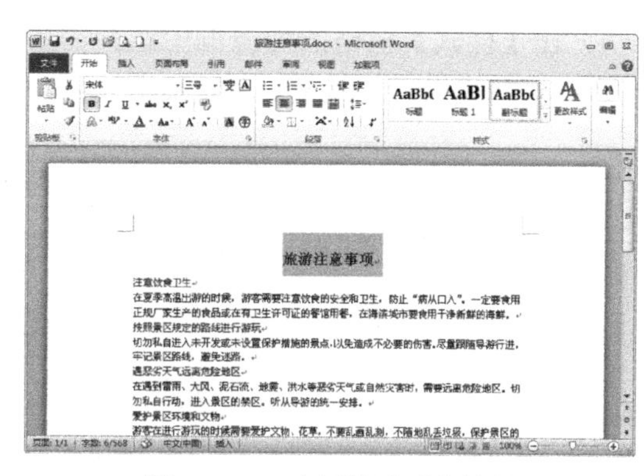

图 3-11-4　应用样式后的效果

2．使用样式列表

使用样式列表的操作步骤如下：

（1）选择需要应用样式的文本，或者将插入点移至需要应用样式的段落内的任意一个位置，如图 3-11-5 所示。

（2）在【开始】选项卡【样式】选项组中单击右下角的对话框启动器按钮，打开【样式】窗格，如图 3-11-6 所示。

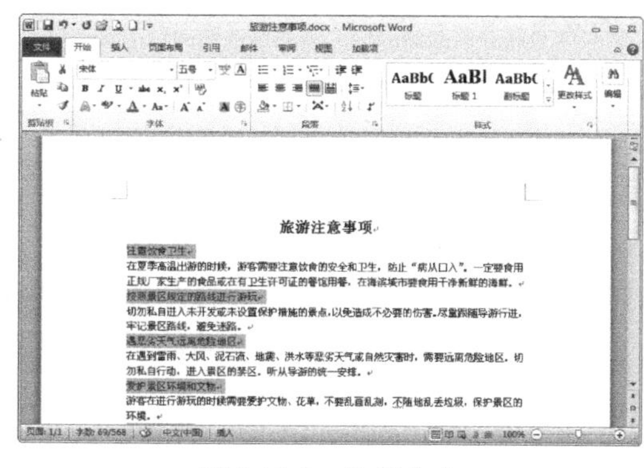

图 3-11-5　选择文本

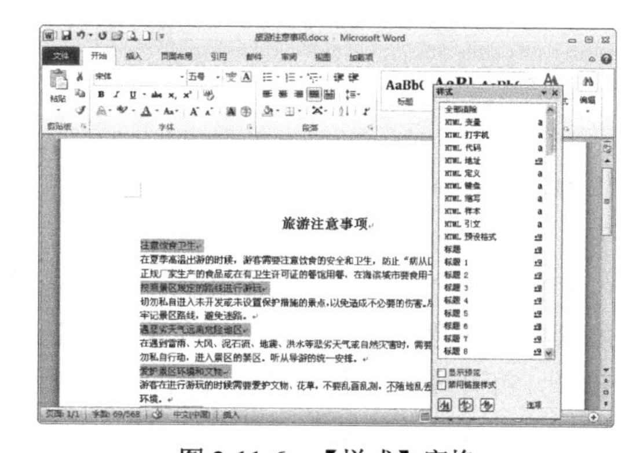

图 3-11-6　【样式】窗格

（3）单击【样式】窗格右下角的【选项】链接，打开【样式窗格选项】对话框，如图 3-11-7 所示。

提示：在【选择要显示的样式】下拉列表框中可以选择【推荐的样式】、【正在使用的格式】、【当前文档中的样式】和【所有样式】等选项，如图 3-11-8 所示。

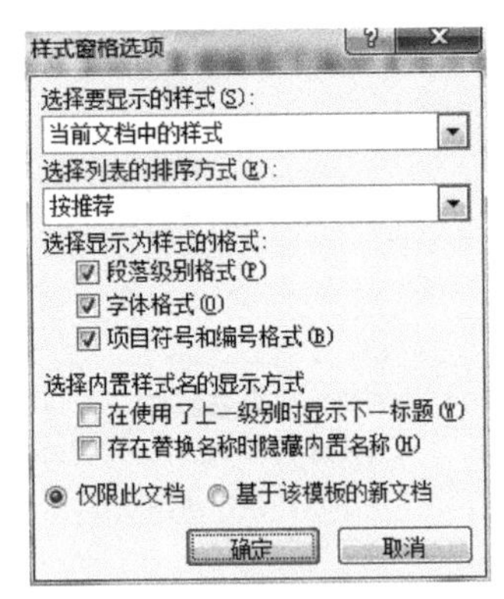

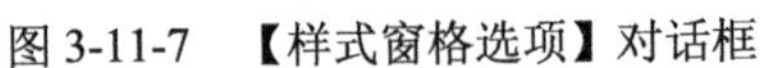
图 3-11-7 【样式窗格选项】对话框

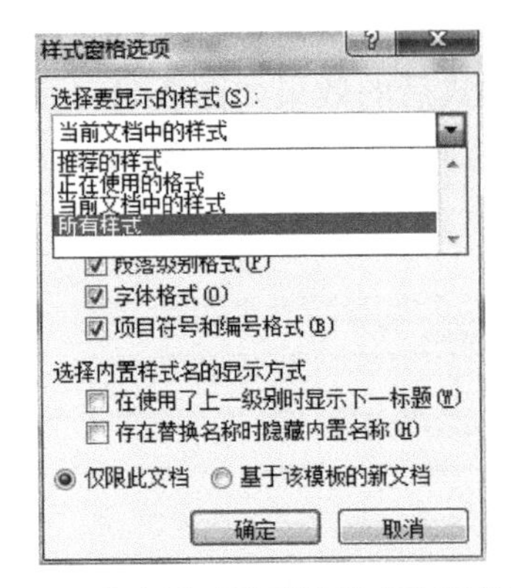

图 3-11-8 【选择要显示的样式】下拉列表框

（4）在【样式】窗格的列表框中选择需要的样式即可，最后单击【样式】窗格右上角的【关闭】按钮×完成样式的设置，效果如图 3-11-9 所示。

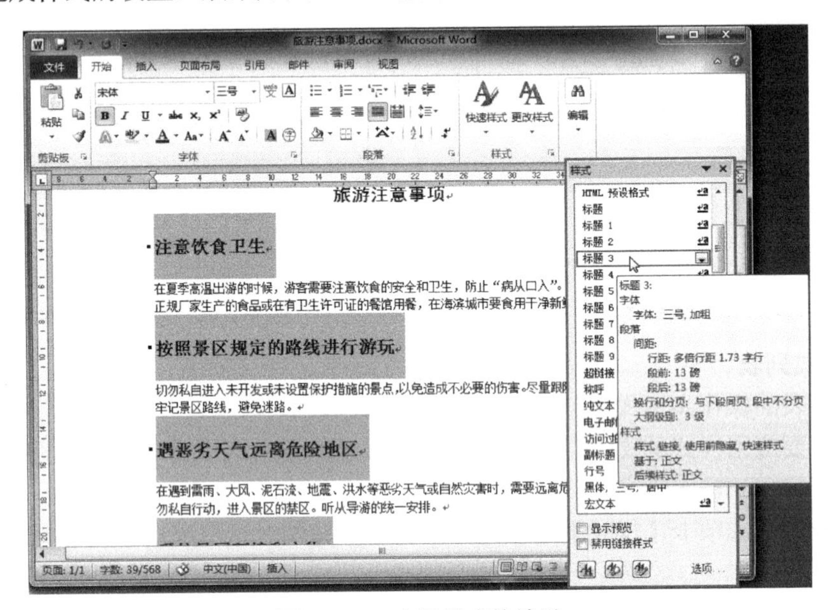

图 3-11-9 应用样式的效果

3.11.2 自定义样式

当 Word 2010 系统内置的样式不能满足需求时，用户还可以添加自定义样式，具体的操作步骤如下：

（1）打开一个事先编辑过的文档，选择需要应用样式的文本，或者将插入点移至需要应用样式的段落内的任意一个位置，然后在【开始】选项卡【样式】选项组中单击右下角的对话框启动器按钮，打开【样式】窗格，如图 3-11-10 所示。

（2）单击【新建样式】按钮，打开【根据格式设置创建新样式】对话框，如图 3-11-11 所示。

（3）在【名称】文本框中输入新建样式的名称，如输入“正文新样式”，如图 3-11-12 所示。

（4）分别在【样式类型】、【样式基准】和【后续段落样式】下拉列表框中选择需要的样式类型或样式基准，如图 3-11-13 所示。

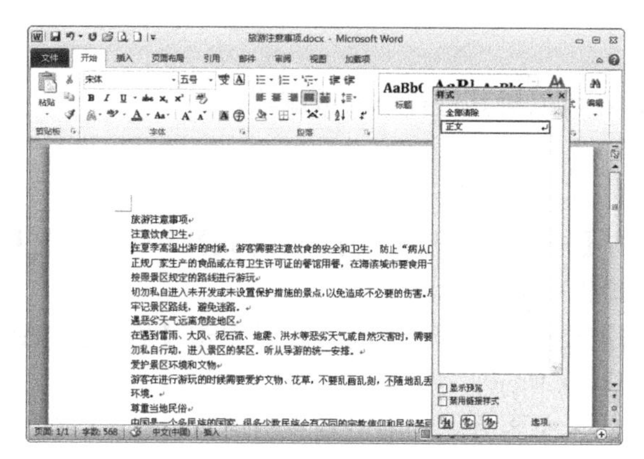

图 3-11-10 【样式】窗格

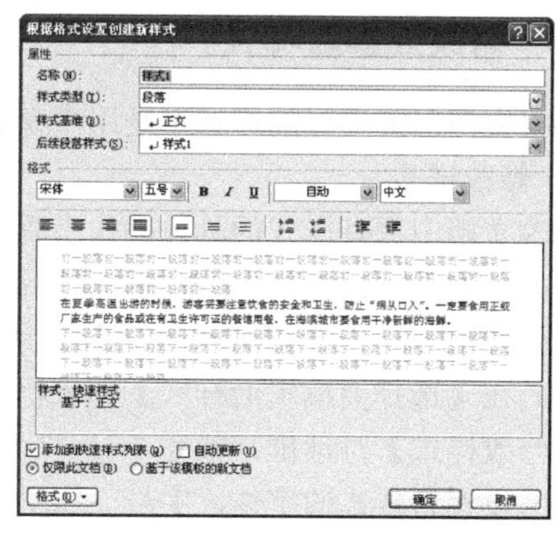

图 3-11-11 【根据格式设置创建新样式】对话框

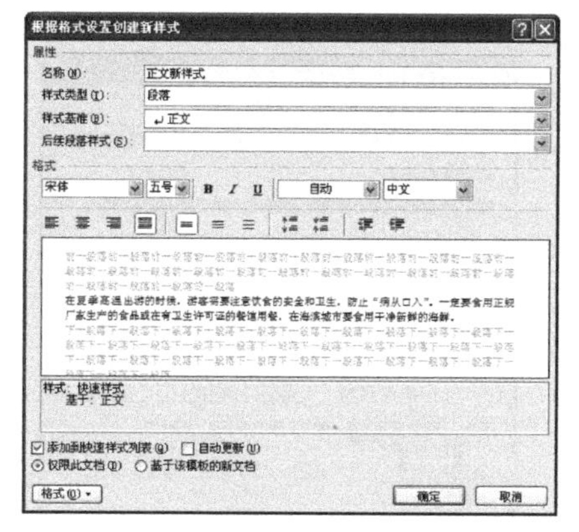

图 3-11-12 输入样式名称

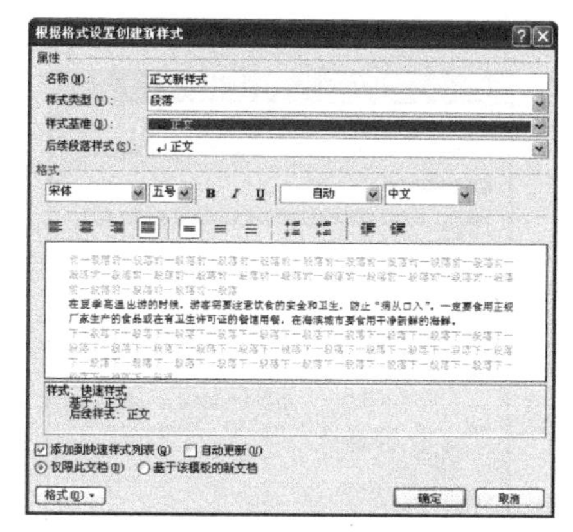

图 3-11-13 选择样式类型

（5）分别在【字体】、【字号】、【颜色】和【语言】下拉列表框中选择需要的字体、字号、颜色或语言。如果需要加粗、倾斜或添加下画线，可以单击【加粗】按钮 B 、【倾斜】按钮 I 或【下画线】按钮 U 。在【对齐方式】和【段落】按钮组中单击所需要的对齐方式、行距、段落间距和缩进量等按钮，如图 3-11-14 所示。

（6）单击【确定】按钮，在【样式】窗格中可以看到创建的新样式，如图 3-11-15 所示。

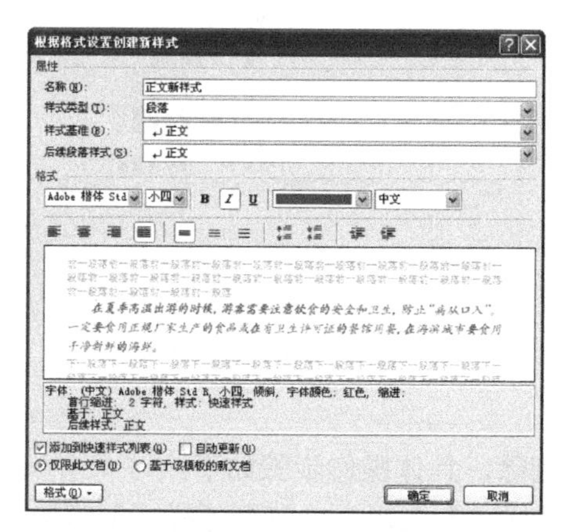

图 3-11-14 设置样式

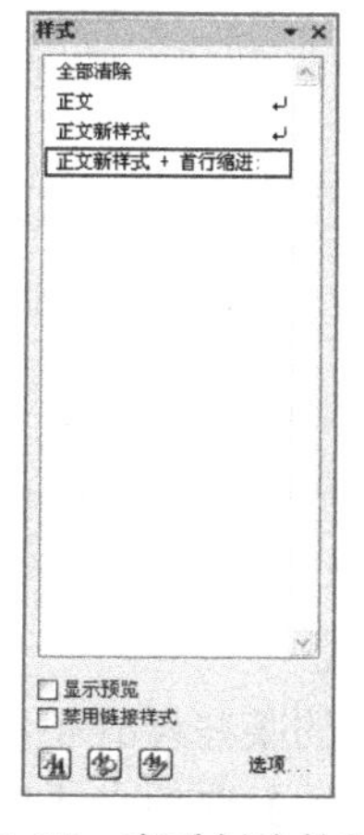

图 3-11-15 查看创建的新样式

3.11.3 修改或删除样式

如果文档当前设置的样式不是用户喜欢的，还可以对其进行修改或删除。

1. 修改样式

修改文档中原有样式的具体操作步骤如下：

（1）在【开始】选项卡【样式】选项组中单击【样式】按钮，打开【样式】窗格，单击【管理样式】按钮，打开【管理样式】对话框，如图 3-11-16 所示。

（2）在【选择要编辑的样式】列表框中单击需要修改的样式名称，然后单击【修改】按钮，打开【修改样式】对话框，如图 3-11-17 和图 3-11-18 所示。

（3）设置新样式的字体、字号、加粗、段间距、对齐方式和缩进量等选项。设置完成后单击【确定】按钮，完成样式的修改，最后单击【管理样式】对话框中的【确定】按钮返回，如图 3-11-19 所示。

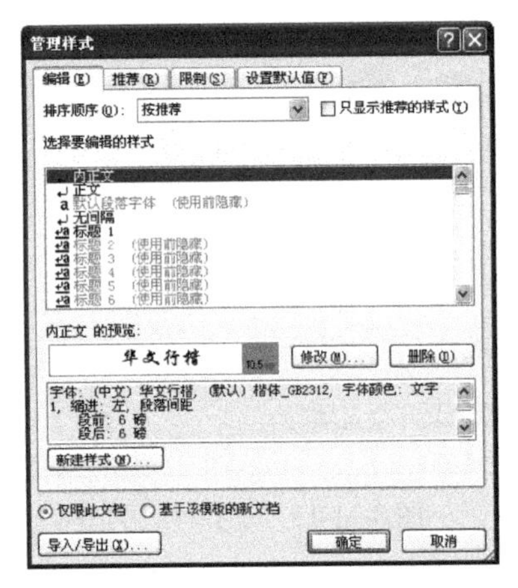

图 3-11-16　【管理样式】对话框

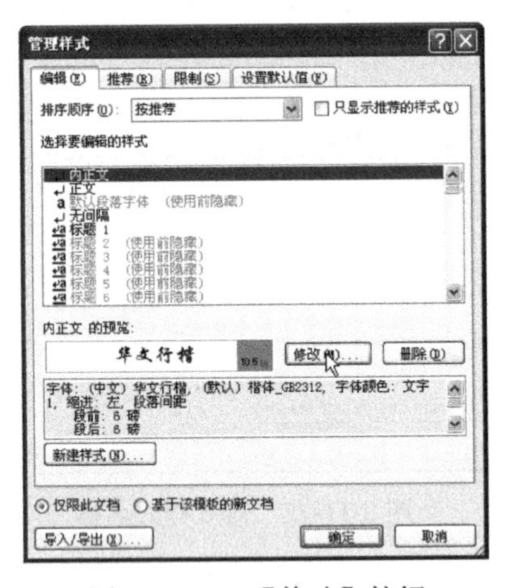

图 3-11-17　【修改】按钮

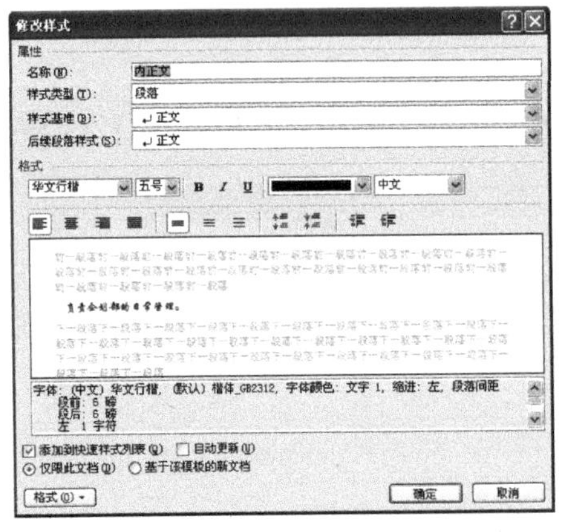

图 3-11-18　【修改样式】对话框

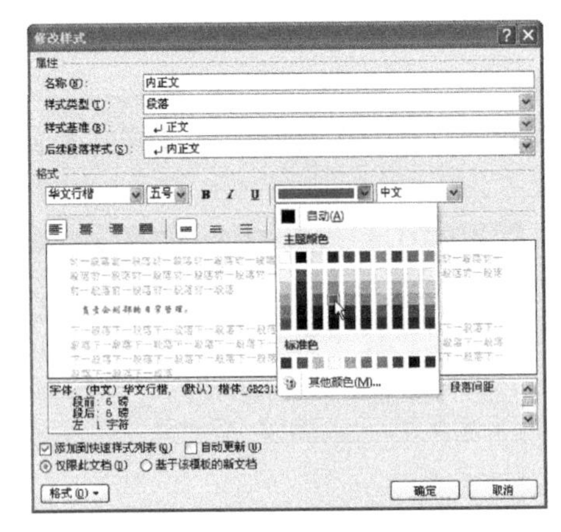

图 3-11-19　设置新样式

2. 删除样式

如果文档中的某些样式不再被使用，可以将其删除，具体操作步骤如下：

（1）在【开始】选项卡【样式】选项组中单击【样式】按钮，打开【样式】窗格，然后单击【管理样式】按钮，打开【管理样式】对话框，如图 3-11-20 所示。

（2）在【选择要编辑的样式】列表框中单击需要删除的样式名称，之后单击【删除】按钮即可删除所选的样式，最后单击【确定】按钮返回即可，如图 3-11-21 所示。

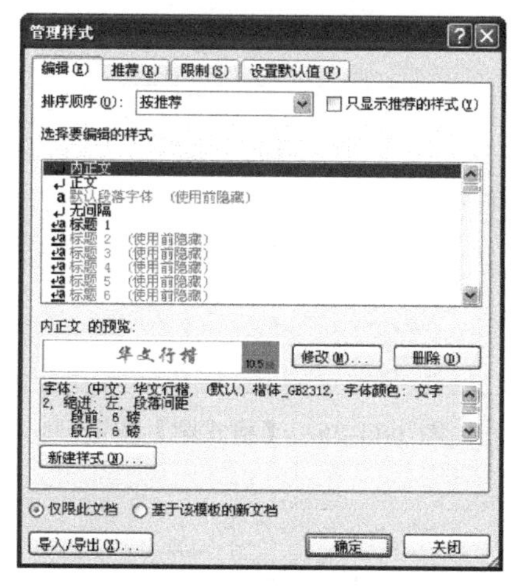

图 3-11-20　【管理样式】对话框

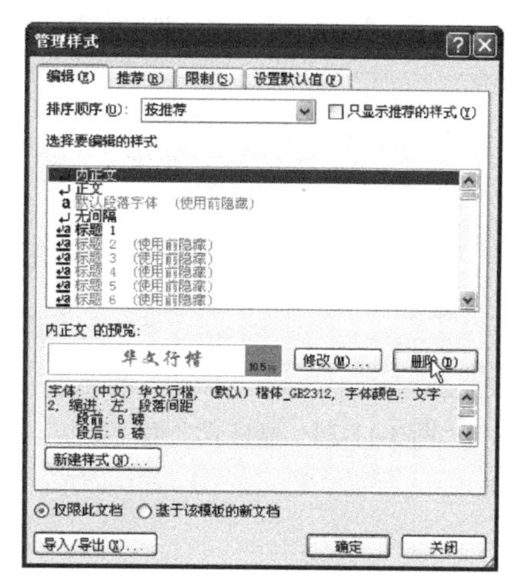

图 3-11-21　删除样式

3.11.4　使用格式刷快速复制文本或段落样式

格式刷是 Word 2010 中使用频率非常高的一个功能。通过格式刷，可以快速地将当前文本或段落的格式复制到另一段文本或段落上，大量地减少排版方面的重复操作。使用格式刷的具体操作步骤如下：

（1）打开一个事先准备好的名为“毕业论文设计.docx”的文档。选择“1 概述”文本内容，在【开始】选项卡【剪贴板】选项组中单击【格式刷】按钮，如图 3-11-22 所示。

（2）当鼠标指针变为形状时，单击或者拖选需要应用新格式的文本或段落，如图 3-11-23 和图 3-11-24 所示。

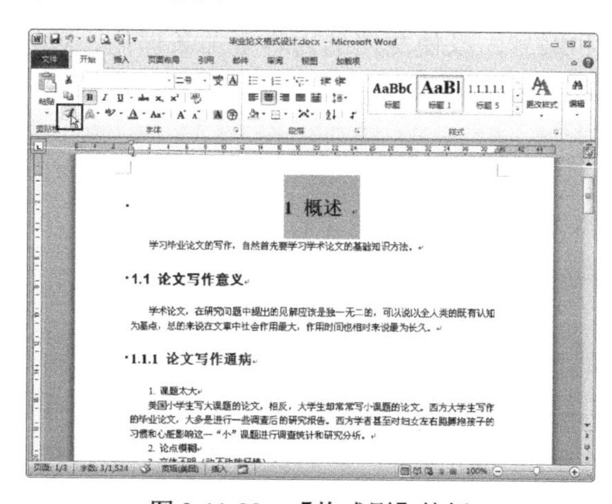

图 3-11-22　【格式刷】按钮

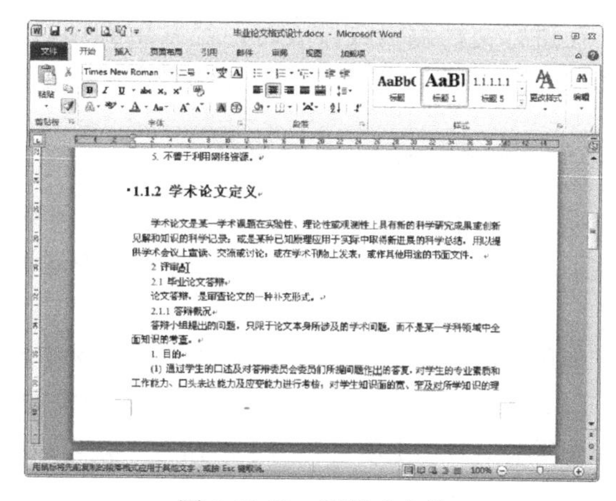

图 3-11-23　刷格式之前

（3）选择“1.1 论文写作意义”文本内容，在【开始】选项卡【剪贴板】选项组中单击【格式刷】按钮，如图 3-11-25 所示。

（4）单击或者拖选需要应用新格式的文本或段落，如图 3-11-26 所示。

（5）按照同样的方法，刷新其他文本格式，最终效果如图 3-11-27 所示。

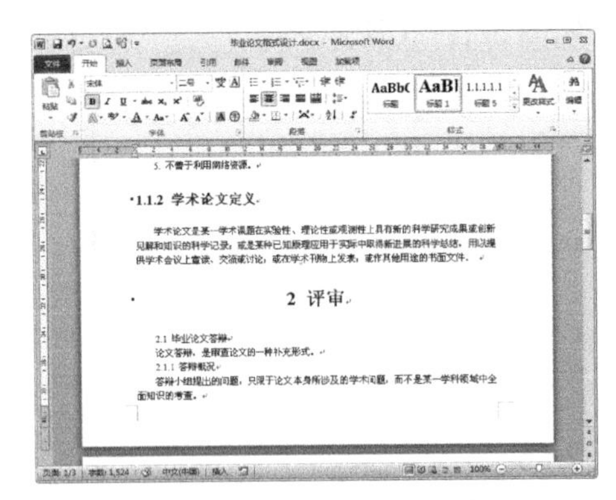

图 3-11-24　刷格式之后

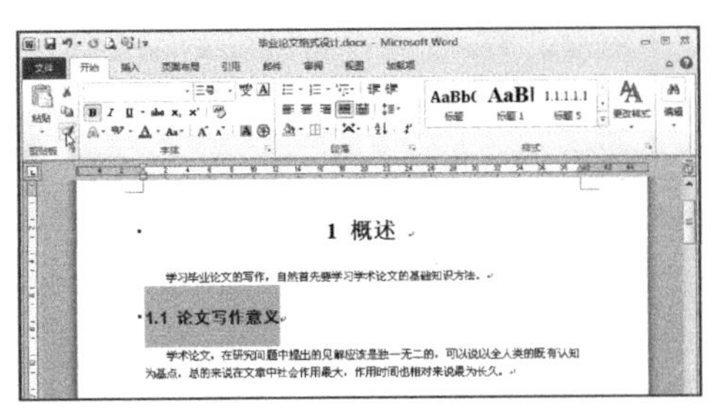

图 3-11-25　【格式刷】按钮

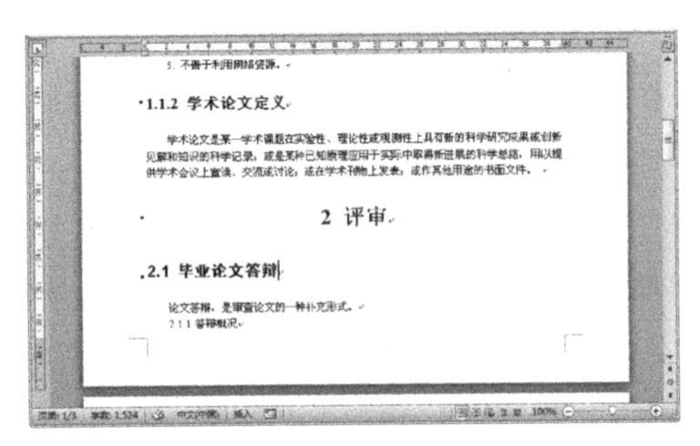

图 3-11-26　使用格式刷刷新文本

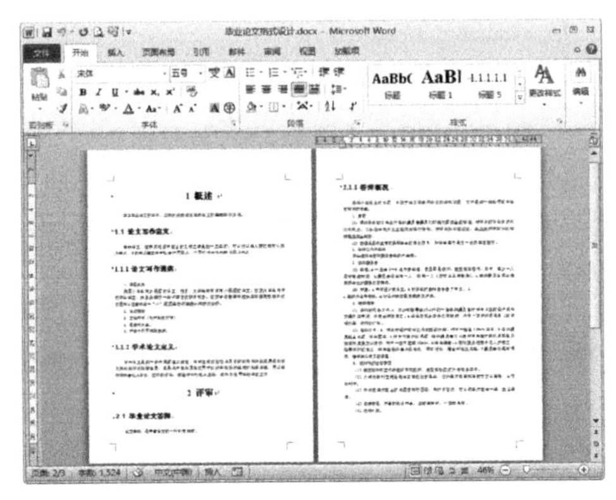

图 3-11-27　应用新格式后的效果

3.12　添加项目符号和编号

在进行文档编辑或排版时，经常用到项目符号和编号，以使文档的内容更加条理化。Word 2010 中提供了丰富的项目符号和编号样式，如图 3-12-1 所示。

3.12.1　为文档添加项目符号

项目符号的应用对象是段落，也就是说项目符号只添加在段落的第 1 行的最左侧。Word 2010 提供了项目符号库和自定义项目符号两种方法添加项目符号。

1. 使用项目符号库

使用项目符号库添加项目符号的具体操作步骤如下：

（1）打开一个事先准备好的文档，选择需要添加项目符号的段落，之后在【开始】选项卡【段落】选项组中单击【项目符号】按钮，就可以直接在当前段落之前的位置添加默认的项目符号，如图 3-12-2 所示。

（2）单击【项目符号】按钮右侧的下三角按钮，弹出【项目符号】下拉列表，如图 3-12-3 所示。

（3）在下拉列表中单击想要添加的项目符号类型，就可以对当前段落添加项目符号，如图 3-12-4 所示。

提示： 用户还可以在需要添加项目符号的段落中用鼠标右键单击，在弹出的快捷菜单中执行【项目符号】命令，然后在【项目符号】子菜单中选择想要插入的项目符号类型即可。

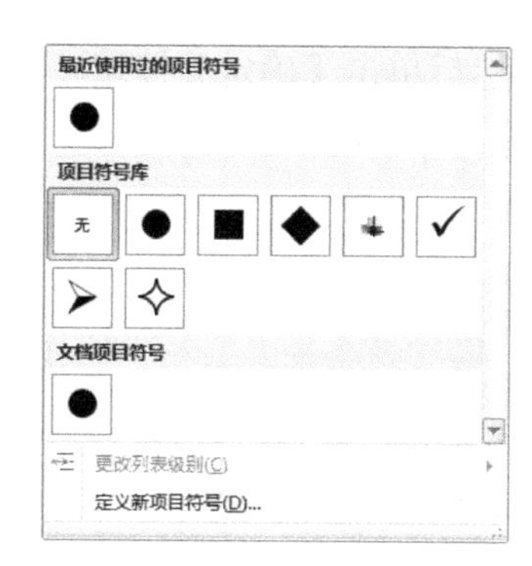

图 3-12-1　项目符号

图 3-12-2　【项目符号】按钮

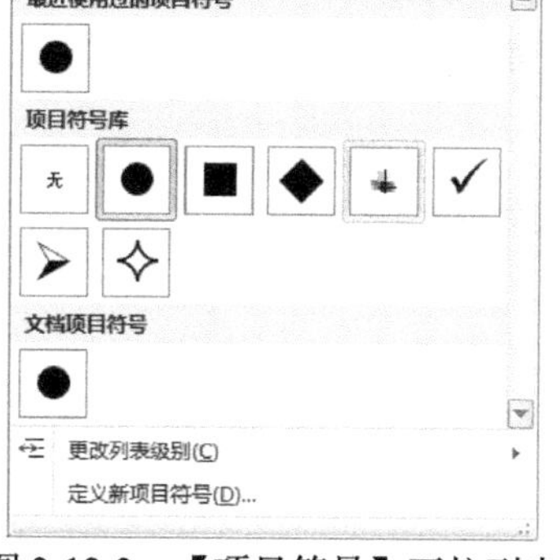
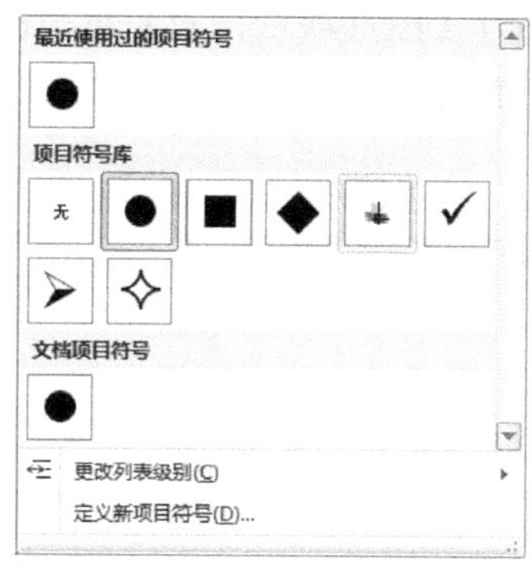

图 3-12-3　【项目符号】下拉列表

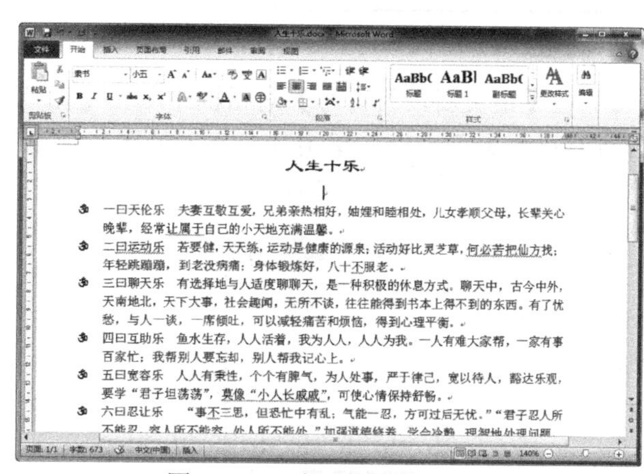

图 3-12-4　应用其他项目符号

2．添加自定义项目符号

当【项目符号】下拉列表中没有满意的项目符号时，还可以自定义项目符号。具体的操作步骤如下：

（1）打开一个事先准备好的文档，选择需要添加项目符号的段落，然后在【开始】选项卡【段落】选项组中单击【项目符号】按钮 右侧的下三角形按钮，弹出【项目符号】下拉列表，如图 3-12-5 所示。

（2）选择【定义新项目符号】选项，打开【定义新项目符号】对话框，如图 3-12-6 所示。

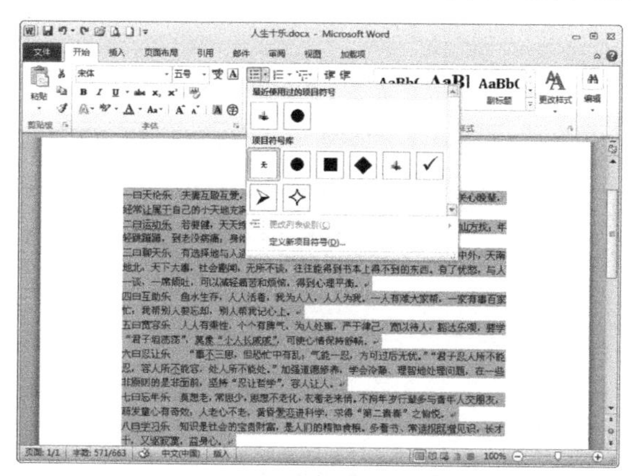

图 3-12-5　【项目符号】下拉列表

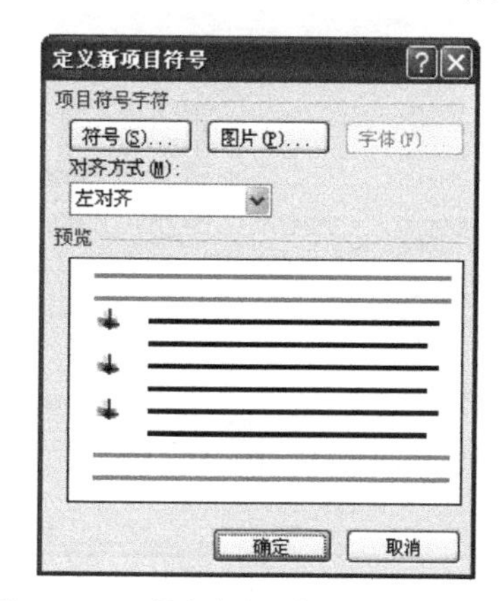

图 3-12-6　【定义新项目符号】对话框

（3）单击【符号】按钮，打开【符号】对话框，在【符号】列表框中选择需要添加的项目符号类型，如图 3-12-7 所示。

（4）单击【确定】按钮，返回【定义新项目符号】对话框，然后单击【确定】按钮，将自定义的项目符号添加到文档中，如图 3-12-8 所示。

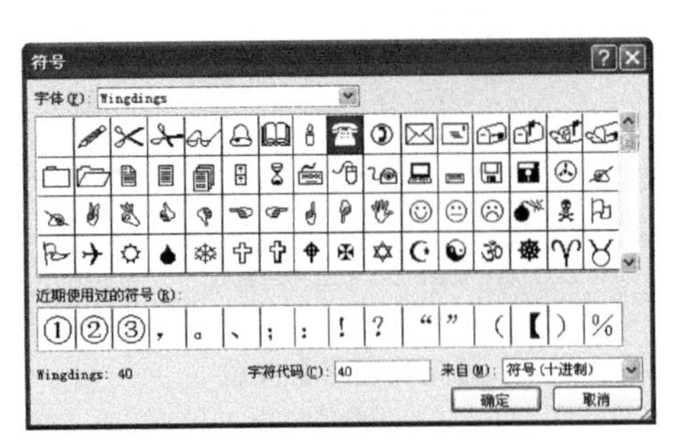

图 3-12-7 【符号】对话框

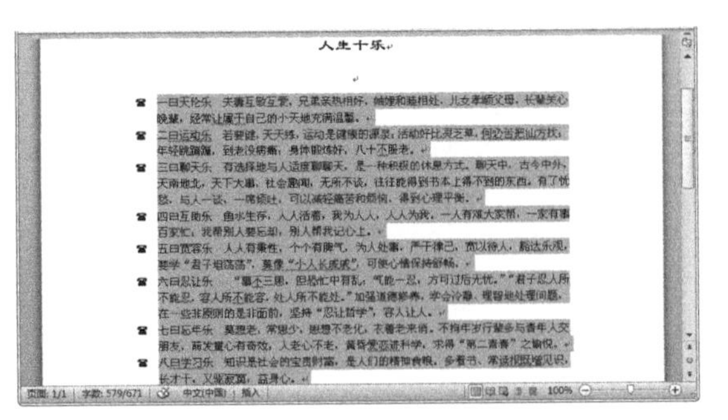

图 3-12-8 自定义的项目符号效果

（5）在【定义新项目符号】对话框中单击【图片】按钮，打开【图片项目符号】对话框，在【图片项目符号】列表框中单击需要添加的图片项目符号类型，单击【确定】按钮，将项目符号设置为图片格式，如图 3-12-9 和图 3-12-10 所示。

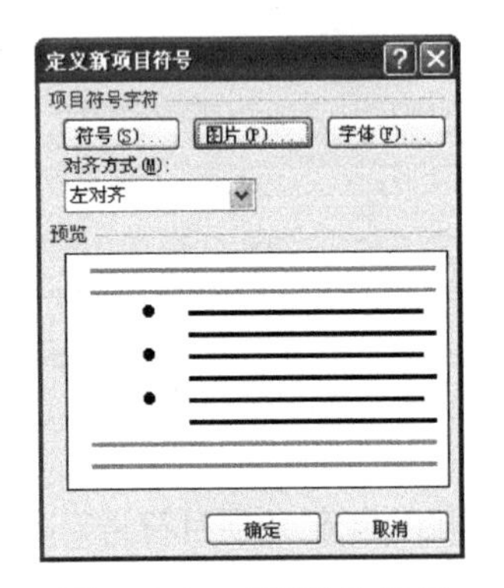

图 3-12-9 【图片】按钮

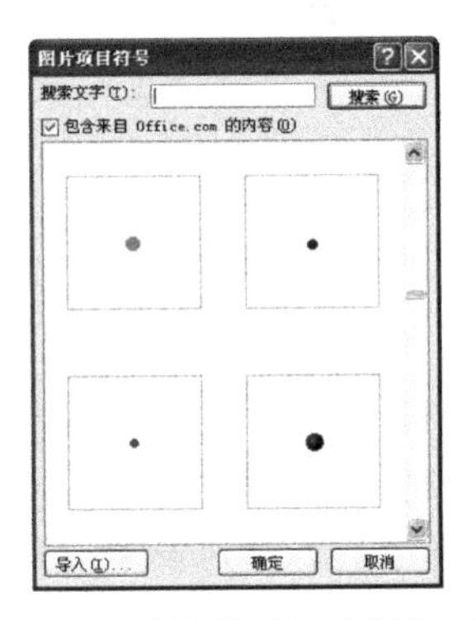

图 3-12-10 【图片项目符号】对话框

（6）在【定义新项目符号】对话框中单击【字体】按钮，打开【字体】对话框，从中设置项目符号的字体样式、字形、字号和字体颜色等选项，然后单击【确定】按钮，设置完成后在文档中即可查看设置效果，如图 3-12-11 和图 3-12-12 所示。

图 3-12-11 【字体】对话框

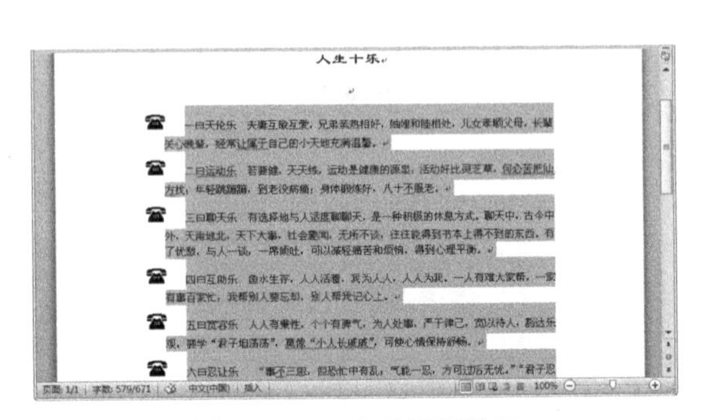

图 3-12-12 查看设置效果

3.12.2 为文档添加编号

编号和项目符号应用的对象都是段落，编号也只添加在段落的第 1 行的左侧。Word 2010 系统提供的编号库如图 3-12-13 所示。

1. 使用编号库

使用编号库添加编号的具体操作步骤如下：

（1）打开一个事先准备好的文档，选择需要添加编号的段落，如图 3-12-14 所示。

图 3-12-13 编号库

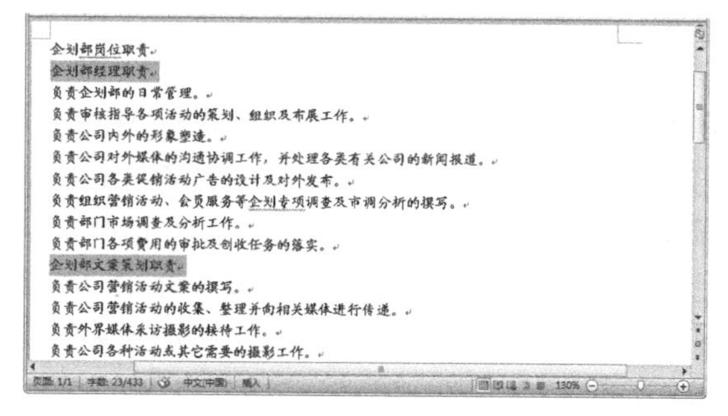

图 3-12-14 选择要添加编号的段落

（2）在【开始】选项卡【段落】选项组中单击【编号】按钮，就可以直接在当前段落之前的位置添加默认的编号，如图 3-12-15 所示。

（3）单击右侧深色的下三角形按钮，弹出【编号】下拉列表，用户可以单击编号方式，应用在插入点所在的段落上，如图 3-12-16 所示。

提示： 用户还可以直接用鼠标右键单击需要添加编号的段落，在弹出的快捷菜单中执行【编号】命令，然后在子菜单中选择想要插入的编号类型。

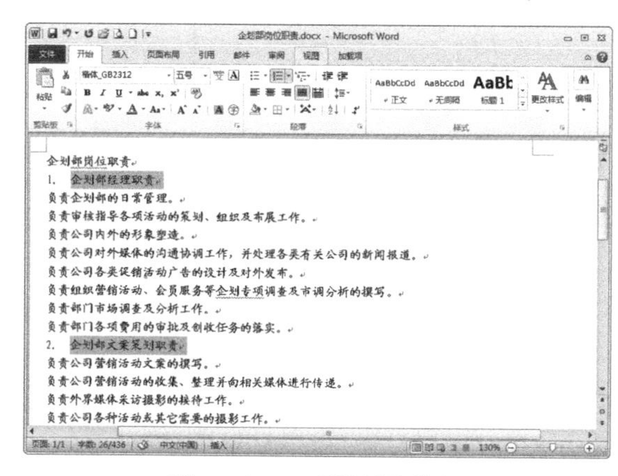

图 3-12-15 【编号】按钮

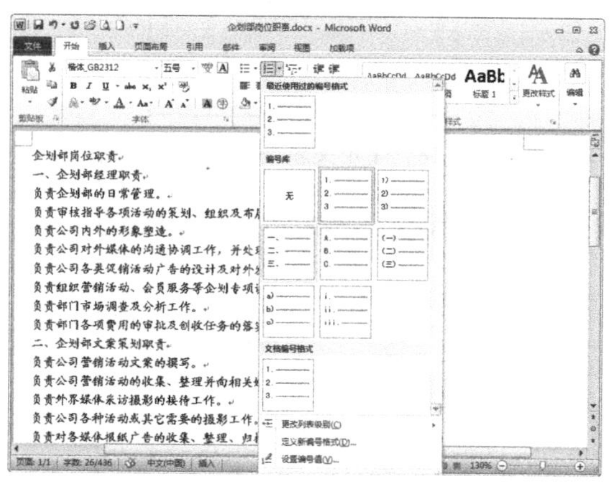

图 3-12-16 【编号】下拉列表

2. 添加自定义编号

当【编号】下拉列表中没有满意的编号时，还可以添加自定义编号。具体的操作步骤如下：

（1）打开一个事先准备好的文档，选择需要添加编号的段落，如图 3-12-17 所示。

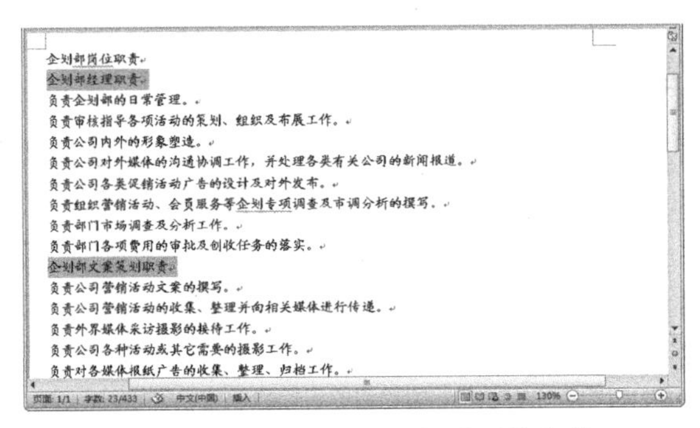

图 3-12-17　选择需要添加编号的段落

（2）在【开始】选项卡【段落】选项组中单击【编号】按钮右侧的下三角按钮，弹出【编号】下拉列表。选择【定义新编号格式】选项，打开【定义新编号格式】对话框，如图 3-12-18 所示。

（3）在【编号样式】下拉列表中选择编号的样式，在【编号格式】文本框中输入编号的格式，在【对齐方式】下拉列表框中选择编号的对齐方式，如图 3-12-19 所示。

（4）单击【字体】按钮，打开【字体】对话框，从中设置项目符号的字体样式、字形、字号和字体颜色等选项，然后单击【确定】按钮返回，如图 3-12-20 所示。

（5）在【定义新编号格式】对话框中单击【确定】按钮，即可插入用户自定义的编号，如图 3-12-21 所示。

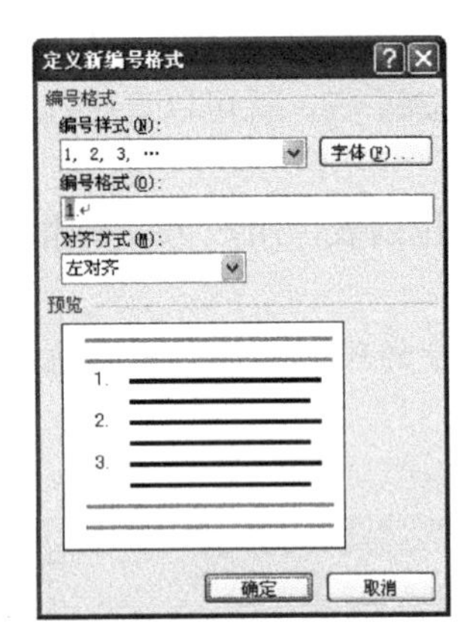

图 3-12-18　【定义新编号格式】对话框

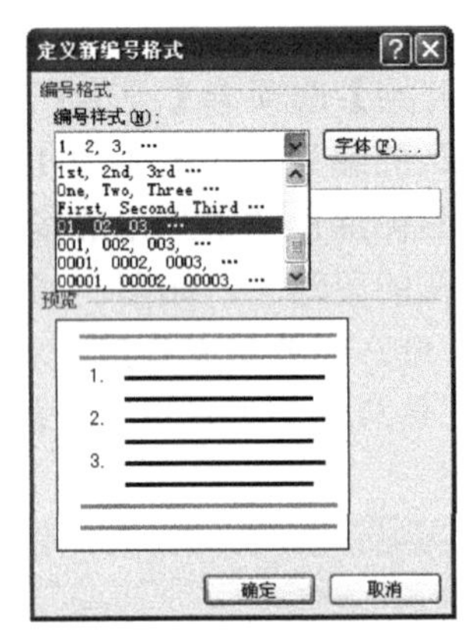

图 3-12-19　编号样式列表

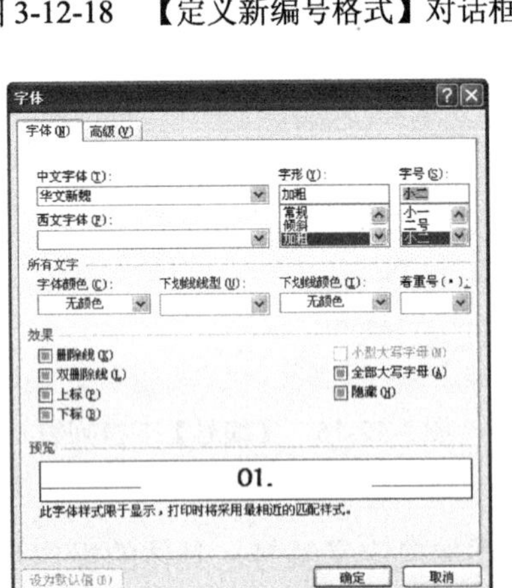

图 3-12-20　【字体】对话框

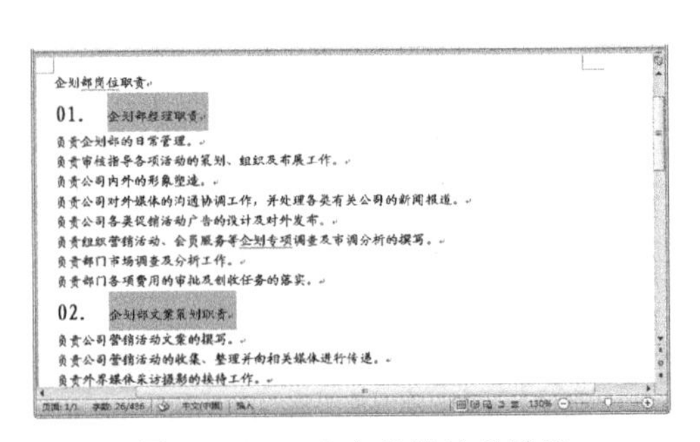

图 3-12-21　自定义的编号效果

3.13 使用艺术字

在文档中插入艺术字，能为文字添加艺术效果，使文字看起来更加生动，让制作的文档更加美观，更容易吸引眼球，如图 3-13-1 所示。

设置文字的艺术效果，是通过更改文字的填充，更改文字的边框，或者添加诸如阴影、映像、发光、三维（3D）旋转或棱台之类的效果，更改文字的外观。

图 3-13-1　艺术字

使用艺术字的方法介绍如下。

1．在【开始】选项卡中设置文字的艺术效果

在【开始】选项卡中设置艺术字的操作步骤如下：

（1）打开一个事先准备好的文档，选择需要添加艺术效果的文字，如图 3-13-2 所示。

（2）在【字体】选项组中单击【字体颜色】按钮 A，从弹出的下拉列表中选择更换字体的颜色。这里选择橙色，单击选择的橙色颜色框，被选择文字颜色就会发生变化，如图 3-13-3 所示。

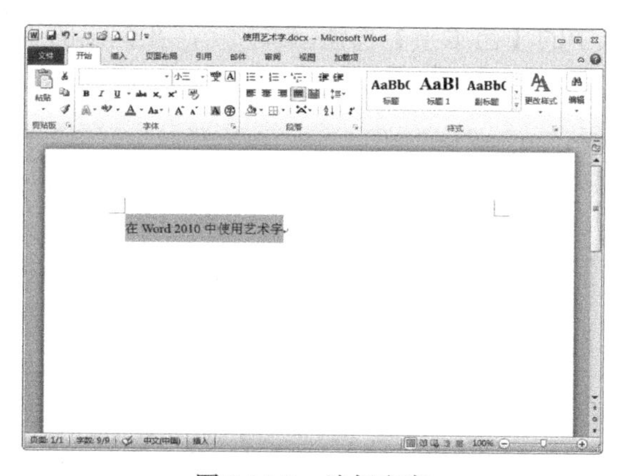

图 3-13-2　选择文字

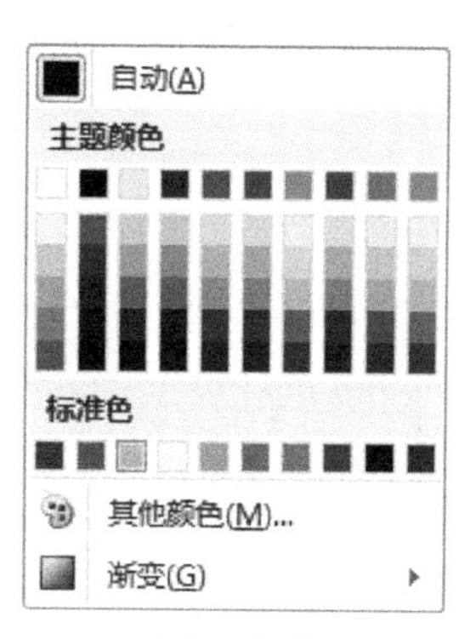

图 3-13-3　【主题颜色】下拉列表

（3）再次选择需要添加艺术效果的文字，单击【开始】选项卡【字体】选项组中的【文本效果】按钮，在弹出的下拉列表中选择第 1 种艺术效果，如图 3-13-4 所示。

（4）单击所选择的艺术效果，被选文本就会发生变化，如图 3-13-5 所示。

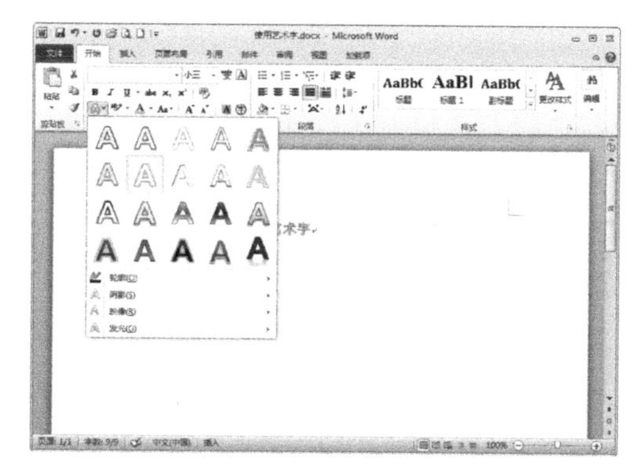

图 3-13-4　【文本效果】下拉列表

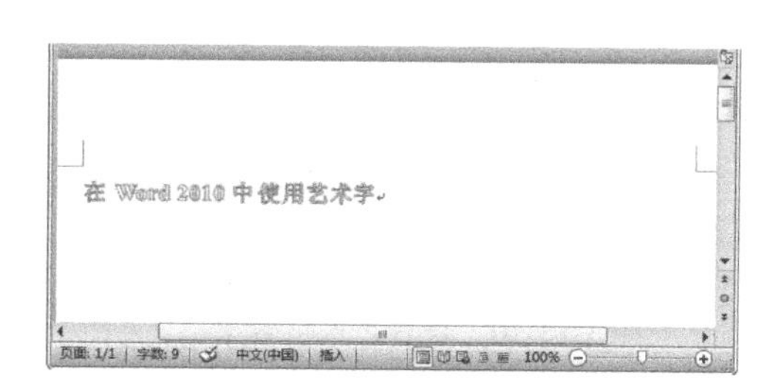

图 3-13-5　查看设置效果

（5）在【字体】选项组中单击【文本效果】按钮，在下拉列表中选择【轮廓】、【阴影】、

【映像】或【发光】等选项，可以更详细地设置文字的艺术效果，如图 3-13-6 和图 3-13-7 所示。

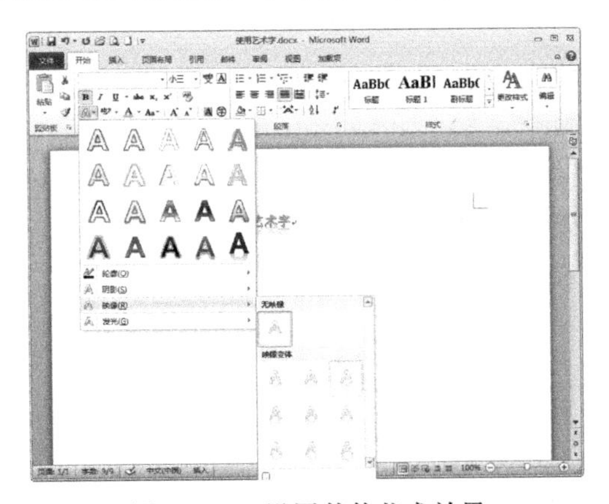

图 3-13-6　设置其他艺术效果

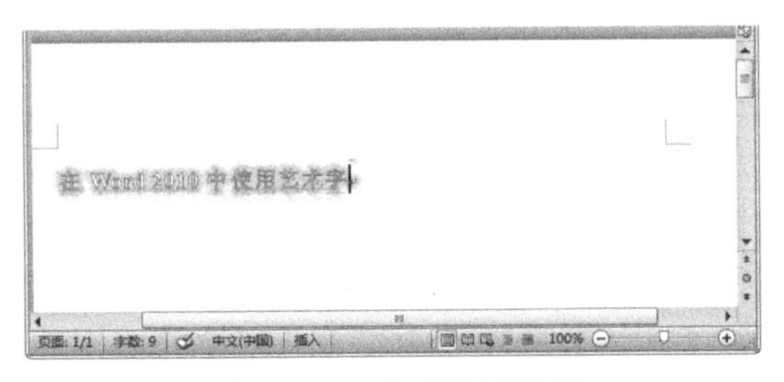

图 3-13-7　查看设置效果

2. 在【插入】选项卡中设置文字的艺术效果

在【插入】选项卡中设置艺术字的方法如下：

（1）打开一个事先准备好的文档，选择需要添加艺术效果的文字，如图 3-13-8 所示。

（2）单击【插入】选项卡【文本】选项组中的【艺术字】按钮 艺术字，在弹出的下拉列表中选择第 2 种艺术字样式，如图 3-13-9 所示。

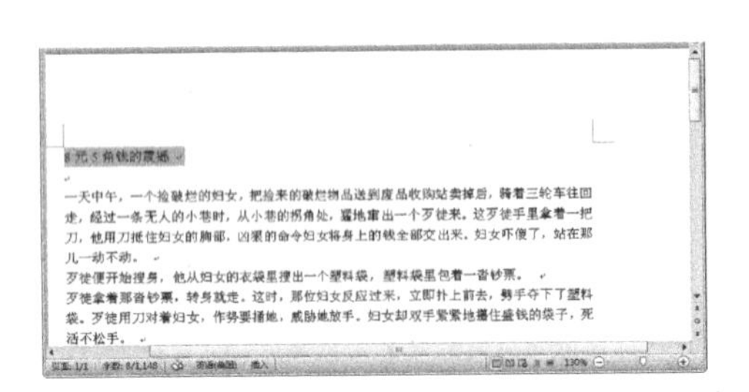

图 3-13-8　选择文本文字

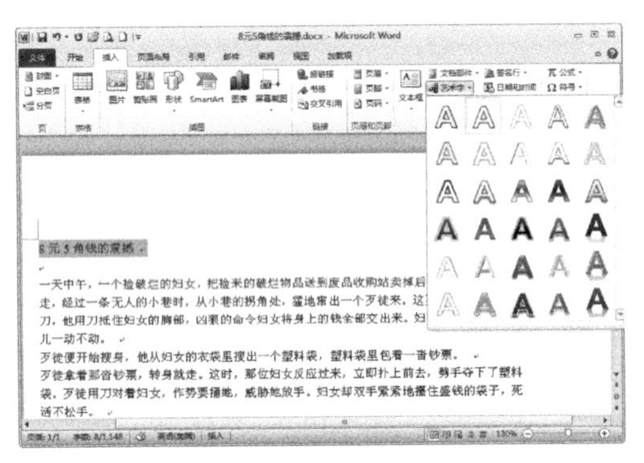

图 3-13-9　选择艺术字样式

（3）选择第 2 种艺术字样式后的文字效果如图 3-13-10 所示。

（4）选择一种艺术字样式后，用户可以根据【格式】选项卡中的选项，设置被选文字的颜色、大小以及调整艺术字的位置等，如图 3-13-11 所示。

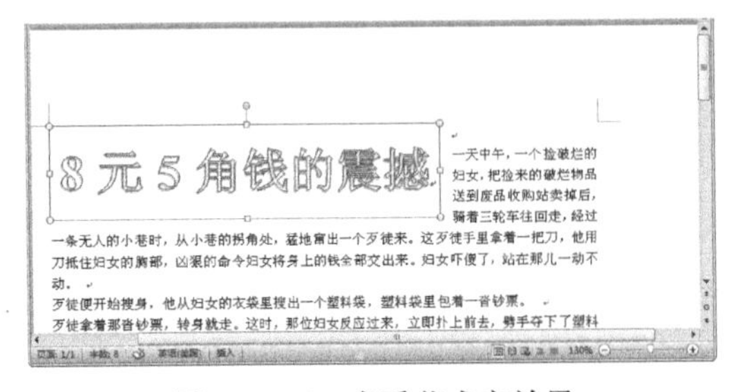

图 3-13-10　查看艺术字效果

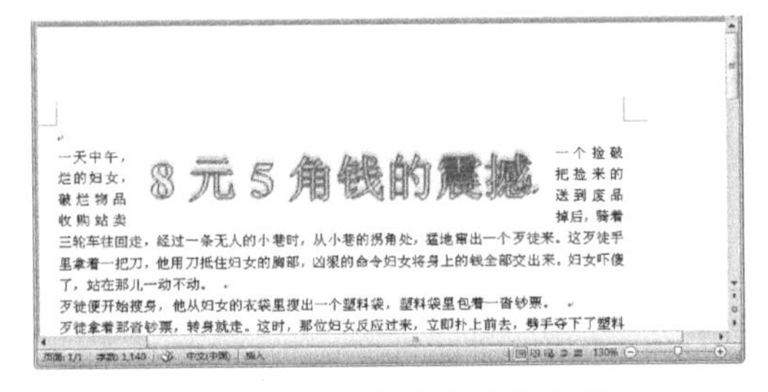

图 3-13-11　调整艺术字位置

3.14　使用图形元素

Word 2010 为用户提供了多种剪贴画、形状等丰富的图片元素，在文档中添加这些图片，可以使文档看起来更加生动、形象，使文档充满活力。

1．添加图片

如果需要使用图片为文档增色添彩，可以在文档中插入一张图片。Word 2010 支持更多的图片格式，如“*.emf”、“*.wmf”、“*.jpg”、“*.jpeg”、“*.jfif”、“*.jpe”、“*.png”、“*.bmp”、“*.dib”和“*.rle”等。在文档中添加图片的具体操作步骤如下：

（1）新建一个 Word 文档，将光标定位于需要插入图片的位置，然后单击【插入】选项卡【插图】选项组中的【图片】按钮，如图 3-14-1 所示。

（2）在打开的【插入图片】对话框中选择需要插入的图片，单击【插入】按钮，即可插入该图片。或者直接在文件窗口中用鼠标左键双击需要插入的图片，如图 3-14-2 所示。

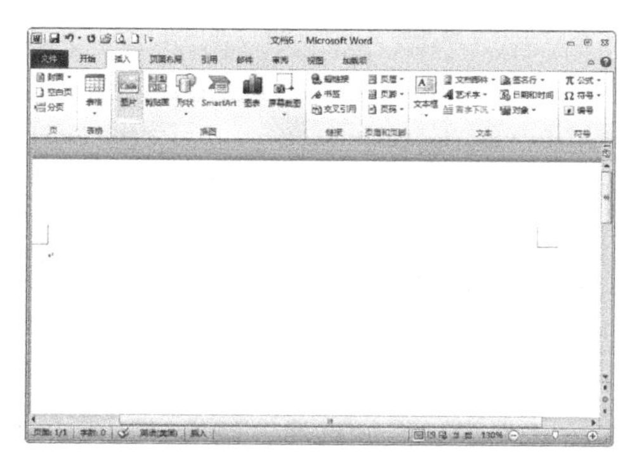

图 3-14-1　【图片】按钮

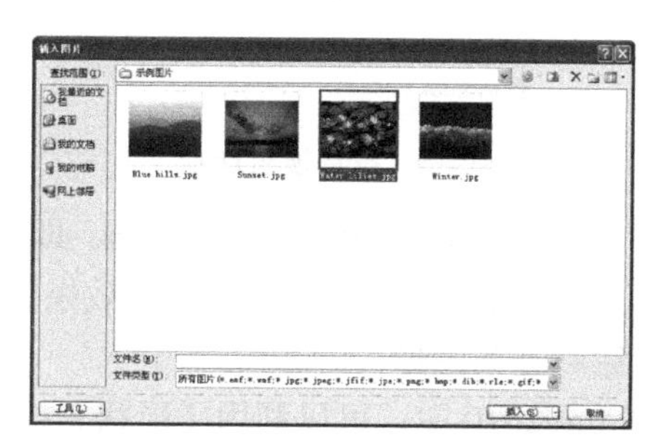

图 3-14-2　【插入图片】对话框

（3）此时将在文档中鼠标光标所在的位置插入所选择的图片，如图 3-14-3 所示。

2．添加剪贴画

插入 Word 2010 收藏集中的剪贴画的具体操作步骤如下：

（1）新建一个 Word 文档，将鼠标光标定位于需要插入图片的位置，然后单击【插入】选项卡【插图】选项组中的【剪贴画】按钮，此时在文档的右侧将打开【剪贴画】窗格，如图 3-14-4 所示。

图 3-14-3　插入图片

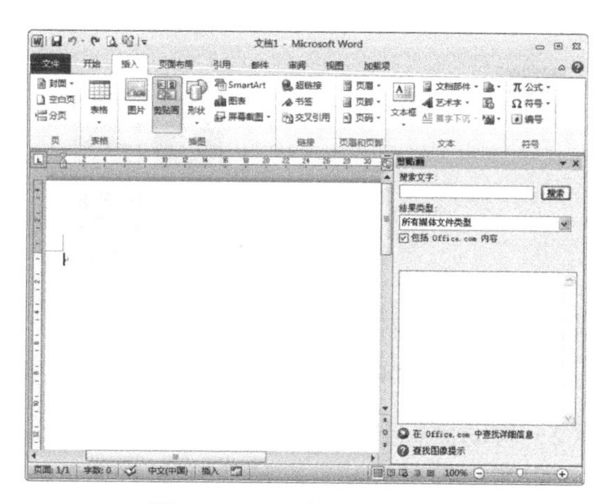

图 3-14-4　【剪贴画】窗格

（2）在【搜索文字】文本框中输入需要搜索的图片的名称，或者输入和图片有关的描述词汇，如输入“符号”，在【结果类型】列表框中选择【所有媒体文件类型】选项，如图 3-14-5 所示。

（3）单击【搜索】按钮，进行剪贴画的搜索，在结果区域会显示搜索到的剪贴画，如图 3-14-6 所示。

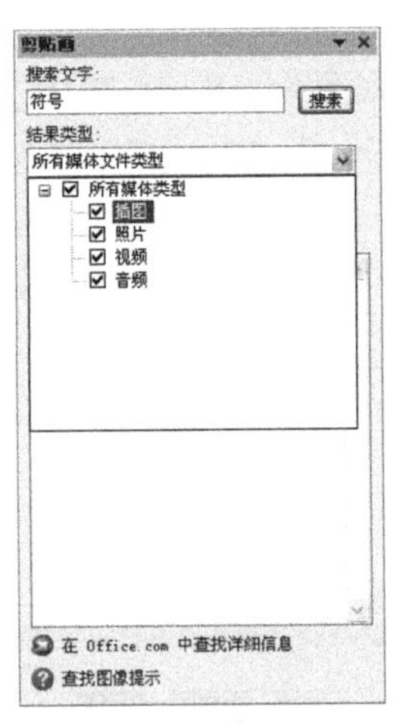

图 3-14-5　设置搜索选项

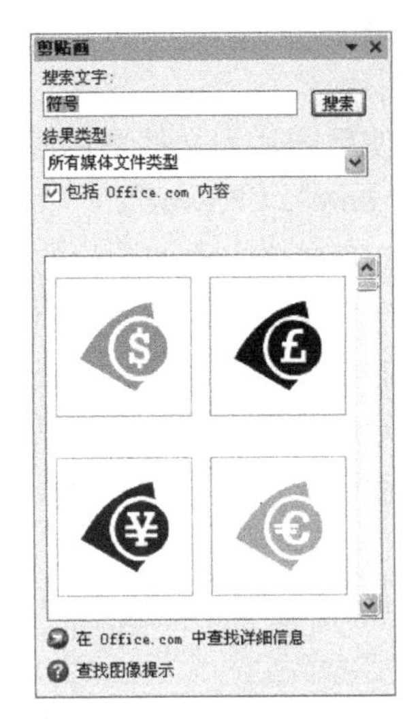

图 3-14-6　搜索结果

（4）用户只需单击所选择的剪贴画，即可将其插入文档中。单击【剪贴画】窗格右上角的【关闭】按钮 ×，关闭【剪贴画】窗格，效果如图 3-14-7 所示。

3．绘制基本图形

在 Word 2010 中，可以利用【形状】按钮，绘制多种基本图形，如直线、箭头、方框和椭圆等。具体的操作步骤如下：

（1）新建一个文档，移动鼠标指针到要绘制图形的位置，然后单击【插入】选项卡【插图】选项组中的【形状】按钮，在弹出的下拉列表中选择【基本形状】中的“笑脸”，如图 3-14-8 所示。

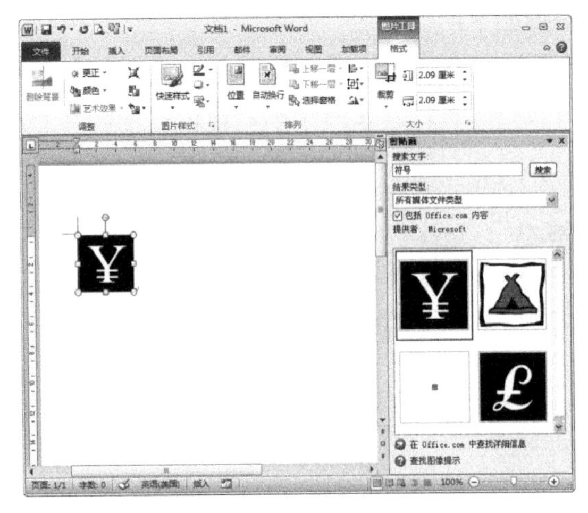

图 3-14-7　插入剪贴画

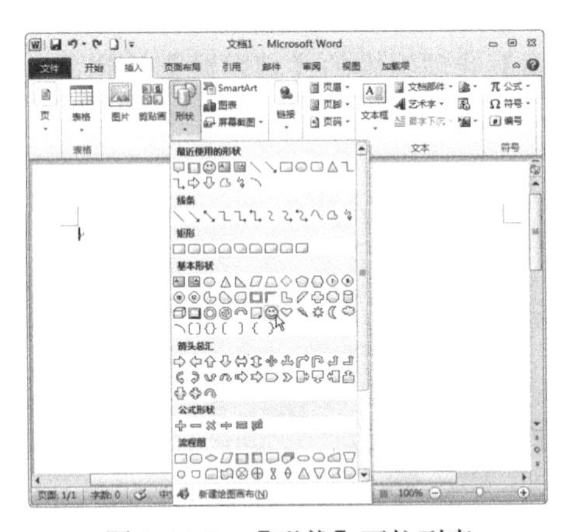

图 3-14-8　【形状】下拉列表

（2）移动鼠标到绘图画布区域，鼠标指针会变成“十”字形状。按住鼠标左键不放，拖动鼠标到一定的位置后放开，在绘图画布上就会显示出绘制的“笑脸”，如图 3-14-9 所示。

同样，也可以在绘图画布上绘制出箭头、矩形和椭圆等图形，如图 3-14-10 所示。

在绘制的过程中，要尤其注意矩形和椭圆形的特例。绘制正方形或圆形时，要先单击“矩形”或“椭圆”按钮。但是在绘图画布上进行绘制时，要先按住【Shift】键，然后拖动鼠标绘制即可。

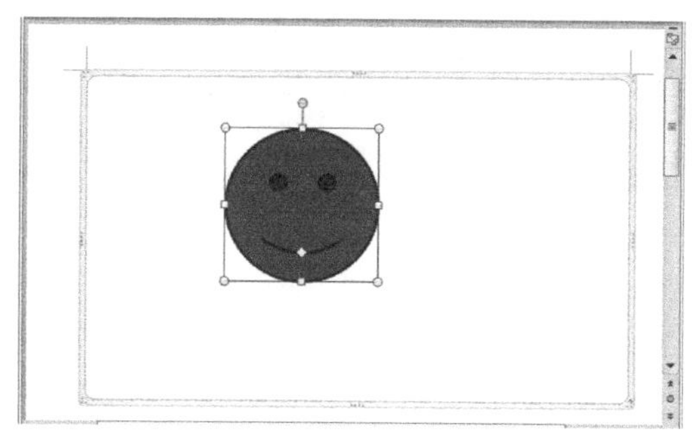

图 3-14-9　绘制的“笑脸”形状

图 3-14-10　绘制其他图形的形状

3.15　文本框的应用

文本框是一个对象，用户可以在 Microsoft Office 2010 文档中的任意位置放置和插入文本框。

3.15.1　插入文本框

文本框分为横排和竖排两类，可以根据需要插入相应的文本框，插入的方法一般包括直接插入空文本框和在已有的文本上插入文本框两种。

1．插入空文本框

在文档中插入空文本框的操作步骤如下：

（1）新建一个文档，单击文档中任意位置，然后单击【插入】选项卡【文本】选项组中的【文本框】按钮，在弹出的下拉列表中选择【绘制文本框】选项，如图 3-15-1 所示。

（2）返回 Word 文档操作界面，光标变成“十”字形状，在画布中单击，然后通过拖动鼠标来绘制具有所需大小的文本框，如图 3-15-2 所示。

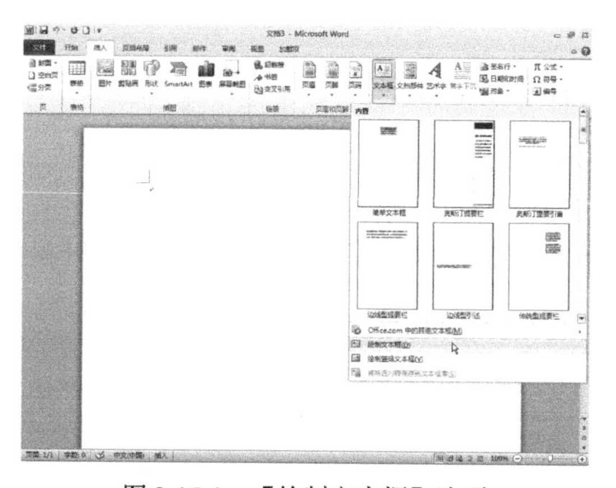

图 3-15-1　【绘制文本框】选项

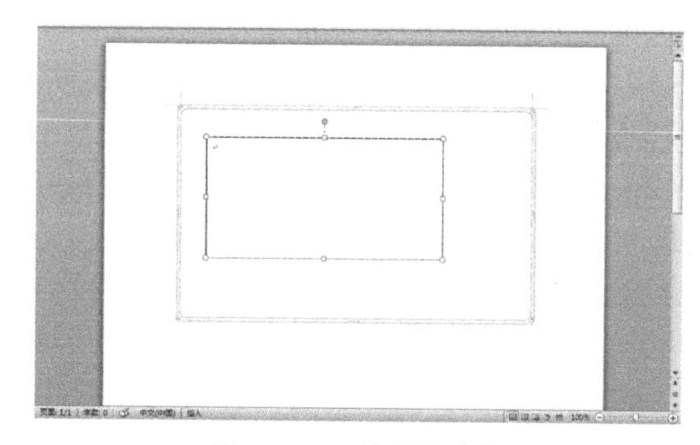

图 3-15-2　绘制文本框

（3）单击【插入】选项卡【文本】选项组中的【文本框】按钮，在弹出的下拉列表中选择【绘制竖排文本框】选项，可以绘制竖排文本框，如图 3-15-3 所示。

2．在已有的文本上插入文本框

除了插入空白框外，还可以为选择的文本创建一个文本框，具体的操作步骤如下：

（1）在新建的文档中输入文字，然后选择输入的文字，如图 3-15-4 所示。

（2）单击【插入】选项卡【文本】选项组中的【文本框】按钮，在弹出的下拉列表中选择【绘制文本框】选项，此时在选择的文本上就会添加一个文本框，如图 3-15-5 所示。

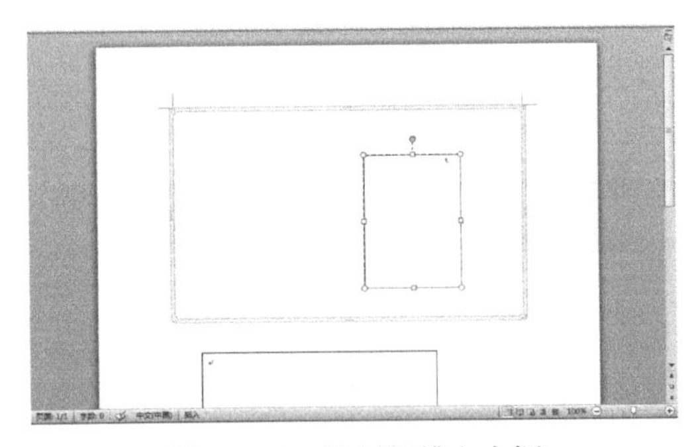

图 3-15-3　绘制竖排文本框

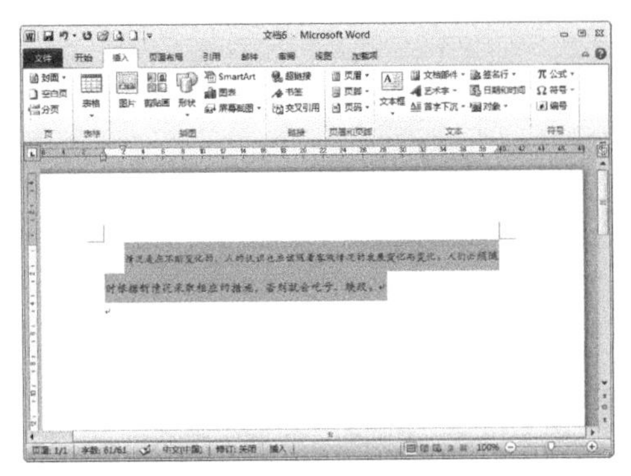

图 3-15-4　选择文本

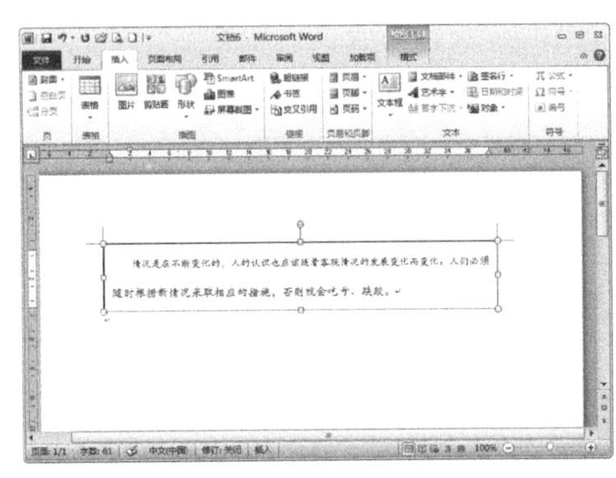

图 3-15-5　在已有的文本上插入文本框

3.15.2　使用文本框

创建好文本框后，接下来可以对文本框进行调整。

1．调整文本框的位置

使用鼠标调整文本框位置的方法和调整图片位置的方法类似，具体的操作步骤如下：

（1）在文本框上单击，然后移动鼠标指针到文本框的边框位置，此时指针会变成形状，如图 3-15-6 所示。

（2）按住鼠标左键不放向下拖动文本框，此时鼠标会变成形状，到适当的位置后松开鼠标左键即可，如图 3-15-7 和图 3-15-8 所示。

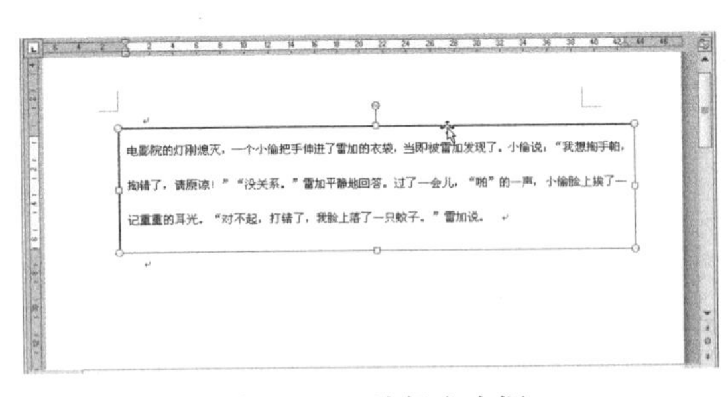

图 3-15-6　选择文本框

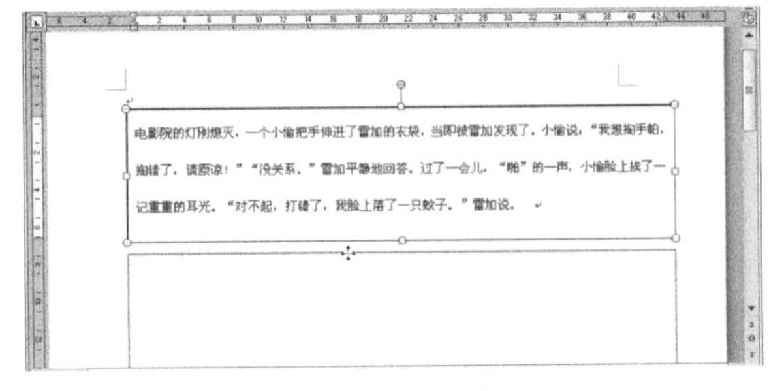

图 3-15-7　拖动鼠标

提示：在拖动文本框时，还可以按住【Shift】键进行文本框的水平或者垂直移动。

2．调整文本框的大小

文本框上有 8 个控制点，可以使用鼠标来调整文本框的大小，具体的操作步骤如下：

（1）在文本框上单击选择文本框，然后移动鼠标指针到文本框的控制点上，此时鼠标指针会变为“十”字形状，如图 3-15-9 所示。

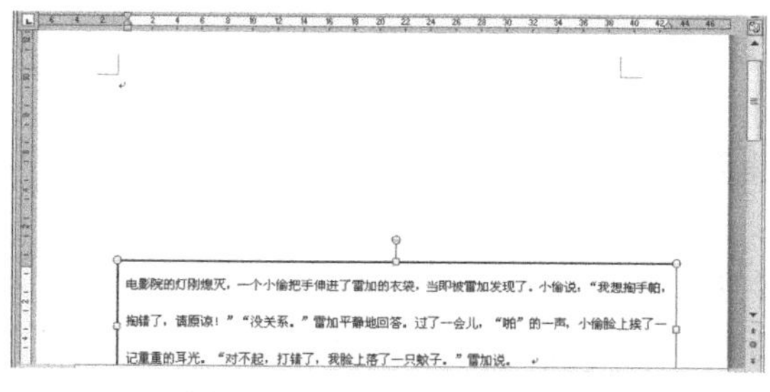

图 3-15-8　移动文本框位置

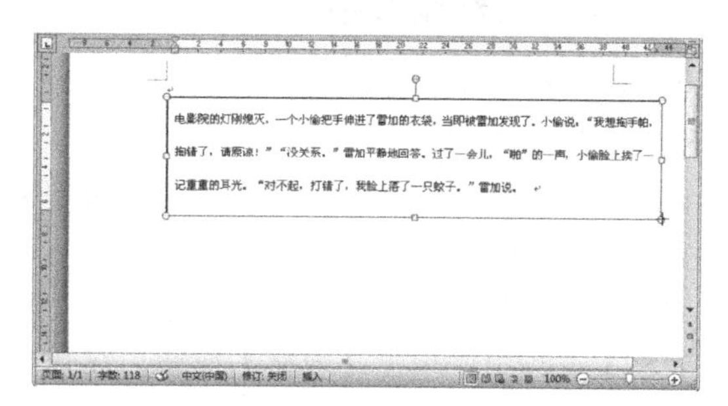

图 3-15-9　鼠标指针变为“十”字形状

（2）按下鼠标左键拖动文本框边框到合适的位置后松开，即可调整文本框的大小，如图 3-15-10 和图 3-15-11 所示。

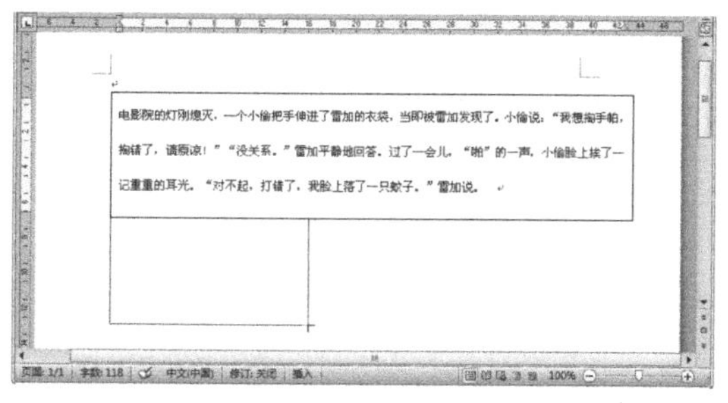

图 3-15-10　拖动文本框

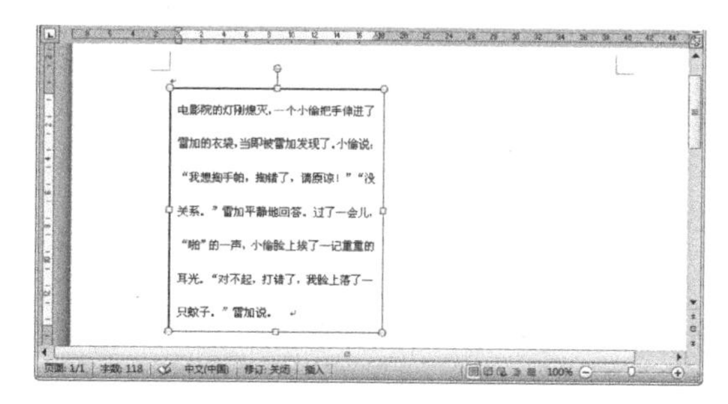

图 3-15-11　调整文本框大小

除了使用鼠标粗略地调整文本框的大小外，还可以通过【格式】选项卡【大小】选项组中的调节框来精确地调整文本框的大小。

提示：*在移动的过程中如果按【Esc】键，则可取消移动操作。*

3.16　表格的应用

表格由多个行或列的单元格组成，用户可以在单元格中添加文字或图片。在编辑文档的过程中，经常会用到数据的记录、计算与分析，此时表格是最理想的选择，因为表格可以使文本结构化，使数据清晰化，如图 3-16-1 所示。

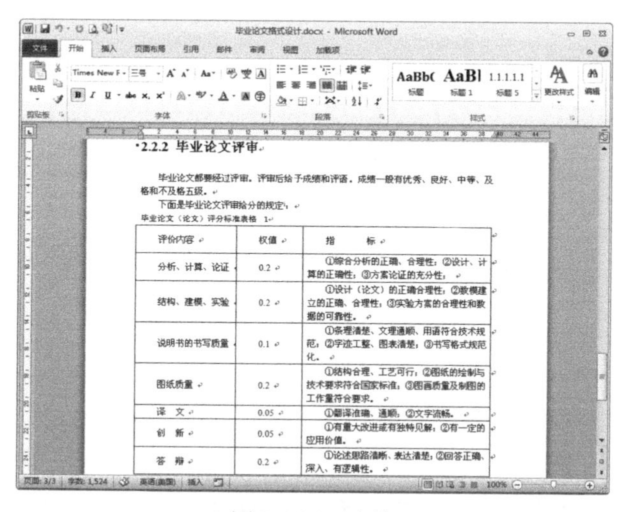

图 3-16-1　表格

3.16.1 插入与绘制表格

Word 2010 提供了多种绘制表格的方法。

1. 创建快速表格

可以利用 Word 2010 提供的内置表格模型来快速创建表格，但提供的表格类型有限，只适用于建立特定格式的表格。

（1）新建一个空白文档，将鼠标光标定位至需要插入表格的地方，之后选择【插入】选项卡，在【表格】选项组中单击【表格】按钮，在弹出的下拉列表中选择【快速表格】选项，然后在弹出的子列表中选择理想的表格类型即可，如图 3-16-2 所示。

（2）将模板中的数据替换为自己的数据，如图 3-16-3 所示。

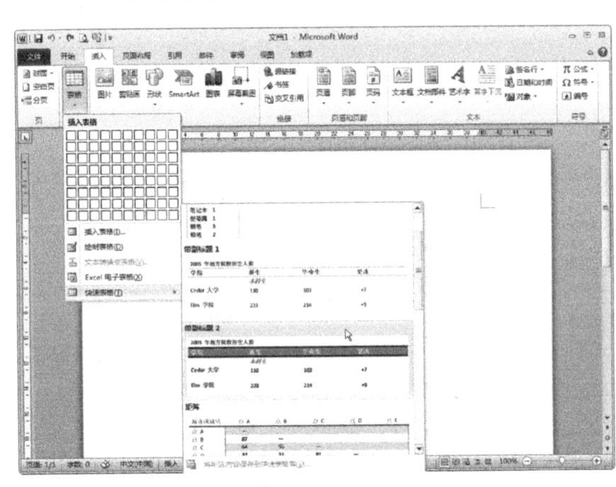

图 3-16-2　选择表格类型

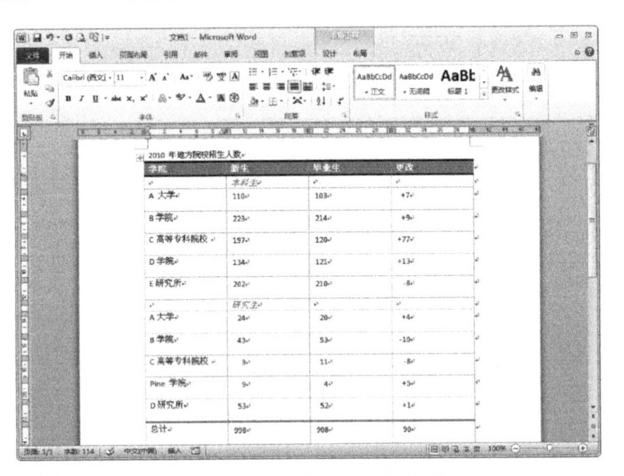

图 3-16-3　应用快速表格

2. 使用即时预览功能创建表格

使用即时预览功能适合创建规则的、行数和列数较少的表格，最多可以创建 8 行 10 列的表格，如图 3-16-4 所示。

使用即时预览功能创建表格的具体操作步骤如下：

（1）将鼠标光标定位至需要插入表格的地方。选择【插入】选项卡，在【表格】选项组中单击【表格】按钮，在插入表格区域内以滑动鼠标的方式执行要插入表格的列数和行数，如图 3-16-5 所示。

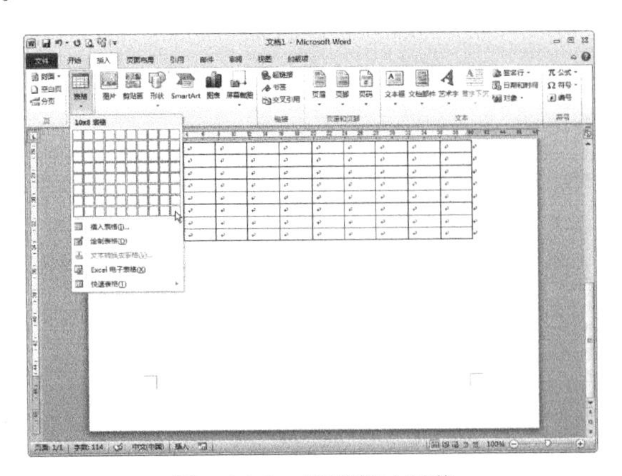

图 3-16-4　使用即时预览

图 3-16-5　指定表格的行数和列数

提示：选择的单元格将以橙色显示，并在名称区域显示【“列数”×“行数”表格】。

（2）确定后单击鼠标左键，即可在文档中插入一个表格，如图 3-16-6 所示。

3．使用【插入表格】对话框创建表格

使用即时预览功能创建表格固然方便，可是由于所提供的单元格数量有限，因此只能创建有限的行数和列数。而使用【插入表格】对话框，则可不受即时预览功能的限制，并且可以对表格的宽度进行调整，如图 3-16-7 所示。

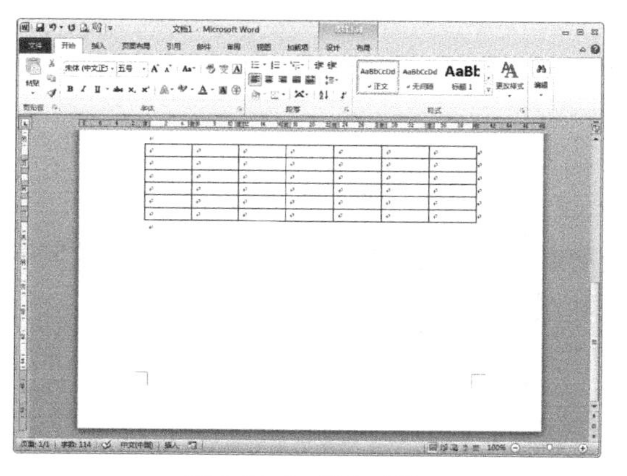

图 3-16-6　插入表格

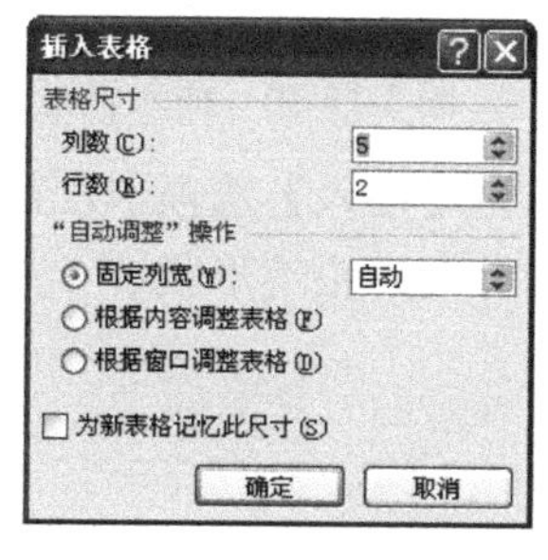

图 3-16-7　【插入表格】对话框

使用【插入表格】对话框创建表格的具体操作步骤如下：

（1）将鼠标光标定位至需要插入表格的地方。选择【插入】选项卡，在【表格】选项组中单击【表格】按钮，在其下拉列表中选择【插入表格】选项，打开【插入表格】对话框，如图 3-16-8 所示。

（2）分别在【列数】和【行数】微调框中输入列数和行数，在【"自动调整"操作】选项组中选择类型。如果还要再次建立类似的表格，则可勾选【为新表格记忆此尺寸】复选框，如图 3-16-9 所示。

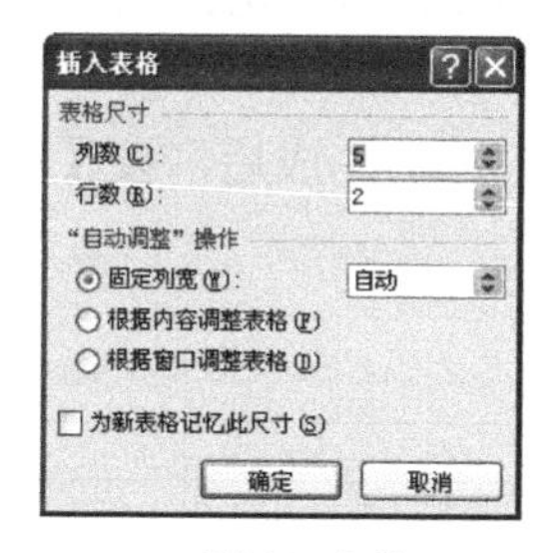

图 3-16-8　【插入表格】对话框

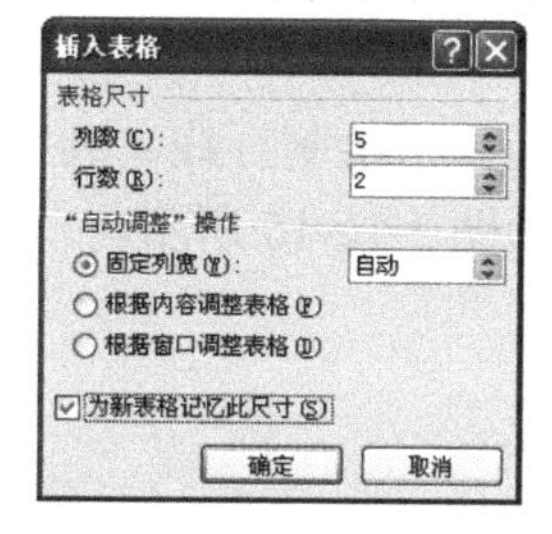

图 3-16-9　【插入表格】对话框

【"自动调整"操作】区域中各个选项的含义如表 3-16-1 所示。

表 3-16-1　【"自动调整"操作】说明

"自动调整"操作	描　述
固定列宽	设定列宽的具体数值，单位是厘米。当选择为自动时，表示表格将自动在窗口填满整行，并平均分配各列为固定值
根据内容调整表格	根据单元格的内容自动调整表格的列宽和行高
根据窗口调整表格	根据窗口大小自动调整表格的列宽和行高

（3）单击【确定】按钮，即可在文档中插入一个 5 列 2 行的表格，如图 3-16-10 所示。

4．绘制表格

用户需要创建不规则的表格时，以上的方法可能就不适用了。此时可以使用表格绘制工具来创建表格，如在表格中添加斜线等，如图 3-16-11 所示。

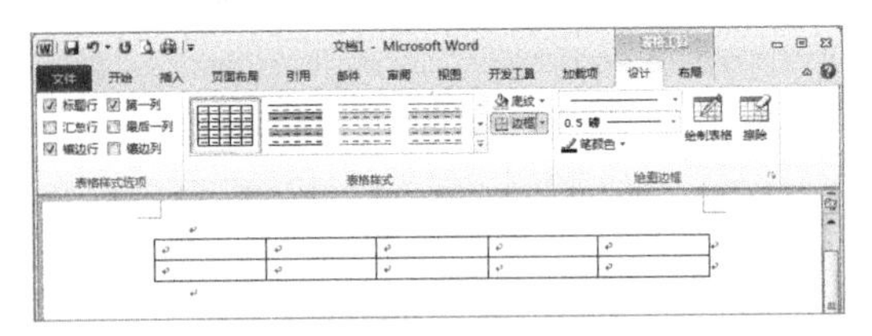

图 3-16-10　插入表格

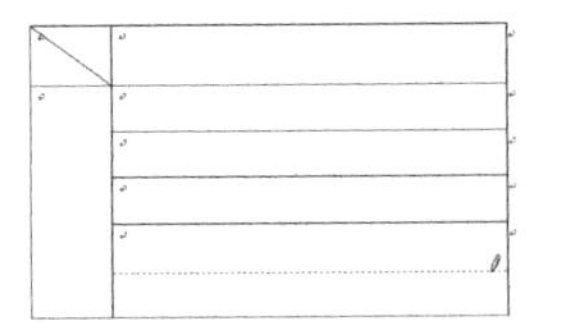

图 3-16-11　添加斜线

（1）单击【插入】选项卡，在【表格】选项组中选择【表格】下拉列表中的【绘制表格】选项，鼠标指针变为铅笔形状 ✎ ，如图 3-16-12 和图 3-16-13 所示。

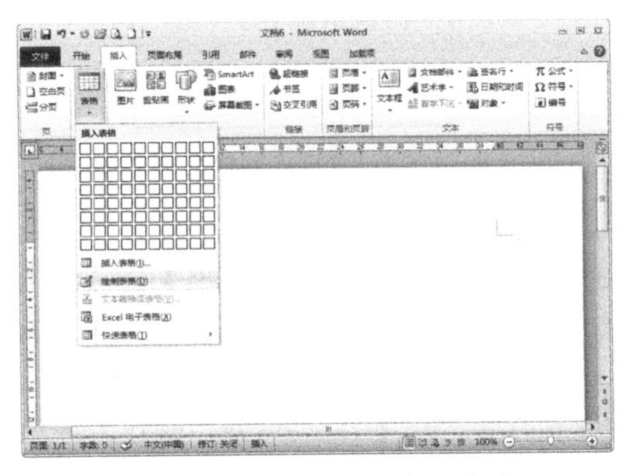

图 3-16-12　【绘制表格】选项

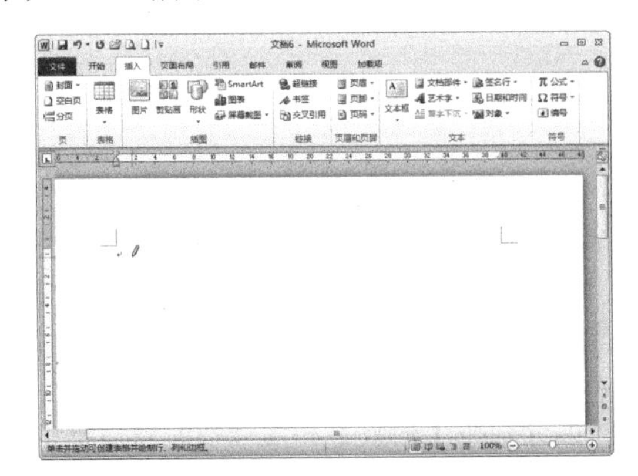

图 3-16-13　鼠标指针形状

（2）在需要绘制表格的地方单击并拖动鼠标绘制出表格的外边界，形状为矩形，如图 3-16-14 所示。

（3）在该矩形中绘制行线、列线或斜线，直至满意为止。绘制完成后，按【Esc】键退出表格绘制模式，如图 3-16-15 所示。

图 3-16-14　绘制表格

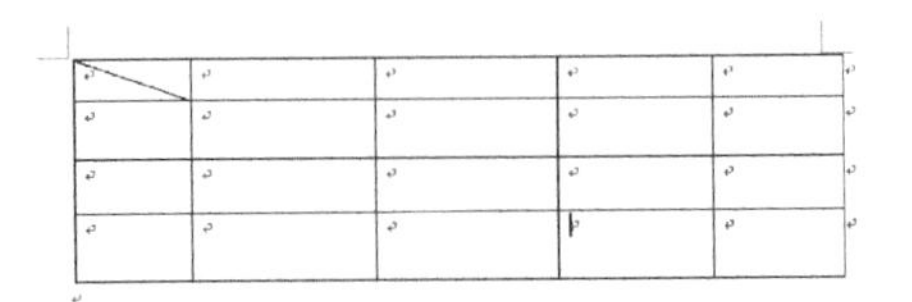

图 3-16-15　表格绘制完成

5．使用橡皮擦修改表格

在建立表格的过程中，可能不需要部分行线或列线，可以使用橡皮擦工具将其擦除，如图 3-16-16 和图 3-16-17 所示。

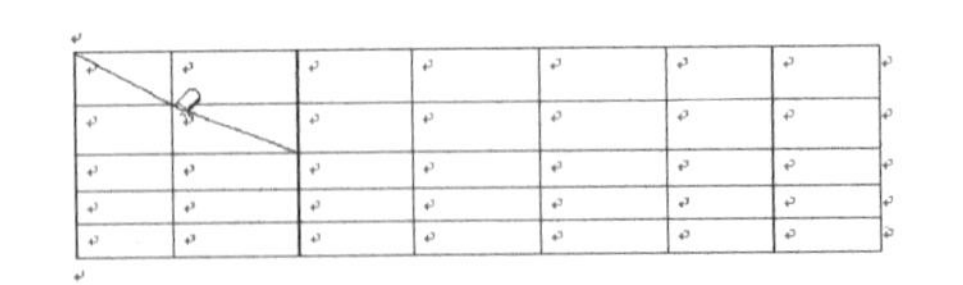

图 3-16-16　橡皮擦工具

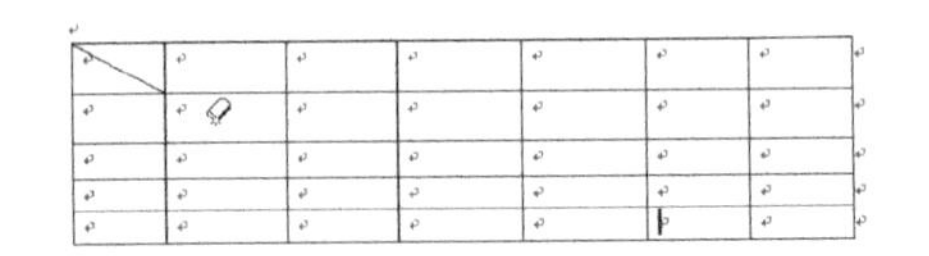

图 3-16-17　擦除表格

（1）在需要修改的表格内单击，选择【设计】选项卡，在【绘图边框】选项组中单击【擦除】按钮，鼠标指针变为橡皮擦形状，如图 3-16-18 所示。

（2）单击需要擦除的行线或列线即可，如图 3-16-19 所示。

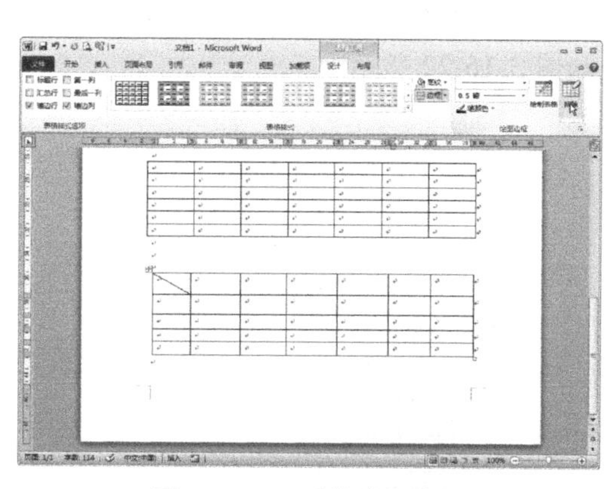

图 3-16-18 【擦除】按钮

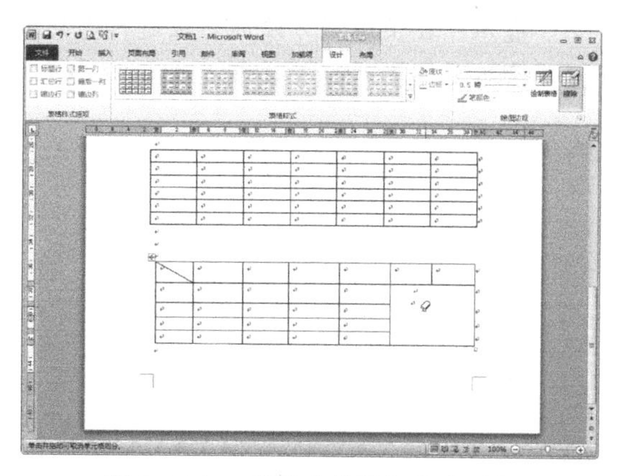

图 3-16-19 擦除表格的行线或列线

3.16.2 添加、删除行或列

创建完表格后，如果发现行或列数不能满足编辑需求，可以插入或者删除行或列。

1. 插入行或列

在表格中插入行或列有以下两种方法：

方法一：指定插入行或列的位置，然后单击【布局】选项卡【行和列】选项组中的相应插入方式按钮即可，如图 3-16-20 所示。

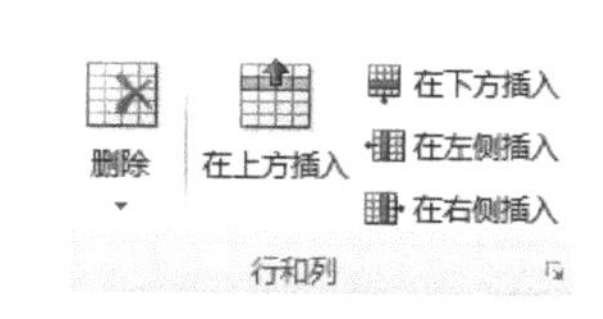

图 3-16-20 【行和列】选项组

提示：插入行或列的位置可以是一个单元格，也可以是一行或一列。

各种插入方式的含义如表 3-16-2 所示。

表 3-16-2 插入方式

插 入 方 式	功 能 描 述
在上方插入	在选择单元格所在行的上方插入一行表格
在下方插入	在选择单元格所在行的下方插入一行表格
在左侧插入	在选择单元格所在列的左侧插入一列表格
在右侧插入	在选择单元格所在列的右侧插入一列表格

方法二：指定插入行或列的位置，直接用鼠标右键单击，在弹出的快捷菜单中执行【插入】子菜单中的插入方式即可。如选择第 2 行后，用鼠标右键单击，在弹出的快捷菜单中执行【插入】→【在下方插入行】命令，如图 3-16-21 所示。

在插入行或列之前，需要先选择插入位置，当用户选择一行或一列的时候，就会在表格中间插入一行或一列；当用户选择多行或多列的时候，就会在表格中间插入和选择数量一样的行或列。也就是说在指定插入位置时所选的行数或列数，将决定新插入的行数或列数。所以，用户在选择插入位置时，需要选择和插入数量一致的行或列。

2. 删除行或列

删除行或列有以下 3 种方法：

方法一：选择需要删除的行或列，按【Backspace】键，即可删除选择的行或列。

提示：在使用该方法时，应选择整行或整列，然后按【Backspace】键方可删除，否则会打开【删除单元格】对话框，提示删除哪些单元格，如图 3-16-22 所示。

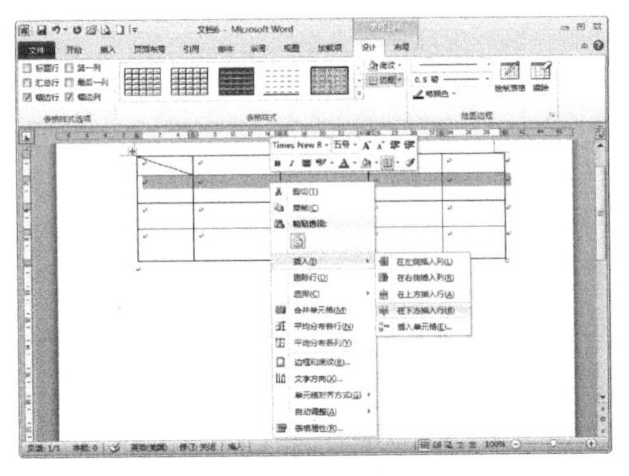

图 3-16-21 【在下方插入行】命令

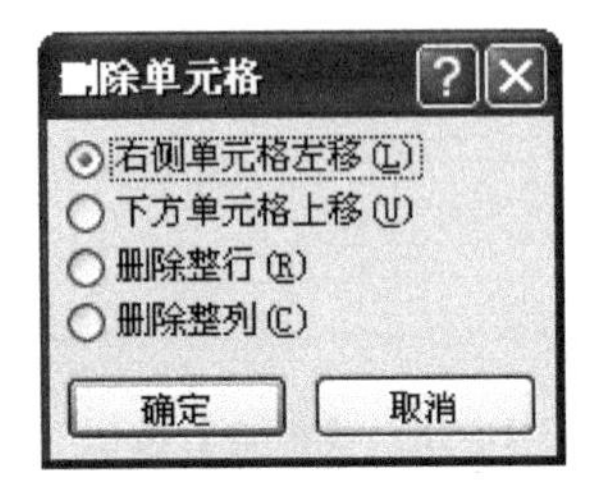

图 3-16-22 【删除单元格】对话框

方法二：选择需要删除的行或列，单击【布局】选项卡【行和列】选项组中的【删除】按钮，在弹出的下拉列表中选择【删除行】或【删除列】选项即可，如图 3-16-23 所示。

方法三：选择需要删除的行或列，单击鼠标右键，在弹出的快捷菜单中执行【删除单元格】命令，打开【删除单元格】对话框，提示删除哪些单元格，如图 3-16-24 和图 3-16-25 所示。

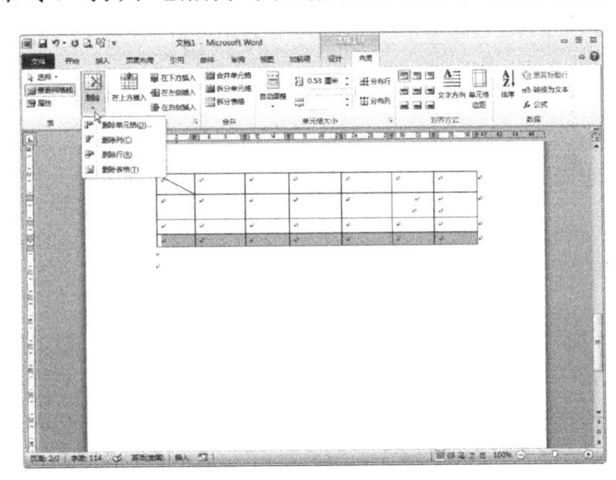

图 3-16-23 【删除】下拉列表

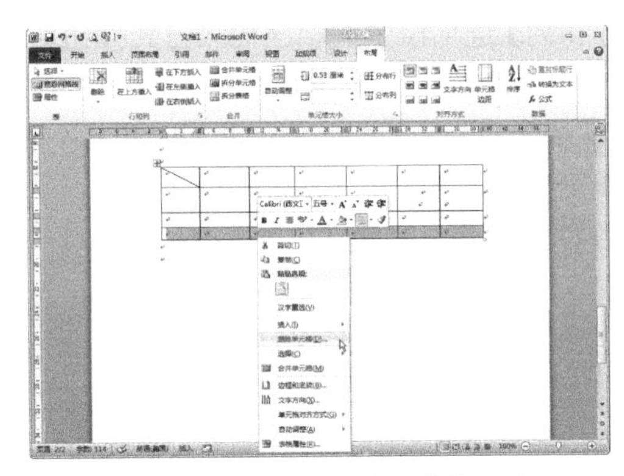

图 3-16-24 【删除单元格】命令

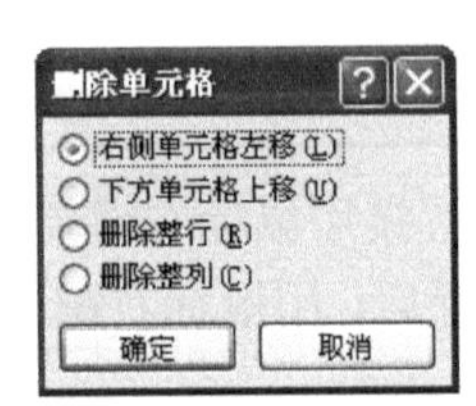

图 3-16-25 【删除单元格】对话框

3.16.3 为表格全面布局

对于创建的表格，用户可以设置表格中单元格的大小和对齐方式等，还可以在现有的表格中插入或删除单元格，拆分或合并单元格。如对表格中的文字进行水平居中布局，如图 3-16-26 和

图 3-16-27 所示。

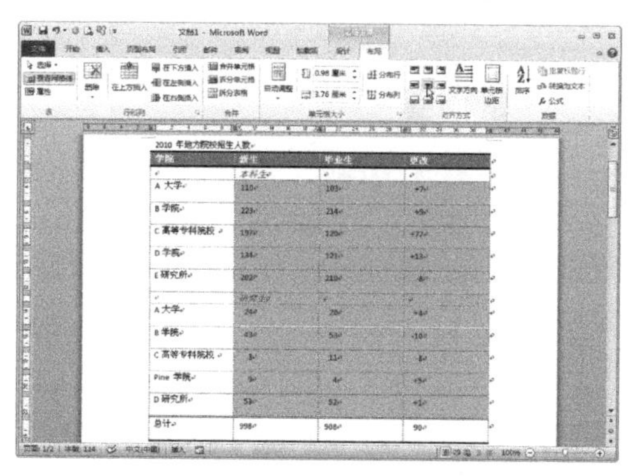
图 3-16-26 【水平居中】按钮

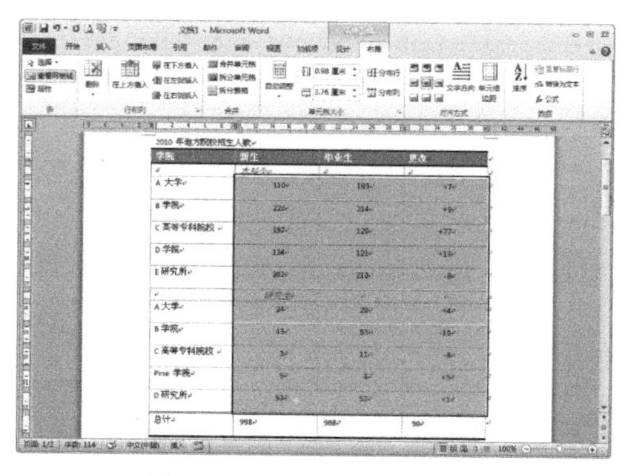
图 3-16-27 居中后的文字

1．设置表格的行高、列宽和对齐方式

在 Word 2010 的一个表格中可以有不同的行高和列宽。但同一行中的单元格必须有相同的高度，如图 3-16-28 所示。

提示：默认情况下，插入的表格会以文档的页面宽度除以列数来作为每列的宽度，而根据字体的大小自动地设置行的高度。当一个单元格内的文本超过一行之后，表格会自动增加单元格的高度。另外，当表格不能满足需求时，还可以手动调整行高和列宽。

（1）设置行高。设置行高的方法有拖动行线、拖动标尺、使用【表格属性】对话框、平均分布各行和直接输入行高等 5 种方法。

方法一：拖动行线。

将鼠标光标移至需要调整高度的表格的行线上，当光标变为÷形状时，单击并拖动鼠标，在新位置将显示一条虚线，当达到目标高度时，松开鼠标左键即可，如图 3-16-29 所示。

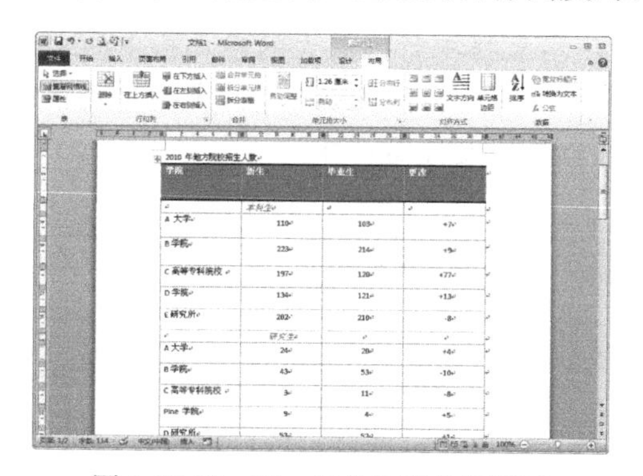
图 3-16-28 同一行的行高必须相同

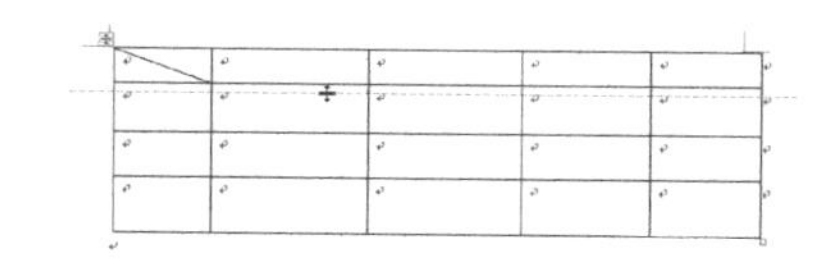
图 3-16-29 拖动行线调整行高

提示：使用鼠标拖动行线来改变行高的方法较为方便，但是不够精确。

方法二：拖动标尺。

单击表格中的任意一个单元格，此时标尺上将出现当前表格的行号，将鼠标光标移至行号上，当光标变为⇕形状时，按住鼠标左键并直接拖动至目标位置即可，如图 3-16-30 所示。

方法三：使用【表格属性】对话框。

使用这种方法，可以精确地将表格的行高调整到固定的值，具体的操作步骤如下：

① 选择需要调整的行，用鼠标右键单击，在弹出的快捷菜单中执行【表格属性】命令，打开【表格属性】对话框，选择【行】选项卡，如图 3-16-31 所示。

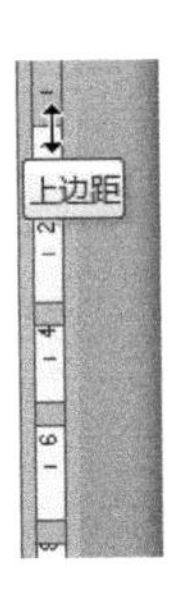

图 3-16-30　拖动标尺调整行高

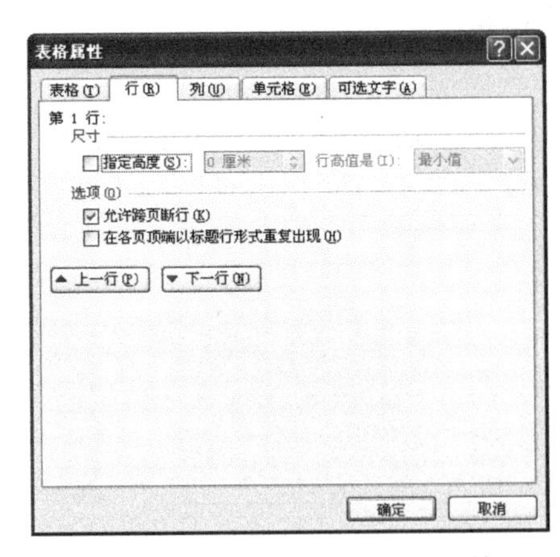

图 3-16-31　【表格属性】对话框

提示：所选择的行可以是一行或者多行。

② 勾选【指定高度】复选框，在【指定高度】微调框中输入具体的行高数值，单位是厘米，在【行高值是】下拉列表中选择【最小值】或【固定值】选项，如图 3-16-32 所示，单击【确定】按钮即可。

【表格属性】对话框中各参数的含义如下：

【最小值】：指表格的高度最少要达到指定的高度，在表格不能容下文本信息的时候会自动增加行高。

【固定值】：指表格的高度为固定的数值，不可更改，文本超出表格高度的部分将不再显示。

方法四：平均分配各行的高度。

选择需要平均分配的各行，在选择行的区域内用鼠标右键单击，在弹出的快捷菜单中执行【平均分配各行】命令，即可将表格中的行高设置为同样的高度，如图 3-16-33 所示。

提示：使用平均分配表格中各行高度的方法时，当表格中行高最大的单元格中的文本信息未能填满行高时，将按照表格的总高度平均分配每行的行高；当表格中行高最大的单元格中的文本信息填满行高时，表格中其他行的行高也将被调整为和最大行高一样。

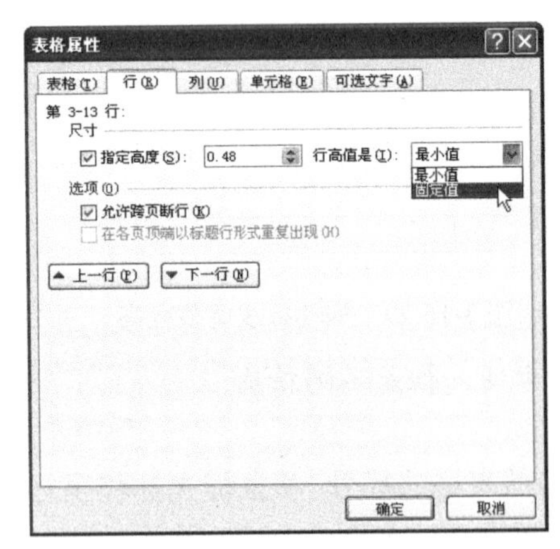

图 3-16-32　设置行高

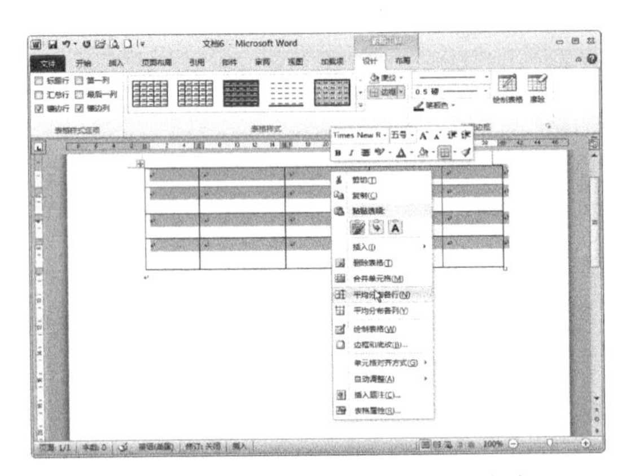

图 3-16-33　【平均分配各行】命令

方法五：直接设置行高。

可以通过下面的方法设置行高：

① 选择表格后，用鼠标右键单击，在弹出的快捷菜单中执行【表格属性】命令，如图 3-16-34 所示。

② 在【表格属性】对话框中，单击【行】选项卡，在【尺寸】选项中选择【指定高度】选项，然后在【行高值是】下拉列表中选择【固定值】选项，并设置大小为“4 厘米”，如图 3-16-35 所示。

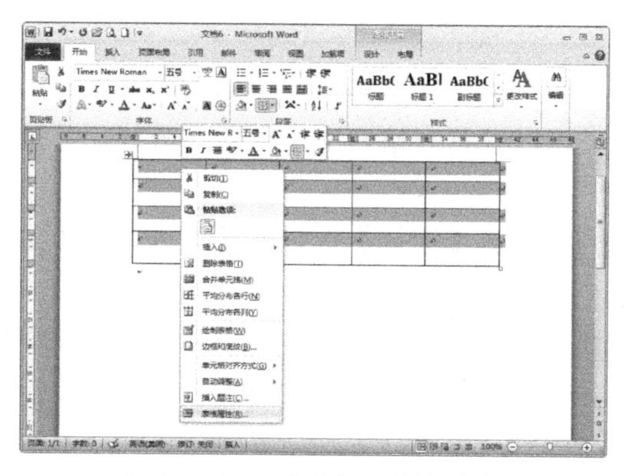

图 3-16-34　【表格属性】命令

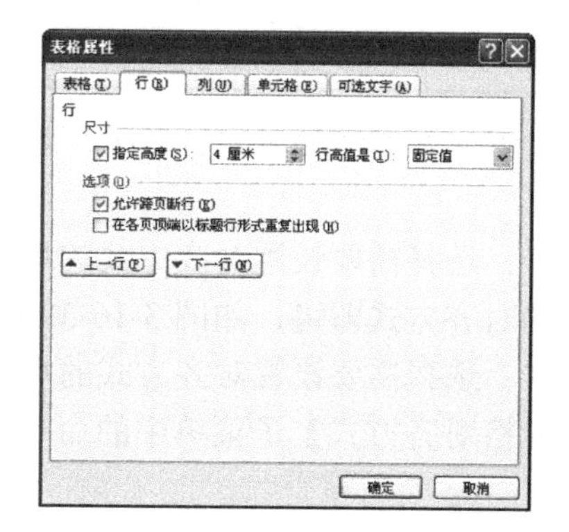

图 3-16-35　【表格属性】对话框

③ 单击【确定】按钮，返回到文档中，即可看到表格已被设置了新的行高，如图 3-16-36 所示。

（2）设置表格的列宽。设置列宽的方法有 5 种，其中前 4 种和设置表格的行高的方法类似，这里不再赘述。另外一种方法是 Word 提供的自动调整列宽的功能，具体的操作步骤如下：

① 选择表格中的任意一个单元格，如图 3-16-37 所示。

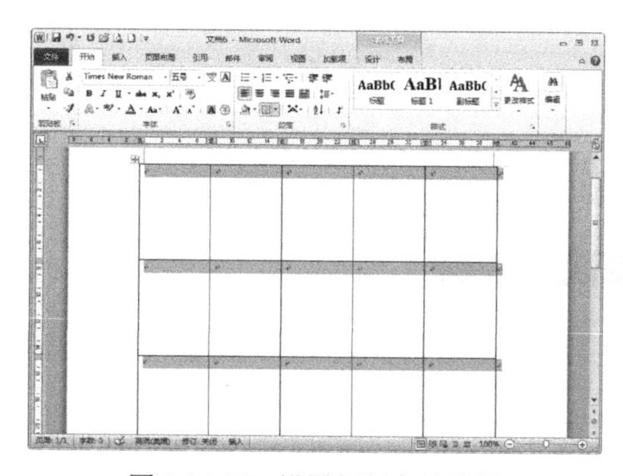

图 3-16-36　设置新行高的效果

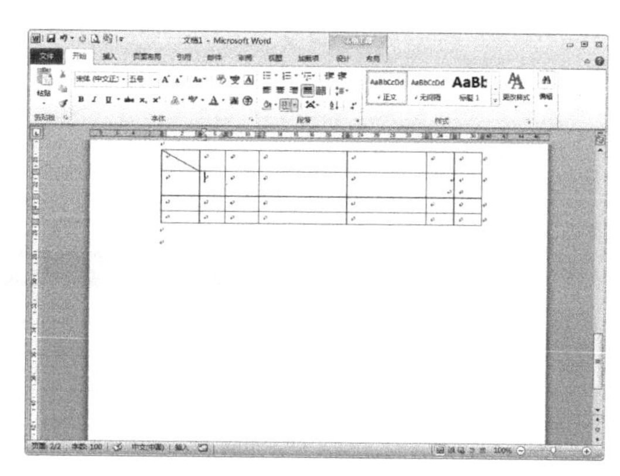

图 3-16-37　选择单元格

② 单击【布局】选项卡【单元格大小】选项组中的【自动调整】按钮，在弹出的下拉列表中选择自动调整的类型，如图 3-16-38 所示。

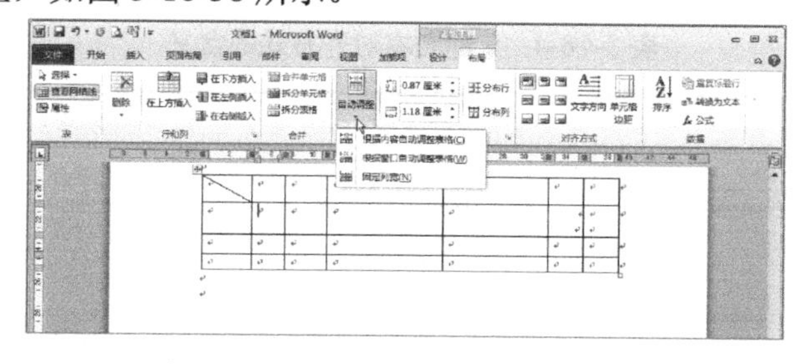

图 3-16-38　【自动调整】下拉列表

下拉列表中各个选项的含义如表 3-16-3 所示。

表 3-16-3　调整类型的含义

调 整 类 型	说　明
根据内容自动调整表格	按照表格中每一列的文本内容自动调整列宽，调整后的列宽更加紧凑、整齐
根据窗口自动调整表格	按照相同的比例扩大表格中每列的列宽，调整后表格的总宽度与文本区域的总宽度相同
固定列宽	按照用户指定的列宽值调整列宽

（3）设置文本的对齐方式。为了使表格更加美观，可以设置表格内文本的对齐方式。方法有以下两种：

方法一：选择需要设置对齐方式的单元格、行或列，单击【布局】选项卡【对齐方式】选项组中相应的对齐方式即可，如图 3-16-39 所示。

方法二：选择需要设置对齐方式的单元格、行或列，用鼠标右键单击，在弹出的快捷菜单中执行【单元格对齐方式】子菜单中的命令即可，如图 3-16-40 和图 3-16-41 所示。

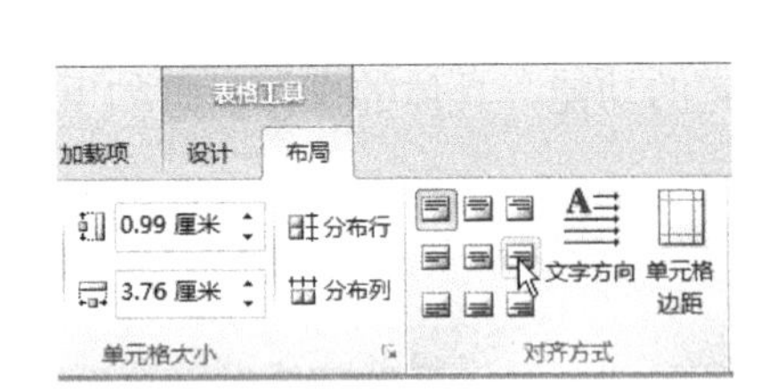

图 3-16-39　【对齐方式】选项组

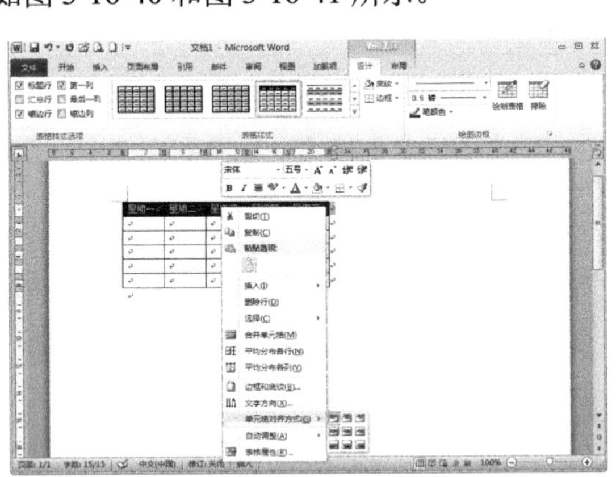

图 3-16-40　选择对齐方式

星期一	星期二	星期三	星期四	星期五

图 3-16-41　居中对齐

表格中 9 种文本对齐方式的含义如表 3-16-4 所示。

表 3-16-4　9 种文本对齐方式的含义

图　标	对 齐 方 式
	靠上两端对齐
	靠上居中对齐
	靠上右对齐
	中部两端对齐
	水平居中
	中部右对齐

续表

图　标	对齐方式
	靠下两端对齐
	靠下居中对齐
	靠下右对齐

2．插入或删除单元格

创建表格后，发现表格中的单元格数量不够或者过多时，可以插入或删除单元格。

（1）插入单元格。单元格是表格的最小组成单位，当单元格数量不够时，就可以使用插入单元格功能来增加单元格。在插入单元格之前，需要先指定插入点，也就是插入单元格的位置。选择的可以是一个单元格，也可以是多个单元格。选择一个单元格后进行插入操作，可插入一个单元格；选择多个单元格后进行插入操作，可插入和选择数量同样多的单元格。插入单元格的具体操作步骤如下：

① 选择插入位置的单元格并用鼠标右键单击，在弹出的快捷菜单中执行【插入】→【插入单元格】命令，如图3-16-42所示。

② 打开【插入单元格】对话框，选中【活动单元格右移】或【活动单元格下移】单选按钮，如图3-16-43所示，然后单击【确定】按钮即可。

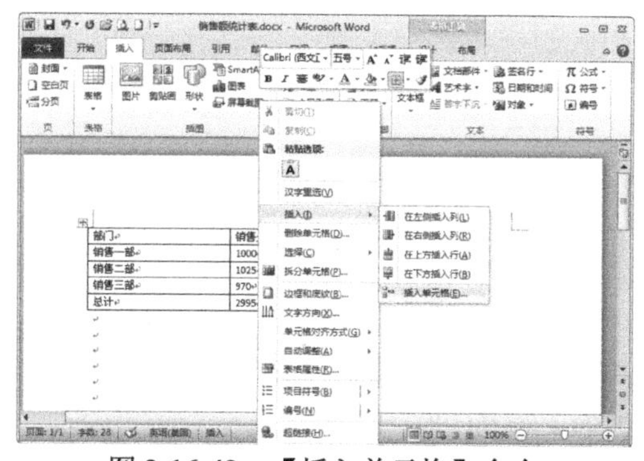

图3-16-42　【插入单元格】命令

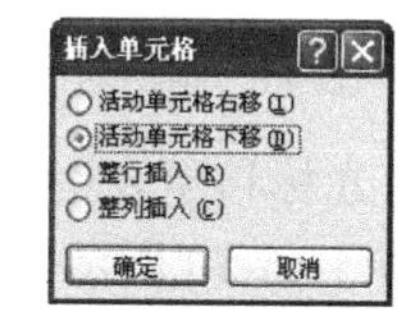

图3-16-43　【插入单元格】对话框

③ 这里选中【活动单元格右移】单选按钮，然后单击【确定】按钮，效果如图3-16-44所示。

（2）删除单元格。

方法一：选择要删除的单元格，单击【布局】选项卡【行和列】选项组中的【删除】按钮，在弹出的下拉列表中选择【删除单元格】选项，如图3-16-45所示。打开【删除单元格】对话框，选中【右侧单元格左移】或【下方单元格上移】单选按钮，然后单击【确定】按钮即可。

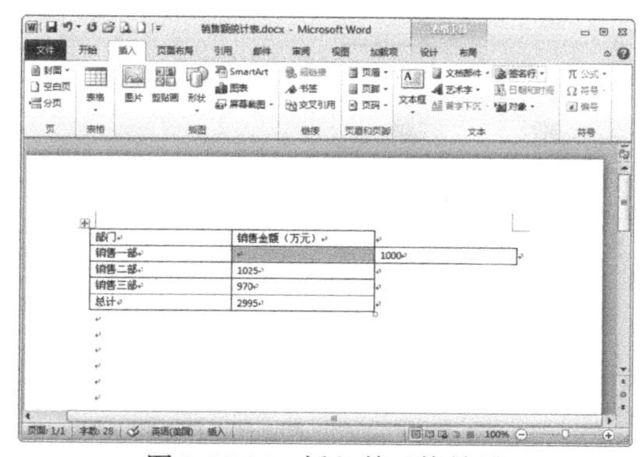

图3-16-44　插入单元格效果

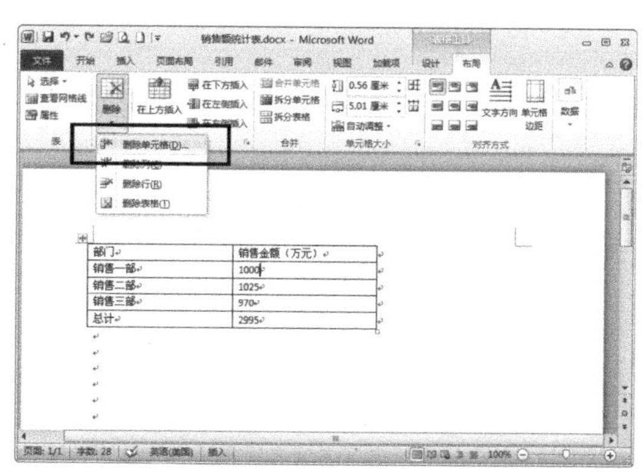

图3-16-45　【删除单元格】选项

方法二：选择待删除的单元格，然后用鼠标右键单击，在弹出的快捷菜单中执行【删除单元格】命令，打开【删除单元格】对话框，如图 3-16-46 所示。选择相应的删除方式后，单击【确定】按钮即可。

如选中【右侧单元格左移】单选按钮，然后单击【确定】按钮，删除单元格右侧的所有单元格就会向左移动，如图 3-16-47 和图 3-16-48 所示。

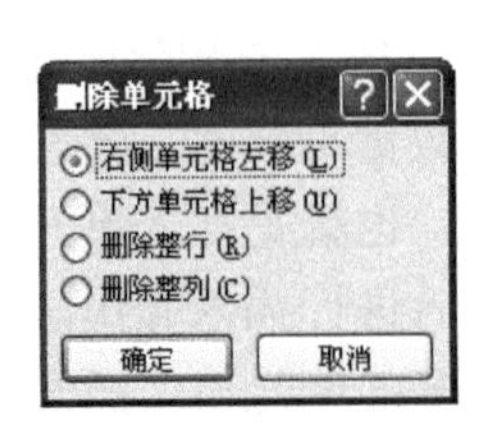

图 3-16-46 【删除单元格】对话框

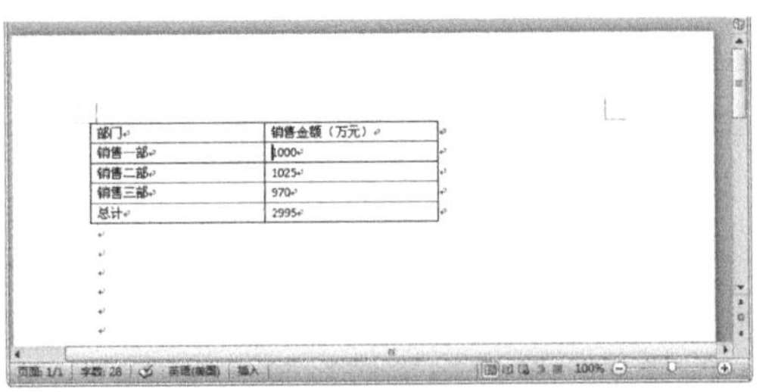

图 3-16-47 选择需要删除的单元格

（3）删除表格。

方法一：将鼠标光标置于表格中的任意一个单元格中，单击【布局】选项卡【行和列】选项组中的【删除】按钮，在弹出的下拉列表中选择【删除表格】选项，如图 3-16-49 所示，即可删除整个表格。

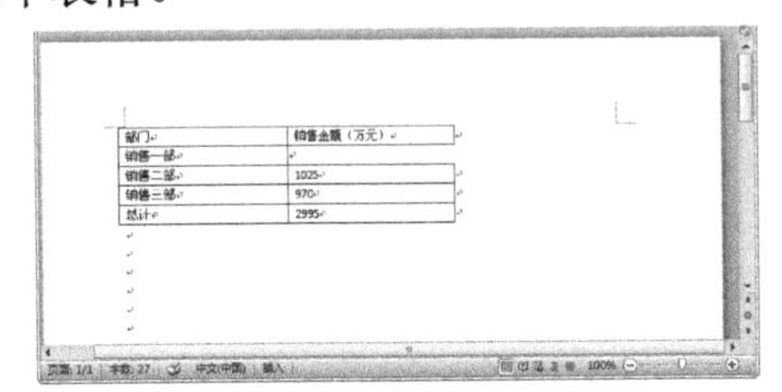

图 3-16-48 删除后的效果

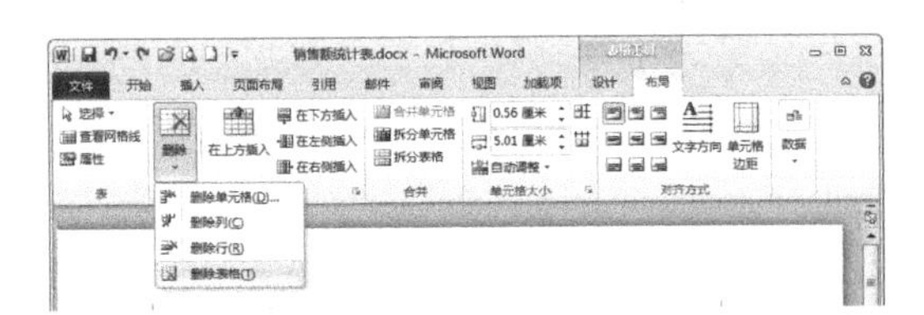

图 3-16-49 【删除表格】选项

方法二：将光标移至表格中，在表格的左上角会出现表格【全选】按钮⊞，单击此按钮选择整个表格，如图 3-16-50 所示，然后按【Backspace】键即可。

3．合并与拆分单元格

在 Word 2010 中可以把多个相邻的单元格合并为一个单元格，也可以把一个单元格拆分成多个小的单元格。在制作表格时，经常会使用到合并和拆分单元格的操作。

（1）合并单元格。可以通过以下 3 种方法实现将多个单元格合并为一个单元格。

方法一：选择要合并的单元格，单击【布局】选项卡【合并】选项组中的【合并单元格】按钮，即可合并选择的单元格，如图 3-16-51 和图 3-16-52 所示。

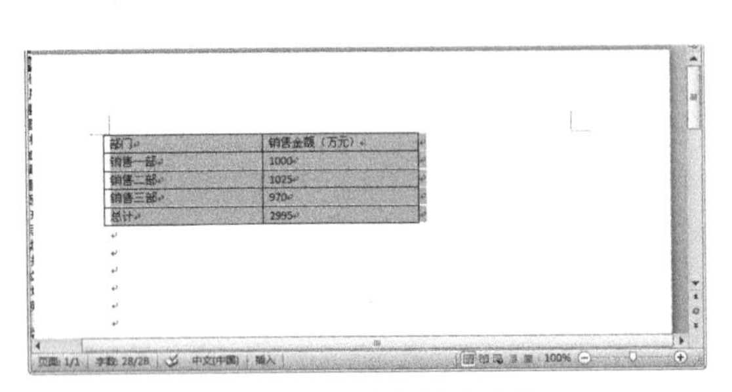

图 3-16-50 选择整个表格

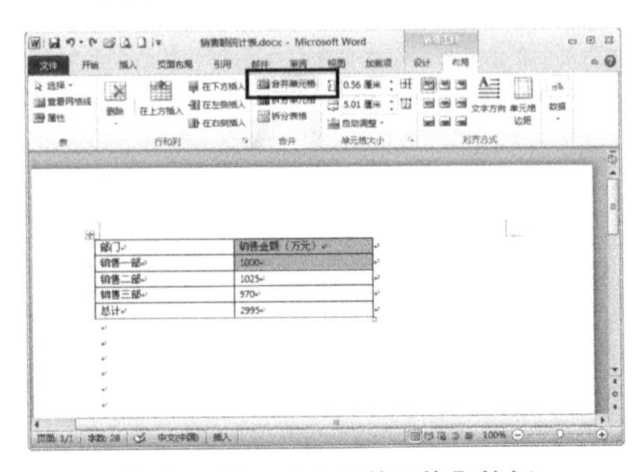

图 3-16-51 【合并单元格】按钮

方法二：选择需要合并的单元格，然后用鼠标右键单击，在弹出的快捷菜单中执行【合并单元格】命令，如图 3-16-53 所示。

部门	销售金额（万元）
销售一部	1000
销售二部	1025
销售三部	970
总计	2995

图 3-16-52　合并后的效果

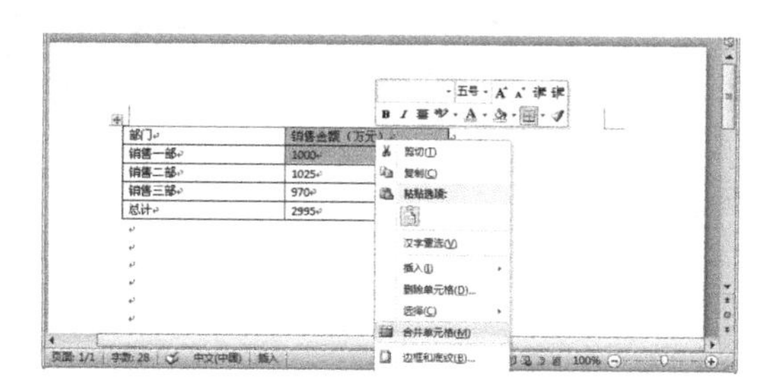

图 3-16-53　【合并单元格】命令

方法三：使用橡皮擦工具，直接擦除相邻表格之间的边线，如图 3-16-54 和图 3-16-55 所示。

部门	销售金额（万元）
销售一部	1000
销售二部	1025
销售三部	970
总计	2995

图 3-16-54　选择擦除的边线

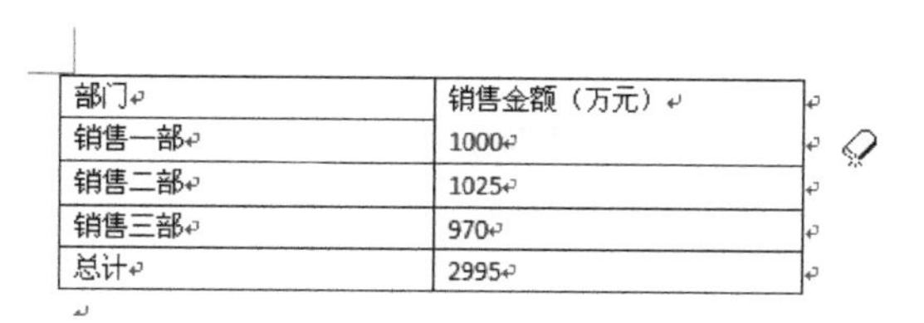

部门	销售金额（万元）
销售一部	1000
销售二部	1025
销售三部	970
总计	2995

图 3-16-55　擦除后的效果

（2）拆分单元格。将一个单元格拆分为多个单元格的常用方法有以下 3 种：

方法一：使用工具栏中的按钮拆分单元格。

① 选择要拆分的单元格，单击【布局】选项卡【合并】选项组中的【拆分单元格】按钮，如图 3-16-56 所示。

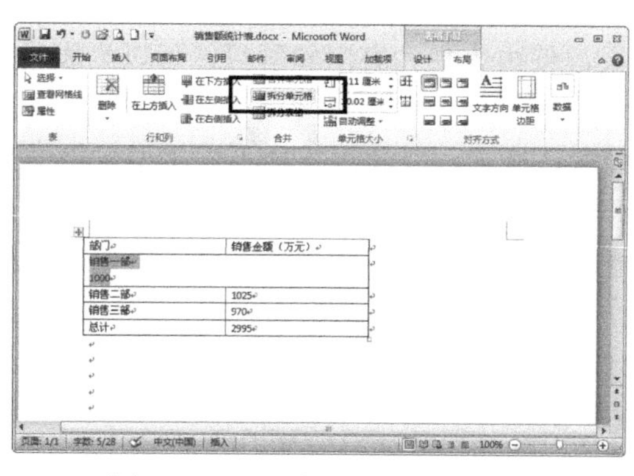

图 3-16-56　【拆分单元格】按钮

② 打开【拆分单元格】对话框，输入行数和列数，然后单击【确定】按钮，如图 3-16-57 和图 3-16-58 所示。

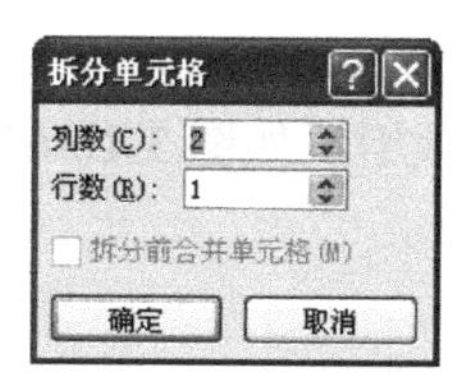

图 3-16-57　【拆分单元格】对话框

部门	销售金额（万元）
销售一部	1000
销售二部	1025
销售三部	970
总计	2995

图 3-16-58　拆分后的效果

方法二：选择需要拆分的单元格，用鼠标右键单击，在弹出的快捷菜单中执行【拆分单元格】

命令，如图 3-16-59 所示，打开【拆分单元格】对话框，输入要拆分的【列数】和【行数】，然后单击【确定】按钮即可。

方法三：使用绘制表格工具在单元格内绘制直线。如果绘制水平直线的话，将拆分为两行；如果绘制垂直直线的话，将拆分为两列，如图 3-16-60 和图 3-16-61 所示。

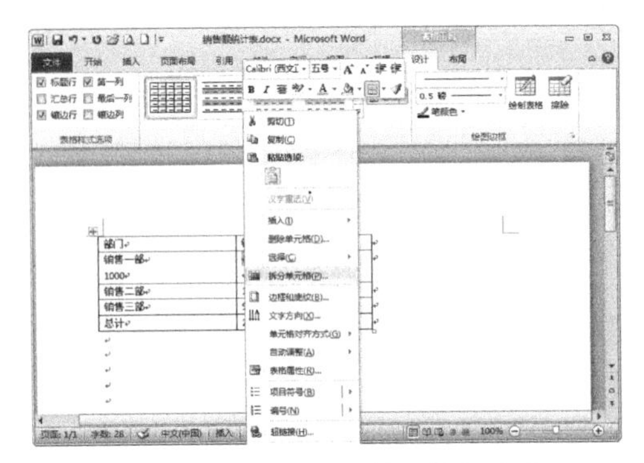

图 3-16-59　【拆分单元格】命令

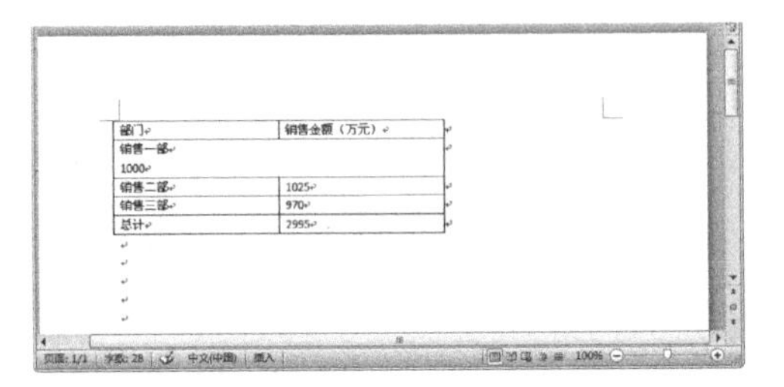

图 3-16-60　绘制表格

部门	销售金额（万元）
销售一部	
1000	
销售二部	1025
销售三部	970
总计	2995

图 3-16-61　拆分后的效果

3.16.4　美化表格

为了增强表格的视觉效果，使内容更为突出和醒目，可以为表格设置边框和底纹。

1．使用预设的表格样式

Word 2010 提供了近百种默认样式，以满足各种不同类型表格的需求。使用预设表格样式的操作步骤如下：

（1）新建一个 Word 文档，插入一个 7 行 8 列的表格，将鼠标光标定位于表格的任意一个单元格内，如图 3-16-62 所示。

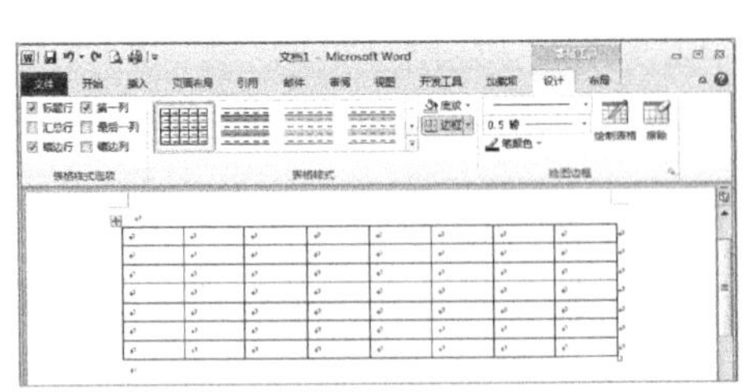

图 3-16-62　选择任一单元格

（2）单击【设计】选项卡，打开【设计】选项卡的各个选项组，如图 3-16-63 所示。

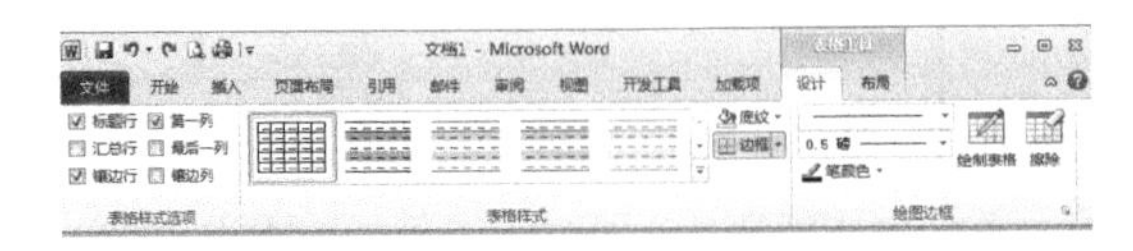

图 3-16-63　【设计】选项卡

（3）在【表格样式】选项组中选择相应的样式，或者单击【其他】按钮▾，在弹出的下拉列表中选择所需要的样式，如图 3-16-64 所示。

（4）鼠标指针放在任意一个样式上方时，表格将按照所选择的样式预览，只有单击选择样式后才能生效，如图 3-16-65 所示。

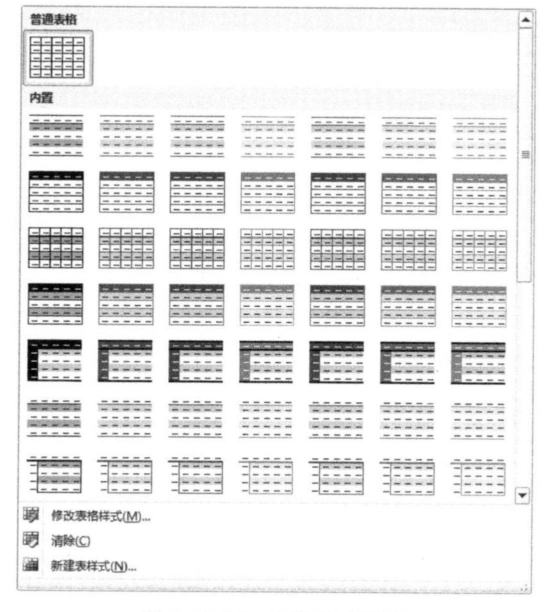

图 3-16-64　表格样式列表

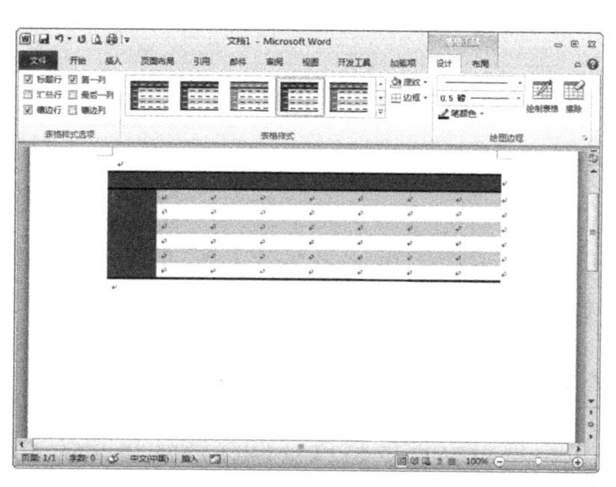

图 3-16-65　应用表格样式

2. 设置表格的边框

默认情况下，创建表格的边框都是 0.5 磅的黑色单实线。用户可以自行设置表格的表框。

选择需要设置边框的表格并用鼠标右键单击，在弹出的快捷菜单中执行【边框和底纹】命令，打开【边框和底纹】对话框，选择【边框】选项卡，对其进行设置即可。如设置表格边框的【样式】为“双线”，【颜色】为“蓝色”，【宽度】为“1.5 磅”，效果如图 3-16-66 所示。

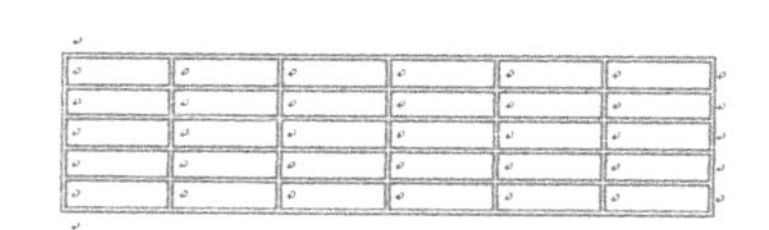

图 3-16-66　表格边框效果

在【设置】区域中选择边框的类型，各选项的含义如表 3-16-5 所示。

表 3-16-5　边框类型

图　标	名　称	描　述
	无	取消表格的所有边框
	方框	取消表格内部的边线，只设置表格的外围边框
	全部	将整个表格中的所有边框设置为指定的相同类型
	虚框	只设置表格的外围边框，所有内部边框保留原样

3. 设置表格的底纹

利用【边框和底纹】对话框的【底纹】选项卡，可以设置表格的底纹。例如，设置一个表格底纹的【填充】为“橙色，强调文字颜色 6，淡色 60%”，【样式】为“20%”，【颜色】为“紫色”，如图 3-16-67 和图 3-16-68 所示。

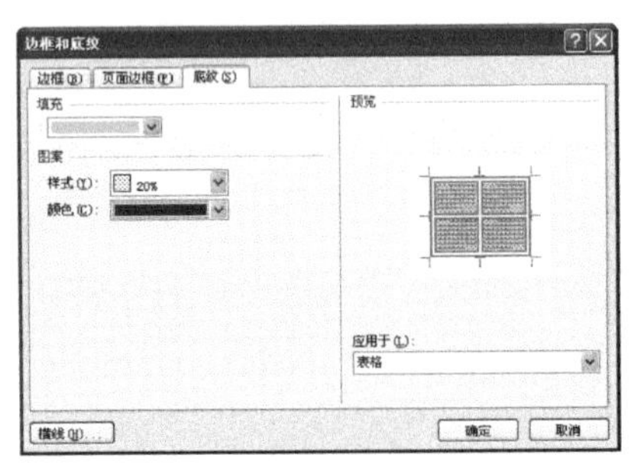

图 3-16-67 【边框和底纹】对话框

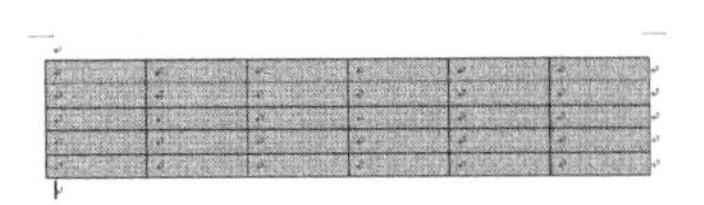

图 3-16-68 表格底纹效果

3.17 审 阅 文 档

批注是文档的审阅者为文档添加的注释、说明、建议、意见等信息。使用批注有利于保护文档，以及与工作组的成员之间进行交流。

3.17.1 添加批注和修订

批注是对文档的特殊说明，添加批注的对象可以是文本、表格或图片等文档内的所有内容，如图 3-17-1 所示。

提示：批注后的文本将以修订者设定颜色的括号将批注的内容括起来，背景色也将变为相同的颜色。默认情况下，批注显示在文档页边距外的标记区，批注与批注的文本使用和批注相同颜色的虚线连接。

1. 添加批注

在 Word 2010 中添加批注的具体操作步骤如下：

（1）打开一个事先准备好的文档，然后单击【审阅】选项卡，如图 3-17-2 所示。

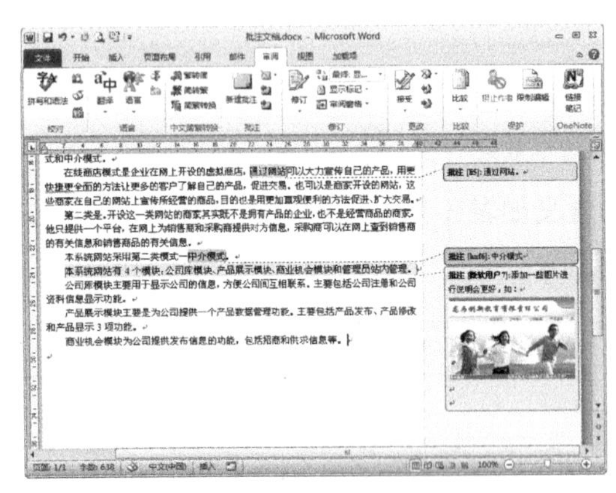

图 3-17-1 批注和修订

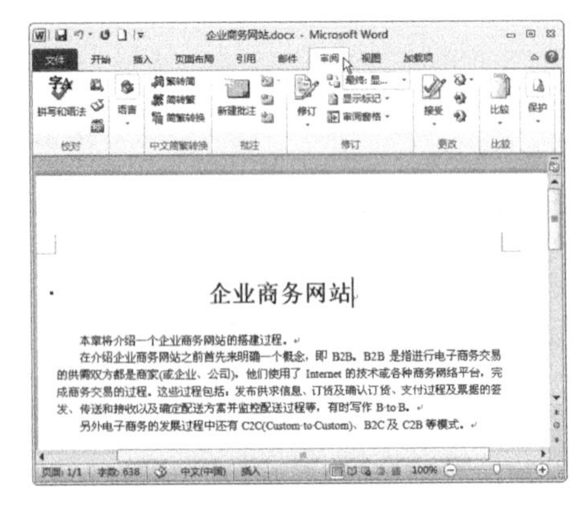

图 3-17-2 【审阅】选项卡

（2）在文档中选择要添加批注的文字，然后单击【新建批注】按钮。选择的文字已经填充成红色，并且被一对括号括了起来，旁边标示着“批注”的内容，如图 3-17-3 所示。

（3）在红色的框中“批注：”的后面写上批注的内容，然后在文档的任意位置单击，即可完成添加批注的操作，如图 3-17-4 所示，单击【保存】按钮，即可保存在文档中添加的批注。

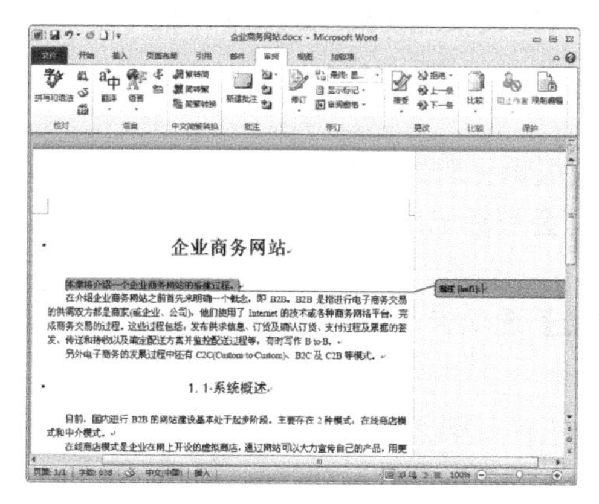

图 3-17-3　新建批注

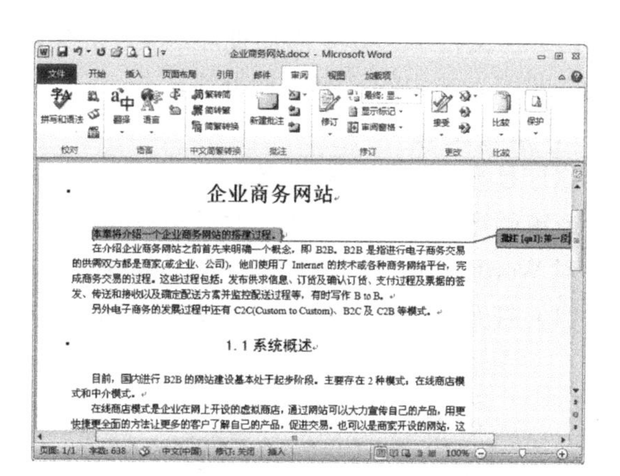

图 3-17-4　输入批注的内容

用户还可以通过【自定义快速访问工具栏】上的按钮来快速添加批注，具体的操作步骤如下：

（1）首先需要将【新建批注】的按钮添加到【自定义快速访问工具栏】中。单击【文件】选项卡，然后在打开的【文件】列表中选择【选项】选项，如图 3-17-5 所示。

（2）在打开的【Word 选项】对话框的左侧选择【快速访问工具栏】选项，如图 3-17-6 所示。

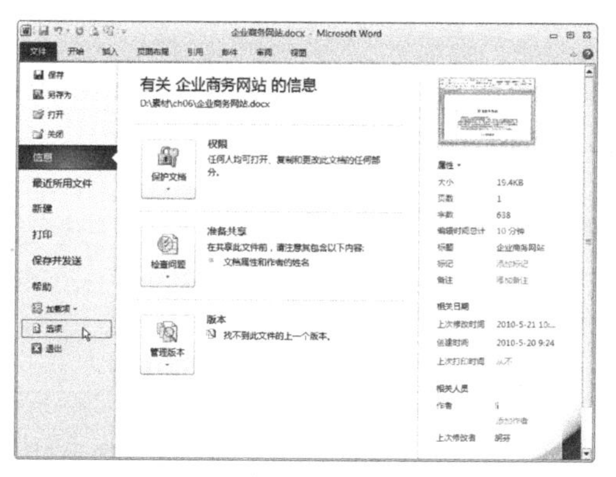

图 3-17-5　【文件】选项卡

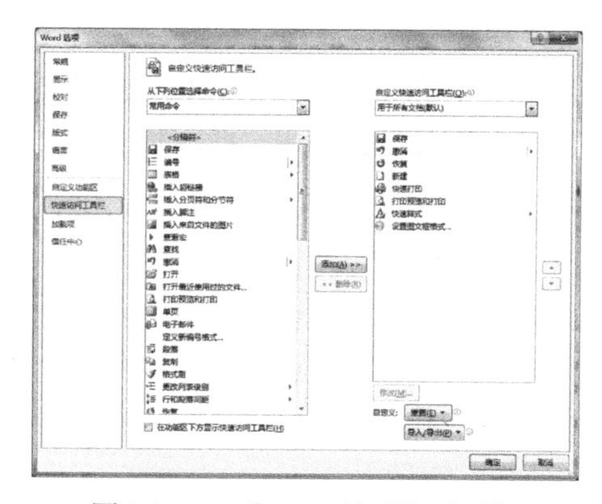

图 3-17-6　【Word 选项】对话框

（3）在【从下列位置选择命令】下拉列表中选择【常用命令】选项，然后在其下拉列表中选择【新建批注】选项，如图 3-17-7 所示。

（4）单击【添加】按钮，即可将【新建批注】选项添加到【自定义快速访问工具栏】下拉列表中，如图 3-17-8 所示，然后单击【确定】按钮，返回文档页面。

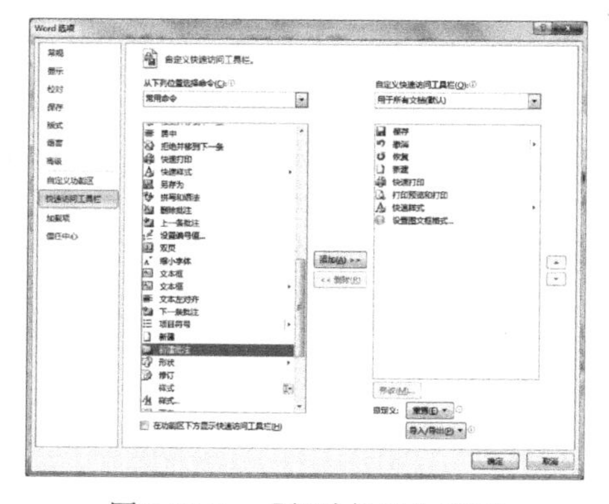

图 3-17-7　【新建批注】选项

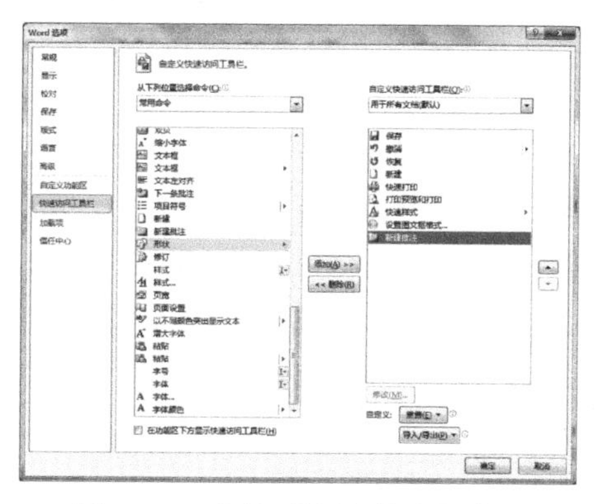

图 3-17-8　添加【新建批注】选项

（5）在文档中选择要添加批注的文字，然后单击【自定义快速访问工具栏】中的【新建批注】按钮，即可为选中的文字添加批注。

2．修订文档

修订是显示文档中所做的诸如删除、插入或者其他编辑更改位置的标记。启用【修订】功能，作者或审阅者的每一次插入、删除或是格式的更改，都会被标记出来。

对 Word 2010 文档进行修订的具体操作步骤如下：

（1）打开一个事先准备好的文档，然后单击【审阅】选项卡，如图 3-17-9 所示。

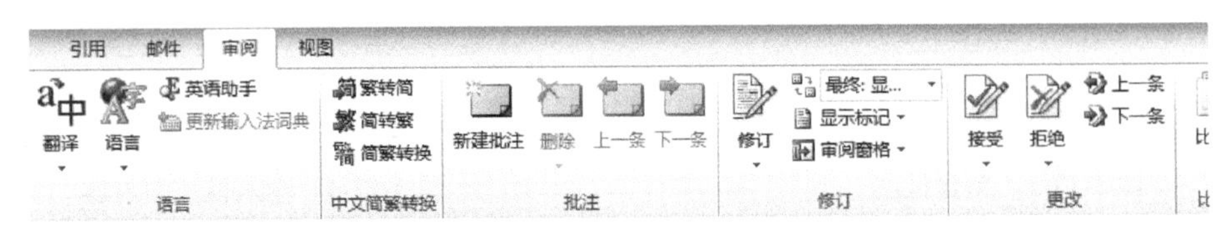

图 3-17-9　【审阅】选项卡

（2）单击【修订】选项组中的【修订】按钮，可使文档处于修订状态下，如图 3-17-10 所示。

提示：也可以单击【修订】按钮下的下三角形按钮，在弹出的快捷菜单中执行【修订】命令，使文档处于修订状态。

（3）在修订状态中，所有对本文档的操作都将被记录下来，这样就能快速地查看文档中的修改情况。单击【保存】按钮，即可保存对文档的修订，如图 3-17-11 所示。

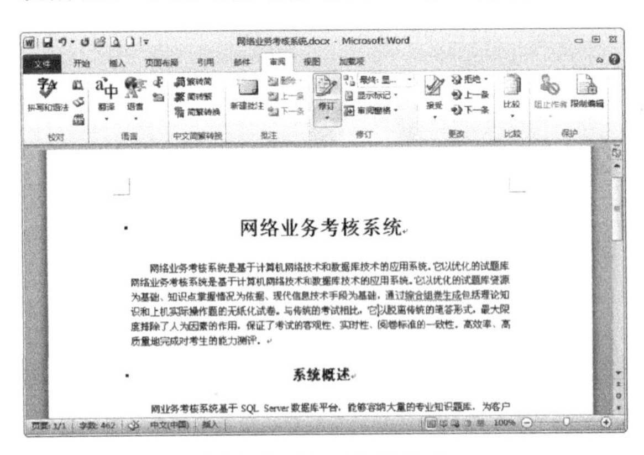

图 3-17-10　修订状态

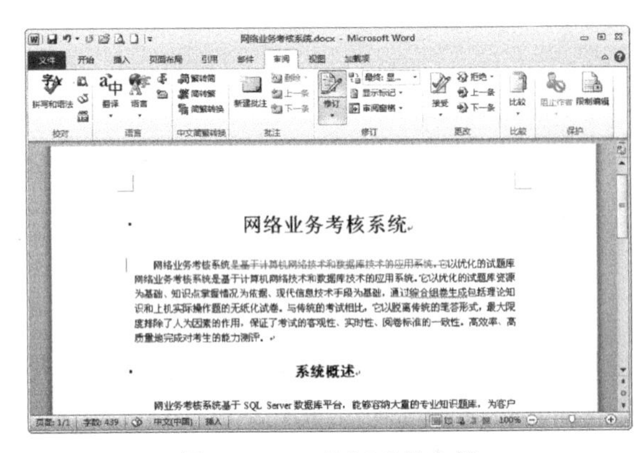

图 3-17-11　修订后的文档

用户也可以使用【自定义状态栏】使文档处于修订状态。

（1）在状态栏上用鼠标右键单击，在弹出的快捷菜单中执行【修订】命令，如图 3-17-12 所示。

（2）在【修订】命令上单击，此时其左边将出现一个✓，且在状态栏上也会添加【修订】按钮，如图 3-17-13 所示。

（3）在【修订】按钮上显示的是“修订：打开”，说明此时文档处于修订状态。单击“修订：打开”，即可关闭修订状态。再次单击“修订：关闭”，即可使文档处于修订状态，如图 3-17-14 所示。

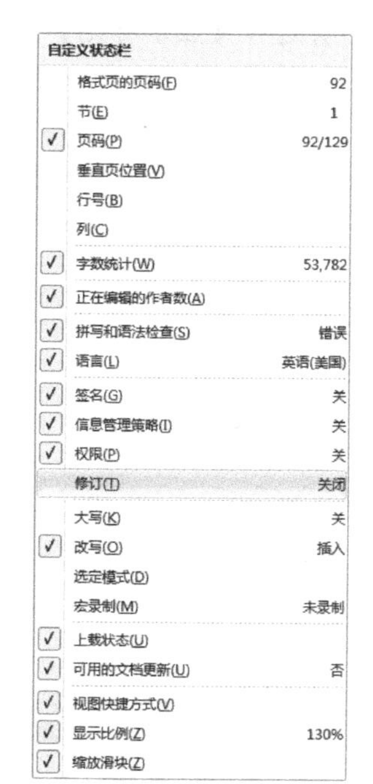

图 3-17-12 【修订】命令

修订: 打开 | 插入

图 3-17-13 状态栏

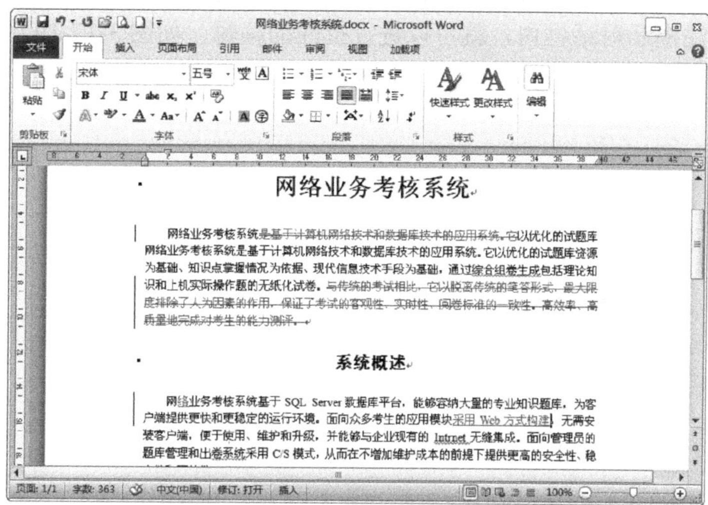

图 3-17-14 修订状态

3.17.2 编辑批注

如果对批注的内容不满意，还可以进行修改。在已经添加了批注的文本上用鼠标右键单击，在弹出的快捷菜单中执行【编辑批注】命令，然后将鼠标光标定位在批注上，即可进行修改，如图 3-17-15 所示。还可以更改批注的用户名，如图 3-17-16 所示。

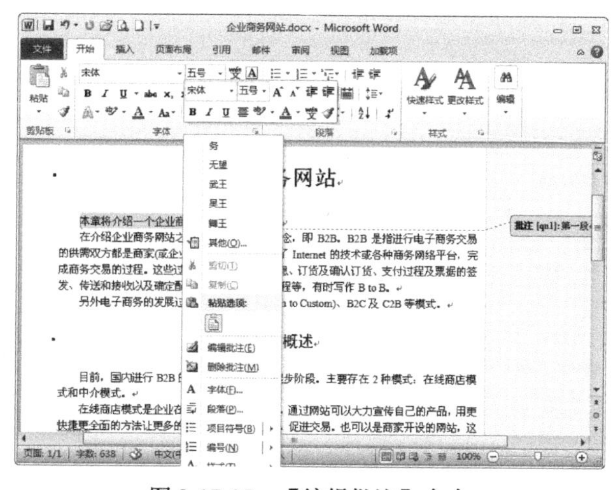

图 3-17-15 【编辑批注】命令

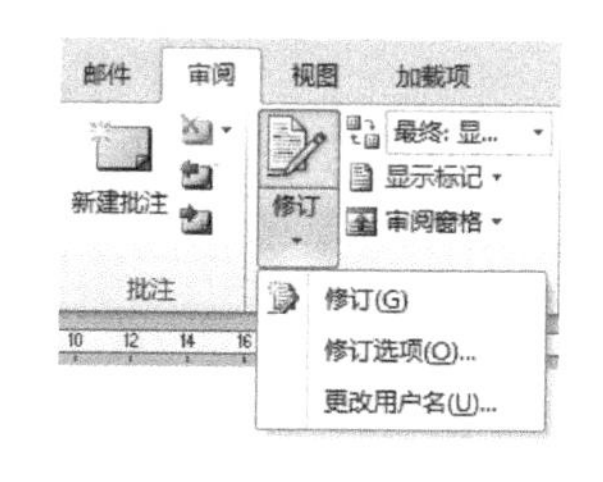

图 3-17-16 更改用户名

Word 2010 提供了两种编辑批注的方法。

1. 使用【审阅窗格】编辑批注

单击【审阅】选项卡【修订】选项组中的【审阅窗格】按钮，此时文档的左侧会打开【审阅】窗格，在详细汇总区显示了批注的数量，在【主文档修订和批注】列表中显示了主文档内的所有批注，此时用户可以直接在批注内容区进行批注的修改，如图 3-17-17 所示。

注意：在进行批注编辑时，要在【审阅】选项卡【修订】选项组中的【显示以供审阅】

下拉列表中选择【原始：显示标记】或者【最终：显示标记】选项，并选择【显示标记】下拉列表中的【批注】选项，如图 3-17-18 所示。

2．直接在标记区进行批注的编辑

用户添加了一个批注后，就会在文档的右侧出现一个【批注】提示对话框，只需将鼠标光标移至批注提示对话框内，就可以进行批注的编辑，如图 3-17-19 所示。

图 3-17-17 【审阅】窗格　　图 3-17-18 【批注】选项　　图 3-17-19 编辑批注

3.17.3 查看及显示批注和修订的状态

Word 2010 为方便审阅者或用户的操作，提供了多种查看及显示批注和修改状态的功能。

1．设置批注和修订的显示方式

单击【审阅】选项卡【修订】选项组中的【显示标记】按钮，在弹出的下拉列表中选择【批注框】选项，在子列表中可以设置批注和修订的显示方式，如图 3-17-20 所示。

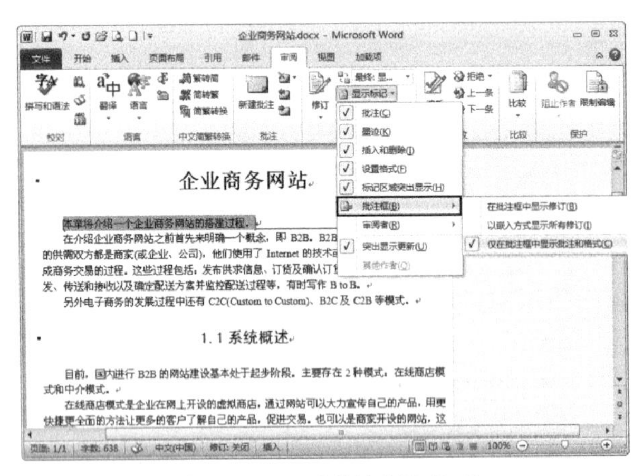

图 3-17-20 【批注框】选项

批注和修订的显示方式有以下 3 种：

（1）【仅在批注框中显示批注和格式】：以批注框的形式显示批注，以嵌入的形式显示修订，如图 3-17-21 所示。

（2）【以嵌入方式显示所有修订】：将批注和修订嵌入到文档中，批注只显示修订人和修订号，鼠标指针放上去会显示具体的批注内容，如图 3-17-22 所示。

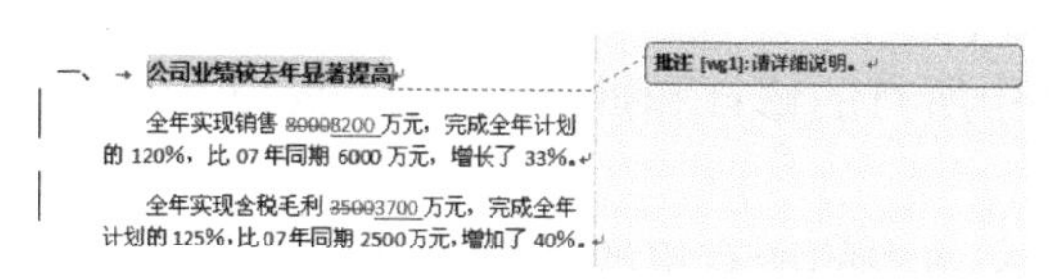

图 3-17-21　仅在批注框中显示批注和格式

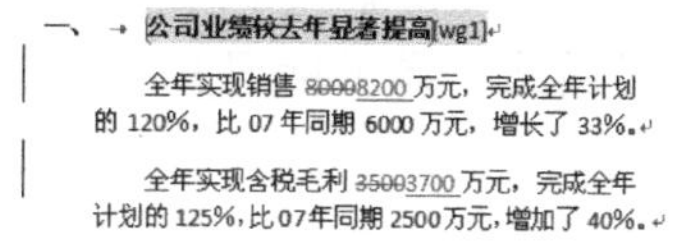

图 3-17-22　以嵌入方式显示所有修订

（3）【在批注框中显示修订】：批注和修订都以批注框的形式显示，如图 3-17-23 所示。

2．显示批注和修订

默认情况下，Word 2010 是显示批注的，可以通过单击【审阅】选项卡【批注】选项组中的【上一条】或【下一条】按钮浏览批注，如图 3-17-24 所示。

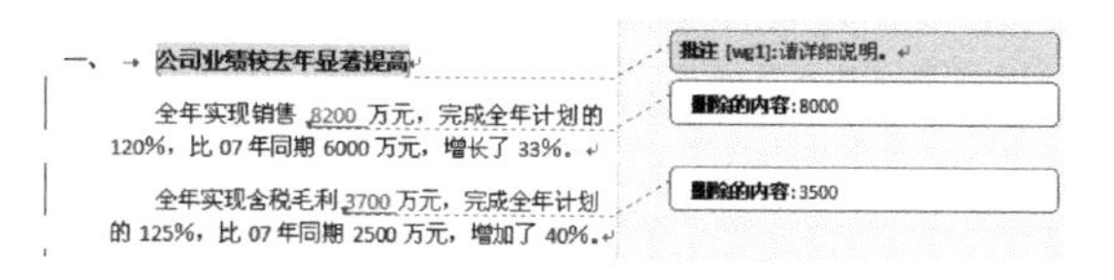

图 3-17-23　在批注框中显示修订

图 3-17-24　【批注】选项组

当用户需要有选择地显示批注时，可以在【审阅】选项卡【修订】选项组中的【显示标记】下拉列表中选择相应的选项。如不需要显示针对格式所做的修订，撤选【设置格式】复选框即可，如图 3-17-25 所示。

如果不需要显示针对格式所做的修订，取消勾选【设置格式】复选框即可，如图 3-17-26 所示。

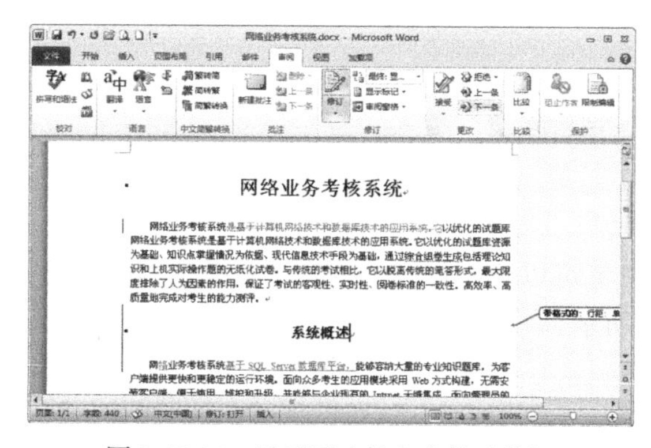

图 3-17-25　显示更改的文本格式修订

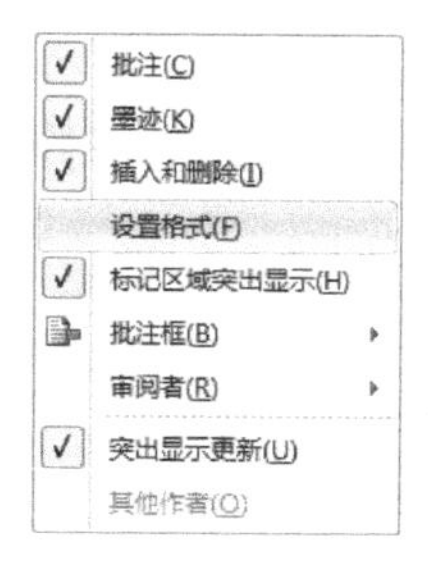

图 3-17-26　取消勾选【设置格式】复选框

3．查看带有批注或修订的文档

如果想查看修订前或修订后的文档，在【审阅】选项卡【修订】选项组中的【显示以供审阅】下拉列表中选择【原始状态】或【最终状态】选项即可，如图 3-17-27 和图 3-17-28 所示。

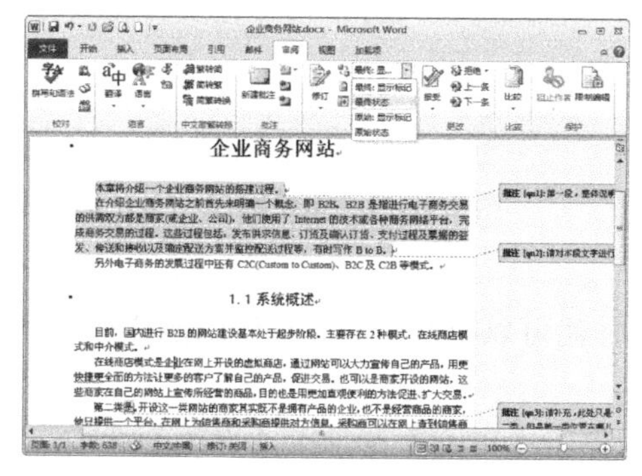

图 3-17-27　【最终状态】按钮

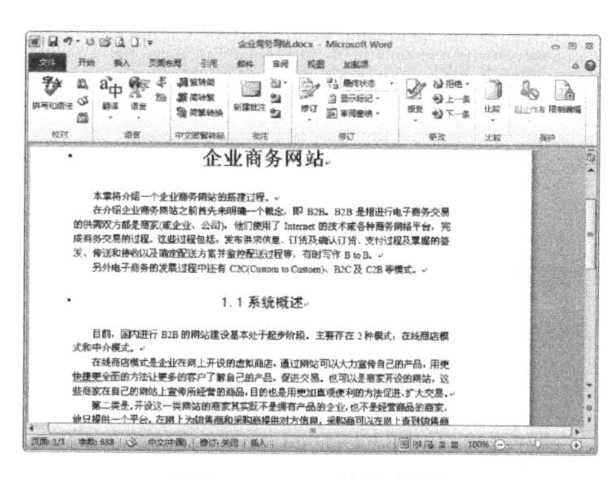

图 3-17-28　最终状态

【显示以供审阅】列表中各选项的含义说明如下：

（1）【最终：显示标记】：显示最终文档及其中所有的修订和批注。这是 Word 中的默认显示方式。

（2）【最终状态】：显示的文档包含了合并到文本中的所有更改，但不显示批注和修订。

（3）【原始：显示标记】：显示带有修订和批注的原始文档。

（4）【原始状态】：显示未修订前的原始文档，不显示修订和批注。

4．通过【审阅窗格】浏览批注和修订

单击【审阅】选项卡【修订】选项组中的【审阅窗格】按钮，即可在文档的左侧显示审阅窗格。

此外，也可以单击【审阅窗格】按钮右侧的下三角按钮，在下拉列表中选项【水平审阅窗格】选项，此时审阅窗格将以水平方式显示在窗口的下方，如图 3-17-29 所示。

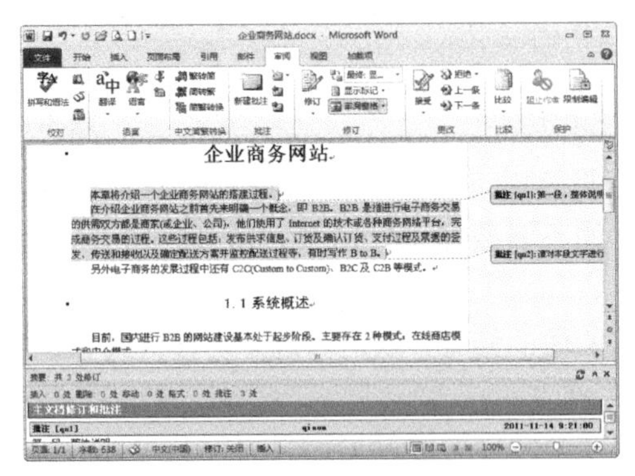

图 3-17-29　水平审阅窗格

3.17.4　接受或拒绝批注和修订

当审阅者把修订后的文档返回给作者的时候，作者可以查阅修订的内容，并根据实际情况接受或者拒绝批注和修订，如图 3-17-30 和图 3-17-31 所示。

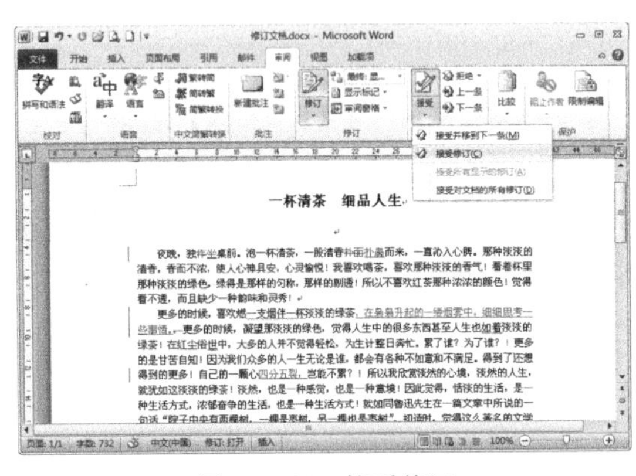

图 3-17-30　接受修订

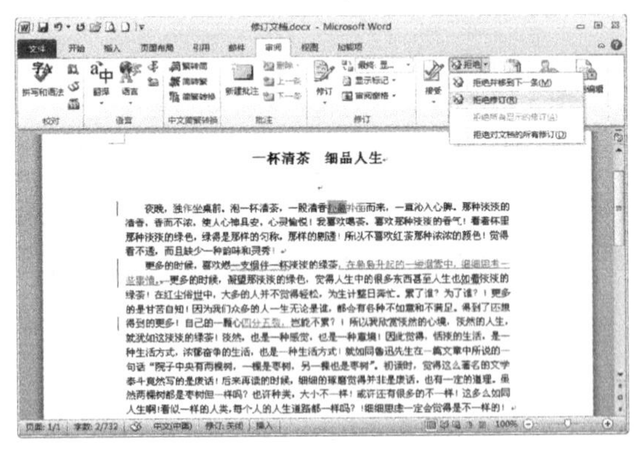

图 3-17-31　拒绝修订

1．接受修订

文档进行了修订后，如果修订的内容是正确的，这时就可以接受修订。具体的操作步骤如下：

（1）打开对应的文档，如图 3-17-32 所示。

（2）将鼠标光标放在需要接受修订的文本前，然后单击【审阅】选项卡【更改】选项组中的【接受】按钮，即可接受文档中的修订，此时系统将确认下一条修订，如图 3-17-33 所示。

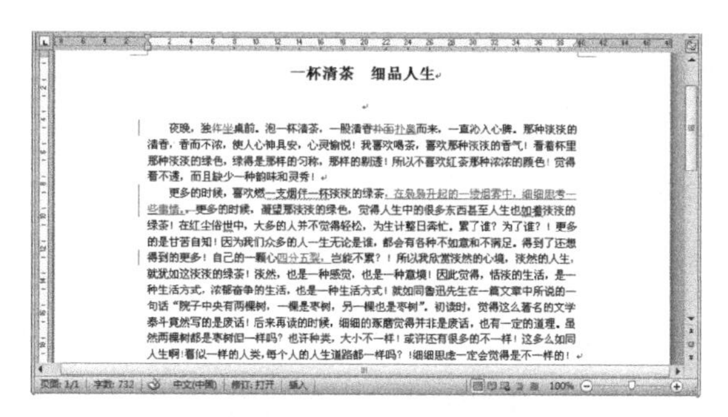

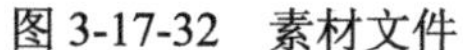

图 3-17-32　素材文件

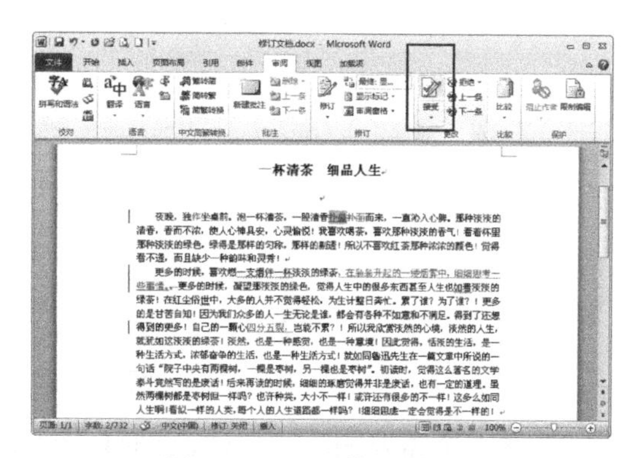

图 3-17-33　【接受】修订

提示：将光标放在需要接受修订的文档处，然后用鼠标右键单击，在弹出的快捷菜单中执行【接受修订】命令，也可以接受文档中的修订。同时，单击【更改】选项组中的【上一条】按钮和【下一条】按钮，也可以快速地找到要接受修订的文档。

（3）单击【更改】选项组中【接受】按钮下方的下三角形按钮，在弹出的下拉列表中选择【接受对文档的所有修订】选项，即可接受文档中修订过的内容，如图 3-17-34 所示。

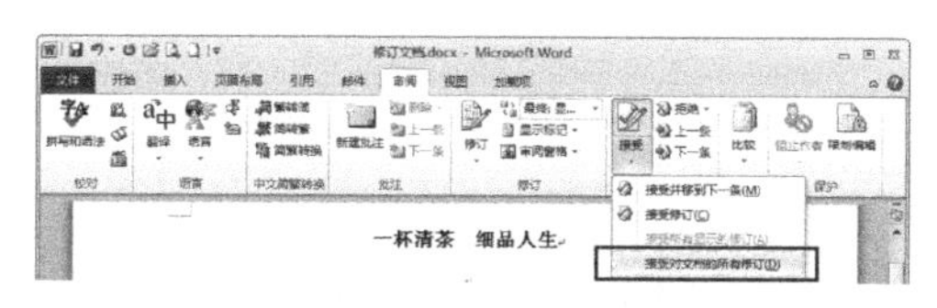

图 3-17-34　【接受对文档的所有修订】选项

2. 拒绝修订

拒绝修订的具体操作步骤如下：

（1）将鼠标光标放在需要拒绝修订的文本前，然后单击【更改】选项组中的【拒绝】按钮，即可拒绝文档中的修订，此时系统将确认下一条修订，如图 3-17-35 所示。

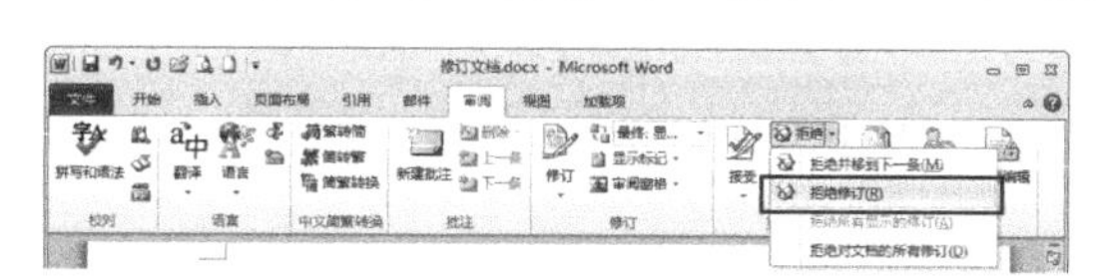

图 3-17-35　【拒绝修订】选项

（2）单击【更改】选项组中【拒绝】按钮下方的下三角形按钮，在弹出的下拉列表中选择【拒绝对文档的所有修订】选项，即可拒绝文档中修订过的内容，如图 3-17-36 和图 3-17-37 所示。

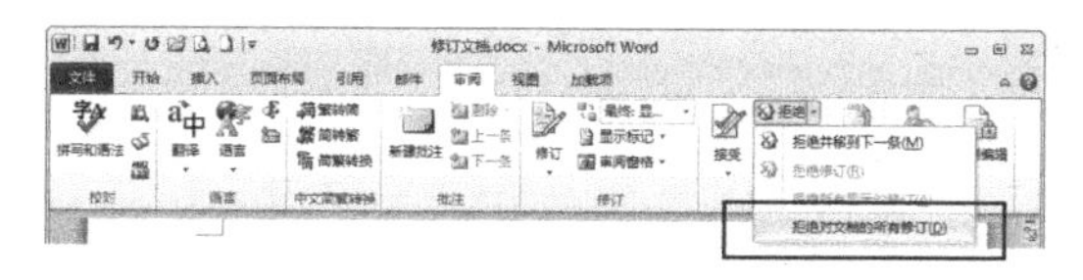

图 3-17-36　【拒绝对文档的所有修订】选项

提示：将鼠标光标放在需要接受修订的文本处，然后用鼠标右键单击，在弹出的快捷菜单中执行【拒绝修订】命令，也可以拒绝文档中的修订。

3. 删除批注

如果用户查看了所有的批注内容，并且根据批注进行了相关的修改、整理后，就可以删除文档中的批注。具体的操作步骤如下：

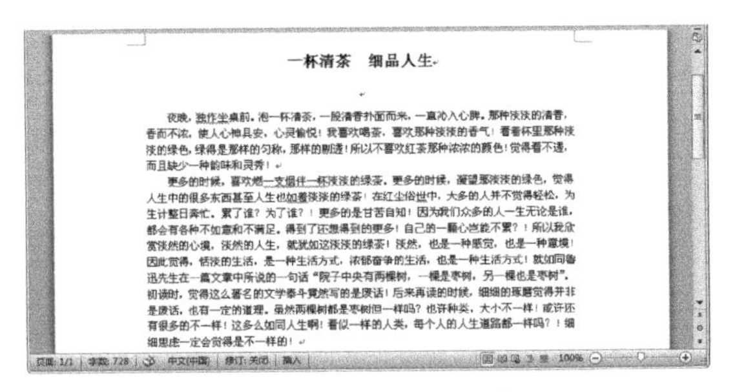

图 3-17-37　拒绝修订结果

（1）选择一个需要删除的批注，此时【批注】选项组的【删除】按钮处于可用状态，如图 3-17-38 所示。

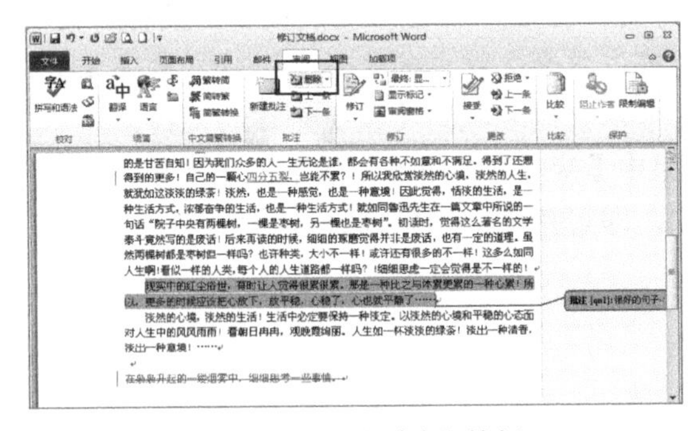

图 3-17-38　【删除】按钮

（2）单击【删除】按钮，即可将选择的批注删除，此时【删除】按钮又处于不可用状态，如图 3-17-39 所示。

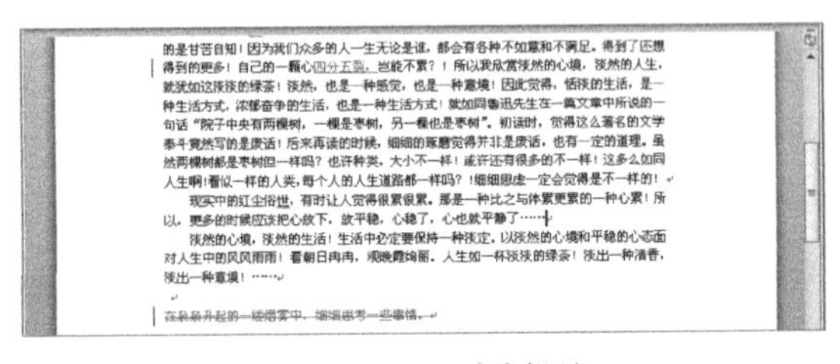

图 3-17-39　删除批注

用户还可以在需要删除的批注上用鼠标右键单击，在弹出的快捷菜单中执行【删除批注】命令，也可以删除选择的批注，如图 3-17-40 所示。

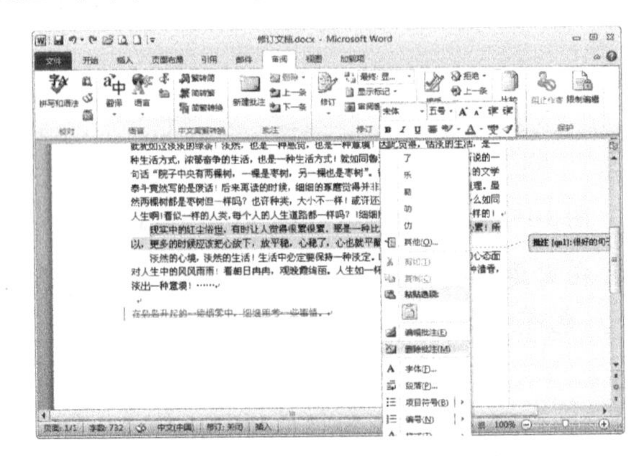

图 3-17-40　【删除批注】命令

3.18 错误处理

Word 2010 中提供了错误处理的功能，可以帮助用户发现文档中的错误并给出建议。某一文档中检查出来的拼写和语法错误如图 3-18-1 所示。

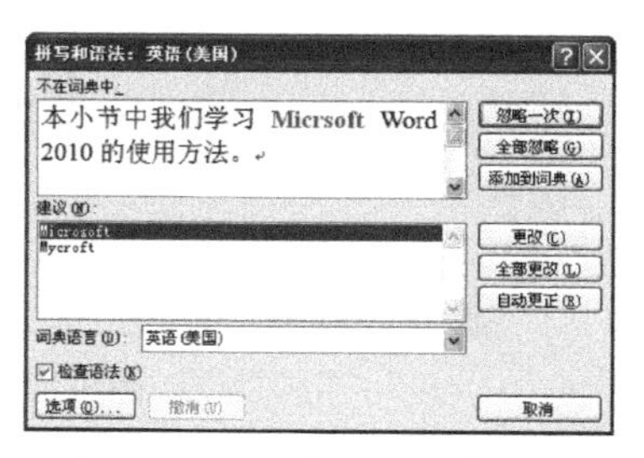

图 3-18-1 【拼写和语法】对话框

3.18.1 拼写和语法功能

输入文本时，很难保证输入文本的拼写和语法都完全正确，要是有一个“助手”在一旁时刻提醒，就可以减少错误。Word 2010 中的拼写和语法检查功能就是这样的助手，它能在输入时提醒输入的错误，并提出修改的意见，如图 3-18-2 所示。

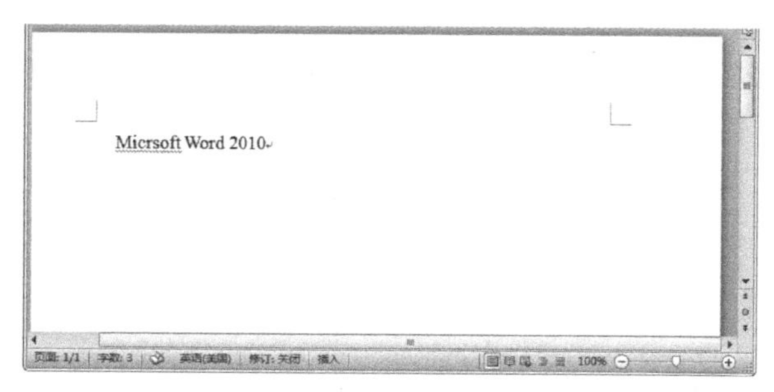

图 3-18-2 错误提示

1．设置自动拼写与语法检查

在输入文本时，如果输入了错误的或者不可识别的单词，Word 2010 就会在该单词下用红色波浪线进行标记；如果是语法错误，在出现错误的部分就会用绿色波浪线进行标记。

在 Word 2010 中设置自动拼写与语法检查的具体操作步骤如下：

（1）新建一个文档，在文档中输入一些语法不正确和拼写不正确的内容，如图 3-18-3 所示。

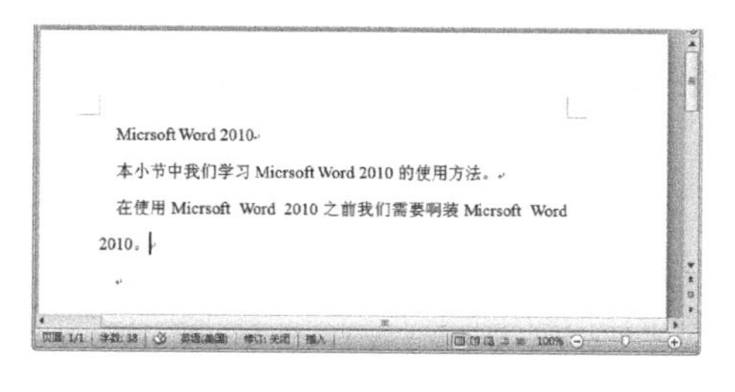

图 3-18-3 输入错误内容

（2）单击【文件】选项卡，选择列表中的【选项】选项，打开【Word 选项】对话框，如图 3-18-4 和图 3-18-5 所示。

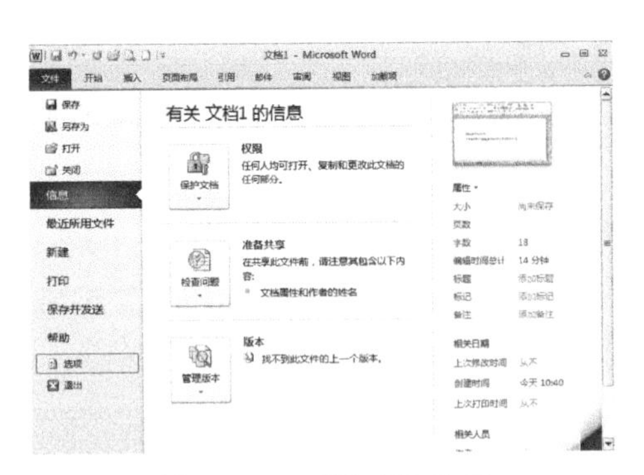

图 3-18-4 【选项】选项

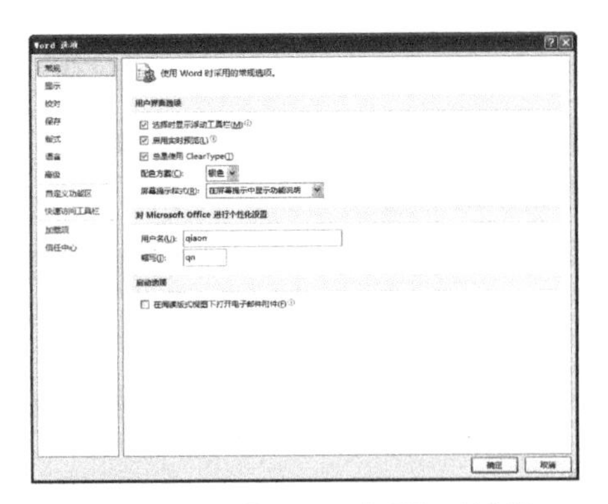

图 3-18-5 【Word 选项】对话框

（3）在【Word 选项】对话框的左侧列表中选择【校对】选项，然后在【在 Word 中更正拼写和语法时】中勾选【键入时检查拼写】、【键入时标记语法错误】和【随拼写检查语法】等复选框，如图 3-18-6 所示。

（4）单击【确定】按钮，在文档中就可以看到起标示作用的波浪线，如图 3-18-7 所示。

图 3-18-6 【校对】选项

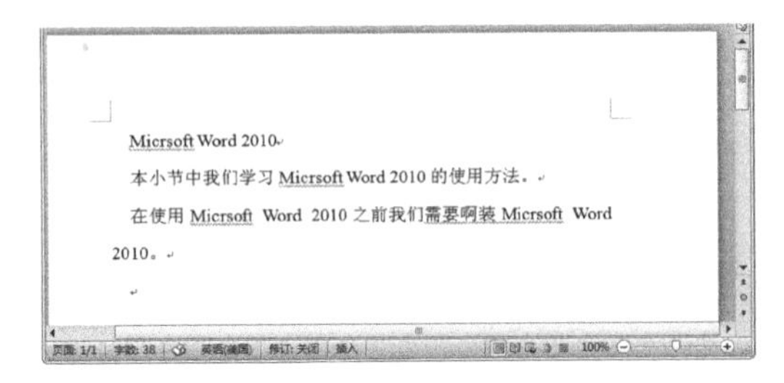

图 3-18-7 查看错误提示

注意：在【Word 选项】对话框【校对】选项中，在【例外项】下拉列表中可以选择要隐藏拼写错误和语法错误的文档。在其下方勾选【只隐藏此文档中的拼写错误】和【隐藏此文档中的语法错误】两个复选框，那么在对文档进行拼写和语法检查后，标示拼写和语法错误的波浪线就不会显示。

2. 自动拼写和语法检查功能的用法

如果输入了一段有语法错误的文字，在出错的单词下面就会出现绿色波浪线，在其上用鼠标右键单击会弹出一个快捷菜单，如果执行【忽略一次】命令，Word 2010 就会忽略这个错误，错误语句下方的绿色波浪线就会消失，如图 3-18-8 和图 3-18-9 所示。

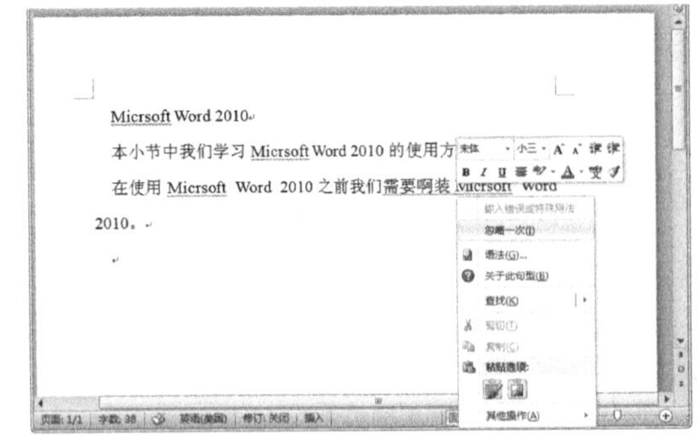

图 3-18-8 【忽略一次】命令

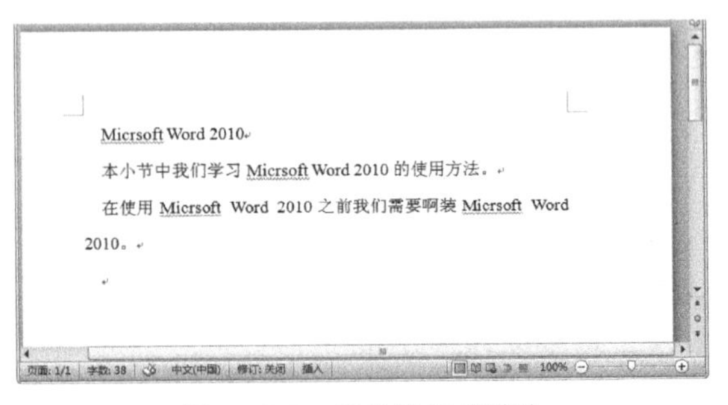

图 3-18-9 绿色波浪线消失

如果要忽略所有的语法错误，可以单击【审阅】选项卡【校对】选项组中的【拼写和语法】按钮，打开【拼写和语法】对话框，从中单击【全部忽略】按钮，就会忽略所有的这类错误，此时错误语句下方的绿色波浪线就会消失，如图 3-18-10 和图 3-18-11 所示。

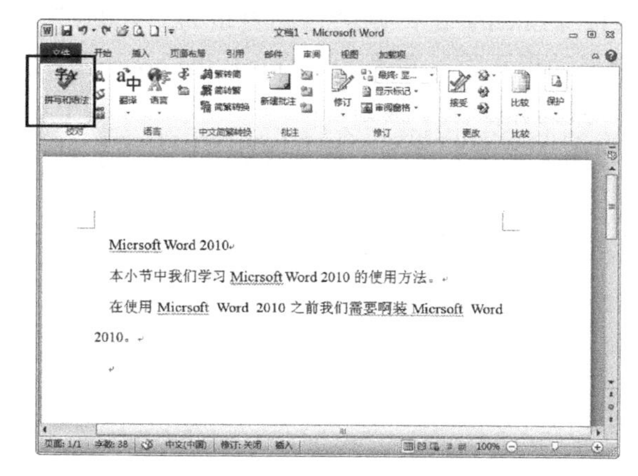

图 3-18-10 【拼写和语法】按钮

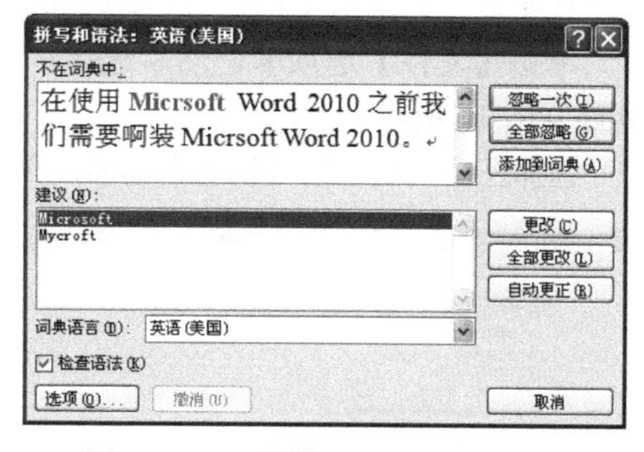

图 3-18-11 【拼写和语法】对话框

如果输入了一个有拼写错误的单词，在出错的单词下方会出现红色波浪线，在其上用鼠标右键单击，在弹出的快捷菜单的顶部会提示拼写正确的单词，选择正确的单词替换错误的单词后，错误单词下方的红色波浪线就会消失，如图 3-18-12 和图 3-18-13 所示。

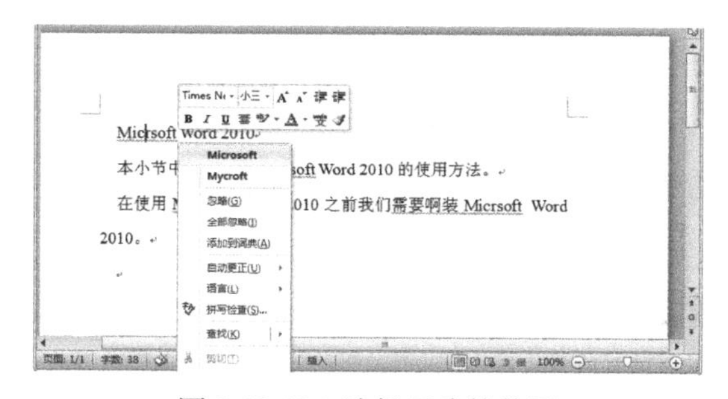

图 3-18-12 选择正确的单词

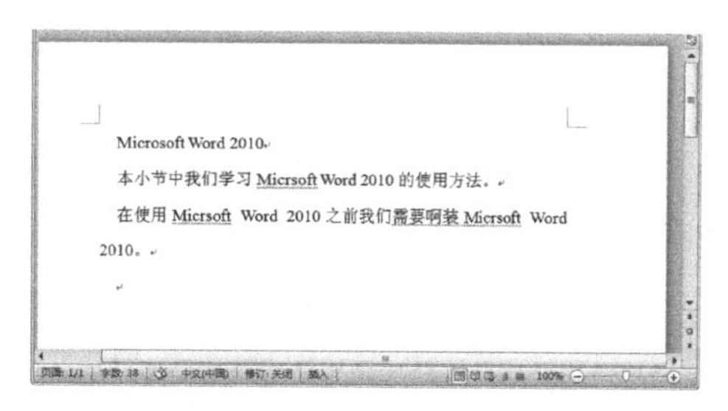

图 3-18-13 单词被替换

单击【审阅】选项卡【校对】选项组中的【拼写和语法】按钮，打开【拼写和语法】对话框，【不在词典中】列表框中列出了 Word 认为错误的单词，下面的【建议】列表框中则列出了修改建议，如图 3-18-14 所示。用户可以从【建议】列表框中选择需要替换的单词，然后单击【更改】按钮。如果用户认为没有必要修改，则可单击【忽略一次】或【全部忽略】按钮。

完成所选内容的拼写和语法检查后，会出现提示对话框，单击【确定】按钮就可以关闭该对话框，如图 3-18-15 所示。

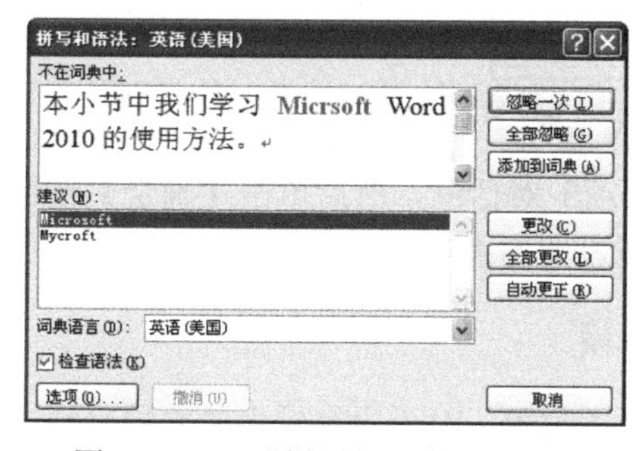

图 3-18-14 【拼写和语法】对话框

图 3-18-15 提示对话框

3.18.2 自动处理错误

在 Word 2010 中，除了使用拼写和语法检查功能之外，还可以使用自动更正功能来检查和更正错误的输入。例如，输入“today”和一个空格或按【Enter】键，则会自动更正为“Today”。如果用户输入“This is theh ouse”和一个空格，则会自动更正将其替换为“This is the house”。用户还可以按照以下方法对文档进行自动更正的设置，其具体操作步骤如下：

（1）单击【文件】选项卡，然后选择左侧列表中的【选项】选项，打开【Word 选项】对话框，如图 3-18-16 所示。

（2）选择左侧列表中的【校对】选项，在右侧单击【自动更正选项】按钮，如图 3-18-17 所示。

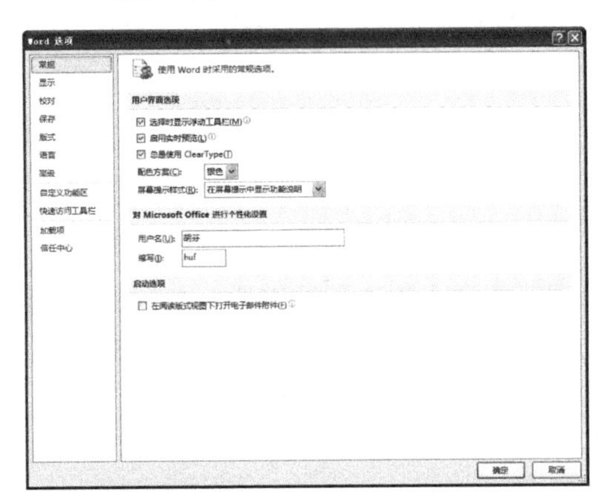

图 3-18-16 【Word 选项】对话框

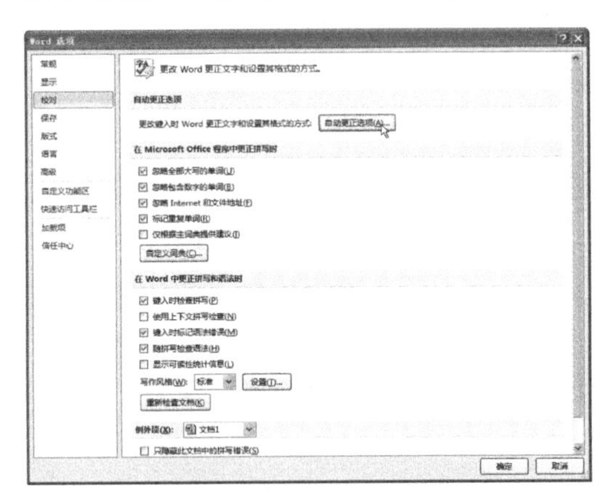

图 3-18-17 【自动更正选项】按钮

（3）打开【自动更正】对话框，可以设置【自动更正】、【数学符号自动更正】、【键入时自动套用格式】、【自动套用格式】和【操作】等选项卡，如图 3-18-18 所示。

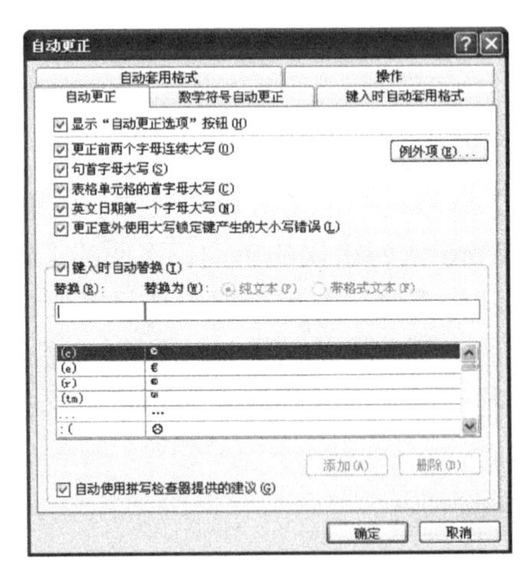

图 3-18-18 【自动更正】对话框

（4）完成设置后单击【确定】按钮，返回【Word 选项】对话框，然后单击【确定】按钮，即可返回文档编辑模式。以后再编辑时，就会按照用户所设置的内容自动地更正错误。

3.19 查找与替换

通过查找功能，用户可以快速搜索并定位到需要的文本位置，对于内容较多的文档来说非常实用。用户也可以使用替换功能，将查找到的文本或文本格式替换为新的文本或格式。

3.19.1　定位文档

定位也是一种查找，它可以定位到一个指定位置，而不是指定的内容，如某一页。具体的操作步骤如下：

（1）单击【开始】选项卡【编辑】选项组中的【查找】按钮，在其下拉列表中选择【转到】选项，打开【查找和替换】对话框并显示【定位】选项卡，如图 3-19-1 和图 3-19-2 所示。

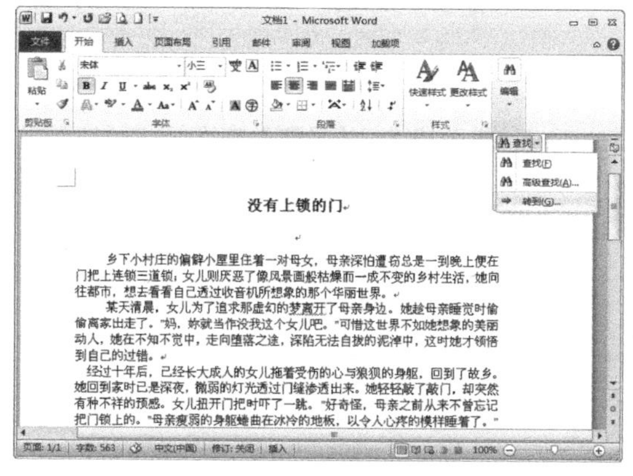

图 3-19-1　【转到】选项

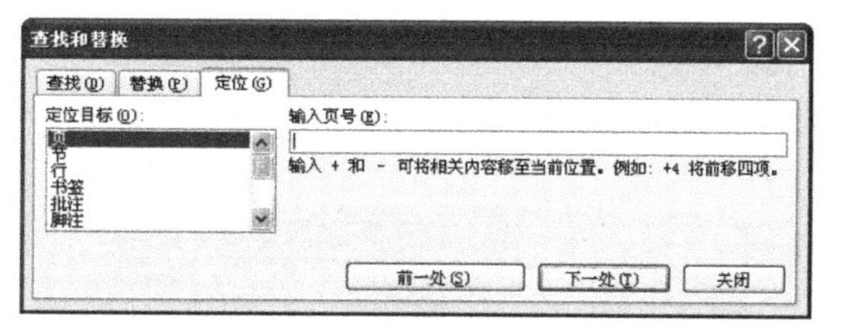

图 3-19-2　【查找和替换】对话框

（2）在【定位目标】列表框中选择定位方式，在右侧相应的文本框中输入定位的位置，如图 3-19-3 所示。然后单击【定位】按钮，如图所示将定位到第 20 页。

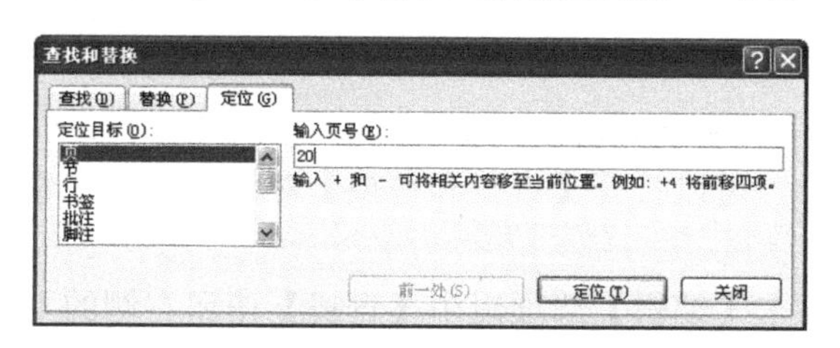

图 3-19-3　定位页码

3.19.2　查找

使用查找功能，用户可以定位到目标位置，以便快速地找到想要的信息，对于检查文档非常有帮助。查找分为“查找”和“高级查找”两种方式。

1. 查找

执行【查找】命令，可以快速地查找到文本或其他内容。具体的操作步骤如下：

（1）打开文档，单击【开始】选项卡【编辑】选项组中【查找】按钮右侧的下三角形按钮，在其下拉列表中选择【查找】选项，如图 3-19-4 所示。

（2）在文档的左侧打开【导航】窗格，如图 3-19-5 所示。

（3）在【导航】窗格下方的文本框中输入要查找的内容，这里输入“人类”，此时在文本框的下方提示“2 个匹配项”，且在文档中查找到的内容都会被涂成黄色，如图 3-19-6 所示。

（4）单击窗格中的【下一处】按钮，定位第 1 个匹配项，这样再次单击【下一处】按钮就可以快速查找到下一条符合的匹配项，如图 3-19-7 所示。

注意：查找是以鼠标指针所放的位置为起始端的。

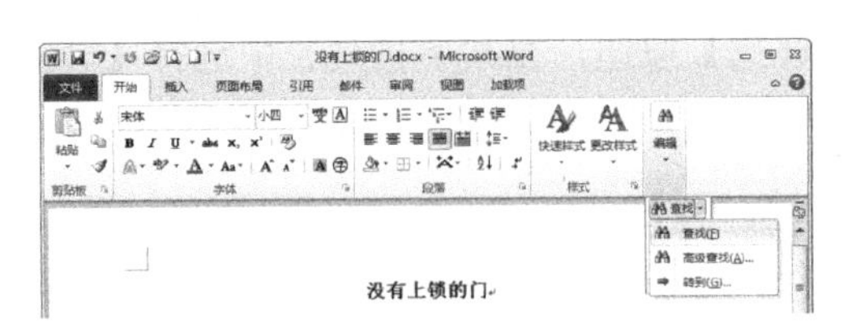

图 3-19-4 【查找】选项

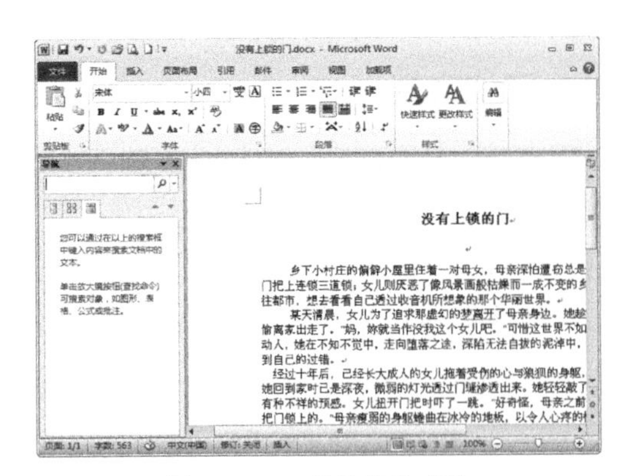

图 3-19-5 【导航】窗格

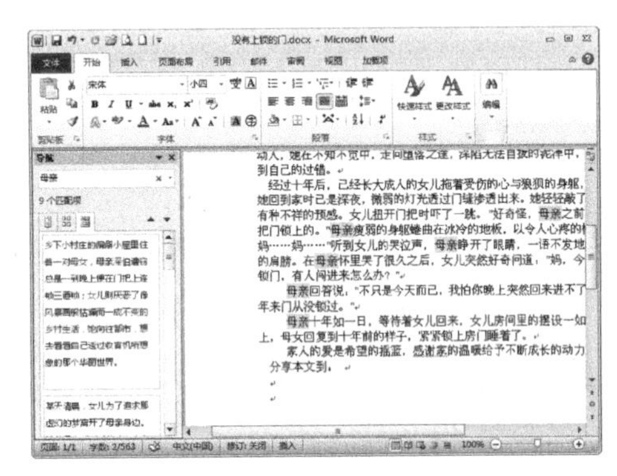

图 3-19-6 查找结果

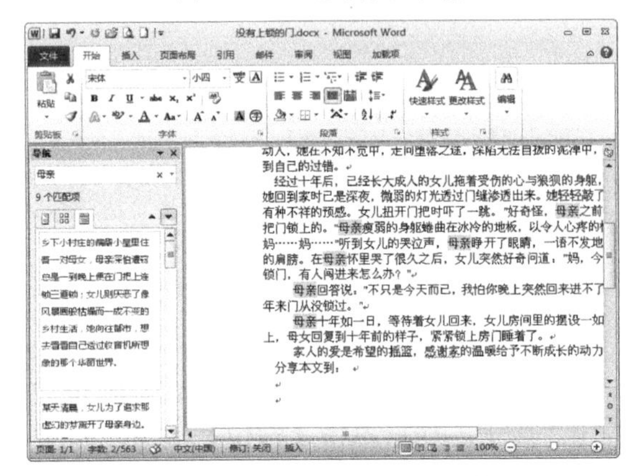

图 3-19-7 快速查找匹配项

2. 高级查找

执行【高级查找】命令，可以打开【查找和替换】对话框，从中也可以实现快速查找。具体的操作步骤如下：

（1）单击【开始】选项卡【编辑】选项组中【查找】按钮右侧的下三角形按钮，在其下拉列表中选择【高级查找】选项，打开【查找和替换】对话框，如图 3-19-8 所示。

（2）在【查找】选项卡中的【查找内容】文本框中输入需要查找的内容，如图 3-19-9 所示。

图 3-19-8 【查找和替换】对话框

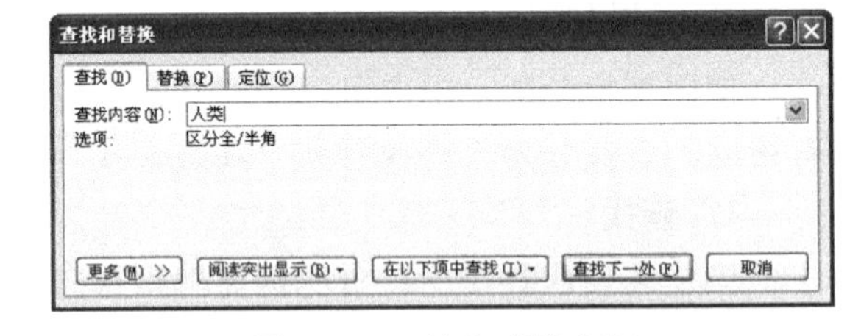

图 3-19-9 输入查找内容

图 3-19-10 查找结果

（3）单击【查找下一处】按钮，此时 Word 开始查找。

如果没有查找到，则会打开如图 3-19-10 所示的提示对话框，单击【确定】按钮返回；如果查找到文本，Word 就会定位到文本位置，并将查找到的文本背景用淡蓝色显示。

3.19.3 替换

使用替换功能，用户可以方便、快捷地将查找到的文本更改或批量修改为其他内容。具体的操作步骤如下：

（1）打开文档，单击【开始】选项卡【编辑】选项组中的【替换】按钮，打开【查找和替换】对话框，如图 3-19-11 所示。

（2）在【替换】选项卡中的【查找内容】文本框中输入需要被替换的内容（这里输入“母亲”），在【替换为】文本框中输入替换后的新内容（这里输入“妈妈”），如图 3-19-12 所示。

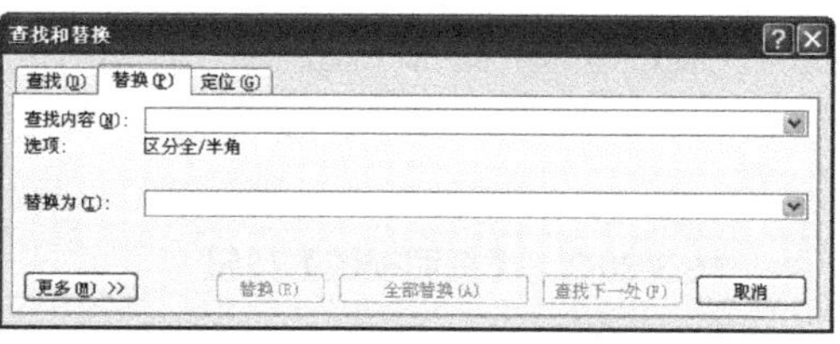

图 3-19-11 【查找和替换】对话框

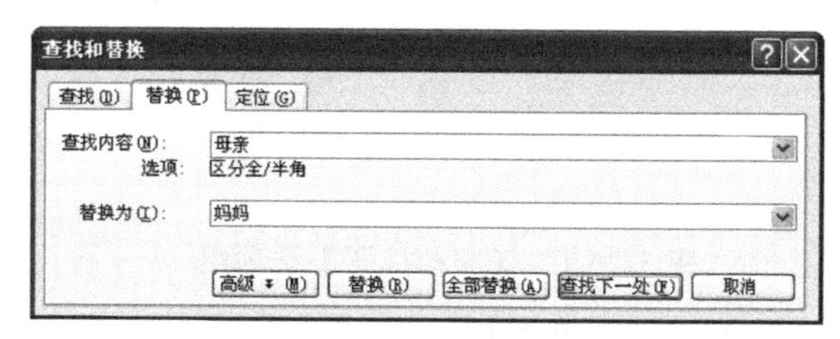

图 3-19-12 输入替换内容

（3）单击【查找下一处】按钮，即可定位到当前光标位置起第一个满足查找条件的文本位置，并以淡蓝色背景显示，然后单击【替换】按钮，就可以将查找到的内容替换为新的内容，如图 3-19-13 所示。

（4）如果用户需要将文档中所有相同的内容替换掉，可以在输入完【查找内容】和【替换为】内容后单击【全部替换】按钮，Word 会自动将整个文档内所有查找到的内容替换为新的内容，并打开提示对话框显示完成替换的数量。单击【确定】按钮，即可完成文本的替换，如图 3-19-14 所示。

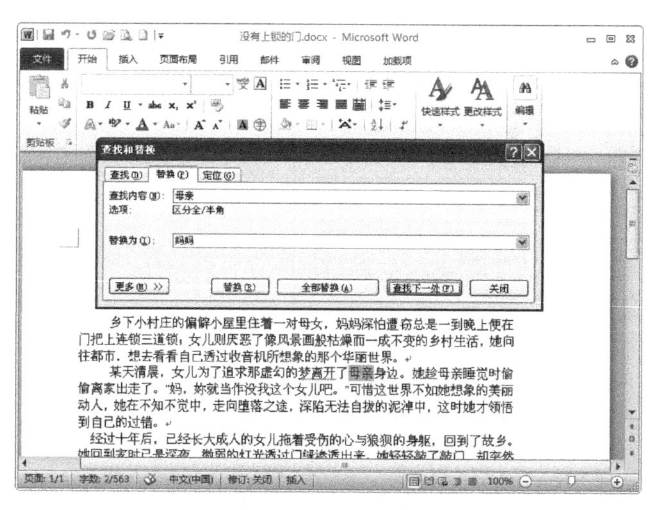

图 3-19-13 替换

图 3-19-14 替换完成提示对话框

3.20 不同视图的使用

文档的视图模式就是文档的显示方式。在对文档进行编辑的过程中，可以使用不同的显示方式有效地对文档进行编辑和查看。

在 Word 2010 中，选择【视图】选项卡后，在【文档视图】选项组中包含【页面视图】、【阅读版式视图】、【Web 版式视图】、【大纲视图】和【草稿】等 5 种视图模式，单击任意一个视图模式按钮，文档就会被更改为相应的视图，如图 3-20-1 所示。

1. 页面视图

【页面视图】是 Word 2010 中最常用的视图方式之一。它可以按照文档打印的效果进行显示，实现“所见即所得”的功能，也能很好地显示文档的排版效果，可以进行文本、格式、版面或者文档外观的浏览和修改。

默认情况下，Word 2010 使用的显示方式就是【页面视图】。如果当前不是【页面视图】，选择【视图】选项卡，在【文档视图】选项组中单击【页面视图】按钮，即可调整为【页面视图】模式，如图 3-20-2 所示。

图 3-20-1 【文档视图】选项组

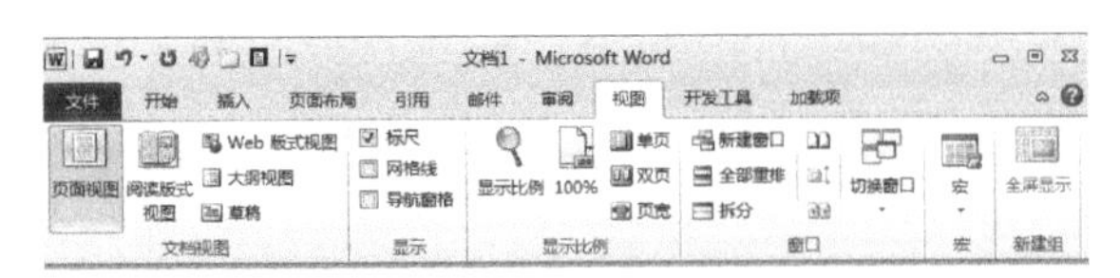

图 3-20-2 【页面视图】按钮

在【页面视图】模式下，可直接显示文档中文本、图形、页眉、页脚和文档版式所在的精确位置。【页面视图】提供了水平标尺和垂直标尺，用户可以在标尺上直接调整文档的页边距和表格图形所在的位置，如图 3-20-3 所示。

2. 阅读版式视图

【阅读版式视图】可将当前文档按照浏览的模式进行显示。使用【阅读版式视图】查看文档的具体操作步骤如下：

（1）单击【视图】选项卡，在【文档视图】选项组中单击【阅读版式视图】按钮，即可将当前打开的文档调整为【阅读版式视图】模式，如图 3-20-4 所示。

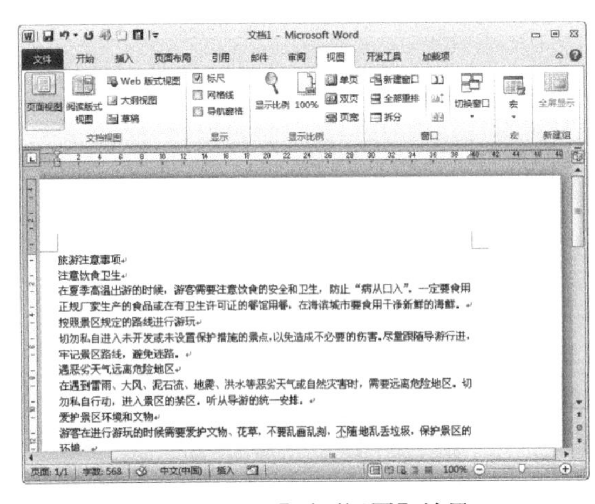

图 3-20-3 【页面视图】效果

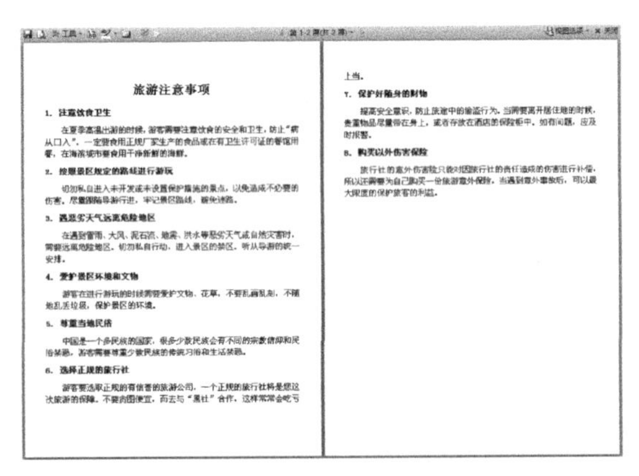

图 3-20-4 【阅读版式视图】效果

（2）在【阅读版式视图】模式下，文档将被全屏显示，可以通过单击【上一屏】按钮◀或【下一屏】按钮▶，或使用方向键翻页，如图 3-20-5 所示。

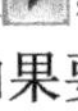

（3）如果要退出【阅读版式视图】模式，单击窗口右上角的【关闭】按钮或按【Esc】键即可，如图 3-20-6 所示。

第 1-2 屏(共 2 屏)

图 3-20-5 【上一屏】按钮与【下一屏】按钮

视图选项 × 关闭

图 3-20-6 【关闭】按钮

（4）在【阅读版式视图】模式下，如果用户需要更改显示的方式，单击右上角的【视图选项】按钮，在弹出的菜单中可以执行增大或减小文本字号、将显示模式更改为【显示一页】或【显示两页】、【显示打印页】以及【边距设置】等命令，选择后该选项左侧的图标将以高亮状态显示，如图 3-20-7 所示。

（5）在【阅读版式视图】模式默认的状态下不能进行文档修改，如果用户需要修改文档，则需要在【视图选项】菜单中执行【允许键入】命令，如图 3-20-8 所示。

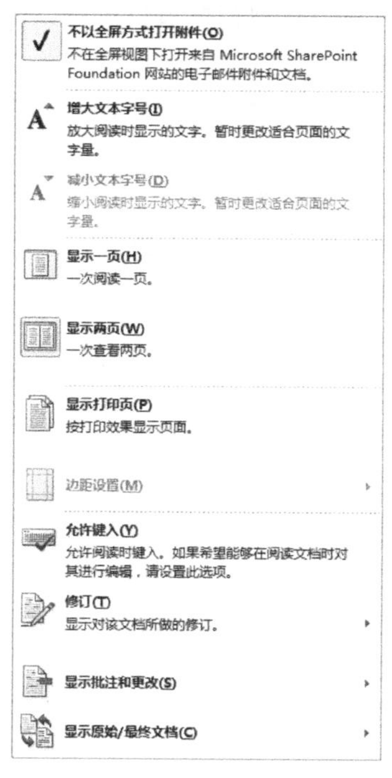

图 3-20-7 【视图选项】菜单

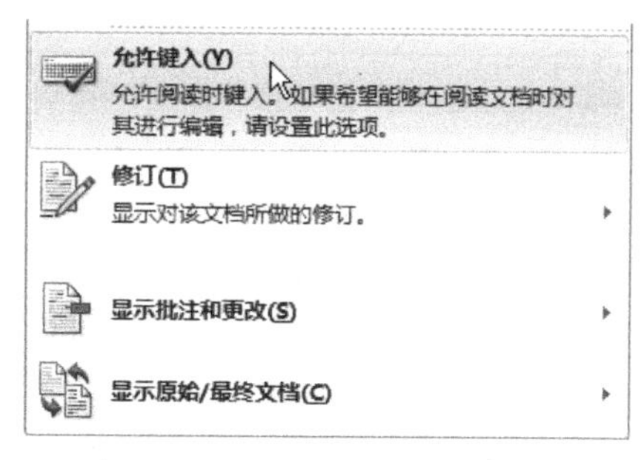

图 3-20-8 【允许键入】命令

3. Web 版式视图

利用【Web 版式视图】显示文档时，文本会根据窗口大小的调整自动换行，并且不进行分页显示。因此【Web 版式视图】的状态栏中没有页码和章节号等信息。如果文档包含超链接，则默认将超链接显示为带下画线的文本，将鼠标放至带超链接的文本上方，可以显示超链接的地址，如图 3-20-9 所示。

单击【视图】选项卡，在【文档视图】选项组中单击【Web 版式视图】按钮，即可切换为【Web 版式视图】模式，如图 3-20-10 所示。

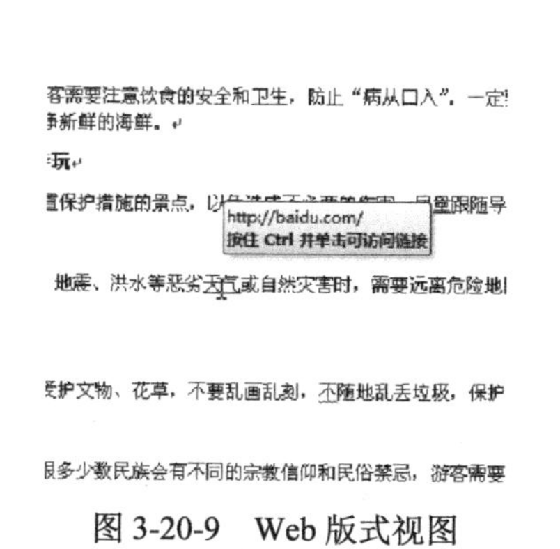

图 3-20-9 Web 版式视图

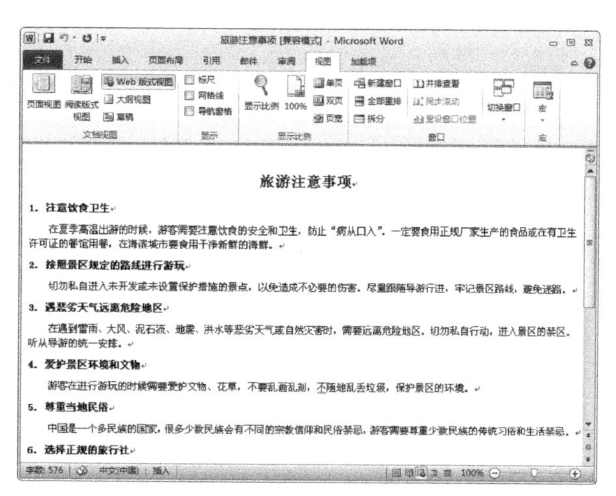

图 3-20-10 【Web 版式视图】效果

4．大纲视图

【大纲视图】是一种独特的视图方式。在撰写或组织文档时，利用【大纲视图】可以显示、修改或创建文档的大纲，突出文档的框架结构，显示文档中的各级标题和章节目录等，以便对文档的层次结构进行调整。打开【大纲视图】的具体操作步骤如下：

（1）单击【视图】选项卡，在【文档视图】选项组中单击【大纲视图】按钮，即可切换为【大纲视图】模式，如图 3-20-11 所示。

（2）将插入点移动到需要调整级别的标题行上，可以单击【升级】按钮、【降级】按钮、【提升为标题 1】按钮或【降级为正文】按钮，对文本内容进行大纲级别的调整，如图 3-20-12 所示。

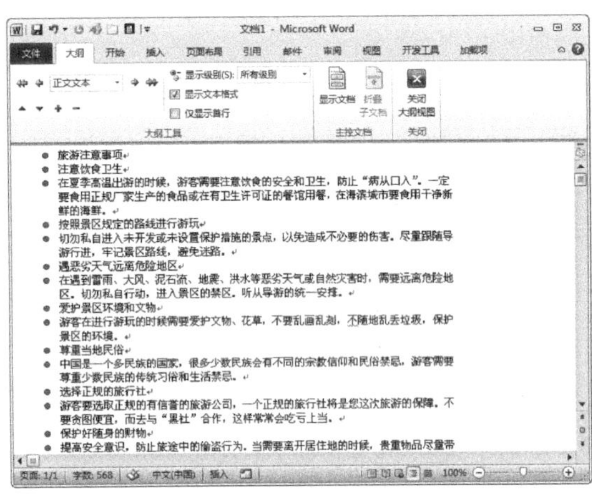

图 3-20-11 【大纲视图】效果

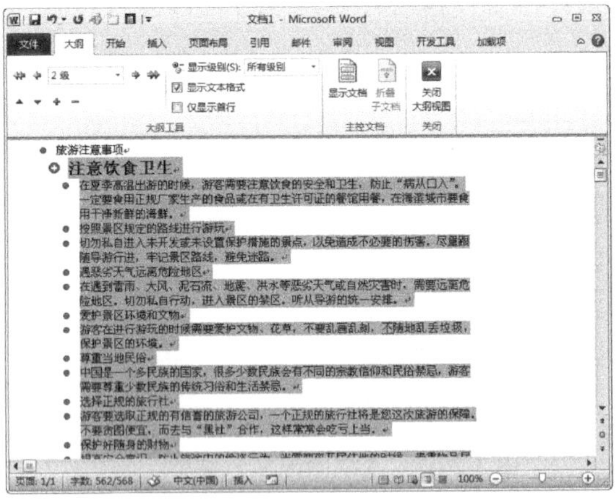

图 3-20-12 调整大纲级别

（3）将插入点移动到需要调整级别的标题行上，然后单击【上移】按钮或【下移】按钮，即可调整标题的位置，如图 3-20-13 所示。

提示： 如果用户需要将当前标题的下级标题和从属文本一起移动，则需要先折叠标题，然后才能一起移动。在对标题进行折叠时，可以单击【折叠】按钮；当需要展开标题时，可以单击【展开】按钮。

（4）单击【大纲级别】下拉列表按钮 正文文本，可以改变标题的级别，如图 3-20-14 所示。

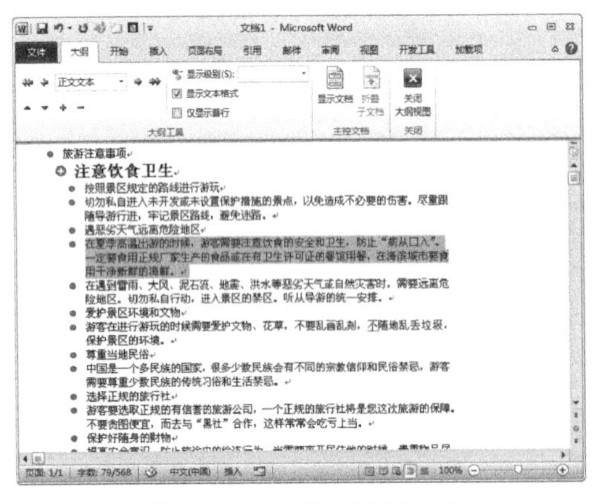

图 3-20-13 调整标题位置

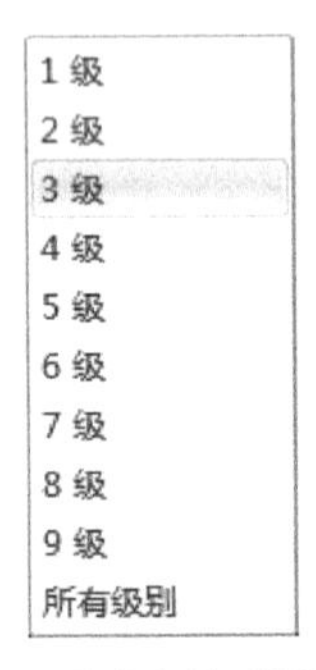

图 3-20-14 【大纲级别】下拉列表

（5）可以勾选【显示文本格式】复选框，来显示文本的格式，如图 3-20-15 所示。

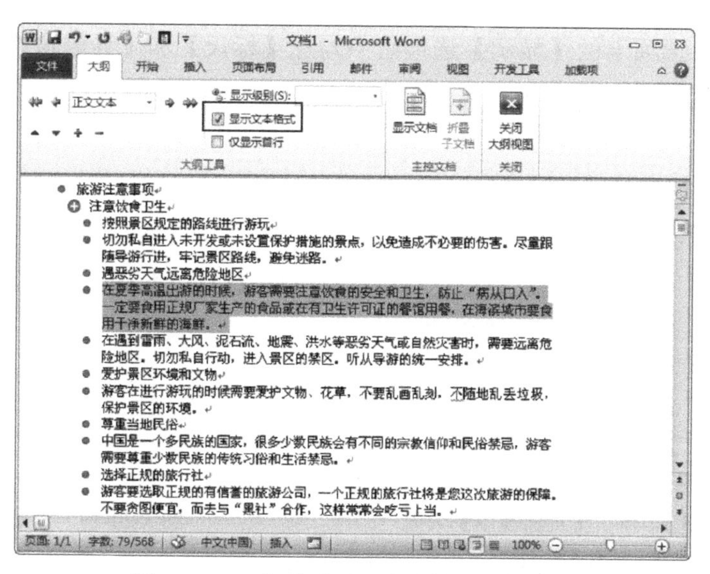

图 3-20-15　勾选【显示文本格式】复选框

（6）可以勾选【仅显示首行】复选框只显示首行，其余部分用省略号显示，如图 3-20-16 所示。

（7）如果用户需要返回【页面视图】，直接在【关闭】选项组中单击【关闭大纲视图】按钮即可。

5. 草稿视图

【草稿】视图是将页面布局进行简化，在【草稿】视图中不会显示文档的部分元素，如页眉与页脚等。【草稿】视图可以连续地显示文档内容，使阅读更为连贯。

单击【视图】选项卡，在【文档视图】选项组中单击【草稿】按钮，就可以切换到【草稿】视图模式，如图 3-20-17 所示。

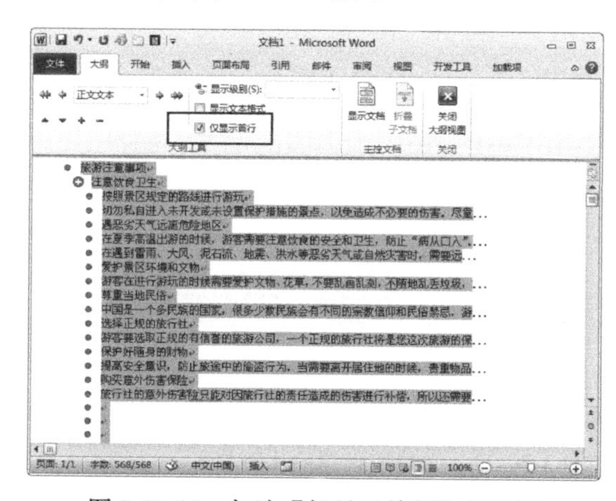

图 3-20-16　勾选【仅显示首行】复选框

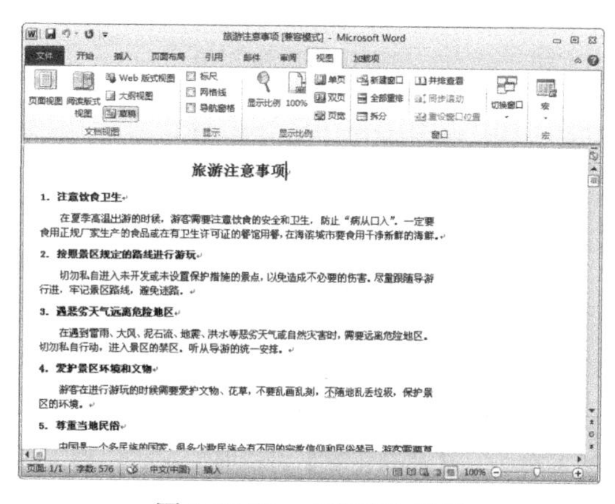

图 3-20-17　【草稿】效果

注意：*使用【草稿】视图时，在页与页之间仅使用一条虚线作为分页符，在节与节之间则使用双虚线作为分节符。*

6. 自定义视图

用户不仅可以通过现有的视图模式查阅文档，而且可以自定义个性化的视图。自定义视图的具体操作步骤如下：

（1）单击【视图】选项卡，在【文档视图】选项组中单击【页面视图】按钮，如图 3-20-18 所示。

（2）在【视图】选项卡的【显示】选项组中勾选【标尺】和【导航窗格】两个复选框，如图 3-20-19 所示。

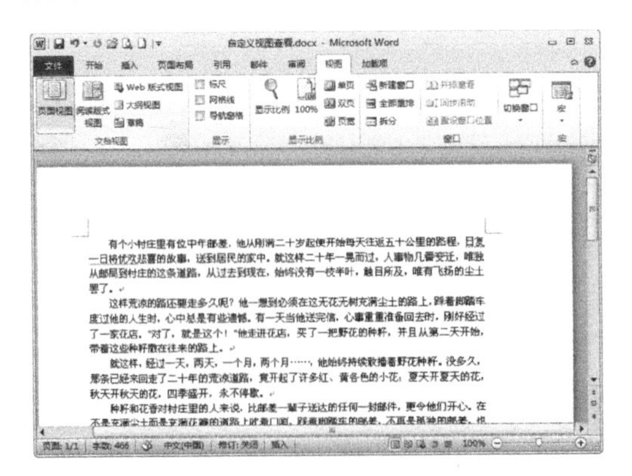

图 3-20-18　【页面视图】效果

图 3-20-19　【显示】选项组

（3）单击【视图】选项卡，在【显示比例】选项组中单击【显示比例】按钮，如图 3-20-20 所示。

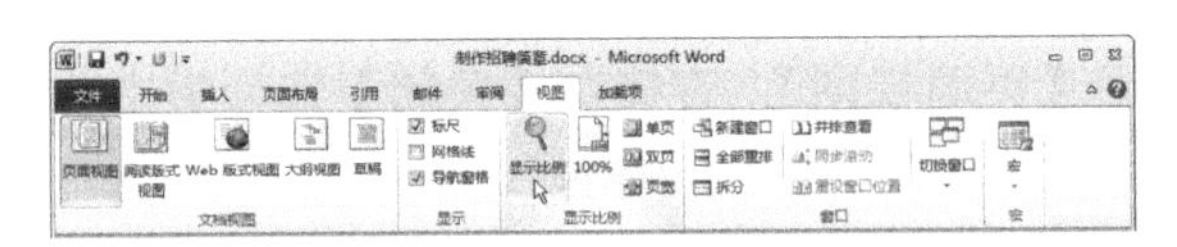

图 3-20-20　【显示比例】选项组

（4）打开【显示比例】对话框，在【百分比】微调框中输入显示的比例为“150%”，如图 3-20-21 所示。

（5）单击【确定】按钮，文档将按照设定的比例显示，如图 3-20-22 所示。

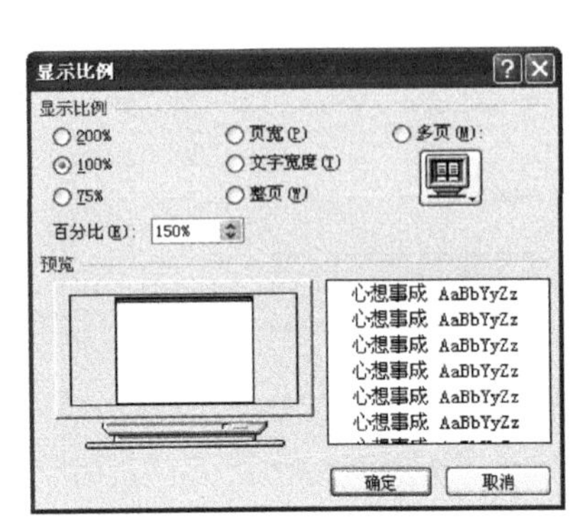

图 3-20-21　【显示比例】对话框

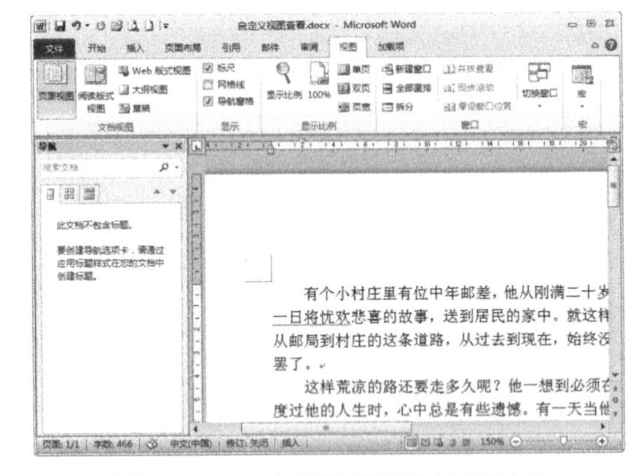

图 3-20-22　文档按设置的比例显示

（6）在【视图】选项卡【窗口】选项组中单击【拆分】按钮，之后在文档编辑区中可以选择适当的位置单击鼠标进行拆分，如图 3-20-23 和图 3-20-24 所示。

【窗口】选项组中各选项的作用如下：

① 【新建窗口】：新建一个包含当前文档视图的新窗口。

② 【全部重排】：在屏幕上并排平铺所有打开的 Word 程序窗口。

③ 【拆分】：将当前文档拆分为上下两部分，分别查看不同的页面，对文档做比较。

④ 【并排查看】：并排查看两个文档，直观地比较其内容。

⑤ 【同步滚动】：在并排查看的模式下，可以使用同步滚动的方法同步滚动两个文档进行对

比和查看。

⑥【重设窗口位置】：重置正在并排比较的文档的窗口位置，使它们平分屏幕。

⑦【切换窗口】：相当于之前版本的窗口菜单，可进行不同文档的切换，使选择的窗口成为当前窗口。

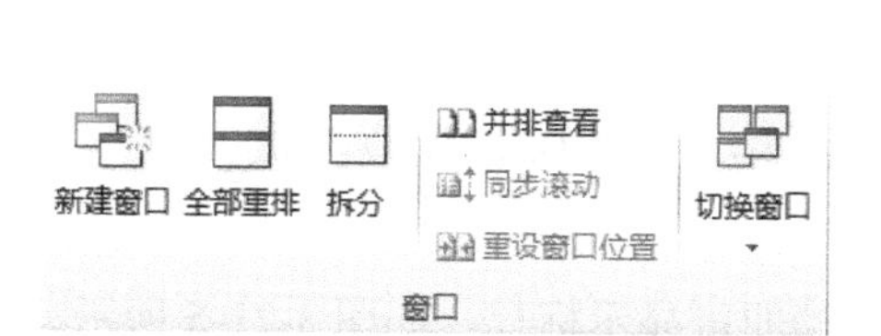

图 3-20-23 【窗口】选项组

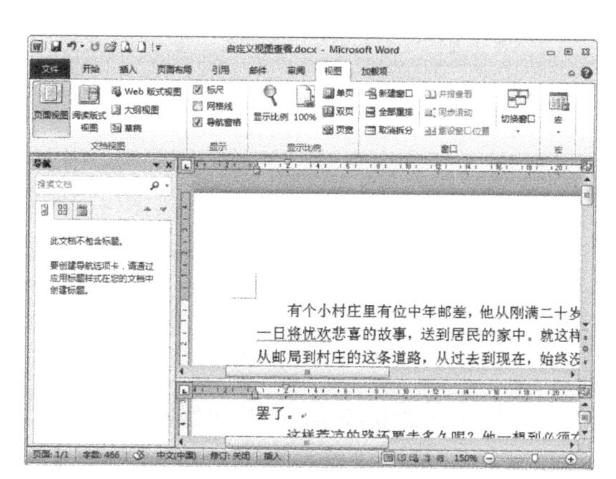

图 3-20-24 拆分效果

3.21 其他辅助工具

Word 提供了许多辅助工具，可以帮助用户编辑和排版，如标尺、网格线和导航窗格等。下面介绍这些常用的辅助工具的使用方法。

3.21.1 使用标尺

标尺可以用来测量或对齐文档中的对象，作为字体大小、行间距等的参考。另外，标尺上面有明暗分界线，可以在设置页边距、分栏的栏宽、表格的列宽和行高时进行快速调整。当选择表格中部分内容时，标尺上面会显示分界线，拖动即可调整。拖动的同时按住【Alt】键可以实现微调。打开标尺的方法有以下 3 种。

1. 使用选项卡实现标尺的显示

使用选项卡实现标尺显示的具体操作步骤如下：

（1）打开文档，勾选【视图】选项卡【显示】选项组中的【标尺】复选框，如图 3-21-1 所示。

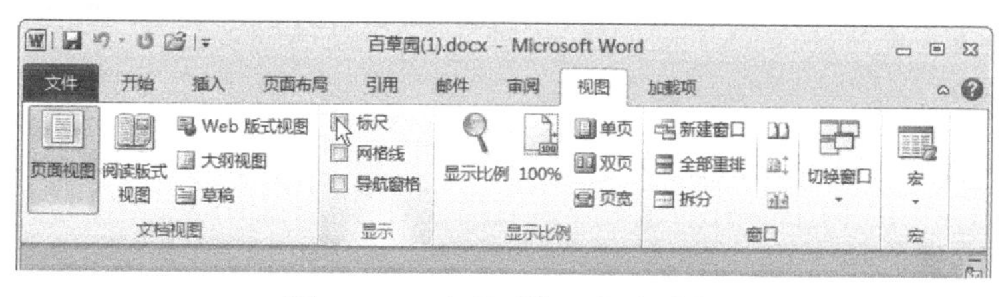

图 3-21-1 勾选【标尺】复选框

（2）勾选【标尺】复选框后，文档中即可显示标尺，如图 3-21-2 所示。

（3）拖动水平标尺上的游标，可以快速地设置段落的左缩进、右缩进和首行缩进。比起【段落】对话框来，使用标尺不仅方便，而且十分直观，如图 3-21-3 所示。

（4）可以通过单击标尺左侧的图标来选择需要显示的效果，如居中式制表符、首行缩进、悬挂缩进等，如图 3-21-4 所示。

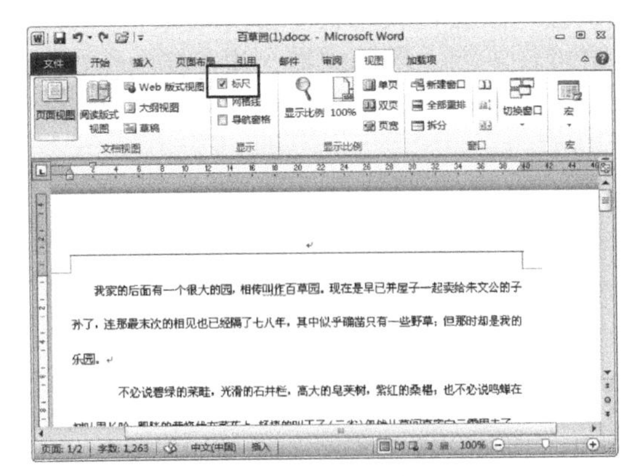

图 3-21-2　显示标尺

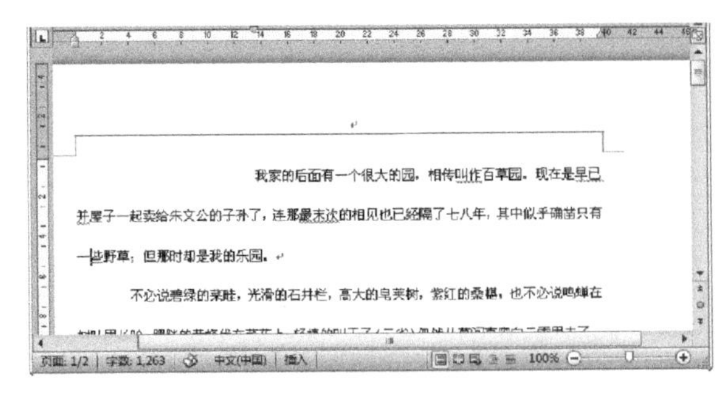

图 3-21-3　使用标尺设置段落缩进

2．使用标尺图标实现标尺的显示

单击文档右侧上下滚动条顶端的【标尺】按钮，文档即可显示标尺，如图 3-21-5 所示。

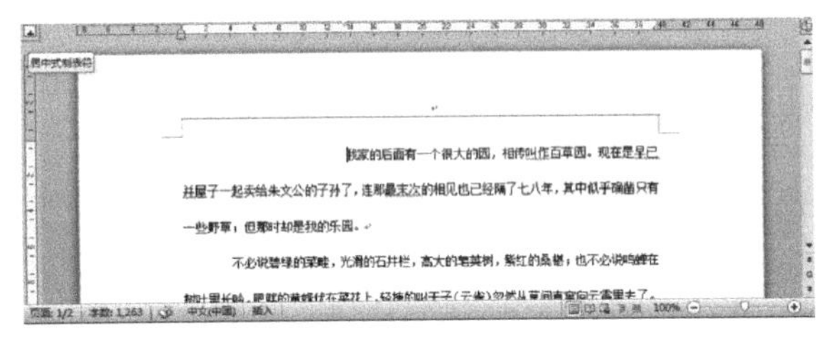

图 3-21-4　使用标尺设置段落样式

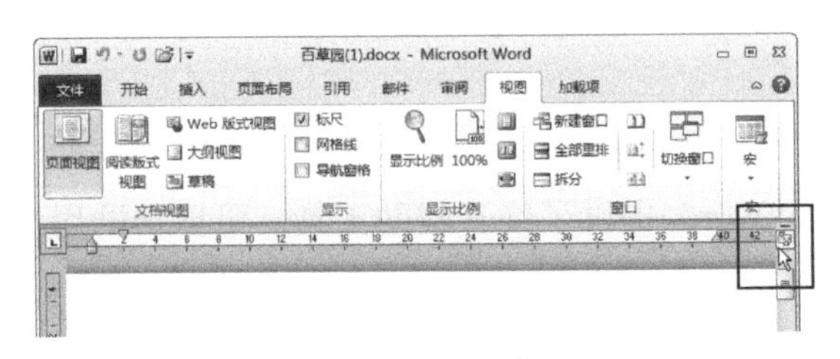

图 3-21-5　显示标尺

3．通过移动鼠标来显示和隐藏标尺

通过移动鼠标来显示或隐藏标尺的具体操作步骤如下：

（1）打开文档，移动鼠标指针到工作区上端的灰色区域处，如图 3-21-6 所示。

（2）停留几秒，文档即可显示标尺，如图 3-21-7 所示。

注意：移动鼠标到其他工作区，文档中的标尺将再次隐藏起来。

图 3-21-6　鼠标指针在工作区灰色区域处

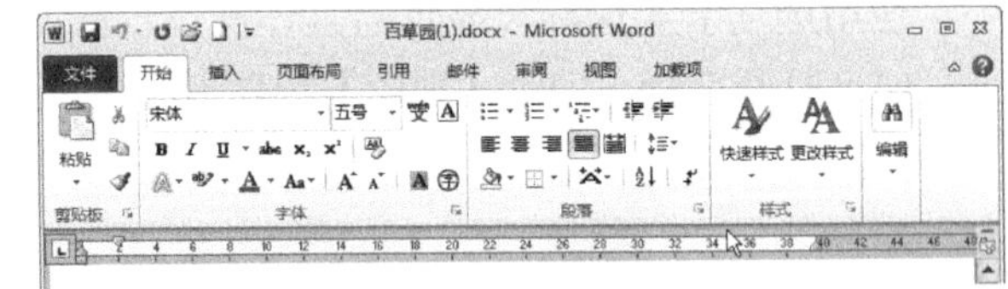

图 3-21-7　显示标尺

3.21.2　使用网格线

使用网格线可以方便地将文档中的对象沿网格线对齐，如移动对齐图形或文本框。具体的操作步骤如下：

（1）勾选【视图】选项卡【显示】选项组中的【网格线】复选框，如图 3-21-8 所示。

（2）勾选【网格线】复选框后文档即可显示网格线，如图 3-21-9 所示。

提示：如果要取消显示网格线，只需在【视图】选项卡中取消勾选【网格线】复选框即可。

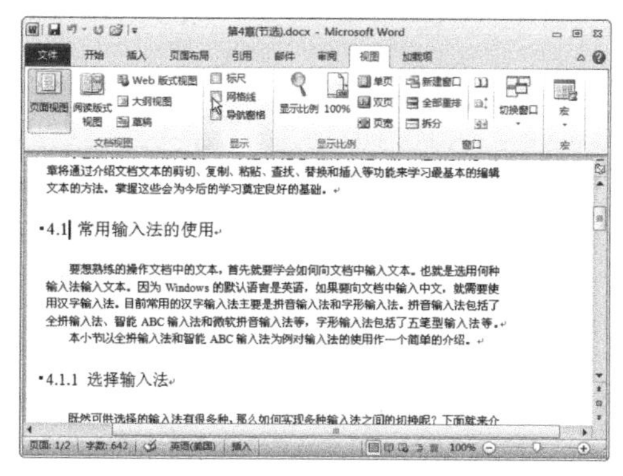
图 3-21-8　勾选【网格线】复选框

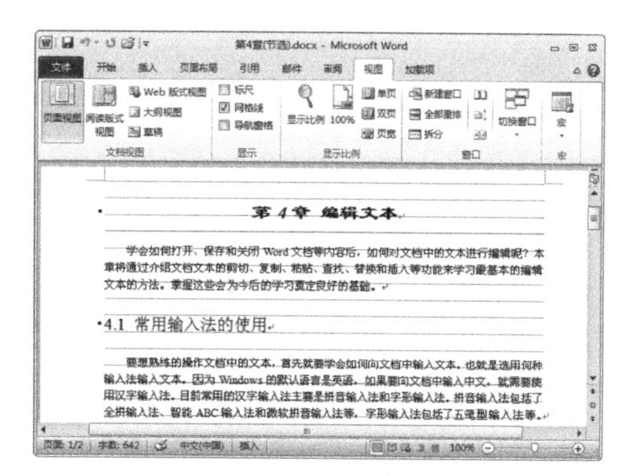
图 3-21-9　显示网格线

3.21.3　使用文档结构图

文档结构图由联机版式视图发展而来，它在文档中一个单独的窗格中显示文档标题，可使文档结构一目了然，可以通过单击标题、页面或通过搜索文本、对象来进行导航。

1．使用选项卡打开【导航】窗格

使用选项卡打开【导航】窗格的具体操作步骤如下：

（1）打开文档，然后勾选【视图】选项卡【显示】选项组中的【导航窗格】复选框，如图 3-21-10 所示。

（2）勾选【导航窗格】复选框后即可显示文档结构图。这时文档窗口被分为两个部分，文档结构图位于左边，文档内容位于右边，如图 3-21-11 所示。

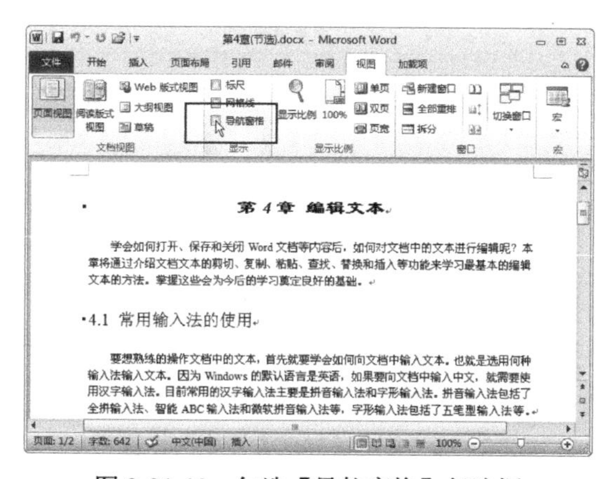
图 3-21-10　勾选【导航窗格】复选框

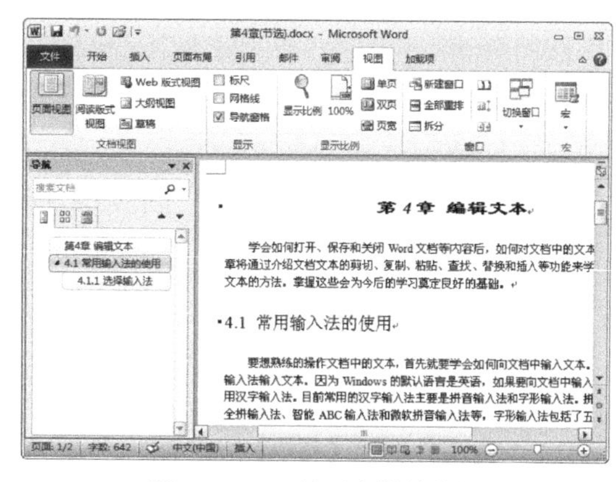
图 3-21-11　显示文档结构图

（3）单击左边文档结构图中的某一级别的标题，在右边的文档中就会显示其对应的内容，查找起来十分方便，如图 3-21-12 所示。

提示：如果要取消显示文档结构图，只需在【视图】选项卡【显示】选项组中取消勾选【导航窗格】复选框，或直接单击【导航】窗格右侧的【关闭】按钮✖即可。

2．移动【导航】窗格中的标题

单击【导航】窗格中标题上方的【上一处标题】按钮▲，此标题的子标题向上移动一个，单击【导航】窗格中标题上方的【下一处标题】按钮▼，此标题的子标题向下移动一个，如图 3-21-13 所示。

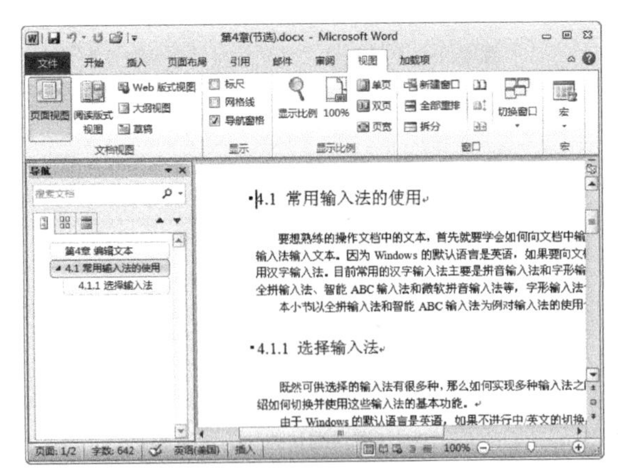

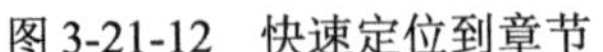
图 3-21-12 快速定位到章节

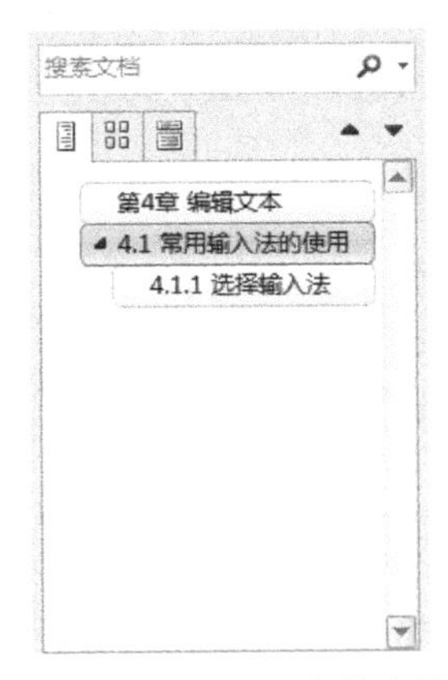

图 3-21-13 移动任务窗格中的标题

3.【导航】窗格可以改变位置和大小

任务窗格可以变为悬浮状，自由调整大小和位置，以便有更多的空间来编辑文档。缩短任务窗格的大小，可以使任务窗格更加小巧方便，如图 3-21-14 所示。

改变任务窗格位置和大小的具体操作步骤如下：

（1）单击【导航】窗格右侧的【任务窗格选项】按钮▼，在弹出的下拉列表中选择【移动】选项，将鼠标指针移动到【导航】窗格边框处，单击后鼠标指针变为✥形状，拖动鼠标即可移动【导航】窗格的位置，如图 3-21-15 所示。

图 3-21-14 【移动】命令

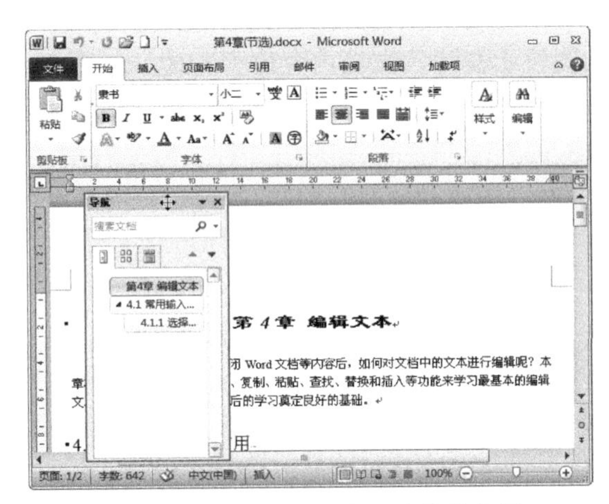

图 3-21-15 移动【导航】窗格的位置

（2）单击【导航】窗格右侧的【任务窗格选项】按钮▼，在弹出的下拉列表中选择【大小】选项，可以直接调整【导航】窗格的大小，如图 3-21-16 所示。

4.【导航】窗格搜索栏的用途

在【导航】窗格的搜索栏右侧有【查找选项和其他搜索命令】按钮，如果需要按标题或页面查找信息，或者通过搜索来查找文本、对象，可直接在此下拉列表中选择，无须再另外调用，如图 3-21-17 所示。

5. 文档页面导航

用 Word 编辑文档时，文档会自动分页。单击分页缩略图，可以快速地定位到相关页面，查阅起来方便快捷。使用文档页面缩略图的具体操作步骤如下：

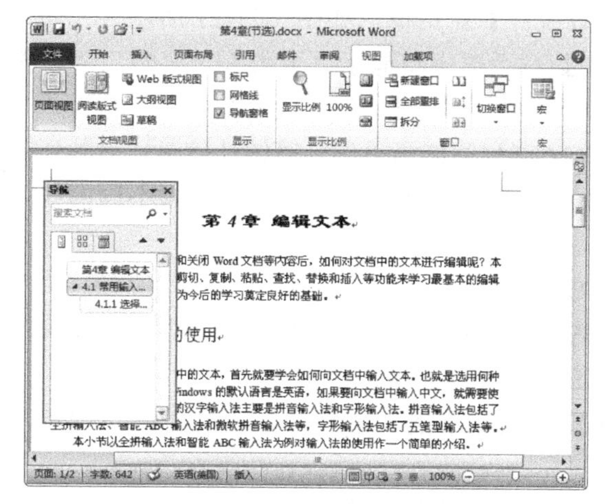

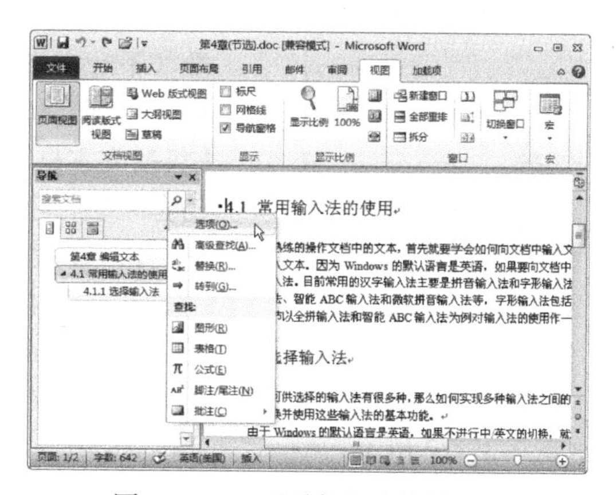

图 3-21-16　调整【导航】窗格的大小　　　　图 3-21-17　【导航】窗格搜索栏

（1）打开文档，然后勾选【视图】选项卡【显示】选项组中的【导航窗格】复选框，文档即显示文档结构图，如图 3-21-18 所示。

（2）单击【导航】搜索栏下方的【浏览您的文档中的页面】按钮，用户可以通过缩略图来浏览文档中的页面，如图 3-21-19 所示。

提示：如果文本中有插入的页码，在缩略图下面的显示数字是页码；如果没有插入页码，文本会自动排序，显示文档页码。

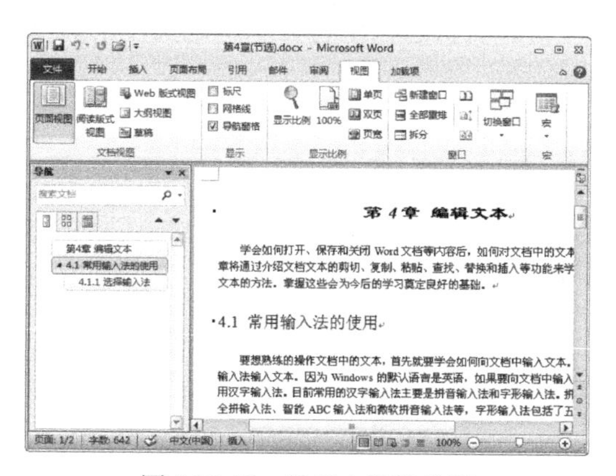

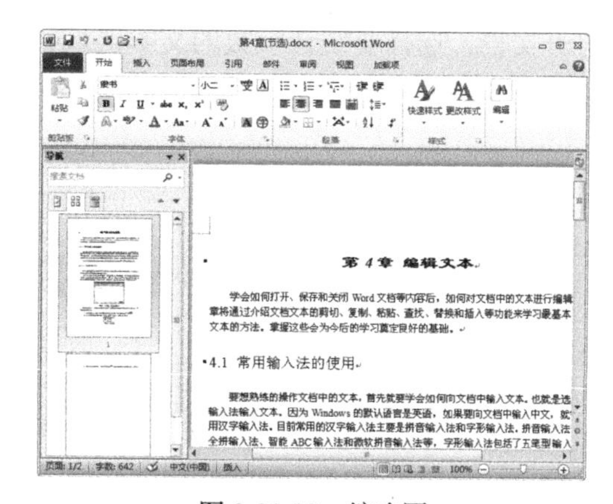

图 3-21-18　显示文档结构图　　　　图 3-21-19　缩略图

3.21.4　统计字数

在创建了一篇文档并输入完文本内容以后常常需要统计字数，Word 2010 提供了方便的字数统计功能。统计字数的方法有以下几种。

1．使用选项卡实现统计字数

使用选项卡统计字数的具体操作步骤如下：

（1）单击【审阅】选项卡【校对】选项组中的【字数统计】按钮，如图 3-21-20 所示。

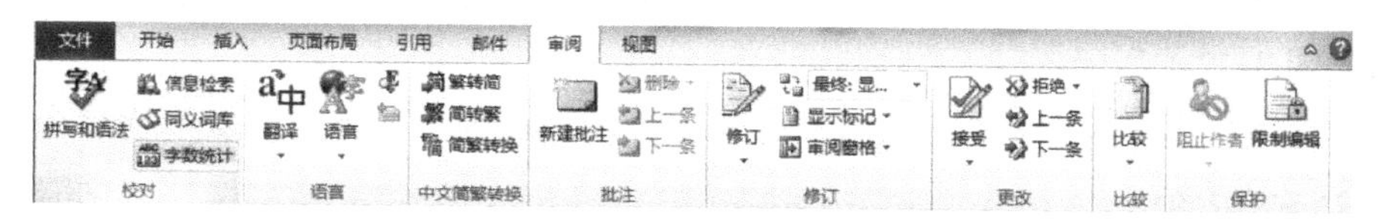

图 3-21-20　【字数统计】按钮

（2）打开【字数统计】对话框，如图 3-21-21 所示。

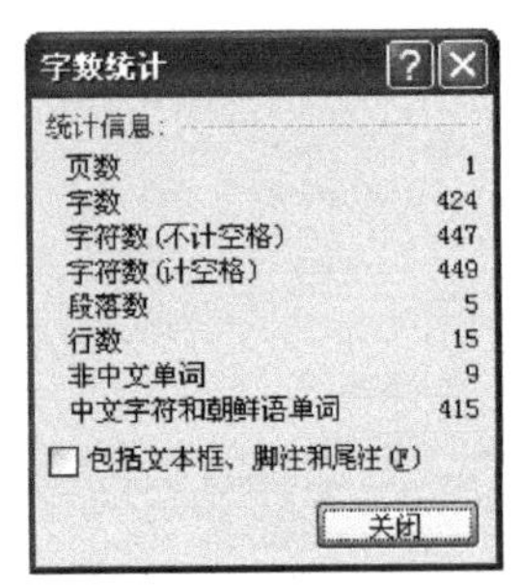

图 3-21-21　【字数统计】对话框

（3）【字数统计】对话框中将显示“页数”、“字数”、“字符数（不计空格）”、“字符数（计空格）”、“段落数”、“行数”、“非中文单词”和“中文字符和朝鲜语单词”等统计信息，另外还有【包括文本框、脚注和尾注】复选框。用户可以根据不同的统计信息来统计字数。

2．在状态栏中查看字数

在文档中输入内容时，Word 将自动统计文档中的页数和字数，并将其显示在工作区底部的状态栏中。

打开文档，在工作区底部的状态栏中显示文档的页数和字数，如图 3-21-22 所示。

注意： 如果在状态栏中看不到字数统计，可以用鼠标右键单击状态栏，在弹出的快捷菜单中执行【字数统计】命令，工作区底部的状态栏中即可显示文档的页数和字数。

图 3-21-22　在状态栏查看页数和字数

3．统计一个或多个选择区域的字数

用户可以统计一个或多个选择区域中的字数，而不是文档中的总字数。对其进行字数统计的各选择区域无需彼此相邻。

打开文档，选择要统计字数的文本区域。在工作区底部的状态栏中将显示所选文本的页数和字数，如图 3-21-23 所示。

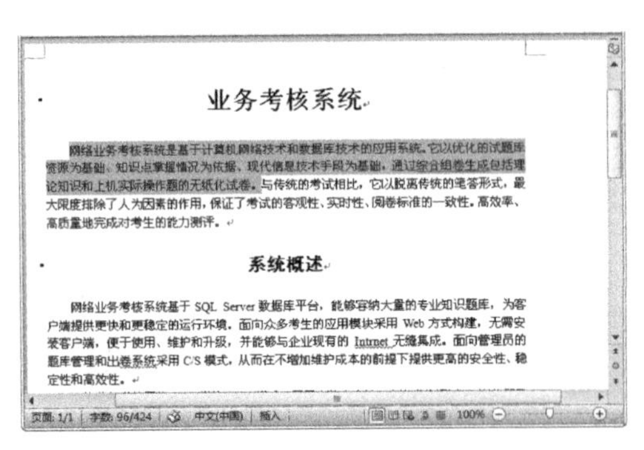

图 3-21-23　查看选择区域的统计字数

3.22　打 印 文 档

文档创建后常常需要打印出来，以便进行存档或传阅，下面介绍文档打印的相关知识。

1．选择打印机

在进行文件打印时，如果用户的计算机中连接了多个打印机，则需要在打印文档之前选择打印机。选择打印机的具体操作步骤如下：

（1）打开文档，选择【文件】选项卡，在弹出的下拉列表中选择【打印】选项，显示出打印设置界面，如图 3-22-1 所示。

（2）在【打印机】区域的下方单击【打印机】按钮，在弹出的下拉列表中选择相关的打印机即可，如图 3-22-2 所示。

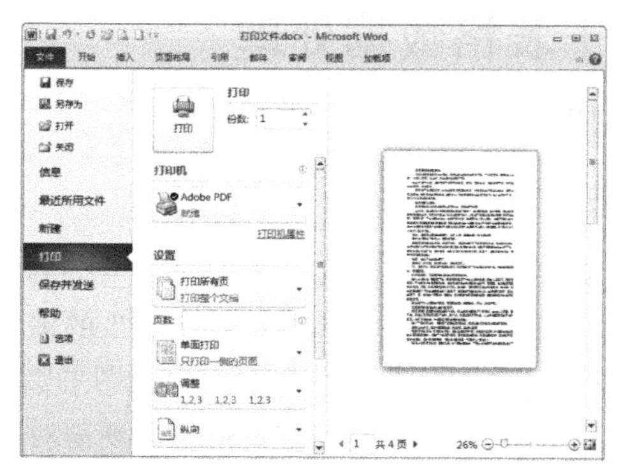

图 3-22-1 【打印】选项

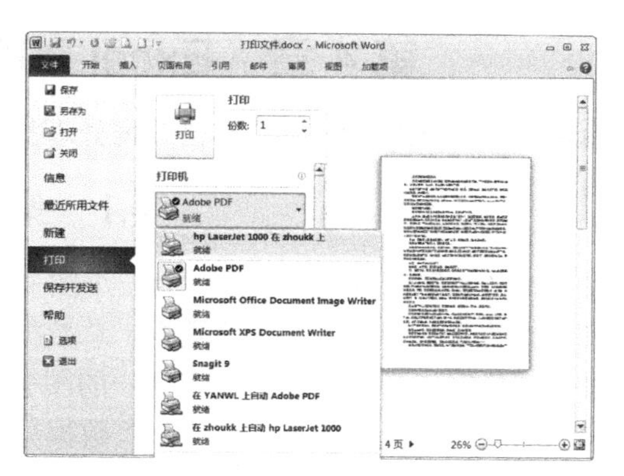

图 3-22-2 选择打印机

2 打印预览

在进行文档打印之前，可以使用【打印预览】功能查看打印文档的效果，以免出现错误，浪费纸张。进行打印预览设置的具体操作步骤如下：

（1）单击快速访问工具栏右侧的下三角形按钮，在弹出的下拉列表中选择【打印预览和打印】选项，即可将【打印预览和打印】按钮添加至快速访问工具栏，如图 3-22-3 所示。

（2）在快速访问工具栏中直接单击【打印预览和打印】按钮，即可显示打印设置界面。根据需要单击【缩小】按钮或【放大】按钮，即可对文档预览窗口进行调整和查看，如图 3-22-4 所示。

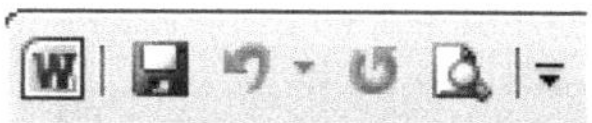

图 3-22-3 快速访问工具栏

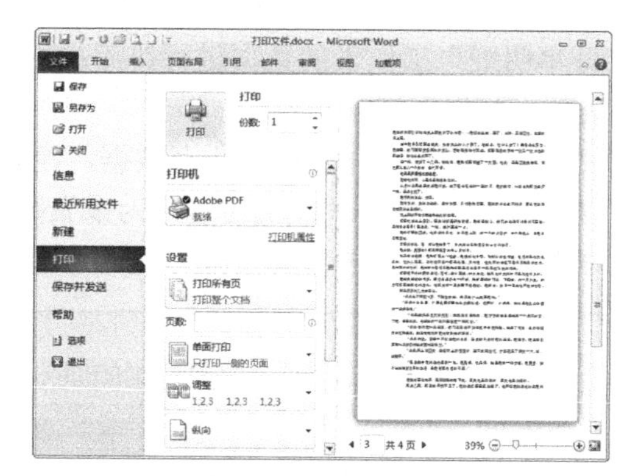

图 3-22-4 打印预览

（3）当用户需要关闭打印预览时，只需单击其他选项卡，即可返回文档编辑模式。

提示：选择【文件】选项卡，在弹出的列表中选择【打印】选项，也可以显示打印设置界面。

3. 打印文档

当用户在打印预览中对所打印文档的效果感到满意时，就可以对文档进行打印。其方法很简单，只要单击快速访问工具栏中的【快速打印】按钮即可，如图 3-22-5 所示。

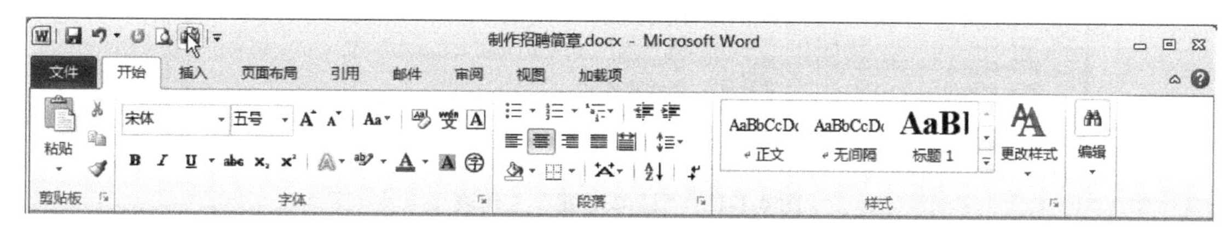

图 3-22-5 【快速打印】按钮

第 4 章　Excel 2010 电子表格数据处理

本章讲授 Excel 2010 电子表格数据处理技术，我们先从一个操作案例开始。

4.1　案 例 操 作

如图 4-1-1 和图 4-1-2 所示，为一个图书销售公司的销售订单明细表，里面包含三个书店一段时间以来的若干种图书的销售数据，总数据量为 600 多条。第一张名为“订单明细”的表里面仅存放销售数据，图书信息仅使用唯一的图书编号；第二张“编号对照”表中，存放图书编号、图书名称和图书定价等信息，第三张“数据分析表”用来完成销售数据的分析汇总。现需对此销售订单电子表格数据进行如下处理。

1．操作要求

（1）对“订单明细”工作表进行格式调整，使用套用表格格式的方法为所有的销售记录调整为一致的外观，将“单价”列和“小计”列所包含的单元格调整为“会计专用”（人民币）数字格式。

（2）根据图书编号，在“订单明细”工作表的“图书名称”列中，完成“图书名称”的自动填充（使用 VLOOPUP 函数），“图书名称”和“图书编号”的对应关系在“编号对照”工作表中。

（3）根据“图书编号”，在“订单明细”工作表的“单价”列中，完成图书“单价”的自动填充（使用 VLOOPUP 函数），图书“单价”和“图书编号”的对应关系在“编号对照”工作表中。

（4）在“订单明细”工作表的“小计”列中，计算每笔订单的销售额。

（5）对“订单明细”工作表的数据进行排序：主要关键字为“书店名称”，升序；次要关键字为“图书名称”，升序；

（6）根据“订单明细”工作表中的所有数据，建立数据透视表，数据透视表起始位置放置在“数据分析表”A1 单元格；要求“书店名称”为报表筛选项，“图书名称”为行标签，“销量（本）”和“小计”为求和项，报表筛选项要设置为允许“选择多项”。

销售订单明细表

	A	B	C	D	E	F	G	H
2	订单编号	日期	书店名称	图书编号	图书名称	单价	销量（本）	小计
3	BTW-08001	2011年1月2日	鼎盛书店	BK-83021			12	
4	BTW-08002	2011年1月4日	博达书店	BK-83033			5	
5	BTW-08003	2011年1月4日	博达书店	BK-83034			41	
6	BTW-08004	2011年1月5日	博达书店	BK-83027			21	
7	BTW-08005	2011年1月6日	鼎盛书店	BK-83028			32	
8	BTW-08006	2011年1月9日	鼎盛书店	BK-83029			3	
9	BTW-08007	2011年1月9日	博达书店	BK-83030			1	
10	BTW-08008	2011年1月10日	鼎盛书店	BK-83031			3	
11	BTW-08009	2011年1月10日	博达书店	BK-83035			43	
12	BTW-08010	2011年1月11日	隆华书店	BK-83022			22	
13	BTW-08011	2011年1月11日	鼎盛书店	BK-83023			31	
14	BTW-08012	2011年1月12日	隆华书店	BK-83032			19	
15	BTW-08013	2011年1月12日	鼎盛书店	BK-83036			43	
16	BTW-08014	2011年1月13日	隆华书店	BK-83024			39	
17	BTW-08015	2011年1月15日	鼎盛书店	BK-83025			30	
18	BTW-08016	2011年1月16日	鼎盛书店	BK-83026			43	
19	BTW-08017	2011年1月16日	鼎盛书店	BK-83037			40	
20	BTW-08018	2011年1月17日	鼎盛书店	BK-83021			44	
21	BTW-08019	2011年1月18日	博达书店	BK-83033			33	
22	BTW-08020	2011年1月19日	鼎盛书店	BK-83034			35	
23	BTW-08021	2011年1月22日	博达书店	BK-83027			22	
24	BTW-08022	2011年1月23日	博达书店	BK-83028			38	

订单明细　编号对照　数据分析表

图 4-1-1　“订单明细”工作表

	A	B	C
1	图书编号对照表		
2	图书编号	图书名称	定价
3	BK-83021	《计算机基础及MS Office应用》	¥ 36.00
4	BK-83022	《计算机基础及Photoshop应用》	¥ 34.00
5	BK-83023	《C语言程序设计》	¥ 42.00
6	BK-83024	《VB语言程序设计》	¥ 38.00
7	BK-83025	《Java语言程序设计》	¥ 39.00
8	BK-83026	《Access数据库程序设计》	¥ 41.00
9	BK-83027	《MySQL数据库程序设计》	¥ 40.00
10	BK-83028	《MS Office高级应用》	¥ 39.00
11	BK-83029	《网络技术》	¥ 43.00
12	BK-83030	《数据库技术》	¥ 41.00
13	BK-83031	《软件测试技术》	¥ 36.00
14	BK-83032	《信息安全技术》	¥ 39.00
15	BK-83033	《嵌入式系统开发技术》	¥ 44.00
16	BK-83034	《操作系统原理》	¥ 39.00
17	BK-83035	《计算机组成与接口》	¥ 40.00
18	BK-83036	《数据库原理》	¥ 37.00
19	BK-83037	《软件工程》	¥ 43.00

订单明细 编号对照 数据分析表

图 4-1-2 “编号对照”工作表

2．操作步骤

（1）【操作步骤】

步骤 1：打开“销售订单.xlsx”工作簿，选择“订单明细”工作表。

步骤 2：鼠标单击数据区任一单元格，单击【开始】选项卡，在【样式】组中选择【套用表格格式】按钮，在弹出的下拉列表中选择一种表样式，此处我们选择【表样式浅色 9】。弹出【套用表格格式】对话框，将对话框里【表数据的来源】地址修改为“=$A$2:$H$636”，如图 4-1-3 所示，其余不变，设置后单击【确定】按钮。

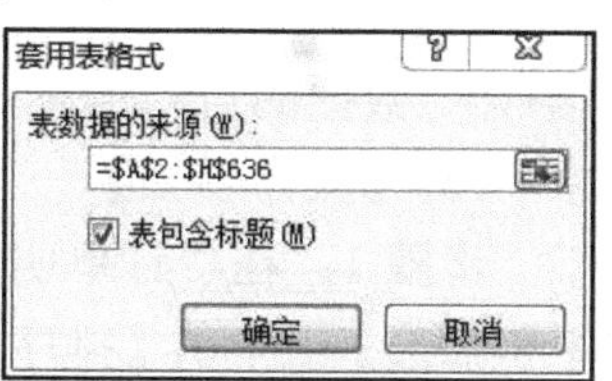

图 4-1-3 【套用表格式】对话框

步骤 3：选择【数据】选项卡，单击【排序和筛选】组中的【筛选】按钮，取消筛选功能。

步骤 4：按住键盘上的【Ctrl】键，同时用鼠标选中“单价”列和“小计”列，右击鼠标，在弹出的快捷菜单中选择【设置单元格格式】命令，继而弹出【设置单元格格式】对话框。在【数字】选项卡下的【分类】组中选择【会计专用】命令，然后单击【确定】按钮。

（2）【操作步骤】

步骤 1：单击“订单明细”工作表的 E3 单元格，在其中输入“=VLOOKUP(D3,编号对照!$A$3:$C$19,2,FALSE)”，按【Enter】键完成 E3 单元格“图书名称”的自动填充（VLOOKUP 的参数地址也可以用鼠标选取，其参数一共有 4 个，第 1 个是查找的数据，D3 即图书编号；第 2 个参数是个数据区，在上述的函数参数中指的是“编号对照”表中的 A3:C19 区域；第 3 个参数是查找的数据在对应数据区的列编号，上述函数使用的是数字 2，即指第二列“图书名称”；最后一个参数是个逻辑值，FALSE 指的是精确匹配）。

步骤 2：单击 E3 单元格，鼠标移动到该单元格的右下方边缘处，当鼠标变成黑色的实心“十”字形的时候，双击鼠标左键，自动完成余下的 600 多条数据的自动填充工作，如图 4-1-4 所示。

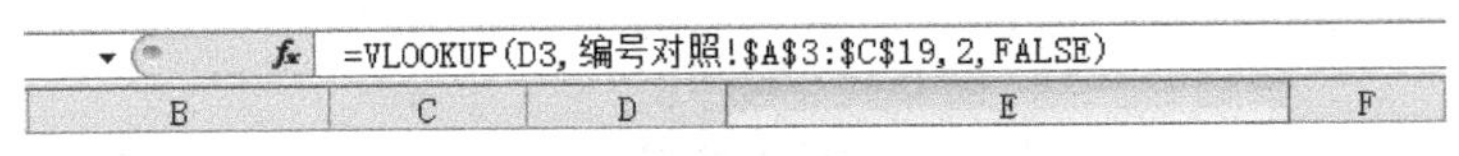

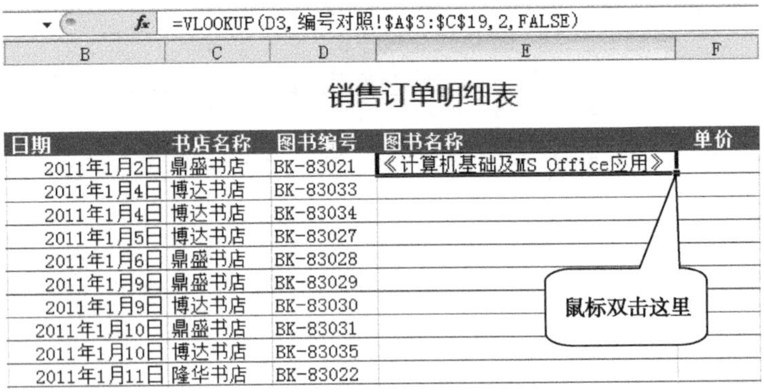

=VLOOKUP(D3,编号对照!$A$3:$C$19,2,FALSE)
B
C
D
E
F
销售订单明细表
日期
书店名称
图书编号
图书名称
单价
2011年1月2日 鼎盛书店 BK-83021 《计算机基础及MS Office应用》
2011年1月4日 博达书店 BK-83033
2011年1月4日 博达书店 BK-83034
2011年1月5日 博达书店 BK-83027
2011年1月6日 鼎盛书店 BK-83028
2011年1月9日 鼎盛书店 BK-83029
2011年1月9日 博达书店 BK-83030
2011年1月10日 鼎盛书店 BK-83031
2011年1月10日 博达书店 BK-83035
2011年1月11日 隆华书店 BK-83022
鼠标双击这里

图 4-1-4　公式复制自动填充数据

（3）【操作步骤】

步骤 1：与上一步操作类似，在“订单明细”工作表的 F3 单元格中输入“=VLOOKUP(D3,编号对照!$A$3:$C$19,3,FALSE)”，按【Enter】键完成“单价”的自动填充。

步骤 2：在“订单明细”工作表的 F3 单元格右下角边缘处双击鼠标左键，完成余下单元格“单价”数据的自动填充。

（4）【操作步骤】

步骤 1：在“订单明细”工作表的 H3 单元格中输入“=F3*G3”，按【Enter】键完成“小计”的自动填充。

步骤 2：在“订单明细”工作表的 H3 单元格右下角边缘处双击鼠标左键，完成余下单元格“小计”数据的自动填充。

（5）【操作步骤】

步骤 1：在“订单明细”工作表的数据区单击任一单元格，选择【数据】选项卡，单击【排序和筛选】组中的【排序】按钮，在弹出的【排序】对话框中，【主要关键字】列表项中选择“书店名称”，其余默认。

步骤 2：单击【排序】对话框中的【添加条件】按钮，在新出现的【次要关键字】列表项中选择“图书名称”，其余默认，如图 4-1-5 所示，单击【确定】按钮。

排序
添加条件(A)
删除条件(D)
复制条件(C)
选项(O)...
数据包含标题(H)
列
排序依据
次序
主要关键字 书店名称 数值 升序
次要关键字 图书名称 数值 升序
确定
取消

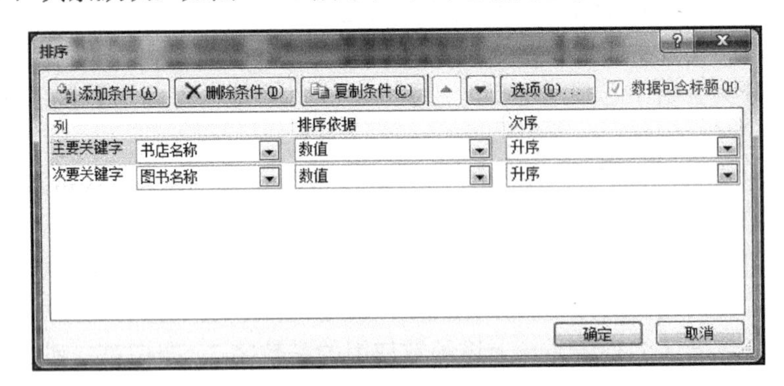

图 4-1-5　【排序】对话框

（6）【操作步骤】

步骤 1：单击“数据分析表”工作表的 A1 单元格，选择【插入】选项卡，在【表格】组中单击【数据透视表】按钮，弹出【创建数据透视表】对话框，【选择一个表或区域】的【表/区域】值设置为“订单明细!$A$2:$H$636”，其余默认，如图 4-1-6 所示，单击【确定】按钮。

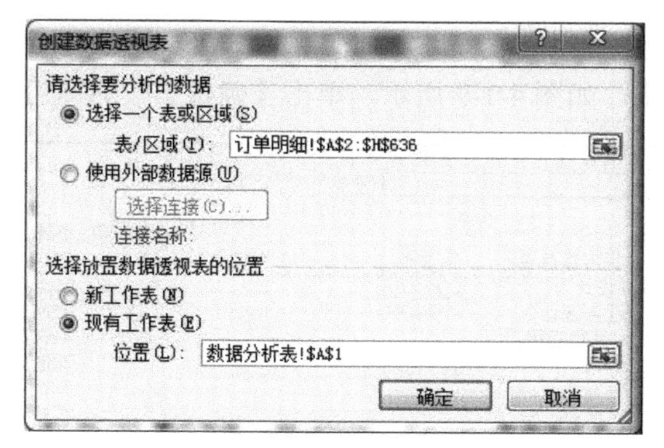

图 4-1-6 【创建数据透视表】对话框

步骤 2：在“数据分析表”的数据透视表编辑界面中，选择【选择要添加到报表的字段】列表项中的“书店名称”项，按住鼠标左键拖动该项到下方的【报表筛选】区，松开鼠标左键，如图 4-1-7 所示。

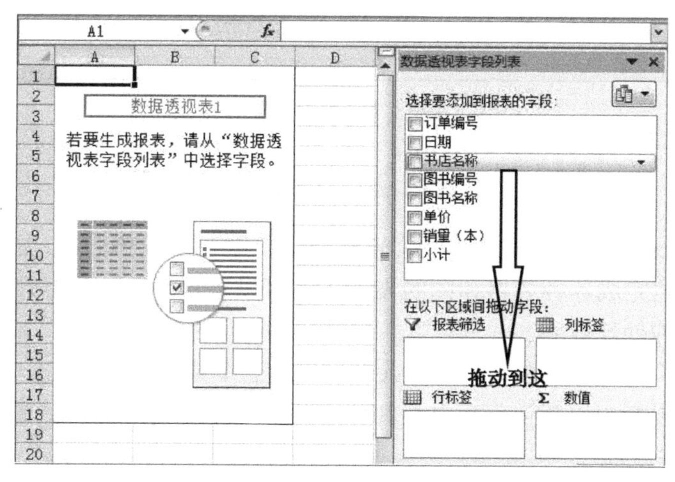

图 4-1-7 拖动字段到对应区

步骤 3：继续使用鼠标左键，分别拖动“图书名称”项到下方的【行标签】组，拖动“销量”和“小计”到下方的【Σ 数值】组，如图 4-1-8 所示。

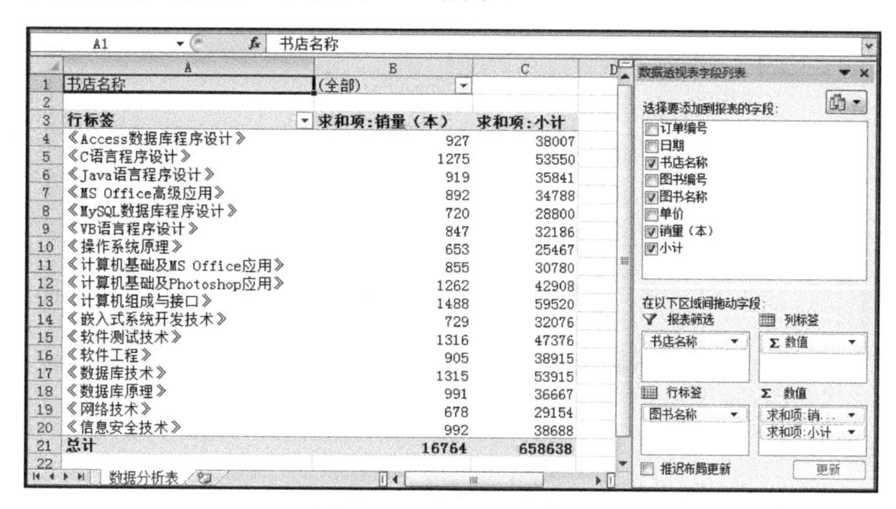

图 4-1-8 编辑数据透视表

步骤 4：单击左侧透视表表头部分“（全部）”右侧向下的小箭头，在弹出的对话框中，勾选下侧的【选择多项】复选钮，如图 4-1-9 所示，单击【确定】按钮即可。

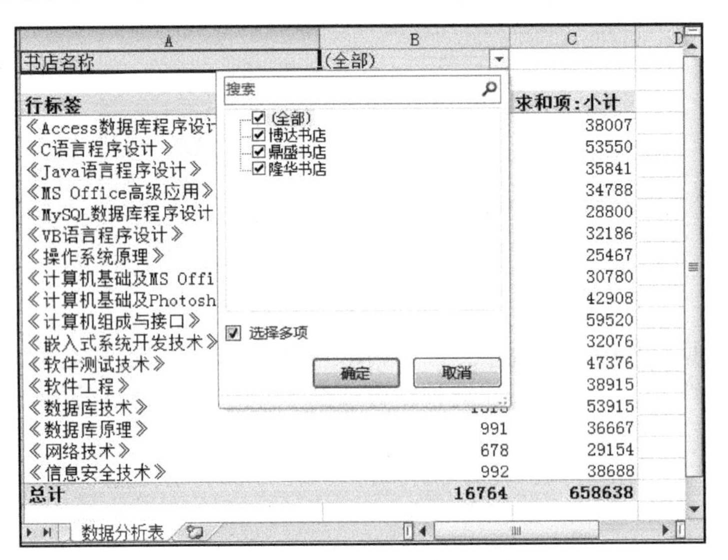

图 4-1-9 【选择多项】设置

4.2 Excel 2010 的工作界面

Excel 2010 是 Microsoft Office 2010 办公软件的一个重要组成部分，主要用于对电子表格数据的处理，它可以高效地完成各种表格和图的设计，还可以进行复杂的数据计算和分析，极大地提高了办公人员对数据的处理效率。

Excel 2010 采用了全新的工作界面。Excel 2010 的工作界面主要由工作区、【文件】选项卡、标题栏、功能区、编辑栏、快速访问工具栏和状态栏等 7 个部分组成，如图 4-2-1 所示。

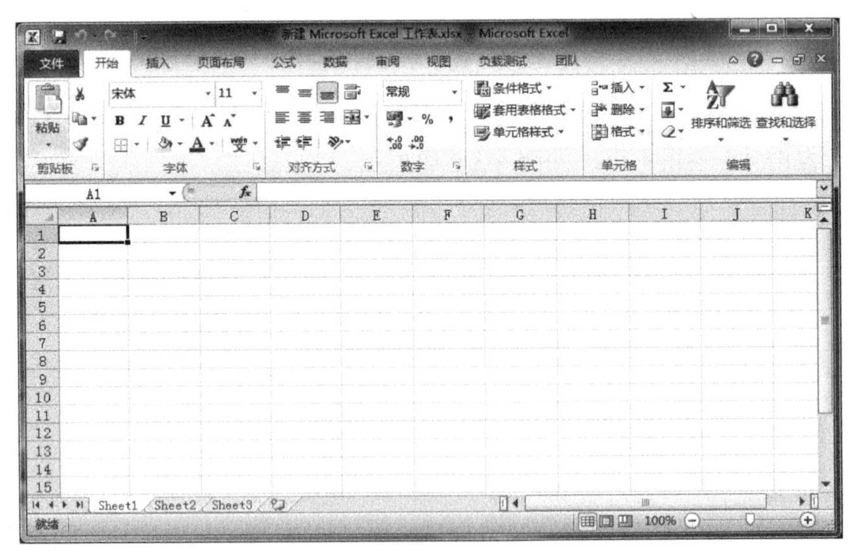

图 4-2-1 Excel 2010 工作界面

1. 工作区

工作区占据着 Excel 2010 工作界面的大部分区域，在工作区中用户可以输入数据。工作区由单元格组成，可以用于输入和编辑不同的数据类型，如图 4-2-2 所示。

2.【文件】选项卡

Excel 2010 中的一项新设计是用【文件】选项卡取代了 Excel 2007 中的【Office 按钮】或 Excel 2003 中的【文件】菜单。单击【文件】选项卡后，会显示一些基本命令，包括【保存】、【另存为】、【打开】、【关闭】、【打印】、【选项】以及其他命令，如图 4-2-3 所示。

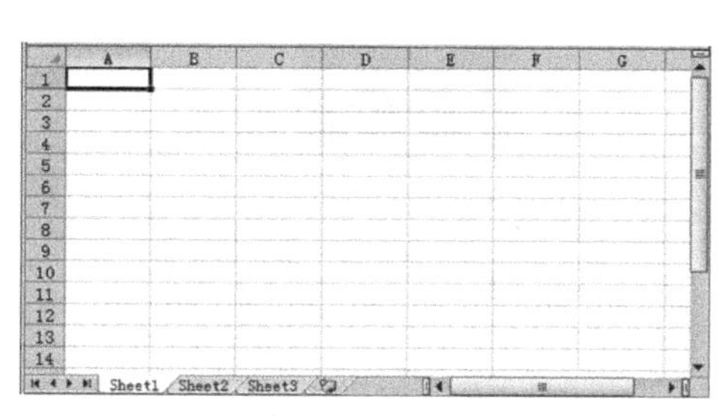

图 4-2-2　工作区

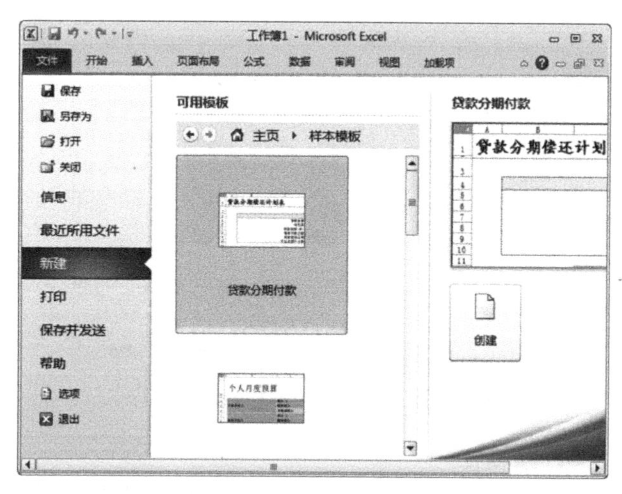

图 4-2-3　【文件】选项卡

3. 标题栏

默认状态下，标题栏左侧显示快速访问工具栏，中间显示当前编辑表格的文件名称。启动 Excel 时，默认的文件名为“工作簿 1”，如图 4-2-4 所示。

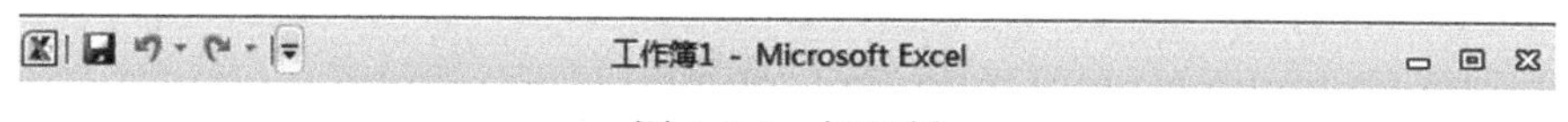

图 4-2-4　标题栏

4. 功能区

Excel 2010 的功能区和 Excel 2007 中一样，由各种选项卡和包含在选项卡中的各种命令按钮组成，功能区基本包含了 Excel 2010 中的各种操作需要用到的命令。利用它可以轻松地查找以前隐藏在复杂菜单或工具栏中的命令和选项，给用户提供了很大的方便，如图 4-2-5 所示。

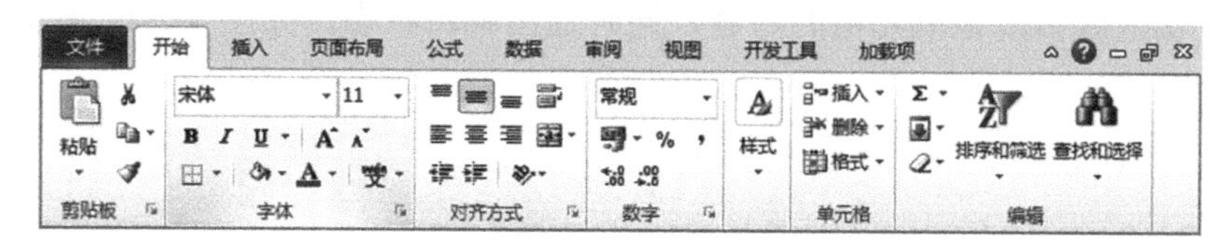

图 4-2-5　功能区

默认选择的选项卡为【开始】选项卡。使用时，可以通过单击来选择需要的选项卡。每个选项卡中包括多个选项组，如【插入】选项卡中包括【表格】、【插图】和【图表】等选项组，每个选项组中又包含若干个相关的命令按钮，如图 4-2-6 所示。

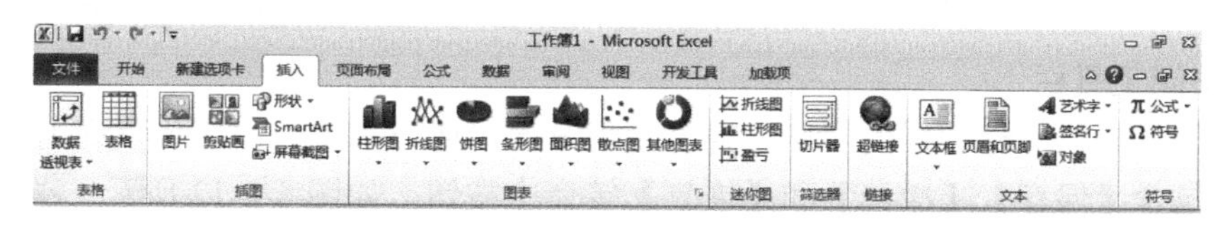

图 4-2-6　【插入】选项卡

某些选项组的右下角有个图标，单击此图标，可以打开相关的对话框，如单击【图表】右下角的按钮，可以打开【插入图表】对话框，如图 4-2-7 所示。

某些选项卡只在需要使用时才显示出来。例如，在表格中插入图片并选择图片后，就会出现【图片工具|格式】选项卡，【图片工具|格式】选项卡包括了【调整】、【图片样式】、【排列】和【大小】4 个选项组，这些选项组为插入图片后的操作提供了更多适合的命令，如图 4-2-8 所示。

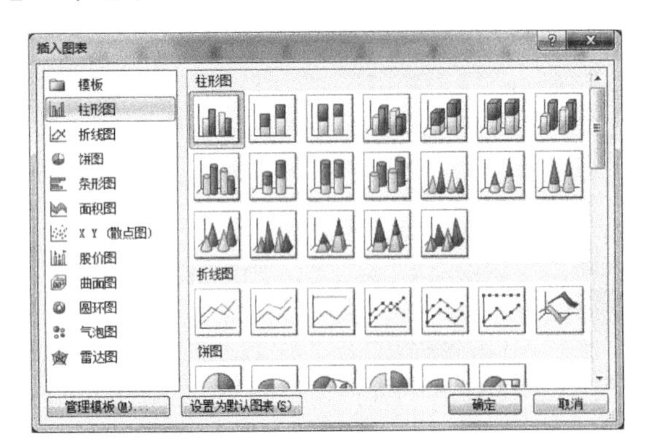

图 4-2-7　【插入图表】对话框

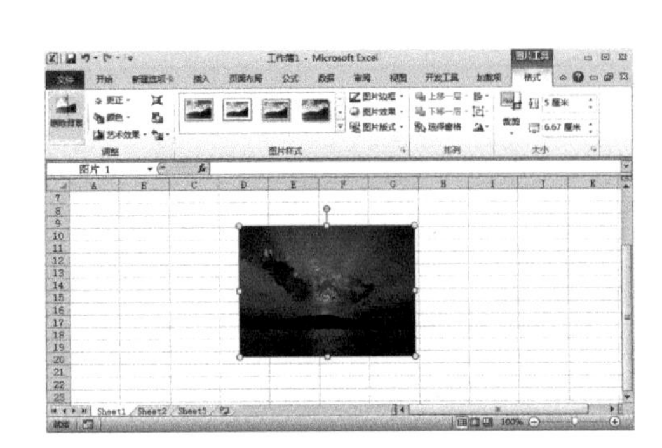

图 4-2-8　【图片工具|格式】选项卡

5．编辑栏

编辑栏位于功能区的下方，工作区的上方，用于显示和编辑当前活动单元格的名称、数据或公式，如图 4-2-9 所示。

图 4-2-9　编辑栏

名称框用于显示当前单元格的地址和名称，当选择单元格或区域时，名称框中将出现相应的地址名称；在名称框中输入地址名称时，也可以快速定位到目标单元格中。例如，在名称框中输入“B8”，按【Enter】键即可将活动单元格定位为第 B 列第 8 行，如图 4-2-10 所示。

公式框主要用于向活动单元格中输入、修改数据或公式。向单元格中输入数据或公式时，在名称框和公式框之间会出现两个按钮✖和✔，单击✖按钮，可取消对该单元格的编辑；单击✔按钮，则可以确定输入或修改该单元格的内容，同时退出编辑状态，如图 4-2-11 所示。

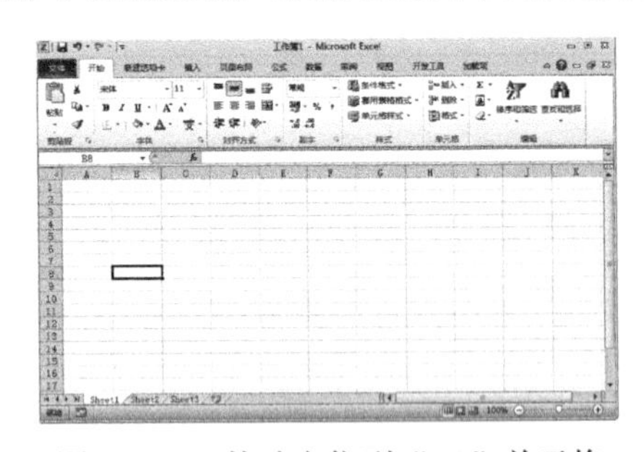

图 4-2-10　快速定位到“B8”单元格

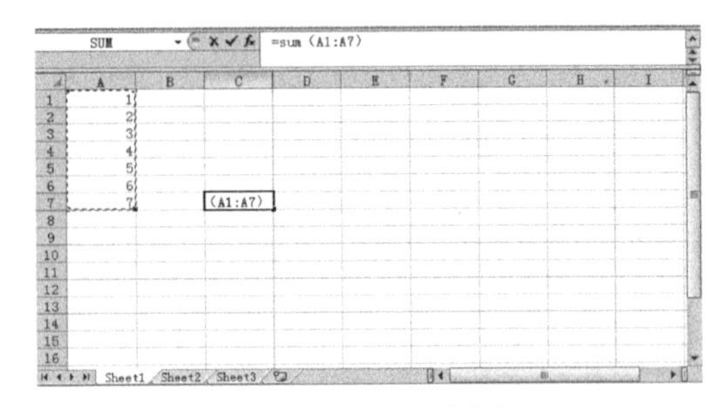

图 4-2-11　公式框

6．快速访问工具栏

快速访问工具栏位于标题栏的左侧，为了使用方便，把一些命令按钮单独列出。默认的快速访问工具栏中包含【保存】、【撤销】和【恢复】等命令按钮，如图 4-2-12 所示。

单击快速访问工具栏右边的三角形按钮，在弹出的下拉列表中可自定义快速访问工具栏中的命令按钮，如图 4-2-13 所示。

图 4-2-12　快速访问工具栏

图 4-2-13　【自定义快速访问工具栏】下拉列表

7. 状态栏

状态栏用于显示当前数据的编辑状态、选择数据统计区、页面显示方式以及调整页面显示比例等，不同操作状态栏上的显示信息也会不同，如图 4-2-14 所示。

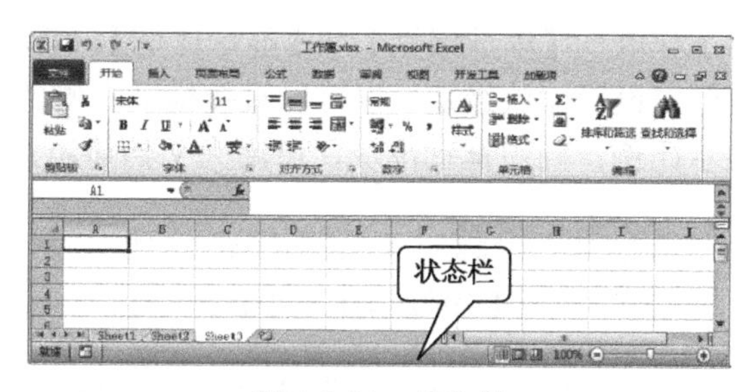

图 4-2-14　状态栏

在 Excel 2010 的状态栏中显示的 3 种状态说明如下：

（1）对单元格进行任何操作，状态栏中会显示【就绪】字样。

（2）向空白单元格中输入数据时，状态栏中会显示【输入】字样。

（3）对单元格中已有数据进行修改、编辑时，状态栏中会显示【编辑】字样。

通过数据统计区，可以快速地了解选择数据的基本信息，默认显示选择数据的【平均值】、【计数】和【求和】，如图 4-2-15 所示。

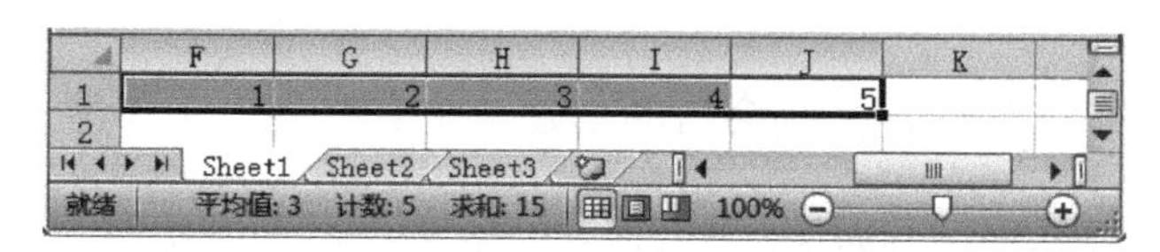

图 4-2-15　数据统计区

除了以上基本信息外，用户还可以在状态栏添加其他数据信息。在状态栏上用鼠标右键单击，在弹出的【自定义状态栏】快捷菜单中，单击需要的信息名称即可将其显示在数据统计区。如单击【数值计数】、【最大值】和【最小值】这 3 个菜单命令，结果如图 4-2-16 所示。

数据统计区的右侧有 3 个视图切换按钮，以黄色为底色的按钮表示当前正在使用的视图方式。如图 4-2-17 所示，表示当前使用的视图方式为【普通】视图，Excel 2010 默认的视图方式为【普通】视图。

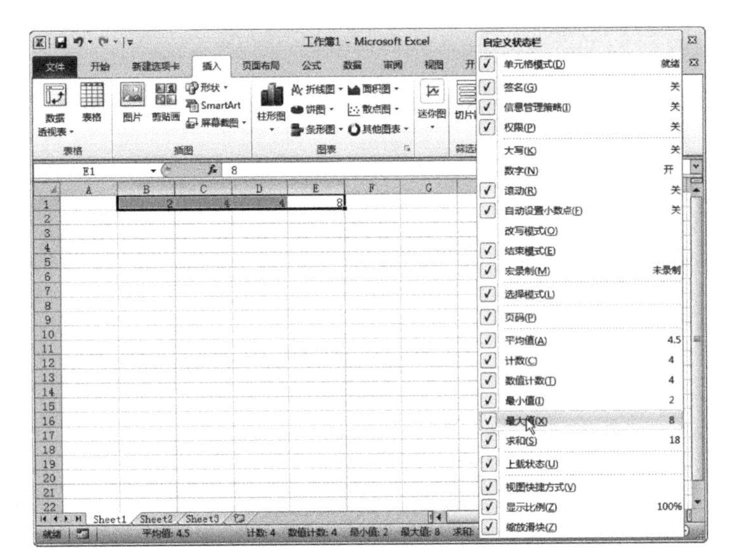

图 4-2-16　自定义状态栏

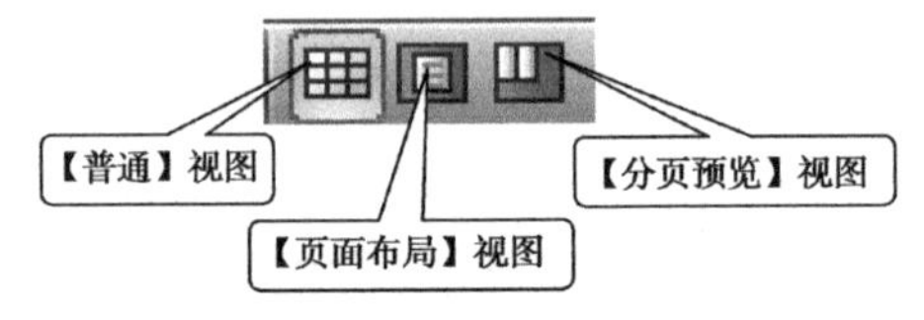

图 4-2-17　视图切换按钮

在状态栏最右侧显示了工作表的【缩放级别】和【显示比例】。可以通过单击【100%】按钮，在打开的【显示比例】对话框中设置缩放级别，也可以直接拖动右侧的滑块来改变显示比例。向左拖动滑块，可减小文档显示比例；向右拖动滑块，可增大文档显示比例，如图 4-2-18 所示。

图 4-2-18　【缩放级别】和【显示比例】

4.3　Excel 工作簿的基本操作

启动 Excel 2010 时，系统会自动打开一个新的 Excel 文件，默认名称为“工作簿 1”。打开 Excel 文件后，用户还可以进行保存、移动以及隐藏工作簿等操作。

1. 创建工作簿

使用 Excel 工作之前，首先要创建一个工作簿。根据创建工作簿的类型不同可以分为 3 种方法：创建空白工作簿、基于现有工作簿创建工作簿和使用模板快速创建工作簿。

（1）创建空白工作簿。创建空白工作簿是经常使用的一种方法，可以采用下面 4 种方法来创建空白工作簿。

① 启动 Excel 2010 软件后，系统会自动创建一个名称为“工作簿 1”的空白工作簿，如图 4-3-1 所示。

如果已经启动了 Excel 2010，还可以通过以下 3 种方法创建新的工作簿：

② 使用【文件】选项卡。选择【文件】选项卡，在弹出的下拉列表中选择【新建】选项，在【可用模板】中单击【空白工作簿】，如图 4-3-2 所示，单击右侧的【创建】按钮即可创建一个新的空白工作簿。

③ 使用快速访问工具栏。单击快速访问工具栏右侧的按钮，在弹出的下拉列表中选择【新建】选项，即可将【新建】功能添加到快速访问栏中。然后单击【新建】按钮，也可新建一个空白工作簿，如图 4-3-3 所示。

④ 使用快捷键。使用【Ctrl+N】组合键也可以新建一个新的空白工作簿。

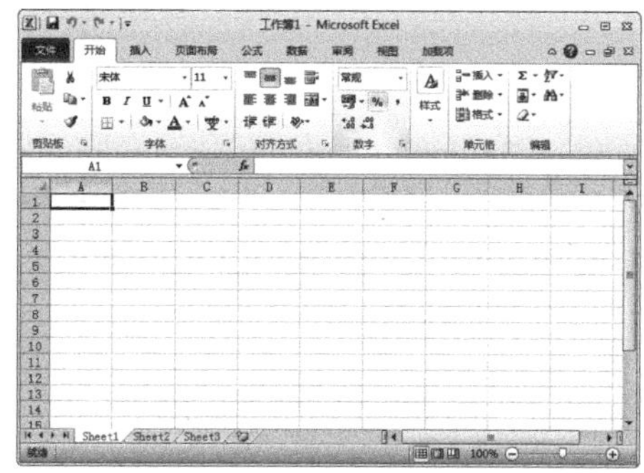

图 4-3-1　空白工作簿

图 4-3-2　【文件】选项卡

（2）基于现有工作簿创建工作簿。如果要创建的工作簿格式和现有的某个工作簿相同或类似，则可基于该工作簿创建，然后在其基础上修改即可，这样可以大大提高工作效率。基于现有工作簿创建新工作簿的具体操作步骤如下：

① 选择【文件】选项卡，在左侧的列表中选择【新建】选项，在【可用模板】区域选择【根据现有内容新建】选项，如图 4-3-4 所示。

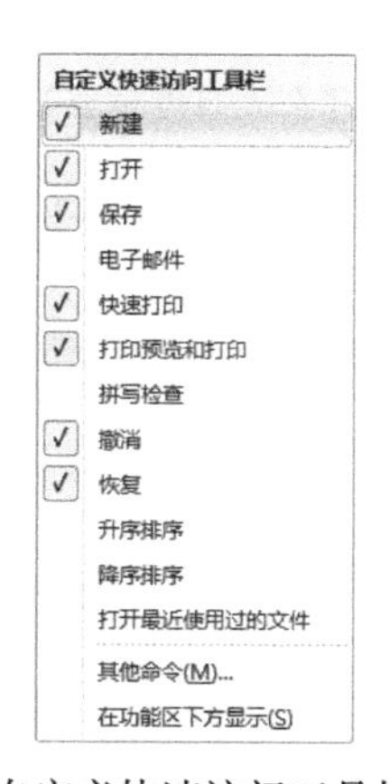

图 4-3-3　【自定义快速访问工具栏】下拉列表

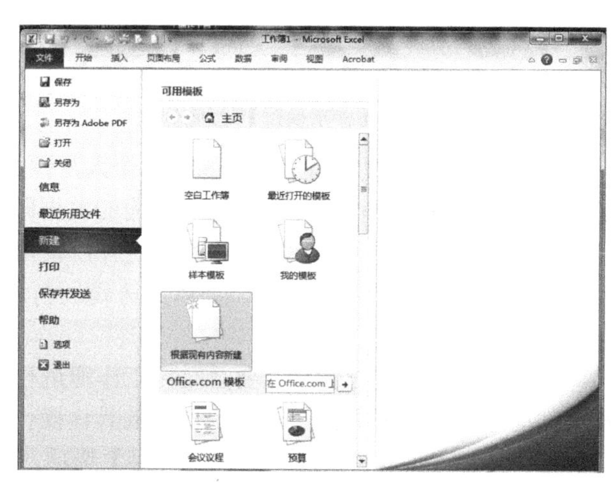

图 4-3-4　根据现有内容创建工作簿

② 打开【根据现有工作簿新建】对话框，选择“升学成绩单.xlsx”文件，如图 4-3-5 所示。

③ 单击【新建】按钮，即可建立一个与“升学成绩单”结构完全相同的工作表“升学成绩单 1.xlsx”，此文件名为默认文件名，如图 4-3-6 所示。

（3）使用模板快速创建工作簿。为了方便用户创建常见的一些具有特定用途的工作簿，如贷款分期付款、账单以及考勤卡等，Excel 2010 提供了很多具有不同功能的工作簿模板。使用模板快速创建工作簿的具体操作步骤如下：

① 选择【文件】选项卡，执行【新建】命令，在【可用模板】区域选择【样本模板】选项，如图 4-3-7 所示。

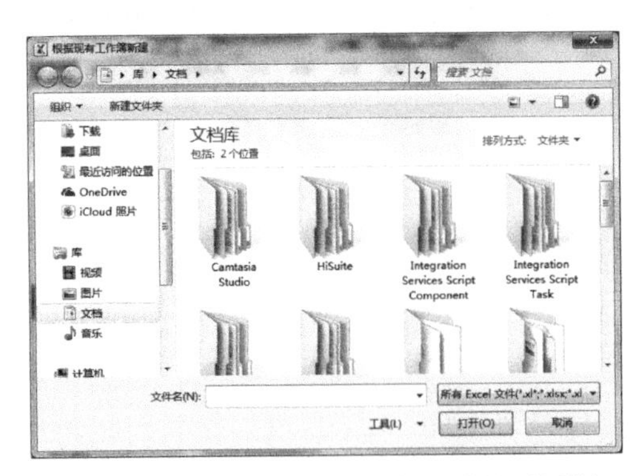

图 4-3-5 【根据现有工作簿新建】对话框

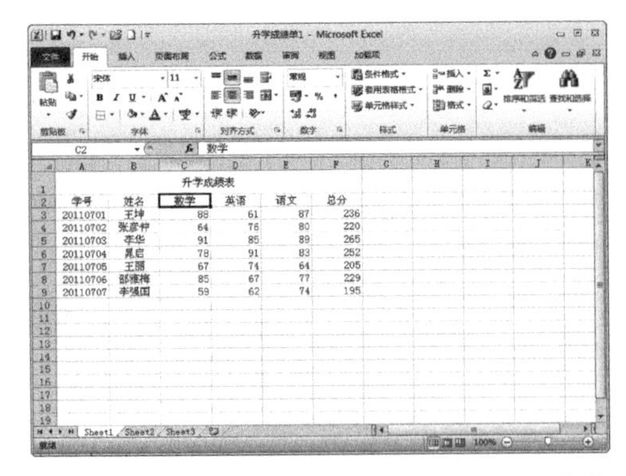

图 4-3-6 创建的“升学成绩单 1.xlsx”工作簿

② 在【样本模板】列表中选择需要的模板（如“个人月度预算”），在右侧会显示该模板的预览图，单击【创建】按钮，如图 4-3-8 所示。

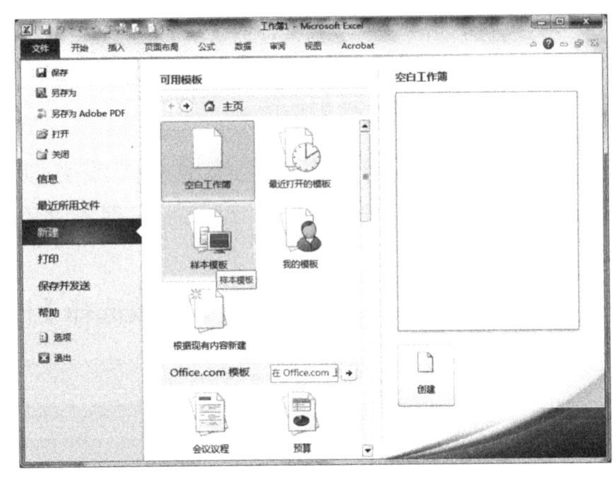

图 4-3-7 【样本模板】选项

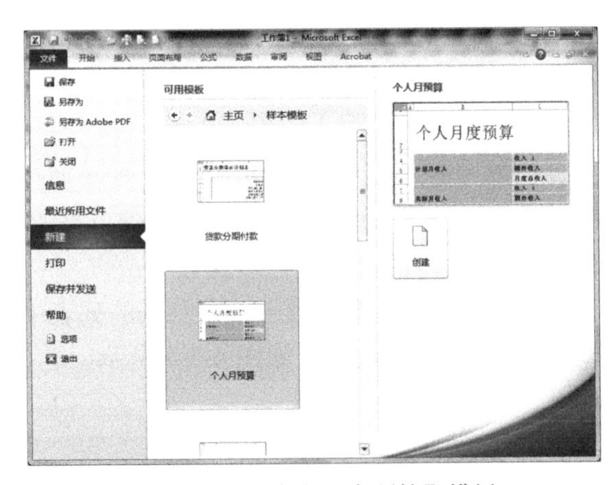

图 4-3-8 【个人月度预算】模板

③ 此时系统自动创建一个名称为“个人月预算 1”的工作簿，在工作簿内的工作表已经设置了格式和内容，只要在工作簿中输入相应的数据即可，如图 4-3-9 所示。

小技巧： 在连接网络的情况下，还可以使用 Office.com 提供的模板，选择模板之后，Excel 2010 会自动下载并打开此模板，并以此为模板创建新的工作簿。

2. 保存工作簿

在使用工作簿的过程中，要及时对工作簿进行保存操作，以避免因电源故障或系统崩溃等突发事件而造成的数据丢失。保存工作簿的具体操作步骤如下：

（1）选择【文件】选项卡中的【保存】选项，如图 4-3-10 所示，或单击快速访问工具栏中的【保存】按钮，也可以按【Ctrl+S】组合键。

（2）打开【另存为】对话框，在【保存位置】下拉列表框中选择文件的保存位置，在【文件名】文本框中输入文件的名称，如“保存举例”，如图 4-3-11 所示，然后单击【保存】按钮，即可保存该工作簿。

（3）保存后返回 Excel 编辑窗口，在标题栏中将会显示保存后的工作簿名称，如图 4-3-12 所示。

提示： 如果不是第一次保存工作簿，只是对工作簿进行了修改和编辑，单击【保存】按钮后，不会打开【另存为】对话框。

还可以将保存后的工作簿以其他的文件名称保存，即另存为工作簿。具体的操作步骤如下：

（1）选择工作簿窗口中的【文件】选项卡，在弹出的列表中选择【另存为】选项，打开【另存为】对话框。

（2）选择合适的保存位置后，在【另存为】对话框中的【文件名】后输入文件名，然后单击【保存】按钮即可。

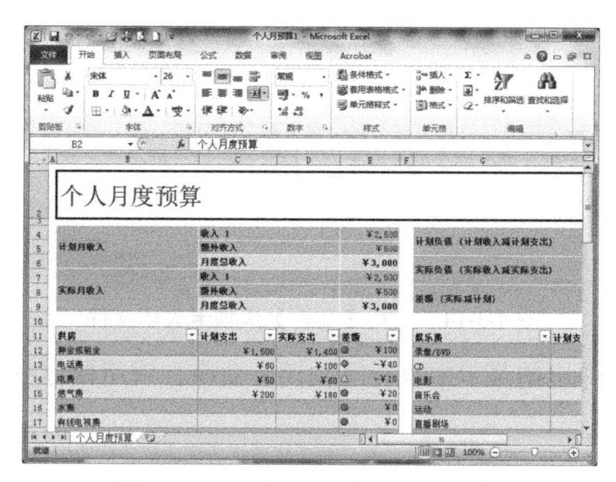

图 4-3-9　“个人月预算 1”工作簿

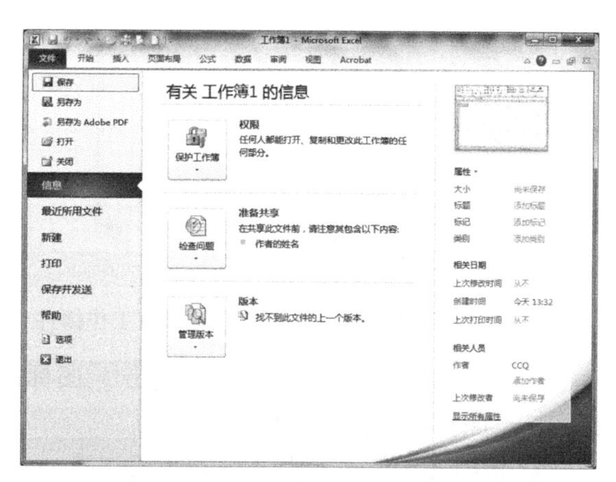

图 4-3-10　【保存】选项

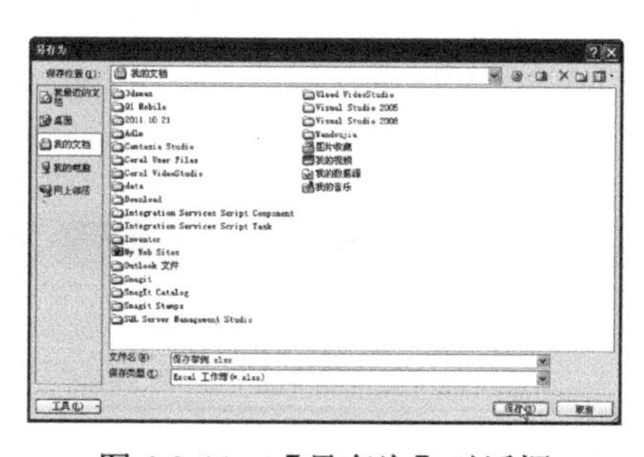

图 4-3-11　【另存为】对话框

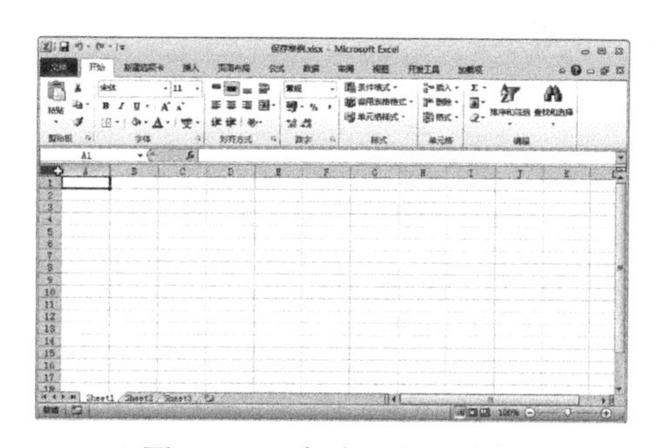

图 4-3-12　保存后的工作簿

3. 打开和关闭工作簿

在实际工作中，常常会打开已有的工作簿，然后对其进行修改、查看等操作。

（1）打开工作簿。打开工作簿的常用方法有以下 4 种：

① 找到文件在资源管理器中的位置，在 Excel 2010 文件上用鼠标左键双击，即可打开工作簿文件。

② 启动 Excel 2010 软件，单击【文件】选项卡，选择【打开】选项，在打开的【打开】对话框中找到文件所在的位置，然后用鼠标左键双击文件即可打开已有的工作簿，如图 4-3-13 所示。

③ 单击快速访问工具栏中的【打开】按钮。

④ 使用组合键【Ctrl+O】。

（2）关闭工作簿。退出 Excel 2010 同退出其他应用程序一样，通常有以下 4 种方法：

① 单击 Excel 2010 窗口右上角的【关闭】按钮。

需要注意的是，在 Excel 2010 界面的右上角有 2 个按钮，单击下面的按钮，则只关闭当前工作簿，不退出 Excel 程序；单击上面的按钮，则退出整个 Excel 程序。

② 在 Excel 2010 窗口左上角单击【文件】标签，在打开的选项卡中执行【关闭】命令，如图 4-3-14 所示。

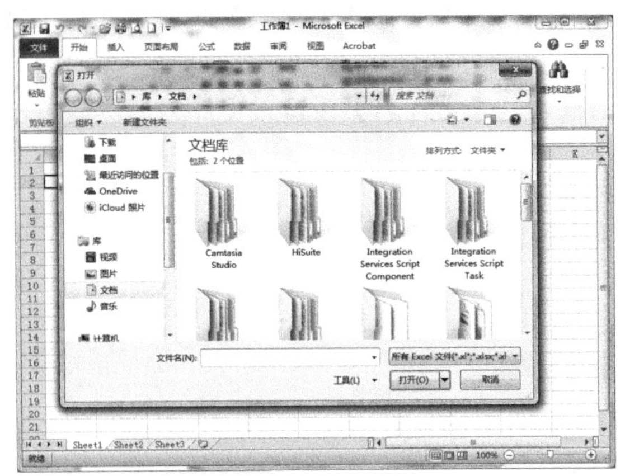

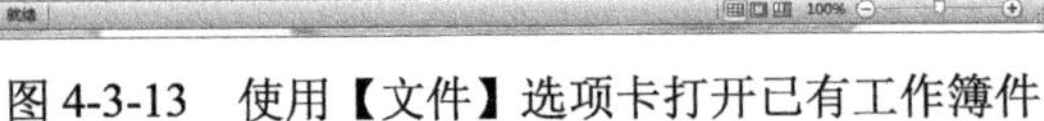
图 4-3-13　使用【文件】选项卡打开已有工作簿件

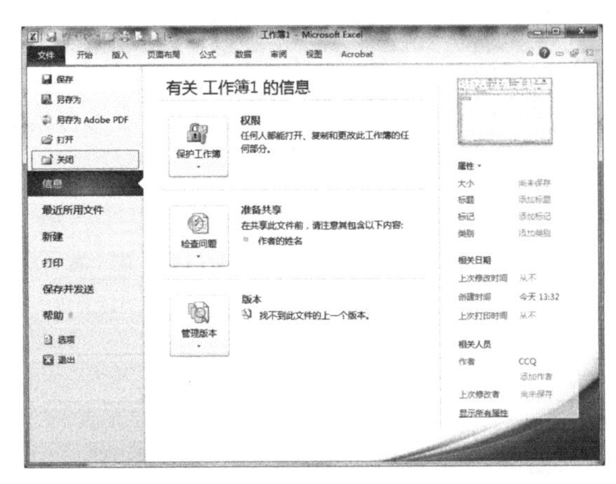

图 4-3-14　使用【文件】选项卡关闭文件

③ 在 Excel 2010 窗口左上角单击图标，在弹出的菜单中执行【关闭】命令，或用鼠标左键双击图标，如图 4-3-15 所示。

④ 使用【Alt+F4】组合键关闭工作簿。

在关闭 Excel 2010 文件之前，如果所编辑的表格没有保存，系统会弹出保存提示对话框，如图 4-3-16 所示。

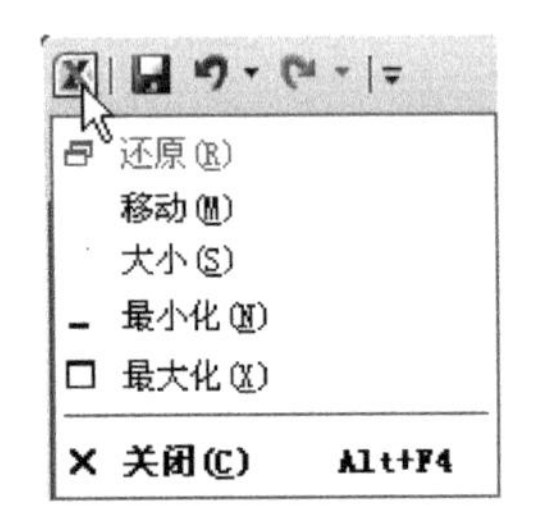

图 4-3-15　利用菜单命令关闭文件

图 4-3-16　【Microsoft Excel】提示对话框

提示：单击【保存】按钮，将保存对表格所做的修改，并关闭 Excel 2010 文件；单击【不保存】按钮，则不保存表格的修改，并关闭 Excel 2010 文件；单击【取消】按钮，不关闭 Excel 2010 文件，返回 Excel 2010 界面中继续编辑表格。

如果要关闭所有的 Excel 工作簿，可以在按住【Shift】键的同时，单击窗口右上角上面的【关闭】按钮，若工作簿未保存，则会打开如图 4-3-17 所示的对话框，根据需要选择单击不同按钮即可。

图 4-3-17　【Microsoft Excel】提示对话框

4．工作簿的移动和复制

移动是指工作簿从一个位置移到另一个位置，它不会产生新的工作簿；复制会产生一个和原工作簿内容相同的新工作簿。

（1）工作簿的移动。

① 单击选择要移动的工作簿文件，如果要移动多个工作簿文件，在按住【Ctrl】键的同时单击要移动的工作簿文件。按【Ctrl+X】组合键对选择的工作簿文件进行剪切，系统会自动地将选

择的工作簿复制到剪贴板中。如图 4-3-18 所示，在【文件夹 1】中选择“成绩单.xlsx”文件后，按【Ctrl+X】组合键。

② 打开要移动到的目标文件夹，按【Ctrl+V】组合键粘贴文件，系统会自动地将剪贴板中的工作簿复制到当前的文件夹中，完成工作簿的移动操作。如图 4-3-19 所示，按【Ctrl+V】组合键将“成绩单.xlsx”粘贴在【文件夹 2】中，【文件夹 1】中的文件“成绩单.xlsx”被移走。

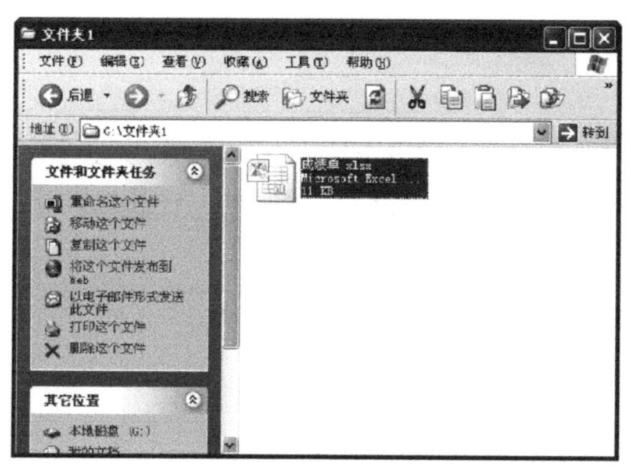

图 4-3-18 使用【Ctrl+X】组合键剪切文件

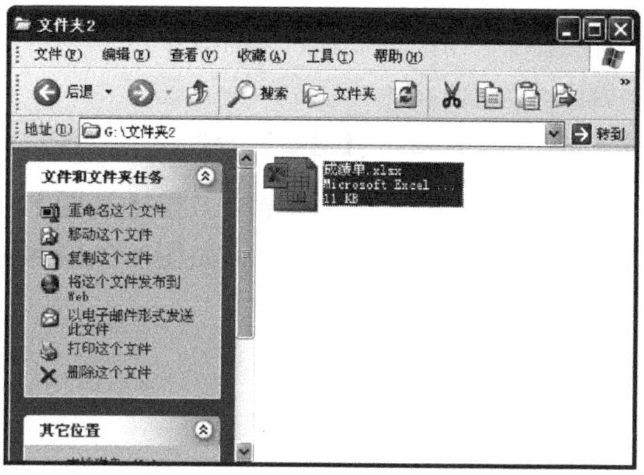

图 4-3-19 使用【Ctrl+V】组合键粘贴文件

（2）工作簿的复制。

① 单击选择要复制的工作簿文件，如果要复制多个，在按住【Ctrl】键的同时单击要复制的工作簿文件。如图 4-3-20 所示，在【文件夹 1】中选择“成绩单.xlsx”文件后，按【Ctrl+C】组合键复制选择的工作簿文件。

② 打开要复制到的目标文件夹，按【Ctrl+V】组合键粘贴文件，即可完成工作簿的复制操作。如图 4-3-21 所示，“成绩单.xlsx”文件被复制到【文件夹 2】中，【文件夹 1】中仍然保留“成绩单.xlsx”文件。

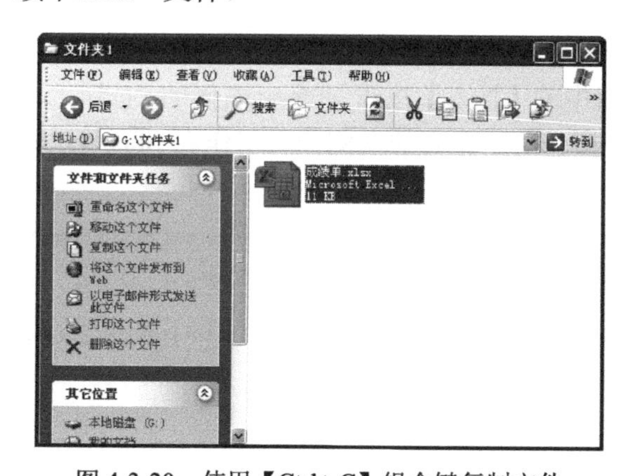

图 4-3-20 使用【Ctrl+ C】组合键复制文件

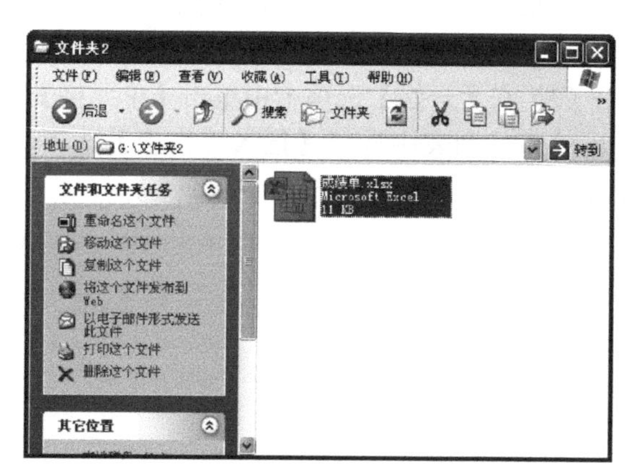

图 4-3-21 文件被复制到【文件夹 2】中

5. 工作簿的隐藏与显示

根据个人使用情况的需要，用户可以选择隐藏或者显示某个工作簿。

（1）隐藏工作簿窗口。打开需要隐藏的工作簿，在【视图】选项卡【窗口】选项组中单击【隐藏】按钮（如图 4-3-22 所示），当前窗口即被隐藏起来，如图 4-3-23 所示。

退出 Excel 时，系统会询问用户是否要保存对隐藏的工作簿窗口所做的更改。如果希望下次打开该工作簿时隐藏工作簿窗口，单击【是】即可完成隐藏工作簿的操作。

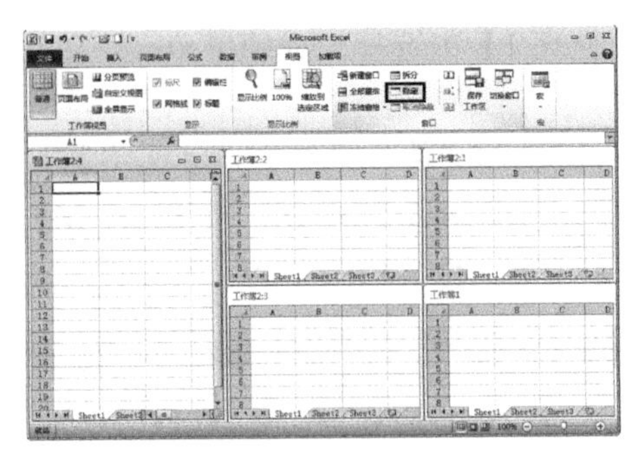

图 4-3-22 【隐藏】按钮

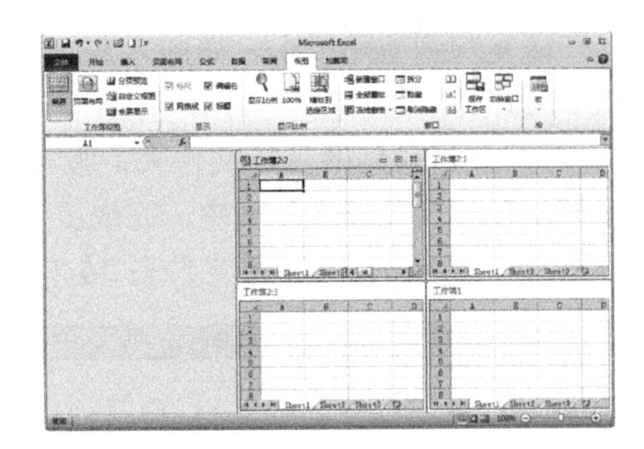

图 4-3-23 窗口被隐藏

（2）显示隐藏的工作簿窗口。在【视图】选项卡【窗口】选项组中单击【取消隐藏】按钮，则隐藏的工作簿可以显示出来，如图 4-3-24 所示。

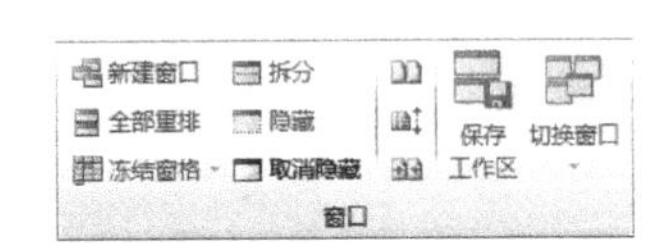

图 4-3-24 【取消隐藏】按钮

4.4 Excel 工作表的基本操作

Excel 2010 创建新的工作簿时，默认包含 3 个名称为 Sheet1、Sheet2 和 Sheet3 的工作表，下面介绍工作表的基本操作。

1．工作表的创建

如果编辑 Excel 表格时需要使用更多的工作表，则可插入新的工作表。在每一个 Excel 2010 工作簿中最多可以创建 255 个工作表，但在实际操作中插入的工作表的数目要受所使用的计算机内存的限制。插入工作表的具体操作步骤如下：

（1）在 Excel 2010 窗口中单击工作表 Sheet3 的标签，如图 4-4-1 所示。

（2）在【开始】选项卡中单击【单元格】选项组中的【插入】按钮 插入 右侧的 按钮，在弹出的下拉列表中选择【插入工作表】选项，即可在当前工作表的左侧插入工作表 Sheet4，如图 4-4-2 所示。

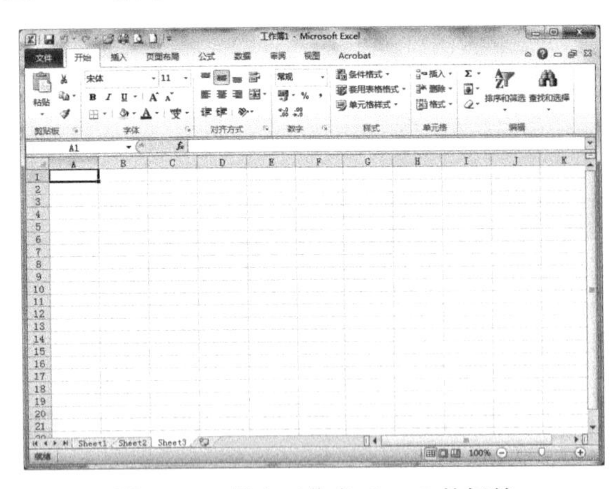

图 4-4-1 单击工作表 Sheet3 的标签

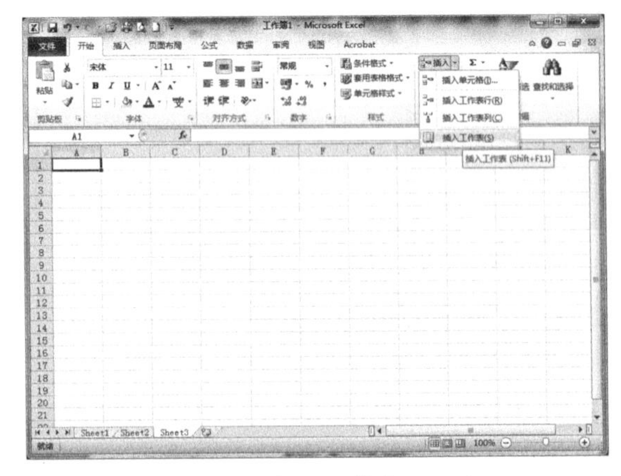

图 4-4-2 插入工作表 Sheet4

也可以使用快捷菜单插入工作表，而且更加方便快捷。具体操作步骤如下：

（1）在 Sheet3 工作表标签上用鼠标右键单击，在弹出的快捷菜单中执行【插入】命令，如

图 4-4-3 所示。

（2）打开【插入】对话框，选择【工作表】图标，单击【确定】按钮，即可在当前工作表的左侧插入工作表 Sheet4，如图 4-4-4 所示。

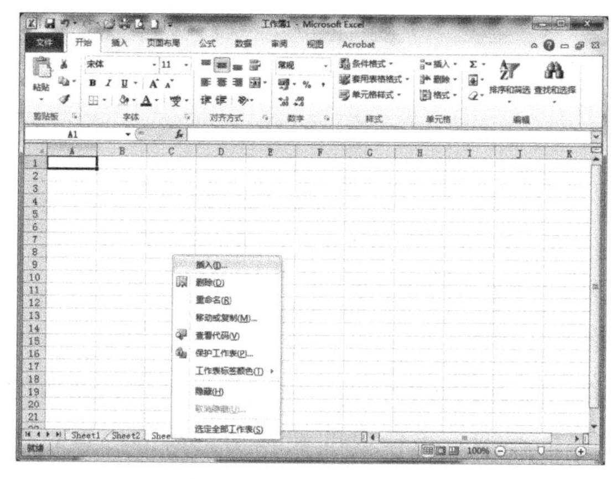

图 4-4-3 【插入】命令

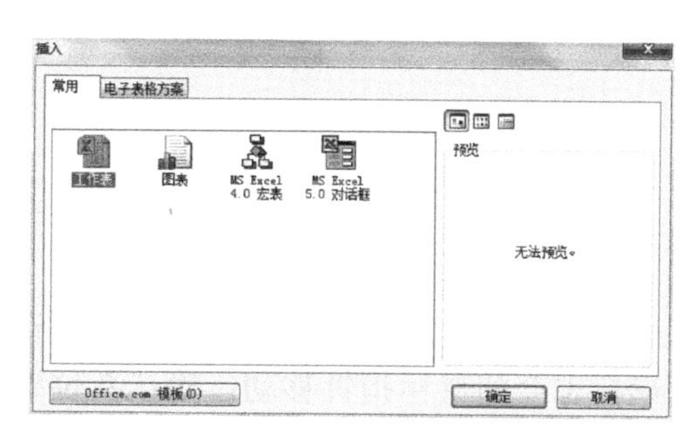

图 4-4-4 【插入】对话框

2．选择单个或多个工作表

对 Excel 表格进行各种操作之前，首先要选择工作表。每一个工作簿中的工作表的默认名称是 Sheet1、Sheet2、Sheet3。默认状态下，当前工作表为 Sheet1。

（1）用鼠标选择工作表。用鼠标选择工作表是最常用、最快速的方法，只需在 Excel 表格最下方需要选择的工作表标签上单击即可。图 4-4-5 是选择工作表 Sheet2 为当前活动工作表。

（2）选择连续的工作表。按住【Shift】键依次单击第一个和最后一个需要选择的工作表，即可选择连续的 Excel 工作表。图 4-4-6 是连续选择 Sheet2 和 Sheet3 的工作表组。

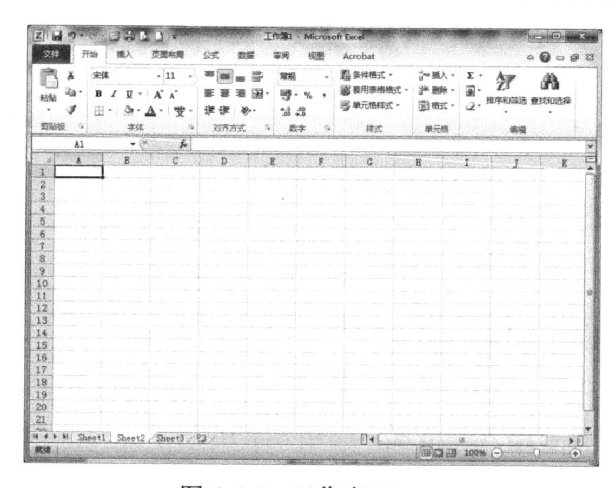

图 4-4-5 工作表 Sheet2

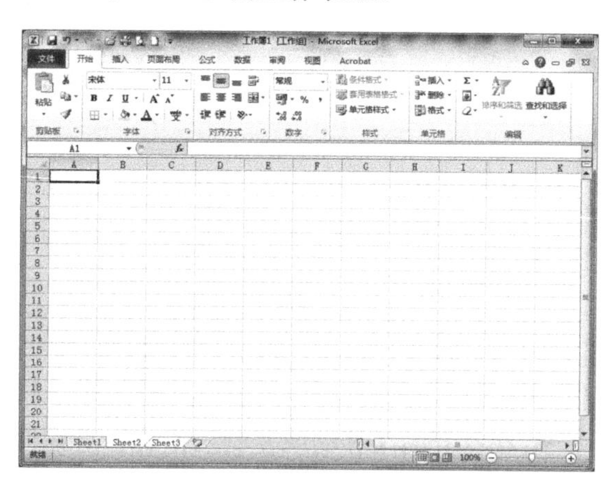

图 4-4-6 选择连续的工作表

（3）选择不连续的工作表。要选择不连续的 Excel 工作表，只需按住【Ctrl】键的同时选择相应的 Excel 工作表即可。图 4-4-7 是选择 Sheet1、Sheet2、Sheet4 和 Sheet6 的工作表组。

3．工作表的复制和移动

移动与复制工作表的具体操作步骤如下：

（1）移动工作表。移动工作表最简单的方法是使用鼠标操作，在同一个工作簿中移动工作表的方法有以下两种：

① 用鼠标直接拖动。用鼠标直接拖动是移动工作表中经常用到的一种比较快捷的方法。

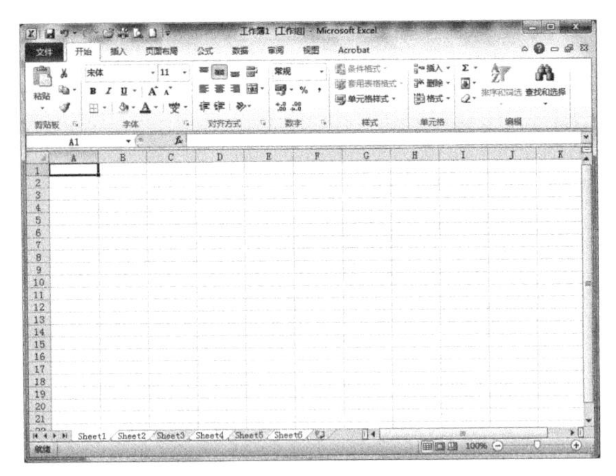

图 4-4-7　选择不连续的工作表

选择要移动的工作表的标签，按住鼠标左键不放，拖动鼠标指针到工作表的新位置，黑色倒三角形标志会随鼠标指针移动，确认新位置后松开鼠标左键，工作表即被移动到新的位置。如图 4-4-8 所示，将工作表 Sheet1 拖动到工作表 Sheet2 的右侧。

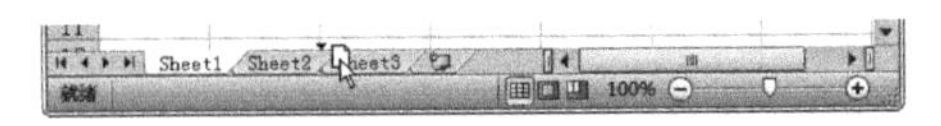

图 4-4-8　直接拖动工作表

② 使用快捷菜单命令。

● 在要移动的工作表标签上用鼠标右键单击，在弹出的快捷菜单中执行【移动或复制】命令，如图 4-4-9 所示。

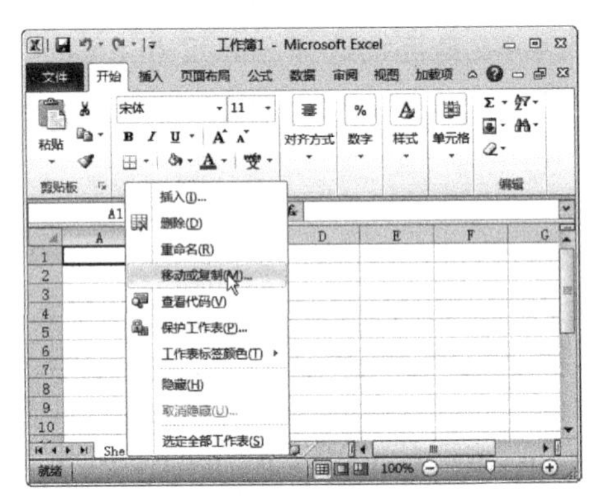

图 4-4-9　【移动或复制】命令

● 在打开的【移动或复制工作表】对话框中选择要插入的位置，如图 4-4-10 所示。

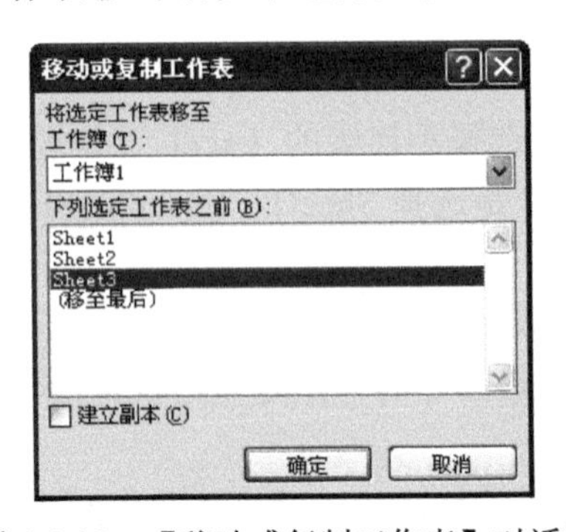

图 4-4-10　【移动或复制工作表】对话框

● 单击【确定】按钮，即可将当前工作表移动到指定的位置，如图 4-4-11 所示。

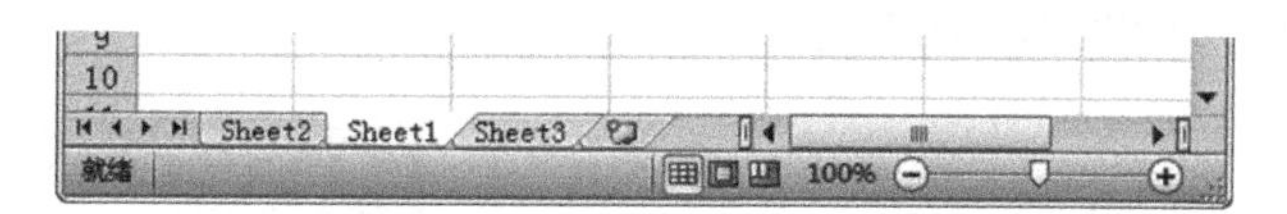

图 4-4-11　使用快捷菜单命令移动工作表

另外，工作表不仅可以在一个 Excel 工作簿内移动，还可以在不同的工作簿之间移动。但是需要注意的是，若要在不同的工作簿之间移动工作表，首先要求这些工作簿均处于打开的状态。具体的操作步骤如下：

① 在要移动的工作表标签上用鼠标右键单击，在弹出的快捷菜单中执行【移动或复制】命令，如图 4-4-12 所示。

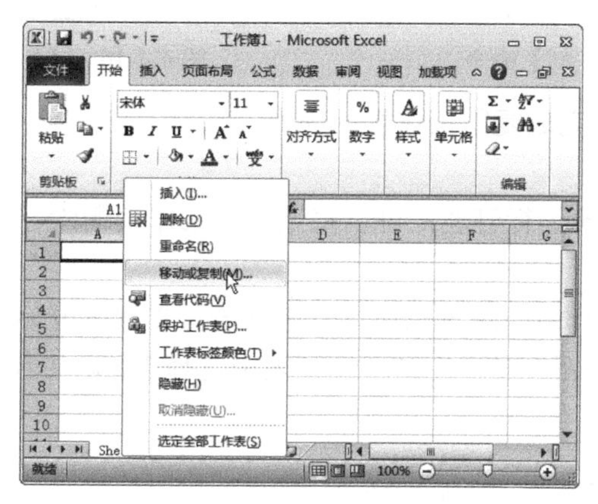

图 4-4-12　【移动或复制】命令

② 打开【移动或复制工作表】对话框，如图 4-4-13 所示。在【将选定工作表移至工作簿】下拉列表中选择要移动的目标位置，在【下列选定工作表之前】列表框中选择要插入的位置，单击【确定】按钮，即可将当前工作表移动到指定的位置。

（2）复制工作表。要重复使用工作表数据而又想保存原始数据不被修改时，可以复制多份工作表进行不同的操作，用户可以在一个或多个 Excel 工作簿中复制工作表，有以下两种方法：

① 使用鼠标选择要复制的工作表，按住【Ctrl】键的同时单击该工作表，拖动鼠标让指针移动到工作表的新位置，黑色倒三角形标志会随鼠标指针移动，松开鼠标左键，工作表即被复制到新的位置，如图 4-4-14 所示。

图 4-4-13　【移动或复制工作表】对话框

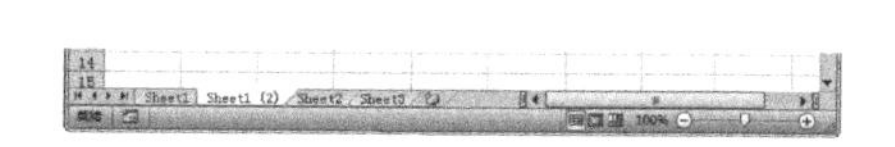

图 4-4-14　拖动鼠标复制工作表

② 使用快捷菜单命令也可以复制工作表，其具体操作步骤如下：

● 选择要复制的工作表，在工作表标签上用鼠标右键单击，在弹出的快捷菜单中执行【移动或复制】命令，如图 4-4-15 所示。

● 在打开的【移动或复制工作表】对话框中选择要复制的目标工作簿和插入的位置，勾选【建立副本】复选框，如图 4-4-16 所示。

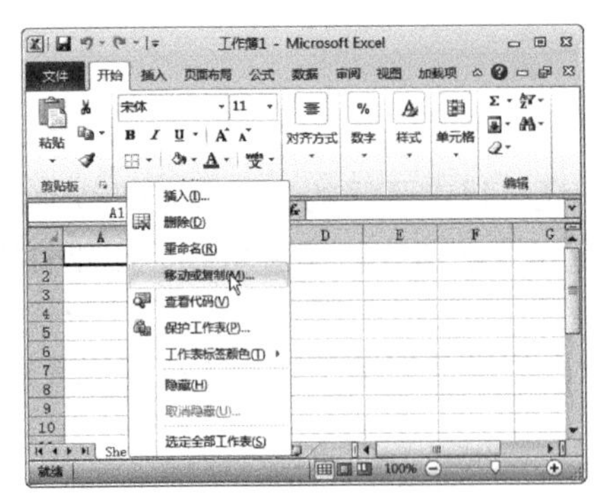

图 4-4-15 【移动或复制】命令

图 4-4-16 【移动或复制工作表】对话框

● 单击【确定】按钮，完成复制工作表的操作。

4．删除工作表

为了便于对 Excel 工作簿进行管理，可以将无用的工作表删除，以节省存储空间。删除工作表的方法有以下两种：

（1）使用功能区删除工作表。选择要删除的工作表，单击【开始】选项卡【单元格】选项组中的【删除】按钮旁边的▾按钮，在弹出的下拉列表中选择【删除工作表】选项即可，如图 4-4-17 所示。

图 4-4-17 使用功能区删除工作表

（2）使用菜单命令删除工作表。在要删除的工作表的标签上用鼠标右键单击，在弹出的快捷菜单中执行【删除】命令，也可以将工作表删除，如图 4-4-18 所示。

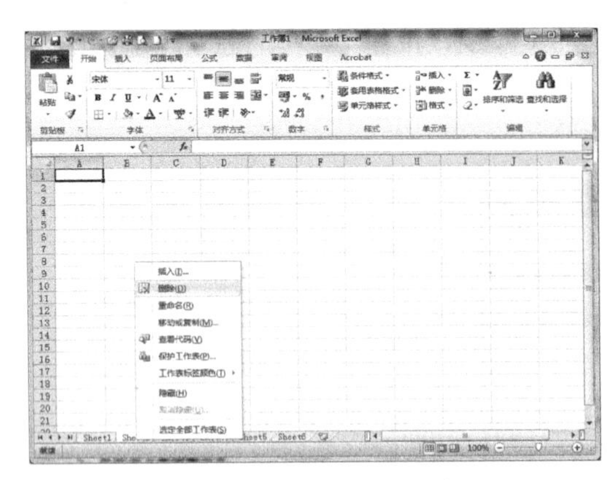

图 4-4-18 【删除】命令

注意：删除工作表后，工作表将被永久删除，该操作不能被撤销，要谨慎使用。

5．改变工作表的名称

每个工作表都有自己的名称，默认情况下以 Sheet1、Sheet2、Sheet3……命名工作表。为了便于理解和管理，用户可以通过以下两种方法对工作表进行重命名。

（1）在标签上直接重命名。在工作表标签上用鼠标左键双击即可对工作表重命名，具体操作步骤如下：

① 用鼠标左键双击需要重命名的工作表标签，例如 Sheet1（此时该标签背景被填充为黑色），进入可编辑状态，如图 4-4-19 所示。

② 输入新的标签名后按【Enter】键，即可完成对该工作表标签进行的重命名操作。

（2）使用快捷菜单重命名。使用快捷菜单也可以对工作表重命名，其具体操作步骤如下：

① 在要重命名的工作表标签上用鼠标右键单击，在弹出的快捷菜单中执行【重命名】命令，如图 4-4-20 所示。

② 此时工作表标签会高亮显示，在标签上输入新的标签名，完成工作表的重命名操作。

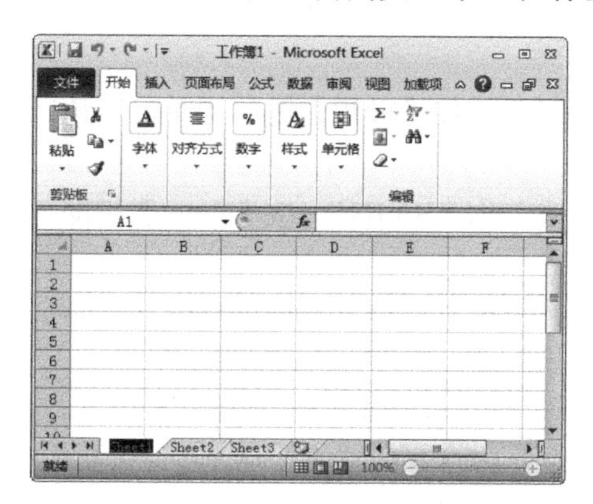

图 4-4-19　Sheet1 标签进入可编辑状态

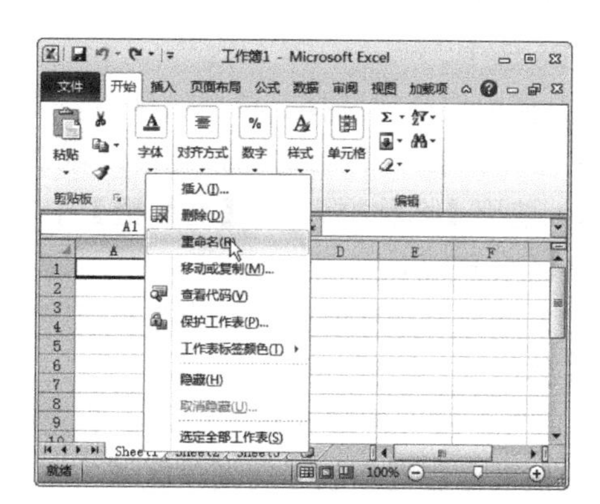

图 4-4-20 【重命名】命令

4.5　单元格的基本操作

单元格是 Excel 工作表中编辑数据的基本元素，由列和行组合进行表示。单元格的列用字母表示，行用数字表示，如 B5 就是第 B 列和第 5 行的交汇处。

1. 选择单元格

选择单元格可以有多种方法，下面分别进行介绍。

（1）选择一个单元格。选择一个单元格的常用方法有以下 3 种：

① 用鼠标选择。用鼠标选择单元格是最常用、最快速的方法，只需在单元格上单击即可选择该单元格。单元格被选择后，变为活动单元格，其边框以黑色粗线标识。

② 使用【名称框】。在【名称框】中输入目标单元格的地址，如“D4”，按【Enter】键即可选择第 D 列和第 4 行交汇处的单元格，如图 4-5-1 所示。

③ 用方向键选择。使用键盘上的上、下、左、右 4 个方向键，也可以选择单元格，按 1 次则可选择下一个单元格。例如，默认选择的是 A1 单元格，按 1 次【→】键则可选择 B1 单元格，再按 1 次【↓】键则可选择 B2 单元格。

（2）选择连续的区域。在 Excel 工作表中，若要对多个连续单元格进行相同的操作，必须先选择这些单元格区域。选择单元格区域 B3:E8 的结果如图 4-5-2 所示。

单元格区域是指工作表中的两个或多个单元格所形成的一个区域。区域中的单元格可以是相邻的，也可以是不相邻的。

选择单元格区域的方法有 3 种，下面以选择单元格区域 B3:E8 为例介绍选择连续单元格的方法。

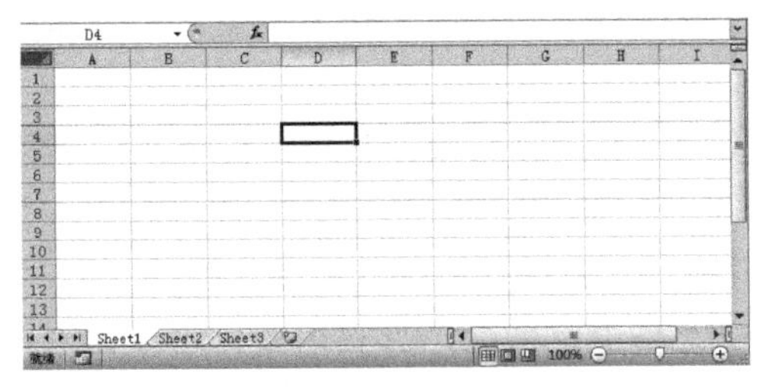

图 4-5-1　选择单元格 D4

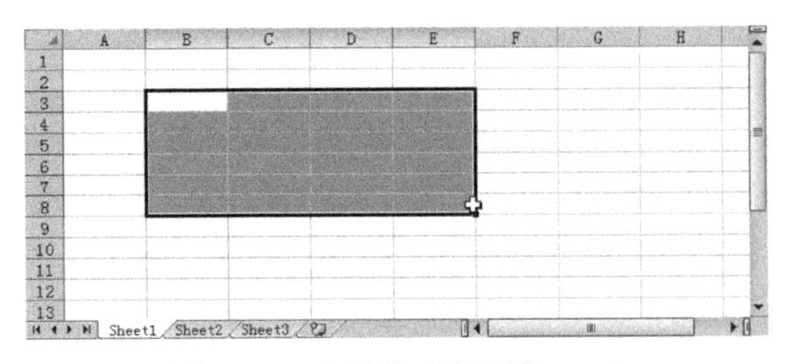

图 4-5-2　选择单元格区域 B3:E8

① 鼠标拖动。鼠标拖动是选择连续单元格区域的最常用方法。可以将鼠标指针移到该区域左上角的单元格 B3 上，按住鼠标左键不放，向该区域右下角的单元格 E8 拖动，即可将单元格区域 B3:E8 选中。

② 使用快捷键选择。单击该区域左上角的单元格 B3，按住【Shift】键的同时单击该区域右下角的单元格 E8，即可选择单元格区域 B3:E8。

③ 使用【名称框】。在【名称框】中输入单元格区域名称“B3:E8”，按【Enter】键即可选择单元格区域 B3:E8。

（3）选择不连续的区域。选择不连续的单元格区域，也就是选择不相邻的单元格或单元格区域，具体的操作步骤如下：

① 选择第 1 个单元格区域（如单元格区域 B2:C4），将指针移到该区域左上角的单元格 B2 上，按住鼠标左键不放拖动到该区域右下角的单元格 C4 后松开鼠标左键，如图 4-5-3 所示。

② 按住【Ctrl】键不放，按照步骤①中的方法选择第 2 个单元格区域（如单元格区域 D6:F9），如图 4-5-4 所示。使用同样的方法可以选择多个不连续的单元格区域。

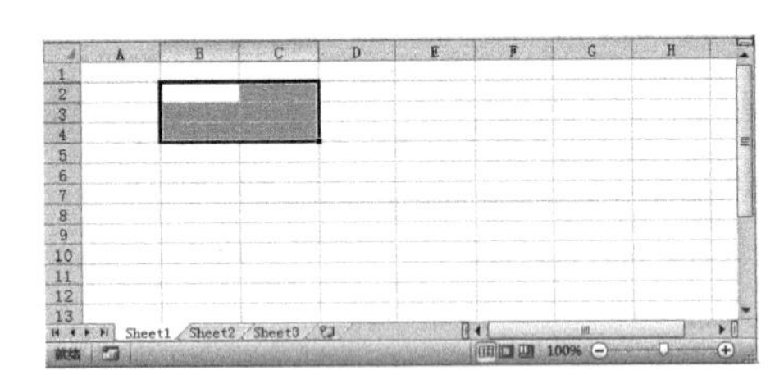

图 4-5-3　选择第 1 个单元格区域 B2:C4

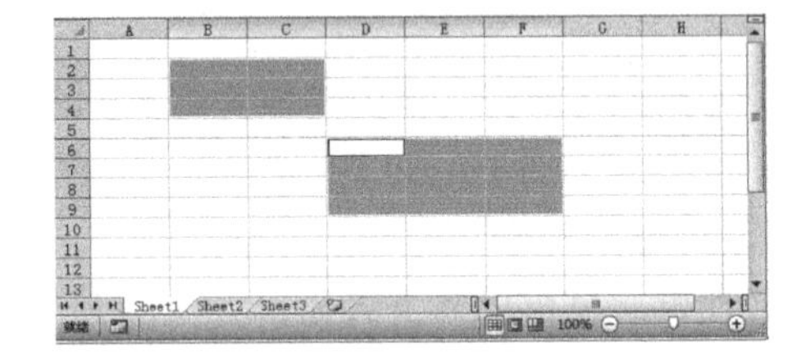

图 4-5-4　选择第 2 个单元格区域 D6:F9

（4）选择行或列。要对整行或整列的单元格进行操作，必须先选择整行或整列的单元格。

① 选择一行。将鼠标指针移动到要选择的行号上，当指针变成➡形状后单击，即可选择该行，如图 4-5-5 所示。

② 选择连续的多行。选择连续的多行的方法有以下两种：

- 将鼠标指针移动到起始行号上，当鼠标指针变成➡形状时，单击并向下拖动至终止行，然后松开鼠标左键即可，如图 4-5-6 所示。

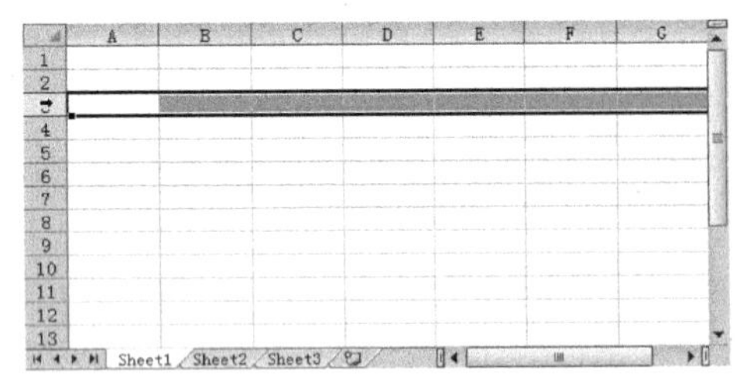

图 4-5-5　选择第 3 行单元格

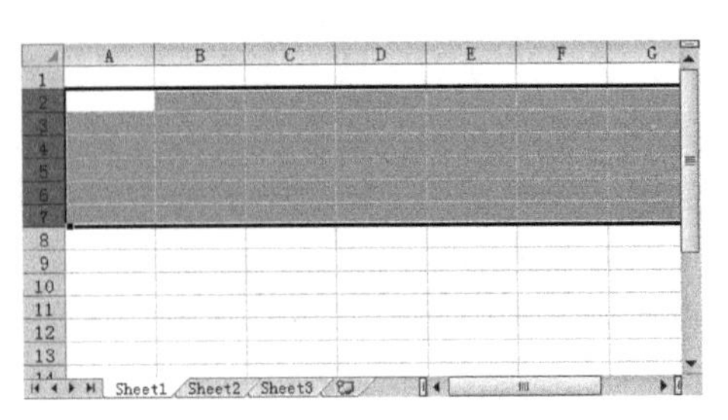

图 4-5-6　选择连续的行

- 单击连续行区域的第 1 行的行号，按住【Shift】键的同时单击该区域的最后一行的行号即可。

③ 选择不连续的多行。若要选择不连续的多行，需要按住【Ctrl】键，依次选择需要的行即可，如图 4-5-7 所示。

④ 选择列。移动鼠标指针到要选择的列标上，当指针变成⬇形状后单击，该列即被选择，此时选择的是单列。若选择多列，方法和上面选择多行的方法相似，此处不再赘述，如图 4-5-8 所示是选择 D 列时的效果。

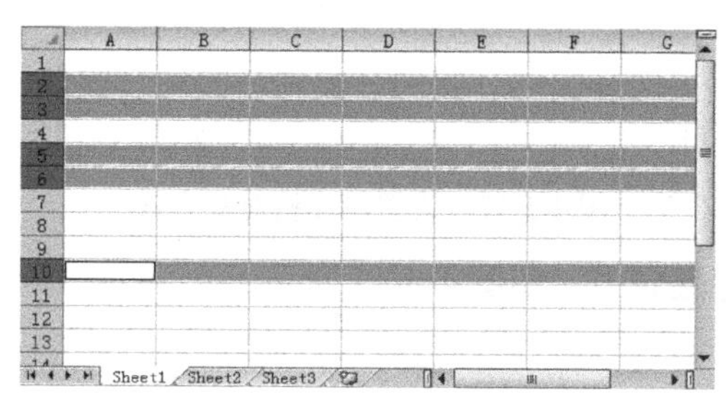

图 4-5-7　选择不连续的行

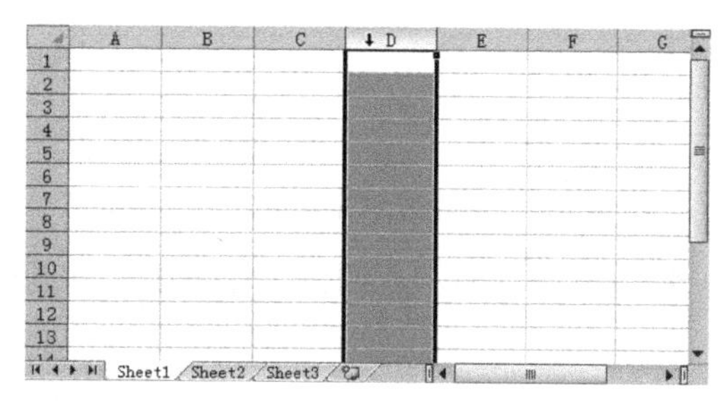

图 4-5-8　选择单列

⑤ 选择所有单元格。选择所有单元格，也就是选择整个工作表，有以下两种方法：

- 单击工作表左上角行号与列标相交处的【选定全部】按钮，可选择整个工作表。
- 使用【Ctrl+A】组合键也可以选择整个工作表表格。

2．单元格的合并与拆分

合并与拆分单元格是最常用的调整单元格的操作，用户可以根据合并需要或者拆分需要调整单元格。

（1）合并单元格。合并单元格是指在 Excel 工作表中，将两个或多个相邻的单元格合并成一个单元格。合并单元格前必须先选择需要合并的所有相邻单元格。合并单元格的方法有以下两种：

① 使用功能区合并单元格。使用功能区【对齐方式】选项组可以合并单元格，具体的操作步骤如下：

- 打开一个事先准备好的名为“考试成绩表.xlsx”的文件，选择单元格区域 A1:E1，如图 4-5-9 所示。
- 在【开始】选项卡中单击【对齐方式】选项组中的【合并后居中】按钮，该表格标题行即合并且居中，如图 4-5-10 所示。

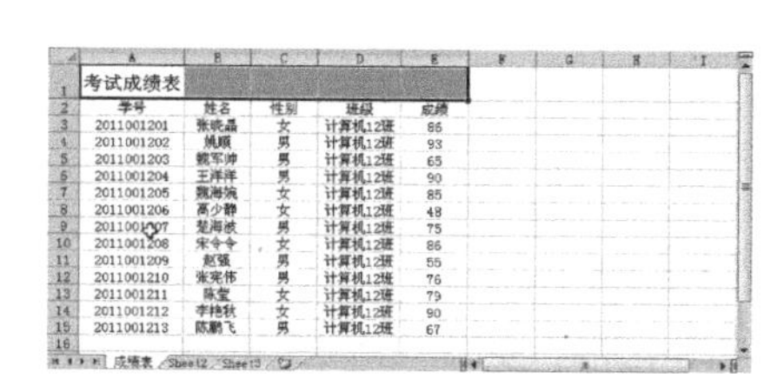

图 4-5-9　选择单元格区域 A1:E1

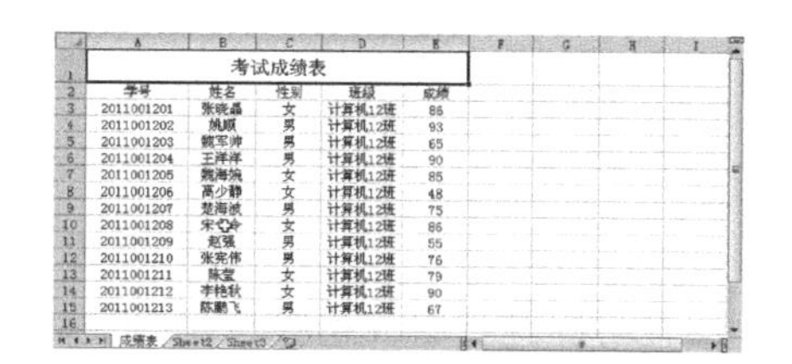

图 4-5-10　合并单元格 A1:E1

② 使用对话框合并单元格。用户还可以使用【设置单元格格式】对话框进行合并单元格设置，具体的操作步骤如下：

- 按照上面步骤①的方法，打开素材并选择单元格区域 A1:E1，在【开始】选项卡中单击【对齐方式】选项组右下角的按钮，打开【设置单元格格式】对话框，如图 4-5-11 所示。
- 选择【对齐】选项卡，在【文本对齐方式】区域的【水平对齐】下拉列表中选择【居中】

选项，在【文本控制】区域勾选【合并单元格】复选框，如图 4-5-12 所示，然后单击【确定】按钮。

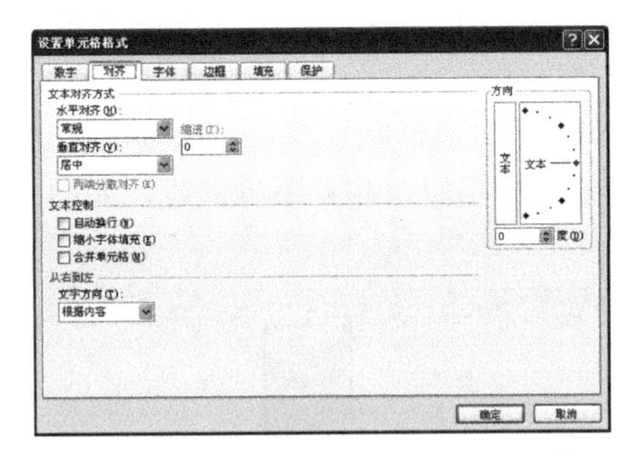

图 4-5-11　【设置单元格格式】对话框

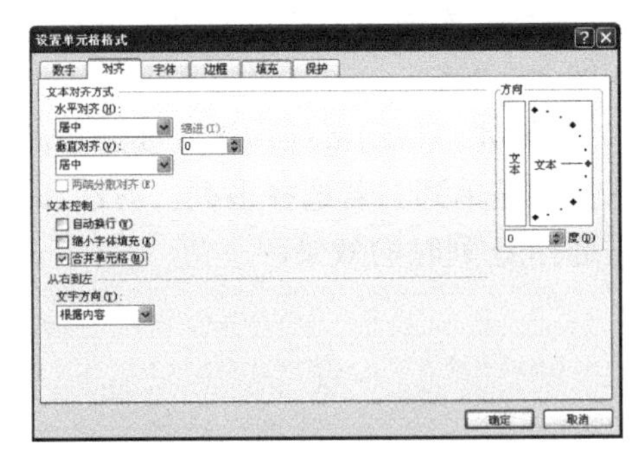

图 4-5-12　设置单元格对齐方式

● 设置完成后，返回到工作表中，标题行已合并且居中，如图 4-5-13 所示。

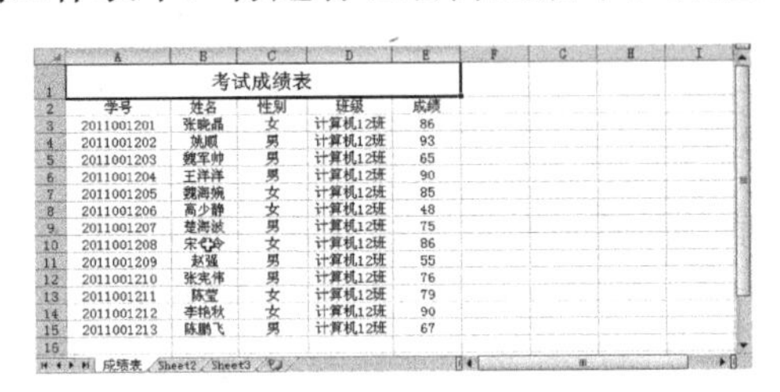

考试成绩表				
学号	姓名	性别	班级	成绩
2011001201	张晓晶	女	计算机12班	86
2011001202	姚顺	男	计算机12班	93
2011001203	魏军帅	男	计算机12班	65
2011001204	王洋洋	男	计算机12班	90
2011001205	魏海婉	女	计算机12班	85
2011001206	高少静	女	计算机12班	48
2011001207	楚海波	男	计算机12班	75
2011001208	宋令令	女	计算机12班	86
2011001209	赵强	男	计算机12班	55
2011001210	张宪伟	男	计算机12班	76
2011001211	陈莹	女	计算机12班	79
2011001212	李艳秋	女	计算机12班	90
2011001213	陈鹏飞	男	计算机12班	67

成绩表 Sheet2 Sheet3

图 4-5-13　标题行合并且居中

提示：单元格合并后，将使用原始区域左上角的单元格的地址来表示合并后的单元格地址，如上例中合并后的单元格用 A1 来表示。

（2）拆分单元格。在 Excel 工作表中，拆分单元格就是将一个单元格拆分成 2 个或多个单元格。拆分单元格和合并单元格的方法类似，有以下两种（以上例中合并后的“考试成绩表”为例，介绍拆分单元格的方法）。

① 使用【对齐方式】选项组。具体的操作步骤如下：

● 选择合并后的单元格 A1，在【开始】选项卡中单击【对齐方式】选项组中的【合并后居中】按钮旁边的三角形按钮，在弹出的下拉列表中选择【取消单元格合并】选项，如图 4-5-14 所示。

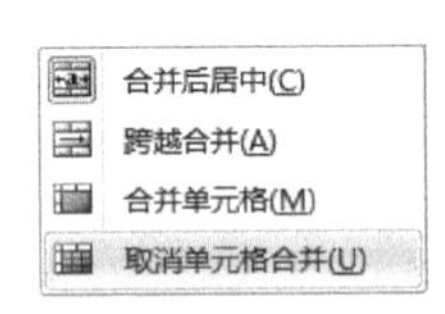

图 4-5-14　【取消单元格合并】选项

● 该表格标题行单元格被取消合并，恢复成合并前的单元格，如图 4-5-15 所示。

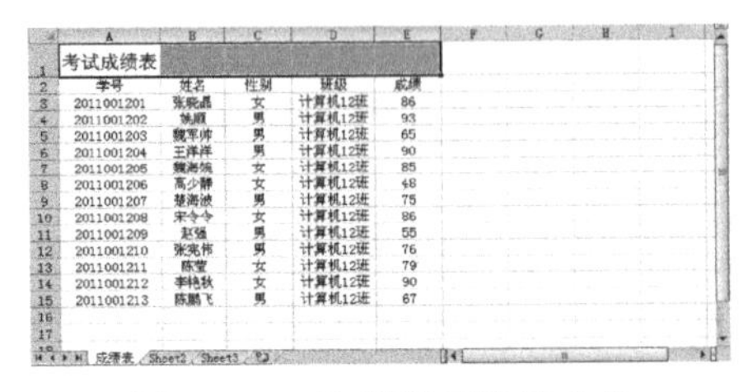

考试成绩表				
学号	姓名	性别	班级	成绩
2011001201	张晓晶	女	计算机12班	86
2011001202	姚顺	男	计算机12班	93
2011001203	魏军帅	男	计算机12班	65
2011001204	王洋洋	男	计算机12班	90
2011001205	魏海婉	女	计算机12班	85
2011001206	高少静	女	计算机12班	48
2011001207	楚海波	男	计算机12班	75
2011001208	宋令令	女	计算机12班	86
2011001209	赵强	男	计算机12班	55
2011001210	张宪伟	男	计算机12班	76
2011001211	陈莹	女	计算机12班	79
2011001212	李艳秋	女	计算机12班	90
2011001213	陈鹏飞	男	计算机12班	67

成绩表 Sheet2 Sheet3

图 4-5-15　取消单元格的合并

② 使用【设置单元格格式】对话框。使用【设置单元格格式】对话框也可以拆分单元格，具体的操作步骤如下：

- 用鼠标右键单击合并后的单元格，在弹出的快捷菜单中执行【设置单元格格式】命令，打开【设置单元格格式】对话框，如图 4-5-16 所示。
- 在【对齐】选项卡中取消勾选【合并单元格】复选框，然后单击【确定】按钮，即可取消合并，如图 4-5-17 所示。

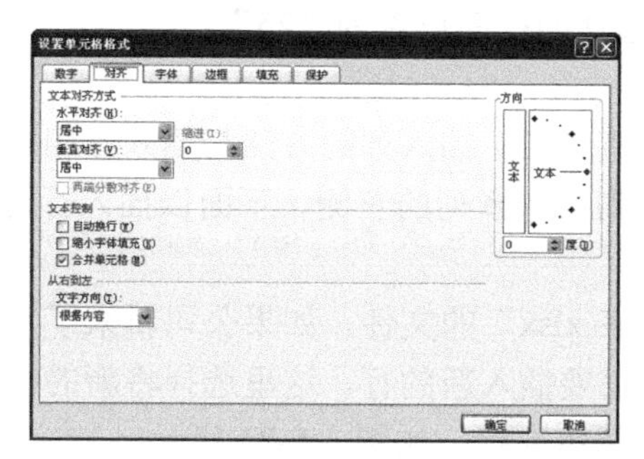

图 4-5-16 【设置单元格格式】对话框

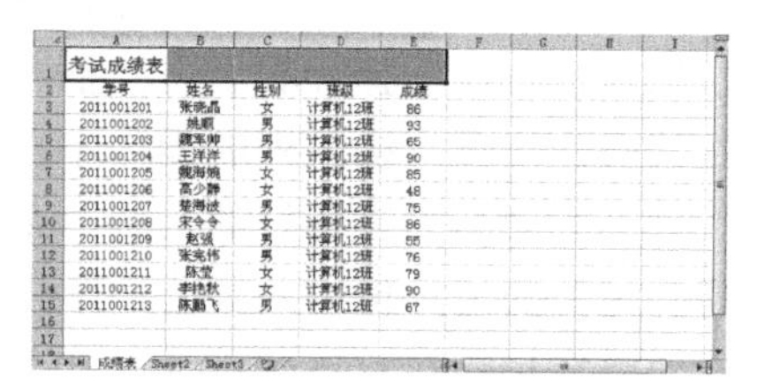

图 4-5-17 拆分单元格

3．调整列宽和行高

在 Excel 工作表中，如果单元格的宽度不足以使数据显示完整，数据在单元格里则被填充成“######”的形式，或者有些数据会以科学计数法来表示。当列被加宽后，数据就会显示出来。Excel 能根据输入字体的大小自动地调整行的高度，使其能容纳行中最大的字体。用户也可以根据自己的需要来设置。

（1）拖动列标之间的边框。将鼠标指针移动到两列的列标之间，当指针变成✛形状时，按住鼠标左键向右拖动则可使列变宽，如图 4-5-18 所示。拖动时将显示出以点和像素为单位的宽度工具提示。当然用户也可直接使用鼠标拖动来调整行高。

（2）利用复制格式。如果要将某列的列宽调整为与其他列的宽度相同，可以使用复制格式的方法。例如，用户可以选择宽度合适的列（如 D 列），按【Ctrl+C】组合键进行复制操作。然后选择要调整的 B 列和 C 列，用鼠标右键单击，在弹出的快捷菜单中执行【选择性粘贴】命令，打开【选择性粘贴】对话框，选中【粘贴】区域下的【列宽】单选按钮，如图 4-5-19 所示，然后单击【确定】按钮即可。

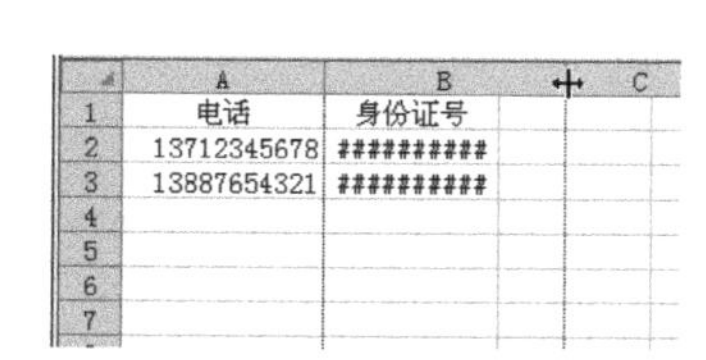

图 4-5-18 拖动鼠标调整列宽

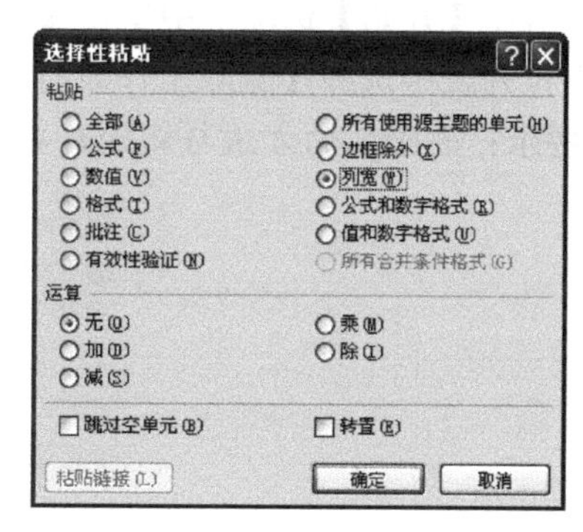

图 4-5-19 【选择性粘贴】对话框

（3）使用对话框调整行高。调整列宽和行高可直接使用鼠标拖动，也可使用对话框调整。

① 选择需要调整高度的行，在行号上用鼠标右键单击，在弹出的快捷菜单中执行【行高】命令。

② 在打开的【行高】对话框的【行高】文本框中输入“25”，如图 4-5-20 所示。

图 4-5-20 【行高】对话框

③ 单击【确定】按钮，返回到工作表中，即可将选择的行高设置为“25”。

4．插入行和列

在编辑工作表的过程中，插入行和列的操作是不可避免的。插入列的方法与插入行相同，插入行时，插入的行在选择行的上方；插入列时，插入的列在选择列的左侧。下面以插入行为例，详细介绍其操作步骤，插入列的操作不再赘述。

（1）打开一个事先准备好的名为“某公司职工工资表.xlsx”的文件，如果公司新来了一个技术员，需要将他的信息也输入到公司职工工资表中，则需要插入新的行，这里选择将新的行插入到第 4 行，将鼠标指针移动到第 4 行的行号上单击，选择第 5 行，如图 4-5-21 所示。

（2）在【开始】选项卡中单击【单元格】选项组中的【插入】按钮旁边的三角形按钮，在弹出的下拉列表中选择【插入工作表行】选项，如图 4-5-22 所示。

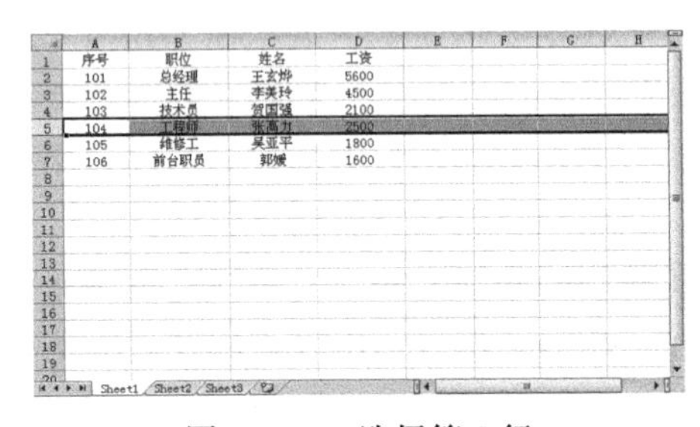

图 4-5-21 选择第 5 行

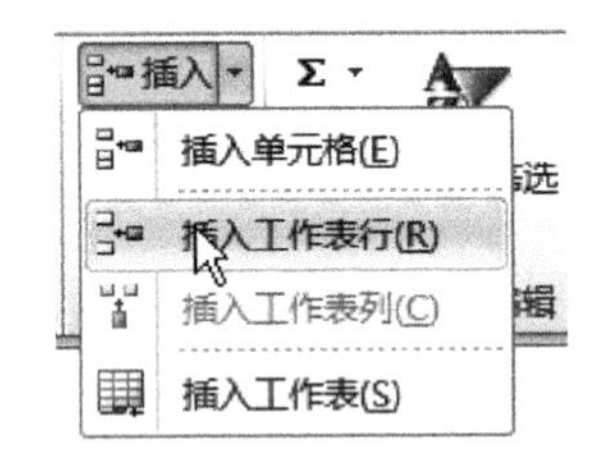

图 4-5-22 【插入工作表行】选项

（3）可在工作表的第 3 行和第 4 行中间插入一个空行，只要在里面输入需要的数据即可增加新技术员的工资信息。

5．删除行和列

工作表中如果不需要某一个数据行或列，可以将其删除。以删除行为例，首先选择需要删除的行，然后在【开始】选项卡中单击【单元格】选项组中的【删除】按钮旁边的三角形按钮，在弹出的下拉列表中选择【删除工作表行】选项，如图 4-5-23 所示，即可将其删除。

提示：删除列的方法与删除行类似。

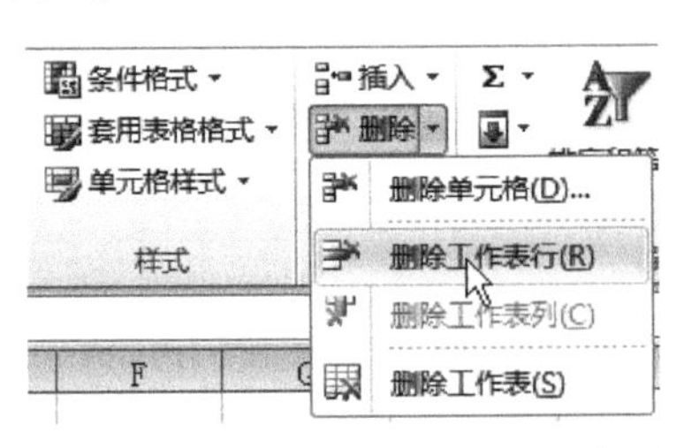

图 4-5-23 【删除工作表行】选项

6．隐藏或显示行和列

在 Excel 工作表中，有时需要将一些不需要公开的数据隐藏起来，或者将一些隐藏的行或列重新显示出来。

选择要隐藏行中的任意一个单元格，在【开始】选项卡中单击【单元格】选项组中的【格式】按钮，在弹出的下拉列表中选择【隐藏和取消隐藏】→【隐藏行】选项，选择的第 6 行被隐藏起来了，如图 4-5-24 和图 4-5-25 所示。

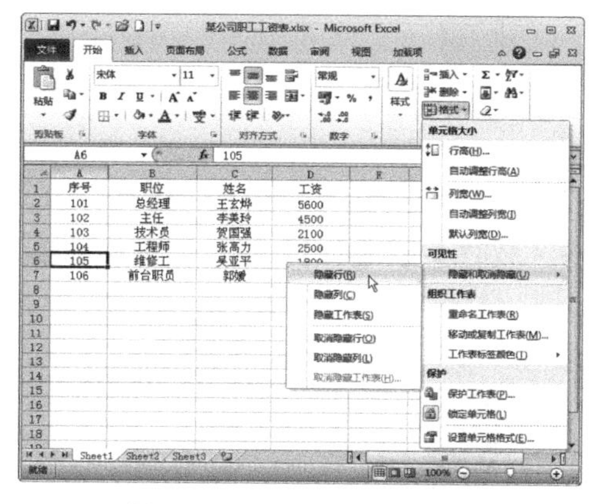

图 4-5-24 【隐藏行】选项

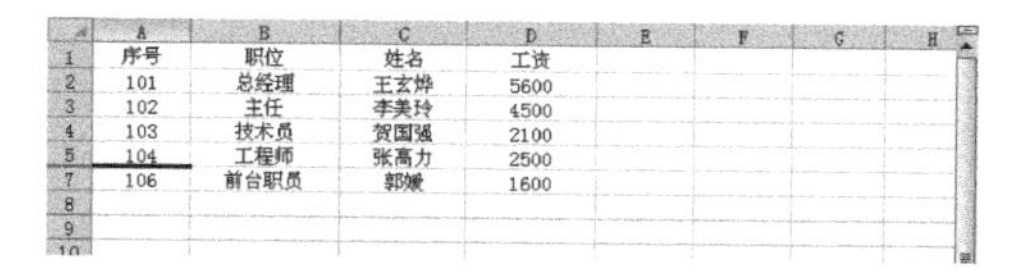

图 4-5-25 第 6 行被隐藏

另外，也可以直接使用鼠标拖动隐藏行，将鼠标指针移至第 6 行和第 7 行行号的中间位置，此时指针变为形状。向上拖动鼠标使行号超过第 6 行，松开鼠标后即可隐藏第 6 行，如图 4-5-26 所示。将行或列隐藏后，这些行或列中单元格的数据就变得不可见了。如果需要查看这些数据，还需要将这些隐藏的行或列显示出来。

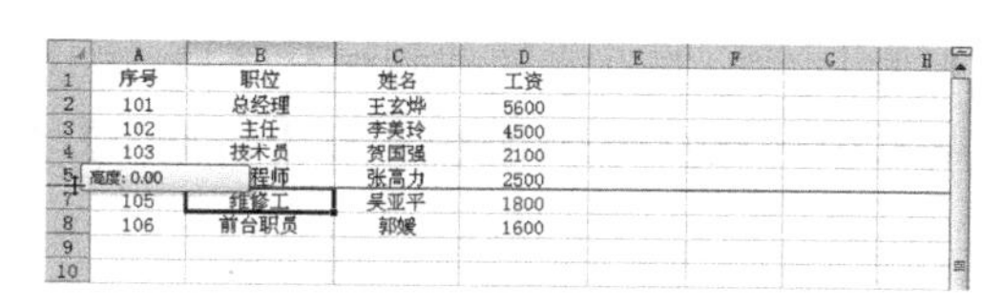

图 4-5-26 使用鼠标隐藏行

单击【单元格】选项组中的【格式】按钮，在弹出的下拉列表中选择【可见性】组中的【隐藏和取消隐藏】选项；或者单击右键，在弹出的快捷菜单中执行【取消隐藏行】或【取消隐藏列】命令。工作表中被隐藏的行或列即可显示出来。除此之外，用户还可以使用鼠标直接拖动来显示隐藏的行或者列。

7. 复制和移动单元格内容

在编辑 Excel 工作表时，若数据输错了位置，不必重新输入，可将其移动到正确的单元格区域；若单元格区域数据与其他区域数据相同，可采用复制的方法来编辑工作表。

（1）复制单元格区域。具体的操作步骤如下：

① 打开一个事先准备好的名为“职工补助表.xlsx”的文件，选择单元格区域 B2:B8，将鼠标指针移动到所选区域的边框线上，指针变成形状，如图 4-5-27 所示。

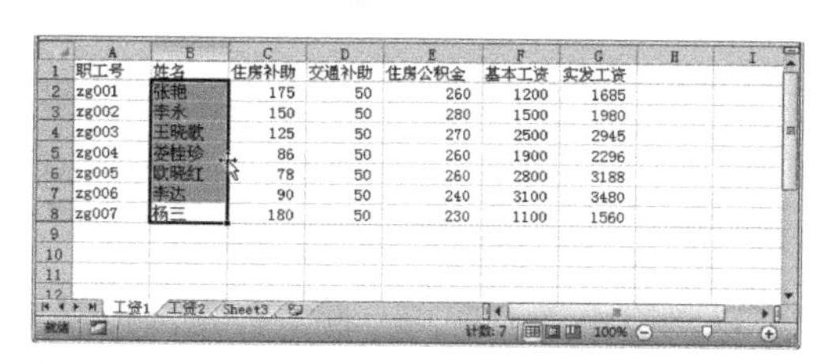

图 4-5-27 选择单元格并移动鼠标位置

② 按住【Ctrl】键不放，当鼠标指针箭头右上角出现“+”形状时，拖动到单元格区域 H2:H8，

即可将单元格区域 B2:B8 复制到新的位置，如图 4-5-28 所示。

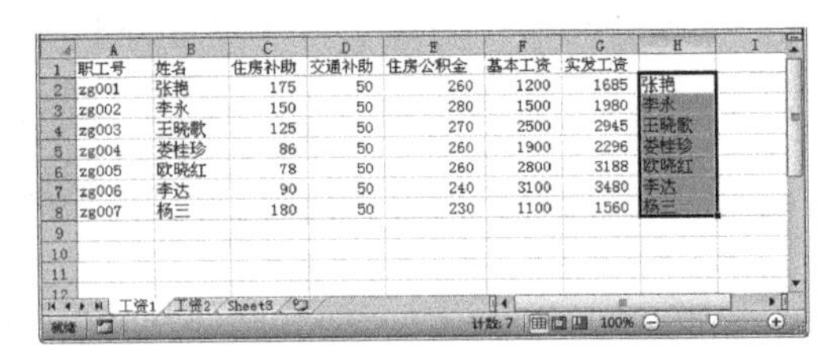

图 4-5-28　复制单元格

（2）移动单元格区域。在上述操作中，拖动单元格区域时不按【Ctrl】键，即可移动单元格区域，如图 4-5-29 所示。

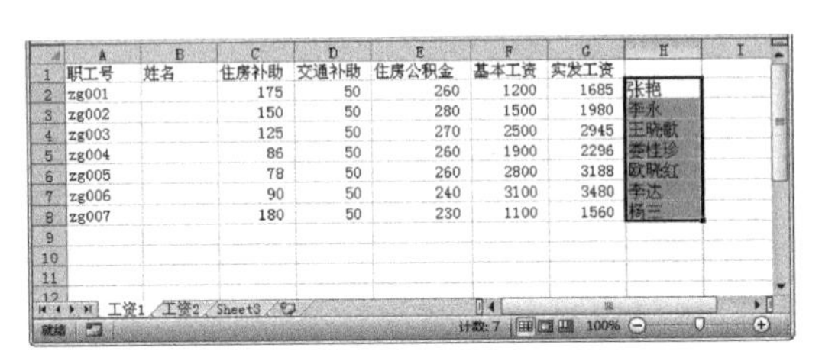

图 4-5-29　移动单元格

除了使用拖动鼠标来移动或复制单元格内容外，还可以使用剪贴板移动或复制单元格区域。

复制单元格区域的方法是：先选择单元格区域，按【Ctrl+C】组合键，将此区域复制到剪贴板中，然后通过粘贴（按【Ctrl+V】组合键）的方式复制到目标区域。而移动单元格区域是按【Ctrl+X】组合键，将此区域剪切到剪贴板中，然后通过粘贴（按【Ctrl+V】组合键）的方式移动到目标区域。

8．插入单元格

在 Excel 工作表中，可以在活动单元格的上方或左侧插入空白单元格，同时将同一列中的其他单元格下移或右移。

在【开始】选项卡中单击【单元格】选项组中的【插入】按钮旁边的▾按钮，在弹出的下拉列表中选择【插入单元格】选项，打开【插入】对话框，选中【活动单元格下移】单选按钮，单击【确定】按钮，即可在当前位置插入空白单元格区域，原位置数据则下移一行，如图 4-5-30 和图 4-5-31 所示。

图 4-5-30　【插入】对话框

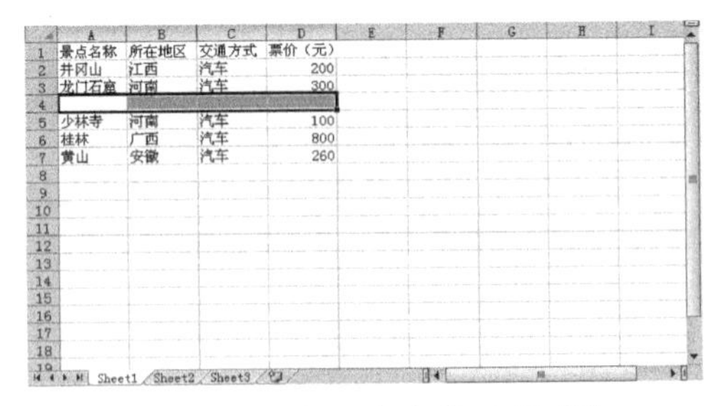

图 4-5-31　插入空白单元格区域

9．删除单元格

在 Excel 工作表中，用户可以删除不需要的单元格。首先选择需要删除的单元格，然后在【开始】选项卡中单击【单元格】选项组中的【删除】按钮旁边的▾按钮，在弹出的下拉列表中选择【删除单元格】选项即可，如图 4-5-32 所示。也可以在选择的单元格区域内用鼠标右键单击，在弹出的快捷菜单中执行【删除】命令，这时会打开【删除】对话框，选中相应的单选按钮，如图 4-5-33 所示，单击【确定】按钮，选择的单元格即被删除。

图 4-5-32 【删除单元格】选项

图 4-5-33 【删除】对话框

10．清除单元格

清除单元格是删除单元格中的内容（公式和数据）、格式（包括数字格式、条件格式和边框）以及任何附加的批注等。

首先选中要清除内容的单元格，然后单击【开始】选项卡【编辑】选项组中的按钮，在弹出的下拉列表中选择【全部清除】选项，单元格中的数据和格式就会被全部删除。根据需要也可以选择【清除格式】命令，此时将只会清除单元格格式而保留单元格的内容或批注。

4.6 文 本 输 入

新建一个空白工作簿时，在单元格中输入数据，某些输入的数据 Excel 会自动地根据数据的特征进行处理并显示出来。为了更好地利用 Excel 强大的数据处理能力，需要了解 Excel 的输入规则和方法。

1．输入文本和数值

（1）输入文本。文本是单元格中经常使用的一种数据类型，包括汉字、英文字母、数字和符号等。每个单元格最多可包含 32767 个字符。

在单元格中输入“9 号运动员”，Excel 会将它显示为文本形式；若将“9”和“运动员”分别输入到不同的单元格中，Excel 则会把“运动员”作为文本处理，而将“9”作为数值处理，如图 4-6-1 所示。

注意：*要在单元格中输入文本，应先选择该单元格，输入文本后按【Enter】键，Excel 会自动识别文本类型，并将文本对齐方式默认设置为“左对齐”。*

如果单元格列宽容纳不下文本字符串，则可占用相邻的单元格，若相邻的单元格中已有数据，就截断显示，被截断不显示的部分仍然存在，只需增大列宽即可显示出来，如图 4-6-2 所示。

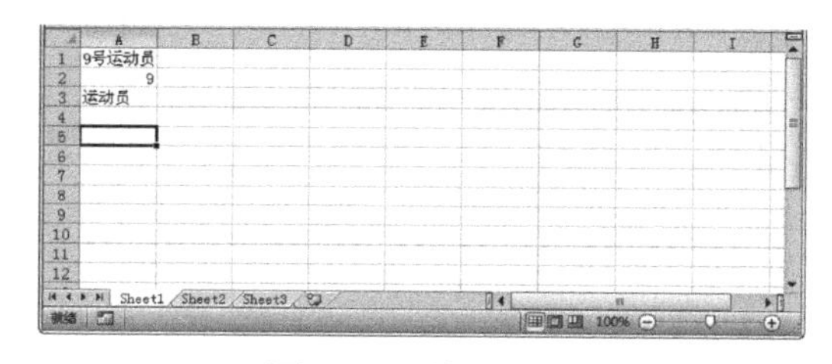

图 4-6-1 输入文本

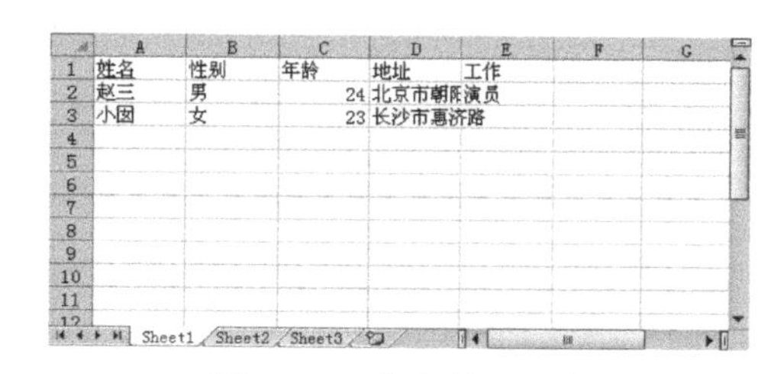

图 4-6-2 文字显示不全

如果在单元格中输入的是多行数据，在换行处按下【Alt+Enter】组合键，可以实现换行。换行后在一个单元格中将显示多行文本，行的高度也会自动增大，如图 4-6-3 所示。

（2）输入数值。数值型数据是 Excel 中使用最多的数据类型。

在选择的单元格中输入数值时，数值将显示在活动单元格和编辑栏中。单击编辑栏左侧的按钮，可将正在输入的内容取消；如果要确认输入的内容，则可按【Enter】键或单击编辑栏左侧的✔按钮。如果数值输入错误或者需要修改数值，也可以通过鼠标左键双击单元格来重新输入。

在单元格中输入数值型数据后按【Enter】键，Excel 会自动将数值的对齐方式设置为“右对齐”。

在单元格中输入数值型数据的规则如下：

① 输入分数时，为了与日期型数据区分，需要在分数之前加一个零和一个空格。例如，在 A1 中输入“2/5”，则显示“2 月 5 日”；在 B1 中输入“0 2/5”，则显示“2/5”，值为 0.4，如图 4-6-4 所示。

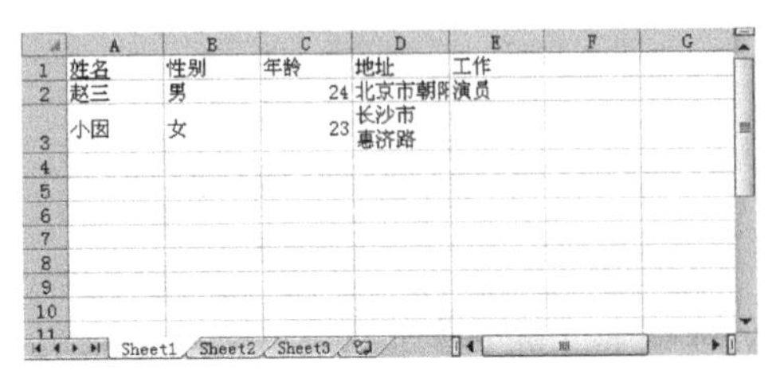

图 4-6-3　使用【Alt+Enter】组合键换行

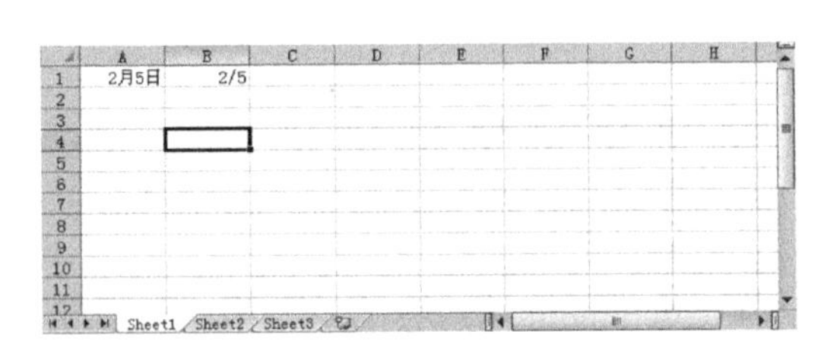

图 4-6-4　分数输入

② 如果输入以数字 0 开头的数字串，Excel 将自动省略 0，也就是不会显示开头的 0。如果要保持输入的内容不变，可以先输入“'”，再输入数字或字符。例如，在 C3 中输入“'00124”，按【Enter】键后显示为左对齐的 00124，如图 4-6-5 所示。

③ 若单元格容纳不下较长的数字，则会用科学计数法显示该数据，如图 4-6-6 所示。

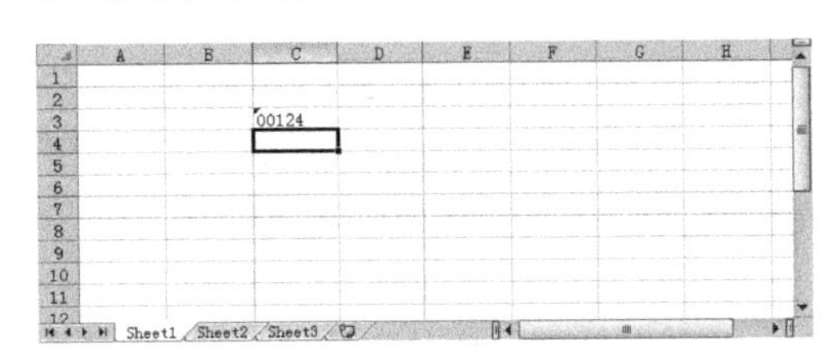

图 4-6-5　输入以“0”开头的字符串

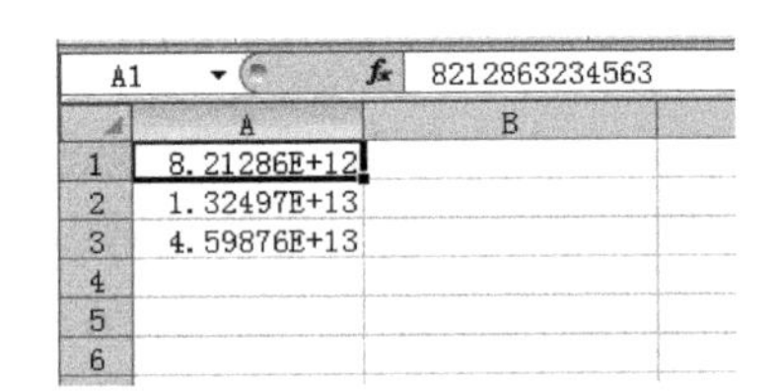

图 4-6-6　科学计数法显示数据

2．输入日期和时间

在工作表中输入日期或时间时，为了与普通的数值数据相区别，需要用特定的格式定义时间和日期。Excel 内置了一些日期和时间的格式，当输入的数据与这些格式相匹配时，Excel 会自动将它们识别为日期或时间数据，如图 4-6-7 和图 4-6-8 所示。

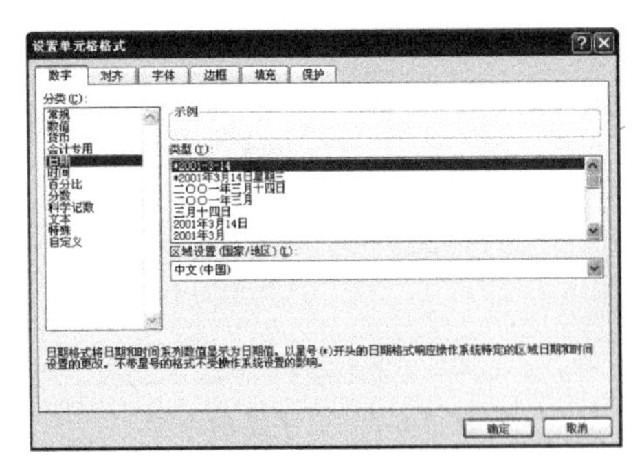

图 4-6-7　设置日期

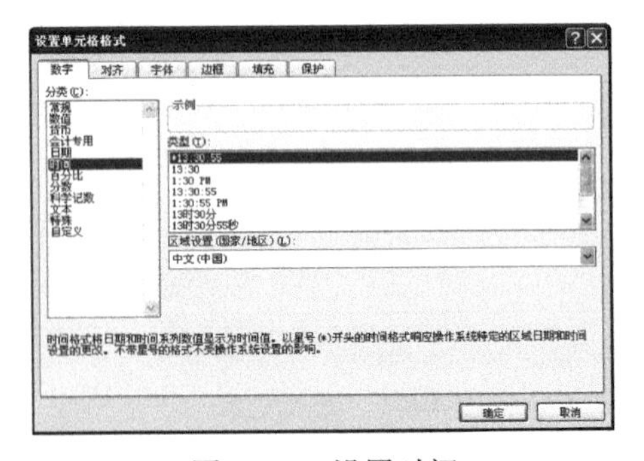

图 4-6-8　设置时间

（1）输入日期。在输入日期时，为了含义确定和查看方便，可以用左斜线或短线分隔日期的年、月、日，如“2017/12/12”或者“2017-12-12”；如果要输入当前的日期，按【Ctrl+;】组合键即可，如图 4-6-9 所示。

（2）输入时间。输入时间时，小时、分、秒之间用冒号（:）作为分隔符。在输入时间时，如果按 12 小时制输入时间，需要在时间的后面空一格再输入字母 am（上午）或 pm（下午）。例如，输入“8:20 am”，按下【Enter】键的时间结果是 08:20AM，如图 4-6-10 所示。如果要输入当前的时间，按【Ctrl+Shift+;】组合键即可。

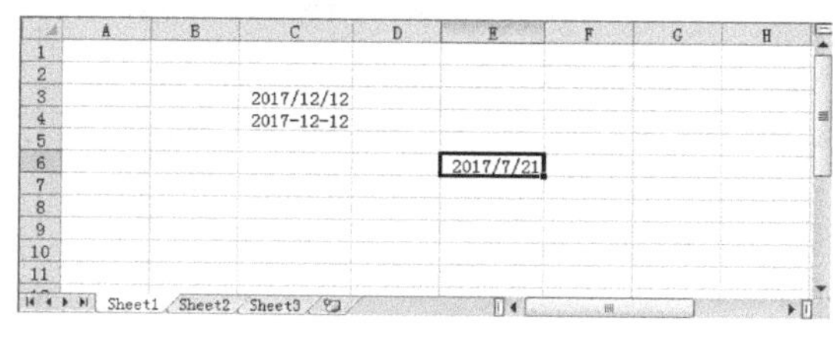

图 4-6-9　输入日期

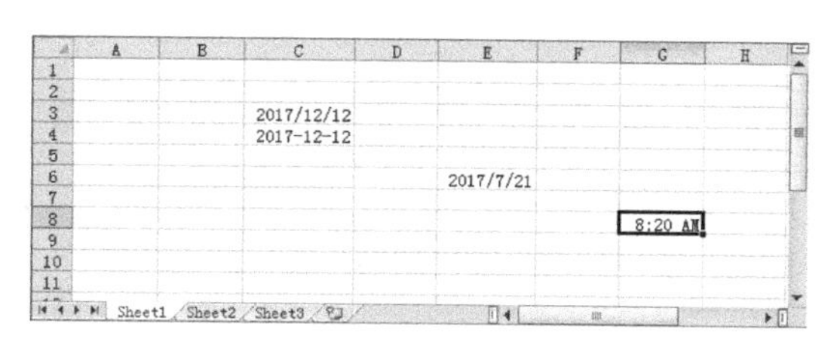

图 4-6-10　输入时间

日期和时间型数据在单元格中靠右对齐。如果 Excel 不能识别输入的日期或时间格式，输入的数据将被视为文本并在单元格中靠左对齐。

特别需要注意的是，若单元格中首次输入的是日期，则单元格就自动格式化为日期格式，以后如果输入一个普通数值，系统仍然会换算成日期显示。

3．撤销与恢复输入内容

利用 Excel 2010 提供的撤销与恢复功能可以快速地取消误操作，使工作效率有所提高。

（1）撤销。在进行输入、删除和更改等单元格操作时，Excel 2010 会自动记录下最新的操作和刚执行过的命令。当不小心错误地编辑了表格中的数据时，可以利用【撤销】按钮撤销上一步的操作。

提示： Excel 中的多级撤销功能可用于撤销最近的 16 步编辑操作。但有些操作，如存盘设置选项或删除文件则是不可撤销的，因此在执行文件的删除操作时要小心，以免破坏辛苦工作的成果。

（2）恢复。【撤销】和【恢复】可以看成是一对可逆的操作，在经过撤销操作后，【撤销】按钮右边的【恢复】按钮将被置亮，表明【恢复】按钮可操作。

【撤销】按钮和【恢复】按钮，默认情况下均在快速访问工具栏中。未进行操作之前，【撤销】按钮和【恢复】按钮是灰色不可用的。

4.7　常见的单元格数据类型

在单元格进行数据输入时，有时输入的数据和单元格中显示的数据不一样，或者显示的数据格式与所需要的不一样，这是因为 Excel 单元格数据有不同的类型。要正确地输入数据，必须先对单元格数据类型有一定的了解。如图 4-7-1 所示，A 列为常规格式的数据显示，B 列为文本格式，C 列为数值格式。

选择需要设置格式的单元格区域并用鼠标右键单击，在弹出的快捷菜单中执行【设置单元格格式】命令，打开【设置单元格格式】对话框，选择【数字】选项卡，在【分类】列表框中选择格式类型即可，如图 4-7-2 所示。

1．常规格式

常规格式是不包含特定格式的数据格式，Excel 中默认的数据格式即为常规格式。按【Ctrl+Shift+~】组合键，可以应用“常规”格式，如图 4-7-3 所示。

2．数值格式

数值格式主要用于设置小数点的位数。用数值表示金额时，还可以使用千位分隔符表示，如

图 4-7-4 所示。

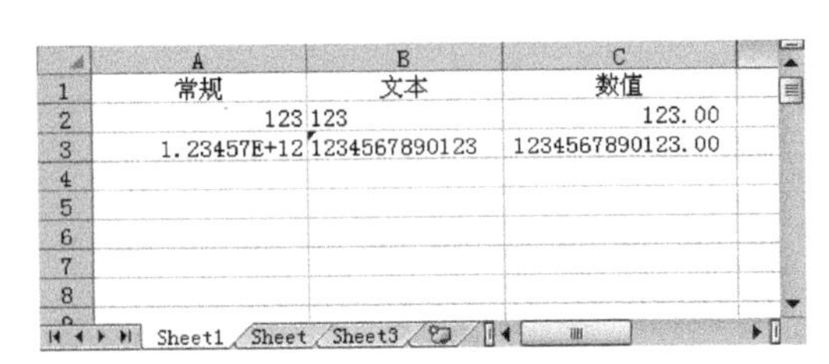

图 4-7-1 不同数据类型的显示

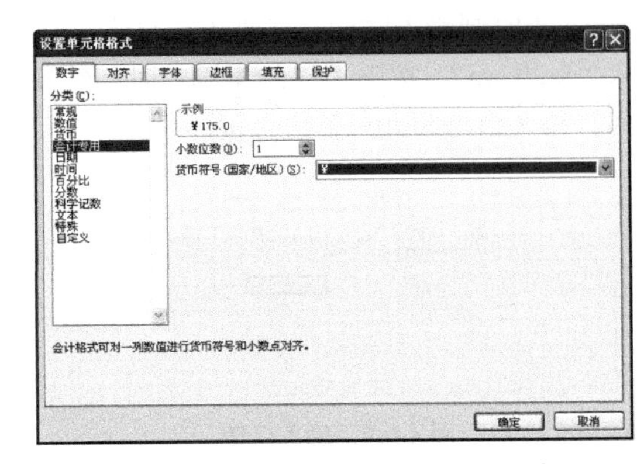

图 4-7-2 【设置单元格格式】对话框

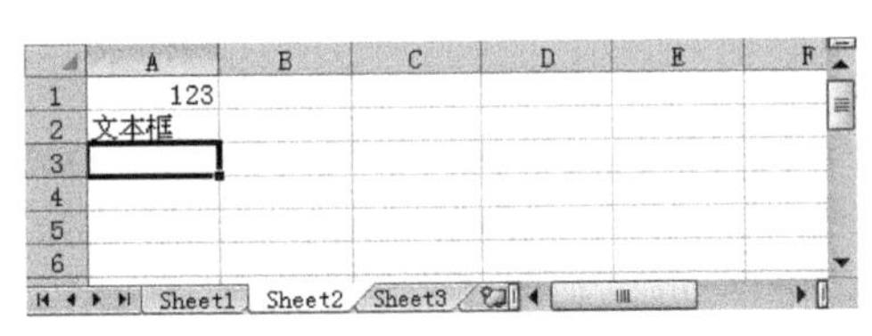

图 4-7-3 常规格式

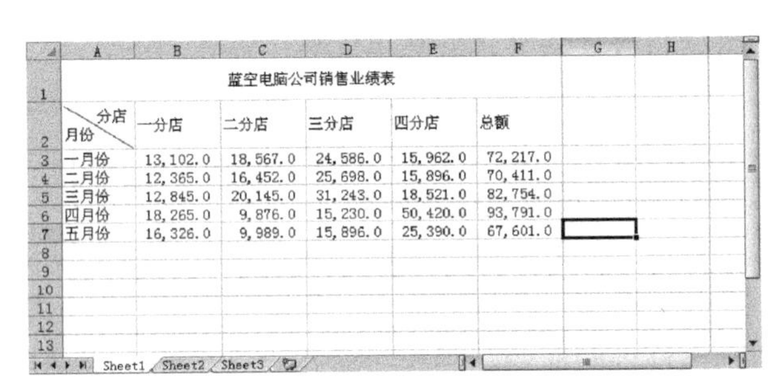

图 4-7-4 数值格式

3．货币格式

货币格式主要用于设置货币的形式，包括货币类型和小数位数。按【Ctrl+Shift+$】组合键，可以应用带两位小数位的“货币”数字格式。货币格式的设置可以有两种方式：一种是先设置后输入，另一种是先输入后设置。图 4-7-5 中的数据为货币格式。

4．会计专用格式

会计专用格式顾名思义是为会计设计的一种数据格式，它也是用货币符号标示数字，货币符号包括人民币符号和美元符号等。它与货币格式不同的是，会计专用格式可以将一列数值中的货币符号和小数点对齐，如图 4-7-6 所示。

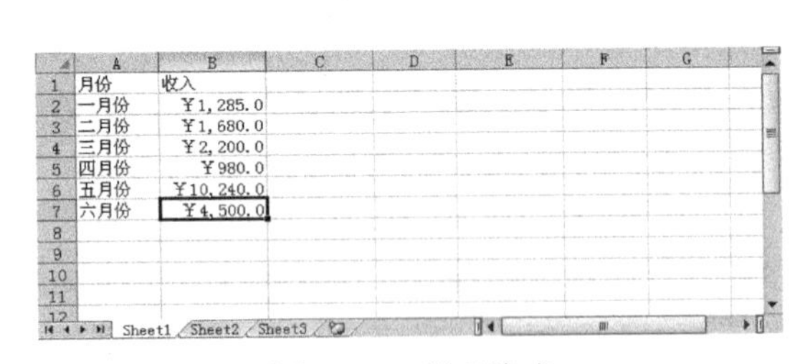

图 4-7-5 货币格式

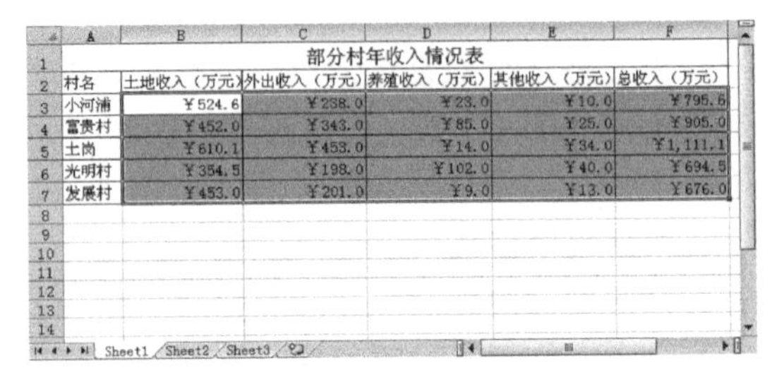

图 4-7-6 会计专用格式

5．时间和日期格式

在单元格中输入日期或时间时，系统会以默认的日期和时间格式显示。也可通过【设置单元格格式】对话框进行设置，用其他的日期和时间格式来显示数字，如图 4-7-7 和图 4-7-8 所示。

6．百分比格式

单元格中的数字显示为百分比格式有两种情况，先设置后输入和先输入后设置。下面以先设置后输入为例，介绍设置百分比格式的方法。

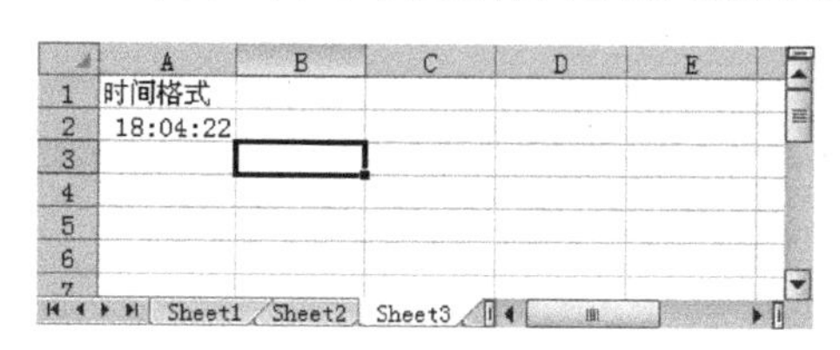

图 4-7-7　时间格式

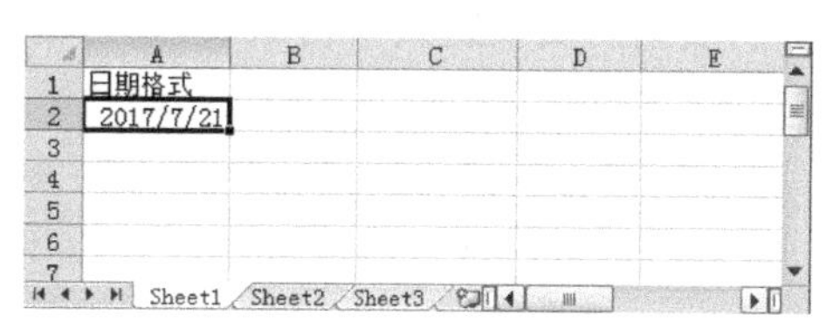

图 4-7-8　日期格式

（1）新建一个空白工作表，输入如图 4-7-9 所示的内容，并选择 A2:A6 区域，然后在【设置单元格格式】对话框中设置单元格数字格式为【百分比】,【小数位数】为“2”，单击【确定】按钮。

（2）在 A2:A6 区域输入数字，如图 4-7-10 所示。可以看出，系统只是应用了 2 位小数和加上了“%”符号。

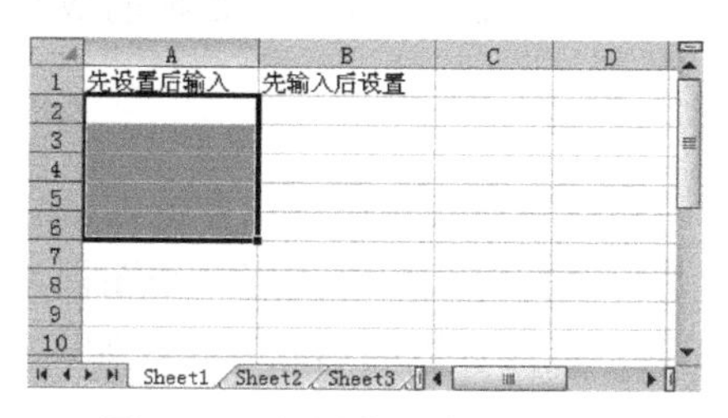

图 4-7-9　设置单元格数据格式

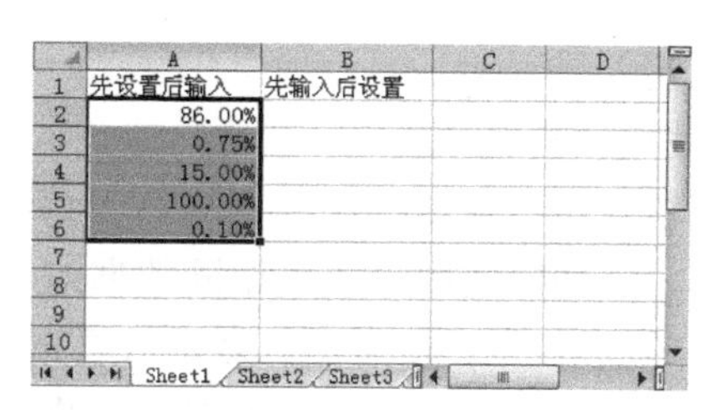

图 4-7-10　百分比格式

先输入再设置百分比格式的效果如图 4-7-11 所示。

提示：按【Ctrl+Shift+%】组合键，可以应用不带小数位的百分比格式。

7．分数格式

默认情况下在单元格中输入“2/5”后按【Enter】键，会显示为 2 月 5 日，要将它显示为分数，可以先应用分数格式，再输入相应的分数，如图 4-7-12 所示。

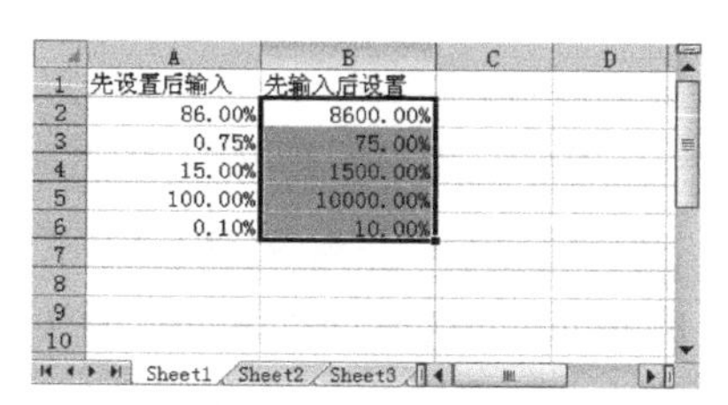

图 4-7-11　先输入再设置百分比格式

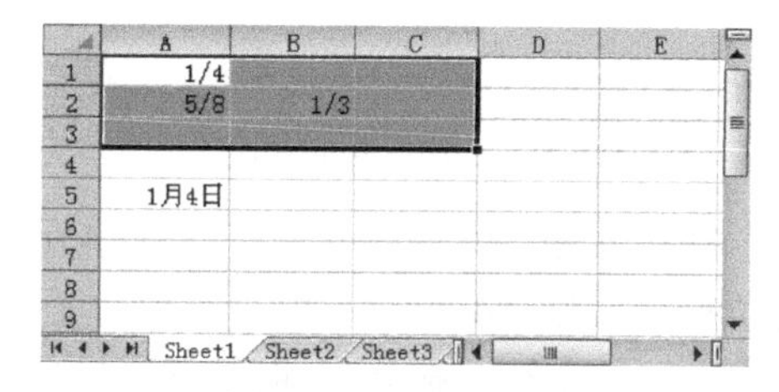

图 4-7-12　输入分数

提示：如果不需要对分数进行运算，可以在单元格中输入分数之前，通过选择【设置单元格格式】对话框【数字】选项卡的【分类】列表框中的【文本】选项，将单元格设置为文本格式。这样，输入的分数就不会减小或转换为小数。

8．科学记数格式

科学记数格式是以科学计数法的形式显示数据，它适用于输入较大的数值。在 Excel 默认情况下，如果输入的数值较大，将被自动转化成科学记数格式。图 4-7-13 中的数据为科学计数格式。

也可以根据需要直接设置科学记数格式，按【Ctrl+Shift+^】组合键，可以应用带两位小数的科学记数格式。

9．文本格式

文本格式中最直观最常见的输入数据是汉字、字母和符号，数字也可以作为文本格式输入，只需要在输入数字时先输入“'”即可。Excel 2010 中文本格式默认左对齐，和其他格式一样，我们也可以根据需要设置文本格式。

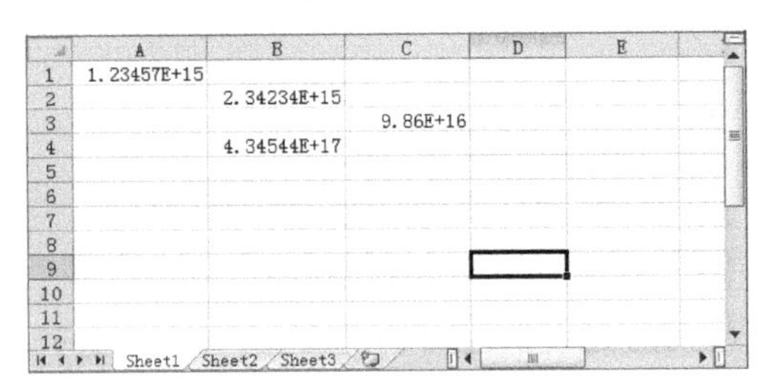

图 4-7-13　科学计数格式

4.8　快速填充表格数据

Excel 2010 提供了快速输入数据的功能，利用它可以提高向 Excel 中输入数据的效率，并且可以降低输入错误率。

1．使用填充柄填充

填充柄是位于当前活动单元格右下角的黑色方块，用鼠标拖动或者用鼠标左键双击它可进行填充操作，该功能适用于填充相同数据或者序列数据信息。填充完成后会出现一个图标，单击图标，在弹出的下拉列表中会显示填充方式，可以在其中选择合适的填充方式，如图 4-8-1 所示。使用填充柄实现快速填充的具体操作步骤如下：

（1）启动 Excel 2010，新建一个空白文档，输入内容，如图 4-8-2 所示。

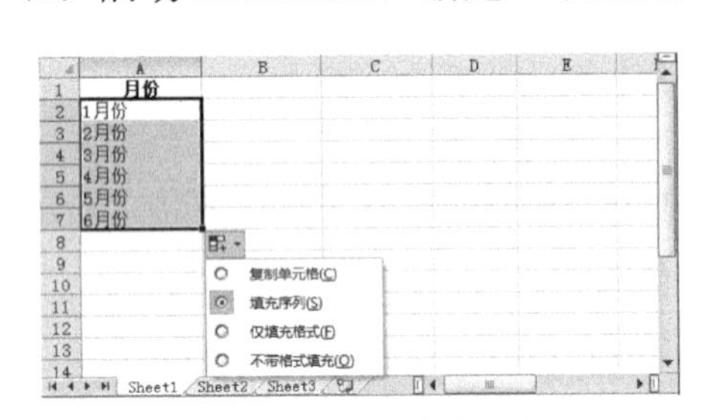

图 4-8-1　选择填充方式

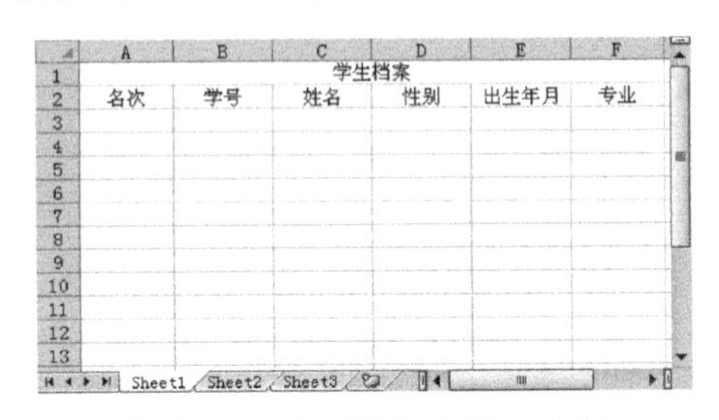

图 4-8-2　在工作表中输入内容

（2）在单元格 A3 中输入“1”，在单元格 A4 中输入“2”，选择单元格区域 A3:A4，将鼠标指针定位在单元格 A4 的右下角，当指针变成**+**形状时向下拖动，即可完成“名次”的快速填充。在单元格 F3 中输入“数学”，将鼠标指针定位在单元格 F3 的右下角，当指针变成**+**形状时向下拖动，即可完成文本的快速填充，如图 4-8-3 所示。

（3）在 D3 和 D4 中分别输入“男”、“女”，选择单元格 D5，按【Alt+↓】组合键，在单元格 D5 的下方会显示已经输入数据的列表，选择相应的选项，即可快速输入，如图 4-8-4 所示。

图 4-8-3　使用填充柄填充

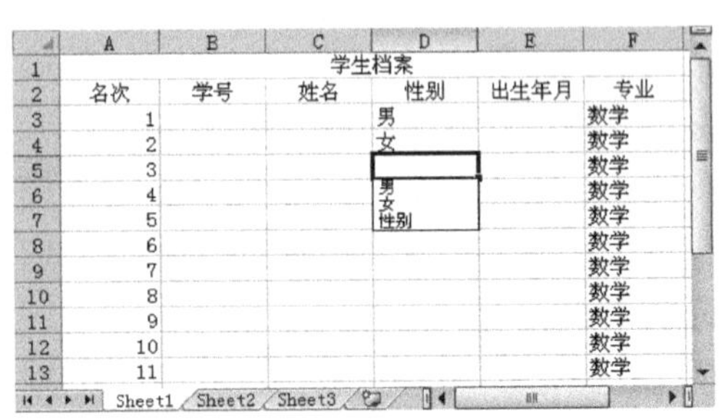

图 4-8-4　数据选择列表

2. 使用填充命令填充

在 Excel 中，除使用填充柄进行快速填充外，还可以使用填充命令自动填充。

（1）启动 Excel 2010，新建一个空白工作表，在单元格 A1 中输入“Microsoft Excel 2010”。

（2）选择要填充序列的单元格区域 A1:A10，在【开始】选项卡中单击【编辑】选项组中的【填充】按钮，在弹出的下拉列表中选择【向下】选项，如图 4-8-5 所示。

（3）填充后的效果如图 4-8-6 所示。

提示：使用填充命令自动填充时，只有一些特定位置的单元格区域才可以被填充，如向上、向左和向右等方位。

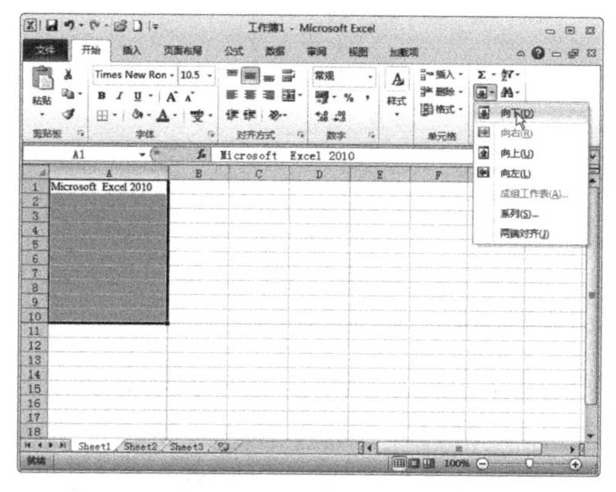

图 4-8-5 【向下】选项

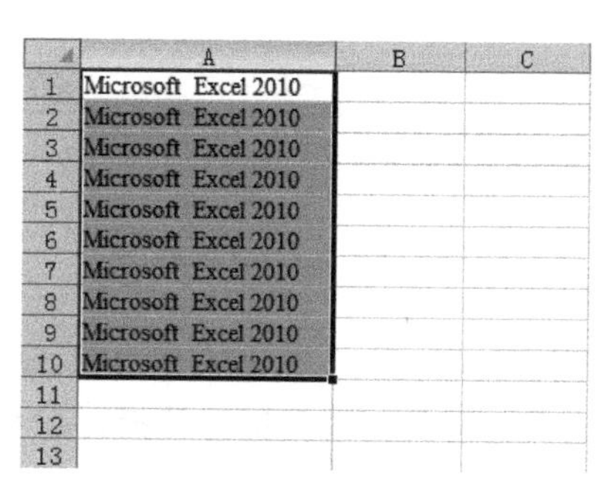

图 4-8-6 填充效果

3. 自定义序列填充

在 Excel 中还可以自定义填充序列，这样可以给用户带来很大的方便。自定义填充序列可以是一组数据，按重复的方式填充行和列。用户可以自定义一些序列，也可以直接使用 Excel 中已定义的序列。

自定义序列填充的具体操作步骤如下：

（1）新建一个工作表，选择【文件】选项卡，执行【选项】命令。

（2）打开【Excel 选项】对话框，单击左侧的【高级】类别，在右侧下方的【常规】栏中单击【编辑自定义列表】按钮，如图 4-8-7 所示。

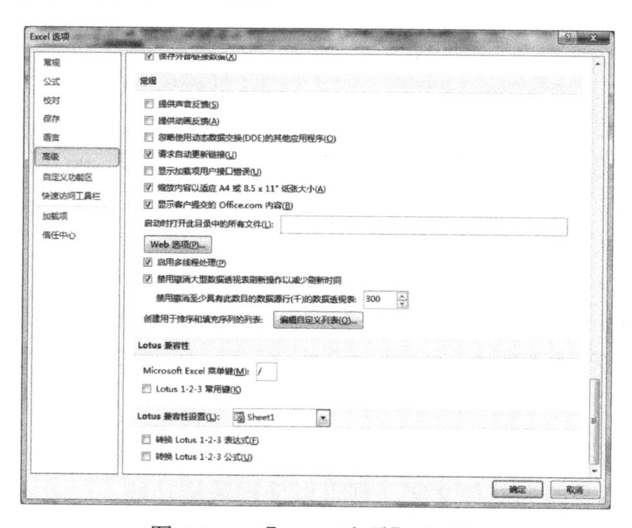

图 4-8-7 【Excel 选项】对话框

（3）打开【自定义序列】对话框，在【输入序列】文本框中输入内容，单击【添加】按钮，将定义的序列添加到【自定义序列】列表框中，如图 4-8-8 所示。

（4）返回工作表，在单元格 A1 中输入“东北”，把鼠标指针定位在单元格 A1 的右下角，当指针变成**+**形状时向下拖动鼠标，即可完成自定义序列的填充，如图 4-8-9 所示。

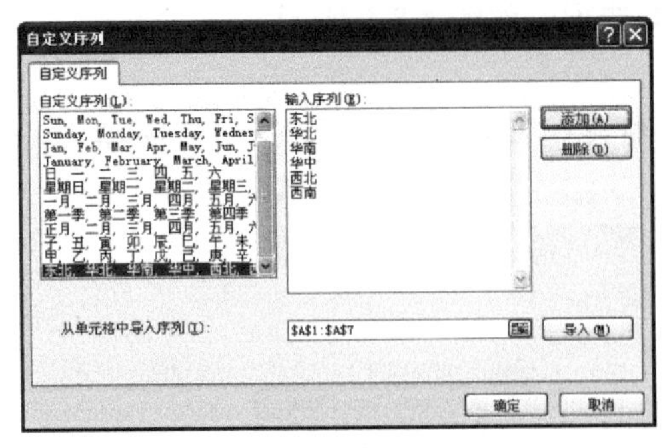

图 4-8-8　添加自定义序列

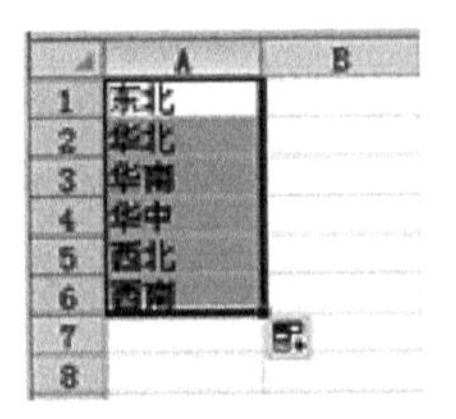

图 4-8-9　自定义序列填充效果

4.9　查找和替换

使用 Excel 2010 提供的查找和替换功能，用户可以在工作表中快速查找到所需数据，并且可以有选择地用其他数据进行替换。在 Excel 2010 中，用户可以在一个工作表的选择区域内进行查找和替换，也可以在多个工作表内进行查找和替换，只需要选择所需查找和替换的范围即可。查找和替换的具体操作介绍如下。

1. 查找数据

（1）打开一个事先准备好的名为“学生选修课程成绩表.xlsx”的文件。在【开始】选项卡中单击【编辑】选项组中的【查找和选择】按钮，在弹出的下拉列表中选择【查找】选项，如图 4-9-1 所示。

（2）打开【查找和替换】对话框，在【查找内容】文本框中输入要查找的内容，如输入“李思恩”，单击【查找下一个】按钮，查找下一个符合条件的单元格，而且这个单元格会自动成为活动单元格，如图 4-9-2 所示。

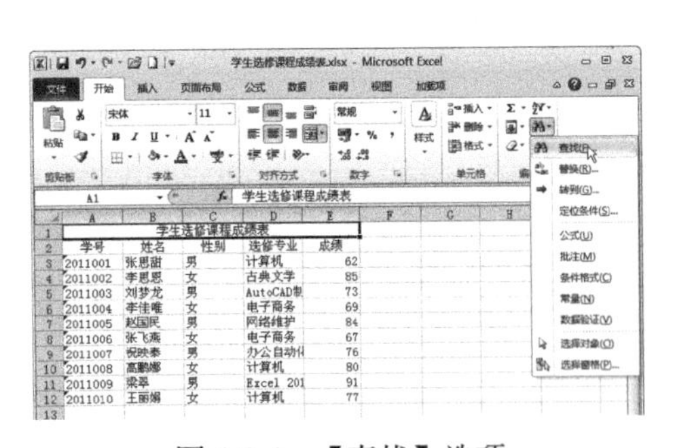

图 4-9-1　【查找】选项

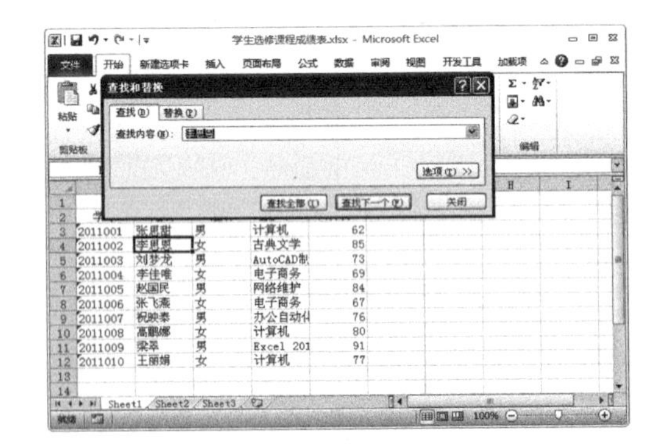

图 4-9-2　【查找和替换】对话框

2. 替换数据

替换数据的操作和查找数据的操作相似，如果只需要找出所需查找的内容，使用查找功能即可，如果查找的内容需要替换为其他文字，则可以使用替换功能。

（1）在【开始】选项卡中单击【编辑】选项组中的【查找和选择】按钮，在弹出的下拉列表中选择【替换】选项。

（2）打开【查找和替换】对话框，在【查找内容】文本框中输入要查找的内容，如“李佳唯”，在【替换为】文本框中输入要替换成的内容，如“李佳微”，如图 4-9-3 所示。单击【查找下一个】按钮，查找到相应的内容后，单击【替换】按钮，将替换成指定的内容。再单击【查找下一个】按钮，可以继续查找并替换。

（3）单击【全部替换】按钮，则替换整个工作表中所有符合条件的单元格数据。全部替换完成后会打开如图 4-9-4 所示的提示对话框。

图 4-9-3　【查找和替换】对话框

图 4-9-4　替换结果提示对话框

提示： 在进行查找和替换操作时，如果不能确定完整的搜索信息，可以使用通配符“?”和“*”来代替不能确定的部分信息。“?”代表一个字符，“*”代表一个或多个字符。

4.10　设置对齐方式

对齐方式是指单元格中的数据显示在单元格中上、下、左、右的相对位置。Excel 2010 允许为单元格数据设置的对齐方式有左对齐、右对齐和合并居中对齐等。默认情况下，单元格的文本是左对齐，数字是右对齐。

1．对齐方式

【开始】选项卡中的【对齐方式】选项组（见图 4-10-1）中，对齐方式按钮的功能说明如下：

（1）【顶端对齐】按钮：选择需调整的单元格，单击该按钮，可使选择的单元格或单元格区域内的数据沿单元格的顶端对齐。

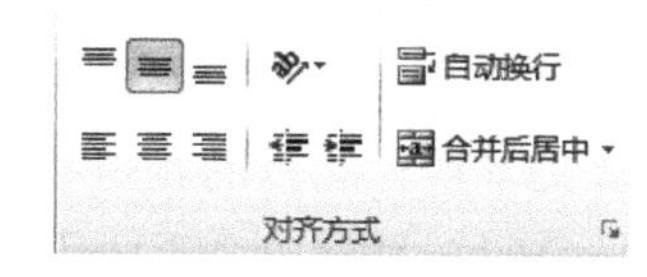

图 4-10-1　【对齐方式】组

（2）【垂直居中】按钮：选择需调整的单元格，单击该按钮，可使选择的单元格或单元格区域内的数据在单元格内上下居中。

（3）【底端对齐】按钮：选择需调整的单元格，单击该按钮，可使选择的单元格或单元格区域内的数据沿单元格的底端对齐。

（4）【方向】按钮：选择需调整的单元格，单击该按钮，将弹出下拉列表，可根据各个列表命令左侧显示的样式进行选择，包括逆时针角度、顺时针角度、竖排文字、向上旋转文字、向下旋转文字等。

（5）【左对齐】按钮：选择需调整的单元格，单击该按钮，可使选择的单元格或单元格区域内的数据在单元格内左对齐。

（6）【居中】按钮：选择需调整的单元格，单击该按钮，可使选择的单元格或单元格区域内的数据在单元格内水平居中显示。

（7）【右对齐】按钮：选择需调整的单元格，单击该按钮，可使选择的单元格或单元格区域内的数据在单元格内右对齐。

（8）【减少缩进量】按钮：选择需调整的单元格，单击该按钮，可以减少边框与单元格文字间的边距。

（9）【增加缩进量】按钮：选择需调整的单元格，单击该按钮，可以增加边框与单元格文字间的边距。

（10）【自动换行】按钮：选择需调整的单元格，单击该按钮，可以使单元格中的所有内容以多行的形式全部显示出来。

（11）【合并后居中】按钮：选择需调整的单元格，单击该按钮，可以使选择的各个单元格合并为一个单元格，并将合并后的单元格内容水平居中显示。单击此按钮旁边的按钮，可弹出下拉列表，用来设置合并的形式。

使用功能区中的按钮设置数据对齐方式的具体操作步骤如下：

（1）打开一个事先准备好的名为“商品销售表.xlsx”的文件。选择单元格区域 A1:E1，单击【对齐方式】组中的【合并后居中】按钮，单元格区域 A1:E1 就会合并为一个单元格，且标题居中显示，如图 4-10-2 所示。

（2）选择单元格区域 A2:E13，单击【对齐方式】组中的【垂直居中】按钮和【居中】按钮，选择区域的数据将被居中对齐，如图 4-10-3 所示。

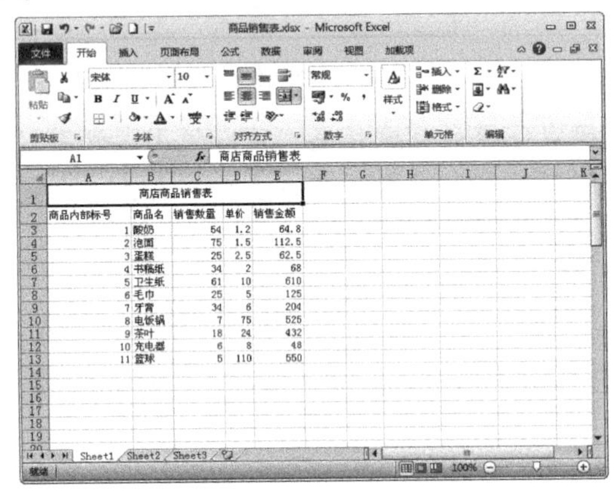

图 4-10-2　合并单元格

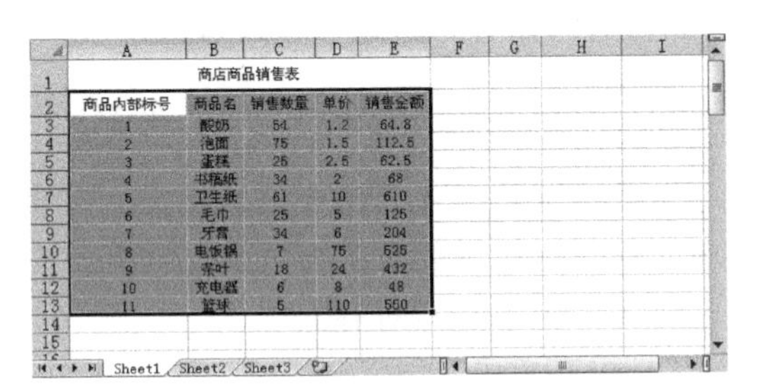

图 4-10-3　设置单元格数据对齐方式

2．自动换行

有时一个单元格内需要输入较多的数据而列宽又不能太大，这时可以使用自动换行功能。设置文本换行的目的就是将文本在单元格内以多行显示。设置文本自动换行的具体操作步骤如下：

（1）新建一个 Excel 空白工作表，输入文字，如果输入的文字过长，就会显示在后面的单元格中或显示不完整，如图 4-10-4 所示。

（2）选择要设置文本换行的单元格区域 A1:A2，在【开始】选项卡中选择【对齐方式】选项组中的【自动换行】按钮；或者在选择的需要换行的单元格区域内用鼠标右键单击，在弹出的快捷菜单中执行【设置单元格格式】命令，在打开的【设置单元格格式】对话框中勾选【自动换行】复选框，设置文本的自动换行，如图 4-10-5 所示，单击【确定】按钮。

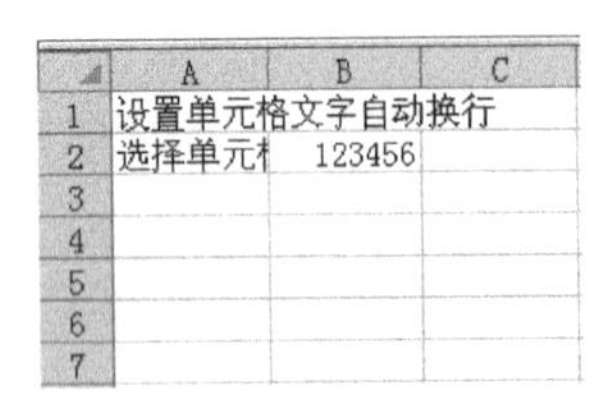

图 4-10-4　单元格内容显示不完整

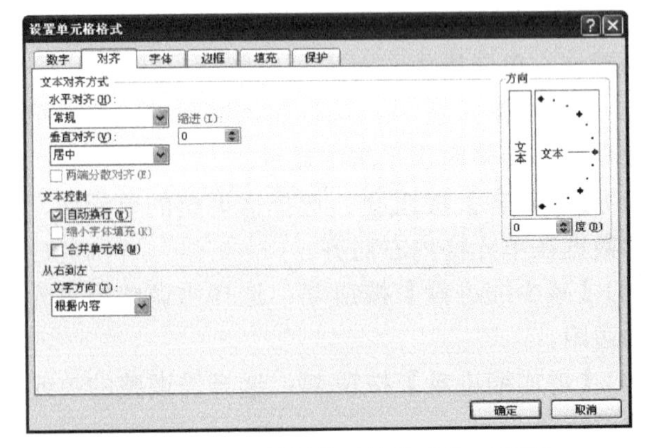

图 4-10-5　【设置单元格格式】对话框

（3）设置自动换行后的效果如图 4-10-6 所示。

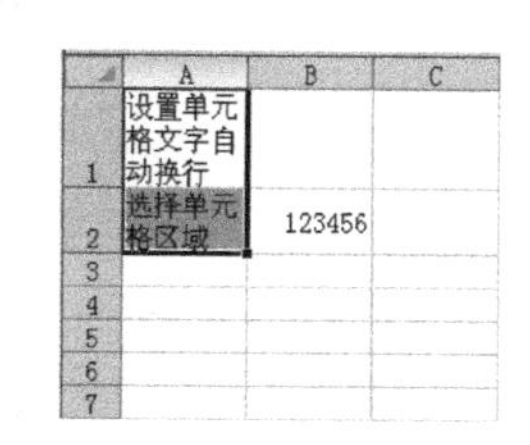

图 4-10-6　设置自动换行后的效果

4.11　设置文本区域边框线

启动 Excel 2010 时，工作表默认显示的表格线是灰色的，并且不可打印。为了使表格线更加清晰、美观，或者需要打印出表格线，用户可以根据需要对表格边框线进行设置。

1. 使用工具栏进行设置

使用【开始】选项卡【字体】组中的边框按钮，可以设置单元格的边框。具体操作步骤如下：

（1）打开一个事先准备好的名为“新生入学信息表.xlsx”的文件，选择要设置边框的单元格区域 A2:G14，如图 4-11-1 所示。

（2）在【开始】选项卡中单击【字体】选项组中的【边框】按钮右侧的按钮，在弹出的【边框】下拉列表中，根据需要选择相应的命令，即可为单元格区域设置相应的边框，如图 4-11-2 所示。

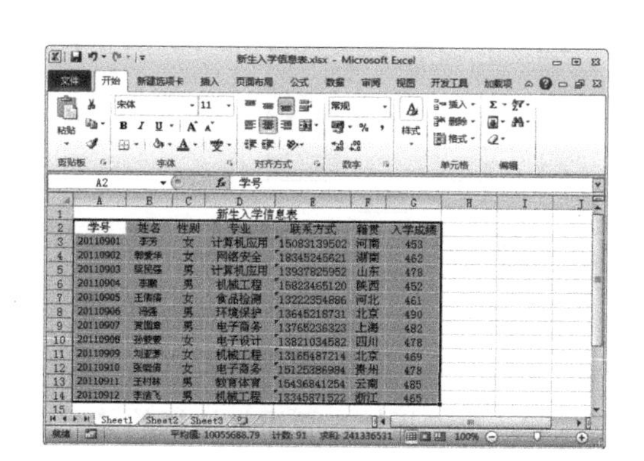

图 4-11-1　选择单元格区域 A2:G14

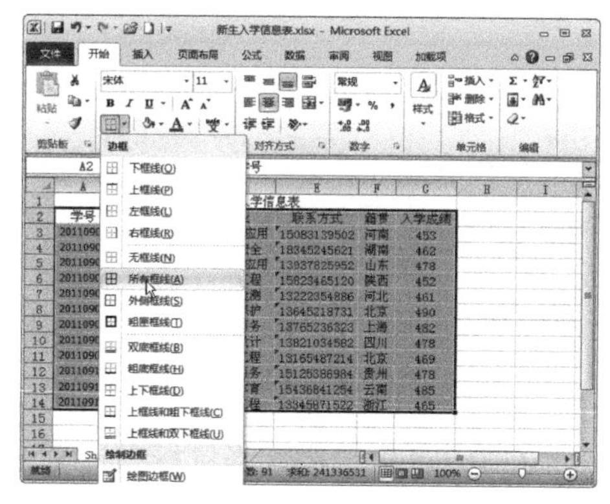

图 4-11-2　选择边框样式

（3）设置所有边框线后的工作表如图 4-11-3 所示。

2. 打印网格线

如果不设置边框线，仅需打印时才显示边框线，可以通过设置打印网格线的功能来实现。具体的操作步骤如下：

（1）打开一个事先准备好的名为“班级成绩表.xlsx”的文件，选择单元格区域 A1:F12 后，单击【页面布局】选项卡【页面设置】选项组右下侧的【页面设置】按钮，打开【页面设置】对话框，如图 4-11-4 所示。

（2）在【工作表】选项卡中勾选【打印】栏中的【网格线】复选框；或者单击【工作表选项】选项组右下角的按钮，在打开的【页面设置】对话框中切换到【工作表】选项卡，勾选【打印】区域中的【网格线】复选框。

（3）单击【确定】按钮，在打印预览状态下可以看到表格中网格的效果，如图 4-11-5 所示。

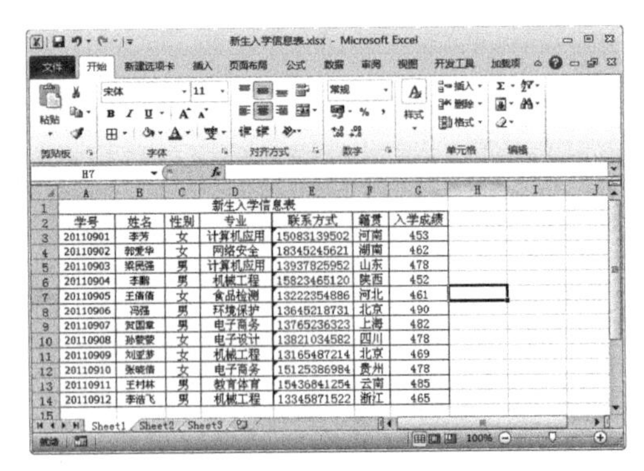

图 4-11-3　设置边框线效果

图 4-11-4　【页面设置】对话框

3．设置边框线型

设置边框线型的具体操作步骤如下：

（1）打开事先准备好的名为“班级成绩表.xlsx”的文件，选择单元格区域 A1:F12。

（2）在【开始】选项卡中选择【字体】选项组中的【边框】按钮右侧的▾按钮，在弹出的下拉列表中执行【线型】命令，在其子列表中选择一种合适的线型，如图 4-11-6 所示。

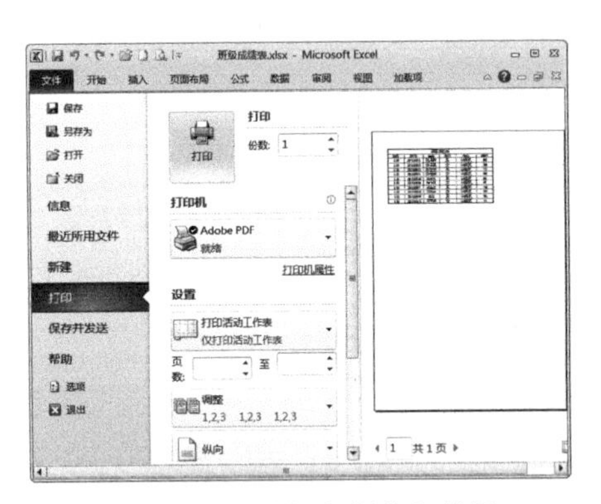

图 4-11-5　【打印预览】效果

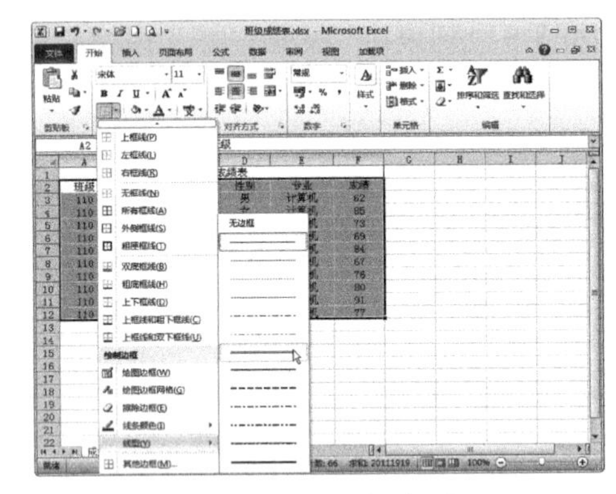

图 4-11-6　选择线型

（3）在 Excel 窗口中，当鼠标指针变成“铅笔”形状时，拖动指针在要添加边框的单元格区域绘制边框，如图 4-11-7 所示。

（4）也可以在【开始】选项卡中选择【字体】选项组中的【边框】按钮右侧的▾按钮，弹出【边框】下拉列表，从中选择边框的设置类型（如【所有框线】），快速应用所选的线型，如图 4-11-8 所示。

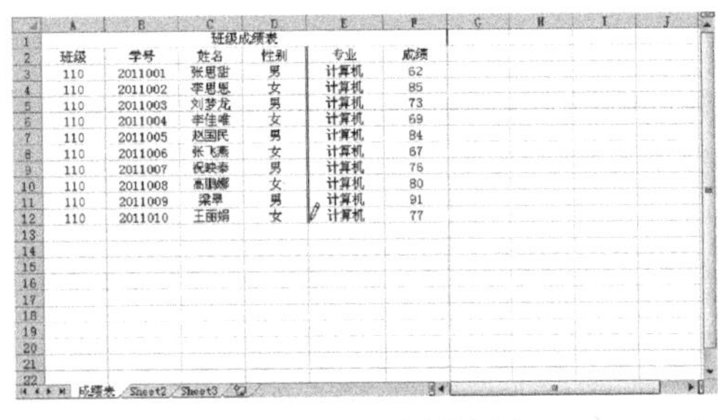

图 4-11-7　绘制边框

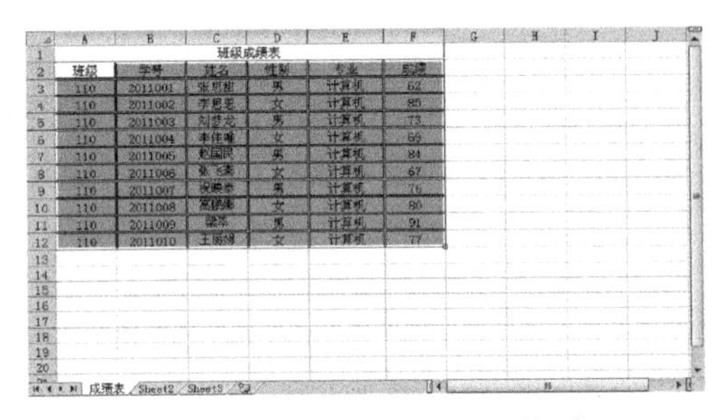

图 4-11-8　快速应用所选线型

4.12 快速设置表格样式

使用 Excel 2010 内置的表格样式可以快速地美化表格。Excel 2010 预置有 60 种常用的格式，用户可以套用这些预先定义好的格式，提高工作效率。

（1）打开事先准备好的名为“个人情况登记表.xlsx”的文件，选择要套用格式的区域 A2:D8，如图 4-12-1 所示。

（2）在【开始】选项卡中单击【样式】选项组中的【套用表格格式】按钮 套用表格格式，在弹出的下拉列表中选择【浅色】选项组中的【表样式浅色 2】选项，如图 4-12-2 所示。

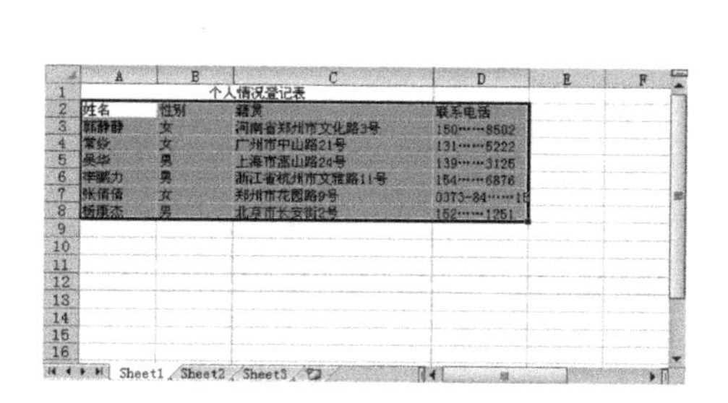

图 4-12-1　选择区域 A2:D8

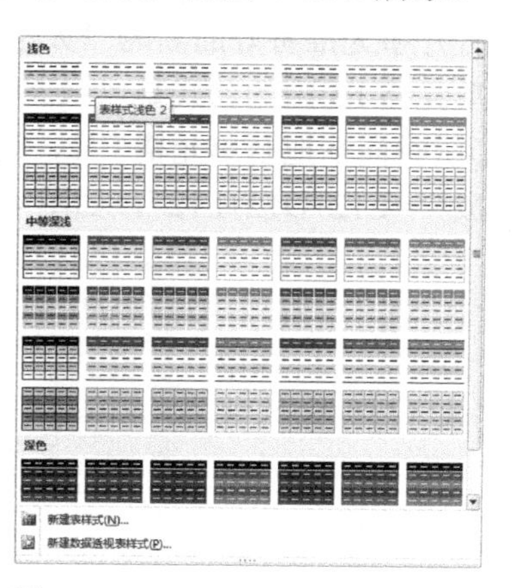

图 4-12-2　【套用表格格式】列表

（3）打开【套用表格式】对话框（如图 4-12-3 所示），单击【确定】按钮即可套用样式，如图 4-12-4 所示。

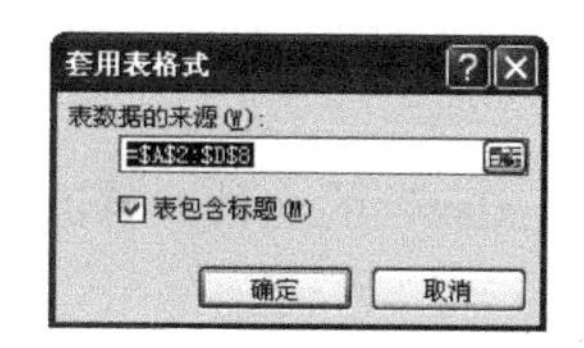

图 4-12-3　【套用表格式】对话框

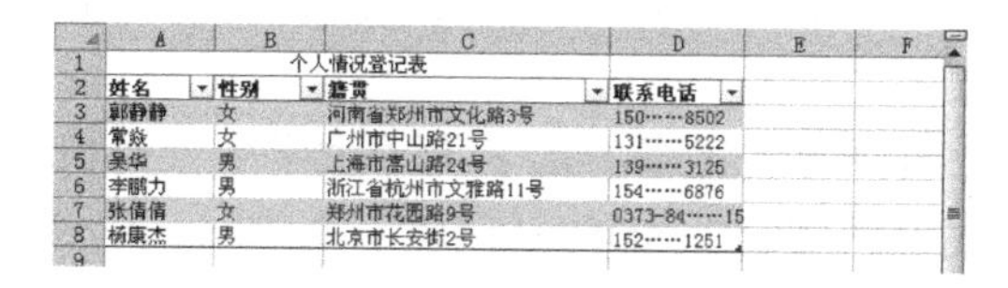

个人情况登记表			
姓名	性别	籍贯	联系电话
郭静静	女	河南省郑州市文化路3号	150……8502
常焱	女	广州市中山路21号	131……5222
吴华	男	上海市嵩山路24号	139……3125
李鹏力	男	浙江省杭州市文雅路11号	154……6876
张倩倩	女	郑州市花园路9号	0373-84……15
杨康杰	男	北京市长安街2号	152……1251

图 4-12-4　套用样式效果

（4）在此样式中单击任意一个单元格，在工具栏中会显示【表格工具】选项卡，可在此进行样式的更改，如图 4-12-5 所示。

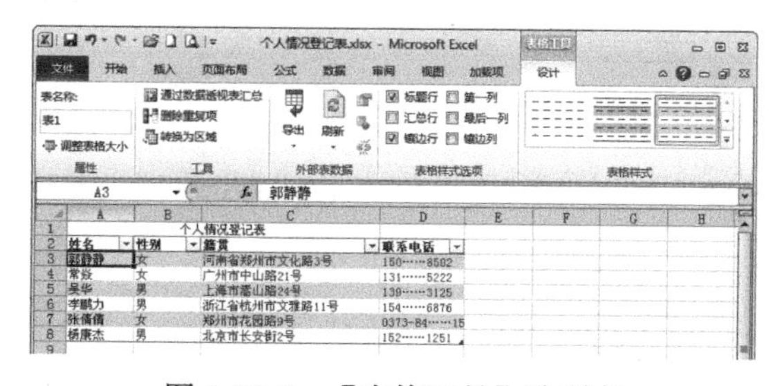

图 4-12-5　【表格工具】选项卡

4.13 单元格引用

单元格的引用就是单元格地址的引用，所谓单元格的引用就是把单元格的数据和公式联系起来。

4.13.1 相对引用和绝对引用

单元格引用样式有相对引用和绝对引用这两种样式，正确地理解和恰当地使用这两种引用样式，对用户使用公式有极大的帮助。

1．相对引用

相对引用是指单元格的引用会随公式所在单元格的位置的变更而改变。复制公式时，Excel系统不会改变公式原有的格式，但是会根据新的单元格地址的改变，来推算出公式中的数据变化。默认的情况下，公式使用的都是相对引用。

（1）打开事先准备好的名为“大学生十月份消费情况调查表.xlsx”的文件。

（2）单元格 F3 中的公式是“=C3+D3+E3”，移动鼠标指针到单元格 F3 的右下角，当指针变成“+”形状时向下拖至单元格 F12，这样就可以完成单元格 F4 到 F12 的公式填充，F12 中的公式则会变成“=C12+D12+F12”，如图 4-13-1 所示。

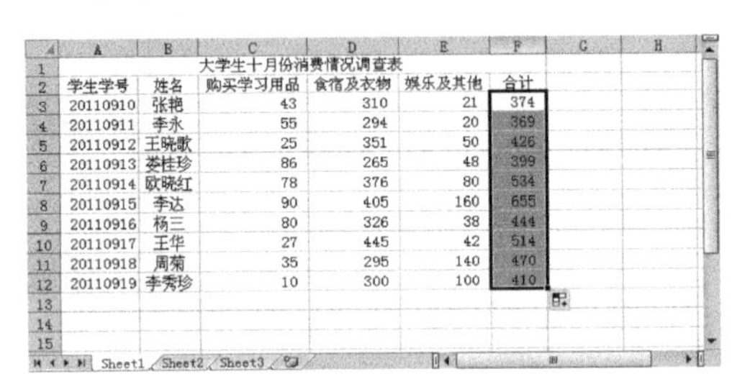

图 4-13-1　相对引用计算“合计”列

2．绝对引用

绝对引用比相对引用更好理解，它是指在复制公式时，无论如何改变公式的位置，其引用单元格的地址都不会改变。绝对引用的表示形式是在普通地址的前面加“$”，如 C1 单元格的绝对引用形式是“$C$1”。

（1）打开事先准备好的名为“大学生十月份消费情况调查表.xlsx”的文件，修改单元格 F3 中的公式为“=$C$3+$D$3+$E$3”，如图 4-13-2 所示。

（2）移动鼠标指针到单元格 F3 的右下角，当指针变成“+”形状时向下拖动至单元格 F12，公式仍然为“=$C$3+$D$3+$E$3”，即表示这种公式为绝对引用，如图 4-13-3 所示。

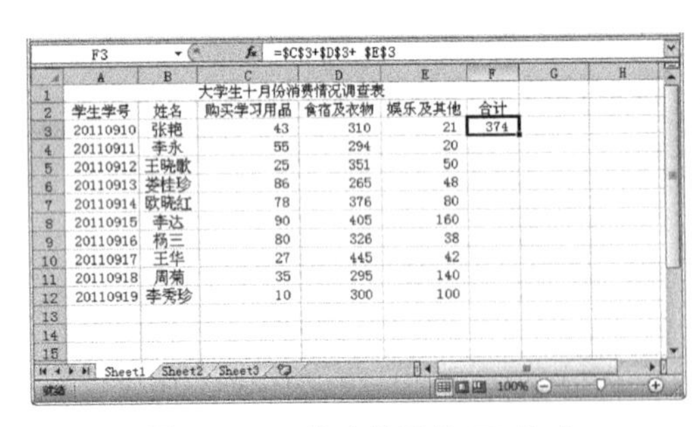

图 4-13-2　修改单元格 F3 公式

图 4-13-3　绝对引用效果

4.13.2 输入引用地址

在定义和使用公式进行数据处理时，很重要的一步操作就是输入操作地址，也就是输入引用地址。

Excel 2010 中可以用 3 种方法来输入选取的地址：

（1）直接输入引用地址。

（2）用鼠标提取地址。

（3）利用【折叠】按钮选择单元格区域地址。

下面分别来介绍它们的使用方法。

1. 输入地址

输入公式时，可以直接输入引用地址。例如，D1单元格中的数据是A1、B1和C1单元格的数据和，可以在D1中直接输入“=A1+B1+C1”，按【Enter】键后会自动计算出D1单元格中的数值为A1、B1和C1三个单元格之和，如图4-13-4所示。

2. 用鼠标提取地址

用鼠标提取地址是当需要用到某个地址时直接用鼠标选择该地址，而不用直接输入地址。例如，D1单元格中的数据是A1、B1和C1单元格的数据和，在D1中输入“=”后可以用鼠标单击A1单元格，这时D1中会自动出现A1的地址，按照这种方法依次完成后续操作即可，如图4-13-5所示。

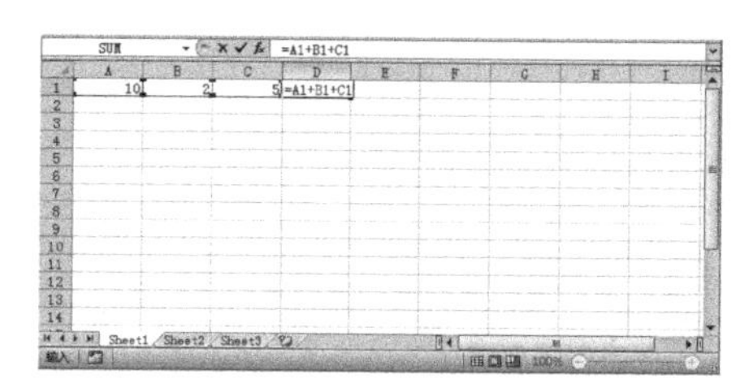

图4-13-4　输入地址

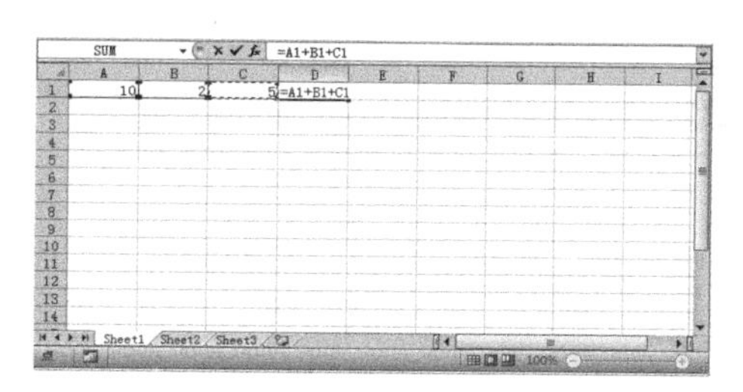

图4-13-5　提取地址

3. 用【折叠】按钮输入

选择需要输入公式的单元格，单击编辑栏中的按钮，选择【SUM】函数，打开SUM函数的【函数参数】对话框，如图4-13-6所示。单击单元格地址引用的文本框右侧的【折叠】按钮，可以将对话框折叠起来，然后用鼠标选择单元格区域，如图4-13-7所示。

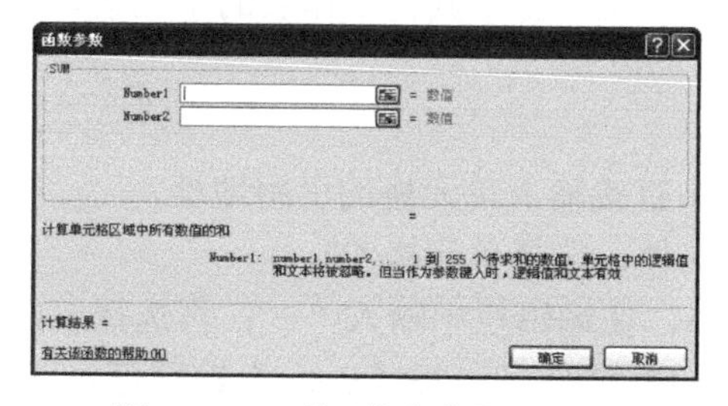

图4-13-6　【函数参数】对话框

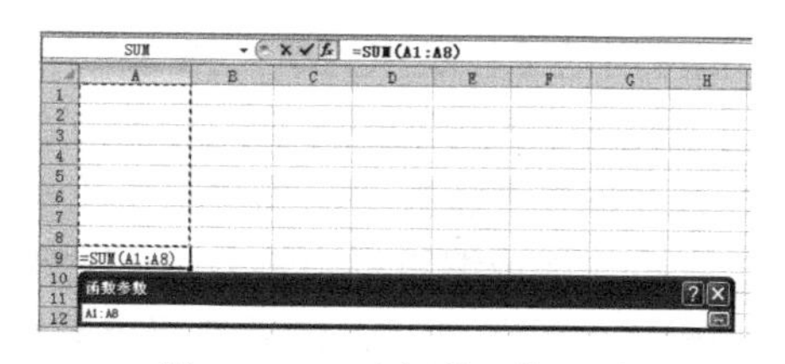

图4-13-7　选择单元格区域

单击右侧的【展开】按钮，可以再次显示【函数参数】对话框，同时提取的地址会自动填入文本框中，如图4-13-8所示。

下面通过SUM函数来讲解如何使用【折叠】按钮输入引用地址，具体的操作步骤如下：

（1）打开事先准备好的名为“家庭消费表.xlsx”的文件，选择单元格F3。

（2）单击编辑栏中的【插入函数】按钮，打开【插入函数】对话框，在【选择函数】列表框中选择【SUM】选项，如图4-13-9所示，单击【确定】按钮。

（3）在打开的【函数参数】对话框中，单击【Number1】文本框右侧的【折叠】按钮。

（4）此时【函数参数】对话框会折叠变小，在工作表中选择单元格区域B3:E3，该区域的引用地址将自动填充到折叠对话框的文本框中，如图4-13-10所示。

（5）单击折叠对话框右侧的【展开】按钮，返回【函数参数】对话框，所选单元格区域的引用地址会自动填入【Number1】文本框中，单击【确定】按钮，函数公式所计算出的数据即被输入到单元格 F3 中，如图 4-13-11 所示。

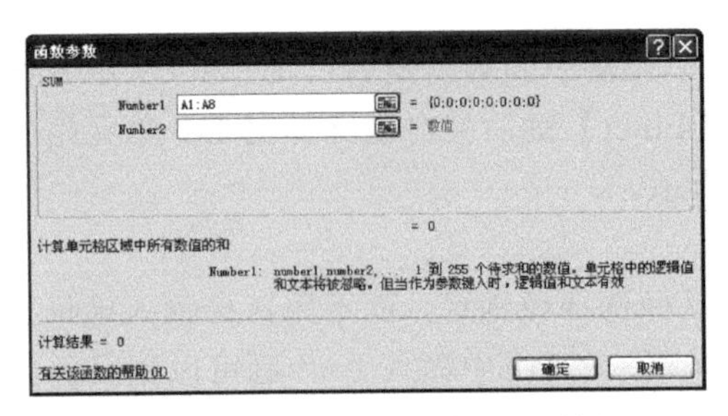

图 4-13-8 【函数参数】对话框

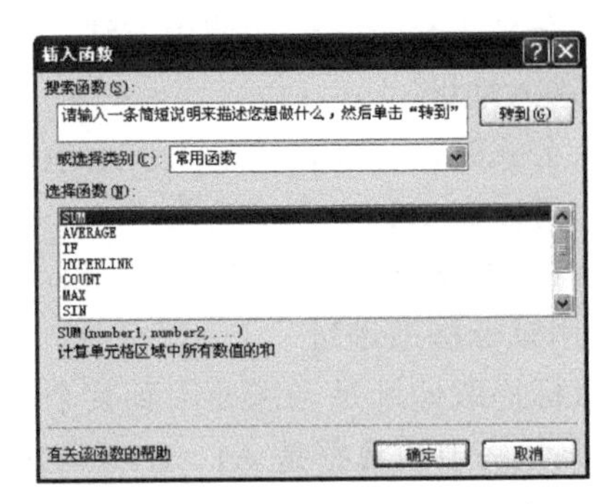

图 4-13-9 【插入函数】对话框

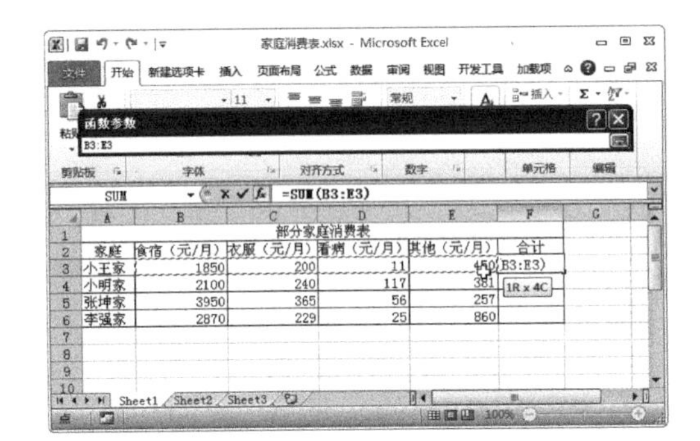

图 4-13-10 选择单元格引用区域

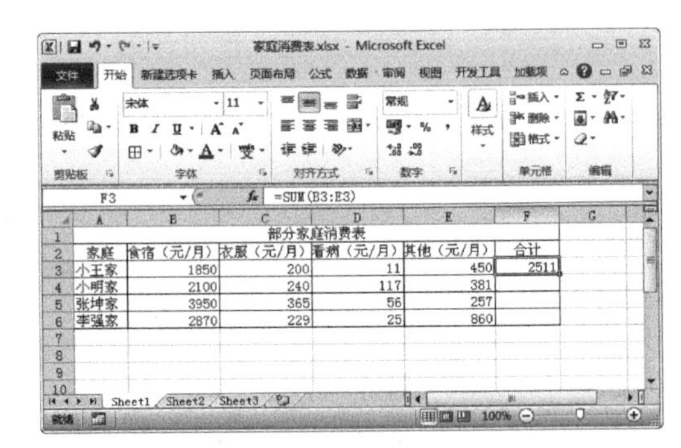

图 4-13-11 计算结果

4.13.3 使用引用

引用的使用分为引用当前工作表中的单元格、引用当前工作簿中其他工作表的单元格、引用其他工作簿中的单元格和引用交叉区域这 4 种情况。

1. 引用当前工作表中的单元格

引用当前工作表中的单元格地址的方法是在单元格中直接输入单元格的引用地址。

（1）打开事先准备好的名为“员工工资表.xlsx”的文件，选择单元格 G3。

（2）在单元格或编辑栏中输入“=”，选择单元格 C3，在编辑栏中输入“+”；再选择单元格 D3，在编辑栏中输入“+”；最后选择单元格 E3，如图 4-13-12 所示，按【Enter】键即可。

2. 引用当前工作簿中其他工作表的单元格

引用当前工作簿中其他工作表的单元格，进行跨工作表的单元格地址引用。

（1）接上面的操作步骤，单击“员工工资表”中的 Sheet2 工作表标签，在其中选择单元格 E3，在单元格中输入“=”，如图 4-13-13 所示。

（2）单击 Sheet1 工作表标签，选择其中的单元格 G3，在编辑栏中输入“-”，如图 4-13-14 所示。

（3）单击 Sheet2 工作表标签，选择其中的单元格 E3，按【Enter】键，即可在单元格 E3 中计算出跨工作表单元格引用的数据，如图 4-13-15 所示。

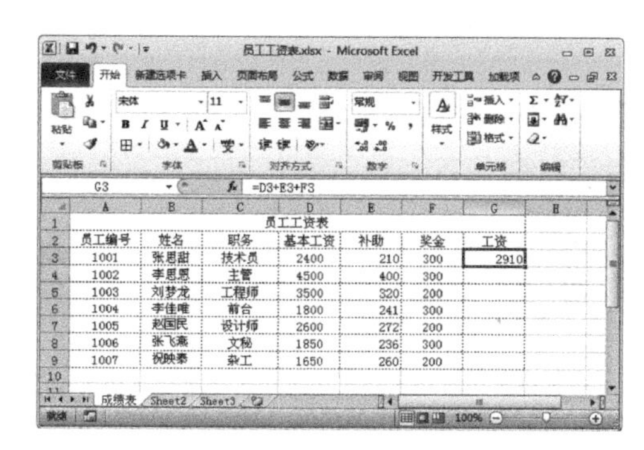

图 4-13-12　输入公式

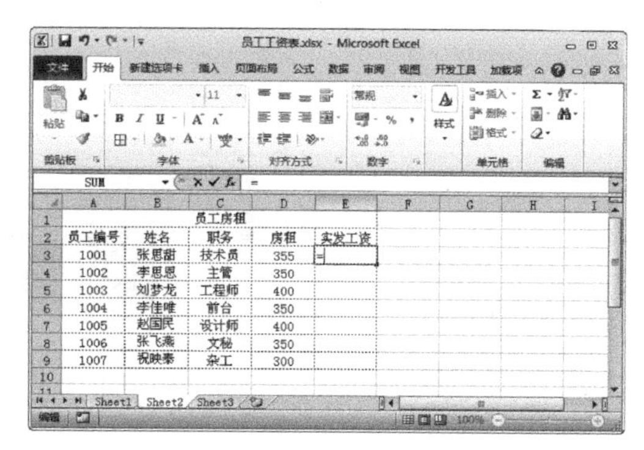

图 4-13-13　在单元格中输入“=”

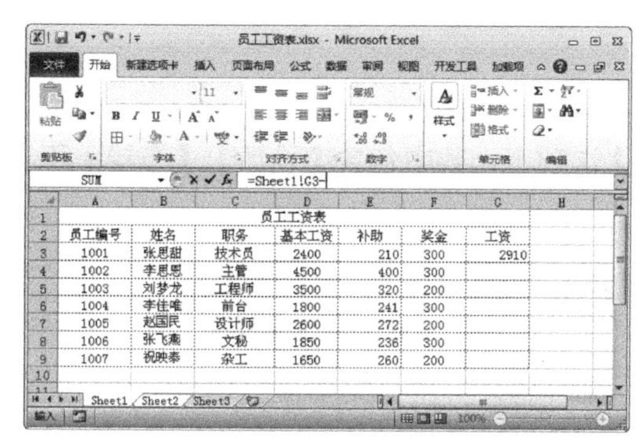

图 4-13-14　用鼠标单击选择引用单元格

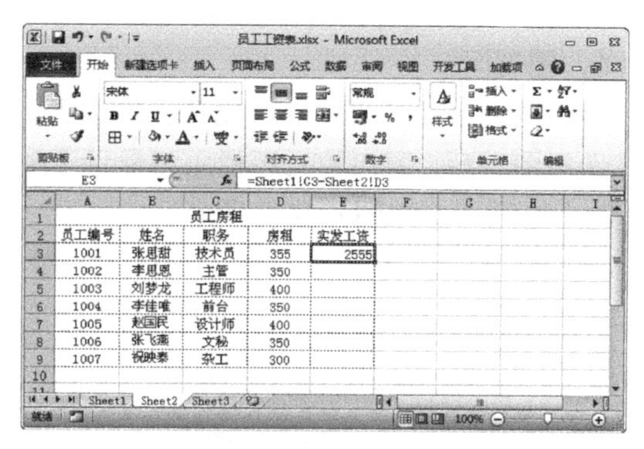

图 4-13-15　跨工作表引用

3. 引用其他工作簿中的单元格

引用其他工作簿中的单元格的方法，和上面讲述的方法类似，这两类操作的区别仅仅是引用的工作表单元格是不是在同一个工作簿中。对多个工作簿中的单元格数据进行引用时，打开需要用到的每一个工作簿中的工作表，在需要引用的工作表中直接选择单元格即可。

4. 引用交叉区域

在工作表中定义多个单元格区域，或者两个区域之间有交叉的范围，可以使用交叉运算符来引用单元格区域的交叉部分。交叉运算符就是一个空格，也就是将两个单元格区域用一个（或多个）空格分开，就可以得到这两个区域的交叉部分。例如，两个单元格区域 A1:C8 和 C6:E11，它们的相交部分可以表示为“A1:C8 C6:E11”。

4.14　图表的应用

图表是 Excel 2010 中的一个很好使用的数据模块，可以把图表看成一种比较形象、直观的数据变形形式。图表可以清晰明了地反映出工作表中各数据之间的关系，并且可以对这种关系进行分析和预测。使用图表可以使数据清晰、直观和易懂，给 Excel 工作带来了极大的便利。

4.14.1　图表的组成

图表主要由图表区、绘图区、标题、数据系列、坐标轴、图例、模拟运算表和三维背景等组成。打开 Excel 2010 的一个图表，在图表中移动鼠标，在不同的区域停留时会显示鼠标所在区域的名称，如图 4-14-1 所示。

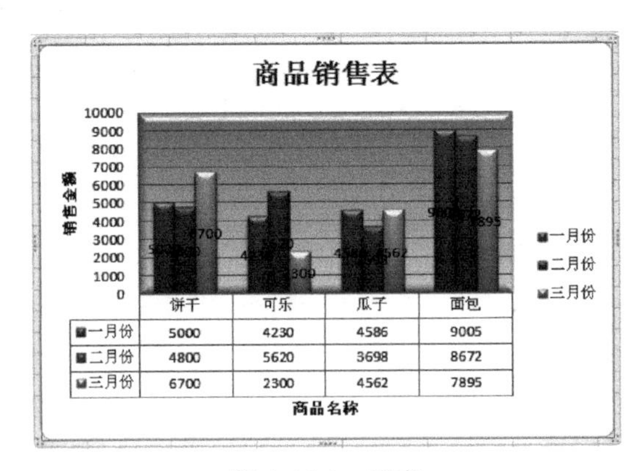

	饼干	可乐	瓜子	面包
一月份	5000	4230	4586	9005
二月份	4800	5620	3698	8672
三月份	6700	2300	4562	7895

图 4-14-1　图表

1．图表区

整个图表以及图表中的数据称为图表区，如图 4-14-2 所示。

选择图表后，窗口的标题栏中将显示【图表工具】选项卡，其中包含【设计】、【布局】和【格式】3 个选项卡，如图 4-14-3 所示。

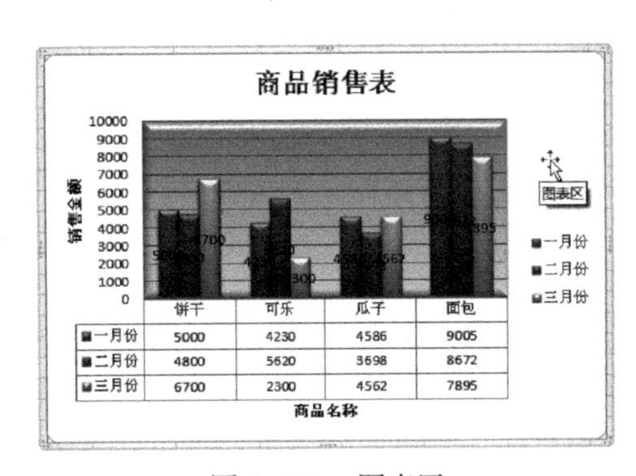

图 4-14-2　图表区

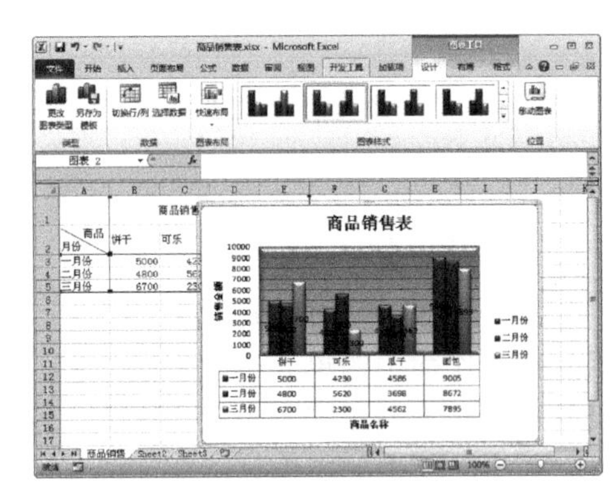

图 4-14-3　【图表工具】选项卡

2．绘图区

绘图区主要显示数据表中的数据，图表中的数据随着工作表中数据的更新而更新。更改绘图区数据的具体操作步骤如下：

（1）打开事先准备好的名为“大学新生录取名单.xlsx”的文件，如图 4-14-4 所示。

（2）把表中“李芳”的成绩从“453”改为“478”，然后单击图表，图表的绘图区域则会随之改变，如图 4-14-5 所示。

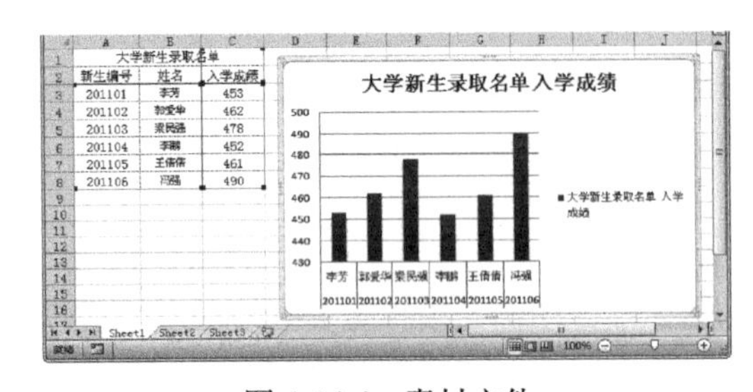

图 4-14-4　素材文件

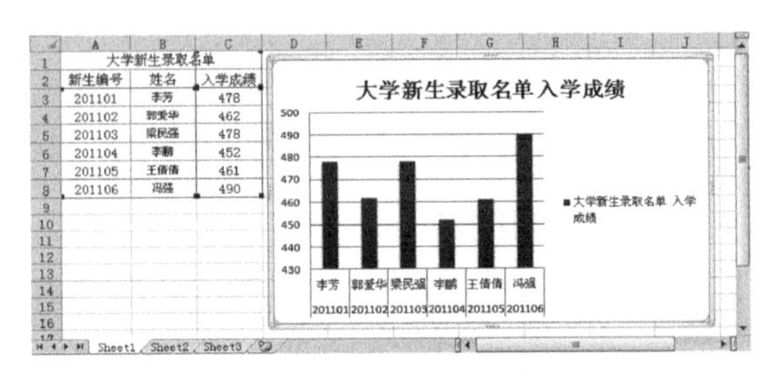

图 4-14-5　更改表格数据

3．标题

Excel 2010 创建图表时会根据表格数据自动生成图表标题。图表的标题是文本类型，默认为居中对齐，用户可以通过单击图表标题来进行重新编辑。除了图表标题外还有一种坐标轴标题，坐标轴标题通常表示能够在图表中显示的所有坐标轴。有些图表类型（如雷达图）虽然有坐标轴，但不能显示坐标轴标题。

选择不同的图表类型创建图表后，如果没有标题，还可以添加标题。添加图表标题的具体操作步骤如下：

（1）打开事先准备好的名为“新生成绩单.xlsx”的文件。

（2）选择图表，在功能区中会出现【图表工具】选项卡，从中选择【设计】选项卡，单击【图表布局】选项组中的【快速布局】按钮，在弹出的下拉列表中单击一种有标题的布局，即可添加标题，可以单击标题进行编辑，如图 4-14-6 所示。

（3）要设置整个标题的格式，可以用鼠标右键单击该标题，在弹出的快捷菜单中执行【设置图表标题格式】命令，打开【设置图表标题格式】对话框，从中选择所需的格式选项即可。或者通过用鼠标左键双击图表标题的边缘，也可打开【设置图表标题格式】对话框，从中选择所需的格式进行设置即可，如图 4-14-7 所示。

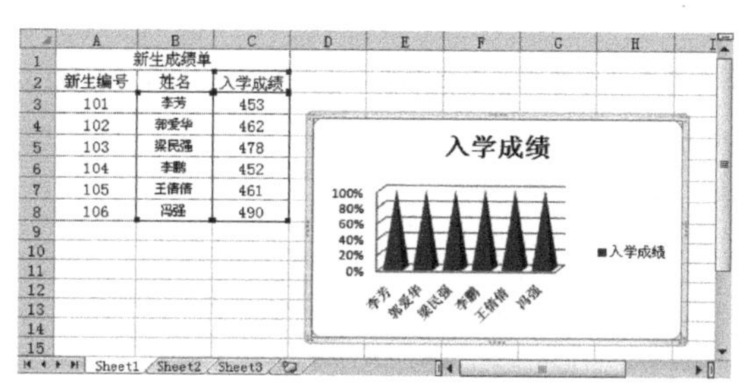

图 4-14-6　添加标题

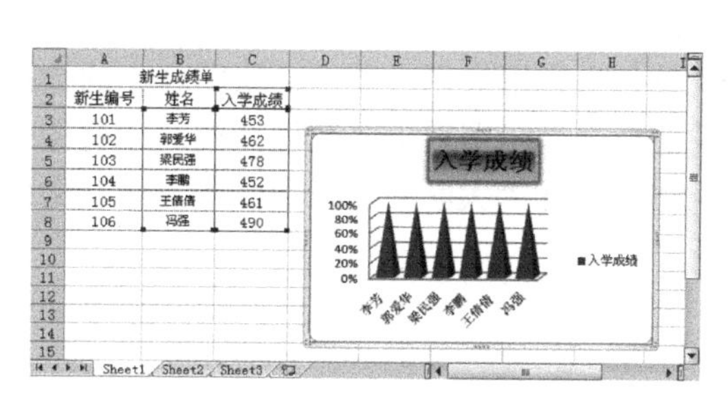

图 4-14-7　设置标题格式

4．数据序列

在图表中绘制的相关数据点，这些数据来自数据的行和列。如果要快速标识图表中的数据，可以为图表的数据添加数据标签，在数据标签中可以显示系列名称、类别名称和百分比等。在图表中添加数据标签的具体操作步骤如下：

（1）打开事先准备好的名为“大学新生录取名单.xlsx”的文件。

（2）选择图表，在功能区中会出现【图表工具】选项卡，选择其中的【布局】选项卡，单击【标签】选项组中的【数据标签】按钮，在弹出的下拉列表中选择一种数据标签显示选项，即可在图表中显示数据标签，如图 4-14-8 所示。

5．坐标轴

坐标轴是界定图表绘图区的线条，用做度量的参照框架。Y 轴通常为垂直坐标轴并包含数据，X 轴通常为水平坐标轴并包含分类。坐标轴都标有刻度值，默认的情况下，Excel 会自动确定图表中坐标轴的刻度值，但也可以自定义刻度，以满足使用需要。当在图表中绘制的数值涵盖范围非常大时，还可以将垂直坐标轴改为对数刻度。在图表中更改坐标轴的具体操作步骤如下：

（1）打开事先准备好的名为“12 月份员工工资.xlsx”的文件。

（2）选择图表，在【布局】选项卡【当前所选内容】选项组中的【图表区】下拉列表中选择【垂直（值）轴】选项。

（3）单击【布局】选项卡【当前所选内容】选项组中的【设置所选内容格式】按钮，打开【设置坐标轴格式】对话框，从中可以设置相应的格式，如图 4-14-9 所示。

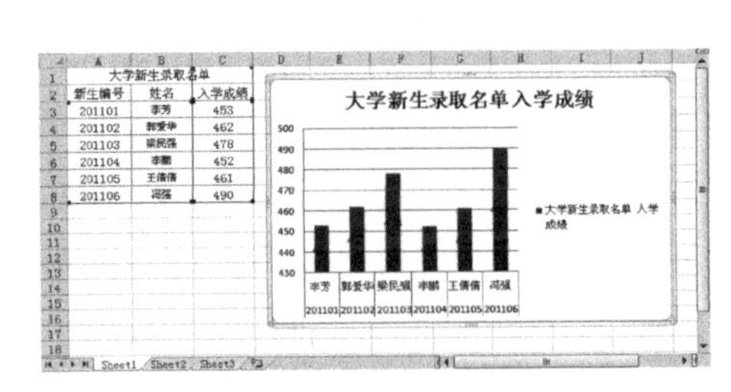

图 4-14-8　显示数据标签

图 4-14-9　【设置坐标轴格式】对话框

（4）设置完毕后，单击【关闭】按钮即可更改坐标轴的样式。设置填充和阴影后的垂直轴的样式如图 4-14-10 所示。

6．图例

图例用方框表示，用于标识图表中的数据系列所指定的颜色或图案。创建图表后，图例以默认的颜色来显示图表中的数据系列。设置图例的具体操作步骤如下：

（1）打开“大学新生录取名单.xlsx”文件，如图 4-14-11 所示。

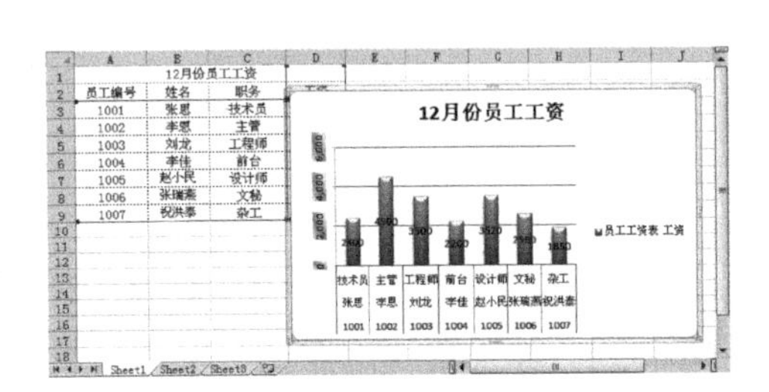

图 4-14-10　设置坐标轴后的效果

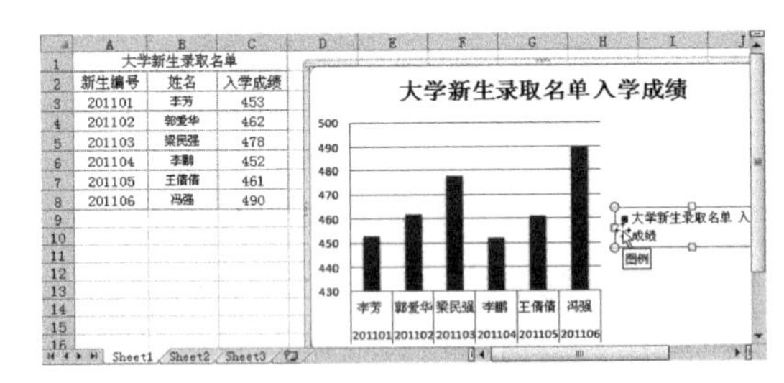

图 4-14-11　打开素材文件

（2）在图表中的图例上用鼠标右键单击，在弹出的快捷菜单中执行【设置图例格式】命令，打开【设置图例格式】对话框，或者在选择的图例上用鼠标左键双击，也会打开【设置图例格式】对话框，从中设置相应的格式，如图 4-14-12 所示。

（3）设置完毕，单击【关闭】按钮即可更改图例的样式，如图 4-14-13 所示。

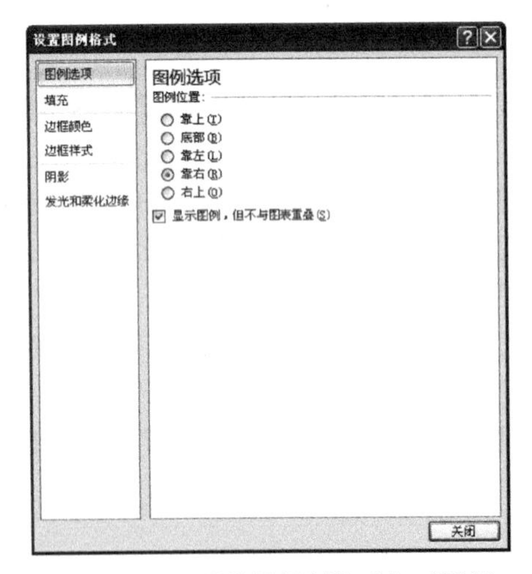

图 4-14-12　【设置图例格式】对话框

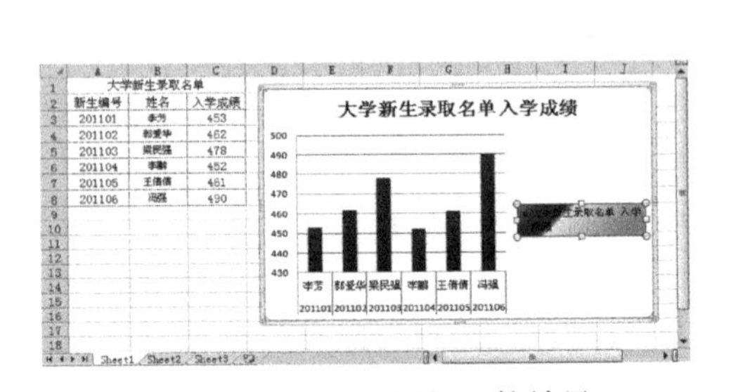

图 4-14-13　设置图例后的效果

7. 模拟运算表

模拟运算表是反映图表中的源数据的表格，默认的图表一般都不显示模拟运算表。可以通过设置来显示模拟运算表，具体的操作步骤如下：

（1）打开事先准备好的名为“销售清单.xlsx”的文件。

（2）选择图表，单击【布局】选项卡【标签】选项组中的【模拟运算表】按钮，在弹出的下拉列表中选择【显示模拟运算表】选项，即可在图表中添加模拟运算表，如图 4-14-14 所示。

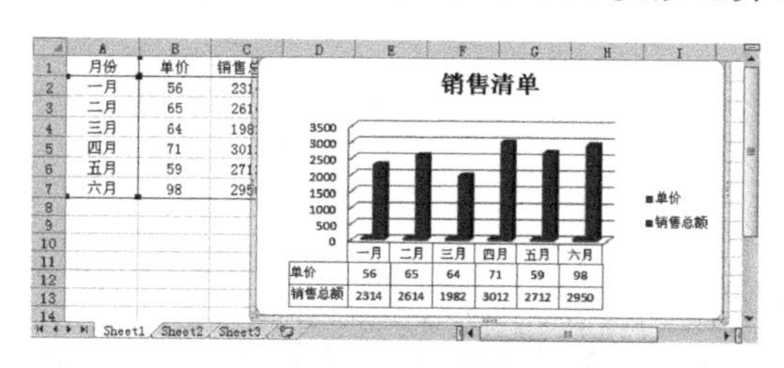

图 4-14-14　添加模拟运算表

8. 三维背景

三维背景主要为了衬托图表的背景，使图表更加直观。添加三维背景的具体操作步骤如下：

（1）打开“销售清单.xlsx”文件。

（2）选择图表，用鼠标右键单击，在弹出的快捷菜单中执行【设置绘图区格式】命令，打开【设置绘图区格式】对话框，选择【三维格式】选项，然后进行相应的三维格式设置，如图 4-14-15 所示。

（3）设置完毕，单击【关闭】按钮即可。进行填充、阴影、三维格式设置后的图表如图 4-14-16 所示。

图 4-14-15　【设置绘图区格式】对话框

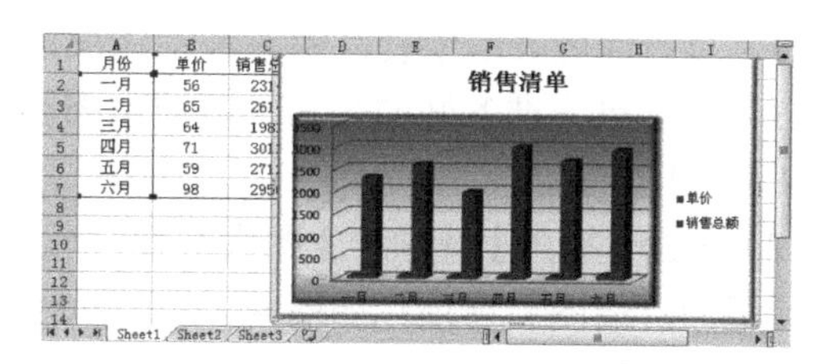

图 4-14-16　设置绘图区效果

4.14.2　创建常用图表

在 Excel 2010 中可以创建柱形图、折线图、饼形图、条形图等 11 种图表类型。下面详细介绍几种常见图表的创建方法。

1. 柱形图表

柱形图表把每个数据显示为一个垂直柱体，高度与数值相对应，值的刻度显示在垂直轴线的左侧。创建柱形图表时可以设定多个数据系列，每个数据系列以不同的颜色表示。创建一个柱形图表的具体操作步骤如下：

（1）打开事先准备好的名为“农作物产量增长表.xlsx”的文件，选择 A2:C6 单元格区域，如图 4-14-17 所示。

（2）单击【插入】选项卡【图表】选项组中的【柱形图】按钮，在弹出的下拉列表中选择任意一种柱形图类型，在当前工作表中创建一个柱形图表，如图 4-14-18 所示。

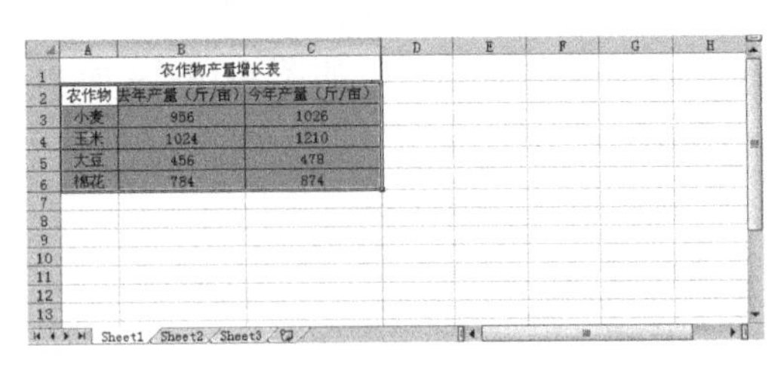

农作物产量增长表		
农作物	去年产量（斤/亩）	今年产量（斤/亩）
小麦	956	1026
玉米	1024	1210
大豆	456	478
棉花	784	874

图 4-14-17　选择 A2:C6 单元格区域

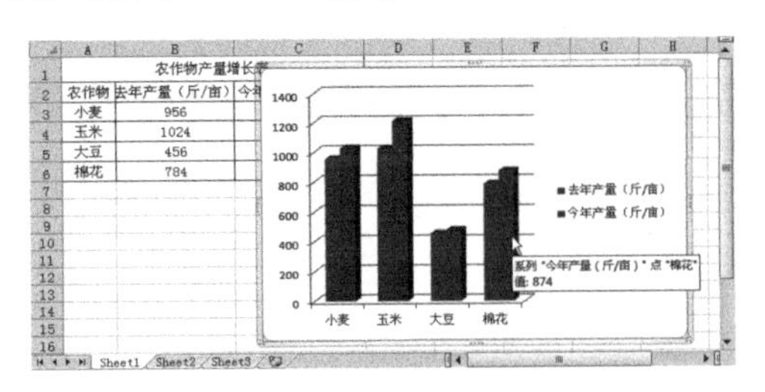

图 4-14-18　创建图表

（3）单击【布局】选项卡【标签】选项组中的【图表标题】按钮，在弹出的下拉列表中选择【图表上方】选项，即可在图表的上方插入一个标题，单击“图表标题”，将其重命名为“农作物产量增长表”，如图 4-14-19 所示。

（4）单击【布局】选项卡【标签】选项组中的【数据标签】按钮，在下拉列表中选择【无】之外的任一选项即可显示数据标签。如果需要改变数据标签的位置，只需要按住鼠标左键拖动数据标签到合适的位置，松开鼠标左键即可，如图 4-14-20 所示。

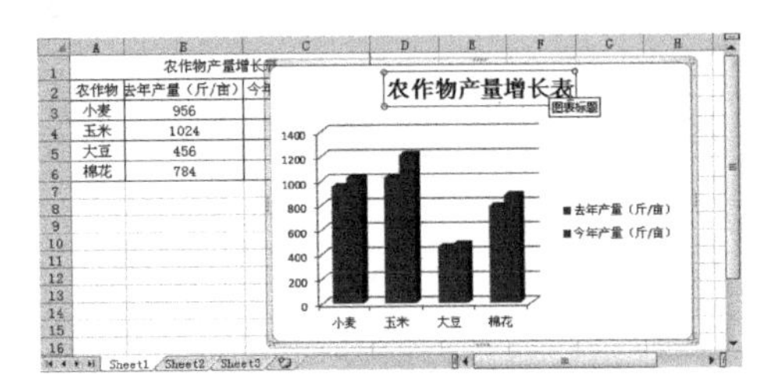

图 4-14-19　添加图表标题

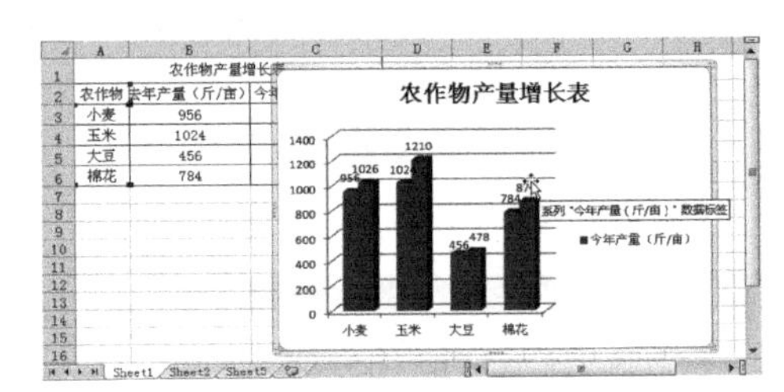

图 4-14-20　添加数据标签

2. 折线图表

折线图表通常用来描绘连续的数据，对于标识数据趋势很有用。折线图表的分类轴显示相等的间隔。以折线图表描绘食品销量波动情况的具体操作步骤如下：

（1）打开事先准备好的名为“某城市肉类消费表.xlsx”的文件，并选择 A2:D8 单元格区域，如图 4-14-21 所示。

（2）单击【插入】选项卡【图表】选项组中的【折线图】按钮，在弹出的下拉列表中选择【带数据标记的折线图】选项，如图 4-14-22 所示。

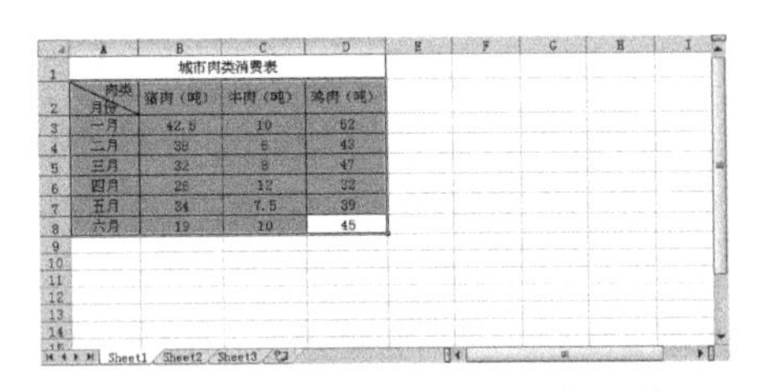

城市肉类消费表			
肉类 / 月份	猪肉（吨）	牛肉（吨）	鸡肉（吨）
一月	42.5	10	52
二月	38	6	43
三月	32	8	47
四月	26	12	32
五月	34	7.5	39
六月	19	10	45

图 4-14-21　择 A2:D8 单元格区域

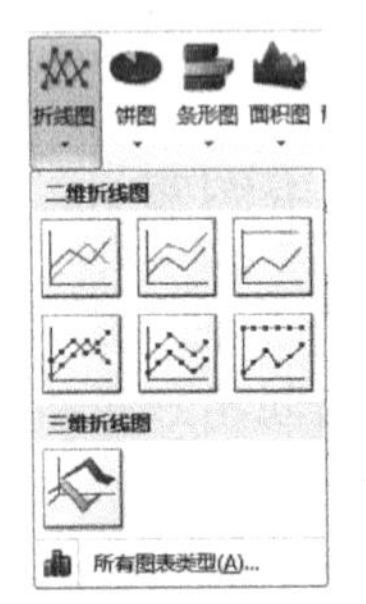

图 4-14-22　选择折线图表

（3）在当前工作表中创建一个折线图表，如图 4-14-23 所示。

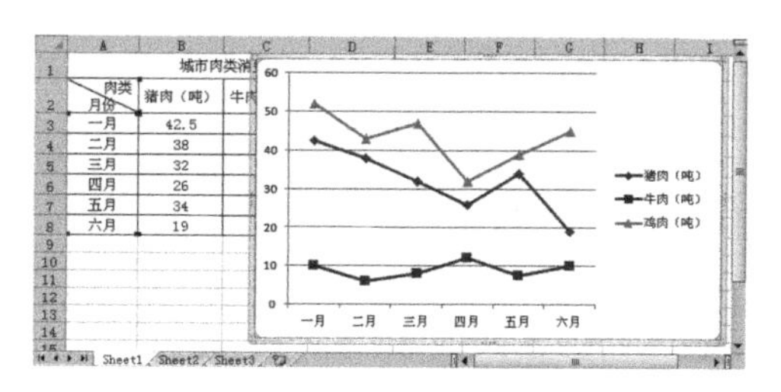

图 4-14-23　创建折线图

（4）在【布局】选项卡中单击【标签】选项组中的【图表标题】按钮，在弹出的下拉列表中选择【图表上方】选项，然后将标题命名为“城市肉类消费表”，如图 4-14-24 所示。

3．饼型图表

饼型图表是把一个圆面划分为若干个扇形面，用每个扇形面来对应表示数据值。饼型图表适合用于显示数据系列中每一个项占该系列总值的百分比。下面用饼型图表来描绘某个公司中的员工学历的比例，具体的操作步骤如下：

（1）打开事先准备好的名为“某公司员工学历表.xlsx”的文件，并选择 A1:B7 单元格区域，如图 4-14-25 所示。

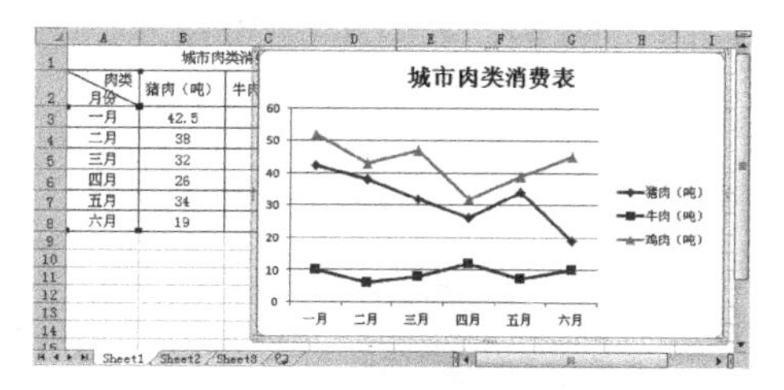

图 4-14-24　添加图标标题

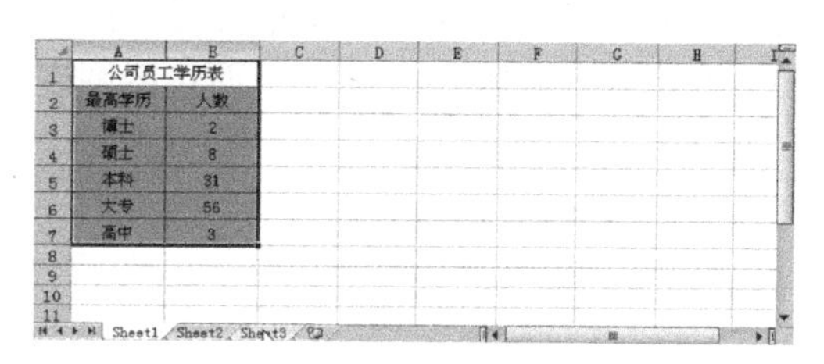

图 4-14-25　选择 A1:B7 单元格区域

（2）在【插入】选项卡中单击【图表】选项组中的【饼图】按钮，在弹出的下拉列表中选择【分离型三维饼图】选项，如图 4-14-26 所示。

（3）在当前工作表中创建一个三维饼型图图表，如图 4-14-27 所示。

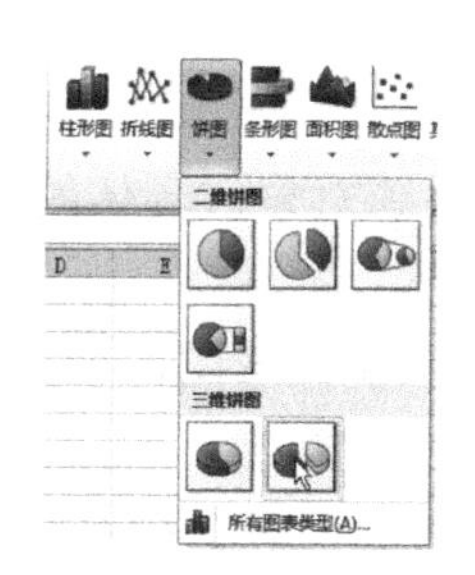

图 4-14-26　选择饼图样式

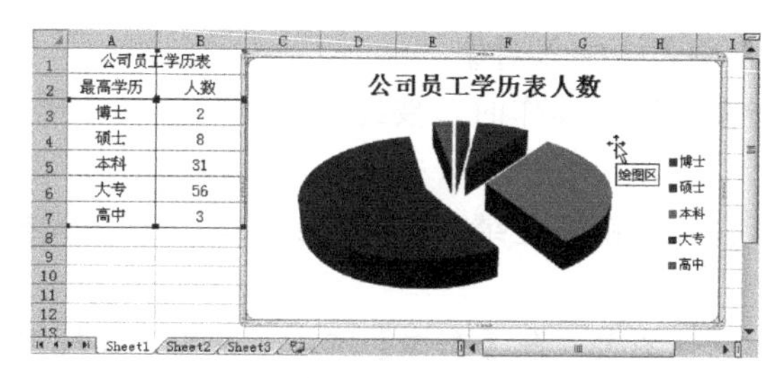

图 4-14-27　创建三维型饼图表

4．条形图表

条形图表类似于柱型图表，可以把条形图表看成是柱形图表旋转后的变形图表。条形图表主要强调各个数据项之间的差别情况。和柱形图表相比较，条形图表的标签更适合于人们的使用习惯，有利于阅读。以条形图表来描绘销售业绩的具体操作步骤如下：

（1）打开事先准备好的名为“电视机销售表.xlsx”的文件，并选择 A2:F7 单元格区域，如图 4-14-28 所示。

（2）在【插入】选项卡中单击【图表】选项组中的【条形图】按钮，在弹出的下拉列表中选择任意一种条形图的类型，这里选择【三维簇状条形图】，即可在当前工作表中创建一个条形图表，如图 4-14-29 所示。

图 4-14-28　选择 A2:F7 单元格区域

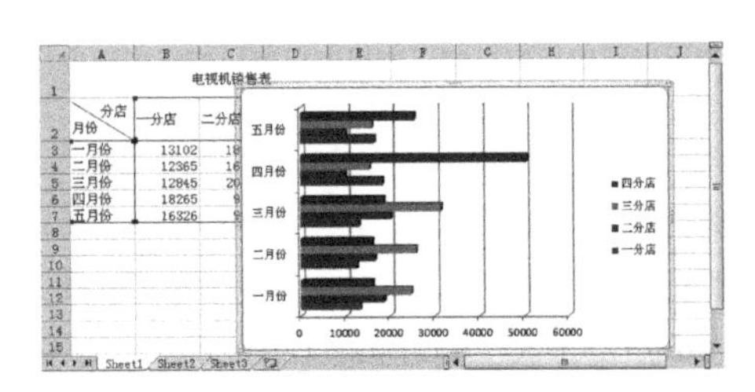

图 4-14-29　创建条形图表

5．面积图表

面积图表与折线图表有些类似，均是用线段把一系列的数据连接起来，只是面积图表将每条连线以下区域用颜色填充，以便用面积来表示数据的变化。面积图表可以说明部分与整体的关系，也适合用于预测数据走势。

（1）打开事先准备好的名为“月销售额.xlsx”的文件，并选择数据区域的任一单元格。

（2）在【插入】选项卡中单击【图表】选项组中的【面积图】按钮，在弹出的下拉列表中选择任意一种面积图的类型，这里选择【二维面积图】中的第一个样例，如图 4-14-30 所示。

（3）在当前工作表中创建一个面积图图表，如图 4-14-31 所示。

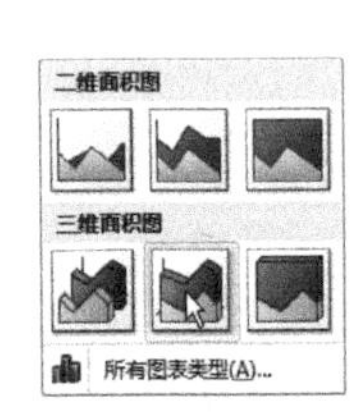

图 4-14-30　选择面积图表种类

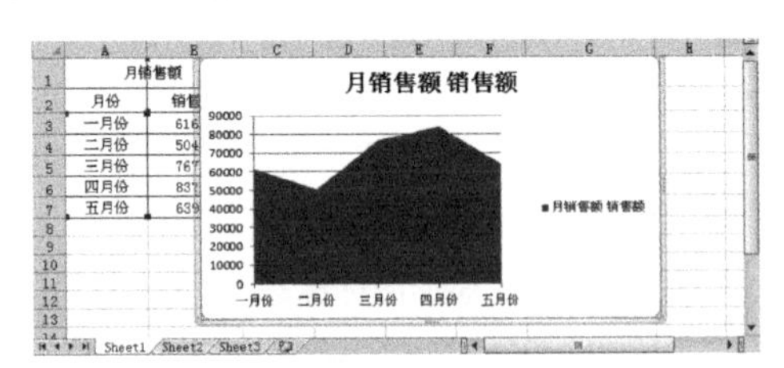

图 4-14-31　插入面积图表

4.14.3　图表中的其他操作

1．在图表中插入对象

在对图表进行操作时，要经常用到向图表中插入标题或数据系列等对象，具体的操作步骤如下：

（1）打开“销售业绩表.xlsx”文件，选择单元格区域 A2:E7 后创建柱形图，如图 4-14-32 所示。

（2）选择图表，在【布局】选项卡中单击【标签】选项组中的【图表标题】按钮，在弹出的下拉列表中选择【图表上方】选项。

（3）在图表中插入标题，并将标题命名为“上半年销售业绩表”，如图 4-14-33 所示。

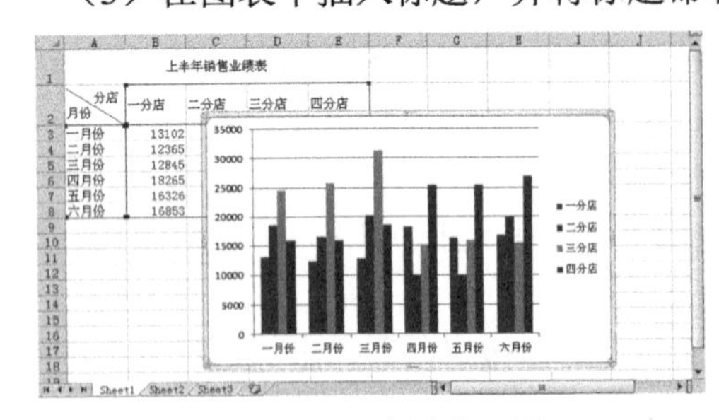

图 4-14-32　创建柱形图

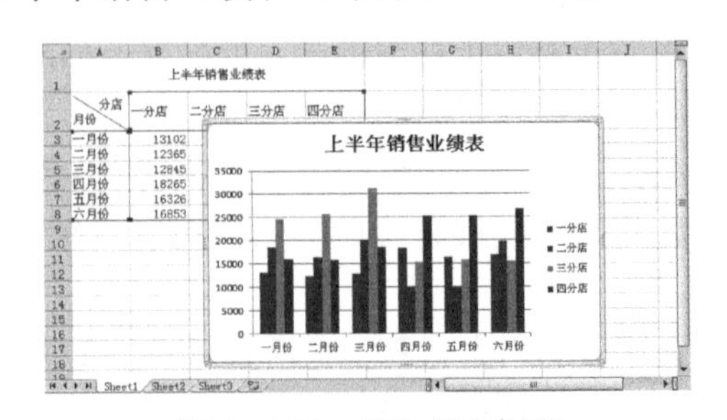

图 4-14-33　插入图表标题

（4）在【布局】选项卡中单击【标签】选项组中的【模拟运算表】按钮，在弹出的下拉列表中选择【显示模拟运算表】选项，如图 4-14-34 所示。

（5）完成在图表中插入模拟运算表的操作。如果数据较多，插入模拟运算表后图表会变形，这时可以用鼠标调整图表的大小，使图表完美显示。图表中插入模拟运算表并调整大小后的效果如图 4-14-35 所示。

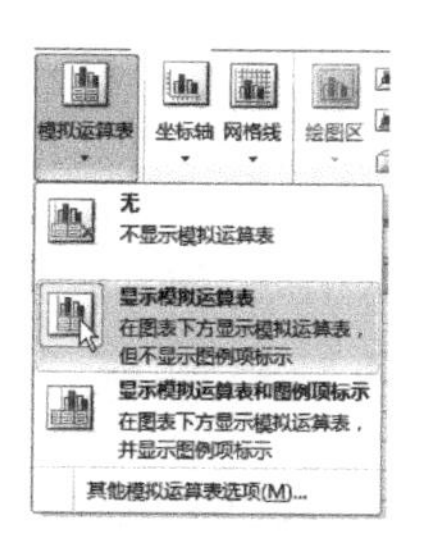

图 4-14-34 【显示模拟运算表】命令

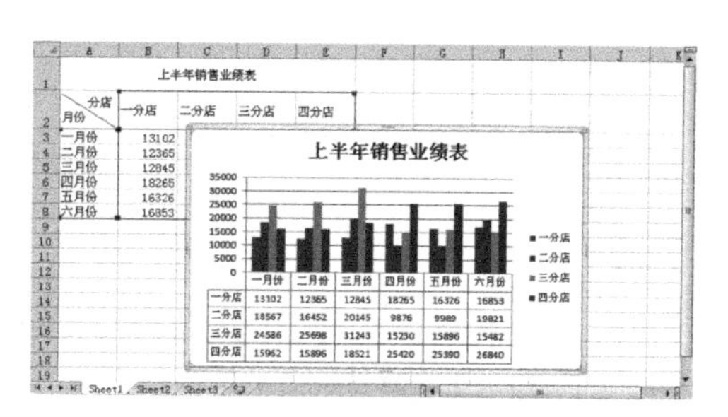

图 4-14-35 显示模拟运算表

2. 更改图表的类型

如果创建图表后发现，创建的图表类型不能很好地反映出工作表中的数据关系，则可以更改图表的类型，具体的操作步骤如下：

（1）选择创建好的图表，在【设计】选项卡中单击【类型】选项组中的【更改图表类型】按钮，打开【更改图表类型】对话框，选择需要的图表类型如折线图，如图 4-14-36 所示。

（2）单击【确定】按钮，即可将柱形图表更改为折线图表，如图 4-14-37 所示。

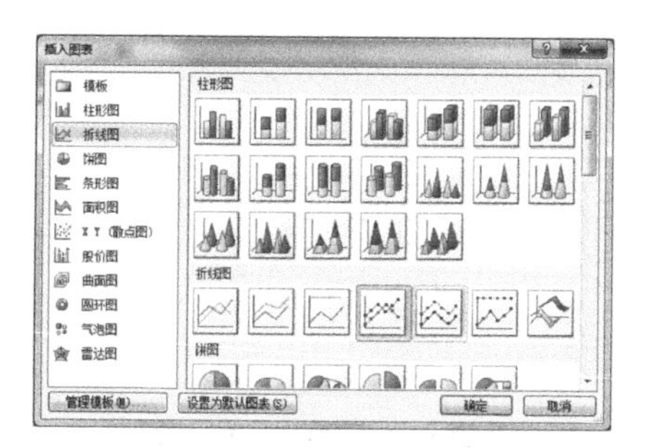

图 4-14-36 【更改图表类型】对话框

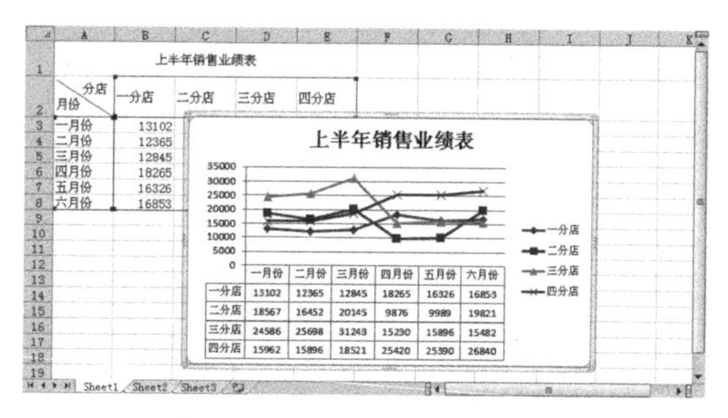

图 4-14-37 更改图表类型

3. 在图表中添加数据

在使用图表的过程中，可以对其中的数据进行修改，具体的操作步骤如下：

（1）打开事先准备好的名为“各分店销售情况.xlsx”的文件，并创建柱形图表，如图 4-14-38 所示。

（2）在单元格区域 F2:F7 中输入内容，如图 4-14-39 所示。

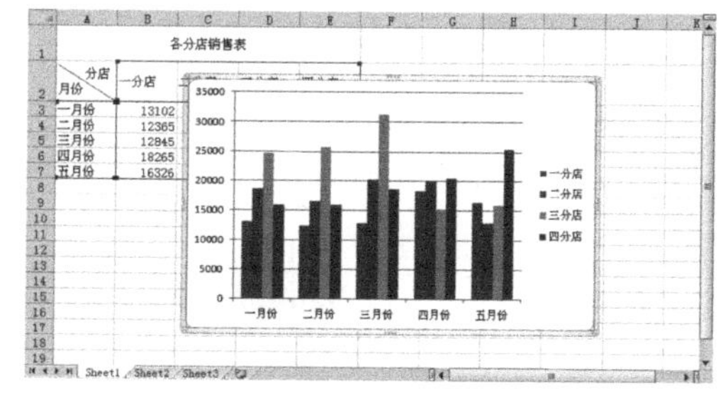

图 4-14-38 创建柱形图表

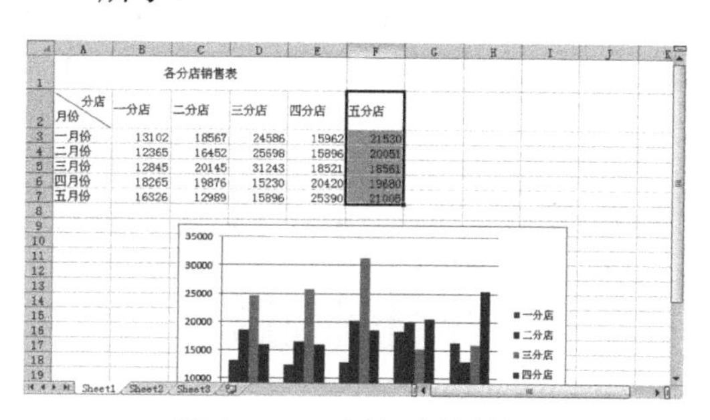

图 4-14-39 添加表格数据

（3）选择图表，在【设计】选项卡中单击【数据】选项组中的【选择数据】按钮，打开【选择数据源】对话框，如图 4-14-40 所示。

（4）单击【图表数据区域】文本框右侧的按钮，选择 A2:F7 单元格区域，然后单击按钮，返回【选择数据源】对话框，单击【确定】按钮，返回到表格中，即可看到名为“五分店”的数据系列就会添加到图表中。调整图表位置后的效果如图 4-14-41 所示。

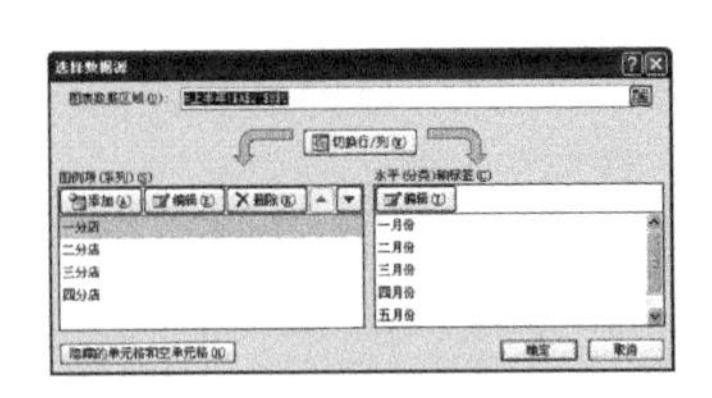
图 4-14-40 【选择数据源】对话框

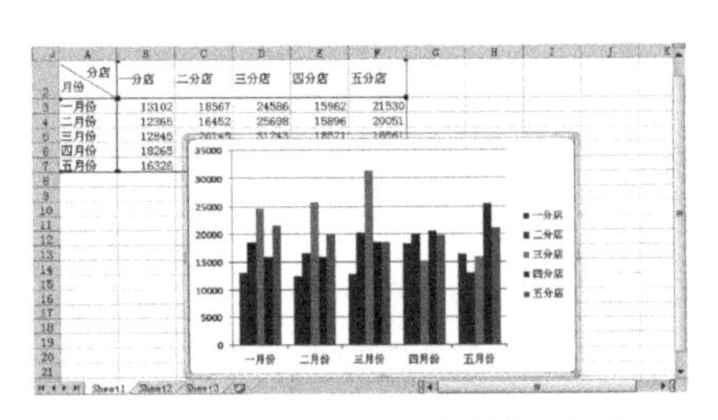
图 4-14-41 添加图表数据系列

4．调整图表的大小

可以对已创建的图表根据不同的需求进行调整。选择已创建的图表，把鼠标指针移动到图表的边框上，会显示图表控制点，当鼠标指针变成形状时单击并拖动控制点，可以调整图表的大小，如图 4-14-42 所示。

上面调整图表大小的方法无法做到精确调整。要精确调整图表大小，可以在【格式】选项卡中选择【大小】选项组，然后在【高度】和【宽度】微调框中输入图表的高度和宽度值，如图 4-14-43 所示，按【Enter】键确认即可。

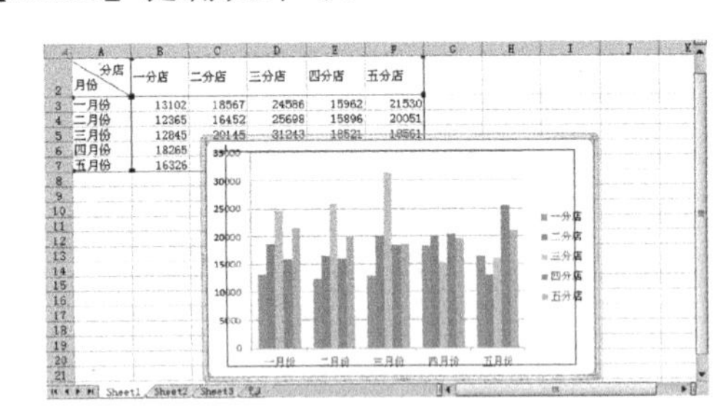
图 4-14-42 用鼠标调整图表大小

图 4-14-43 【大小】选项组

5．移动与复制图表

可以通过移动图表，来改变图表的位置；可以通过复制图表，将图表添加到其他工作表或其他文件中。

如果创建的嵌入式图表不符合工作表的布局要求，如位置不合适，遮住了工作表的数据等，可以通过移动图表来解决。

选择已创建的图表，将鼠标指针放在图表的边缘，当指针变成形状时，按住鼠标左键拖动到合适的位置，松开鼠标左键即可。图 4-14-44 为移动图表前的效果，图 4-14-45 为移动图表后的效果。

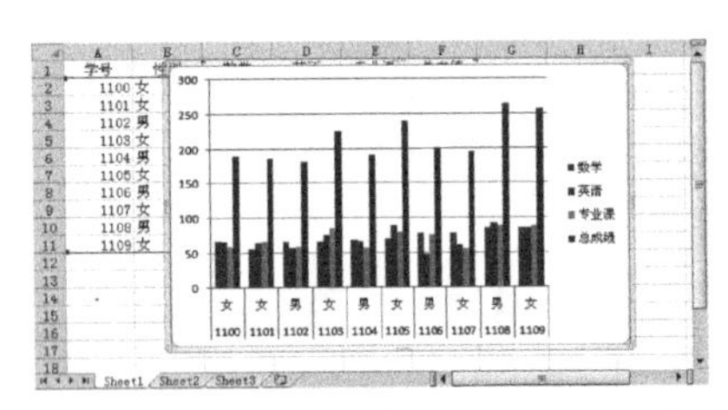
图 4-14-44 移动前

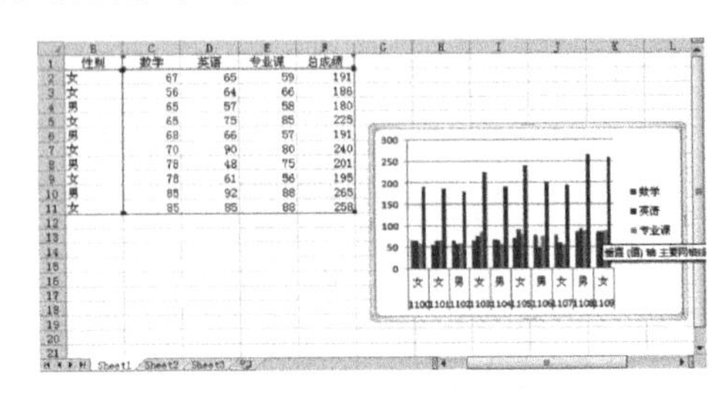
图 4-14-45 移动后

要把图表移动到另外的工作表中，在【设计】选项卡中单击【位置】选项组中的【移动图表】按钮，在打开的【移动图表】对话框中进行相应的设置，如图 4-14-46 所示，然后单击【确定】按钮即可。

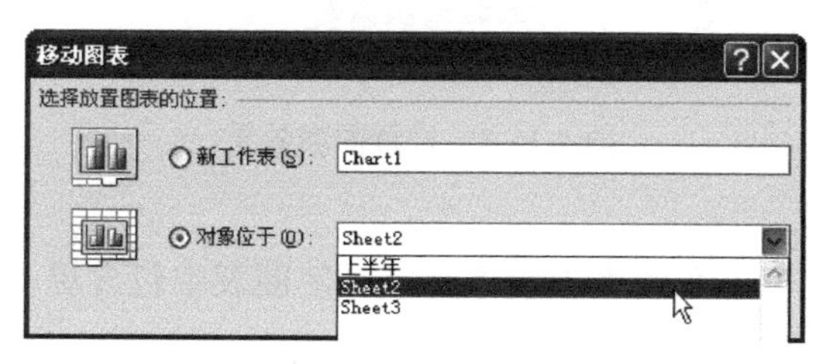

图 4-14-46 【移动图表】对话框

复制工作表的操作很简单，在要复制的图表上用鼠标右键单击，在弹出的快捷菜单中执行【复制】命令（或按【Ctrl+C】组合键），在新的工作表中用鼠标右键单击，在弹出的快捷菜单中执行【粘贴】命令（或按【Ctrl+V】组合键），即可将图表复制到新的工作表中。

4.15 美 化 图 表

创建图表后，如果对 Excel 2010 默认的图表格式不满意，用户还可以自己设置图表的格式，对图表进行美化，使图表更美观。Excel 2010 提供了多种图表格式，直接套用即可快速地美化图表。

1. 设置图表的格式

设置图表的格式是为了突出显示图表，对其外观进行美化，具体的操作步骤如下：

（1）打开“水电气消费表.xlsx”文件。选择图表后，单击【设计】选项卡【图表样式】选项组中的【快速样式】按钮，在弹出的下拉列表中单击一种合适的样式即可更改图表的显示外观，如图 4-15-1 所示。

（2）在【格式】选项卡中单击【形状样式】选项组右下角的按钮，打开【设置图表区格式】对话框；或者选择图表，在图表的图标区上用鼠标左键双击，也会打开【设置图表区格式】对话框。在【设置图表区格式】对话框中可以设置图表的一系列格式，如图 4-15-2 所示。

图 4-15-1 【快速样式】列表

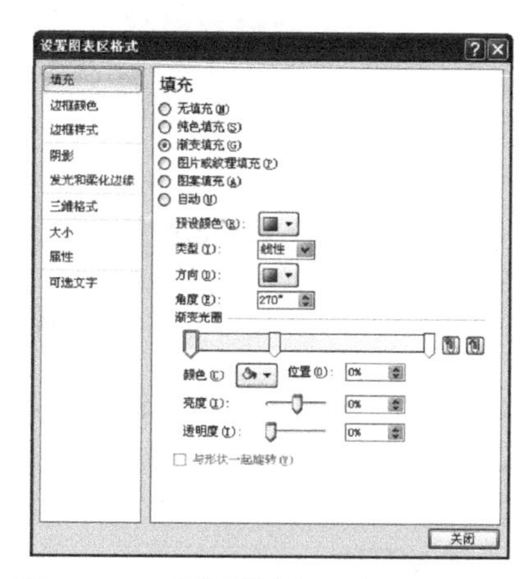

图 4-15-2 【设置图表区格式】对话框

（3）设置完成后单击【关闭】按钮，图表即可变得更加漂亮。图 4-15-3 为设置了【填充】和【三维格式】后的图表效果。

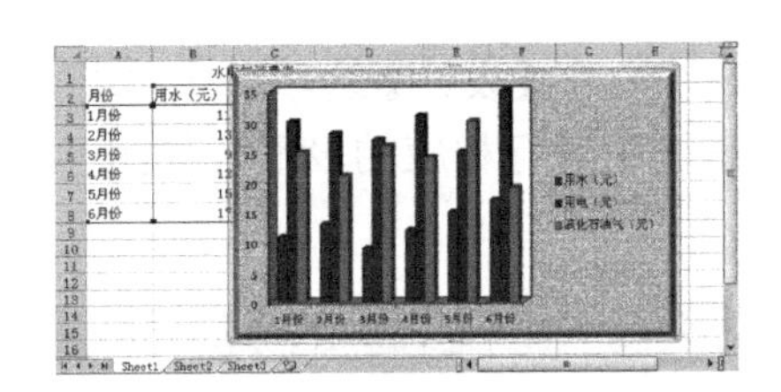

图 4-15-3　设置图表效果

2．美化图表文字

为了对图表进行注释，可以在图表中增添文字，使图表中包含更多的信息。具体的操作步骤如下：

（1）打开“公司销售部业绩表.xlsx”文件，如图 4-15-4 所示。

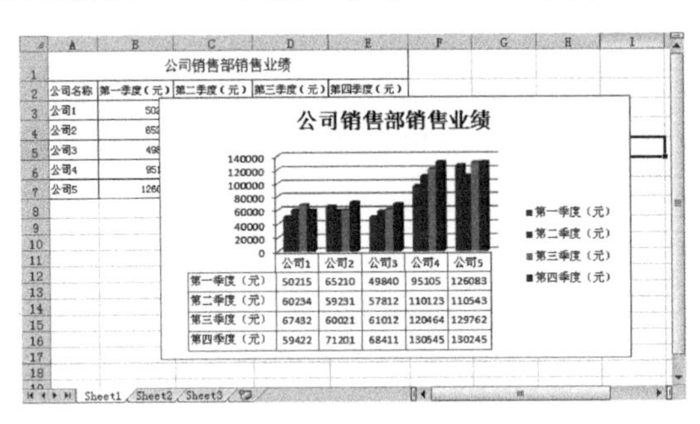

图 4-15-4　打开素材文件

（2）在【格式】选项卡中单击【艺术字样式】选项组中的【快速样式】按钮，在弹出的艺术字样式下拉列表中选择需要的样式，如图 4-15-5 所示。

（3）还可以设置艺术字的文字效果、形状效果等，如图 4-15-6 所示。

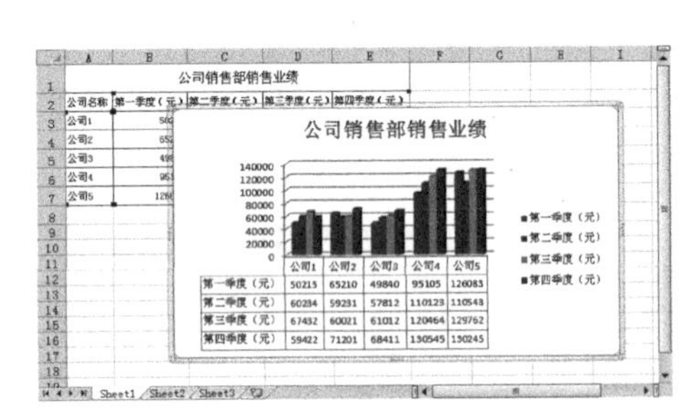

图 4-15-5　选择艺术字样式

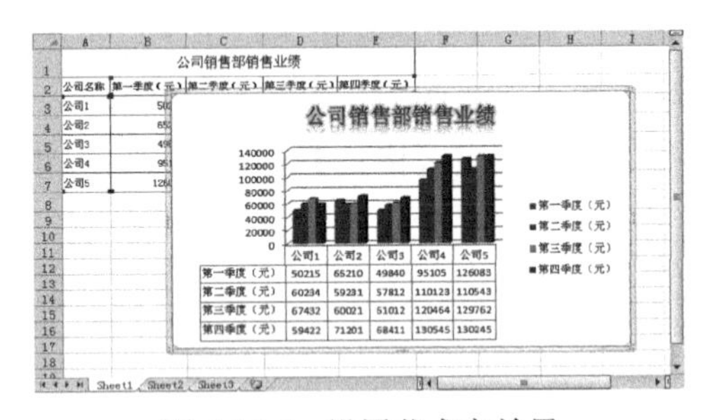

图 4-15-6　设置艺术字效果

4.16　使用插图与艺术字

Excel 2010 具有十分强大的绘图功能，用户可以手动在工作表中绘制各种图形、图表，也可以插入各种图形文件、艺术字等。使用插图和艺术字可以使工作表更加美观、生动，提高工作表的可阅读性。

1．插入图片

在 Excel 2010 中不但可以插入图片，还可以对其进行调整、旋转以及裁剪等操作。

（1）插入图片。具体操作步骤如下：

① 单击【插入】选项卡【插图】选项组中的【图片】按钮，打开【插入图片】对话框，在【查找范围】列表框中选择图片的存放位置，如图 4-16-1 所示，选择想要的图片，然后单击【插入】按钮即可。

② 选择插入的图片，在【格式】选项卡中单击【大小】选项组中的【裁剪】按钮，在图片的周围会出现 8 个裁剪控制柄，拖动这 8 个裁剪控制柄，即可进行图片的裁剪操作，如图 4-16-2 所示。

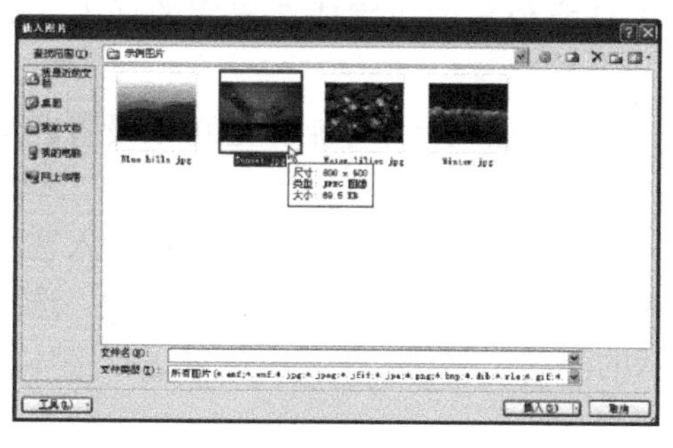

图 4-16-1 【插入图片】对话框

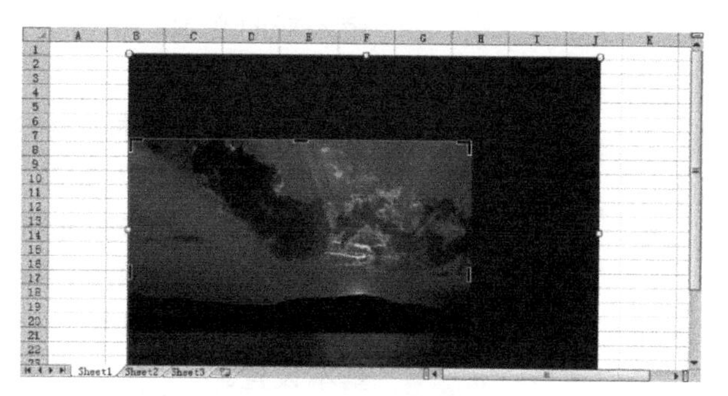

图 4-16-2 裁剪图片

③ 插入图片以后，可以使用【图片样式】选项组中的 28 种预设样式，这些预设样式包括旋转、阴影、边框和形状的多种组合等，如图 4-16-3 所示。

（2）插入剪贴画。在 Excel 2010 中，当连接网络时，Office Online 中的剪辑可以自动地加入到结果中。选择要插入剪贴画的单元格，在【插入】选项卡中单击【插图】选项组中的【剪贴画】按钮，打开【剪贴画】窗格，在搜索框中单击【搜索】按钮，所有的剪贴画就会显示在【剪贴画】窗格中，如图 4-16-4 所示。单击选择的剪贴画即可在当前单元格中插入剪贴画。

（3）插入自选图形。Excel 2010 中有许多种自选图形，分别为线条、矩形、基本形状、箭头总汇、公式形状、流程图、星与旗帜、标注等。

在【插入】选项卡中单击【插图】选项组中的【形状】按钮，弹出形状下拉列表，如图 4-16-5 所示。选择形状后，在工作表中单击即可显示出选择的图形。和图片一样，也可以对插入的图形进行相应的设置。

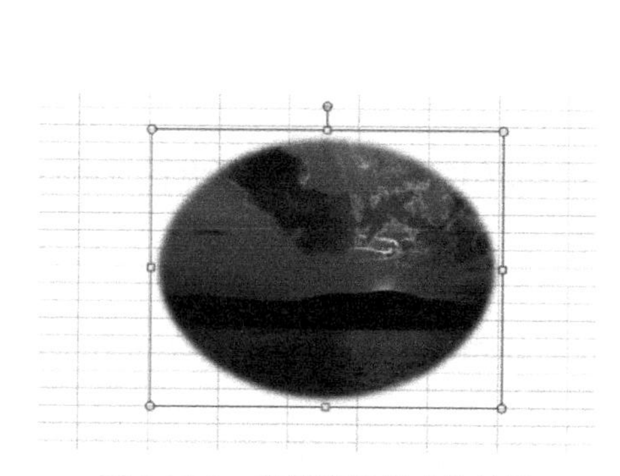

图 4-16-3 应用预设样式的效果

图 4-16-4 【剪贴画】窗格

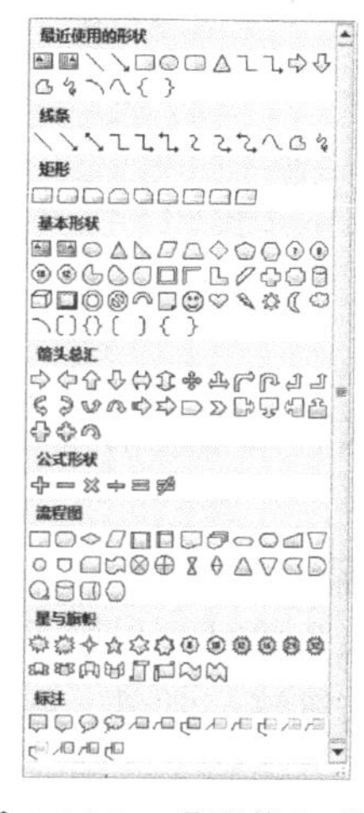

图 4-16-5 【形状】列表

2. 插入艺术字

艺术字是一个文字样式库，用户可以将艺术字添加到 Excel 工作表中，制作出装饰性效果，如带阴影的文字等效果。

（1）插入艺术字。在工作表中添加艺术字的具体操作步骤如下：

① 在 Excel 工作表的【插入】选项卡中单击【文本】选项组中的【艺术字】按钮，弹出【艺

术字】下拉列表，如图 4-16-6 所示。

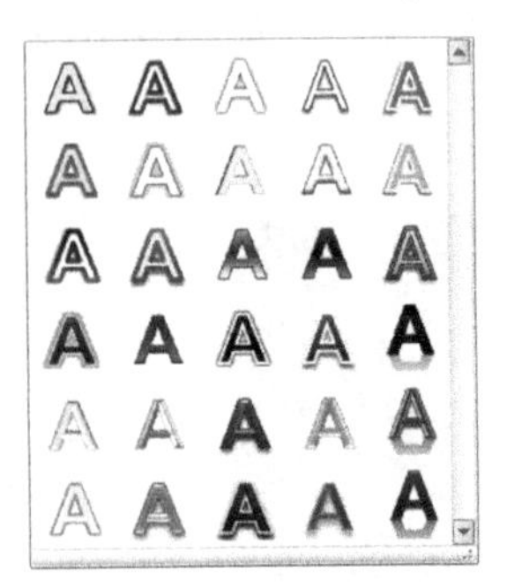

图 4-16-6　艺术字列表

② 单击所需的艺术字样式，即可在工作表中插入艺术字文本框。将鼠标光标定位在艺术字文本框中，删除“请在此处放置您的文字”，输入新的文本，单击工作表中的任意位置即可完成艺术字的插入，如图 4-16-7 所示。

（2）设置艺术字格式。在工作表中插入艺术字后，还可以设置艺术字的位置及大小等格式。

① 修改艺术字字体和大小。输入艺术字的过程中或者在输入艺术字之后，可能发现文字字体或者大小不符合要求，可以设置修改。选择艺术字后，弹出如图 4-16-8 所示的浮动工具栏，在其中可以进行字体的基本设置。

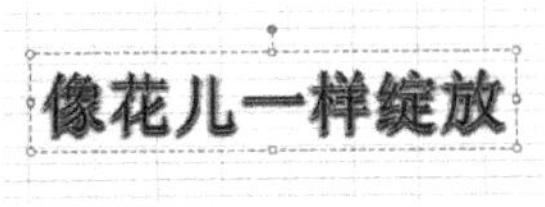

图 4-16-7　输入文本

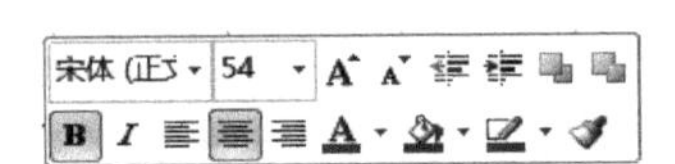

图 4-16-8　浮动工具栏

② 设置艺术字样式、颜色和填充效果。选择艺术字，单击【格式】选项卡【艺术字样式】选项组中的【文本填充】按钮、【文本轮廓】按钮以及【文字效果】按钮，可以自定义设置艺术字字体的填充样式、轮廓样式和文字效果，如图 4-16-9 所示。

③ 设置艺术字形状样式。选择艺术字，单击【格式】选项卡【形状样式】选项组中的【形状填充】按钮、【形状轮廓】按钮以及【形状效果】按钮，可以自定义设置艺术字形状的填充样式、轮廓样式和形状效果等，如图 4-16-10 所示。

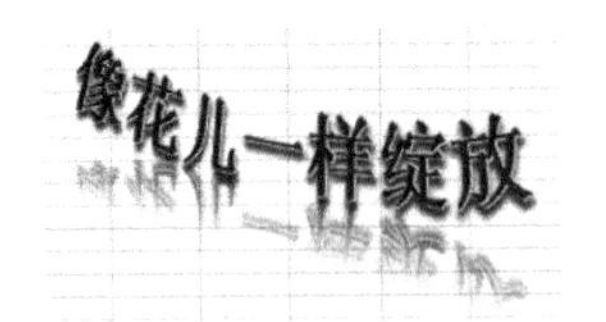

图 4-16-9　设置艺术字样式

图 4-16-10　设置形状样式

4.17　公式的应用

公式和函数具有非常强大的计算功能，为用户分析和处理工作表中的数据提供了很多的方便。

1．输入公式

输入公式时，以等号“=”作为开头，用于标识输入的是公式而不是文本。在公式中经常包含算术运算符、常量、变量、单元格地址等。输入公式的方法如下：

（1）手动输入。手动输入公式是指所有的公式内容均用键盘来输入。在选择的单元格中输入等号（=），后面输入公式。输入时，字符会同时出现在单元格和编辑栏中，输入完成后按【Enter】键，Excel 2010 会自动进行数据的计算并在单元格中显示结果，如图 4-17-1 所示。

（2）鼠标单击输入。单击输入更加简单、快速，不容易出问题。可以直接单击单元格引用，而不是完全靠键盘输入。例如，要在单元格 B4 中输入公式“=B2+B3”，具体的操作步骤如下：

① 在 Excel 2010 中新建一个空白工作簿，在 B2 中输入“15”，在 B3 中输入“16”，并选择单元格 B4，输入等号“=”，然后用鼠标左键单击单元格 B2，此时 B2 单元格的周围会显示一个

活动虚框，单元格 B2 的地址将被添加到公式中，如图 4-17-2 所示。

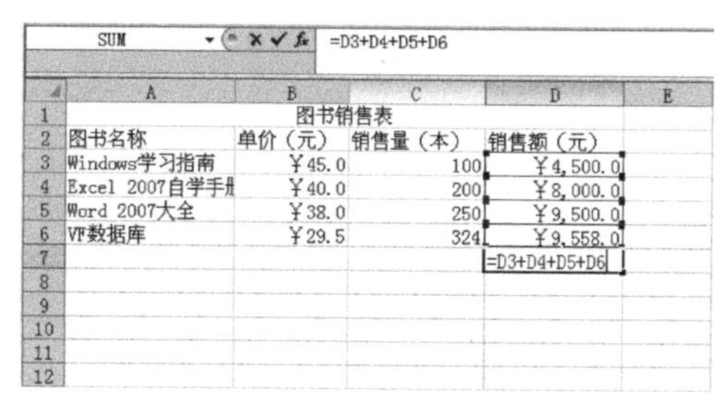

图 4-17-1　手动输入公式

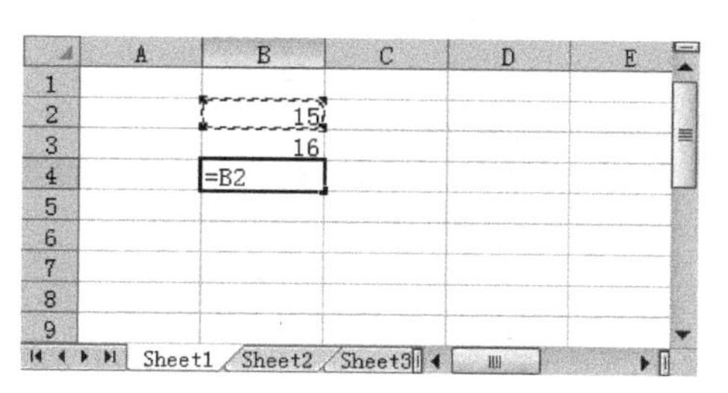

图 4-17-2　鼠标单击输入公式

② 输入加号“+”，实线边框会代替虚线边框，状态栏里会再次出现“输入”字样，继续用鼠标左键单击单元格 B3，将单元格 B3 的地址也添加到公式中，按【Enter】键后将会在单元格 B4 中显示出计算结果，如图 4-17-3 所示。

2．审核和编辑公式

对单元格中的公式，像单元格中的其他数据一样也可以进行修改、复制和移动等编辑操作。

（1）修改公式。如果发现输入的公式有错误，可以很容易地进行修改。具体的操作步骤如下：

① 在表格中输入数据和公式，单击包含要修改公式的单元格 B5，如图 4-17-4 所示。

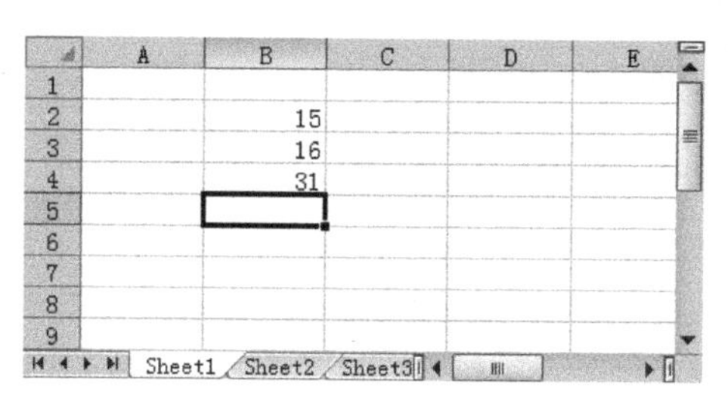

图 4-17-3　公式计算结果

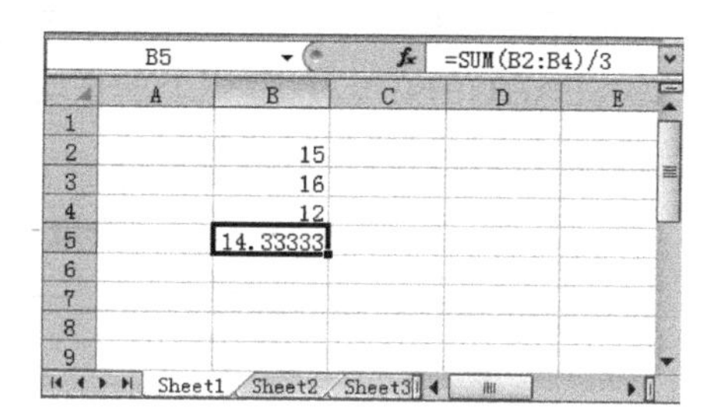

图 4-17-4　选择单元格 B5

② 在编辑栏中直接对公式进行修改，如将“=SUM(B2:B4)/3”改为“=SUM(B2:B4)”。按【Enter】键完成修改，如图 4-17-5 所示。

（2）复制公式。下面举例说明如何复制单元格中的公式，具体的操作步骤如下：

① 在表格中输入数据和公式，单击包含公式的单元格 B5，如图 4-17-6 所示。

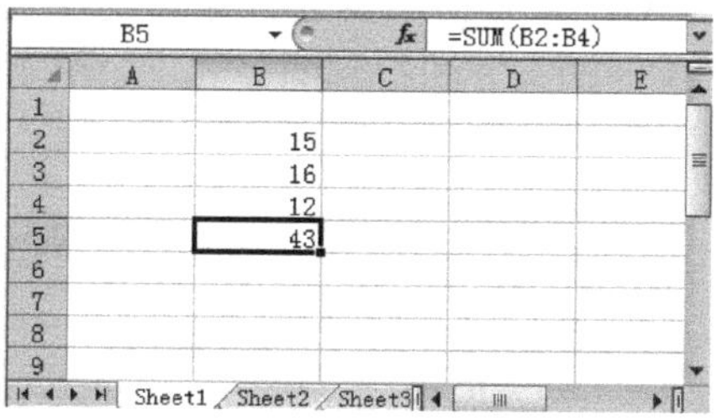

图 4-17-5　修改公式

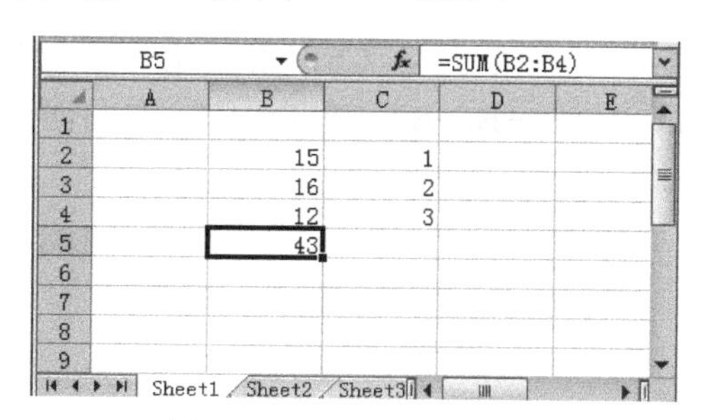

图 4-17-6　选择单元格 B5

② 用鼠标右键单击，在弹出的快捷菜单中执行【复制】命令（或选择单元格 B5 后按【Ctrl+C】组合键），在 C5 单元格上用鼠标右键单击，在弹出的快捷菜单中执行【选择性粘贴】命令，打开【选择性粘贴】对话框，选中【公式】单选按钮，如图 4-17-7 所示。

③ 单击【确定】按钮，C5 中显示 6，这样就把 B5 中的公式复制到 C5 单元格中了，如图 4-17-8 所示。

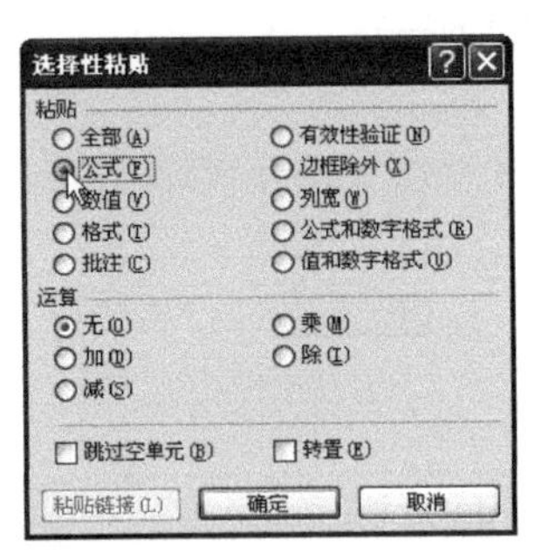

图 4-17-7 【选择性粘贴】对话框

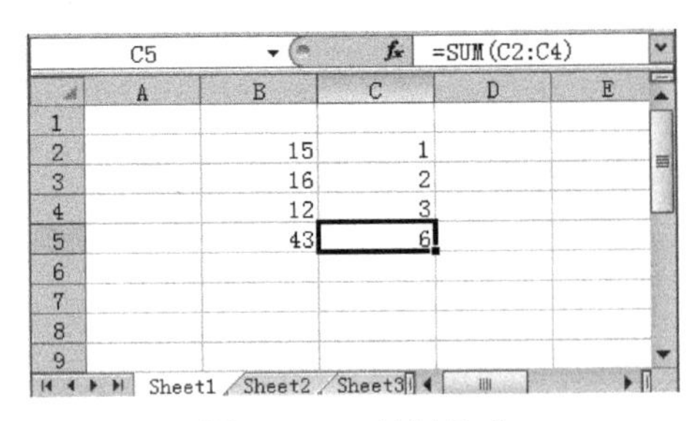

图 4-17-8 复制公式

（3）移动公式。移动单元格中公式的方法和移动其他对象的方法相似。只需要把鼠标指针移动到需要移动公式的单元格边框上，当指针变为形状时按下鼠标左键，然后拖动到目标位置松开即可完成公式的移动操作。

3. 显示公式

默认情况下，Excel 2010 在单元格中只显示公式的计算结果，而不显示公式本身。要显示公式，需选择单元格，在编辑栏中可以看到公式。

（1）打开事先准备好的名为“小学生月消费.xlsx”的文件。

（2）选择单元格 C3，用户就可以在编辑框中看到 C3 单元格中的公式了，这个公式是“=AVERAGEA(B3:B9)”，它是一个求平均值的函数，如图 4-17-9 所示。

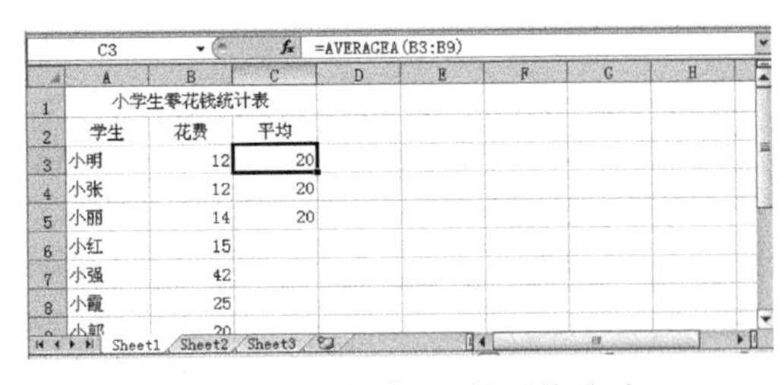

图 4-17-9 查看 C3 单元格公式

（3）选择单元格 C4，用户就可以在编辑框中看到 C4 单元格中的公式了，这个公式是“=SUM(B3:B9)/7”，先用 SUM 求和公式计算出结果再除以 7 也可以得到所需结果，如图 4-17-10 所示。

（4）选择单元格 C5，用户就可以在编辑框中看到 C5 单元格中的公式了，这个公式是“=(B3+B4+B5+B6+B7+B8+B9)/7”，是前面介绍过的通过手动输入方法得到的公式，如图 4-17-11 所示。

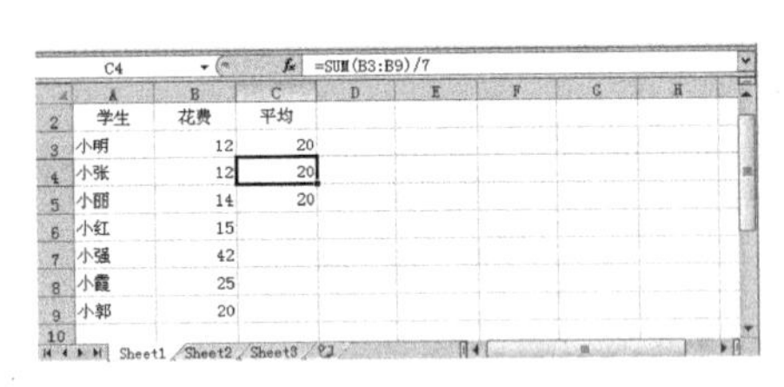

图 4-17-10 查看 C4 单元格公式

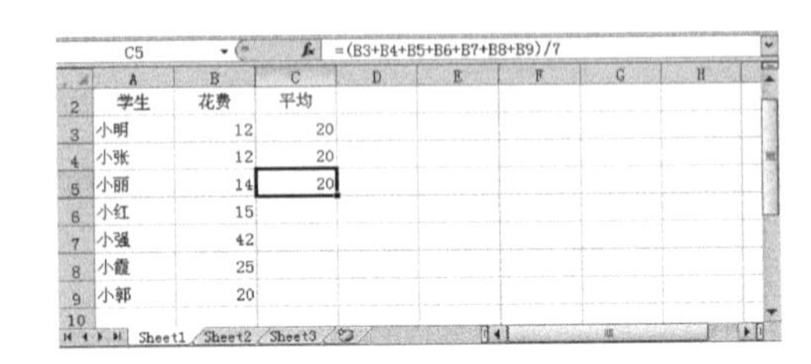

图 4-17-11 查看 C5 单元格公式

4.18 函数的输入与修改

Excel 中所提到的函数其实是一些预定义的公式，它们使用一些被称为参数的特定数值按特定的顺序或结构进行计算。每个函数描述都包括一个语法行，它是一种特殊的公式，所有的函数必须以等号“=”开始，它是预定义的内置公式，必须按语法的特定顺序进行计算。在 Excel 中内置了 12 大类近 400 种函数，用户可以直接调用。

1．函数的组成

在 Excel 2010 中，一个完整的函数式通常由 3 部分构成，其格式为：

标识符 函数名称(函数参数)

（1）标识符。在单元格中输入计算函数时，必须先输入一个“=”，这个“=”称为函数的标识符。如果不输入“=”，Excel 通常将输入的函数式作为文本处理，不返回运算结果。

（2）函数名称。函数标识符后面的英文是函数名称，大多数函数名称是对应英文单词的缩写。有些函数名称则是由多个英文单词（或缩写）组合而成的，如条件求和函数 SUMIF 是由求和 SUM 和条件 IF 组成的。

（3）函数参数。函数参数主要有以下几种类型：

① 常量。常量参数主要包括数值（如 12）、文本（如“办公自动化”）和日期（如 2017-12-12）等，如图 4-18-1 所示。

② 逻辑值。逻辑类型数据的值只有两个，真或者假，所以逻辑值参数包括逻辑真（TRUE）、逻辑假（FALSE）以及必要的逻辑判断表达式（如单元格 A3 不等于空表示为“A3<>()”）的结果等。

③ 单元格引用。单元格引用参数主要包括单个单元格的引用和单元格区域的引用等，其中单元格区域包括连续的区域也包括不连续的区域。

④ 名称。如果函数引用的数据均在同一个工作表中，函数参数中可以省略工作表名称，但如果函数使用到的单元格数据来自于一个工作簿中不同的工作表，则在函数参数中必须加上工作表名称。

⑤ 其他函数式。用户可以用一个函数式的返回结果作为另一个函数式的参数，对于这种形式的函数式，通常称为“函数嵌套”。

⑥ 数组参数。数组参数可以是一组常量（如 2，4，6），也可以是单元格区域的引用。

以上这几种参数大多是可以混合使用的，因此许多函数都会有不止一个参数，这时可以用英文状态下的逗号将各个参数隔开。

2．函数的分类

Excel 2010 提供了丰富的内置函数，单击编辑栏左侧的【插入函数】按钮，会打开【插入函数】对话框；或者在【公式】选项卡中单击【函数库】选项组中的【插入函数】按钮，打开【插入函数】对话框。在【插入函数】对话框中会显示各类函数，如图 4-18-2 所示。

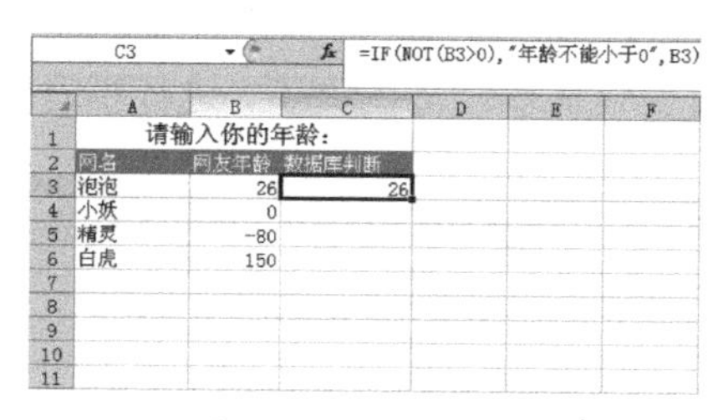

图 4-18-1 常量参数

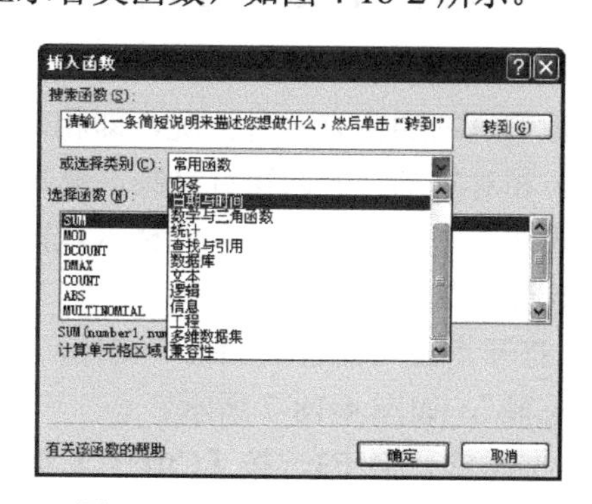

图 4-18-2 【插入函数】对话框

3．在工作表中输入函数

在 Excel 2010 中，输入函数的方法有手动输入和使用函数向导输入两种方法。手动输入函数和输入普通的公式一样，在此不再重复说明。使用函数向导输入函数的具体操作步骤如下：

（1）启动 Excel 2010，新建一个空白工作表，在单元格区域中输入如图 4-18-3 所示的内容。

（2）选择 C1 单元格，在【公式】选项卡中单击【函数库】选项组中的【插入函数】按钮，或者单击编辑栏上的【插入函数】按钮，打开【插入函数】对话框。在【或选择类别】下拉列表中选择【数学与三角函数】选项，在【选择函数】列表框中选择【MOD】选项（求余函数）。列表框的下方会出现关于该函数功能的简单提示，如图 4-18-4 所示。

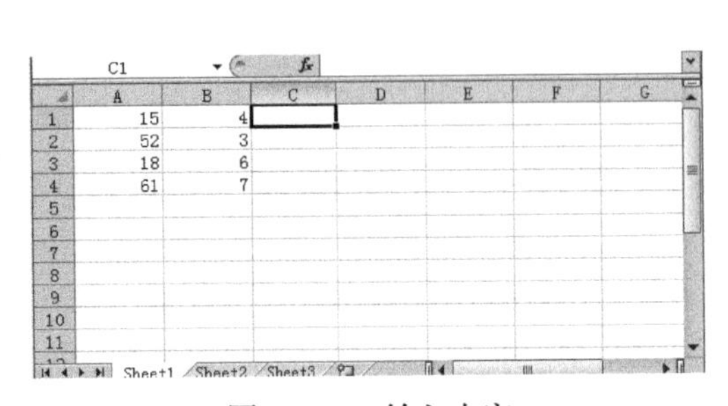

图 4-18-3　输入内容

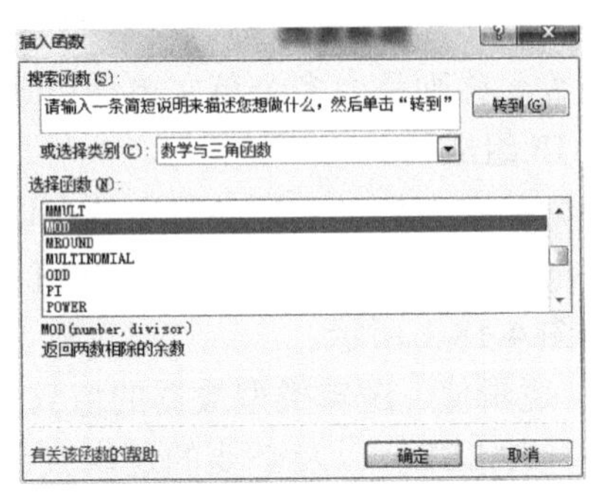

图 4-18-4　【插入函数】对话框

（3）单击【确定】按钮，打开【函数参数】对话框，单击【Number】文本框，再单击 A1 单元格，文本框中会显示“A1”，或者直接在【Number】文本框中输入“A1”，然后单击【Divisor】文本框，按照操作【Number】文本框的方法在【Divisor】文本框中输入“B1”，如图 4-18-5 所示。

（4）单击【确定】按钮，即可计算出单元格 A1 和单元格 B1 中的数值相除后所得的余数，并显示在单元格 C1 中。选择单元格 C1 时，在编辑栏中会显示公式（函数）“=MOD(A1,B1)”，如图 4-18-6 所示。

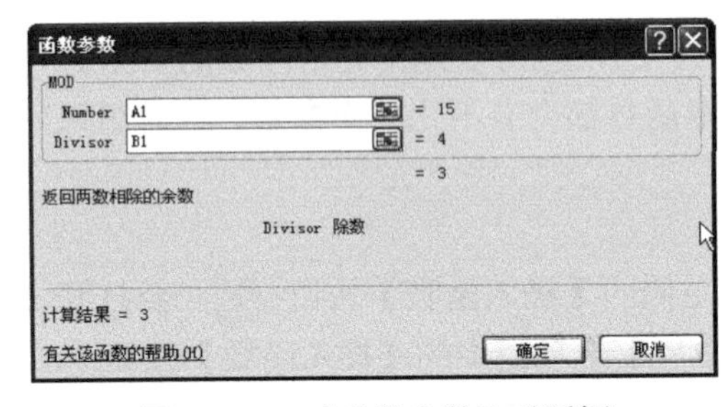

图 4-18-5　【函数参数】对话框

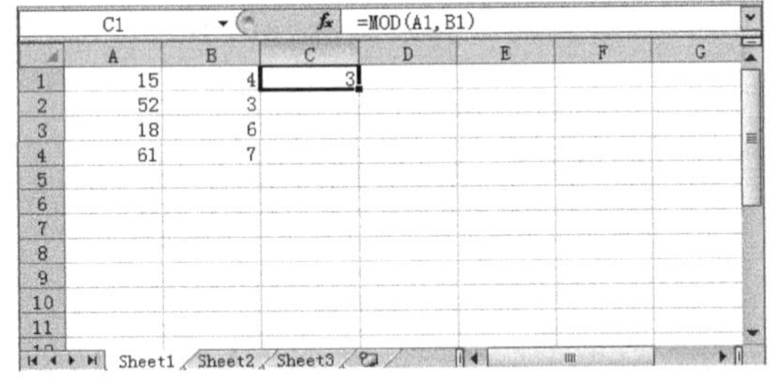

图 4-18-6　求余数

4．函数的复制

函数的复制通常有两种情况，即相对复制和绝对复制。

（1）相对复制。所谓相对复制，就是将单元格中的函数表达式复制到一个新单元格中后，原来函数表达式中相对引用的单元格区域随新单元格的位置变化而做相应的调整。进行相对复制的具体操作步骤如下：

① 打开“公司销售额.xlsx”文件，在单元格 F3 中输入“=SUM(B3:E3)”并按【Enter】键，计算“总额”，如图 4-18-7 所示。

② 选择单元格 F3，按【Ctrl+C】组合键，选择 F4:F7 单元格区域，按【Ctrl+V】组合键，即可将函数复制到目标单元格，计算出其他公司的“总额”，如图 4-18-8 所示。

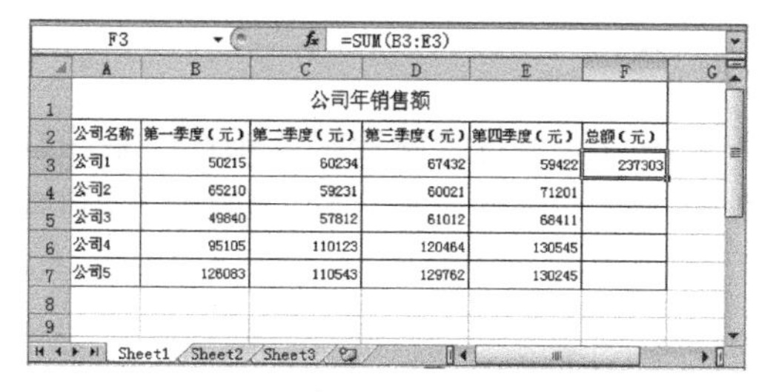

图 4-18-7　输入公式

图 4-18-8　将函数复制到目标单元格

（2）绝对复制。所谓绝对复制，就是将单元格中的函数表达式复制到一个新单元格中后，原来函数表达式中绝对引用的单元格区域不随新单元格的位置变化而做相应的调整。进行绝对复制的具体操作步骤如下：

① 打开“公司销售额.xlsx”文件，在单元格 F3 中输入“=SUM($B$3:$E$3)”，并按【Enter】键，如图 4-18-9 所示。

② 选择单元格 F3，按【Ctrl+C】组合键，选择 F4:F7 单元格区域，按【Ctrl+V】组合键，即可将函数复制到目标单元格，可以看到函数和计算结果并没有改变，如图 4-18-10 所示。

图 4-18-9　输入公式

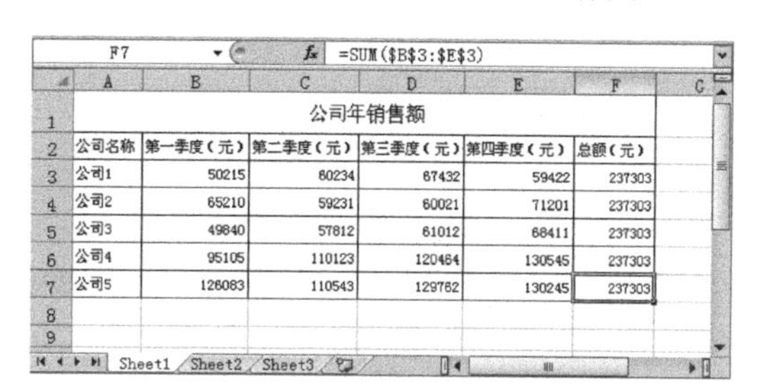

图 4-18-10　将函数复制到目标单元格

5．函数的修改

在函数使用的过程中，不可避免会出现函数使用有误的情况，这就需要对函数进行修改。函数的修改十分简单，只需选择要修改的函数，按【Del】键或【Backspace】键删除错误内容，重新输入正确的内容即可。输入内容时，可以在单元格中输入，也可以在编辑栏中输入。当函数的格式或者参数错误比较多时，也可以直接删除整个函数，然后重新输入函数即可。具体的操作步骤如下：

（1）选择函数所在的单元格，单击编辑栏中的【插入函数】按钮 *fx*，打开【函数参数】对话框，如图 4-18-11 所示。

（2）单击【Number1】文本框右边的选择区域按钮，然后选择正确的参数，如图 4-18-12 所示。

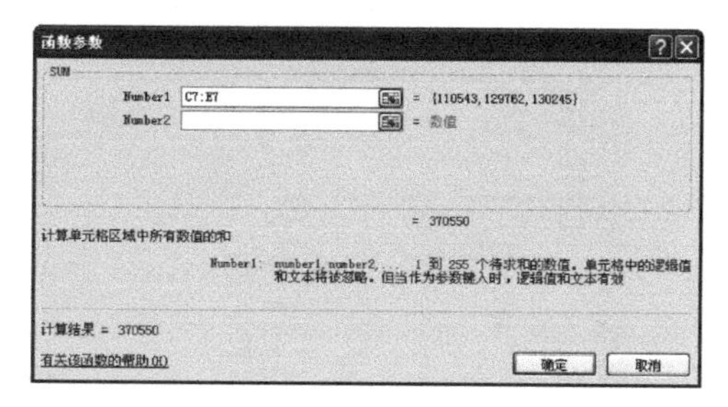

图 4-18-11　【函数参数】对话框

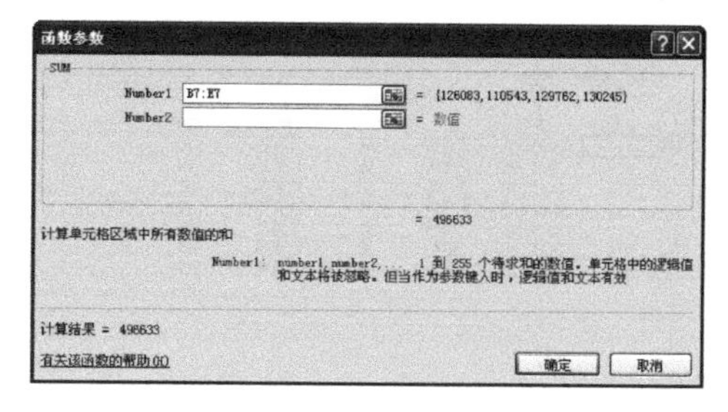

图 4-18-12　选择参数

4.19 数据筛选

在 Excel 2010 中提供了数据筛选功能，可以在工作表中只显示符合特定筛选条件的某些数据行，不满足筛选条件的数据行将自动隐藏，这些操作就是数据的筛选。筛选分为自动筛选和高级筛选。

1．自动筛选

自动筛选提供了快速访问数据列表的管理功能。进行自动筛选，可以选择使用单条件和多条件两种筛选方式。

（1）单条件筛选。所谓单条件筛选，就是将符合一种条件的数据筛选出来。例如，在班级成绩表中，要将 110 和 113 班的学生筛选出来，具体的操作步骤如下：

① 打开事先准备好的名为“单条件筛选数据.xlsx”的文件，选择数据区域内的任一单元格，如图 4-19-1 所示。

② 在【数据】选项卡中单击【排序和筛选】选项组中的【筛选】按钮，进入【自动筛选】状态，此时在标题行每列的右侧会出现一个下拉按钮，如图 4-19-2 所示。

图 4-19-1　打开素材文件

图 4-19-2　【自动筛选】状态

③ 单击【班级】列右侧的下拉按钮，在弹出的下拉列表中取消勾选【全选】复选框，勾选【110】和【113】复选框，然后单击【确定】按钮即可。经过筛选的数据清单仅显示了 110 和 113 班学生的成绩，其他记录则被隐藏起来，如图 4-19-3 所示。

（2）多条件筛选。多条件筛选就是将符合多个条件的数据筛选出来。例如，要将班级成绩表中数学成绩大于或等于 70 分的学生筛选出来，具体的操作步骤如下：

① 打开事先准备好的名为“多条件筛选数据.xlsx”的文件。

② 在【数据】选项卡中单击【排序和筛选】选项组中的【筛选】按钮，进入【自动筛选】状态，此时在标题行每列的右侧会出现一个下拉按钮。单击【数学】列右侧的下拉按钮，在弹出的下拉列表中选择【数字筛选】选项，会弹出一个选择列表，在其中选择【大于或等于】选项，如图 4-19-4 所示。

图 4-19-3　筛选结果

图 4-19-4　【自动筛选】状态

（3）打开【自定义自动筛选方式】对话框，在文本框中输入“70”，如图 4-19-5 所示。

（4）单击【确定】按钮，即可完成数据的筛选，筛选后的结果如图 4-19-6 所示。

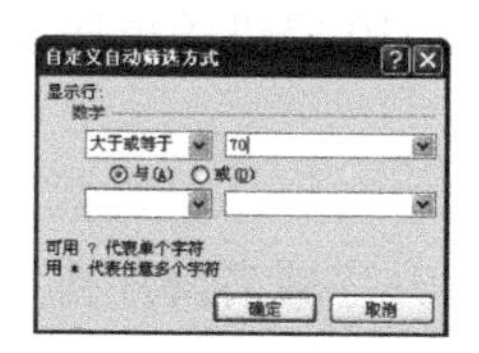

图 4-19-5 【自定义自动筛选方式】对话框

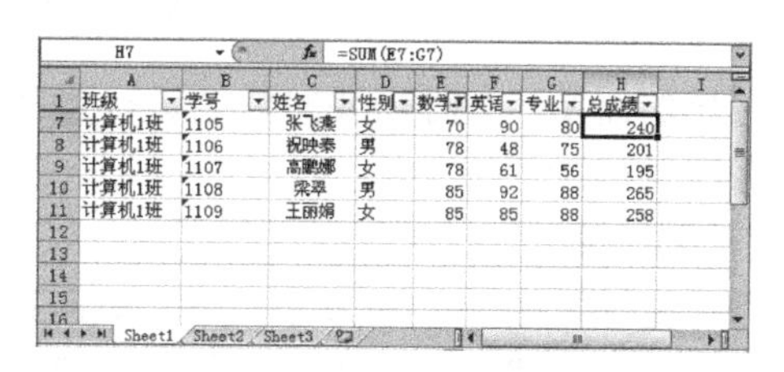

班级	学号	姓名	性别	数学	英语	专业	总成绩
计算机1班	1105	张飞燕	女	70	90	80	240
计算机1班	1106	祝映泰	男	78	48	75	201
计算机1班	1107	高鹏娜	女	78	61	56	195
计算机1班	1108	梁翠	男	85	92	88	265
计算机1班	1109	王丽娟	女	85	85	88	258

图 4-19-6 多条件筛选结果

2. 高级筛选

如果要对字段设置多个复杂的筛选条件，可以使用 Excel 提供的高级筛选功能。例如，要将“班级”为“11 表演”的学生筛选出来，具体的操作步骤如下：

（1）打开事先准备好的名为“校成绩汇总表.xlsx”的文件，如图 4-19-7 所示。

（2）在 J2 单元格中输入“班级”，在 J3 单元格中输入公式“="=11 表演"”，如图 4-19-8 所示，按【Enter】键。

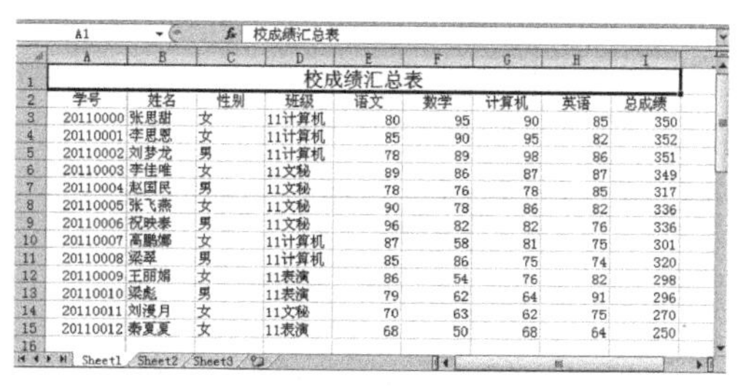

图 4-19-7 打开素材文件

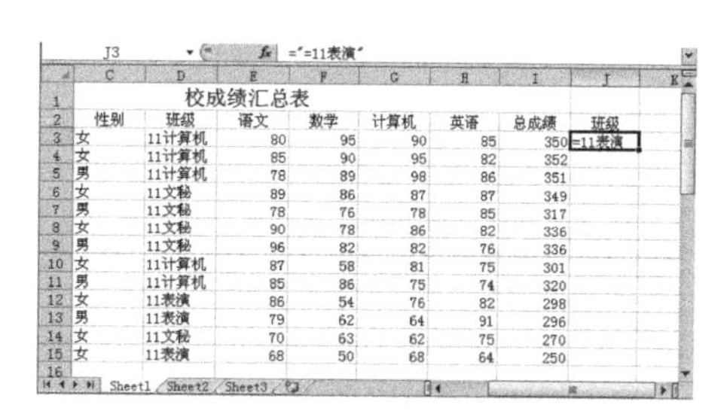

图 4-19-8 输入公式

（3）在【数据】选项卡中单击【排序和筛选】选项组中的【高级】按钮，打开【高级筛选】对话框，如图 4-19-9 所示。

（4）分别单击【列表区域】和【条件区域】文本框右侧的按钮，设置列表区域和条件区域，如图 4-19-10 所示。

图 4-19-9 【高级筛选】对话框

图 4-19-10 设置列表区域和条件区域

（5）设置完毕，单击【确定】按钮，即可筛选出符合条件区域的数据，如图 4-19-11 所示。

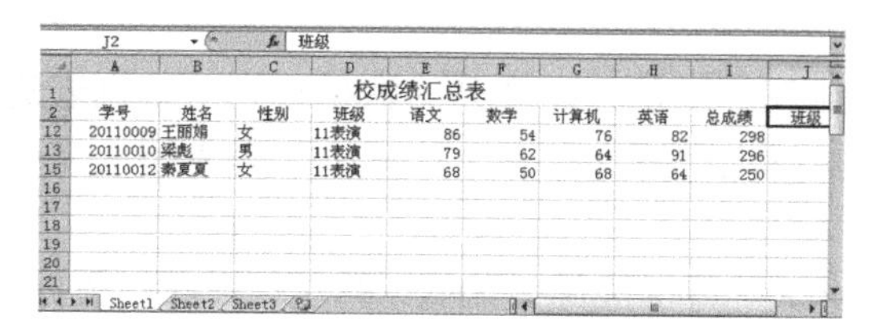

学号	姓名	性别	班级	语文	数学	计算机	英语	总成绩
20110009	王丽娟	女	11表演	86	54	76	82	298
20110010	梁彪	男	11表演	79	62	64	91	296
20110012	秦夏夏	女	11表演	68	50	68	64	250

图 4-19-11 筛选数据

提示：在【高级筛选】对话框中选中【将筛选结果复制到其他位置】单选按钮，【复制到】输入框则呈高亮显示，然后选择单元格区域，筛选的结果将复制到所选的单元格区域中。

4.20 数据排序

根据用户的需要，有时需要对数据进行排序。可以使用 Excel 2010 提供的排序功能对数据进行升序或降序排列。

1. 按一列排序

按列排序是最常用的排序方法，可以根据某列数据对列表进行升序或者降序排列。例如，要对“成绩表”中的“成绩”按由高到低的顺序排序，具体的操作步骤如下：

（1）打开事先准备好的名为“成绩表.xlsx”的文件，选择数据区域内的任一单元格，如图 4-20-1 所示。

（2）在【数据】选项卡中单击【排序和筛选】选项组中的【排序】按钮，打开【排序】对话框，单击【选项】按钮，打开【排序选项】对话框，选中【按列排序】单选按钮，如图 4-20-2 所示。

	A	B	C	D	E
1	成绩表				
2	学号	姓名	性别	班级	成绩
3	2011001201	张晓晶	女	英语12班	86
4	2011001202	姚顺	男	英语12班	93
5	2011001203	魏军帅	男	英语12班	65
6	2011001204	王洋洋	男	英语12班	90
7	2011001205	魏海婉	女	英语12班	85
8	2011001206	高少静	女	英语12班	48
9	2011001207	楚海波	男	英语12班	75
10	2011001208	宋令令	女	英语12班	86
11	2011001209	赵强	男	英语12班	55
12	2011001210	张宪伟	男	英语12班	76
13	2011001211	陈莹	女	英语12班	79
14	2011001212	李艳秋	女	英语12班	90
15	2011001213	陈鹏飞	男	英语12班	67

图 4-20-1 素材文件“成绩表.xlsx”

图 4-20-2 【排序选项】对话框

（3）单击【确定】按钮，返回【排序】对话框，在【主要关键字】右侧的下拉列表中选择“成绩”选项，在【次序】下拉列表中选择“降序”选项，如图 4-20-3 所示。

（4）单击【确定】按钮，返回工作表，可以看到“成绩”E 这一列已经按要求排序，如图 4-20-4 所示。

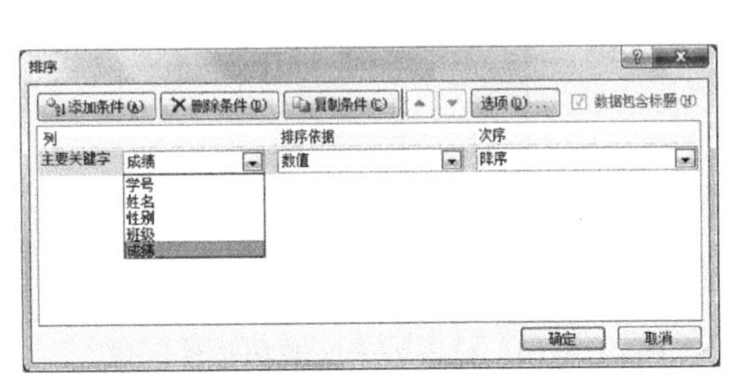

图 4-20-3 选择主关键字

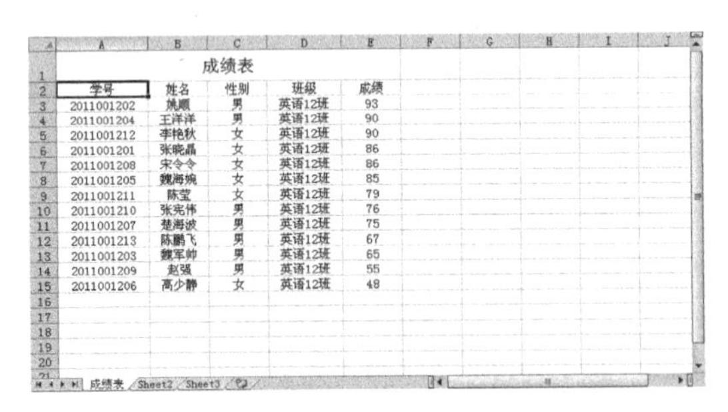

	A	B	C	D	E
1	成绩表				
2	学号	姓名	性别	班级	成绩
3	2011001202	姚顺	男	英语12班	93
4	2011001204	王洋洋	男	英语12班	90
5	2011001212	李艳秋	女	英语12班	90
6	2011001201	张晓晶	女	英语12班	86
7	2011001208	宋令令	女	英语12班	86
8	2011001205	魏海婉	女	英语12班	85
9	2011001211	陈莹	女	英语12班	79
10	2011001210	张宪伟	男	英语12班	76
11	2011001207	楚海波	男	英语12班	75
12	2011001213	陈鹏飞	男	英语12班	67
13	2011001203	魏军帅	男	英语12班	65
14	2011001209	赵强	男	英语12班	55
15	2011001206	高少静	女	英语12班	48

图 4-20-4 排序结果

2. 按多列排序

按多列排序又称多条件排序，就是依据多列的数据规则对数据表进行排序。例如，要对期中考试成绩表中的“英语”、“数学”、“语文”和“计算机”等成绩从高分到低分排序，具体操作步骤如下：

（1）打开事先准备好的名为“月考成绩表.xlsx”的文件，选择数据区域内的任意一个单元格。

（2）在【数据】选项卡中单击【排序和筛选】选项组中的【排序】按钮，打开【排序】对话框，如图 4-20-5 所示。

（3）在【主要关键字】下拉列表框、【排序依据】下拉列表框和【次序】下拉列表框中，分别进行如图 4-20-6 所示的设置。

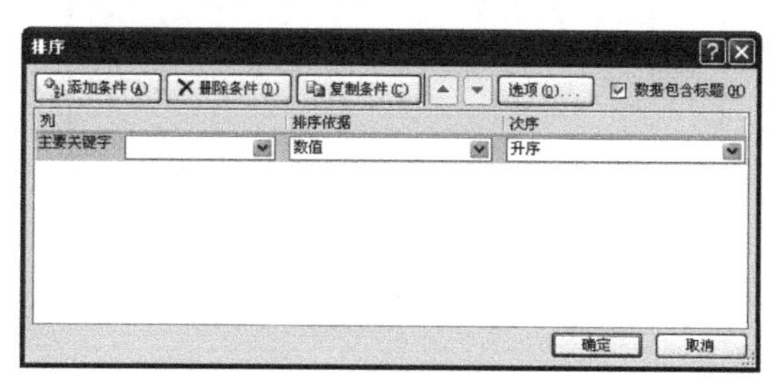

图 4-20-5 【排序】对话框

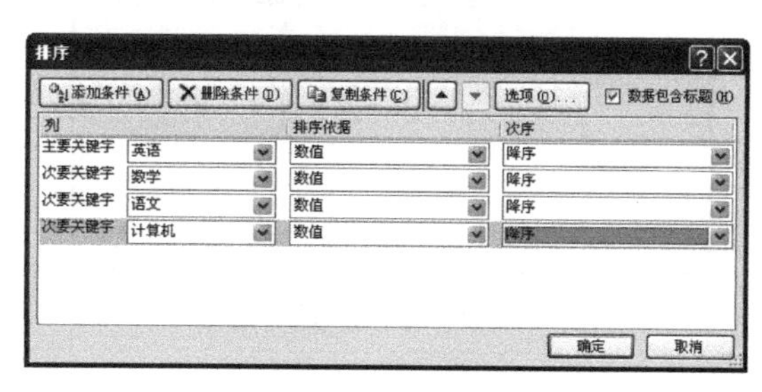

图 4-20-6 设置关键字

（4）全部设置完成，单击【确定】按钮即可。

3. 自定义排序

在 Excel 中，使用以上的排序方法仍然达不到要求时，可以使用自定义排序。具体的操作步骤如下：

（1）打开事先准备好的名为“期中成绩单.xlsx”的文件。

（2）选择需要自定义排序的单元格区域，然后选择【文件】选项卡，在弹出的列表中选择【选项】选项，打开【Excel 选项】对话框。在【高级】选项中的【常规】区域中单击【编辑自定义列表】按钮，如图 4-20-7 所示。

（3）打开【自定义序列】对话框，在【输入序列】文本框中输入序列，然后单击【添加】按钮，如图 4-20-8 所示。

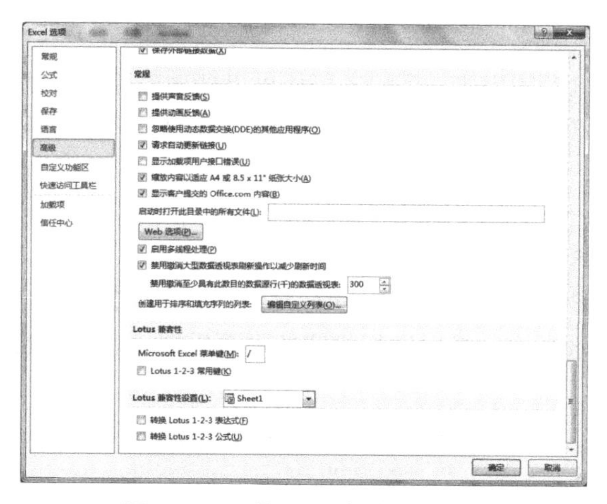

图 4-20-7 【Excel 选项】对话框

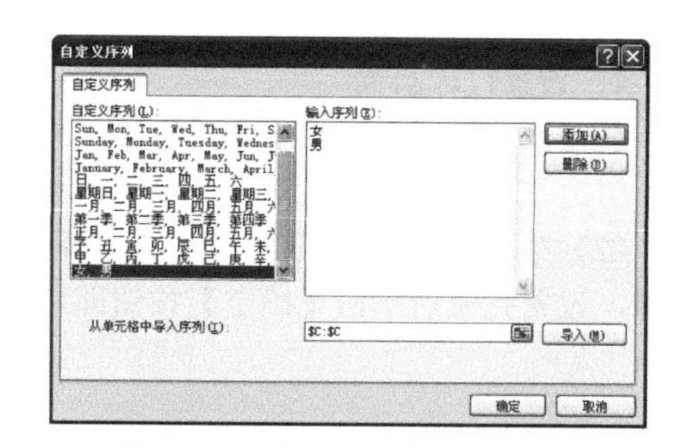

图 4-20-8 【自定义序列】对话框

（4）单击【确定】按钮，返回【Excel 选项】对话框，再单击【确定】按钮，接着选择数据区域内的任意一个单元格。

（5）在【数据】选项卡中单击【排序和筛选】选项组中的【排序】按钮，打开【排序】对话框，在【主要关键字】下拉列表框中选择【性别】选项，在【次序】下拉列表框中选择【自定义序列】选项，如图 4-20-9 所示。

（6）打开【自定义序列】对话框，选择相应的序列，然后单击【确定】按钮，返回【排序】对话框，如图 4-20-10 所示。

（7）单击【确定】按钮，即可按自定义的序列对数据进行排序，效果如图 4-20-11 所示。

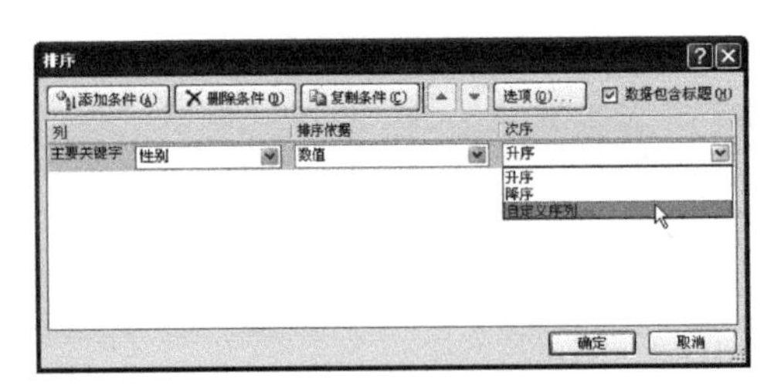

图 4-20-9 【排序】对话框

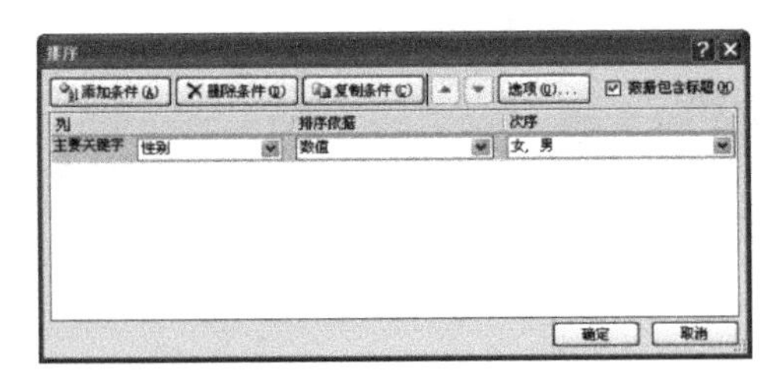

图 4-20-10 选择排序次序

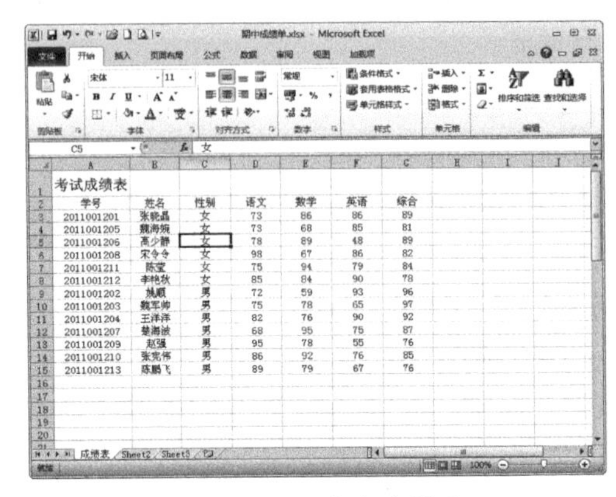

图 4-20-11 自定义排序

4.21 打印工作表

打印工作表是指将编辑好的工作表通过打印机打印出来。打印之前还可以使用打印预览所见即所得的功能，查看打印的实际效果。如果对打印的效果不满意，可以重新对打印页面进行编辑和修改。

1. 设置打印页面

在【页面设置】对话框中对页面进行设置的具体操作步骤如下：

（1）在【页面布局】选项卡中单击【页面设置】选项组右下角的 按钮，如图 4-21-1 所示。

（2）打开【页面设置】对话框，选择【页面】选项卡，然后进行相应的页面设置，如图 4-21-2 所示，设置完成后单击【确定】按钮即可。

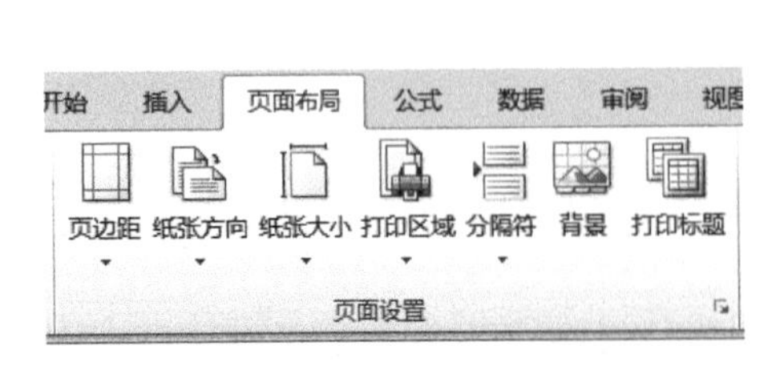

图 4-21-1 【页面设置】选项组

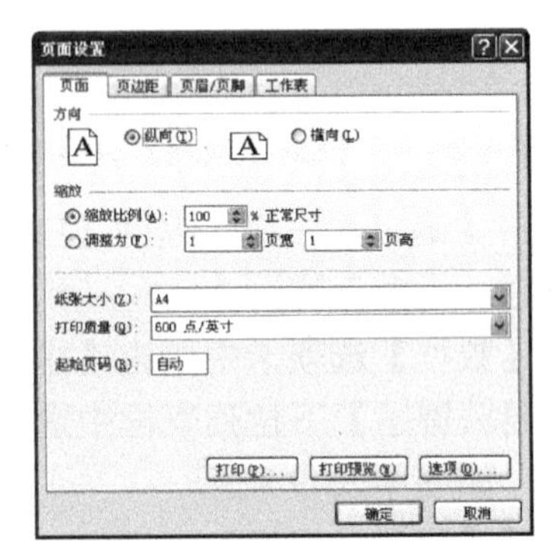

图 4-21-2 【页面设置】对话框

2. 设置页边距

页边距是指纸张上打印内容的边界与纸张边沿间的距离。

（1）启动 Excel 2010，单击【页面布局】选项卡中的 按钮，如图 4-21-3 所示，打开【页面设置】对话框。

（2）在【页面设置】对话框中，选择【页边距】选项卡，如图 4-21-4 所示。

（3）在【页面布局】选项卡中单击【页面设置】选项组中的【页边距】按钮，在弹出的下拉列表中选择一种内置的布局方式，也可以快速地设置页边距，如图 4-21-5 所示。

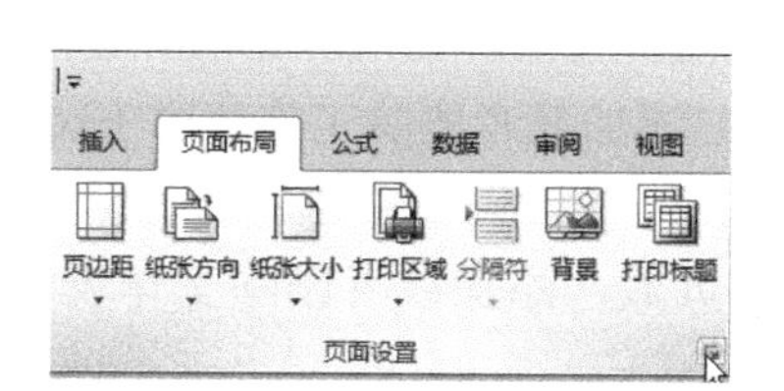

图 4-21-3 【页面布局】选项卡

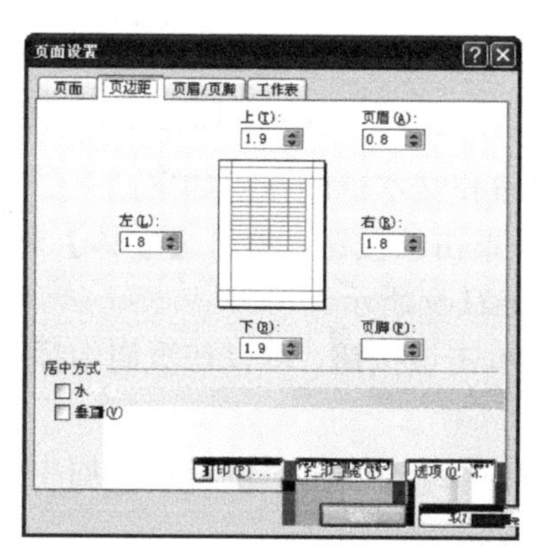

图 4-21-4 【页边距】选项卡

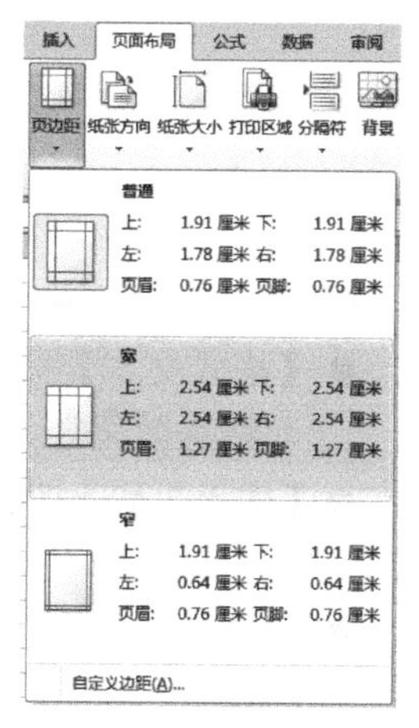

图 4-21-5 内置的布局方式

3. 设置页眉/页脚

页眉位于页面的顶端，用于标明名称和报表标题；页脚位于页面的底部，用于标明页码、打印日期和时间等。设置页眉/页脚的具体操作步骤如下：

（1）单击【页面布局】选项卡【页面设置】选项组右下方的 按钮。

（2）打开【页面设置】对话框，选择【页眉/页脚】选项卡，从中可以添加、删除、更改和编辑页眉/页脚，如图 4-21-6 所示。

（3）可以使用内置页眉/页脚。Excel 2010 提供了多种页眉/页脚的格式，如果要使用内部提供的页眉和页脚的格式，可以在【页眉】和【页脚】下拉列表中选择需要的格式，如图 4-21-7 所示。

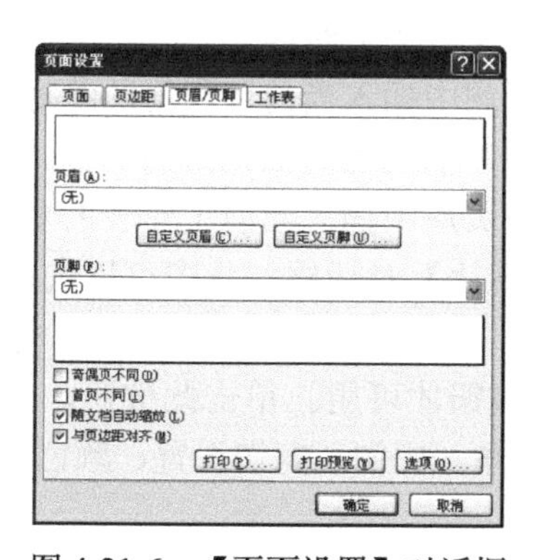

图 4-21-6 【页面设置】对话框

图 4-21-7 内置页眉/页脚

（4）自定义页眉/页脚。除了使用内置的页眉/页脚，用户也可以自定义页眉或页脚，进行个性化设置。

在【页面设置】对话框中选择【页眉/页脚】选项卡，单击【自定义页眉】按钮，打开【页眉】对话框，如图 4-21-8 所示。

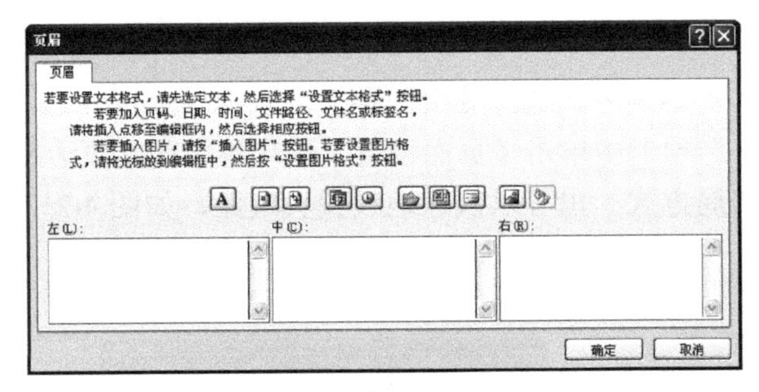

图 4-21-8 【页眉】对话框

【页眉】对话框中各个按钮和文本框的作用如下：

- 【格式文本】按钮A：单击该按钮，打开【字体】对话框，可以设置字体、字号、下画线和特殊效果等，如图 4-21-9 所示。
- 【插入页码】按钮：单击该按钮，可以在页眉中插入页码，添加或者删除工作表时 Excel 会自动更新页码。
- 【插入页数】按钮：单击该按钮，可以在页眉中插入总页数，添加或者删除工作表时 Excel 会自动更新总页数。
- 【插入日期】按钮：单击该按钮，可以在页眉中插入当前日期，如图 4-21-10 所示。

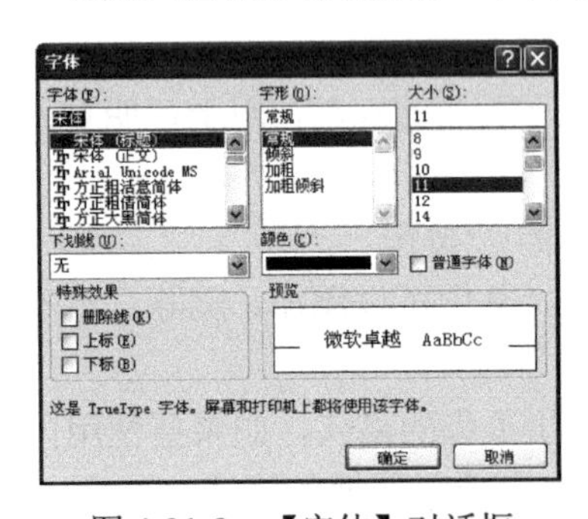

图 4-21-9 【字体】对话框

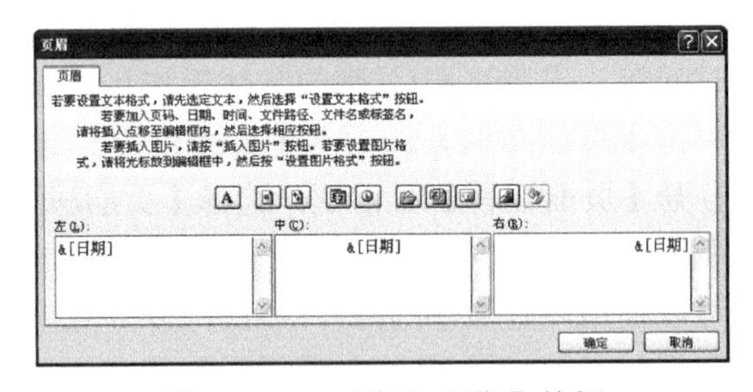

图 4-21-10 【插入日期】按钮

- 【插入时间】按钮：单击该按钮，可以在页眉中插入当前时间。
- 【插入文件路径】按钮：单击该按钮，可以在页眉中插入当前工作簿的绝对路径。
- 【插入文件名】按钮：单击该按钮，可以在页眉中插入当前工作簿的名称。
- 【插入数据表名称】按钮：单击该按钮，可以在页眉中插入当前工作表的名称。
- 【插入图片】按钮：单击该按钮，打开【插入图片】对话框，从中可以选择需要插入到页眉中的图片，如图 4-21-11 所示。
- 【设置图片格式】按钮：只有插入了图片，此按钮才可用。单击此按钮，打开【设置图片格式】对话框，从中可以设置图片的大小、转角、比例、剪切设置、颜色、亮度、对比度等，如图 4-21-12 所示。
- 【左】文本框：输入或插入的页眉注释将出现在页眉的左上角。
- 【中】文本框：输入或插入的页眉注释将出现在页眉的正上方。
- 【右】文本框：输入或插入的页眉注释将出现在页眉的右上角。

提示：在【页面设置】对话框中单击【自定义页脚】按钮，打开【页脚】对话框。该对话框中各个选项的作用可以参照【页眉】对话框中各个选项的作用。

图 4-21-11 【插入图片】对话框

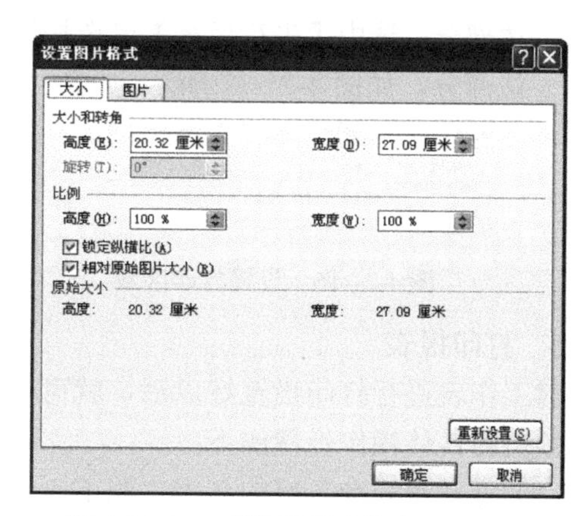

图 4-21-12 【设置图片格式】对话框

4. 设置打印区域

默认状态下，Excel 2010 会自动选择有文字的区域作为打印区域，如果用户希望打印某个区域内的数据，可以在【打印区域】文本框中输入要打印区域的单元格区域名称，或者用鼠标选择要打印的单元格区域。

单击【页面布局】选项卡中【页面设置】选项组中的按钮，打开【页面设置】对话框，选择【工作表】选项卡，如图 4-21-13 所示，设置相关的选项后单击【确定】按钮即可。

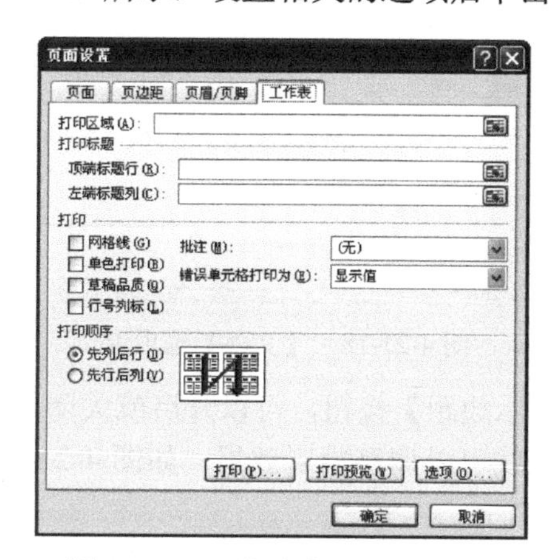

图 4-21-13 【页面设置】对话框

【工作表】选项卡中各个按钮和文本框的作用如下：

- 【打印区域】文本框：用于选择工作表中要打印的区域，如图 4-21-14 所示。
- 【打印标题】区域：当使用内容较多的工作表时，需要在每页的上部显示行或列标题。单击【顶端标题行】或【左端标题列】右侧的按钮，选择标题行或列，即可使打印的每页上都包含行或列标题，如图 4-21-15 所示。

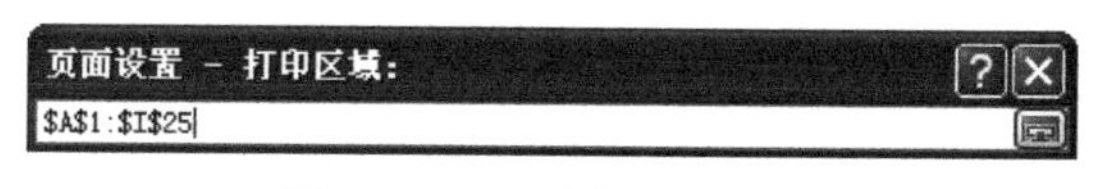

图 4-21-14 选择打印区域

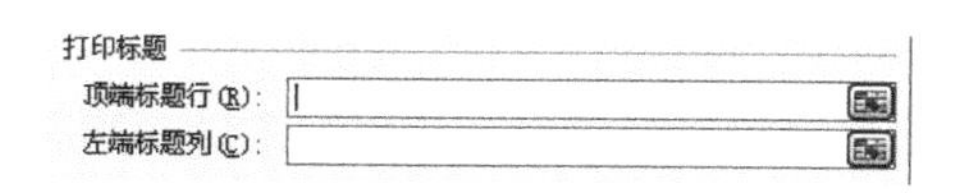

图 4-21-15 设置打印标题区域

- 【打印】区域：包括【网格线】、【单色打印】、【草稿品质】、【行号列标】等复选框，以及【批注】和【错误单元格打印为】两个下拉列表，如图 4-21-16 所示。
- 【打印顺序】区域：选中【先列后行】单选按钮，表示先打印每页的左边部分，再打印右边部分。选中【先行后列】单选按钮，表示在打印下页的左边部分之前，先打印本页的右边部分，如图 4-21-17 所示。

图 4-21-16　设置打印区域

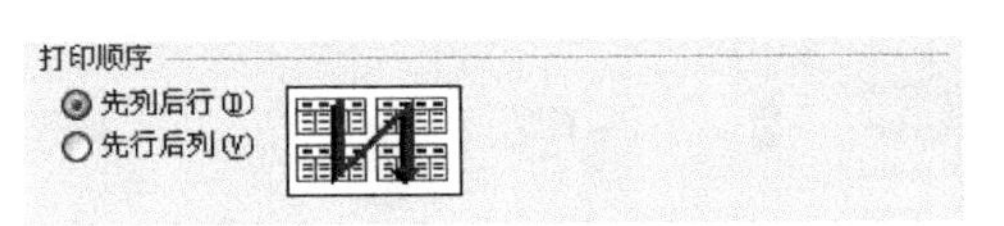

图 4-21-17　设置打印顺序

5．打印报表

对工作表进行打印设置好以后，就可以开始打印工作表了。打印之前，可以进行打印预览。打印预览的具体操作步骤如下：

（1）打开事先准备好的名为“职工工资表.xlsx”的文件。

（2）单击【文件】选项卡，在弹出的列表中选择【打印】选项，在窗口的右侧可以看到预览效果，如图 4-21-18 所示。

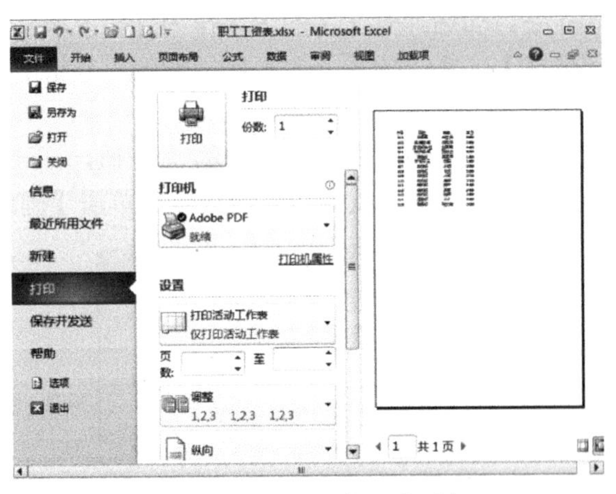

图 4-21-18　【文件】选项卡

（3）单击窗口右下角的【显示边距】按钮，可以开启或关闭页边距、页眉和页脚边距以及列宽的控制线，拖动边界和列间隔线可以调整输出效果，如图 4-21-19 所示。

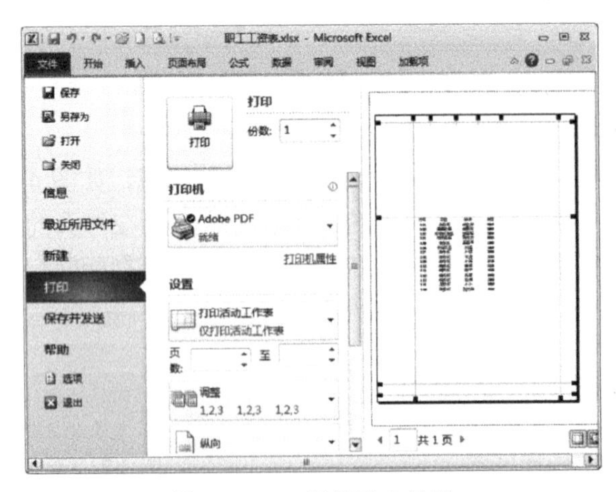

图 4-21-19　调整输出效果

打印预览后如果没有发现问题，就可以进行打印操作了。

（1）单击【文件】选项卡，在弹出的列表中选择【打印】选项，如图 4-21-20 所示。

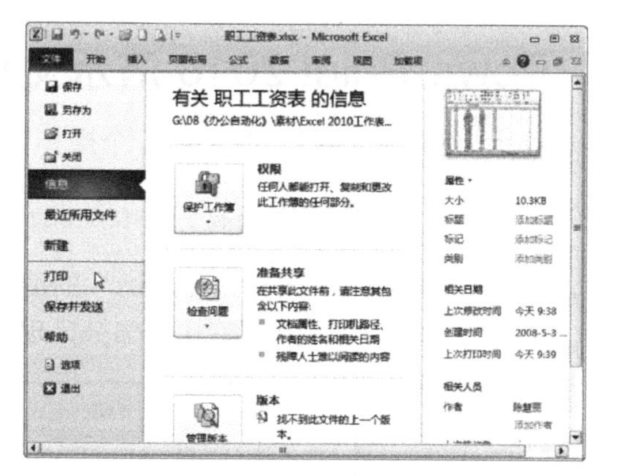

图 4-21-20 【打印】选项

（2）在窗口的中间区域设置打印的份数，选择连接的打印机，设置打印的范围和页码范围，以及打印的方式、纸张、页边距和缩放比例等，如图 4-21-21 所示，设置完成单击【打印】按钮即可。

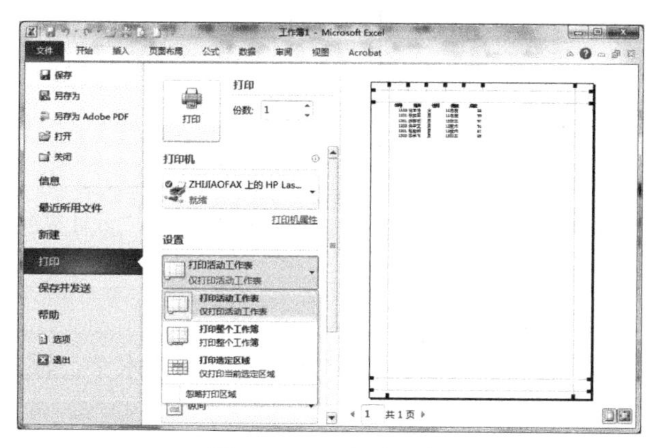

图 4-21-21 打印文档

第 5 章　PowerPoint 2010 演示文稿制作

本章讲授 PowerPoint 2010 演示文稿制作技术，我们从一个操作案例开始。

5.1　案 例 操 作

如图 5-1-1 和图 5-1-2 所示为一个名为“云计算简介.pptx”的演示文稿初始文件，一共有 8 张幻灯片，分为封面、目录、各章节内容、封底致谢等几个部分，现需要对其进行美化和处理。

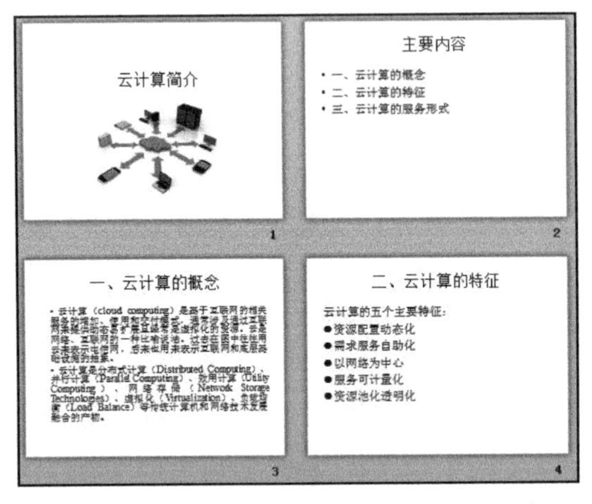

图 5-1-1　“云计算简介”幻灯片第 1～4 张

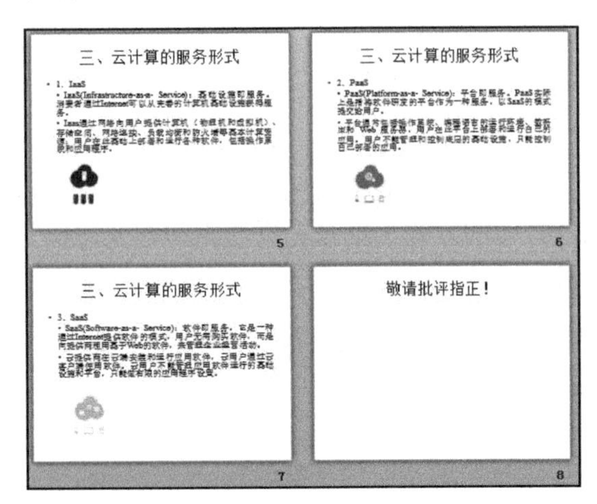

图 5-1-2　“云计算简介”幻灯片第 5～8 张

1．操作要求

（1）为演示文稿插入幻灯片编号。

（2）将第一张幻灯片的标题文字“云计算简介”设置为艺术字，添加制作日期（“××××年×月×日”）、制作者（“作者：×××”）。

（3）将最后一张幻灯片中的文字“敬请批评指正！”也设置为艺术字。

（4）美化正文各幻灯片的版式，并为演示文稿选择一个合适的主题。

（5）为第 2 张幻灯片中的每项文字添加超链接，点击时能转到相应的幻灯片。

（6）第 4 张幻灯片采用 SmartArt 图形中的组织结构图来表示，最上级内容为“云计算的五个主要特征”，其下级依次为具体的五个特征。

（7）为每张幻灯片中的对象添加动画效果，并为整套幻灯片设置 3 种以上的幻灯片切换效果。

2．操作步骤

（1）【操作步骤】

步骤 1：单击【插入】选项卡【文本】组中的【幻灯片编号】按钮，在弹出的【页眉与页脚】对话框中，切换至【幻灯片】选项卡，勾选【幻灯片编号】复选框。设置完成后单击【全部应用】按钮。

（2）【操作步骤】

步骤 1：选中标题页文本框中的文字“云计算简介”，按组合键【Crtl+X】剪切文字，单击【插入】选项卡【文本】组中的【艺术字】按钮，选择一种艺术字样式，此处选择第 3 行第 1 列的样式，如图 5-1-3 所示，然后会出现一个艺术字编辑框，选择里面的文字“请在此放置您的文字”，按组合键【Crtl+V】将刚才剪切下来的标题文字粘贴过来，覆盖文本框中原来的文字，注意粘贴选项选择【只保留文本】，拖动艺术字到标题位置，并适当调整文字大小。

步骤 2：单击【插入】选项卡【文本】组中的【文本框】按钮，在弹出的下拉列表中选择【横排文本框】，在文本框中输入制作日期和指明制作者，完成后的效果如图 5-1-4 所示。

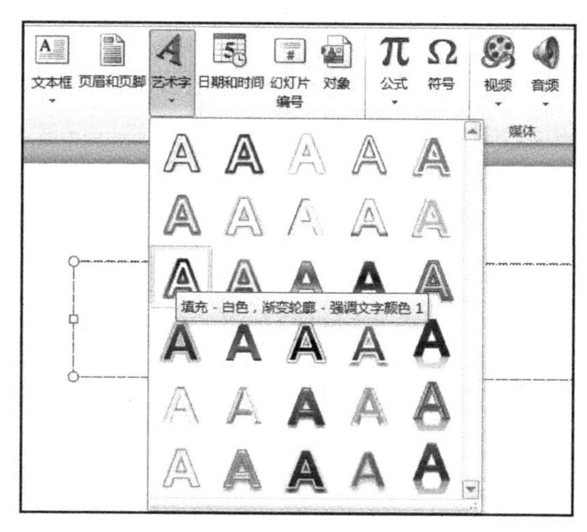

图 5-1-3　艺术字样式

图 5-1-4　设置文本框效果

（3）【操作步骤】

步骤 1：参考第（2）步中的“步骤 1”进行设置即可，完成后的效果如图 5-1-5 所示。

敬请批评指正！

图 5-1-5　封底艺术字设置

（4）【操作步骤】

步骤 1：在左侧导航栏，同时选取（按住键盘上的【Ctrl】键后用鼠标依次选取）需要调整成同一个版式的幻灯片，然后单击鼠标右键，在弹出的快捷菜单中选择【版式】级联菜单中的对应版式即可，如图 5-1-6 所示。

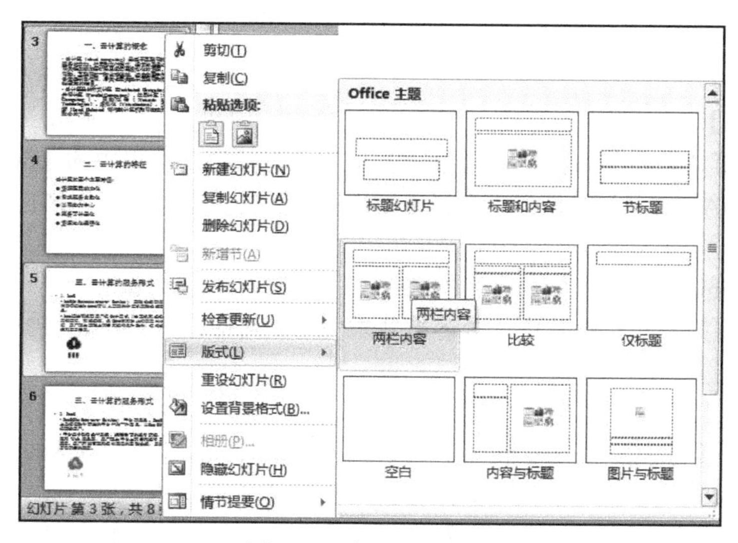

图 5-1-6　批量设置版式

步骤 2：单击【设计】选项卡【主题】组中的【其他】按钮，在弹出的下拉列表中选择合适的主题，这里我们选择“聚合”，效果如图 5-1-7 所示。

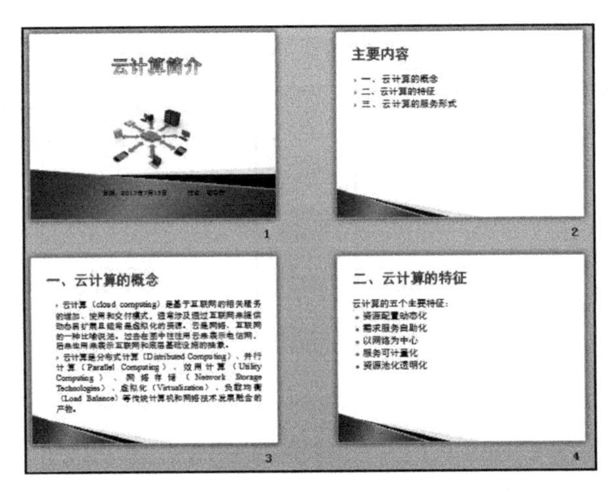

图 5-1-7　主题设置效果

（5）【操作步骤】

步骤 1：选中第 2 页幻灯片的“一、云计算的概念”，单击鼠标右键，在弹出的快捷菜单中选择【超链接】命令，即可弹出【插入超链接】对话框。在【链接到】组中选择【本文档中的位置】命令后选择“3.一、云计算的概念”。最后单击【确定】按钮即可，如图 5-1-8 所示。另外两组文字的超链接也按此步骤设置即可。

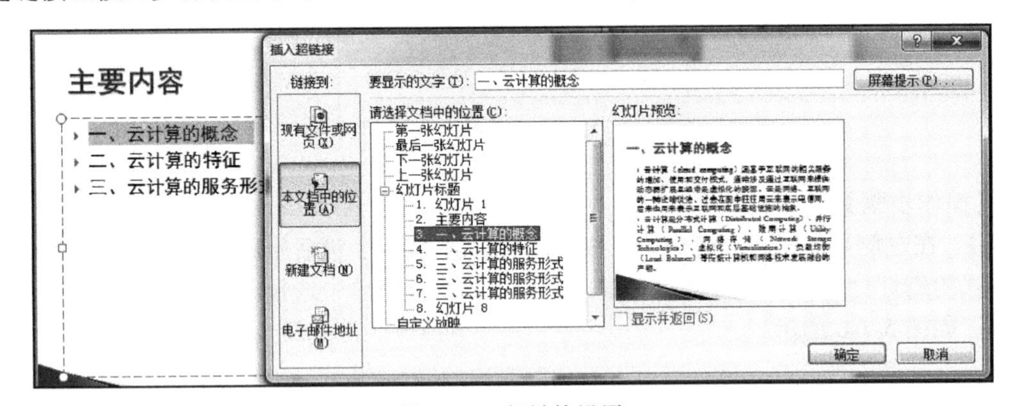

图 5-1-8　超链接设置

（6）【操作步骤】

步骤 1：选中第 4 页幻灯片，单击【插入】选项卡下【插图】组中的【SmartArt】按钮，在弹出的【选择 SmartArt 图形】对话框中选择【层次结构】选项中的【组织结构图】，单击【确定】按钮。

步骤 2：调整 SmartArt 图形中的文本框关系，使之符合题目要求。

步骤 3：分别将第 5 页幻灯片中的内容按要求剪切到对应的 SmartArt 文本框中，如图 5-1-9 所示。

（7）【操作步骤】

步骤 1：以上一步添加的 SmartArt 图形为例，选中第 4 页幻灯片中的 SmartArt 图形对象，单击【动画】选项卡【动画】组中的某个效果按钮（比如【淡出】）即可。

步骤 2：选中幻灯片 2，单击【切换】选项卡【切换到此幻灯片】组中的【揭开】按钮；另选一张幻灯片，重新设置一种切换效果；依次完成 3 张以上幻灯片的切换效果设置即可。

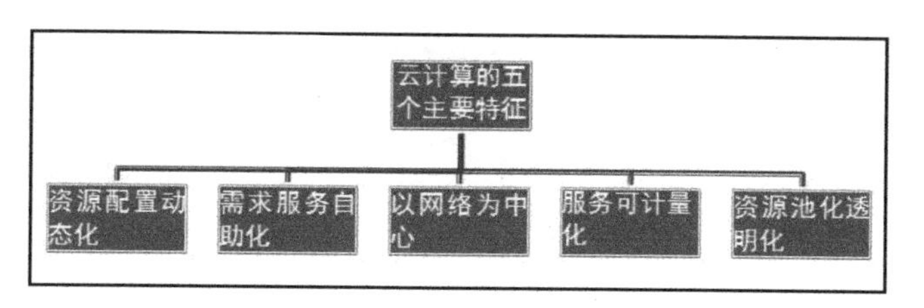

图 5-1-9 SmartArt 图形设置

5.2 PowerPoint 2010 的工作界面

PowerPoint 2010 是微软公司出品的 Office 2010 办公软件系列重要组件之一。使用 Microsoft PowerPoint 2010，可以创建动态演示文稿。

PowerPoint 2010 的工作界面由快速访问工具栏、标题栏、【文件】选项卡、功能选项卡和功能区、【大纲/幻灯片】窗格、幻灯片编辑区、状态栏和视图栏等部分组成，如图 5-2-1 所示。

1. 快速访问工具栏

快速访问工具栏位于标题栏左侧，它包含了一些 PowerPoint 2010 最常用的工具按钮，如【保存】按钮、【撤销】按钮和【恢复】按钮等。

单击快速访问工具栏右侧的下拉按钮，在弹出的下拉列表中可以自定义快速访问工具栏中的命令，如图 5-2-2 所示。

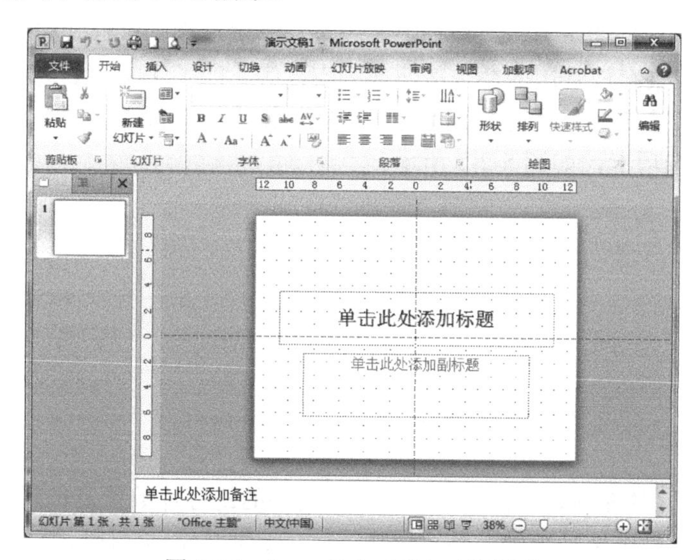

图 5-2-1 PowerPoint 2010 工作界面

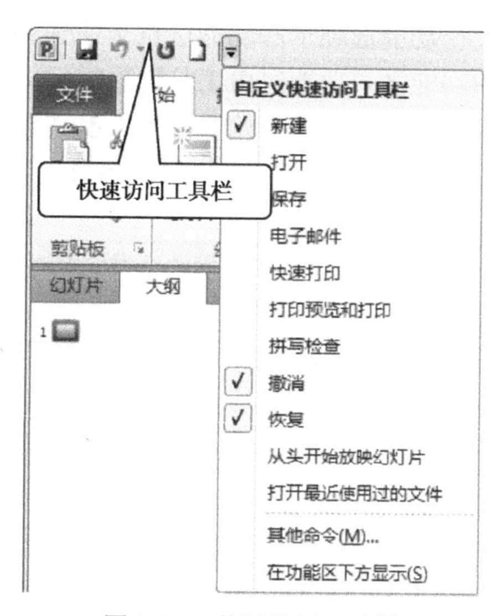

图 5-2-2 快速访问工具栏

2. 标题栏

标题栏位于快速访问工具栏的右侧，主要显示正在使用的文档名称、程序名称及窗口控制按钮等，如图 5-2-3 所示。

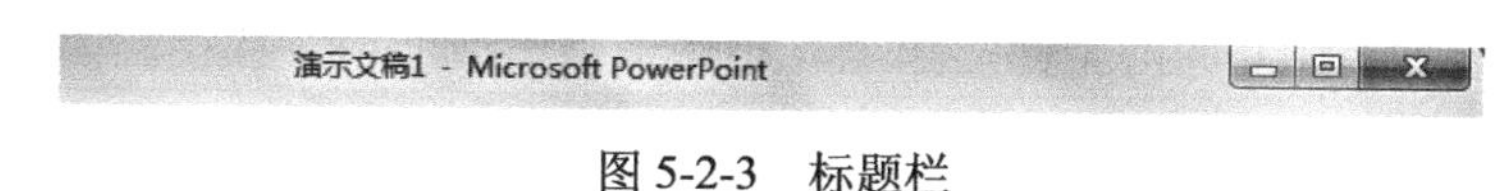

图 5-2-3 标题栏

3.【文件】选项卡

PowerPoint 2010 中的【文件】选项卡取代了 PowerPoint 2007 中的【Office】按钮，如图 5-2-4 所示。选择【文件】选项卡后，会显示一些基本命令，包括【保存】、【另存为】、【打开】、【新建】、【打印】、【选项】及一些其他命令。

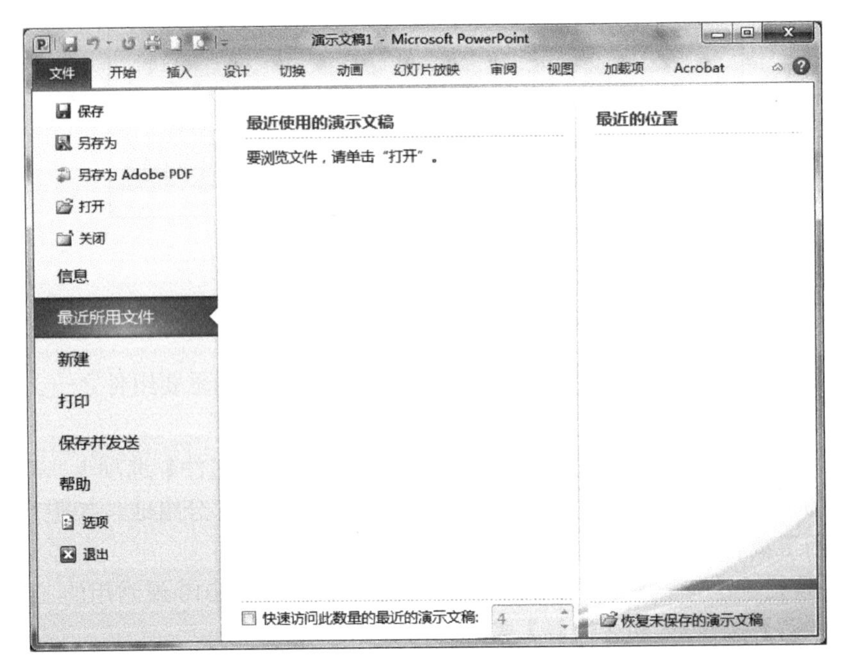

图 5-2-4　【文件】选项卡

4．功能选项卡和功能区

功能选项卡和功能区位于快速访问工具栏的下方，选择其中的一个功能选项卡，可打开相应的功能区。功能区由工具选项组组成，用来存放常用的命令按钮或列表框等。除了【文件】选项卡，还包括了【开始】、【插入】、【设计】、【切换】、【动画】、【幻灯片放映】、【审阅】、【视图】和【加载项】9 个选项卡，以及各种上下文选项卡，如图 5-2-5 所示。

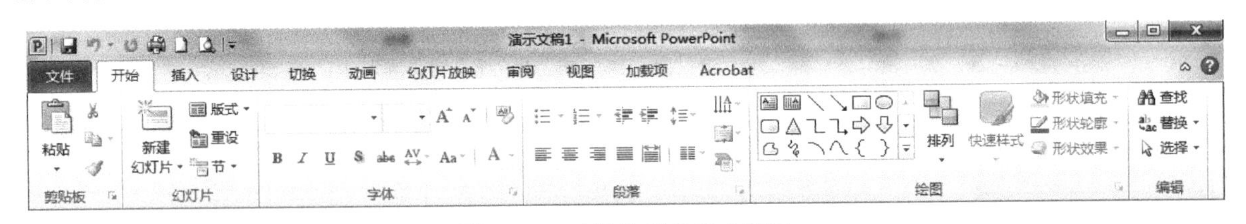

图 5-2-5　功能选项卡和功能区

5．【大纲/幻灯片】窗格

【大纲/幻灯片】窗格位于幻灯片编辑区的左侧，用于显示当前演示文稿的幻灯片数量及位置，包括【大纲】和【幻灯片】两个选项卡，单击选项卡的名称可以在不同的选项卡之间切换。

如果仅希望在编辑窗口中观看当前幻灯片，可以将【大纲/幻灯片】窗格暂时关闭。在编辑中，通常需要将【大纲/幻灯片】窗格显示出来。单击【视图】选项卡【演示文稿视图】选项组中的【普通视图】按钮，即可恢复【大纲/幻灯片】窗格，如图 5-2-6 所示。

6．幻灯片编辑区

幻灯片编辑区位于工作界面的中间，用于显示和编辑当前的幻灯片，如图 5-2-7 所示。

7．状态栏

状态栏位于当前窗口的最下方，用于显示当前文档页、总页数、字数和输入法状态等，如图 5-2-8 所示。

8．视图栏

视图栏包括视图按钮组、显示比例和调节页面显示比例的控制杆。单击视图按钮组的按钮，可以在各种视图之间进行切换，如图 5-2-9 所示。

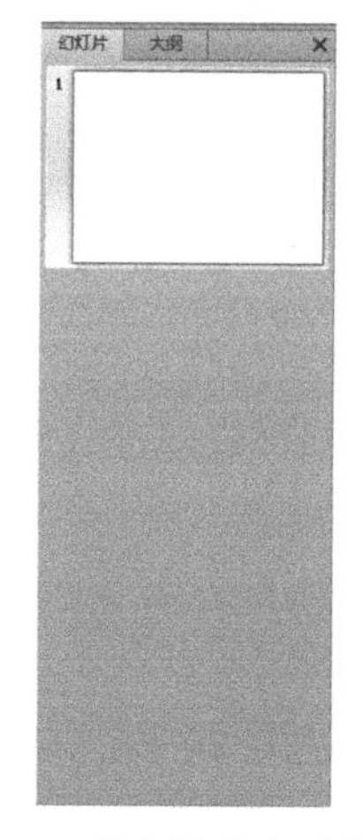

图 5-2-6　【大纲/幻灯片】窗格

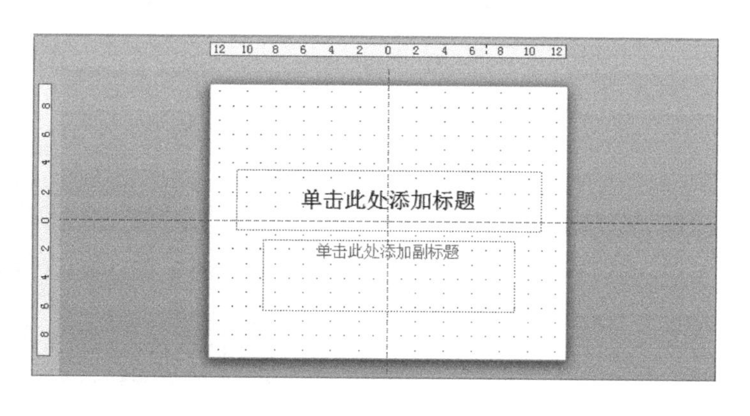

图 5-2-7　幻灯片编辑区

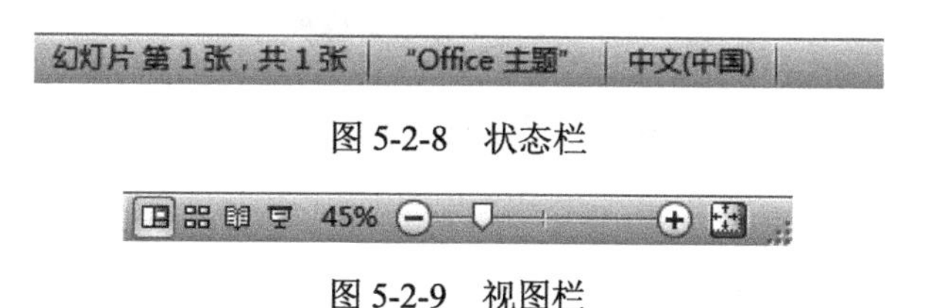

图 5-2-8　状态栏

图 5-2-9　视图栏

5.3　新建演示文稿

当用户启动 PowerPoint 2010 时，系统会自动创建一个演示文稿。另外，用户还可以在打开的演示文稿中创建新的文稿。

PowerPoint 2010 强大的功能使用户创建演示文稿非常方便，其具体操作如下：

（1）打开 PowerPoint 2010，在【文件】选项卡中选择【新建】选项，在右侧窗格中单击【创建】按钮，如图 5-3-1 所示。

（2）系统自动创建空白演示文稿，如图 5-3-2 所示。

图 5-3-1　新建幻灯片

图 5-3-2　空白演示文稿

另外，还可以使用模板创建演示文档。在【文件】选项卡中执行【新建】命令，在【可用的模板和主题】列表中单击任意一种模板后，单击【创建】按钮，即可创建模板文档，如图 5-3-3 所示即为其中一种模板文档。

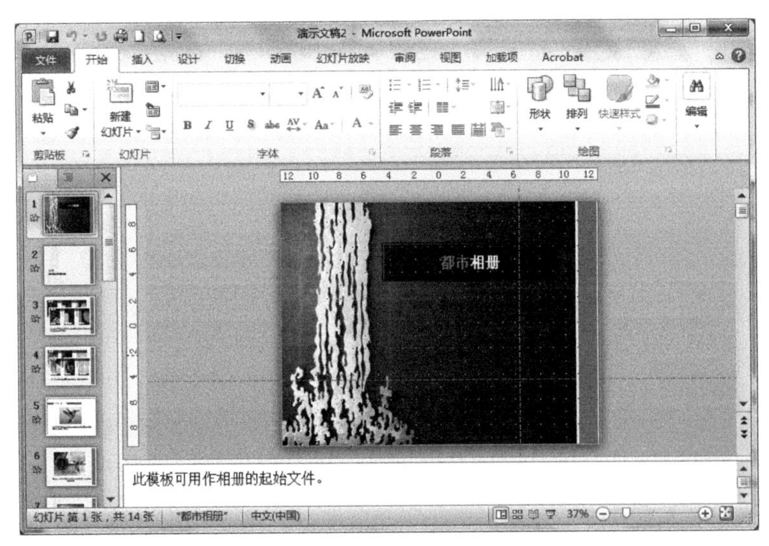

图 5-3-3 【都市相册】模板文档

5.4 添加幻灯片

创建好演示文档后，就可以添加幻灯片。一般来说，可以添加新幻灯片和已有的幻灯片。

1. 添加新幻灯片

在创建好的演示文档中添加新幻灯片的具体操作步骤如下：

（1）启动 PowerPoint 2010，单击【开始】选项卡【幻灯片】选项组中的【新建幻灯片】按钮，在弹出的下拉列表中选择【标题幻灯片】选项，如图 5-4-1 所示。

（2）新建的幻灯片即显示在左侧的【幻灯片】窗格中。选择【幻灯片】窗格中的幻灯片，用鼠标右键单击，在弹出的快捷菜单中执行【新建幻灯片】命令，如图 5-4-2 所示。

（3）新建的幻灯片即显示在左侧的【幻灯片】窗格中，如图 5-4-3 所示。

图 5-4-1 添加“标题幻灯片”

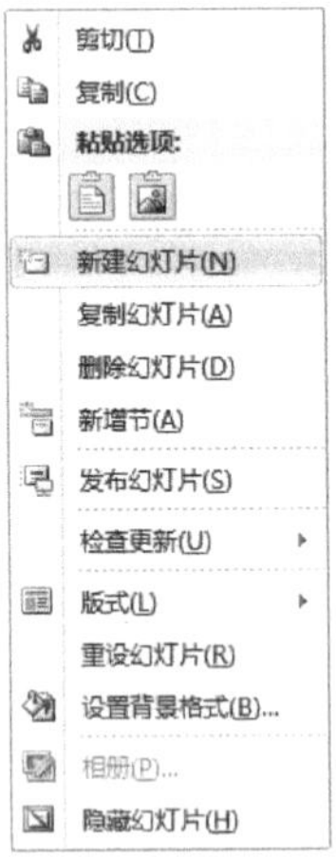

剪切(T)
复制(C)
粘贴选项:
新建幻灯片(N)
复制幻灯片(A)
删除幻灯片(D)
新增节(A)
发布幻灯片(S)
检查更新(U)
版式(L)
重设幻灯片(R)
设置背景格式(B)...
相册(P)...
隐藏幻灯片(H)

图 5-4-2 【新建幻灯片】命令

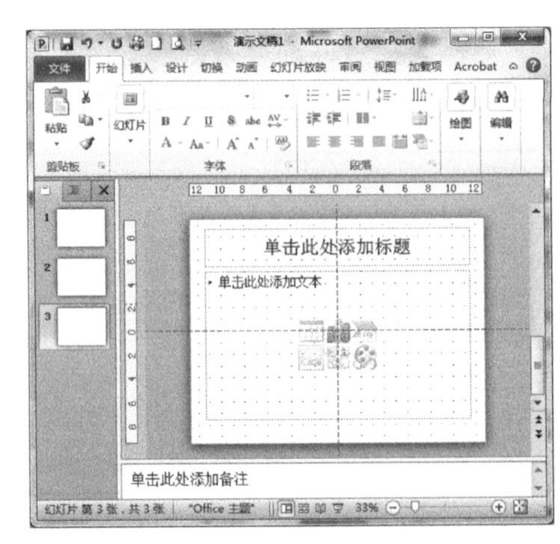

图 5-4-3 新建幻灯片

2. 添加已有幻灯片

用户除了可以添加新幻灯片外，还可以利用 PowerPoint 2010 提供的“重用幻灯片”功能添加已有的幻灯片，具体的操作步骤如下：

（1）选择【开始】选项卡，在【幻灯片】选项组中单击【新建幻灯片】按钮右下角的下三角按钮，在弹出的下拉列表中选择【重用幻灯片】选项，如图 5-4-4 所示。

（2）在编辑区的右侧打开【重用幻灯片】窗格，如图 5-4-5 所示，单击【浏览】按钮，在弹出的下拉列表中选择【浏览文件】选项。

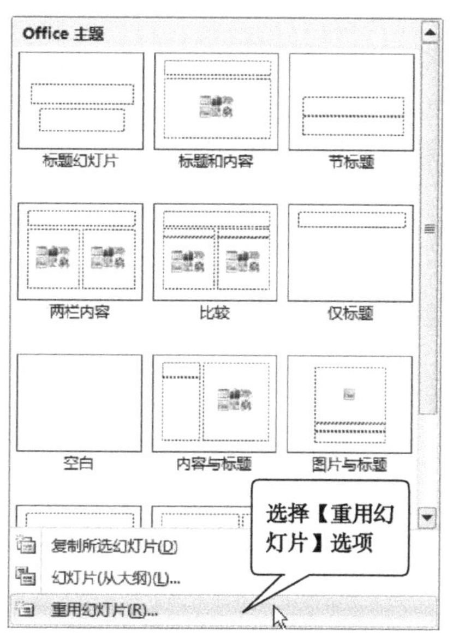

图 5-4-4　【重用幻灯片】选项

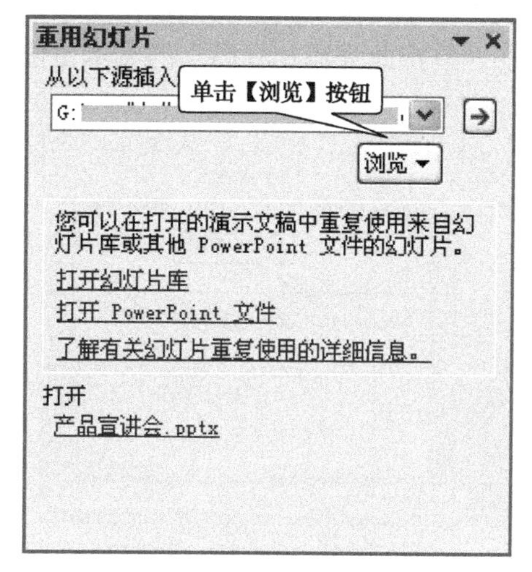

图 5-4-5　【重用幻灯片】窗格

（3）打开【浏览】对话框，在【查找范围】下拉列表框中选择文件的存储路径，单击【打开】按钮。这里打开一个事先准备好的名为“产品宣讲会.pptx”的文件。

（4）系统将在【重用幻灯片】窗格中自动加载所选择的幻灯片，如图 5-4-6 所示。

（5）单击需要的某个幻灯片，选择的幻灯片就会被自动添加到新建的幻灯片中去。图 5-4-7 为添加成功后的效果。

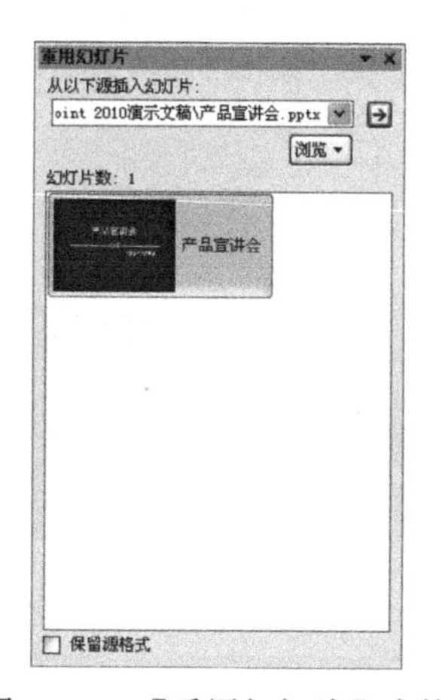

图 5-4-6　【重用幻灯片】窗格

图 5-4-7　重用幻灯片的效果

5.5　输入和编辑内容

编辑演示文稿时，一般要求内容简洁，重点突出。所以在编辑 PowerPoint 时，可以将文字以多种灵活的方式添加至幻灯片中。

1. 输入内容

在普通视图中，幻灯片中会出现“单击此处添加标题”或“单击此处添加副标题”等提示文本框，这种文本框统称为“文本占位符”。

在文本占位符中可以直接输入标题、文本等内容。除此之外，还可以利用文本框，输入文本、符号及公式等，如图 5-5-1 所示。

在 PowerPoint 2010 中，输入文本的方法如下：

（1）在“文本占位符”中输入文本。在“文本占位符”上单击即可输入文本，输入的文本会自动替换“文本占位符”中的提示性文字，这是 PowerPoint 2010 最基本、最方便的一种输入方式。如在“单击此处添加标题”的文本占位符中输入“勤能补拙”，结果如图 5-5-2 所示。

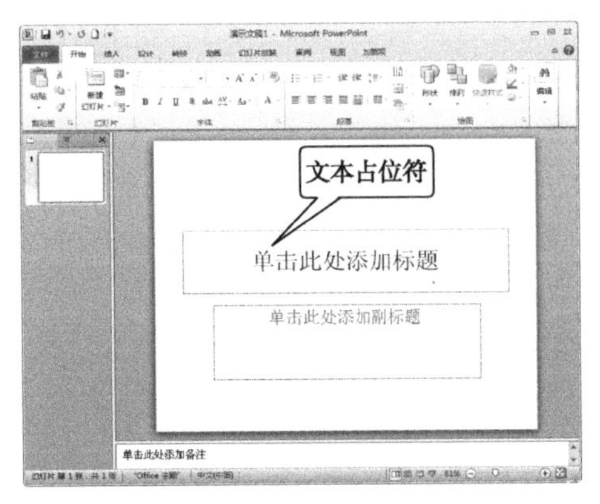

图 5-5-1　文本占位符

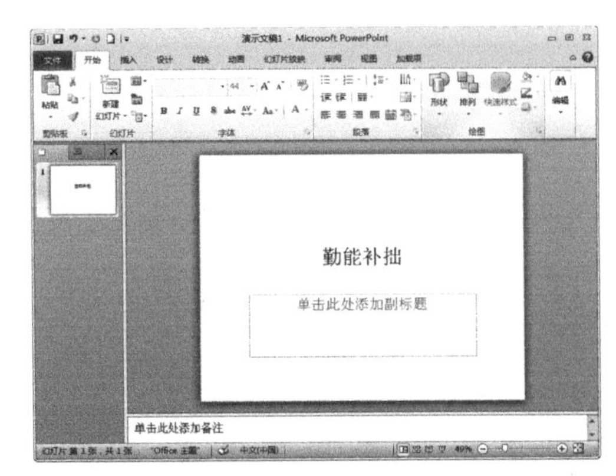

图 5-5-2　在“文本占位符”中输入文本

（2）在【大纲】窗格中输入文本。在【大纲】窗格中也可以直接输入文本，并且可以浏览所有幻灯片的内容。选择【大纲】选项卡中的幻灯片图标后面的文字，直接输入新文本“爱拼才会赢”，原文本占位符处的文字将被替换，替换后的效果如图 5-5-3 所示。

（3）在文本框中输入文本。如果想在“文本占位符”之外的位置输入文本，可以首先绘制一个文本框，然后在文本框中输入文本。在文本框中输入文本的具体操作步骤如下：

① 打开事先准备好的名为“学习手册.pptx”的文件，单击【插入】选项卡【文本】选项组中的【文本框】按钮，在弹出的下拉列表中选择【横排文本框】选项，如图 5-5-4 所示。

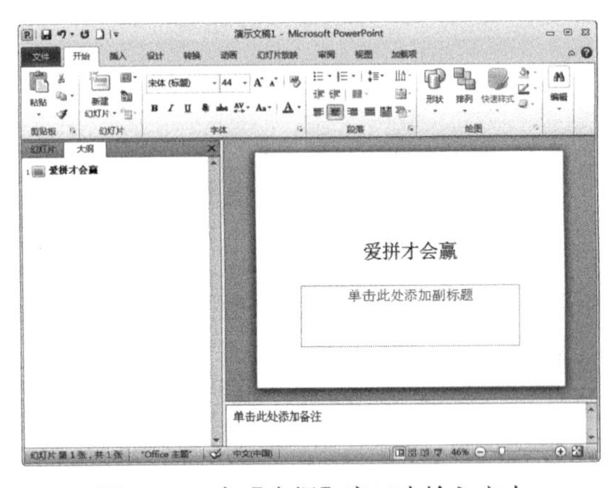

图 5-5-3　在【大纲】窗口中输入文本

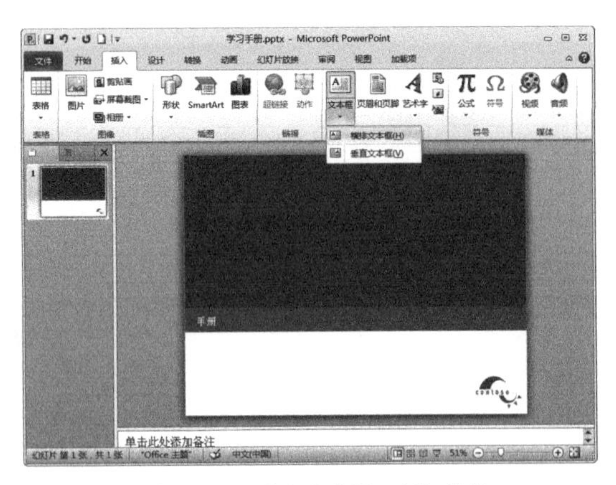

图 5-5-4　【文本框】下拉列表

② 将鼠标移动到幻灯片中，当光标变为向下的箭头时，按住鼠标左键并拖动即可创建一个文本框，如图 5-5-5 所示。

③ 单击文本框就可以直接输入文本，输入完成后还可以调整文本框的位置和文字格式，如图 5-5-6 所示。

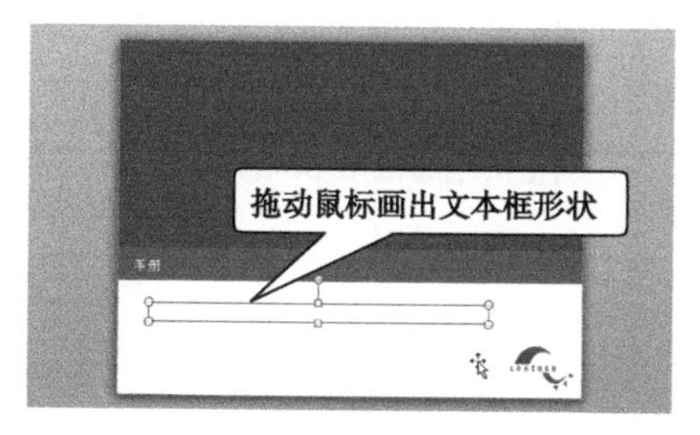

图 5-5-5　插入文本框

图 5-5-6　输入文本

（4）插入符号。通常，在文本中需要输入一些比较个性化的或专业的符号，可以利用软件提供的符号功能来实现，具体的操作步骤如下：

① 打开事先准备好的名为“考场纪律.pptx”的文件，将光标定位于文本内容的第 1 行开头，然后单击【插入】选项卡【符号】选项组中的【符号】按钮，如图 5-5-7 所示。

② 在打开的【符号】对话框中选择需要使用的符号，单击【插入】按钮，完成插入后单击【取消】按钮，关闭【符号】对话框，如图 5-5-8 所示。

图 5-5-7　【符号】按钮

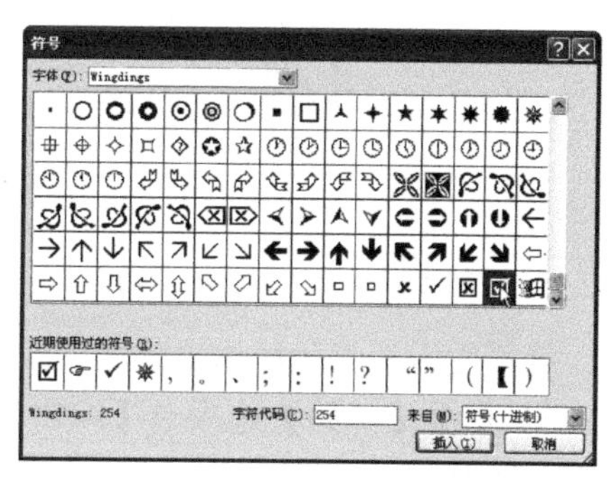

图 5-5-8　【符号】对话框

③ 在编辑区可以看到新添加的符号，如图 5-5-9 所示。

④ 按照步骤①～②，继续在其他各行的开头处插入符号，最终效果如图 5-5-10 所示。

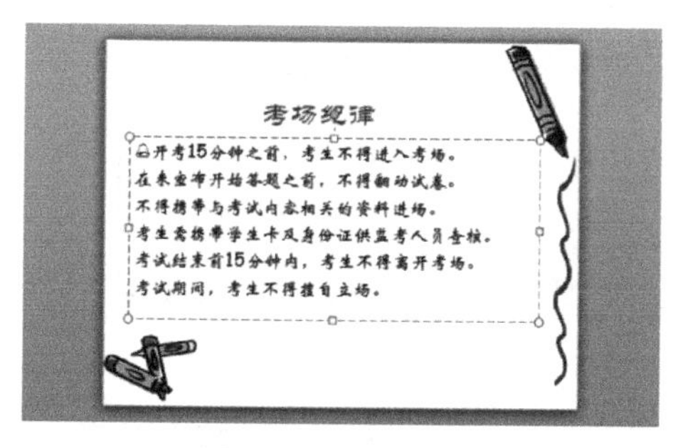

图 5-5-9　插入符号

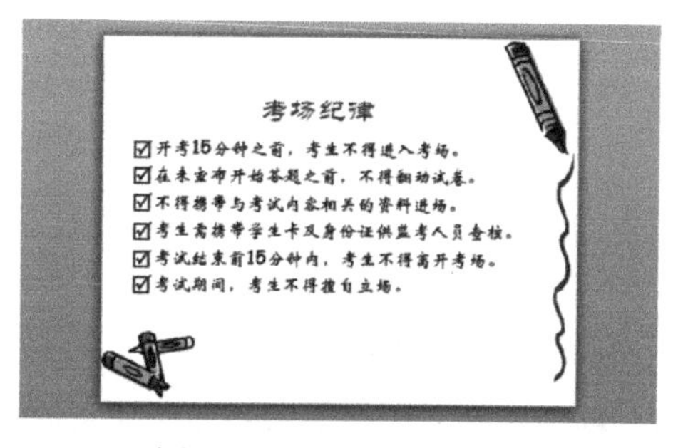

图 5-5-10　插入其他符号

2. 编辑内容

文本输入结束后，在使用文稿前，一般还需要对文稿进行校对，经常会用到复制和粘贴、查找和替换、移动、删除与恢复等操作。

（1）复制与粘贴文本。选择要复制的文本内容，单击【开始】选项卡【剪贴板】选项组中的【复制】按钮，或者按【Ctrl+C】组合键。将文本插入点定位于要插入复制文本的位置，单击【开始】选项卡【剪贴板】选项组中的【粘贴】按钮，或者按【Ctrl+V】组合键，即可完成复制、粘贴操作，如图 5-5-11 和图 5-5-12 所示。

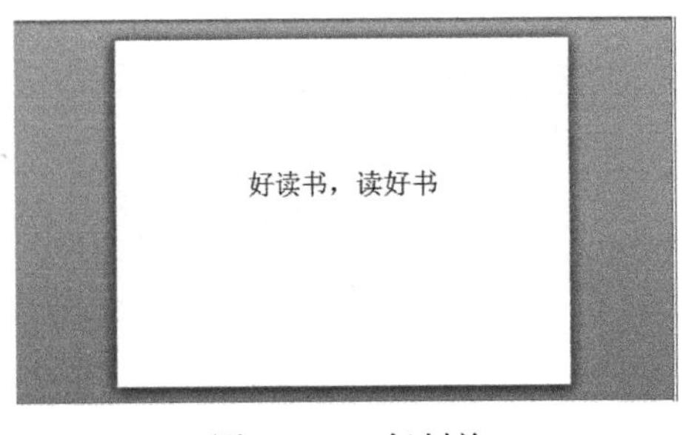

图 5-5-11　复制前

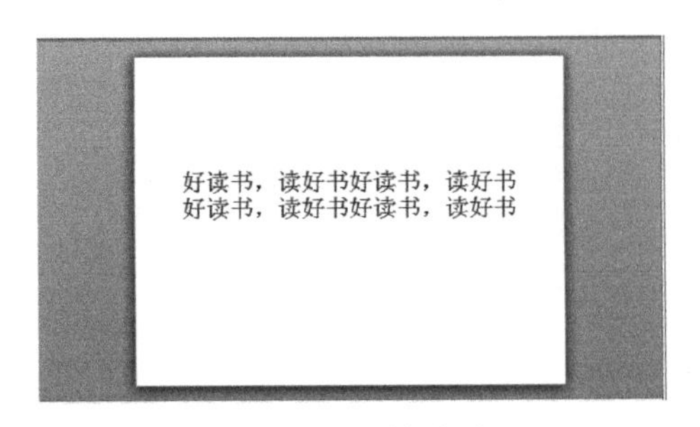

图 5-5-12　粘贴后

（2）查找与替换文本。编辑文本时，遇见多处需要更改相同的文本时，可通过【查找】与【替换】命令进行统一的更改。查找文本的具体操作步骤如下：

① 单击【开始】选项卡【编辑】选项组中的【查找】按钮，或者按【Ctrl+F】组合键，如图 5-5-13 所示。

② 在打开的【查找】对话框的【查找内容】组合框中输入要查找的内容，然后单击【查找下一个】按钮，如图 5-5-14 所示。

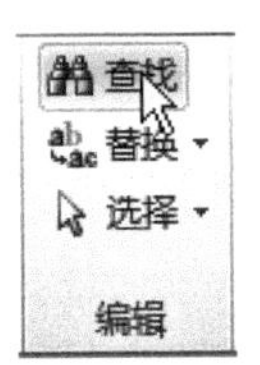

图 5-5-13　【查找】按钮

图 5-5-14　【查找】对话框

替换文本的具体操作步骤如下：

① 单击【开始】选项卡【编辑】选项组中的【替换】按钮，或者按【Ctrl+H】组合键，如图 5-5-15 所示。

② 打开【替换】对话框，在【查找内容】组合框与【替换为】组合框中输入要查找与替换的文本，单击【替换】按钮，可以对当前查找到的文本进行替换；单击【全部替换】按钮，则可对当前查找的全部文本进行替换，如图 5-5-16 所示。

图 5-5-15　【替换】按钮

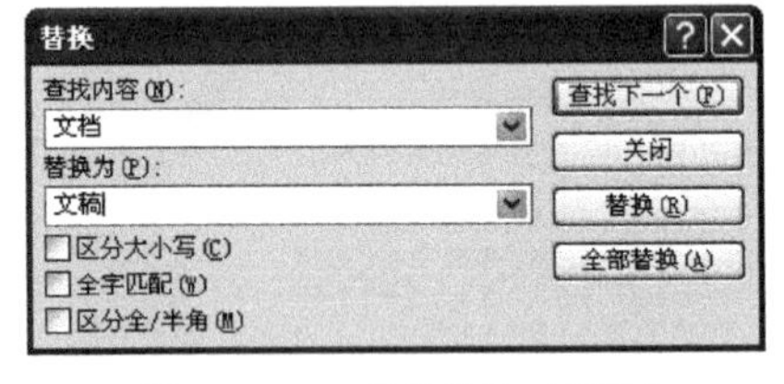

图 5-5-16　【替换】对话框

（3）移动文本。移动文本的操作非常简单，可以直接使用【剪切】和【粘贴】命令，其具体操作步骤如下：

① 选择要移动的文本，单击【开始】选项卡【剪贴板】选项组中的【剪切】按钮，或者按【Ctrl+X】组合键，如图 5-5-17 所示。

② 将文本插入点定位于要插入移动文本的位置，单击【开始】选项卡【剪贴板】选项组中的【粘贴】按钮，或者按【Ctrl+V】组合键，如图 5-5-18 所示。

（4）撤销与恢复文本。如果不小心将不该删除的文本删除了，可以按【Ctrl+Z】组合键或单击快速访问工具栏中的【撤销】按钮，即可恢复删除的文本。如图 5-5-19 和图 5-5-20 所示分别为撤销删除操作前后的文本。

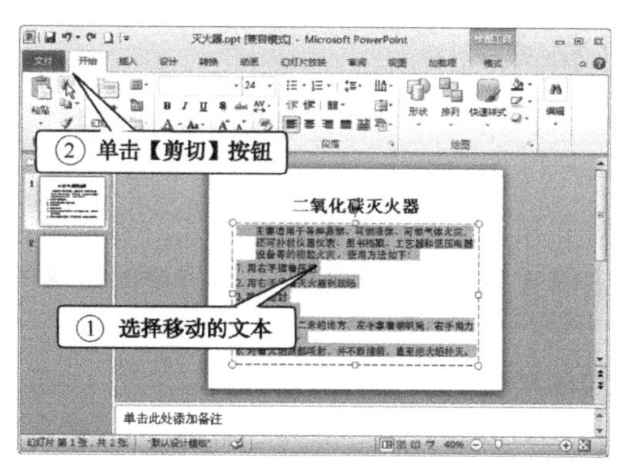

图 5-5-17　移动前的文本

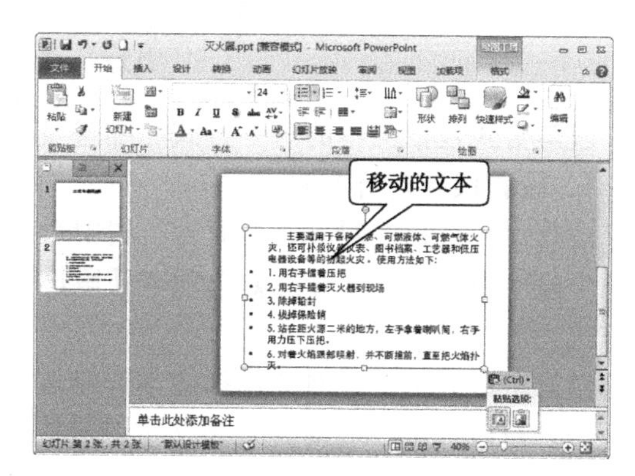

图 5-5-18　移动后的文本

如果想知道撤销到哪一步，可以单击【撤销】按钮，在弹出的下拉列表中选择撤销的具体操作步骤，如图 5-5-21 所示。

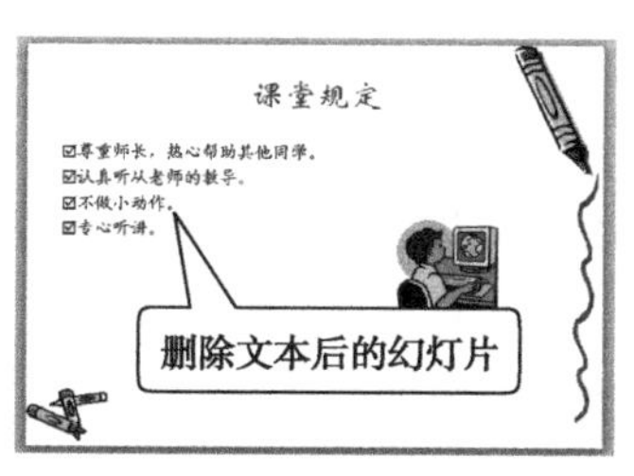

图 5-5-19　撤销前

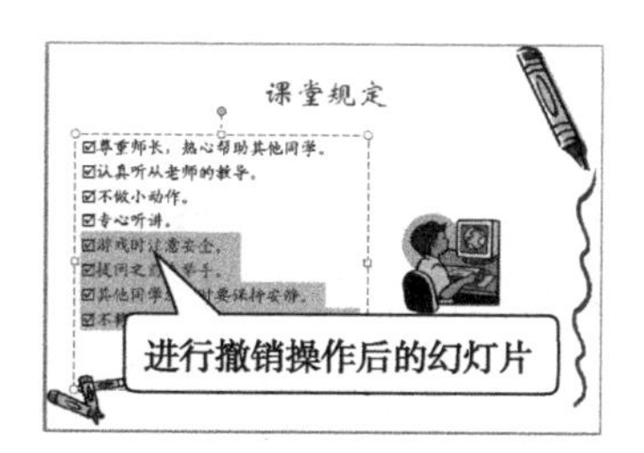

图 5-5-20　撤销后

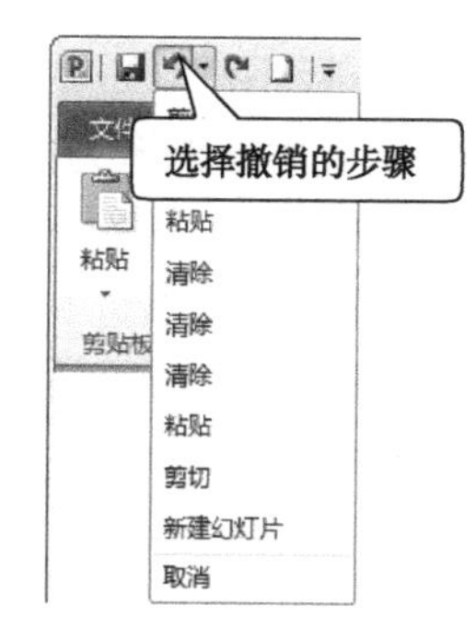

图 5-5-21　选择撤销操作

撤销后，若又希望恢复操作，则可按【Ctrl+Y】组合键或单击快速访问工具栏中的【恢复】按钮恢复操作。

5.6　设置字体格式

在文稿中输入文本后，可以设置喜欢的字体格式。可以通过以下两种方法更改字体格式：

方法一：选择要设置的文字后，在【开始】选项卡【字体】选项组中设定文字的字体、大小、样式、颜色等，如图 5-6-1 所示。

方法二：单击【字体】选项组右下角的对话框启动器按钮，打开【字体】对话框，从中对文字进行设置，如图 5-6-2 所示。

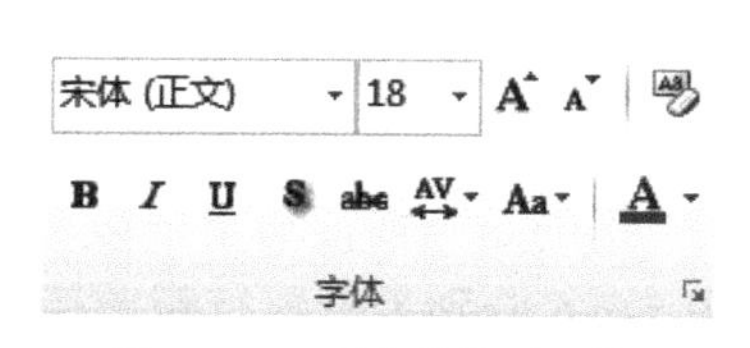

图 5-6-1　【字体】选项组

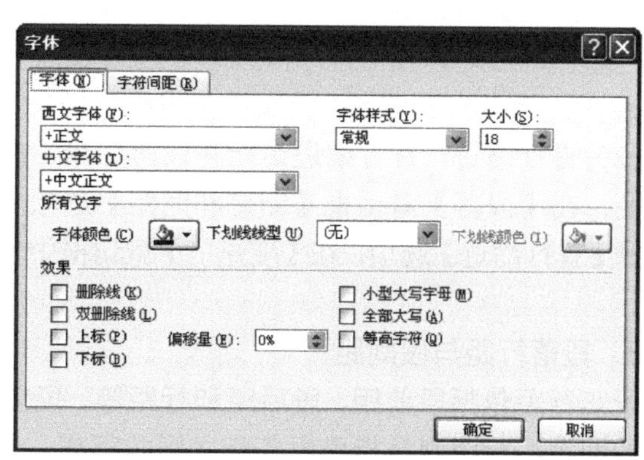

图 5-6-2　【字体】对话框

5.7 设置段落格式

段落格式包括文本的对齐方式、缩进及间距与行距等。本节介绍设置段落格式的方法。

1. 设置段落对齐方式

段落对齐包括左对齐、右对齐、居中对齐、两端对齐和分散对齐5种对齐方式。将光标定位在某个段落中，单击【开始】选项卡【段落】选项组中的【对齐方式】按钮，即可更改段落的对齐方式。

（1）左对齐：左对齐是指文本的左边缘与左页边距对齐。

（2）右对齐：右对齐是指文本的右边缘与右页边距对齐。

（3）居中对齐：居中对齐是指文本相对于页面以居中的方式排列。

（4）两端对齐：PowerPoint 2010的默认文本对齐方式是两端对齐。两端对齐是指文本左右两端的边缘分别与左页边距和右页边距对齐。

（5）分散对齐：分散对齐是指文本左右两端的边缘分别与左页边距和右页边距对齐。如果段落的最后一行不满行，则会自动拉开字符间距，使该行文本均匀分布。

2. 设置段落缩进方式

段落缩进指的是段落中的行相对于页面左边界或右边界的位置。段落缩进方式主要包括左缩进、右缩进、悬挂缩进和首行缩进等。

将光标定位在要设置缩进的段落中，单击【开始】选项卡【段落】选项组右下角的按钮，如图5-7-1所示，在打开的【段落】对话框中可以设定缩进的具体值，如图5-7-2所示。

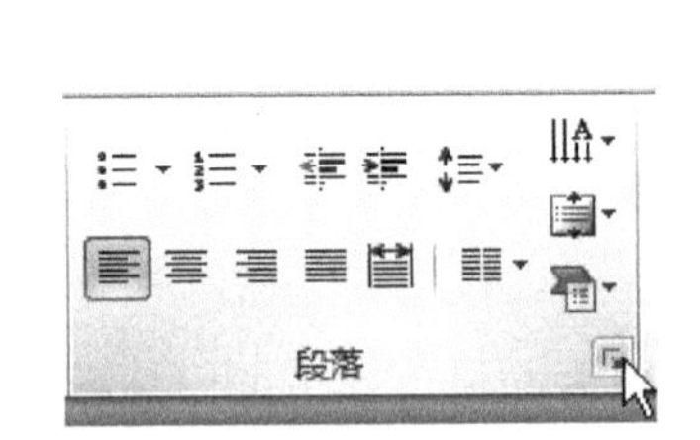

图5-7-1 【段落】选项组

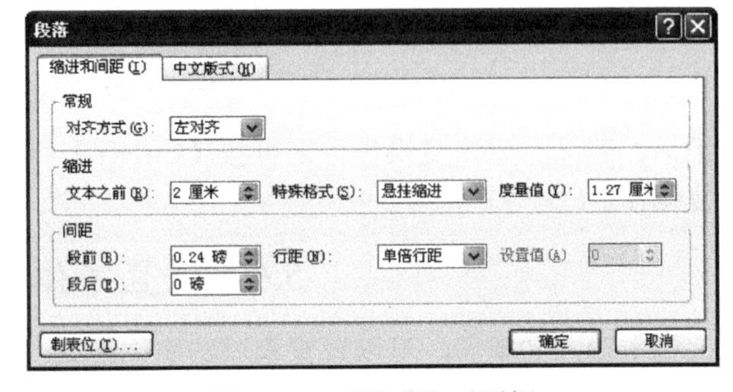

图5-7-2 【段落】对话框

（1）悬挂缩进。悬挂缩进是指段落首行的左边界不变，其他各行的左边界相对于页面左边界向右缩进一段距离。

在【段落】对话框【缩进和间距】选项卡【缩进】选项组中的【文本之前】微调框中输入缩进量，如“2厘米”，在【特殊格式】下拉列表框中选择【悬挂缩进】选项，设置后效果如图5-7-3所示。

（2）首行缩进。首行缩进是指将段落的第1行从左向右缩进一定的距离，首行外的各行都保持不变。在【段落】对话框【缩进和间距】选项卡【缩进】选项组中的【特殊格式】下拉列表框中选择【首行缩进】选项，在【度量值】微调框中输入度量值，如“2厘米”，设置后效果如图5-7-4所示。

3. 段落行距与段间距

段落行距包括段前距、段后距和行距等。段前距（段后距）指的是当前段与上一段（下一段）之间的间距，行距则是指段内各行之间的距离。图5-7-5和图5-7-6分别为设置行距前后的效果。

将光标定位在要设置段落格式的段落中，单击【开始】选项卡【段落】选项组右下角的按钮，在打开的【段落】对话框【缩进和间距】选项卡【间距】选项组下的【段前】和【段后】微调框中输入具体的数值即可，如图 5-7-7 所示。

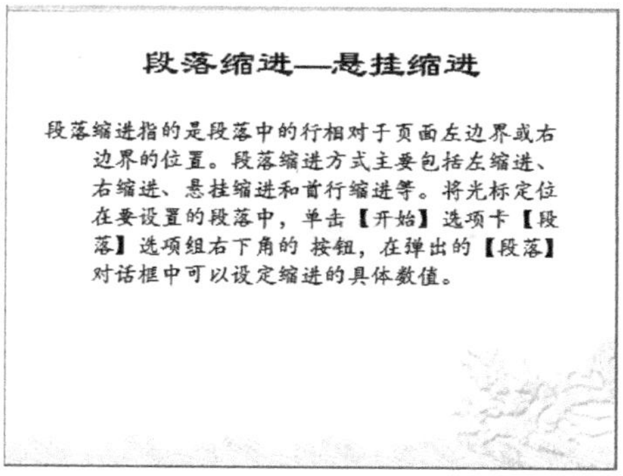

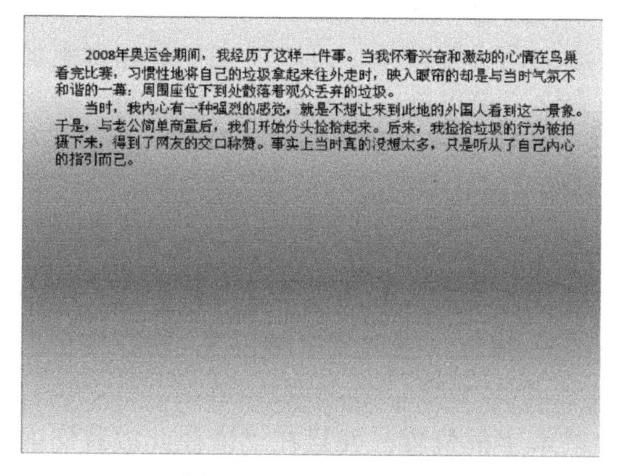

图 5-7-3　悬挂缩进

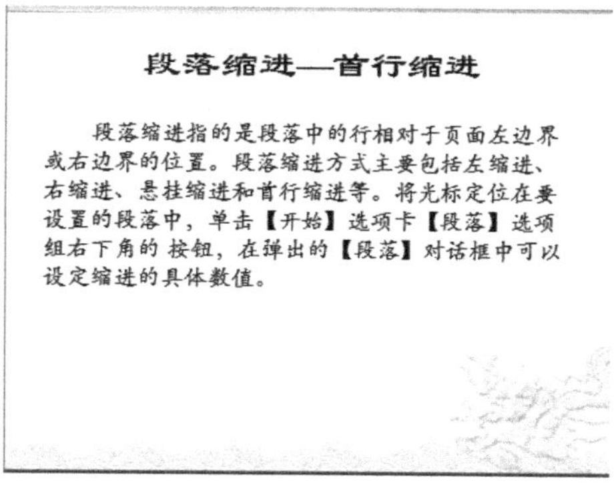

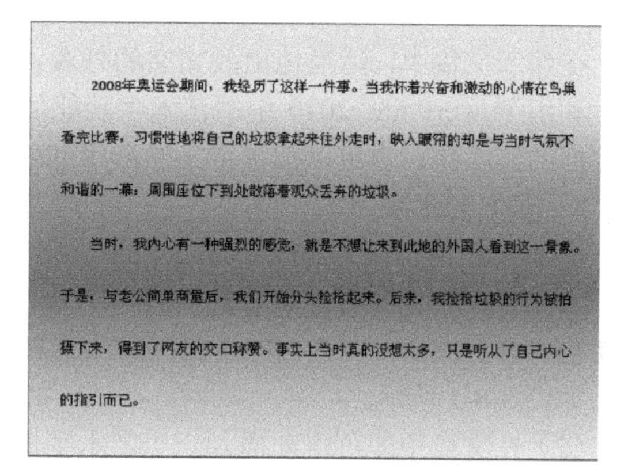

图 5-7-4　首行缩进

2008年奥运会期间，我经历了这样一件事。当我怀着兴奋和激动的心情在鸟巢看完比赛，习惯性地将自己的垃圾拿起来往外走时，映入眼帘的却是与当时气氛不和谐的一幕：周围座位下到处散落着观众丢弃的垃圾。

当时，我内心有一种强烈的感觉，就是不想让来到此地的外国人看到这一景象。于是，与老公简单商量后，我们开始分头捡拾起来。后来，我捡拾垃圾的行为被拍摄下来，得到了网友的交口称赞。事实上当时真的没想太多，只是听从了自己内心的指引而已。

图 5-7-5　设置行距前

2008年奥运会期间，我经历了这样一件事。当我怀着兴奋和激动的心情在鸟巢看完比赛，习惯性地将自己的垃圾拿起来往外走时，映入眼帘的却是与当时气氛不和谐的一幕：周围座位下到处散落着观众丢弃的垃圾。

当时，我内心有一种强烈的感觉，就是不想让来到此地的外国人看到这一景象。于是，与老公简单商量后，我们开始分头捡拾起来。后来，我捡拾垃圾的行为被拍摄下来，得到了网友的交口称赞。事实上当时真的没想太多，只是听从了自己内心的指引而已。

图 5-7-6　设置行距后

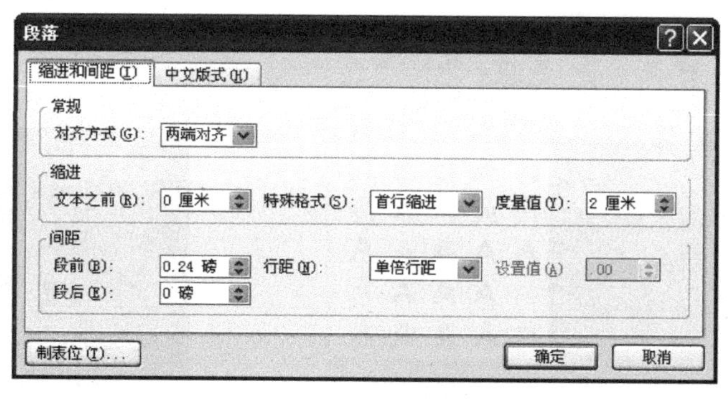

图 5-7-7　【段落】对话框

如果需要设置行与行之间的距离，可以选择要设置的一行或多行，在【段落】对话框【缩进和间距】选项卡【间距】选项组下的【行距】下拉列表框中选择【单倍行距】、【1.5 倍行距】、【双倍行距】、【固定值】和【多倍行距】任意一种类型。如果用户选择的是【固定值】或【多倍行距】，还可以在后面的【设置值】微调框中输入具体的数值。

4. 段落分栏

通常情况下，为了展现更美观的文本显示方式，需要对段落设置分栏，也就是将文稿中的某段文本分成两栏、三栏或多栏等模式。

可以通过以下两种方法设置段落分栏：

方法一：选择要分栏的段落，单击【开始】选项卡【段落】选项组中的【分栏】按钮，在下拉列表中选择栏数，如图 5-7-8 所示。

方法二：选择要分栏的段落，单击【分栏】按钮，在下拉列表中选择【更多栏】选项，在打开的【分栏】对话框中进行更为细致的设定，如图 5-7-9 所示。

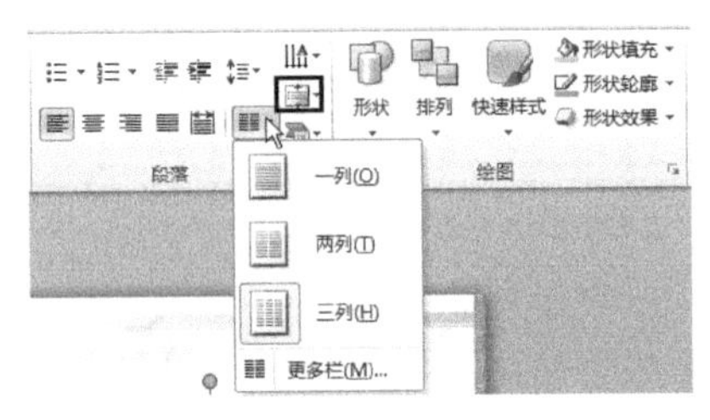

图 5-7-8　【分栏】下拉列表

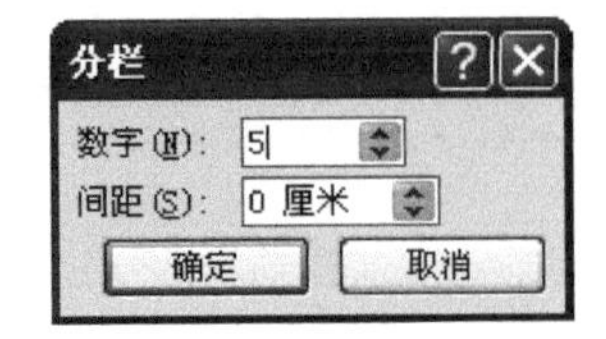

图 5-7-9　【分栏】对话框

5.8　插入艺术字

在演示文稿中，适当地更改文字的外观，为文字添加艺术字效果，可以使文字看起来更加美观。利用 PowerPoint 2010 中的艺术字功能插入装饰文字，可以创建带阴影的、扭曲的、旋转的和拉伸的艺术字，也可以按预定义的形状创建文字。

1. 添加艺术字

添加艺术字的具体操作步骤如下：

（1）打开事先准备好的名为“艺术字.pptx”的文件，在【插入】选项卡【文本】选项组中单击【艺术字】按钮，在弹出的下拉列表中选择“渐变填充-梅红，强调文字颜色 3，粉状棱台”选项，如图 5-8-1 所示。

（2）在文稿中即可自动插入一个艺术字框，调整艺术字框位置，并且在“请在此放置您的文字”处输入文字内容，如“选择方向”，如图 5-8-2 所示。

图 5-8-1　艺术字样式

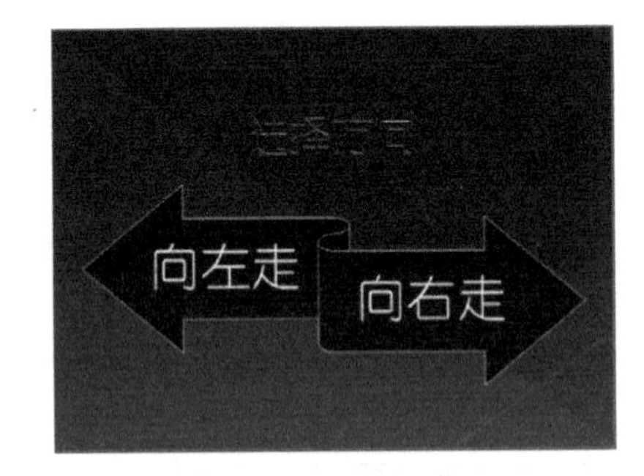

图 5-8-2　输入文本

2. 设置艺术字

插入的艺术字仅仅具有一些简单的美化效果，如果要设置更美观的字体，则需要对艺术字进行更多设置。

（1）打开事先准备好的名为“设置艺术字.pptx”的文件，选择幻灯片中的“人在囧途”，然后在弹出的浮动工具栏中设置字的大小为“80”，字体为“方正毡笔黑简体”，如图 5-8-3 所示。

（2）选择艺术字框后，单击【绘图工具|格式】选项卡【形状样式】选项组中的【其他】按钮，

在弹出的下拉列表中选择第4排第5列的形状样式，如图5-8-4所示。

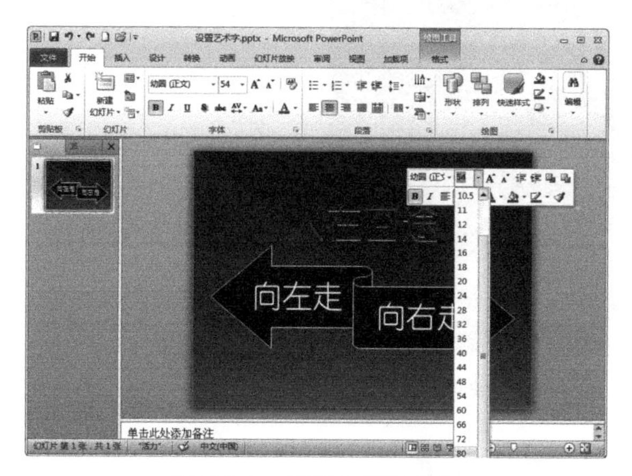

图5-8-3　设置字号及字体

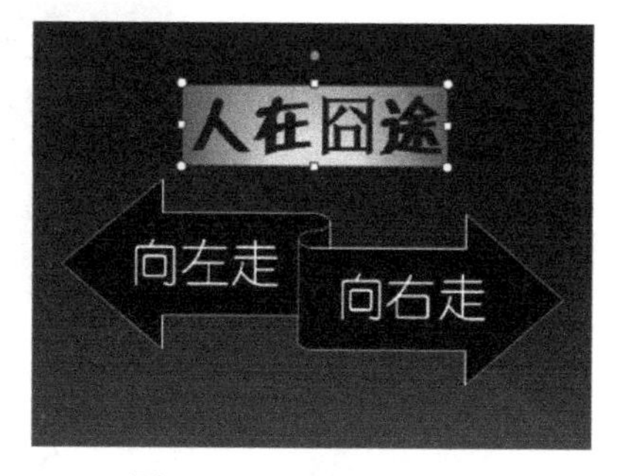

图5-8-4　设置形状样式

（3）选择“人在囧途”后，单击【艺术字样式】选项组中的【文本效果】按钮，在弹出的下拉列表中选择喜欢的文字效果，如图5-8-5所示。这里选择【映像】组【映像变体】列表中的最后一个，【发光】组【发光变体】列表中的“深蓝，5pt发光，强调文字颜色6”，【三维旋转】组【平行】列表中的“离轴2，左”，【转换】组中的“双波形2”。设置后的效果如图5-8-6所示。

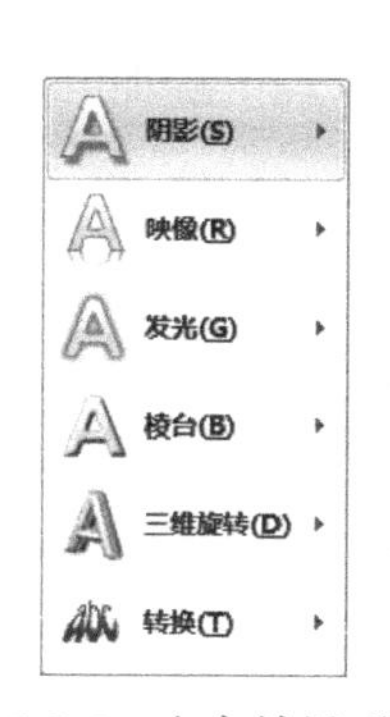

图5-8-5　文字效果列表

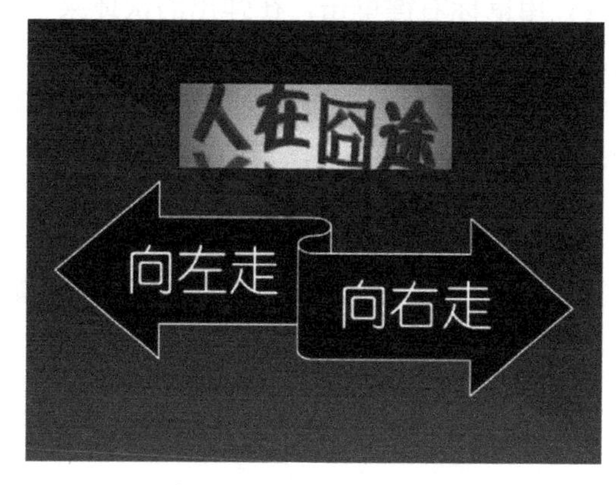

图5-8-6　设置的文字效果

单击【文字效果】按钮后，弹出的列表中各项含义如下：

①【阴影】：有“无阴影”、“外部”、“内部”和“透视”等几种类型。选择【阴影选项】选项，则可对阴影进行更多的设置。

②【映像】：有“无映像”和“映像变体”两种类型。

③【发光】：有“无发光”和“发光变体”两种类型。选择【其他亮色】选项，可以对发光的艺术字进行更多颜色的设置。

④【棱台】：有“无棱台效果”和“棱台”两种类型。选择【三维选项】选项，可以对艺术字的棱台进行更多的设置。

⑤【三维旋转】：有“无旋转”、“平行”、“透视”和“倾斜”等几种类型。选择【三维旋转选项】选项，可以对艺术字的三维旋转进行更多的设置。

⑥【转换】：有“无转换”、“跟随路径”和“弯曲”等几种类型。

（4）将光标定位在艺术字框中，单击【形状样式】组中的【形状效果】按钮，依次选择【三维旋转】组【平行】列表中的“离轴2，左”选项和【棱台】组【棱台】列表中的“凸起”选项。设置后效果如图5-8-7所示。

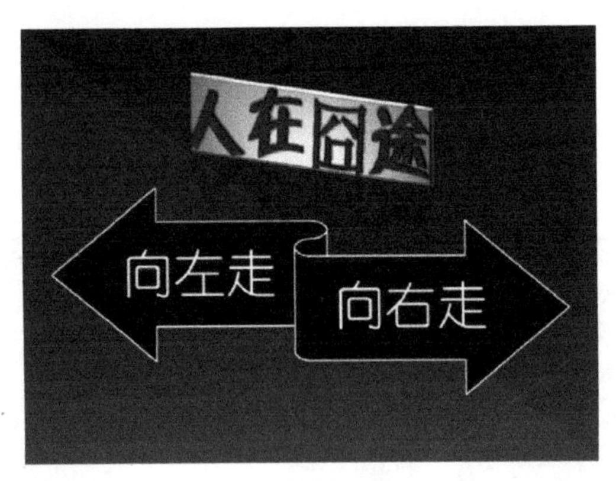

图 5-8-7　设置的形状效果

5.9　设置幻灯片版式

幻灯片版式包含要在幻灯片上显示的全部内容的格式设置、位置和占位符。PowerPoint 2010 中包含标题幻灯片、标题和内容、节标题等 11 种内置幻灯片版式。设置幻灯片版式的具体操作步骤如下：

（1）打开事先准备好的名为“设置版式.pptx”的文件，在左侧的窗格中选择需要设置版式的幻灯片，用鼠标右键单击，在弹出的快捷菜单中执行【版式】命令，然后在子菜单中选择需要的版式，此处选择【比较】版式，如图 5-9-1 所示。

（2）在编辑窗口中可以看到版式发生的变化，用户可以在新的版式中添加新的内容，如图 5-9-2 所示。

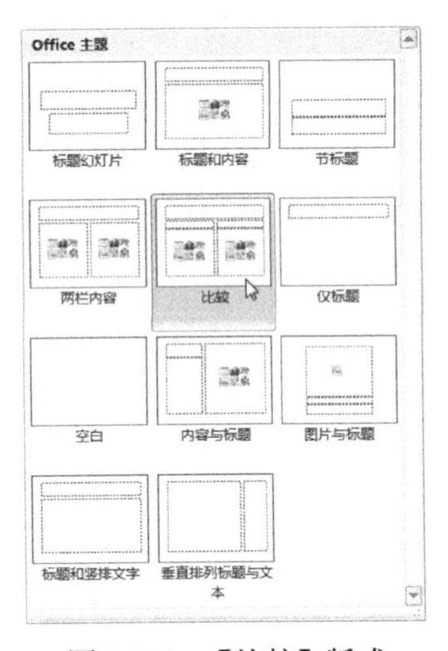

图 5-9-1　【比较】版式

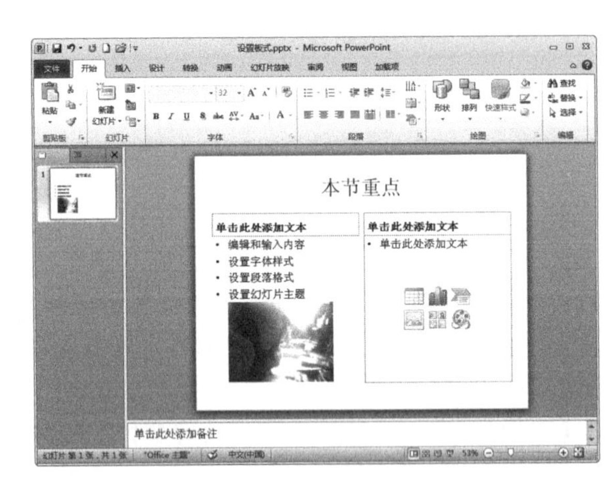

图 5-9-2　应用【比较】版式

5.10　设置幻灯片主题

为了使当前的演示文稿整体搭配比较合理，用户除了需要对演示文稿的整体框架进行搭配外，还需要对演示文稿进行颜色、字体和效果等设置。

1．使用模板

PowerPoint 2010 自带的主题样式比较多，用户可以根据当前的需要选择其中的任意一种。使用 PowerPoint 2010 自带的模板设置主题的具体操作步骤如下：

打开事先准备好的名为“使用模板.pptx”的文件。选择需要设置主题颜色的幻灯片，单击【设计】选项卡【主题】选项组右侧的下拉按钮，在打开的【所有主题】列表中可以选择更多的主题效果样式。所选择的主题模板将会直接应用于当前幻灯片，如图 5-10-1 所示。

2．自定义模板

为了使幻灯片更加美观，用户除了使用 PowerPoint 模板外，还可以自定义主题效果。设定完专用的主题效果后，单击【设计】选项卡【主题】选项组右侧的下拉按钮，在弹出的下拉列表中选择【保存当前主题】选项，如图 5-10-2 所示。保存的主题效果可以多次引用，不需要进行重复设置。

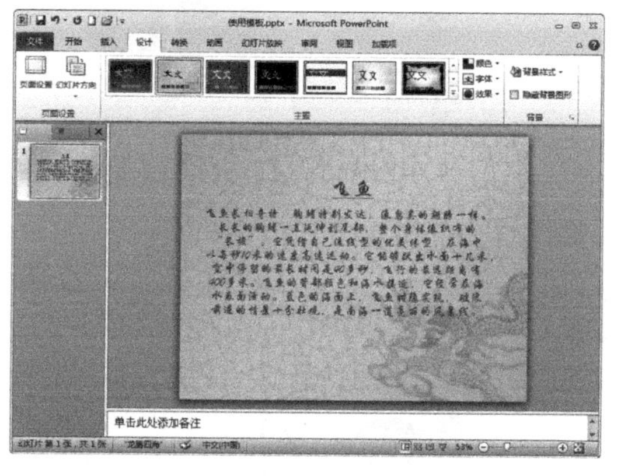

图 5-10-1　【龙腾四海】主题

图 5-10-2　【自定义模板】选项

PowerPoint 2010 自带了一些字体样式，如果这些字体样式还不能满足需求，用户可以自定义别的字体效果，以便将来再次使用。

（1）单击【设计】选项卡【主题】选项组中的【字体】按钮，在弹出的下拉列表中选择【新建主题字体】选项，如图 5-10-3 所示。

（2）打开【新建主题字体】对话框，如图 5-10-4 所示，从中可自行选择适当的字体效果，设置完毕单击【保存】按钮，即可完成自定义字体的操作。

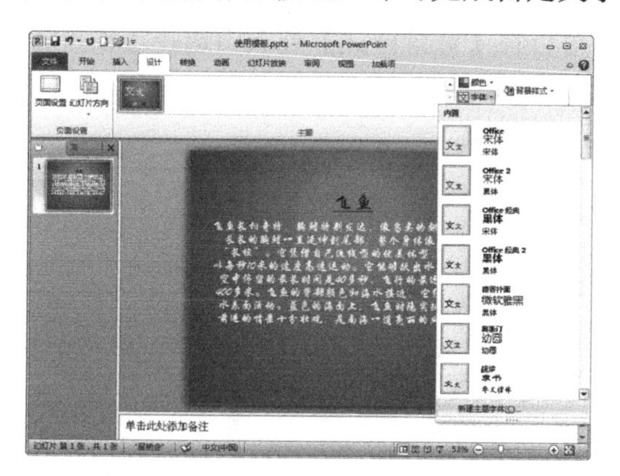

图 5-10-3　【新建主题字体】选项

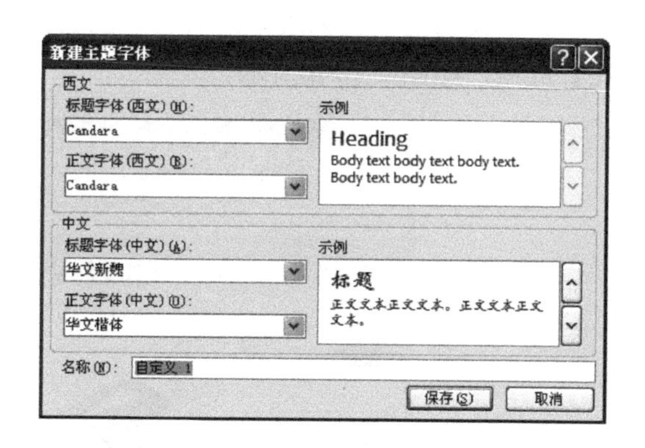

图 5-10-4　【新建主题字体】对话框

3．设置背景

PowerPoint 2010 自带多种背景样式，用户可根据需要挑选使用，具体的操作步骤如下：

（1）启动 PowerPoint 2010，单击【文件】选项卡中的【新建】按钮，在【可用的模板和主题】列表中选择【样本模板】中的【项目状态报告】后，单击【创建】按钮，如图 5-10-5 所示。

（2）选择幻灯片后，单击【设计】选项卡【背景】选项组中的【背景样式】按钮，在弹出的下拉列表中选择一种样式，这里选择“样式 9”，如图 5-10-6 所示。

图 5-10-5　【项目状态报告】模板

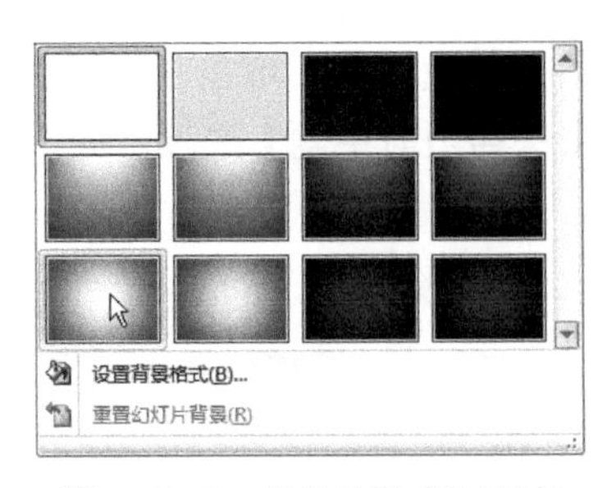

图 5-10-6　【背景样式】列表

（3）所选的背景样式会直接应用于所有幻灯片，如图 5-10-7 所示。

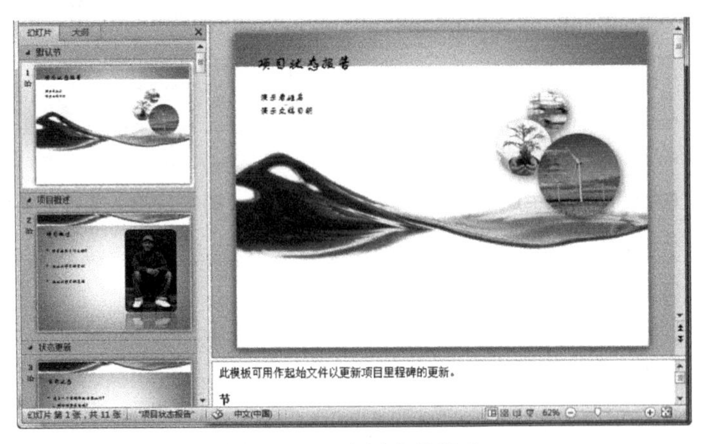

图 5-10-7　应用背景样式

（4）如果当前下拉列表中没有合适的背景样式，可以在【背景样式】列表中选择【设置背景格式】选项，如图 5-10-8 所示。

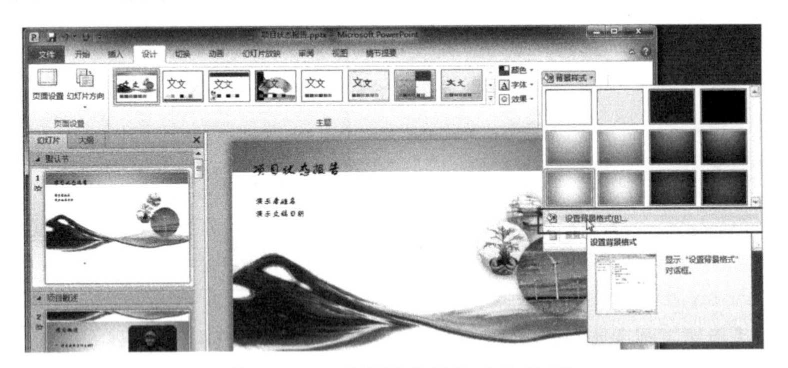

图 5-10-8　【设置背景格式】选项

（5）打开【设置背景格式】对话框，如图 5-10-9 所示，在【填充】面板【预设颜色】下拉列表中选择【心如止水】选项，然后单击【关闭】按钮。

（6）自定义的背景样式就会被应用到当前幻灯片，如图 5-10-10 所示。

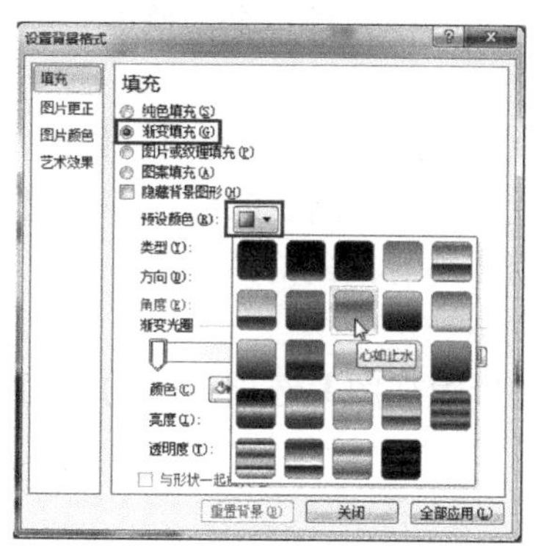

图 5-10-9　【设置背景格式】对话框

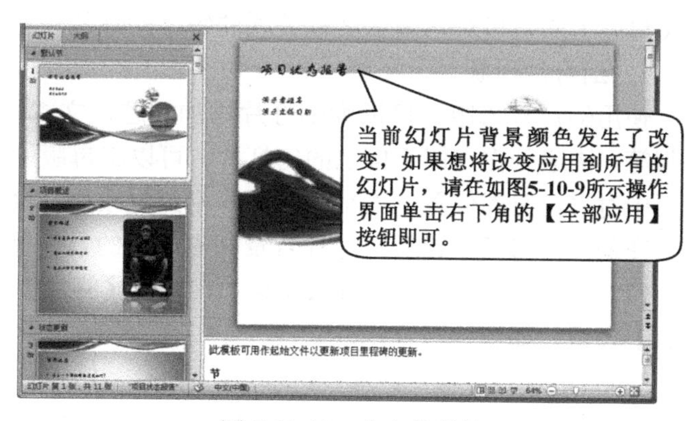

图 5-10-10　自定义背景

5.11　幻灯片的配色

除了使用 PowerPoint 2010 自带的主题样式外，用户还可以自行搭配颜色以满足需要，每种颜色的搭配都会产生不同的视觉效果，具体的操作步骤如下：

（1）打开事先准备好的名为“项目状态报告.pptx”的文件。单击【设计】选项卡【主题】选项组中的【颜色】按钮，在弹出的下拉列表中选择【新建主题颜色】选项，如图 5-11-1 所示。

（2）打开【新建主题颜色】对话框，如图 5-11-2 所示，从中可以自行选择适当的颜色进行整体的搭配，然后单击【保存】按钮。

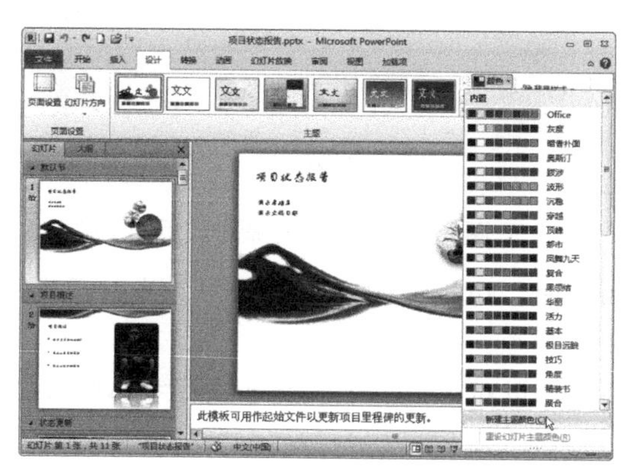

图 5-11-1　【新建主题颜色】选项

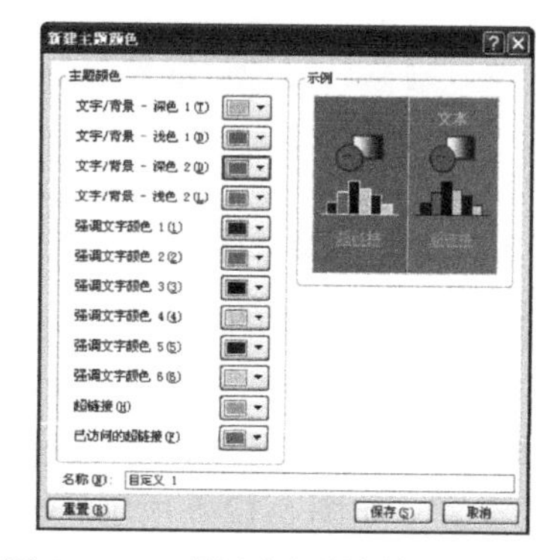

图 5-11-2　【新建主题颜色】对话框

（3）所选择的自定义颜色就会直接应用于文稿中的所有幻灯片，如图 5-11-3 所示。

图 5-11-3　自定义颜色

5.12　设计幻灯片母版

幻灯片母版与幻灯片模板相似，使用幻灯片母版最重要的优点是在幻灯片母版、备注母版或讲义母版上均可以对与演示文稿关联的每个幻灯片、备注页或讲义的样式进行全局修改。

1．幻灯片母版

使用幻灯片母版，可以为幻灯片添加标题、文本、背景图片、颜色主题、动画，修改页眉/页脚等，快速制作出属于自己的幻灯片。可以将母版的背景设置为纯色、渐变或图片等效果，在母版中对占位符的位置、大小和字体等格式更改后，会自动应用于所有的幻灯片。

在幻灯片母版中设置幻灯片背景和占位符的具体操作步骤如下：

（1）在打开的 PowerPoint 2010 中，单击【视图】选项卡【母版视图】选项组中的【幻灯片母版】按钮，如图 5-12-1 所示。

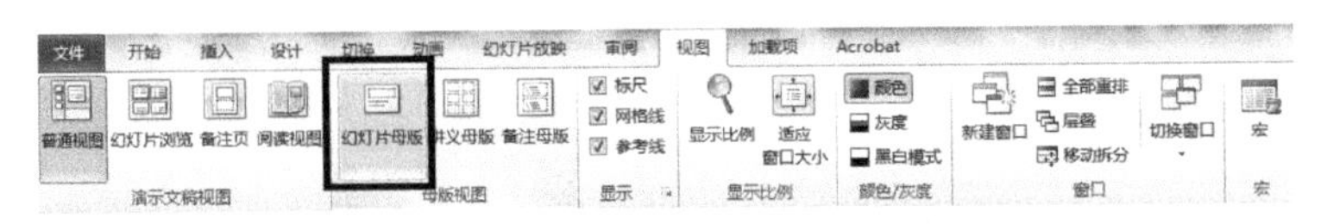

图 5-12-1　【幻灯片母版】按钮

（2）在【幻灯片母版】选项卡【背景】选项组中单击【背景样式】按钮，在弹出的下拉列表中选择合适的背景样式，如图 5-12-2 所示。

（3）单击合适的背景样式，即可将其应用于所有幻灯片，如图 5-12-3 所示。

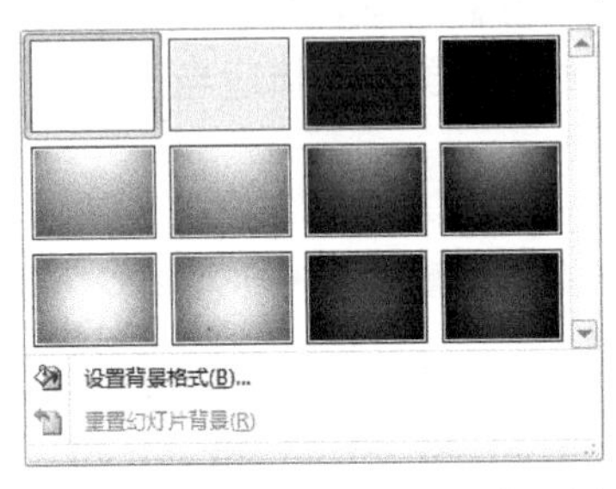

图 5-12-2　【背景样式】下拉列表

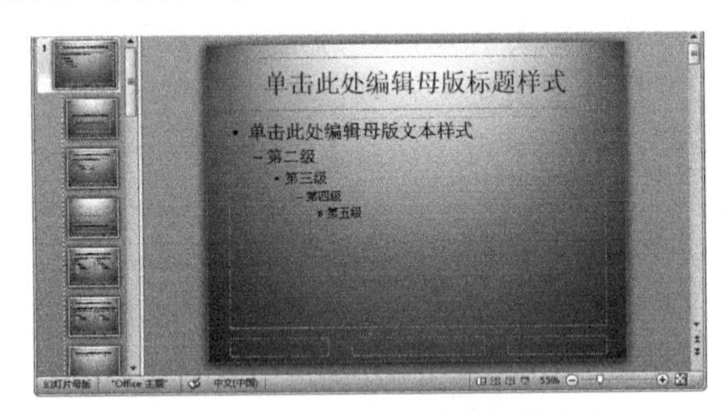

图 5-12-3　添加背景样式后的文稿

（4）单击要更改的占位符，当四周出现小节点时，可拖动四周的任意一个节点更改其大小，如图 5-12-4 所示。

（5）在【开始】选项卡的【字体】选项组中，可以对占位符中的文本进行字体样式、字号和颜色的设置，如图 5-12-5 所示。

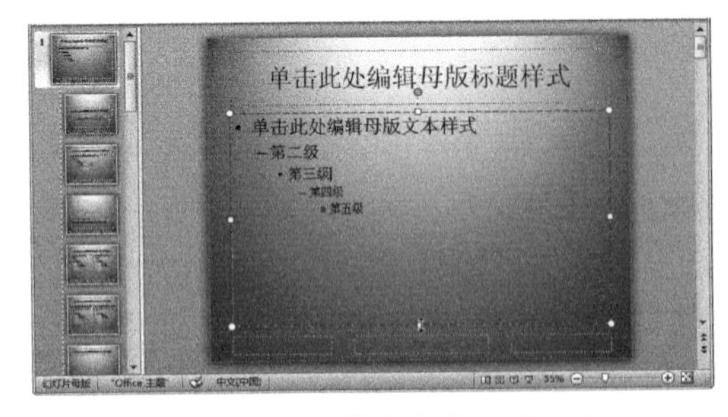

图 5-12-4　调整文本占位符大小

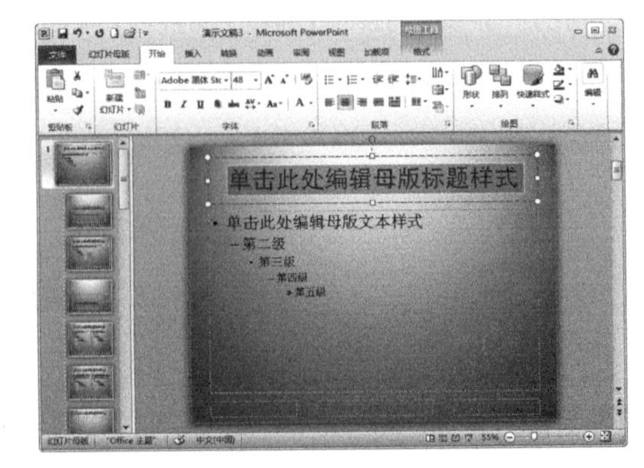

图 5-12-5　设置字体等

（6）在【开始】选项卡的【段落】选项组中，可以对占位符中的文本进行对齐方式的设置，如图 5-12-6 所示。

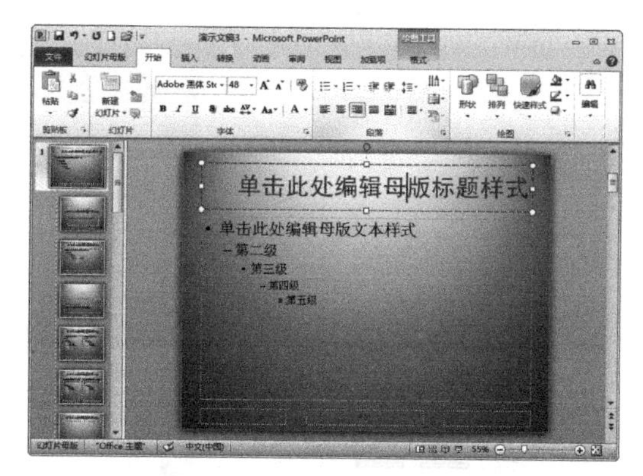

图 5-12-6　设置段落对齐方式

（7）另外，在【幻灯片母版】选项卡中，还可以对幻灯片进行页面设置、编辑主题及插入幻灯片等操作，如图 5-12-7 所示。

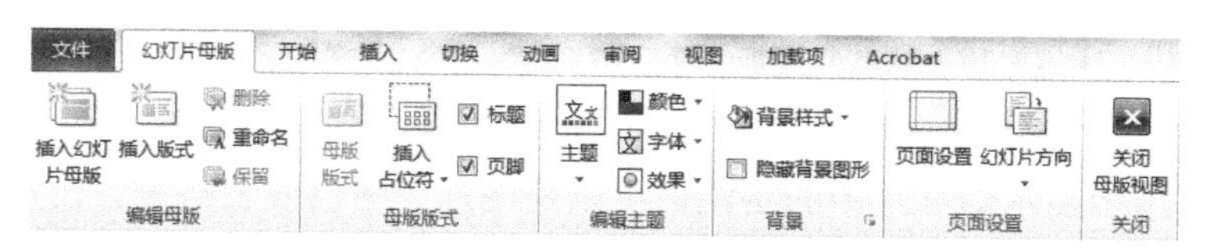

图 5-12-7　【幻灯片母版】选项卡

（8）设置完毕，单击【幻灯片母版】选项卡【关闭】选项组中的【关闭母版视图】按钮，如图 5-12-8 所示。

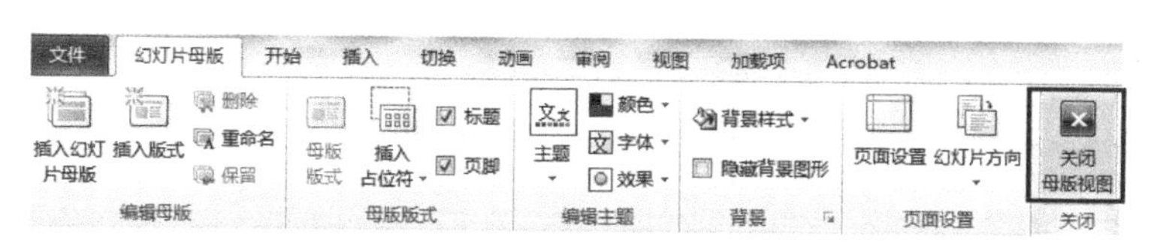

图 5-12-8　【关闭母版视图】按钮

2．讲义母版

讲义母版可以将多张幻灯片显示在一张幻灯片中，便于预览和打印输出。设置讲义母版的具体操作步骤如下：

（1）在打开的 PowerPoint 2010 中，单击【视图】选项卡【母版视图】选项组中的【讲义母版】按钮，如图 5-12-9 所示。

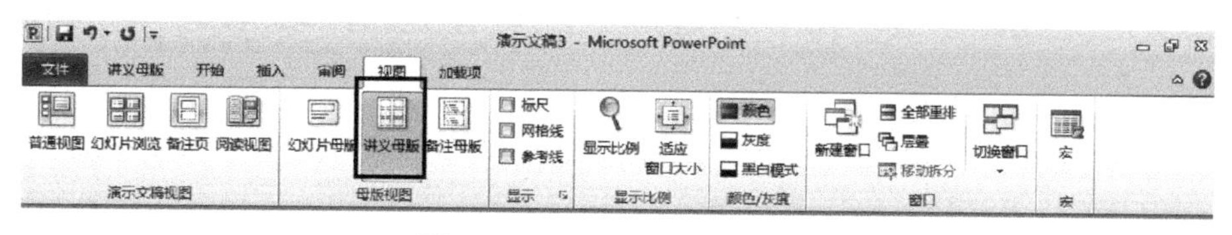

图 5-12-9　【讲义母版】按钮

（2）单击【插入】选项卡【文本】选项组中的【页眉和页脚】按钮，在打开的【页眉和页脚】对话框中选择【备注和讲义】选项卡，为当前讲义母版添加页眉和页脚，然后单击【全部应用】按钮，如图 5-12-10 所示。

（3）新添加的页眉和页脚就会显示在编辑窗口中，如图 5-12-11 所示。

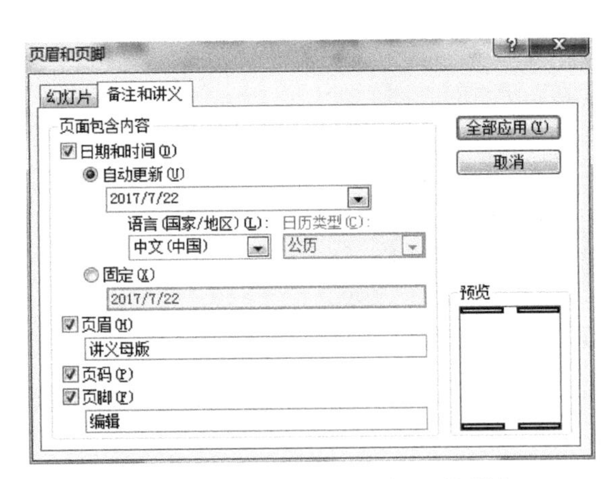

图 5-12-10 【页眉和页脚】对话框

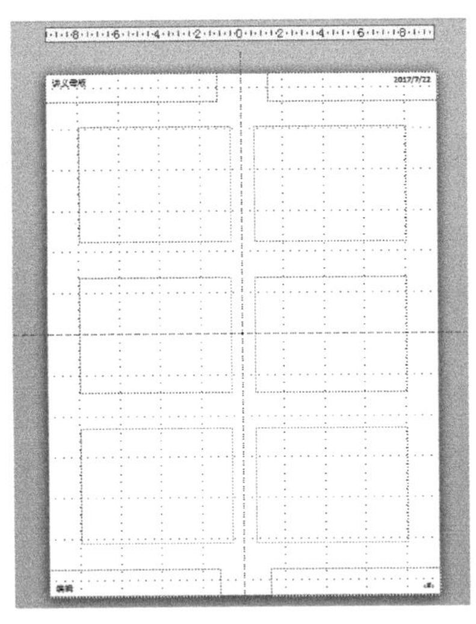

图 5-12-11 讲义母版

3．备注母版

备注母版主要用于显示幻灯片中的备注，可以是图片、图表或表格等。设置备注母版的具体操作步骤如下：

（1）在打开的 PowerPoint 2010 中，单击【视图】选项卡【母版视图】选项组中的【备注母版】按钮，如图 5-12-12 所示。

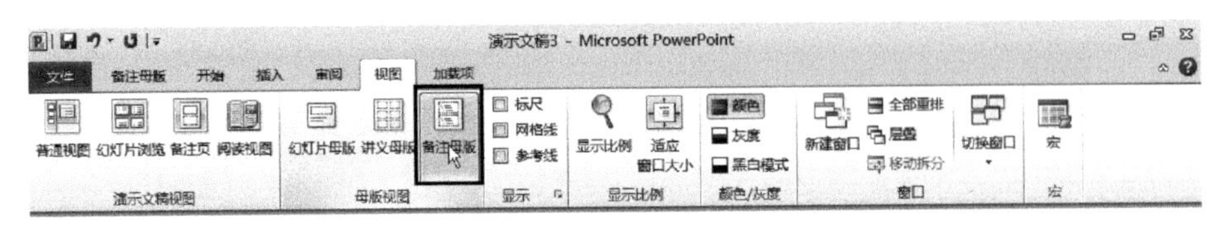

图 5-12-12 【备注母版】按钮

（2）选择备注文本区的文本，在弹出的浮动工具栏中，用户可以设置文字的大小、颜色和字体等，如图 5-12-13 所示。

（3）设置完成后，单击【备注母版】选项卡中的【关闭母版视图】按钮，返回普通视图，在【备注】窗格输入要备注的内容，如图 5-12-14 所示。

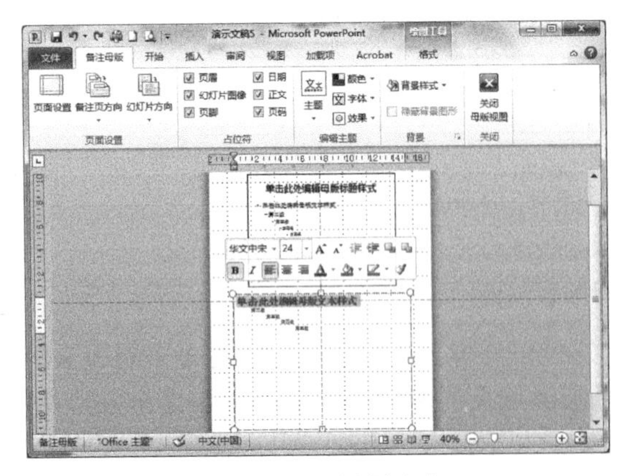

图 5-12-13 设置文本

图 5-12-14 【备注】窗口

（4）输入完毕，单击【视图】选项卡【演示文稿视图】选项组中的【备注页】按钮，即可查看备注的内容及格式，如图 5-12-15 所示。

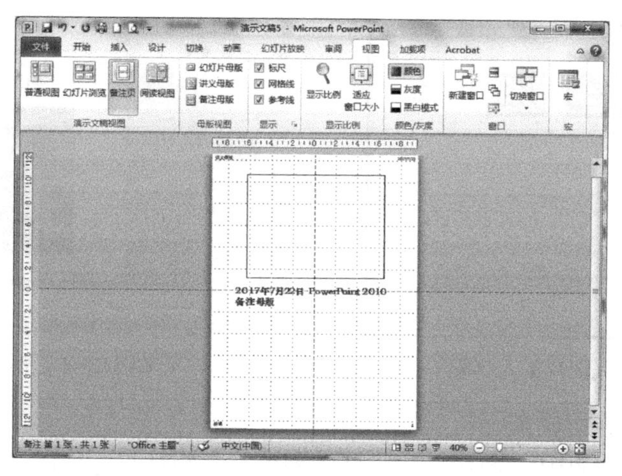

图 5-12-15　备注页

5.13　插入图形文件

在制作幻灯片时，适当地插入一些图片，可以使幻灯片看起来更美观，达到图文并茂的效果。

1. 插入图片

在 PowerPoint 2010 中插入图片的具体操作步骤如下：

（1）启动 PowerPoint 2010，新建一个“标题和内容”幻灯片，如图 5-13-1 所示。

（2）单击幻灯片编辑区中的【插入来自文件的图片】按钮，如图 5-13-2 所示。

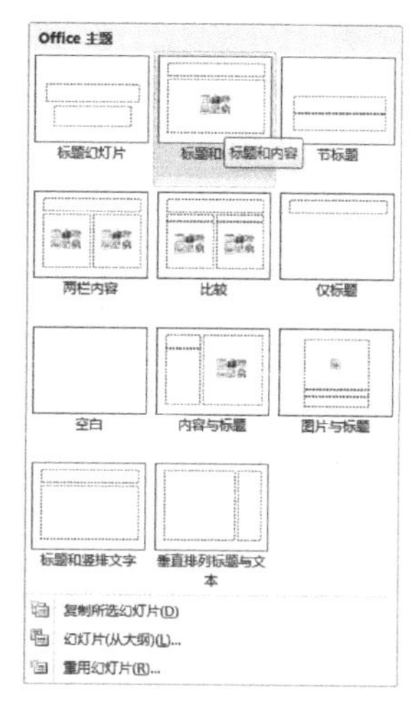

图 5-13-1　【标题和内容】版式

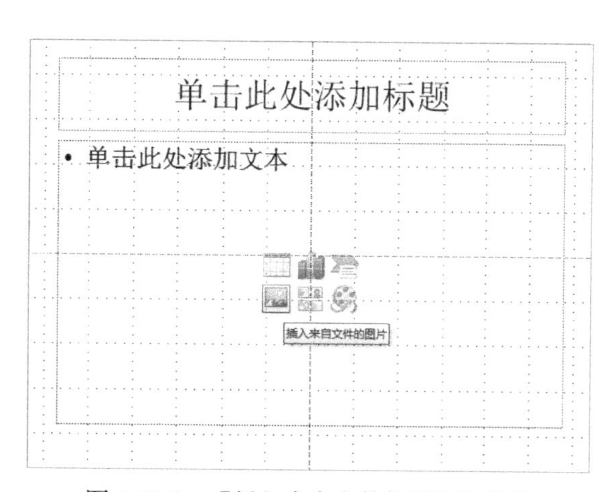

图 5-13-2　【插入来自文件的图片】按钮

（3）打开【插入图片】对话框，如图 5-13-3 所示，在【查找范围】下拉列表框中选择图片所在的位置，然后在下面的列表框中选择需要使用的图片。

（4）单击【插入】按钮即可在幻灯片中插入图片，插入后的效果如图 5-13-4 所示。

2. 插入图表

在幻灯片中插入图表，可以使幻灯片的内容更丰富。形象直观的图表与文字数据相比更容易让人理解，插入在幻灯片中的图表可以使幻灯片的显示效果更加清晰。

在 PowerPoint 2010 中，可以插入幻灯片中的图表包括柱形图、折线图、饼图、条形图、面积图、XY（散点图）、股价图、曲面图、圆环图、气泡图和雷达图。从【插入图表】对话框中可以体现出图表的分类。

图 5-13-3 【插入图片】对话框

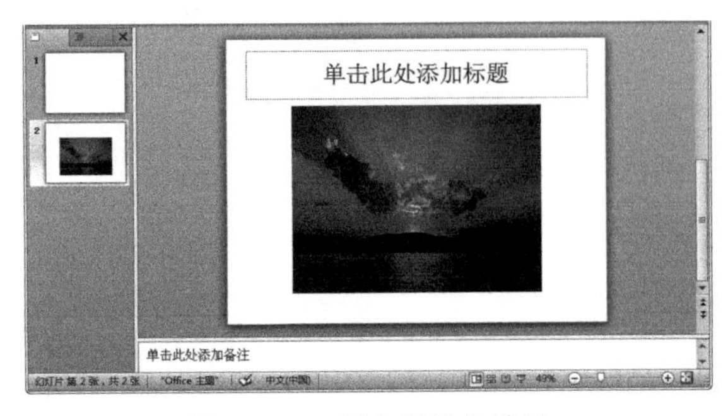

图 5-13-4 插入图片的效果

插入图表的具体操作步骤如下：

（1）启动 PowerPoint 2010，新建一个“标题和内容”幻灯片。单击幻灯片编辑区中的【插入图表】按钮，如图 5-13-5 所示。

（2）在打开的【插入图表】对话框中选择【折线图】区域的【带数据标记的折线图】图样，然后单击【确定】按钮，如图 5-13-6 所示。

图 5-13-5 【插入图表】按钮

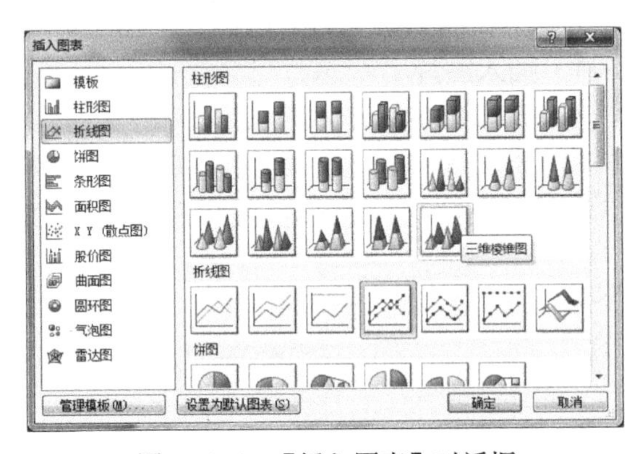

图 5-13-6 【插入图表】对话框

（3）单击【确定】按钮后，会自动打开 Excel 2010 软件的界面，根据提示可以输入需要显示的数据，如图 5-13-7 所示。

（4）输入完毕，关闭 Excel 表格即可插入一个图表，如图 5-13-8 所示。

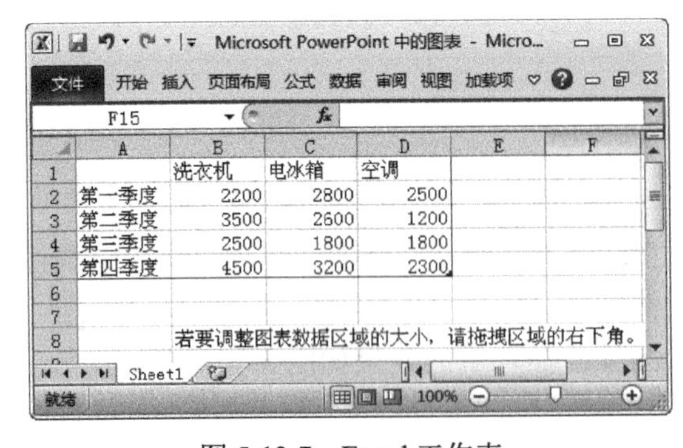

	洗衣机	电冰箱	空调
第一季度	2200	2800	2500
第二季度	3500	2600	1200
第三季度	2500	1800	1800
第四季度	4500	3200	2300

图 5-13-7 Excel 工作表

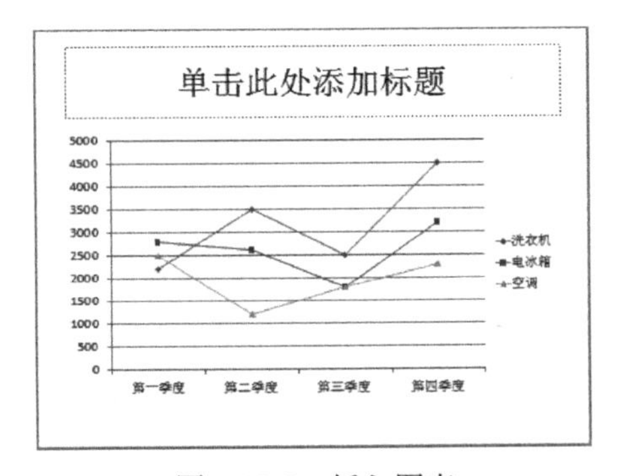

图 5-13-8 插入图表

3. 设置图形文件

对插入图片的大小、位置、旋转和叠放顺序等，可以根据当前幻灯片的情况进行调整。

（1）选择插入的图片，将鼠标指针移至图片四周的尺寸控制点上。按住鼠标左键拖动，就可以更改图片的大小，松开鼠标左键即可完成调整操作，如图 5-13-9 所示。

（2）单击【图片工具|格式】选项卡【大小】选项组中的【裁剪】按钮，可以对图片进行裁剪，如图 5-13-10 所示。

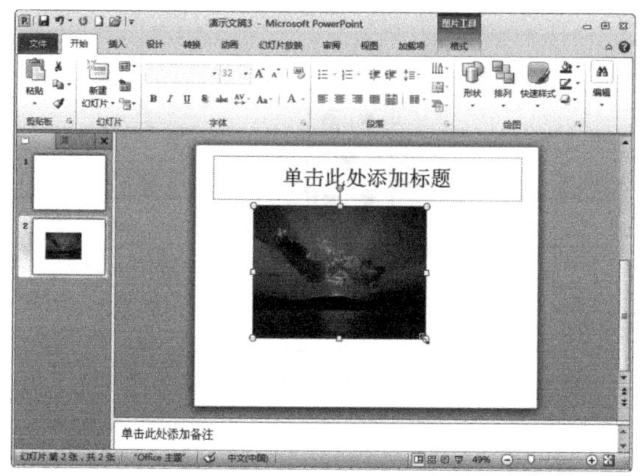

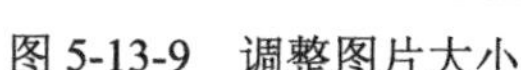
图 5-13-9　调整图片大小

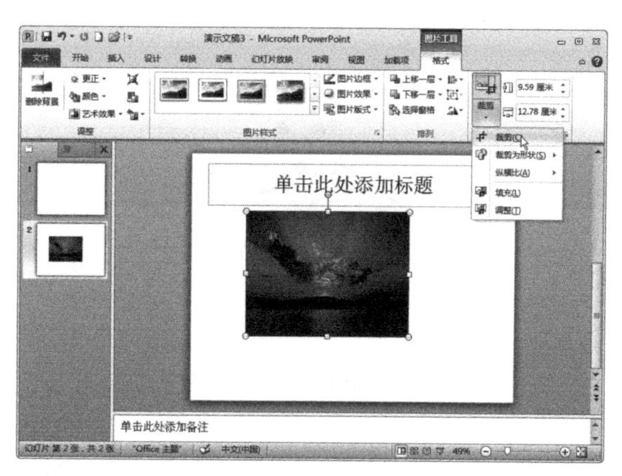

图 5-13-10　裁剪图片

（3）如果需要旋转图片，可以先选择图片，然后将光标移至图片上方绿色的控制点上，当鼠标指针变为↻形状时，按住鼠标左键不放并移动光标即可旋转图片。在旋转的过程中鼠标指针显示为⟳形状，如图 5-13-11 所示。

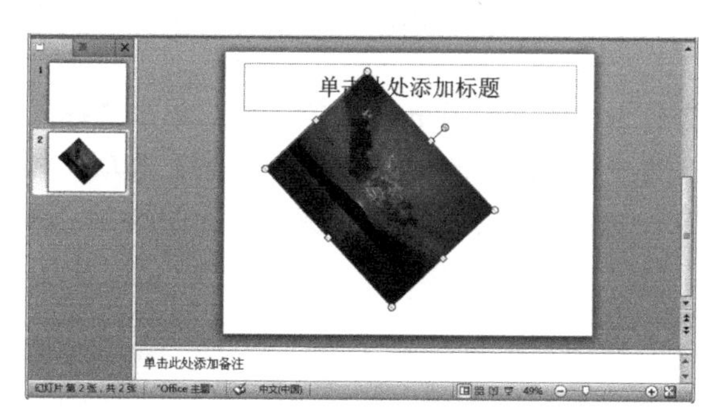

图 5-13-11　旋转图片

（4）选择图片，单击【图片工具|格式】选项卡【图片样式】选项组中【图片效果】右侧的下三角按钮，在弹出的下拉列表中选择【映像】选项，并从其子列表中选择【映像变体】区域的【半映像，4pt 偏移量】选项，效果如图 5-13-12 所示。

（5）要更改图片的位置，可选择图片并按住鼠标左键拖动，即可更改图片的位置，效果如图 5-13-13 所示。

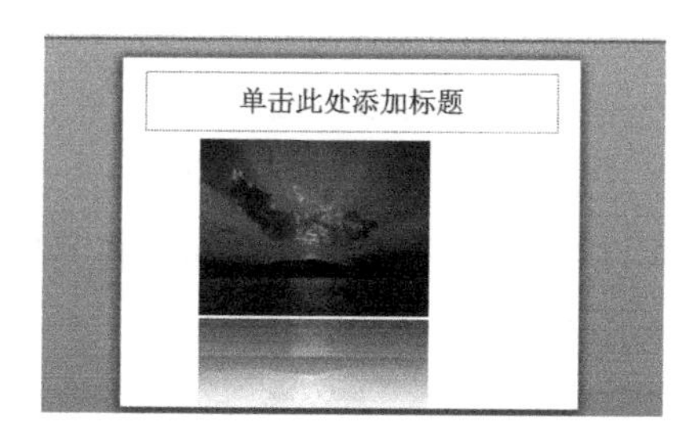

图 5-13-12　设置图片样式

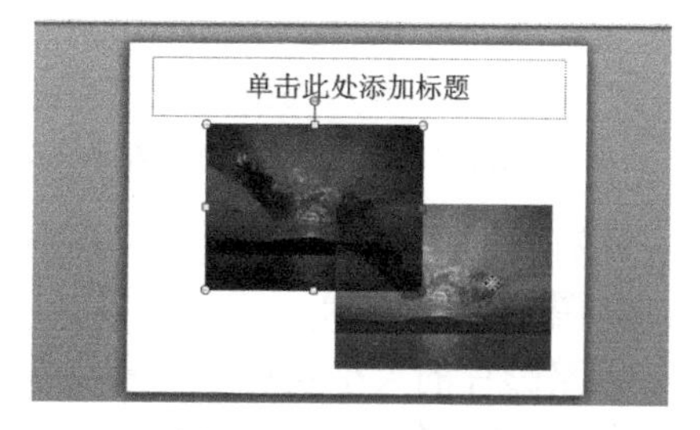

图 5-13-13　移动图片

另外，在幻灯片中插入多张图片时，还可以调整图片顺序，以突出重点及非重点的图形显示方式。

选择重叠摆放图片中的任意一张，单击【格式】选项卡【排列】选项组中的【上移一层】按钮、【下移一层】按钮或【选择窗格】按钮，即可调整图片的叠放顺序。图 5-13-14 为调整图片顺序之前的效果，图 5-13-15 为调整图片顺序之后的效果。

图 5-13-14　调顺序前

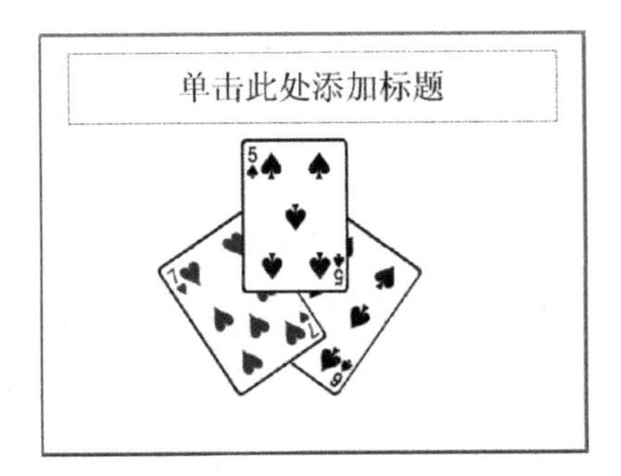

图 5-13-15　调顺序后

5.14　插入影片和声音

在制作幻灯片时，可以插入影片和声音。声音的来源有多种，可以是 PowerPoint 2010 自带的影片或声音，也可以是用户在计算机中下载或者自己制作的影片或声音等。

1．插入剪辑管理器中的影片

剪辑管理器中的影片一般都是 GIF 格式的文件。在幻灯片中插入剪辑管理器中的影片的具体操作步骤如下：

（1）打开事先准备好的名为“插入影片.pptx”的文件，单击【插入】选项卡【媒体】选项组中的【视频】按钮，在弹出的下拉列表中选择【剪贴画视频】选项，如图 5-14-1 所示。

（2）在幻灯片编辑区的右侧会打开【剪贴画】窗格，如图 5-14-2 所示。

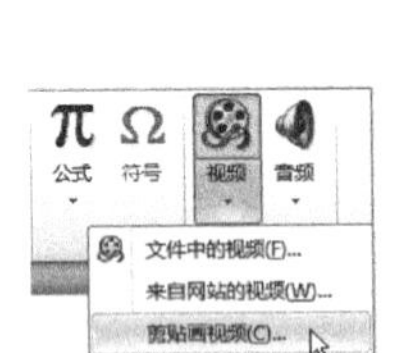

图 5-14-1　【剪贴画视频】选项

图 5-14-2　【剪贴画】窗格

（3）在右侧的【剪贴画】窗格中找到需要使用的影片，然后单击所需影片，即可将其插入幻灯片中，如图 5-14-3 所示。

（4）调整影片的大小及位置，最终效果如图 5-14-4 所示。

2．插入文件中的影片

在幻灯片中可以插入外部的影片，包括 Windows 视频文件、影片文件及 GIF 动画等。在幻灯片中插入文件中的影片的具体操作步骤如下：

（1）打开事先准备好的名为“爱情.pptx”的文件，单击【插入】选项卡【媒体】选项组中的

【视频】按钮，在弹出的下拉列表中选择【文件中的视频】选项，如图 5-14-5 所示。

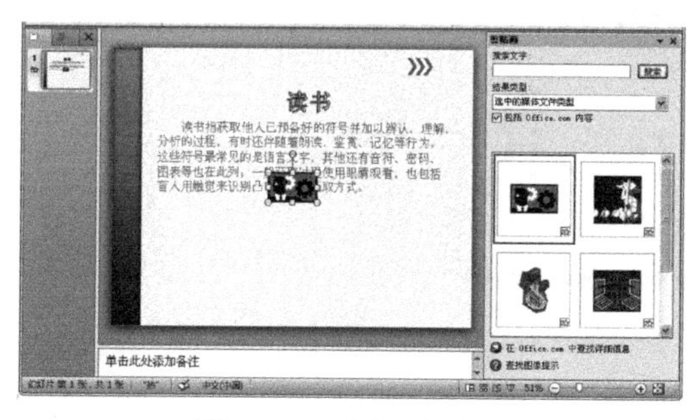

图 5-14-3　插入剪贴画

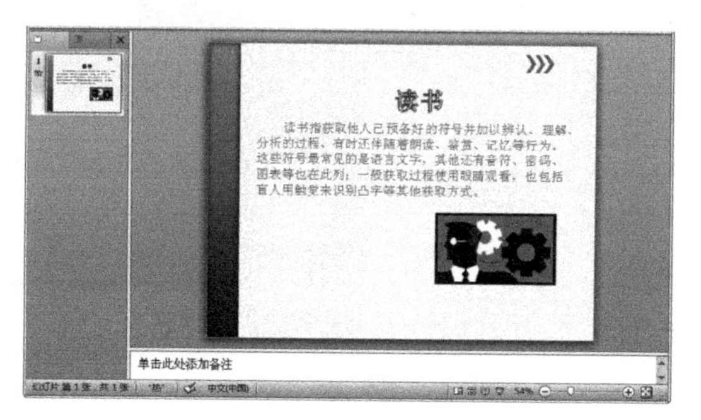

图 5-14-4　调整后的效果

（2）打开【插入视频文件】对话框，如图 5-14-6 所示。在【查找范围】下拉列表框中查找要插入的影片所在的文件夹，然后在下面的列表框中选择，这里插入“爱情.avi”文件。

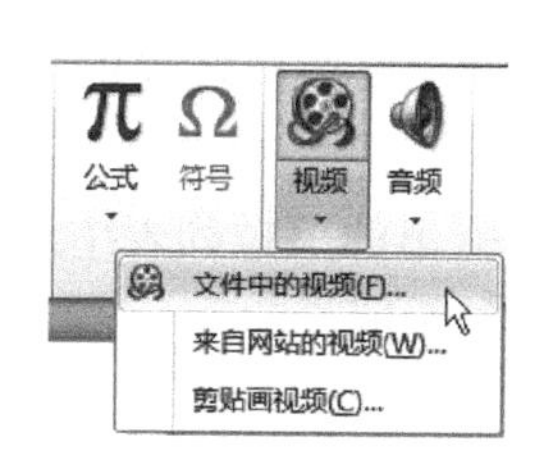

图 5-14-5　【文件中的视频】选项

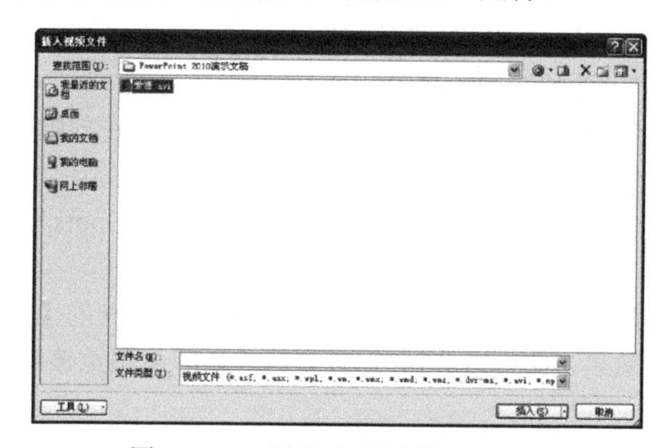

图 5-14-6　【插入视频文件】对话框

（3）单击【插入】按钮，所选择的影片就会直接插入到当前幻灯片中，如图 5-14-7 所示。

3．插入文件中的声音

除了插入 PowerPoint 2010 剪辑管理器中的声音，用户也可以插入外部的声音文件，具体的操作步骤如下：

（1）打开事先准备好的名为“轻松一刻.pptx”的文件，单击【插入】选项卡【媒体】选项组中的【音频】按钮，在弹出的下拉列表中选择【文件中的音频】选项，如图 5-14-8 所示。

图 5-14-7　插入影片

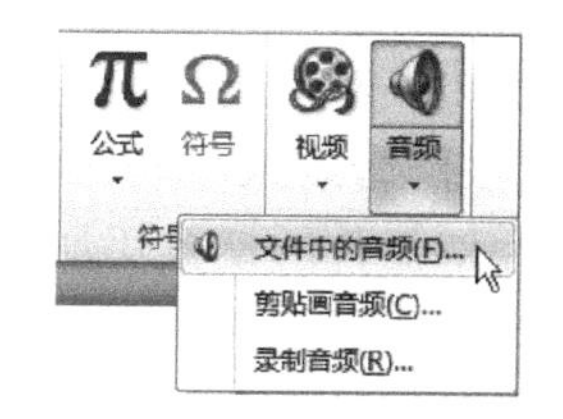

图 5-14-8　【文件中的音频】选项

（2）打开【插入音频】对话框后，在【查找范围】下拉列表框中找到并选择所需要的声音文件，这里选择“音频.wav”文件。

（3）单击【插入】按钮，需要的声音文件就会直接插入当前幻灯片，可通过声音图标四周的控制点调整其大小及位置，如图 5-14-9 所示。

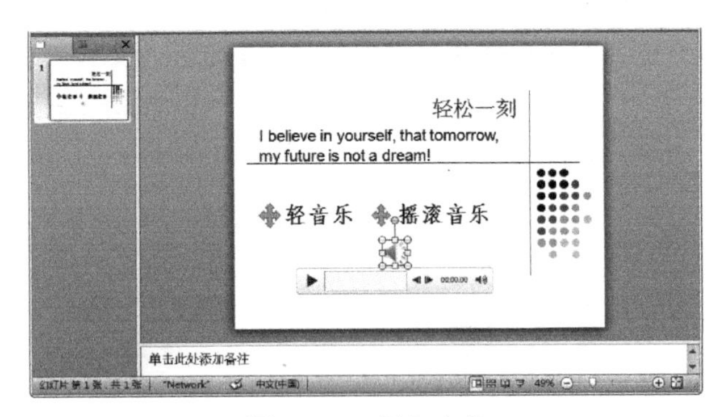

图 5-14-9　插入声音

5.15　设置幻灯片切换效果

切换效果是指由一张幻灯片移动到另一张幻灯片时屏幕显示的变化，用户可以根据情况设置不同的切换方案及切换的速度。

1．添加切换效果

为幻灯片添加切换效果，可以使幻灯片在放映时更加生动形象。下面介绍添加切换效果的具体操作步骤：

（1）打开事先准备好的名为“海洋天堂.pptx”的文件，选择要设置切换效果的幻灯片，如图 5-15-1 所示。

（2）单击【切换】选项卡切换列表右下侧的【其他】按钮，在弹出的下拉列表中选择需要的转换效果，如“百叶窗”，设置完成后即可预览该效果，如图 5-15-2 所示。

图 5-15-1　选择幻灯片

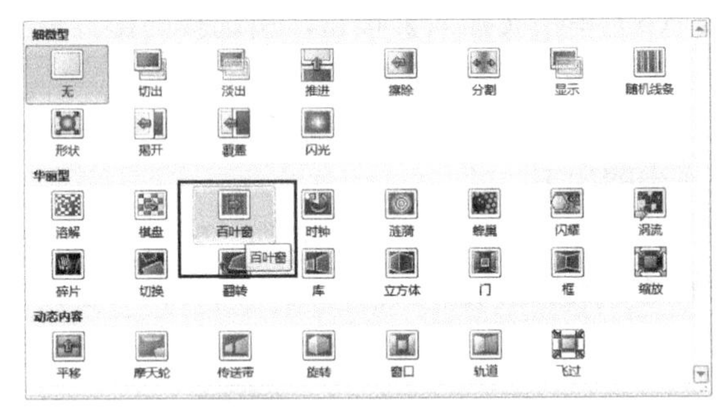

图 5-15-2　切换效果列表

（3）重复上述步骤，为其他幻灯片设置切换效果。图 5-15-3 为“推进”切换效果。

2．添加切换声音效果

用户可以为幻灯片的切换添加声音效果，使其更加逼真。添加切换声音效果的具体操作步骤如下：

打开事先准备好的名为“海洋天堂.pptx”的文件，单击要添加声音效果的幻灯片，如图 5-15-1 所示。选择【切换】选项卡【计时】选项组中【声音】右侧的下三角按钮，在弹出的下拉列表中选择【鼓声】选项，放映时就会自动应用到当前幻灯片中，如图 5-15-4 所示。

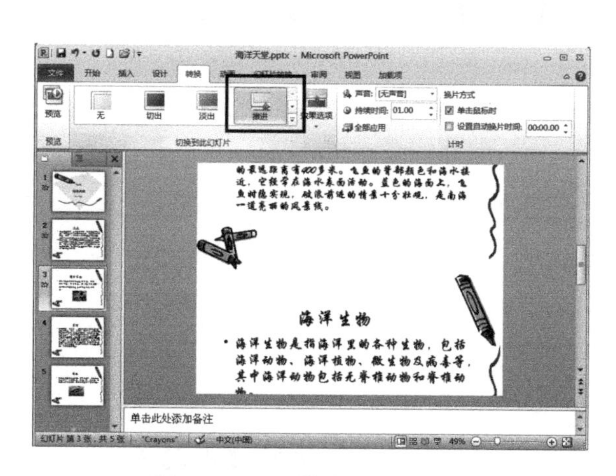

图 5-15-3 “推进”切换效果

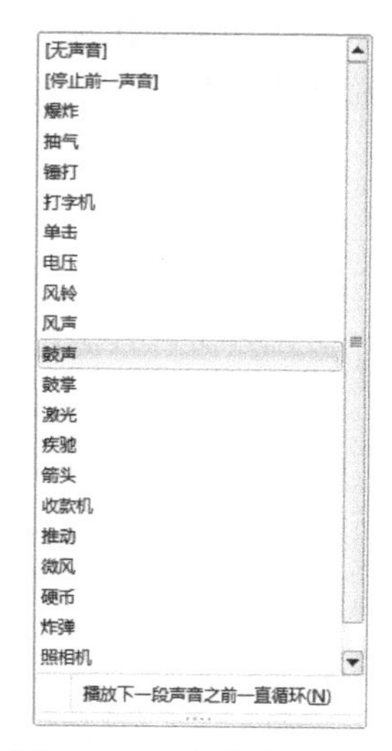

图 5-15-4 【声音】列表

3. 设置切换速度

在切换幻灯片时，用户可以为其设置持续的时间，从而控制切换的速度，以便查看幻灯片的内容。设置切换速度的具体操作步骤如下：

打开“海洋天堂.pptx”文件，选择要设置速度的幻灯片。单击【切换】选项卡【计时】选项组中【持续时间】微调框右边的向上（或向下）按钮。设置以后，在放映幻灯片时就会自动地应用到当前幻灯片中，如图 5-15-5 所示。

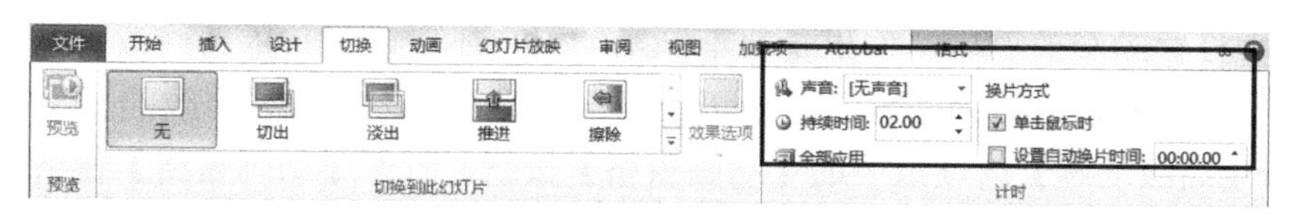

图 5-15-5 设置切换速度

在播放幻灯片时，用户可以根据需要设置换片的方式：自动换片或单击鼠标换片等。

打开“海洋天堂.pptx”文件，在【切换】选项卡【计时】选项组的【换片方式】中选择换片的方式。勾选【单击鼠标时】复选框，在播放幻灯片时，则需要在幻灯片中单击鼠标方可换片，如图 5-15-6 所示。若勾选【设置自动换片时间】复选框，在播放幻灯片时，经过所设置的时间后就会自动地切换到下一张幻灯片。

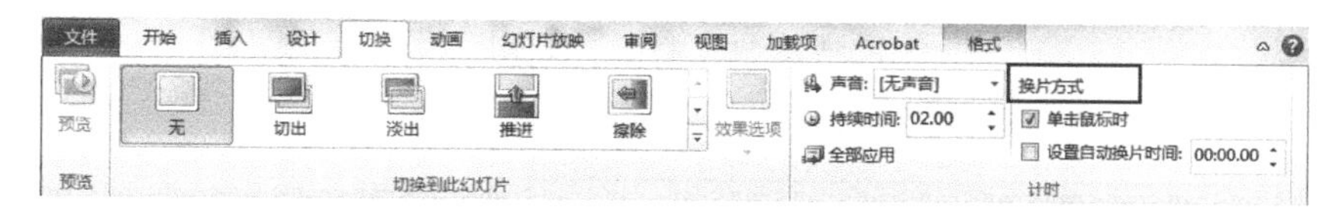

图 5-15-6 设置换片方式

5.16 应用动画方案

动画用于给文本或对象添加特殊视觉或声音效果。常见的动画效果是在一张幻灯片切换到另一张幻灯片时出现的动画，这种动画也可以应用在文字或图形上，使文字或图形具有可视的效果。PowerPoint 2010 提供了默认的动画方案，具体的操作步骤如下：

（1）打开事先准备好的名为“应用动画方案.pptx”的文件，选择要设置动画效果的文字或图形，如图 5-16-1 所示。

（2）单击【动画】选项卡中动画列表右下角的【其他】按钮，在弹出的下拉列表中选择【陀螺旋】动画效果，如图 5-16-2 所示。设置后单击【预览】按钮，即可提前观看设置的动画效果。

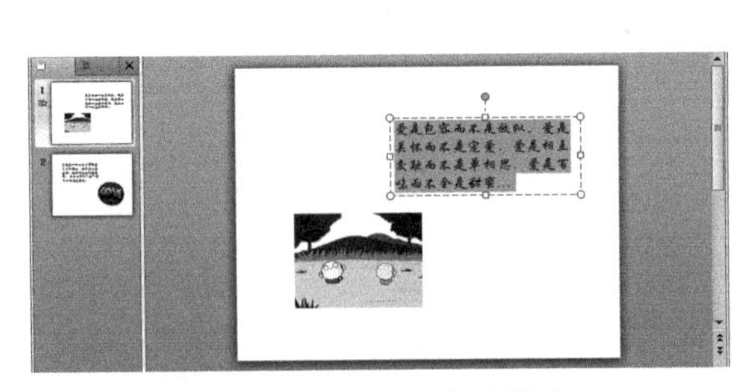

图 5-16-1　选择文字或图形

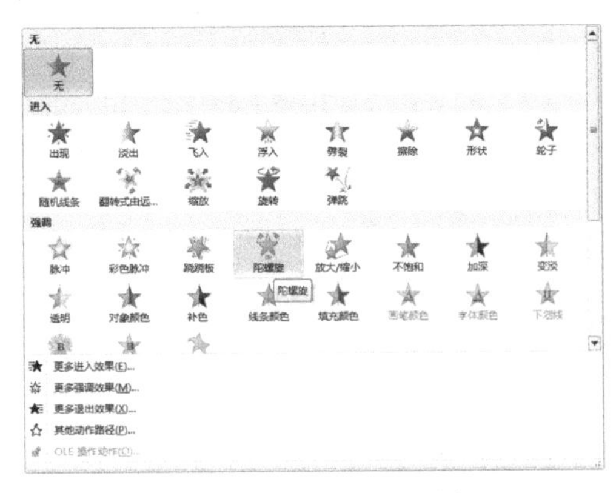

图 5-16-2　【动画】列表

5.17　设置自定义动画

如果想要定义一些多样的动画效果，或为多个对象设置统一的动画效果，可以自定义动画。可以将 PowerPoint 2010 演示文稿中的文本、图片、形状、表格、SmartArt 图形和其他对象制作成动画，赋予它们进入、退出、大小或颜色变化甚至移动等视觉效果。但是需要注意的是，在使用动画的时候，要遵循动画的醒目、自然、适当、简化及创意等原则。

1. 设置动画效果

在幻灯片中设置动画效果后，如果觉得不满意，用户还可以对其重新修改。

（1）打开事先准备好的名为“自定义动画.pptx”的文件，选择需要修改的文字或图形。单击【动画】选项卡【高级动画】选项组中的【动画窗格】按钮，打开【动画窗格】窗格，如图 5-17-1 所示。

图 5-17-1　【动画窗格】窗格

（2）在【动画窗格】窗格中选择添加的动画效果，用鼠标右键单击，在弹出的快捷菜单中列出了可以设置的菜单命令，这里执行【从上一项开始】命令，如图 5-17-2 所示。

（3）在上一步的快捷菜单中执行【效果选项】命令，打开【淡出】对话框，在【声音】下拉列表框中选择【爆炸】选项。选择【计时】选项卡，在【重复】下拉列表框中选择“2”选项，设置完成后，单击【确定】按钮，如图 5-17-3 所示。

2．设置动画播放顺序

添加完动画效果之后，还可以调整动画的播放顺序。打开文件，单击【动画】选项卡【高级动画】选项组中的【动画窗格】按钮，打开【动画窗格】窗格。选择【动画窗格】窗格中需要调整顺序的动画，单击下方的【重新排序】左侧或右侧的按钮调整即可，如图 5-17-4 所示。

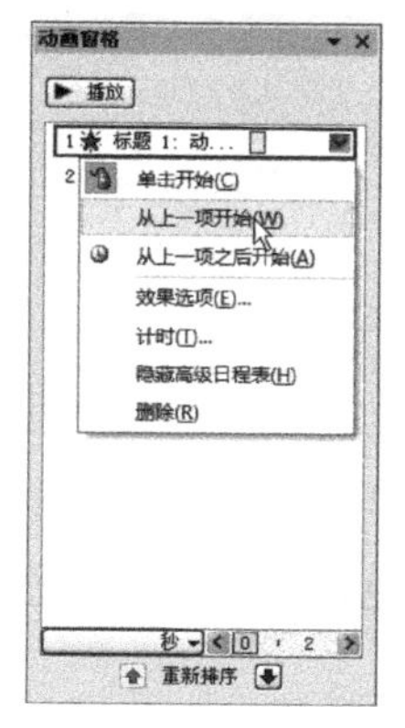

图 5-17-2 【从上一项开始】命令

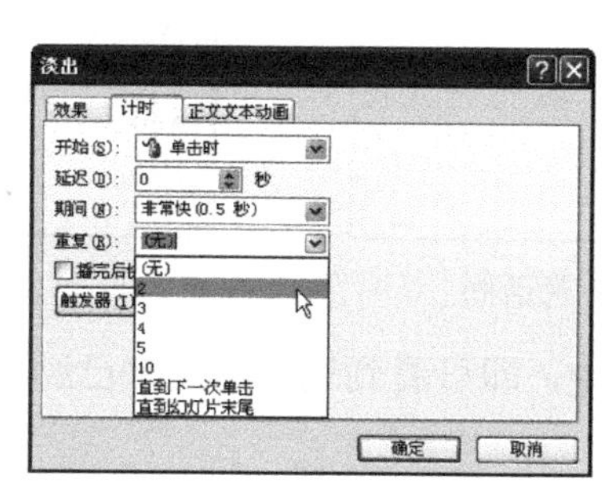

图 5-17-3 【计时】选项卡

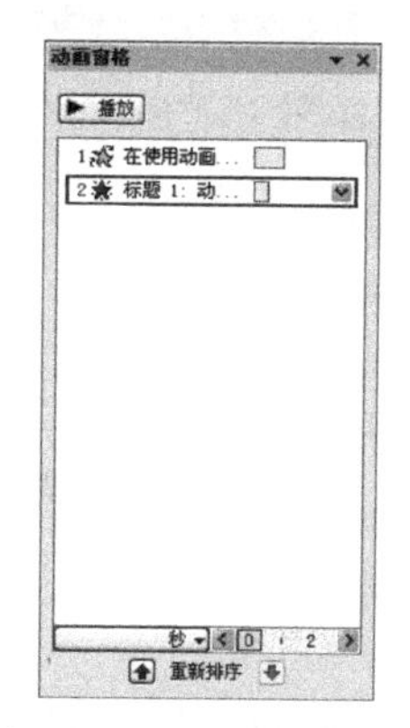

图 5-17-4 重新动画排序

3．动作路径

PowerPoint 2010 提供了一些路径效果，可以使对象沿着路径展示其动画效果。

选择要设定的对象，单击【动画】选项卡【高级动画】选项组中的【添加动画】按钮，在弹出的下拉列表中选择【其他动作路径】选项，如图 5-17-5 所示。

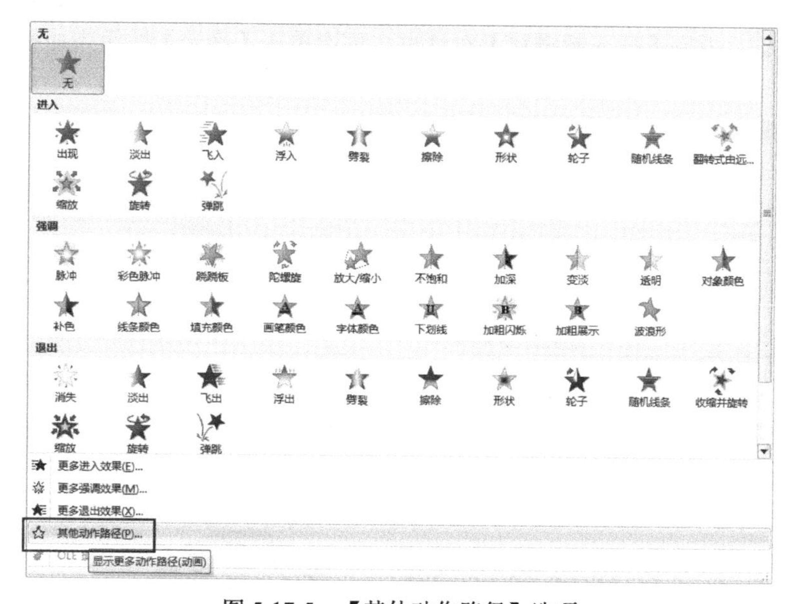

图 5-17-5 【其他动作路径】选项

5.18 设置演示文稿的超链接

在 PowerPoint 中，超链接可以是从一张幻灯片到同一演示文稿中另一张幻灯片的链接，也可以是从一张幻灯片到不同演示文稿中另一张幻灯片或到电子邮件地址、网页或文件的链接等。

1．为文本创建超链接

在幻灯片中为文本创建超链接的具体操作步骤如下：

（1）打开事先准备好的名为“创建文本超链接.pptx”的文件，选择要创建超链接的文本。单击【插入】选项卡【链接】选项组中的【超链接】按钮，打开【插入超链接】对话框，如图 5-18-1 所示，选择【链接到】列表框中的【本文档中的位置】选项。

（2）在右侧的【请选择文档中的位置】列表框中选择要链接到的幻灯片标题，然后单击【确定】按钮即可，如图 5-18-2 所示。

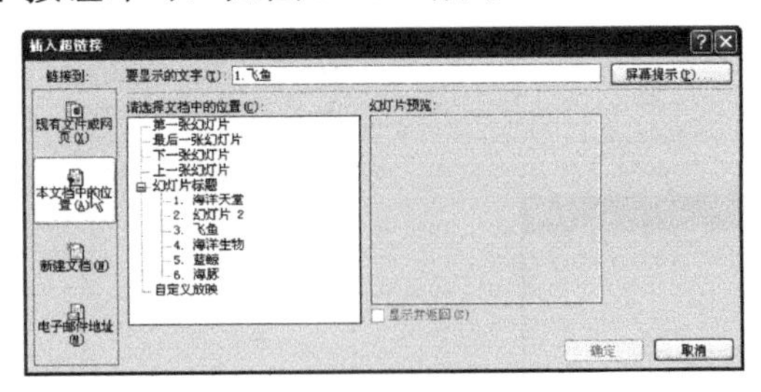

图 5-18-1　【插入超链接】对话框

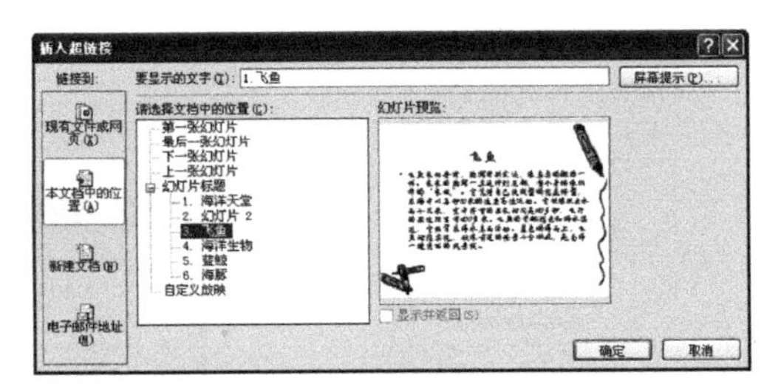

图 5-18-2　选择链接位置

（3）设置完成后返回幻灯片中，即可看到选择的文字已经更改了颜色，说明超链接已经设置成功。

2．链接到其他幻灯片

为幻灯片创建链接时，除了可以将对象链接在当前幻灯片中，也可以链接到其他文稿中。

（1）在打开的【插入超链接】对话框中，选择【链接到】列表框中的【现有文件或网页】选项，在【查找范围】下拉列表框中选择要链接的其他演示文稿的位置，然后在下面的列表框中选择要链接的演示文稿，如图 5-18-3 所示。

（2）单击【屏幕提示】按钮，在打开的【设置超链接屏幕提示】对话框中输入提示信息，然后单击【确定】按钮，返回【插入超链接】对话框，再次单击【确定】按钮完成操作，如图 5-18-4 所示。

图 5-18-3　选择链接位置

图 5-18-4　【设置超链接屏幕提示】对话框

（3）在放映幻灯片时，单击“海洋天堂”文本超链接时，自动跳转到“爱情.pptx”的幻灯片中，如图 5-18-5 所示。

图 5-18-5　文本链接的文件

3．链接到电子邮件

也可以将 PowerPoint 中的幻灯片链接到电子邮件中。

在【插入超链接】对话框中，选择【链接到】列表框中的【电子邮件地址】选项，在右侧的文本框中分别输入【电子邮件地址】与邮件的【主题】，然后单击【确定】按钮即可，如图 5-18-6 所示。

4．链接到网页

幻灯片的链接对象还可以是网页，在放映过程中单击幻灯片中的文本超链接，就可以打开指定的网页。

（1）选择文本对象后，单击【插入】选项卡【链接】选项组中的【动作】按钮，打开【动作设置】对话框，如图 5-18-7 所示。

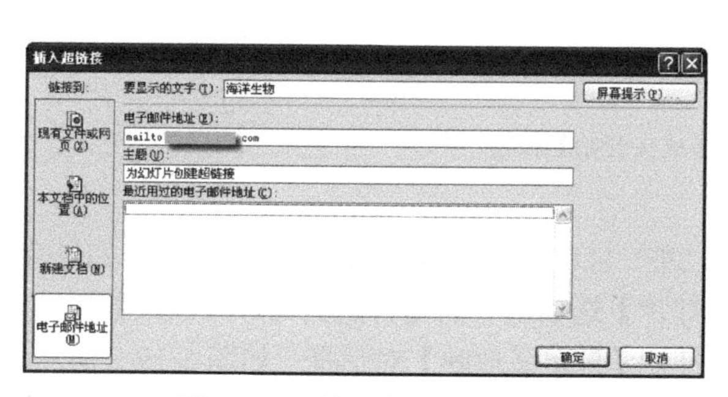

图 5-18-6　输入电子邮件地址

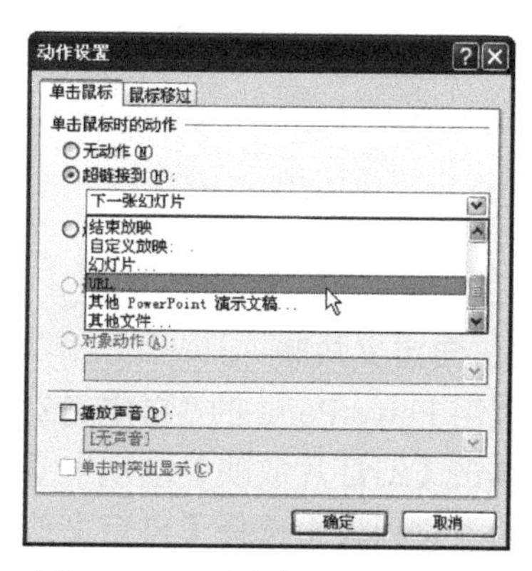

图 5-18-7　【动作设置】对话框

（2）在【单击鼠标】选项卡中选中【超链接到】单选按钮，然后在【超链接到】下方的下拉列表框中选择【URL】选项，打开【超链接到 URL】对话框，在【URL】文本框中输入网页的地址，单击【确定】按钮，返回【动作设置】对话框，然后单击【确定】按钮即可完成链接设置，如图 5-18-8 所示。

5．编辑超链接

创建超链接后，用户还可以根据需要更改超链接或取消超链接。用鼠标右键单击要更改的超链接对象，在弹出的快捷菜单中执行【编辑超链接】命令，如图 5-18-9 所示。如果当前幻灯片不需要再使用超链接，可以用鼠标右键单击要取消的超链接对象，在弹出的快捷菜单中执行【取消超链接】命令即可。取消超链接后，文本颜色将恢复到创建超链接之前的颜色。

图 5-18-8　【超链接到 URL】对话框

图 5-18-9　【编辑超链接】命令

5.19 放映幻灯片

无论是对外演讲，还是公司举行娱乐节目，作为一名演示文稿的制作者，在公共场合演示时都需要掌握好演示的时间，为此需要测定幻灯片放映时的停留时间。用户可以根据实际需要，设置幻灯片的放映方法，如普通手动放映、自动放映、自定义放映和排列计时放映等。

1. 普通手动放映

默认情况下，幻灯片的放映方式为普通手动放映。所以，一般来说普通手动放映是不需要设置的，直接放映幻灯片即可。单击【幻灯片放映】选项卡【开始放映幻灯片】选项组中的【从头开始】按钮，如图 5-19-1 所示，系统开始播放幻灯片，单击鼠标或者按【Enter】键均可切换动画及幻灯片。

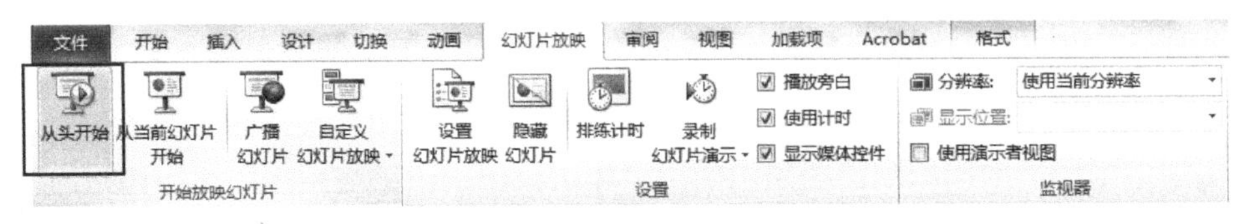

图 5-19-1 【从头开始】按钮

2. 自定义放映

利用 PowerPoint 的“自定义幻灯片放映”功能，可以自定义设置幻灯片、放映部分幻灯片等。

单击【幻灯片放映】选项卡【开始放映幻灯片】选项组中的【自定义幻灯片放映】按钮，在弹出的下拉列表中选择【自定义放映】选项，打开【自定义放映】对话框，如图 5-19-2 所示。单击【新建】按钮，打开【定义自定义放映】对话框，选择需要放映的幻灯片，单击【添加】按钮，然后单击【确定】按钮即可创建自定义放映列表，如图 5-19-3 所示。

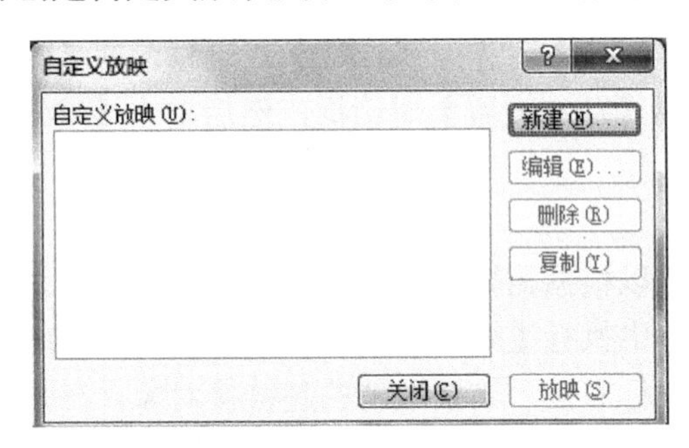

图 5-19-2 【自定义放映】对话框

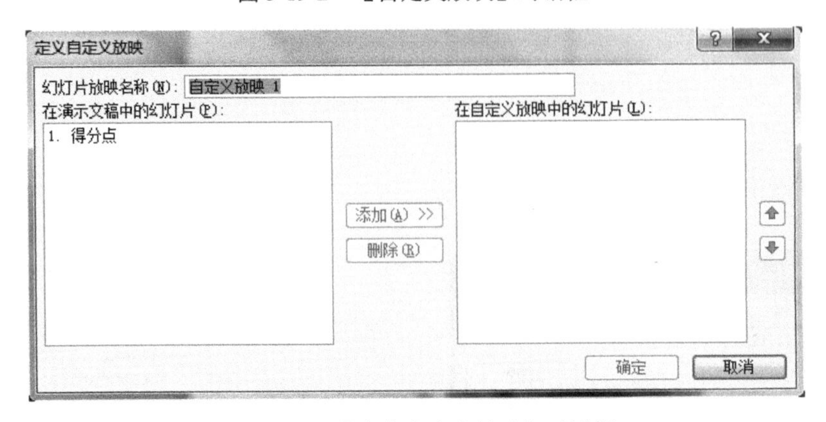

图 5-19-3 【定义自定义放映】对话框

3．设置放映方式

通过使用“设置幻灯片放映”功能，用户可以自定义放映类型，设置自定义幻灯片、换片方式和笔触颜色等选项。

图 5-19-4 为【设置放映方式】对话框，对话框中各个选项区域的含义如下：

【放映类型】：用于设置放映的操作对象，包括“演讲者放映”、“观众自行浏览”和“在展台浏览”。

【放映选项】：用于设置是否循环放映、是否添加旁白和动画，以及设置笔触的颜色。

【放映幻灯片】：用于设置具体播放的幻灯片，默认情况下选择【全部】播放。

【换片方式】：用于设置换片方式，包括手动换片和自动换片两种换片方式。

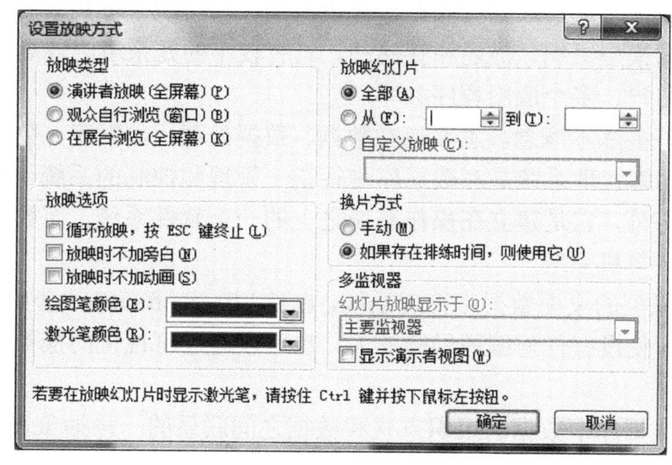

图 5-19-4 【设置放映方式】对话框

第 6 章　Access 2010 数据库技术基础

6.1　数据库基础知识

随着信息技术和市场的发展，数据库也显得越来越重要。其实数据库是一个非常通俗的名词，可将其定义为存储在计算机内、有结构的数据集合。它与一般的数据文件不同，这种集合与特定的主题和目标相联系。常见的数据库有学籍数据库、成绩数据库和通讯数据库等。

1．数据库简介

数据管理技术的发展主要经历了人工管理阶段、文件系统阶段、数据库系统阶段和高级数据库系统等 4 个阶段。数据库是指长期存储在计算机内的，有组织、可共享的数据的集合。其中的数据是按照一定的数据模型组织、描述和存储的，具有较小的冗余度、较高的数据独立性和易扩展性，并且可为多个用户、多个应用程序共享。

数据库技术涉及许多基本概念，主要包括数据、数据处理、数据库、数据库管理系统以及数据库系统等。其中数据库管理系统是对数据库进行统一管理和控制的系统，数据库管理系统是数据库系统的核心组成部分，它是建立在操作系统之上的一个软件系统。而数据库系统则是一个具有管理数据库功能的计算机系统。

Access 是一种关系型的桌面数据库管理系统，也是 Microsoft Office 套件产品之一。它提供了大量的工具和向导，即使没有任何编程经验的人，也可以通过可视化的操作来完成大部分的数据库管理和开发工作。

数据模型是反映数据库中数据的组织方式和数据之间联系的一种抽象表示，数据库系统都是基于某种数据模型的。主要的数据模型有 3 种：层次模型、网状模型和关系模型，其中，关系模型是目前应用非常广泛的数据模型。

2．数据库的基本功能

在计算机中，数据库是数据和数据库对象的集合。它帮助用户真正地掌握数据，使用户能够快速地对数据进行检索、排序、分析、汇总并报告结果。它能够合并多个文件中的数据，从而避免重复输入信息，提高了数据输入的效率和准确度。它主要有以下几项功能：数据定义功能；数据存取功能；数据库运行管理功能；数据库的建立和维护功能；数据库的传输。

3．数据库系统的组成

数据库系统是一种引入了数据库技术的计算机系统，它主要有以下 3 个作用：有效地组织数据；将数据输入到计算机中进行处理；根据用户的要求将处理后的数据从计算机中提取出来，最终满足用户使用计算机合理处理和利用数据的目的。

数据库系统由计算机硬件系统、数据库、数据库管理系统及相关软件、数据库管理员和用户等 5 部分组成。

6.2　数据库的基本操作

数据库的基本操作主要包括创建数据库、打开和关闭数据库以及备份数据库。

1．使用模板创建数据库

在 Access 2010 中，可以使用样本模板或用 Office.com 中的模板来创建数据库。

（1）使用样本模板创建数据库，具体的操作步骤如下：

① 启动 Access 2010 软件，在打开的【文件】选项卡界面单击【样本模板】按钮，打开【可用模板】窗口，如图 6-2-1 所示。

② 在【可用模板】窗口中选择【学生】模板文件，在右侧的窗口中单击【创建】按钮（如图 6-2-2 所示），即可新建一个【学生】数据库，如图 6-2-3 所示。

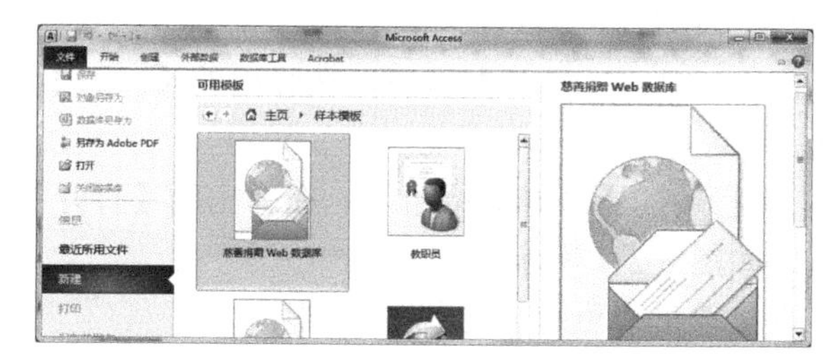

图 6-2-1　【样本模板】窗口

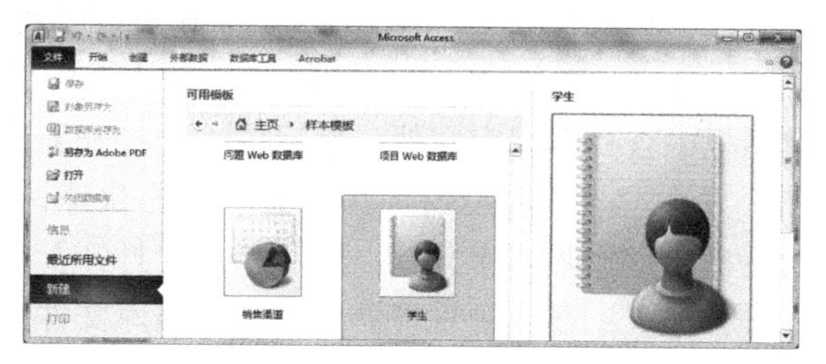

图 6-2-2　【学生】模板文件图

（2）使用 Office.com 模板创建数据库。使用 Office.com 模板创建数据库需要下载数据库模板，创建的【联系人】数据库如图 6-2-4 所示。

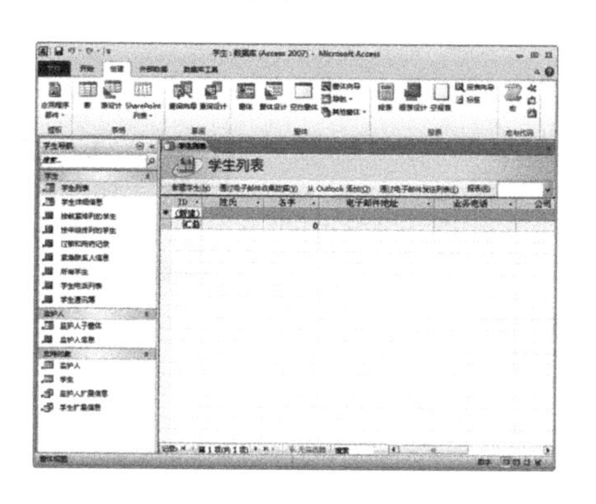

图 6-2-3　【学生】数据库

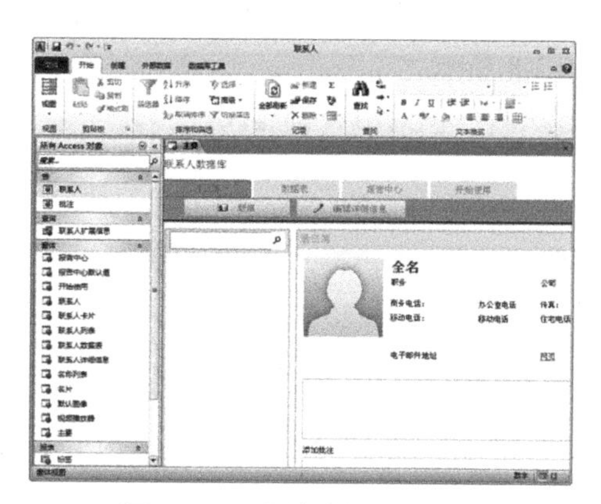

图 6-2-4　【联系人】数据库

2．直接创建空数据库

其实，使用模板创建数据库在实际工作中并不实用，因为用户需要的数据库包含的文件与模板中提供的数据库包含的文件往往大相径庭。一般情况下，用户都是先创建一个空数据库，然后再添加表、窗体、报表及其他对象，这是最灵活的方法。创建空数据库的具体操作步骤如下。

启动 Access 2010 软件，在打开的【文件】选项卡界面选择【可用模板】窗口中的【空数据库】模板选项，在右侧窗口的【文件名】文本框中输入“学生信息.accdb”，单击【创建】按钮（如图 6-2-5 所示），即可新建一个【学生信息】数据库，如图 6-2-6 所示。

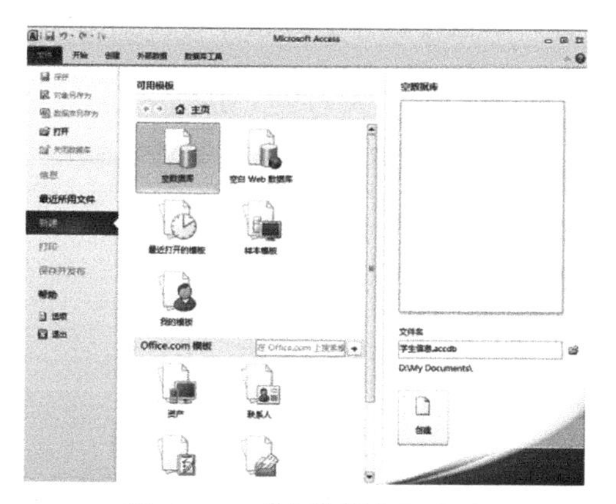

图 6-2-5　【空数据库】选项

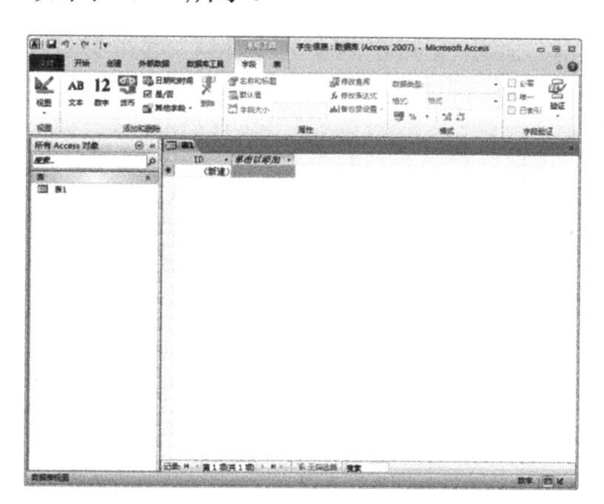

图 6-2-6　【学生信息】数据库

3．打开与关闭数据库

在使用数据库前，首先要打开数据库；使用完数据库后，也需要关闭数据库。

（1）打开数据库。在 Access 2010 中可以通过以下方法打开数据库。

方法一：启动 Access 2010 后，单击【文件】选项卡中的【打开】按钮，在弹出的【打开】对话框中查找数据库文件，然后单击【打开】按钮。

方法二：启动 Access 2010 后，单击快速访问工具栏中的【打开】按钮，在弹出的【打开】对话框中查找数据库文件，然后单击【打开】按钮，如图 6-2-7 所示。

方法三：在资源管理器中找到数据库文件后，直接双击即可打开选择的数据库。

（2）关闭数据库。关闭 Access 数据库的操作如下。

方法一：选择【文件】选项卡，在打开的菜单中单击【退出】按钮即可关闭 Access 2010。

方法二：单击右上角的【关闭】按钮。

方法三：在标题栏空白处用鼠标右键单击，在弹出的快捷菜单中选择【关闭】菜单命令即可，如图 6-2-8 所示。

方法四：使用组合键【Alt+F4】。

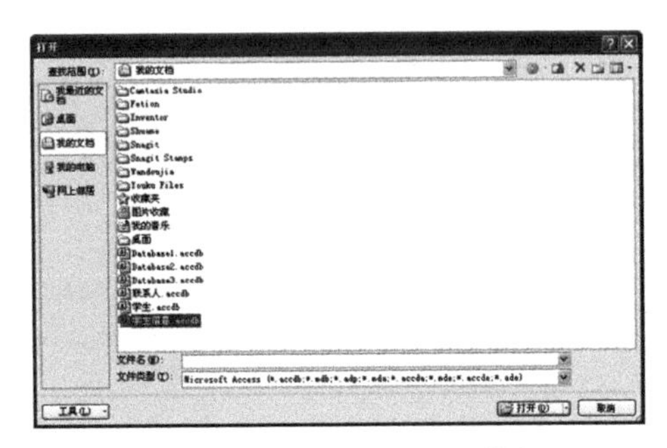

图 6-2-7 【打开】对话框

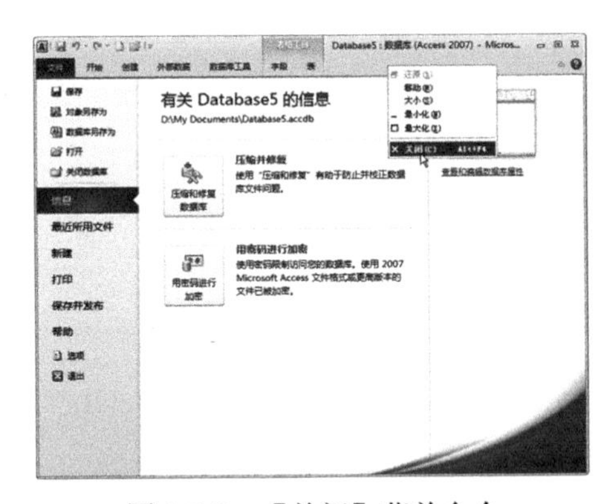

图 6-2-8 【关闭】菜单命令

4．备份数据库

及时备份数据库文件，可以防止意外的操作或事件造成数据库内容的丢失。备份数据库的操作步骤如下：

① 在对数据库文件进行一系列正确的操作后，单击【文件】选项卡，在弹出的列表中单击【数据库另存为】选项，如图 6-2-9 所示。

② 弹出【另存为】对话框，选择数据库备份的位置，单击【保存】按钮即可，如图 6-2-10 所示。

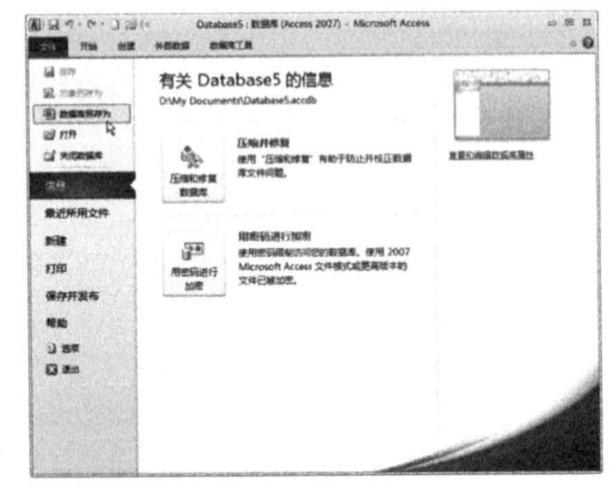

图 6-2-9 【数据库另存为】选项

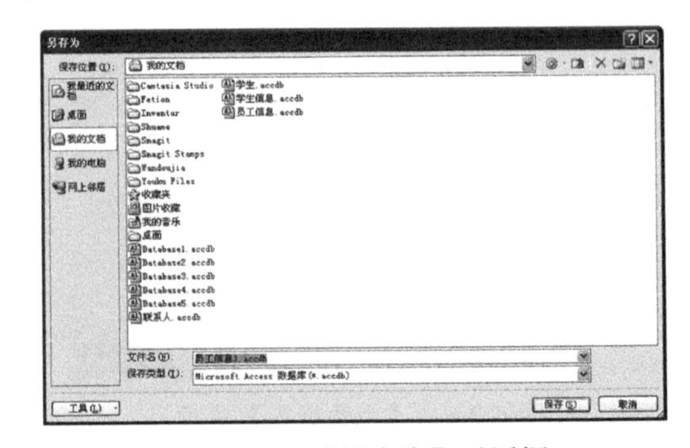

图 6-2-10 【另存为】对话框

6.3 数据表的基本操作

表是 Access 最重要的组成部分，它由一组特定目的或主题的数据集合而成。同时，表也是查询、窗体和报表的基础。一个 Access 数据库中最少要包含一个表。

1. 使用表设计器创建表

打开 Access 2010 软件，新建一个空数据库，就会自动新建一个表。或者选择【创建】选项卡，在【表格】选项组中单击【表】按钮，也可新建一个表。除此之外还可以使用表设计器创建表，其具体操作步骤如下。

（1）选择【创建】选项卡，在【表格】选项组中单击【表设计】按钮，即可新建一个表，如图 6-3-1 所示。

（2）将光标定位在【字段名称】列表中，可直接输入字段的名称，如图 6-3-2 所示。

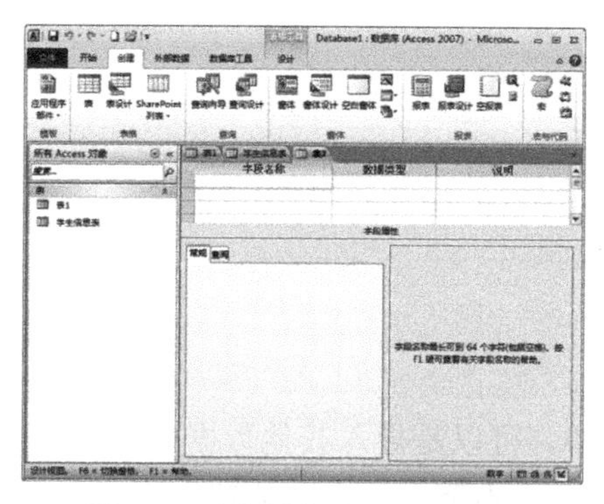

图 6-3-1 使用表设计器创建表

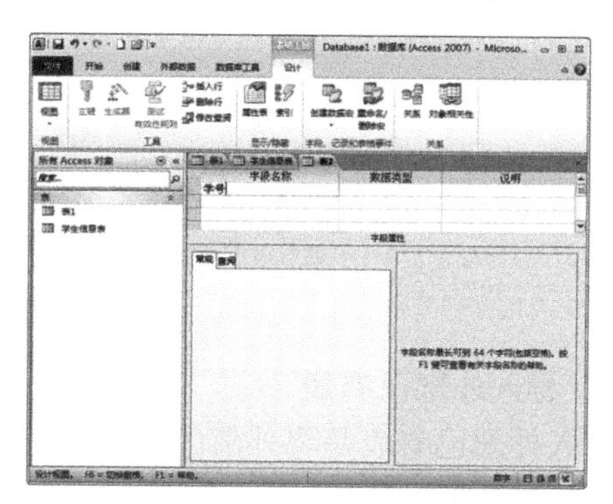

图 6-3-2 输入字段名称

（3）将光标移动到【数据类型】列表中，单击即可弹出数据类型列表，从中选择数据的类型，默认为【文本】类型，如图 6-3-3 所示。

（4）输入其他的字段名称，选择相应的数据类型，并且可以在下方窗口的【常规】选项卡中进行详细的设置，如图 6-3-4 所示。

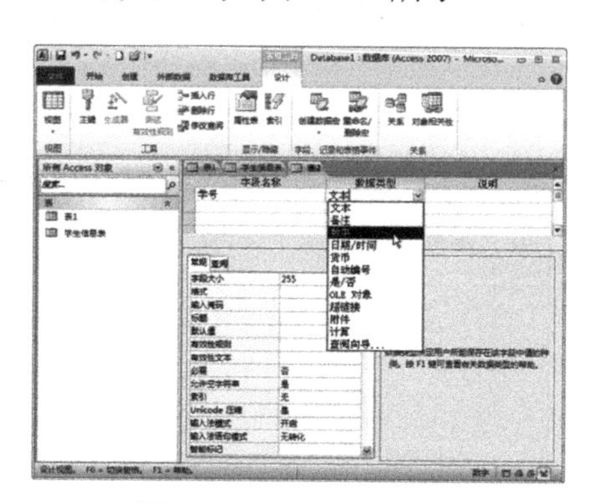

图 6-3-3 设置数据类型

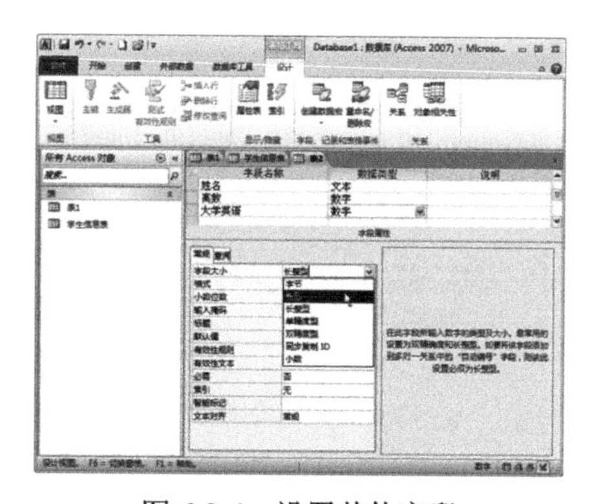

图 6-3-4 设置其他字段

（5）单击快速访问工具栏中的【保存】按钮，弹出【另存为】对话框，在【表名称】文本框中输入表的名称，单击【确定】按钮，如图 6-3-5 所示。

（6）弹出提示对话框，提示尚未定义主键，单击【是】按钮，系统会自动设置主键，如图 6-3-6 所示。

（7）保存后就可以编辑表的内容，如图 6-3-7 所示。

图 6-3-5　【另存为】对话框

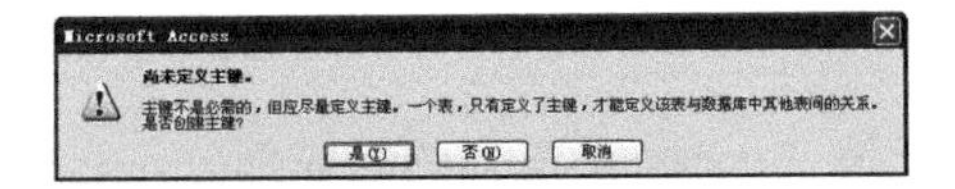

图 6-3-6　提示对话框

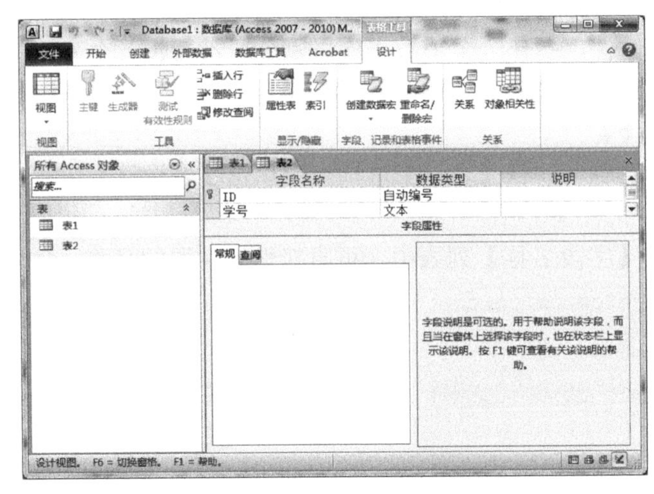

图 6-3-7　编辑内容

2. 导入外部已有表

导入外部已有表是将外部的数据放到目前的数据库中，可以是导入其他数据库中的表，也可以是 Excel 文件、文本文件、XML 文件以及 HTML 文档等。本节以导入其他数据库中的表为例，讲解外部已有表的导入方法。

（1）接 6.3.1 小节的操作。选择【外部数据】选项卡，单击【导入并链接】选项组中的【Access】按钮，弹出【获取外部数据-Access 数据库】对话框，如图 6-3-8 所示。

（2）单击【文件名】文本框后的【浏览】按钮，打开【打开】对话框，选择要导入的表所在数据库的存放位置，选择数据库（此处为“考勤管理系统.mdb”），单击【打开】按钮，如图 6-3-9 所示。

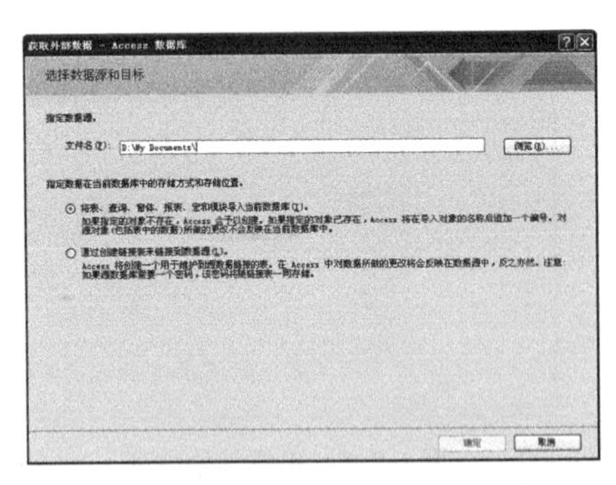

图 6-3-8　【获取外部数据-Access 数据库】对话框

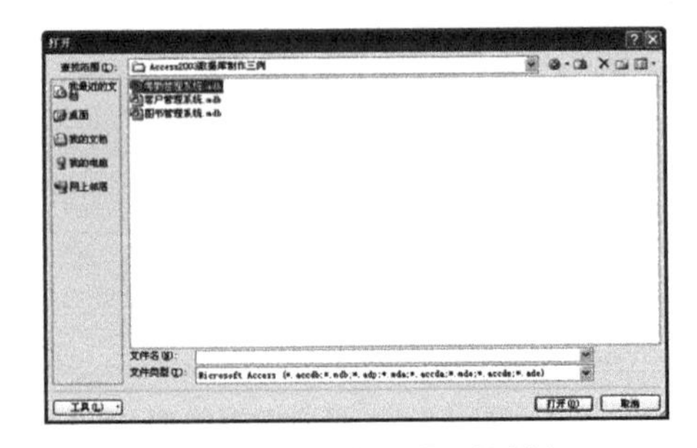

图 6-3-9　【打开】对话框

（3）返回到【获取外部数据-Access 数据库】对话框，勾选【将表、查询、窗体、报表、宏和模块导入当前数据库】单选按钮，并单击【确定】按钮，如图 6-3-10 所示。

（4）弹出【导入对象】对话框，选择要导入的表（此处为“请假信息”）或其他文件，单击【确定】按钮，如图 6-3-11 所示。

（5）返回至【获取外部数据-Access 数据库】对话框，勾选【保存导入步骤】复选框，在【另存为】文本框中输入名称，单击【保存导入】按钮（如图 6-3-12 所示），即可将“请假信息”表导入到数据库中，如图 6-3-13 所示。

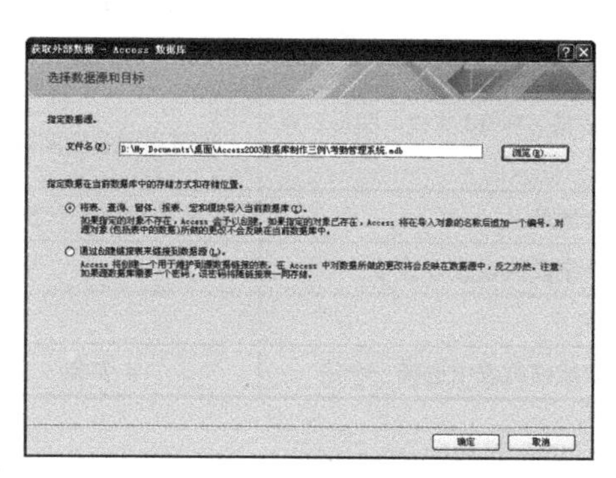

图 6-3-10　选择数据库文件

图 6-3-11　【导入对象】对话框

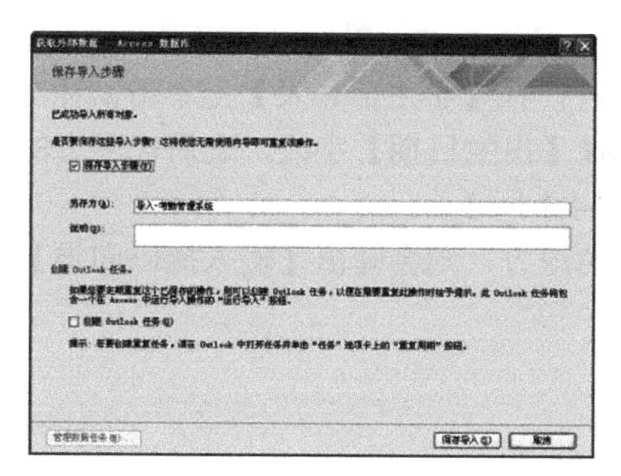

图 6-3-12　保存导入

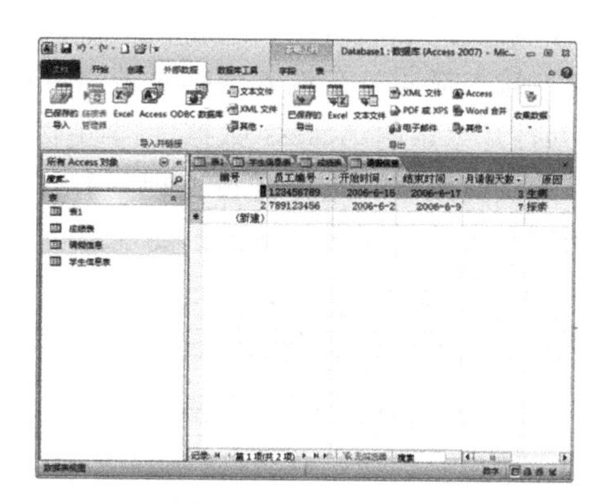
图 6-3-13　导入结果

6.4　字段属性的设置

一个表的创建过程，实际上就是向表中添加各种字段的过程。字段的定义包括定义字段名、字段的类型、字段的说明及字段的属性等。

1. 字段数据类型

在 Access 中有“文本”、“备注”、“数字”、“日期/时间”、“货币”、“自动编号”、“是/否”、“OLE 对象”、“超级链接”、“附件”、“计算”、“查阅向导”等 12 种字段的数据类型，其中，不同的数据类型分配有不同大小的数据空间，而每种数据类型的大小是固定的。因此，当在一个字段中输入一个值时，字段的大小不会随值的内容变化而变化。

Microsoft Access 中所有可用字段的数据类型、用法及存储空间大小如表 6-4-1 所示。

表 6-4-1　Access 中可用字段的数据类型、用法及存储空间大小

设　置	数 据 类 型	大　小
文本	文本或文本和数字的组合，以及不需要计算的数字，如电话号码或邮编	最多为 255 个字符
备注	长文本或文本和数字的组合	最多为 65535 个字符
数字	用于数学计算的数值数据	1、2、4 或 8 字节
日期/时间	从 100 到 9999 年的日期与时间值	8 字节
货币	货币值或用于数学计算的数值数据，精确 到小数点左边 15 位和小数点右边 4 位	8 字节

续表

设　置	数 据 类 型	大　小
自动编号	向表中添加一条新记录时，Microsoft Access 会指定的一个唯一的顺序号（每次递增 1）或随机数。自动编号字段不能更新	4 字节
是/否	“是”和“否”值，以及只包含两者之一 的字段	1 位
OLE 对象	Microsoft Access 表中链接或嵌入的对象（例如 Excel 表格、Word 文档、图形、声音或其他二进制数据）	受可用磁盘空间限制
超链接	文本或文本和以文本形式存储的数字的组合，作超链接地址	最多 64000 个字符
附件	任何支持的文件类型，具体取决于数据库设计者对附件字段的设置方式	
计算	输入表达式以计算该计算列的值	
查阅向导	创建字段，该字段可以使用列表框或组合框从另一个表或值列表中选择一个值	4 字节

2．输入掩码和设置数据的有效性

输入掩码和设置数据的有效性，可以统一数据格式。如果用户在输入数据时没有根据掩码格式输入，就会提示出错。

（1）输入掩码。在输入数据时若需要保持格式统一，可以通过设置掩码来实现。

① 打开“素材\Access 数据库\学生信息.accdb”文件，在【学生信息表】上单击鼠标右键，在弹出的快捷菜单中选择【设计视图】，在右侧表中选择【出生日期】字段，之后在下方的【常规】选项卡中单击【输入掩码】后面的...按钮，如图 6-4-1 所示。

② 此时如果数据表没有保存，或者数据表有改动的地方，则会弹出【输入掩码向导】提示对话框，提示用户需要先保存表，如图 6-4-2 所示。

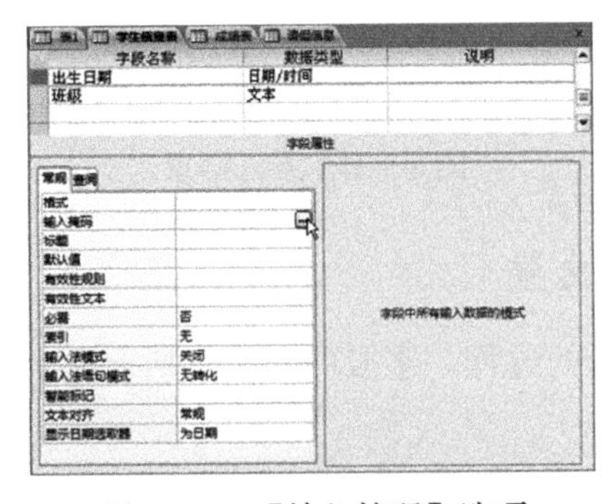

图 6-4-1　【输入掩码】选项

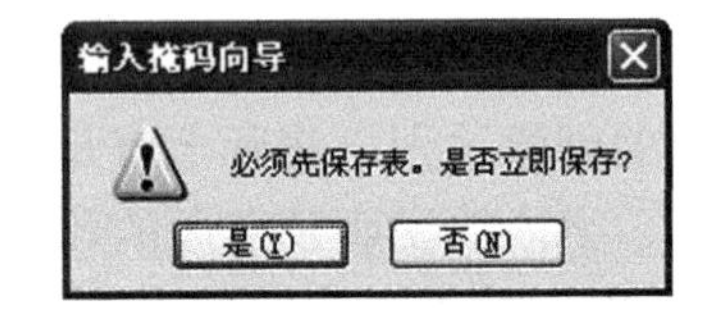

图 6-4-2　【输入掩码向导】提示对话框

③ 单击【是】按钮，打开【输入掩码向导】对话框，这里选择【短日期】选项，单击【下一步】按钮，如图 6-4-3 所示。

④ 根据需要修改或重新输入掩码格式，并选择向域中输入数据时的占位符，单击【下一步】按钮，如图 6-4-4 所示。

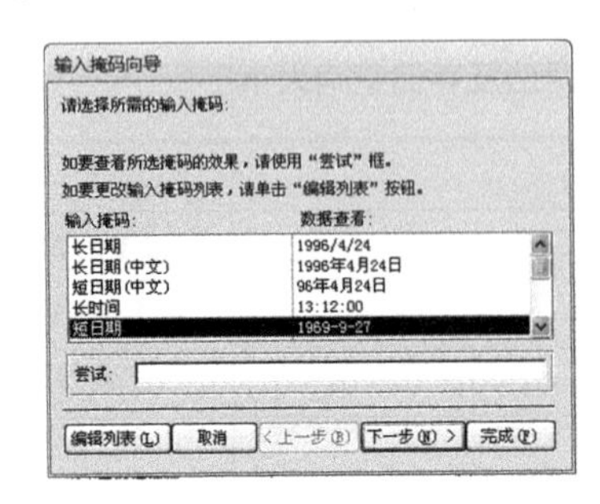

图 6-4-3　【输入掩码向导】对话框

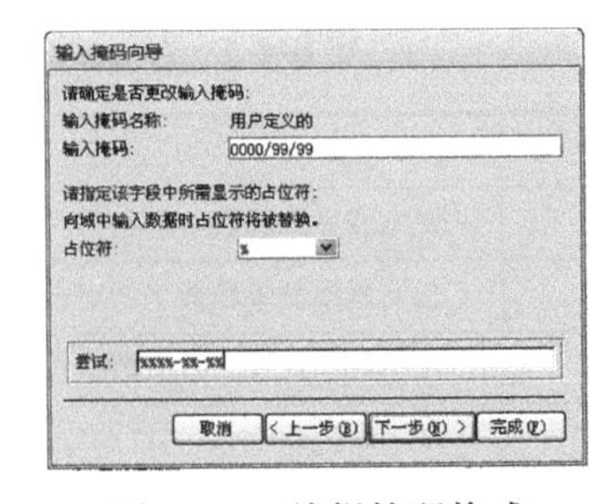

图 6-4-4　编辑掩码格式

⑤ 弹出【输入掩码向导】完成对话框，单击【完成】按钮，如图 6-4-5 所示，即可完成掩码设计。

（2）设置数据有效性。除了设置输入掩码控制数据的方式外，还可以使用有效性规则对数据的输入操作进行提示。例如，根据学生年龄阶段特征，可以设置在向数据表中输入出生日期时，如果不符合指定的年龄段，就给出系统提示。其实现方法如下：

① 同前面一样，以【设计视图】打开“学生信息表”，在表中选择【出生日期】字段，之后在下方的【常规】选项卡的【有效性规则】文本框中输入日期的限制条件，如“Between #1990-1-1# And #2000-1-1#”，如图 6-4-6 所示。

图 6-4-5 【输入掩码向导】对话框

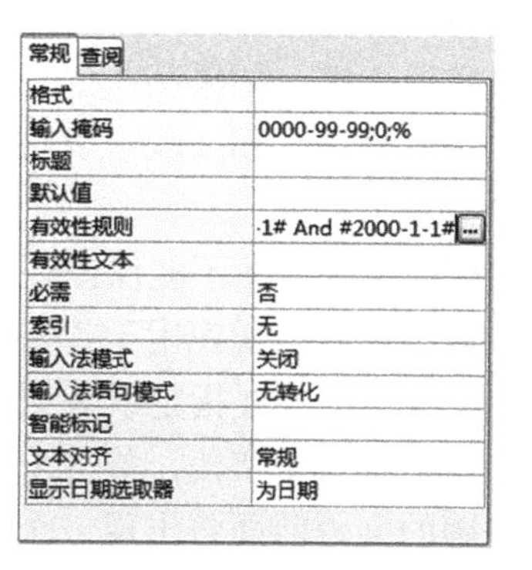

图 6-4-6 【有效性规则】文本框

② 用户也可以单击【有效性规则】文本框右侧的[...]按钮，此时会弹出【表达式生成器】对话框，如图 6-4-7 所示。

③ 用户可以根据需要编写表达式，如这里依次单击【操作符】→【比较】→【Between】选项，此时表达式生成器的编辑框中会给出相应的表达式，如图 6-4-8 所示。

④ 用户根据需要将表达式进行完善和编辑即可，如这里将公式编辑为“Between #1990-1-1# And #2000-1-1#”，如图 6-4-9 所示。

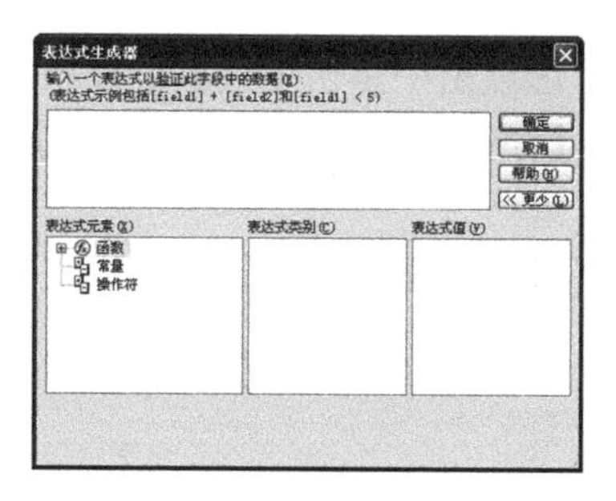

图 6-4-7 【表达式生成器】对话框

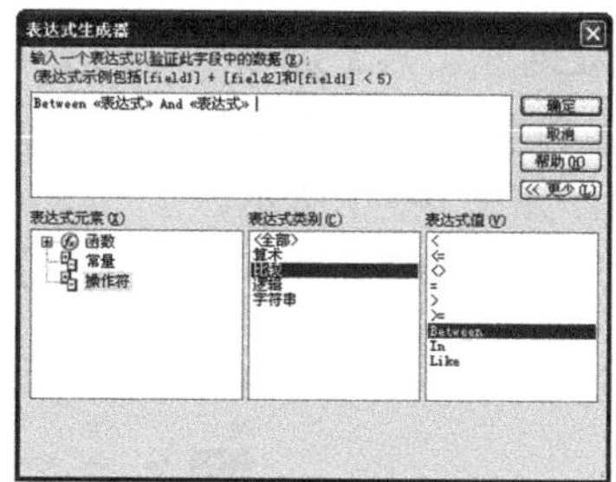

图 6-4-8 调用系统公式

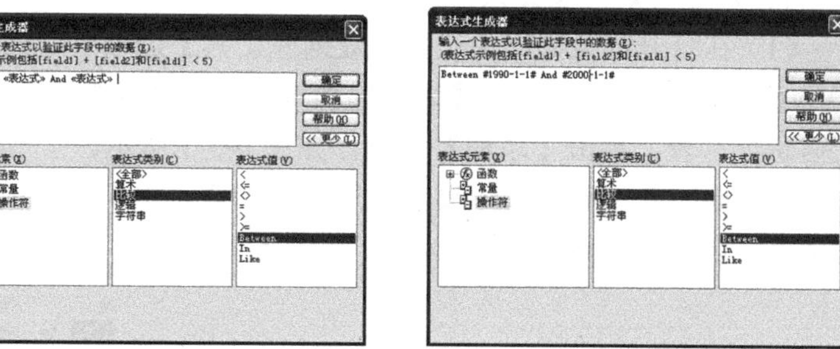

图 6-4-9 编辑公式

⑤ 单击【确定】按钮，完成操作。单击快速访问工具栏中的【保存】按钮，将会弹出 Access 的提示对话框，提示用户数据完整性规则已更改，是否用新规则来测试现有数据，这里单击【是】按钮，如图 6-4-10 所示。

⑥ 打开数据表，当向“出生日期”内输入“1990-1-1”～“2000-1-1”以外的数据时，系统就会提示用户输入的不是一个有效值。例如，这里输入“2011-1-9”，按【Enter】键后，弹出提示对话框，提示用户所设置的有效性规则为“Between #1/1/1990# And #1/1/2000#”，如图 6-4-11 所示。

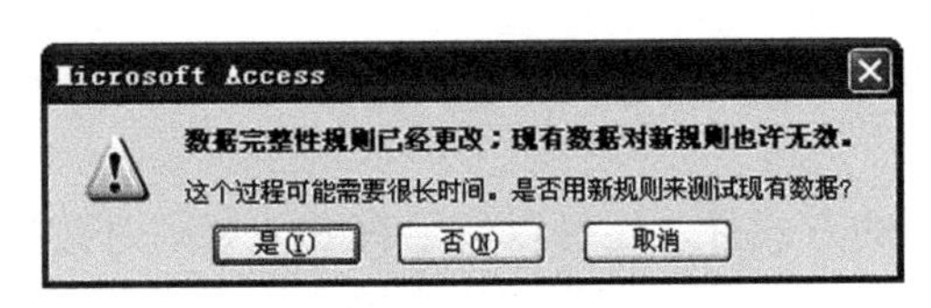

图 6-4-10 提示对话框

图 6-4-11 提示用户输入正确数据

3. 为字段设置主键

Access 中允许用户定义 3 种类型的主键：自动编号、单字段及多字段，它们的特点介绍如下。

（1）自动编号主键。当用户创建一个新的表时，系统会自动将【ID】字段设置为自动输入连续数字的编号，并将其设置为主键。

（2）单字段主键。如果某些信息相关的表中拥有相同的字段，而且所包含的都是唯一的值，如学号或身份证号等，那么就可以将该字段指定为主键。如果选择的字段是有重复值或 Null 值，则将不会设置其为主键。

（3）多字段主键。在不能保证任何单字段都包含唯一值时，可以将两个或更多的字段指定为主键。这种情况最常出现在用于“多对多”关系中关联另外两个表的表。

（4）定义主键。若要指定或者更改主键，可以在设计视图中打开相应的表，然后选择所要定义为主键的一个或多个字段，单击【表格工具设计】选项卡中【工具】选项组中的【主键】按钮，被设置为主键的字段前面将出现一个钥匙图标。

6.5 定义表之间的关系

表关系是指利用相同的字段属性，建立表间的联系。用户可以在包含类似信息或字段的表之间建立关系。在表中的字段之间可以建立一对一、一对多和多对多等 3 种类型的关系，而多对多关系可以转化为一对一和一对多关系。

不同的表之间的关联是通过表的主键来确定的，因此当数据表的主键更改时，Access 2010 会进行检查。下面详细介绍创建数据库表关系的方法。

1. 建立一对一表关系

（1）在打开的数据库中选择【数据库工具】选项卡，在【关系】选项组中单击【关系】按钮，打开【显示表】对话框，在【表】选项卡中选择“成绩表”表，单击【添加】按钮，再次选择“学生信息表”表，单击【添加】按钮，如图 6-5-1 所示。

（2）此时数据库窗口中显示了所选择的表，单击【显示表】中的【关闭】按钮，将【显示表】对话框关闭，如图 6-5-2 所示。

图 6-5-1 【显示表】对话框

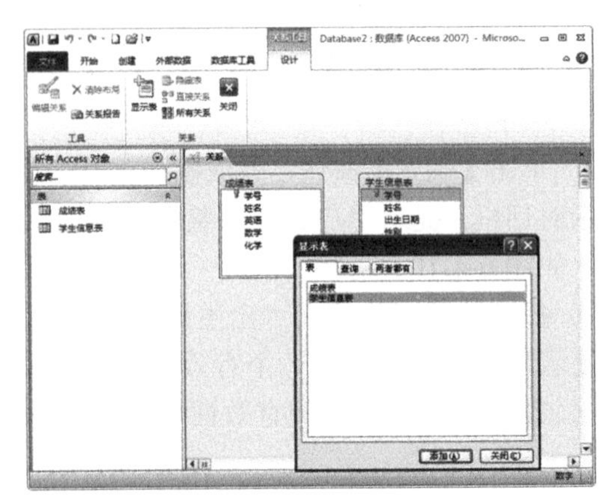

图 6-5-2 添加表后

（3）移动鼠标到表“学生信息表”的“学号”字段上，按住鼠标左键拖动鼠标到表“成绩表”的“学号”字段上，松开鼠标，将会弹出【编辑关系】对话框，勾选【实施参照完整性】选项，确保各个表中的记录是有效的，然后单击【创建】按钮，如图 6-5-3 所示。

（4）在数据库窗口中出现一条关系线，并且在关系线的两端标上了“1”，表明用户创建的是一对一的表关系，如图 6-5-4 所示。

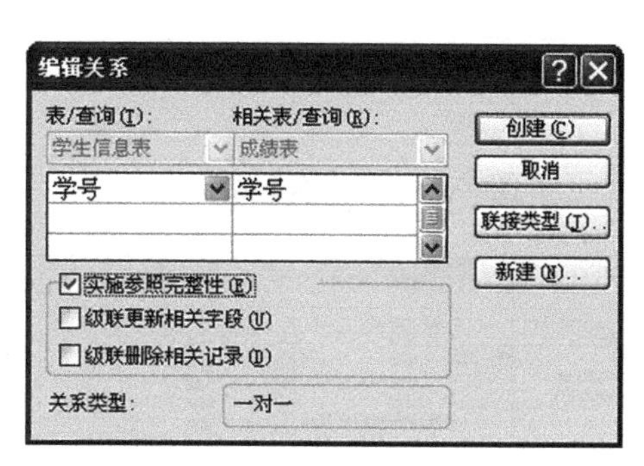

图 6-5-3 【编辑关系】对话框

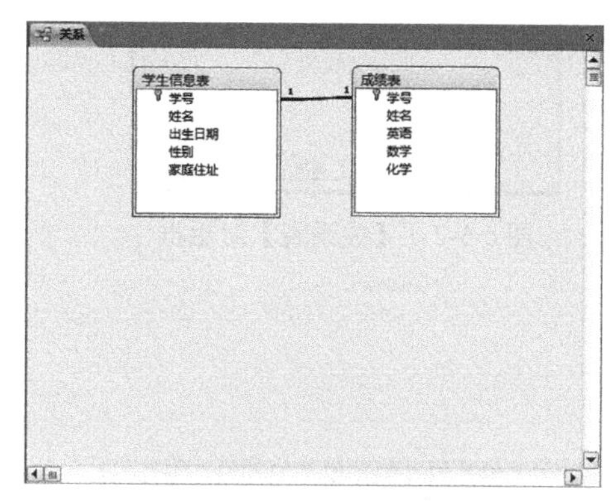

图 6-5-4 一对一表关系

2．建立一对多的关系

无论是一对一关系还是一对多关系，都可以利用数据库关系图窗口来建立。在建立一对多关系时，最好使用一个表的主键关系另外表的非主键连接。

（1）在数据库中新添加“宿舍表”和“公益劳动”表，单击【数据库工具】选项卡【关系】选项组中的【关系】按钮，如图 6-5-5 所示。

（2）打开【关系】窗口并显示【关系工具|设计】选项卡，单击【关系】选项组中的【显示表】按钮，如图 6-5-6 所示。

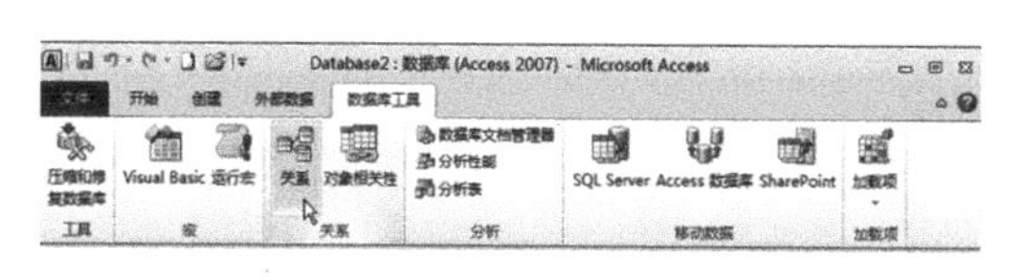

图 6-5-5 【数据库工具】选项卡

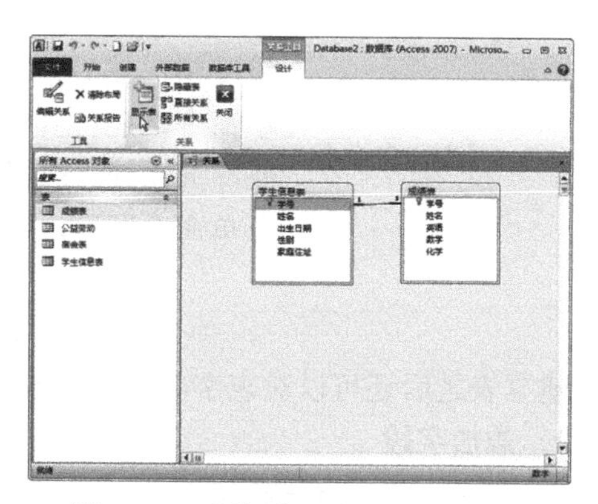

图 6-5-6 【关系工具|设计】选项卡

（3）弹出【显示表】对话框，选择【表】选项卡，将“公益劳动”表添加至【关系】窗口中，如图 6-5-7 所示。

（4）关闭【显示表】对话框，单击“公益劳动”表中的“姓名”字段，并按住鼠标左键将其拖动到新添加“学生信息表”的“姓名”字段上，松开鼠标，如图 6-5-8 所示。

（5）弹出【编辑关系】窗口，勾选【实施参照完整性】选项，然后单击【创建】按钮，如图 6-5-9 所示。

（6）创建后效果图如图 6-5-10 所示，在关系图的两端上显示了“1”和“∞”，表示一对多的关系。

图 6-5-7 【关系表】对话框

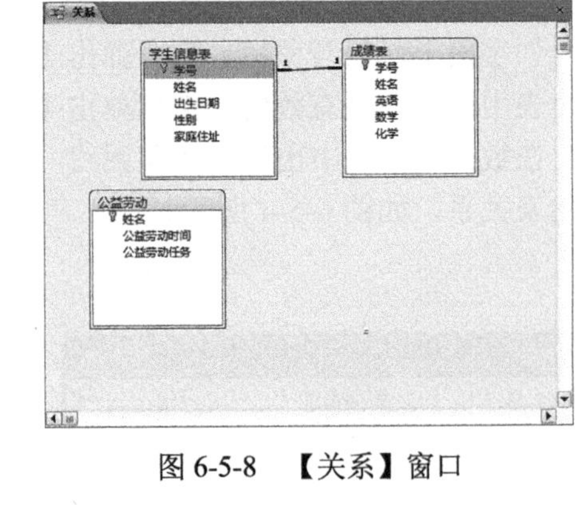

图 6-5-8 【关系】窗口

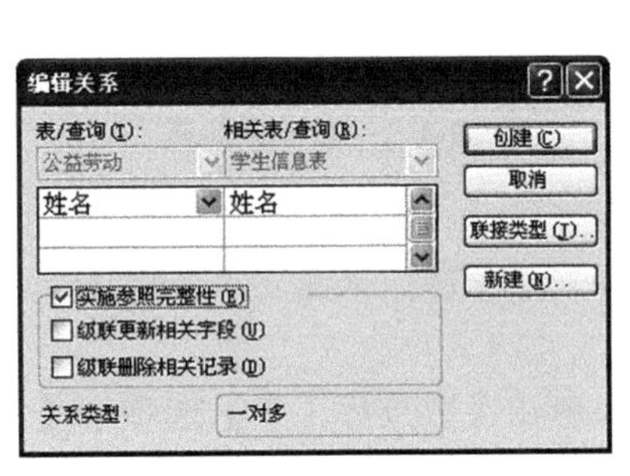

图 6-5-9 【编辑关系】对话框

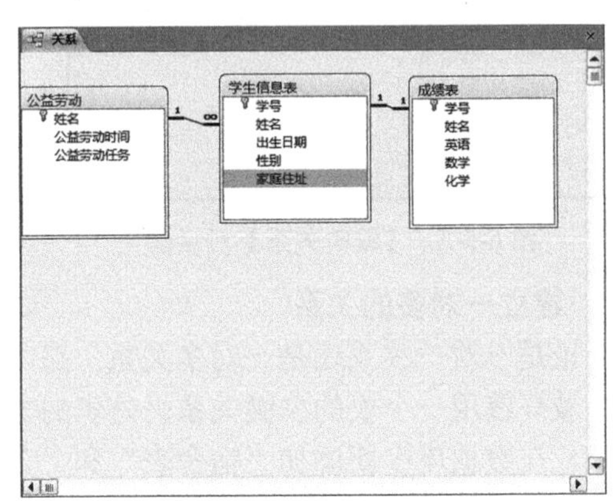

图 6-5-10 一对多关系

3. 编辑关系

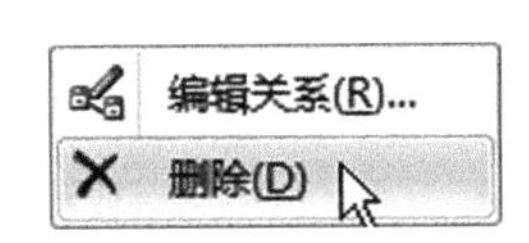

图 6-5-11 【删除】命令

创建关系后，还可以打开数据库关系窗口，单击关系线，此时关系线变粗，然后单击鼠标右键，在弹出的快捷菜单中选择【编辑关系】菜单命令，在打开的【编辑关系】窗口中对建立的关系进行编辑。如果要删除关系线，选择关系线后右键单击，在弹出的快捷菜单中选择【删除】菜单命令即可，如图 6-5-11 所示。

6.6 添加和删除字段

建立表之后还可以对表字段进行修改、添加和删除。

1. 添加字段

创建表后，发现有些字段漏了，或者事前未规划好，想要再加入一些字段，这时就可以使用插入字段的功能。

（1）打开表的设计视图窗口，移动鼠标到要插入字段的行选择格上，选择该行并用鼠标右键单击，在弹出的快捷菜单中选择【插入行】菜单命令，如图 6-6-1 所示。

（2）新增字段后，原来的字段行自动向下移动，在新插入的行中输入字段名称并选择数据类型即可，如图 6-6-2 所示。

2. 删除字段

打开表的设计视图，移动鼠标到要删除的字段的行选择格上，选择该行并单击鼠标右键，在弹出的快捷菜单中选择【删除行】菜单命令即可。

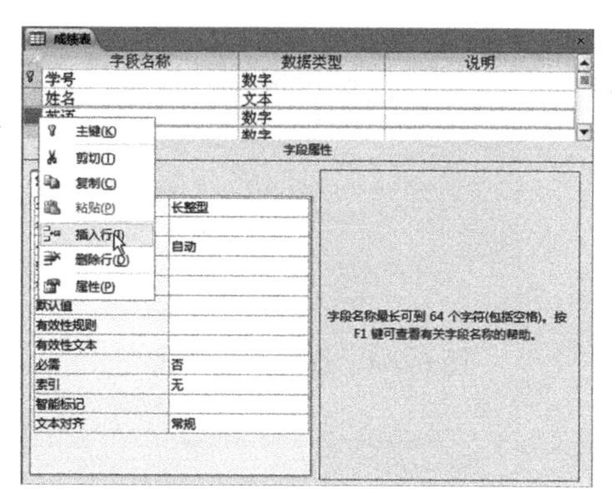

图 6-6-1 【插入行】菜单命令

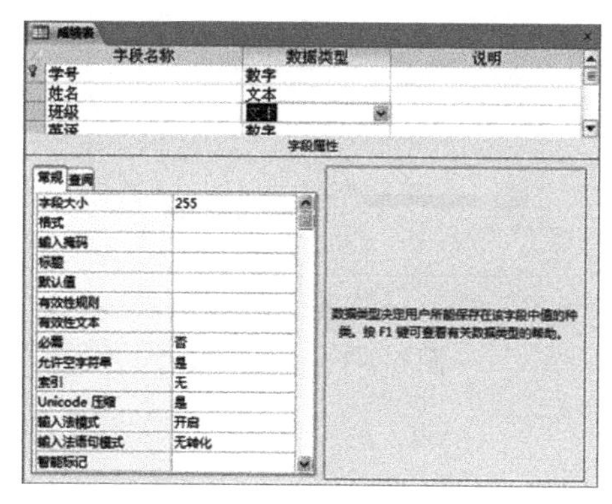

图 6-6-2 添加新字段

6.7 创建查询

查询就是从表中筛选出需要的数据。查询主要包括选择查询、生成表查询、交叉表查询、参数查询和 SQL 查询等。

1．使用向导创建查询

Access 2010 提供了使用向导创建查询的功能，根据向导提示一步一步地进行选择即可完成查询的创建。下面在“学生信息”数据库文件中来看一下查找出所有学生的“大学英语”和“高数”成绩的具体操作步骤。

（1）在打开的数据库文件中选择【创建】选项卡，在【查询】选项组中单击【查询向导】按钮，打开【新建查询】对话框，选择【简单查询向导】选项，单击【确定】按钮，如图 6-7-1 所示。

（2）在打开的【简单查询向导】对话框中单击【表/查询】下拉按钮，在下拉菜单中选择【表：学生信息表】选项。在【可用字段】选择框中选择需要添加的字段名称，将其添加至【选定字段】选择框中，如图 6-7-2 所示。

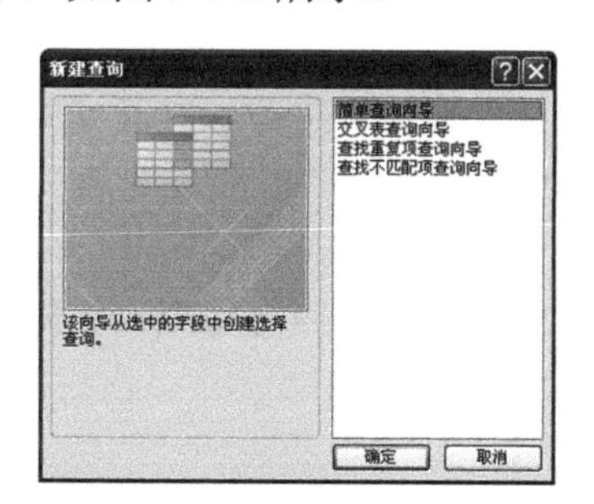

图 6-7-1 【新建查询】对话框

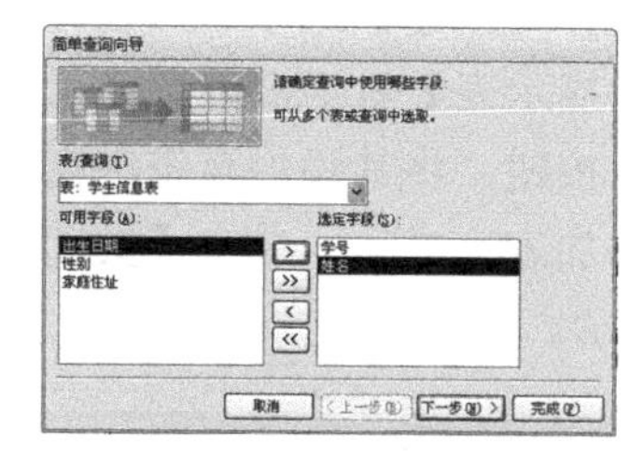

图 6-7-2 添加字段

（3）在【表/查询】下拉菜单中选择【表：成绩表】选项，将“大学英语”和“高数”字段添加至【选定字段】选择框中。添加完成后单击【下一步】按钮，如图 6-7-3 所示。

（4）在【请确定采用明细查询还是汇总查询:】选项下勾选【明细（显示每个记录的每个字段)】单选按钮，单击【下一步】按钮，如图 6-7-4 所示。

（5）在【请为查询指定标题】文本框中输入“大学英语、高数成绩查询”，在【请选择是打开查询还是修改查询设计】选项下勾选【打开查询查看信息】单选按钮，单击【完成】按钮（如图 6-7-5 所示），即可新建“大学英语、高数成绩查询”查询，并打开该窗口显示学生的“学号”、“姓名”、“大学英语”和“高数”等详细信息，如图 6-7-6 所示。

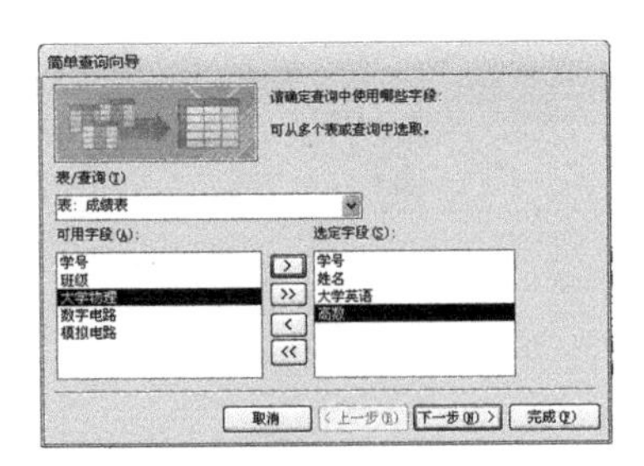

图 6-7-3　添加字段

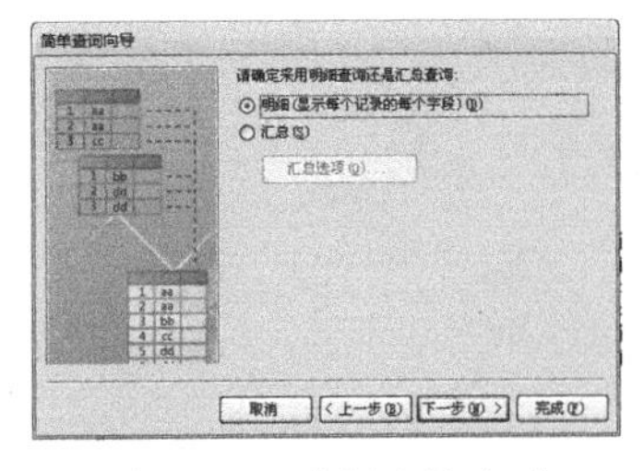

图 6-7-4　选择查询方式

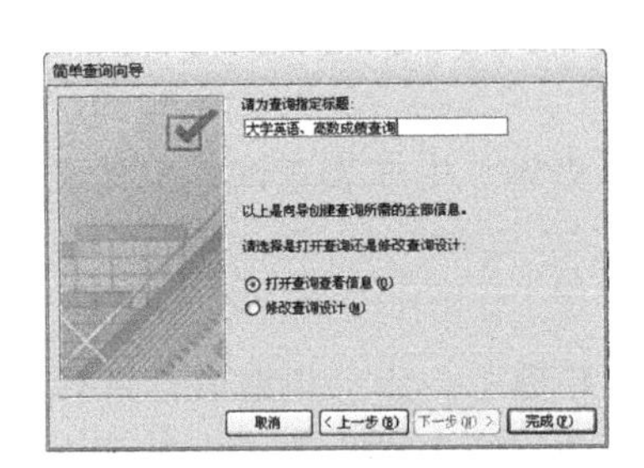

图 6-7-5　设置标题

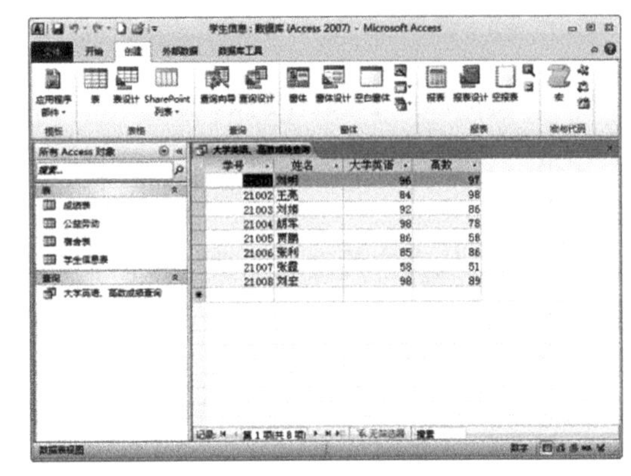

图 6-7-6　查询结果

2．使用查询设计视图创建查询

Access 2010 提供的使用查询设计视图创建查询功能可以查询出符合一些简单要求的数据信息。下面在“学生信息”数据库文件中来看一下查找出“家庭住址”在“安徽”的学生的具体操作步骤。

（1）启动 Microsoft Office Access 2010，打开“素材\Access 2010 数据库\学生信息.accdb”文件。

（2）选择【创建】选项卡，在【查询】选项组中单击【查询设计】按钮，打开【查询 1】窗口并打开【显示表】对话框，选择【表】选项卡，在下方的列表中选择“学生信息表”选项，单击【添加】按钮，将其添加至查询窗口中，如图 6-7-7 所示。

（3）添加表完成后，单击【关闭】按钮关闭【显示表】对话框，返回至【查询 1】窗口，如图 6-7-8 所示。

图 6-7-7　【显示表】对话框

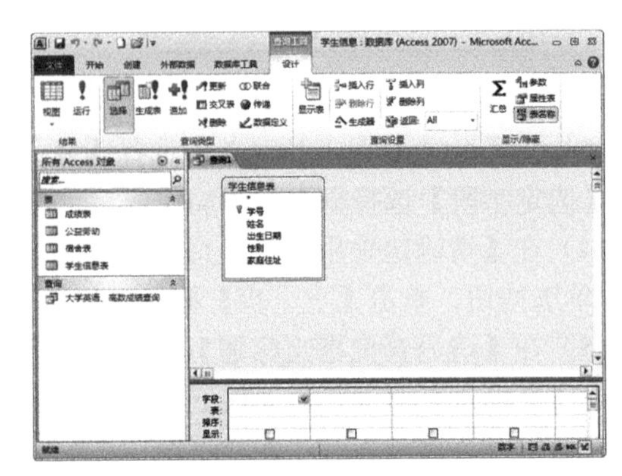

图 6-7-8　【查询 1】窗口

（4）在第 1 列的【字段】下拉列表中选择“学号”选项，【表】选项中将自动显示【学生信息表】选项，在【排序】下拉列表中选择【降序】选项，勾选【显示】复选框。在第 2 列的【字段】下拉列表中选择“姓名”选项，【表】选项中将自动显示【学生信息表】选项，勾选【显示】复选框。在第 3 列的【字段】下拉列表中选择“家庭住址”选项，勾选【显示】复选框。在【条件】文本框中输入“="安徽"”，如图 6-7-9 所示。

（5）单击工具栏中的【运行】按钮，即可查找出所有符合条件的结果，如图 6-7-10 所示。

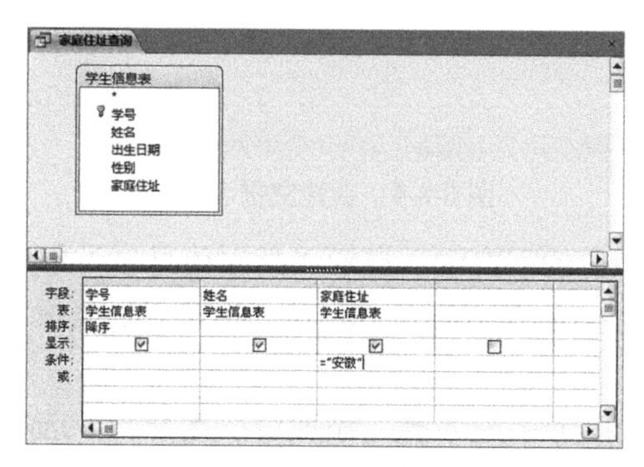

图 6-7-9　设置查询字段

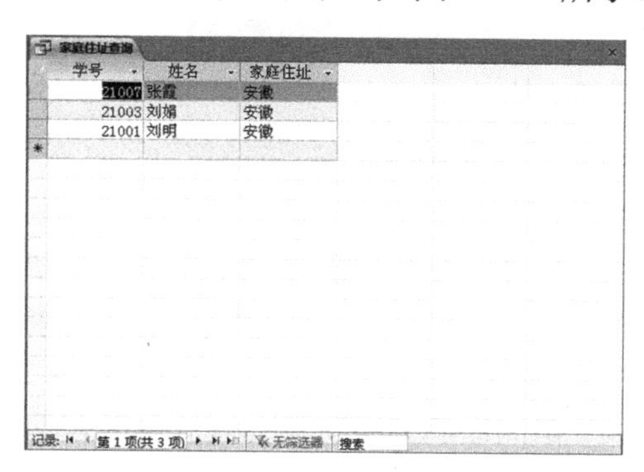

学号	姓名	家庭住址
21007	张霞	安徽
21003	刘娟	安徽
21001	刘明	安徽

图 6-7-10　显示结果

6.8　报表的应用

报表是打印数据的专门工具，打印前可以事先排序和分组数据，但是无法在报表中进行数据的更改。

1. 创建报表

在打印报表前需要先创建报表。创建报表的方式有 4 种，分别是自动创建报表、使用报表设计创建报表、创建空报表和使用报表向导创建报表。

（1）自动创建报表。自动创建报表是最直接、最简单的创建报表的方式。下面来看一下在“学生信息”数据库文件中自动创建报表的具体操作步骤。

① 单击【导航窗格】中【表】选项下的【成绩表】，单击【创建】选项卡【报表】选项组中的【报表】按钮，如图 6-8-1 所示。

② Access 2010 将自动创建如图 6-8-2 所示的报表。

图 6-8-1　【报表】按钮

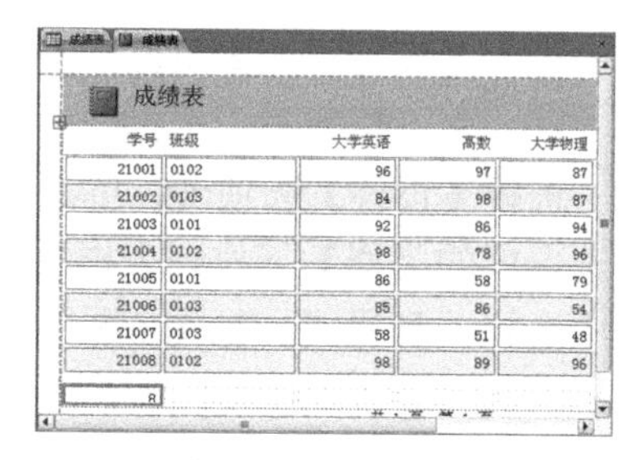

成绩表

学号	班级	大学英语	高数	大学物理
21001	0102	96	97	87
21002	0103	84	98	87
21003	0101	92	86	94
21004	0102	98	78	96
21005	0101	86	58	79
21006	0103	85	86	54
21007	0103	58	51	48
21008	0102	98	89	96

图 6-8-2　自动创建的报表

③ 单击快速访问工具栏中的【保存】按钮，打开【另存为】对话框，输入名称后单击【保存】按钮，即可保存报表，如图 6-8-3 所示。

（2）创建空报表。使用创建空报表的方法创建显示学生学号、姓名及住宿情况的具体操作步骤如下：

① 选择【创建】选项卡，在【报表】选项组中单击【空报表】按钮，即可在设计视图中新建名为【报表 1】的空报表窗口，并打开【字段列表】窗格，如图 6-8-4 所示。

图 6-8-3　【另存为】对话框　　　　图 6-8-4　新建空报表

② 在【字段列表】窗格中，单击“学生信息表”前的⊞按钮，显示“学生信息表”中的字段名称，双击“学号”字段名称（也可以拖动【字段】名称至报表 1 窗口），将其添加至报表 1 窗口，如图 6-8-5 所示。

③ 用同样的方法选择其他的字段名称或者其他表下的字段名称，添加后在【开始】选项卡单击【视图】选项组中的【视图】按钮，在弹出的下拉列表中选择【报表视图】选项，即可显示报表，如图 6-8-6 所示。

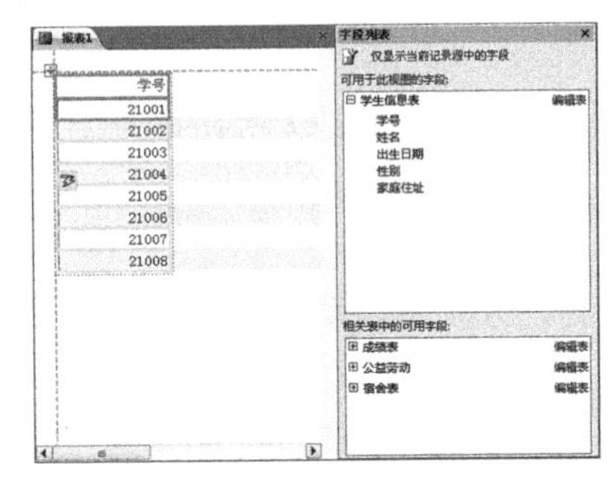

图 6-8-5　添加“学号”字段

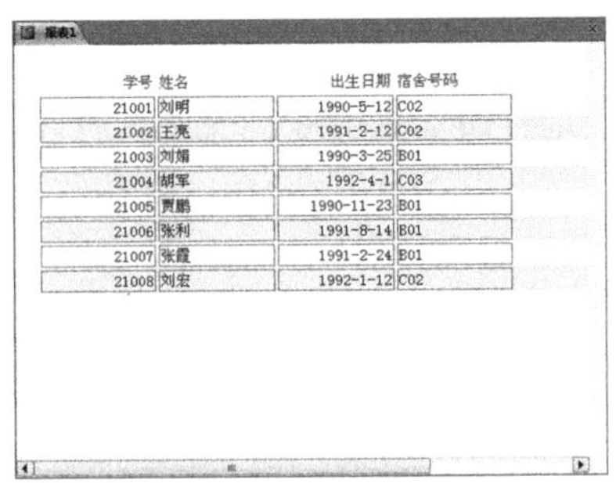

图 6-8-6　报表效果

2. 美化报表

在 Access 中制作报表后，还可以通过对报表的设置来美化报表。美化报表的具体操作步骤如下：

（1）进入【设计视图】页面，选择【设计】选项卡，单击【主题】选项组中的【主题】下拉按钮 主题▾，在下拉列表中选择一种主题样式，如图 6-8-7 所示。

（2）选择【设计】选项卡，单击【工具】选项组中的【属性表】按钮，打开【属性表】窗格。在【所选内容的类型】下拉列表框中选择【主体】节，单击【背景色】文本框的下拉按钮，在下拉列表中选择一种样式，如图 6-8-8 所示。

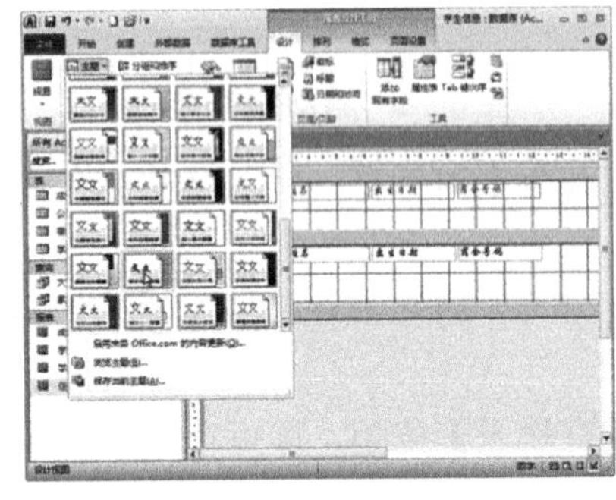

图 6-8-7　设置主题样式

图 6-8-8　设置主体样式

（3）在【所选内容的类型】下拉列表框中选择其他选项，并设置其字体、背景、高度等相关属性，最终效果如图 6-8-9 所示。

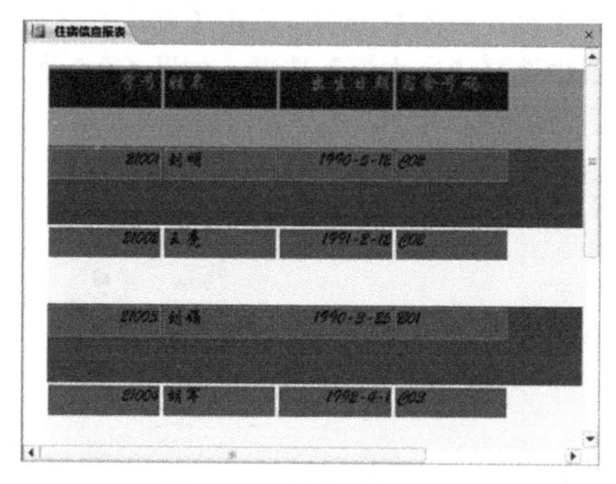

图 6-8-9　最终美化效果

6.9　窗体的应用

窗体是 Access 2010 数据库中十分重要的对象，是用户和数据库之间的主要接口，为用户提供了查阅、新建、编辑和删除数据的界面。本节主要介绍对窗体的应用。

1．创建窗体

Access 创建窗体的方法主要包括自动创建窗体、使用窗体设计创建窗体、创建空白窗体、使用窗体向导创建窗体和使用导航创建窗体。自动创建窗体功能是创建窗体最简单的方法。

使用自动创建窗体的方法创建窗体的具体操作步骤如下：

（1）在打开的数据库窗口中选择一个表文件（如“成绩表”）。

（2）选择【创建】选项卡，单击【窗体】选项组中的【窗体】按钮，即可创建一个“成绩表”窗体，如图 6-9-1 所示。

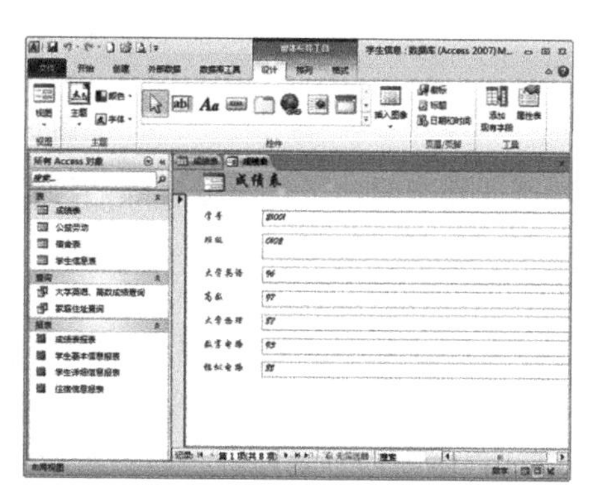

图 6-9-1　“成绩表”窗体

2．窗体的控件

控件是指在窗体上用于显示数据、执行操作或装饰窗体的对象，而窗体的所有数据信息都包含在控件中。

（1）窗体控件。窗体控件主要包括的控件类型有选择控件、文本框、标签、按钮、选项卡控件、超链接、Web 浏览器控件、导航控件、选项组、插入分页符、组合框、图表、直线、切换按钮、列表框、矩形、复选框、未绑定对象框、附件、选项按钮、子窗体/子报表、绑定对象框和图像，如图 6-9-2 所示。

（2）插入控件。插入控件的具体操作步骤如下：

① 在数据库窗口打开“成绩表窗体”，单击【开始】选项卡【视图】选项组中的【视图】按钮，在弹出的下拉菜单中选择【设计视图】选项，单击【设计】选项卡【控件】选项组中的【控件】按钮，在弹出的下拉菜单中选择【文本框】选项，如图 6-9-3 所示。

图 6-9-2　窗体控件

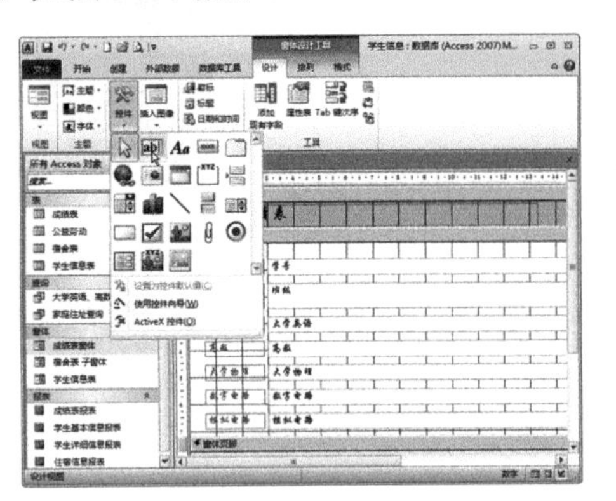

图 6-9-3　文本框控件

② 在适当的位置单击鼠标左键拖动，画出文本框，如图 6-9-4 所示。

③ 单击【设计】选项卡【工具】选项组中的【属性表】按钮，打开【属性表】窗格，输入内容，设置其属性，就可在【窗体视图】窗口中查看添加控件后的效果，如图 6-9-5 所示。

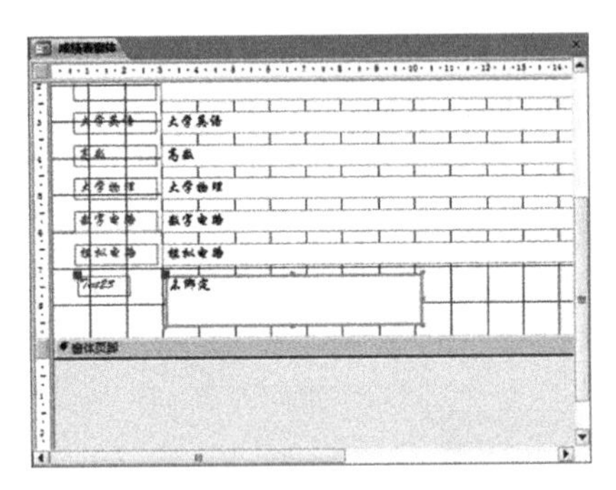

图 6-9-4　绘制文本框

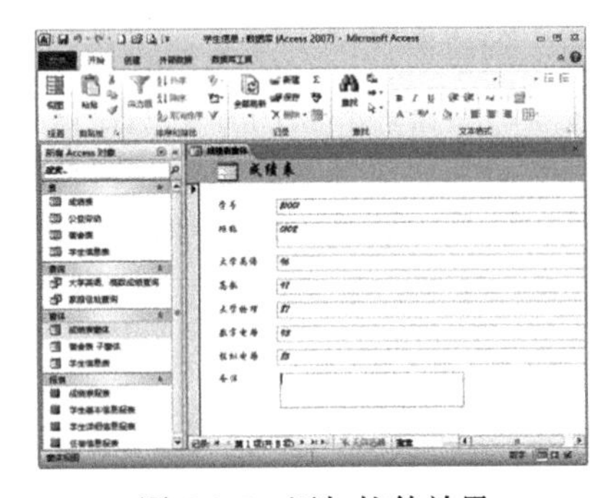

图 6-9-5　添加控件效果

（3）删除控件。打开窗体的设计视图窗口，选择要删除的控件，然后按键盘上的【Delete】键即可。

3．窗体的美化

对窗体进行美化设计，可以使窗体看起来更加美观。

（1）调整控件大小/位置。调整控件的大小和位置可以使窗体看起来更加工整。

① 拖动调整。打开窗体的设计视图窗口，单击选择要调整大小的控件（如文本框），然后将鼠标光标移动到控件周围的黑色控制点上，此时鼠标光标会变为双向箭头，按下鼠标左键拖动文本框边框到合适的位置，松开鼠标，即可调整文本框的大小，如图 6-9-6 所示。

② 使用【属性表】窗格调整。

- 选择【设计】选项卡，单击【工具】选项组中的【属性表】按钮，打开【属性表】窗格，如图 6-9-7 所示。
- 选择要调整的控件，在属性表中设置其【高度】和【宽度】属性即可，如图 6-9-8 所示。

（2）设置控件的字体。设置控件的字体是常用的窗体美化技巧之一。选择要设置样式的文字，在【格式】选项卡【字体】选项组中即可进行控件字体的设置，如图 6-9-9 所示。

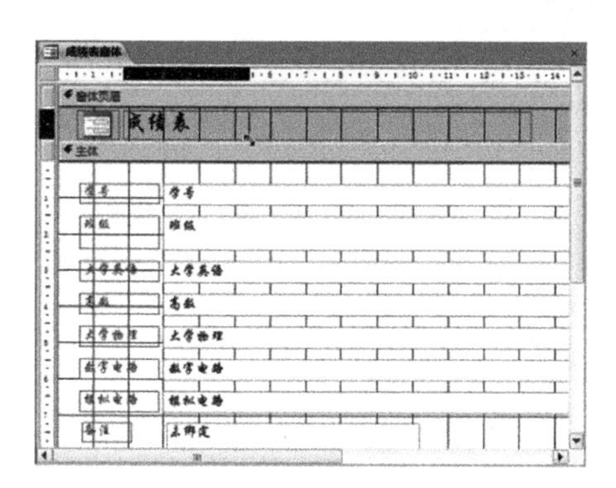

图 6-9-6　拖动调整

图 6-9-7　【属性表】窗格

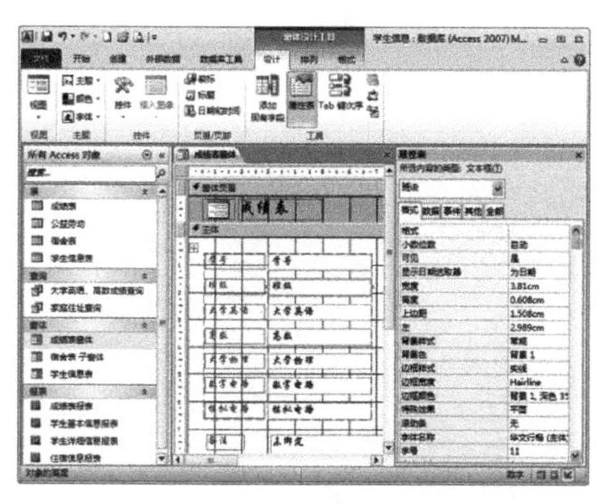

图 6-9-8　设置大小

图 6-9-9　【文本格式】选项组

（3）设置背景色。选择【设计】选项卡，单击【工具】选项组中的【属性表】按钮，打开【属性表】窗格，在【背景色】属性中即可设置控件的背景色。

（4）设置窗体的背景图案。设置窗体背景图案的具体操作步骤如下：

① 选择【设计】选项卡，单击【工具】选项组中的【属性表】按钮，打开【属性表】窗格，在【所选内容的类型】下拉列表框中选择【窗体】选项，如图 6-9-10 所示。

② 选择【图片】文本框，单击右侧弹出的…按钮，打开【插入图片】对话框，选择一张图片，单击【确定】按钮（如图 6-9-11 所示），即可将图片插入到窗体背景，如图 6-9-12 所示。

图 6-9-10　选择【窗体】

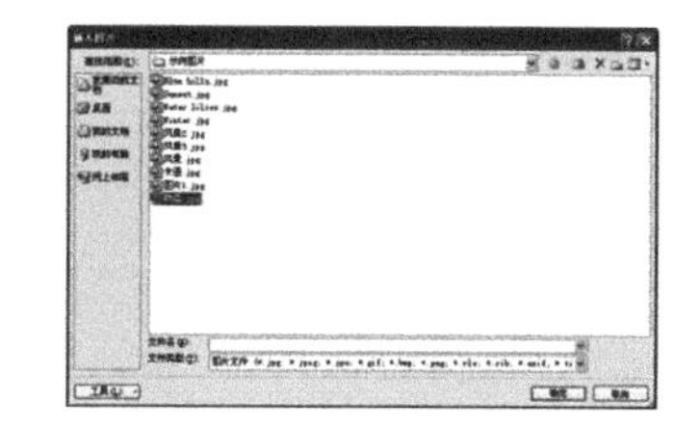

图 6-9-11　【插入图片】对话框

③ 单击【开始】选项卡【视图】选项组中的【视图】按钮，在弹出的下拉菜单中选择【窗体视图】选项，最终效果如图 6-9-13 所示。

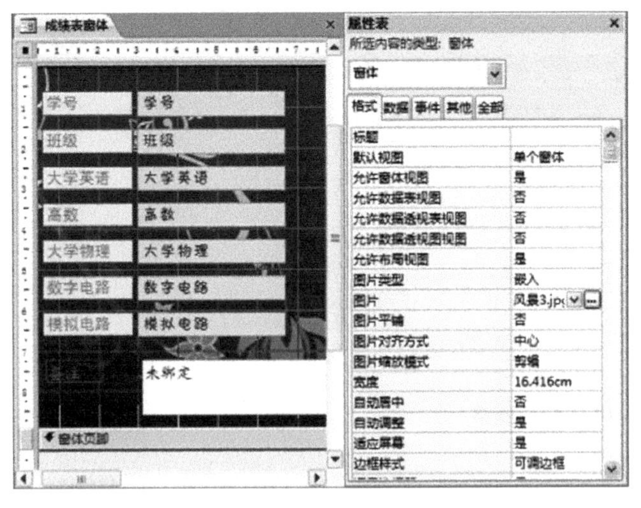

图 6-9-12 插入图片

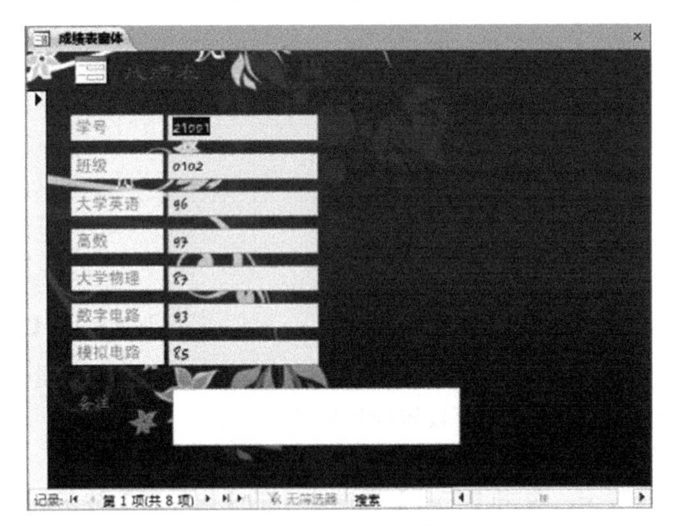

图 6-9-13 最终效果

第7章　计算机维护

7.1　计算机的系统组成

在以计算机技术为代表的当今信息化社会，掌握一些计算机系统维护技术，是计算机用户必备的技能。学习计算机维护技术，首先需要了解计算机的系统组成。

图7-1-1至图7-1-9是比较主流的台式计算机搭配情况（虽然一些硬件的配置标准不断提高，但整体物理结构变化不是特别明显）。近几年，随着笔记本电脑和平板电脑性能的不断提升，价格持续下降，台式计算机已经不再成为个人计算机的首选了，但是它还是具有空间大、扩展容易、结构稳固、价格低的特点，所以依然能成为学校机房、单位办公室和计算机发烧友的首要选择。

图7-1-1　主流台式机外观

图7-1-2　主机箱打开后的样子

图7-1-3　台式机主板

图7-1-4　Intel（英特尔）CPU

图7-1-5　AMD CPU

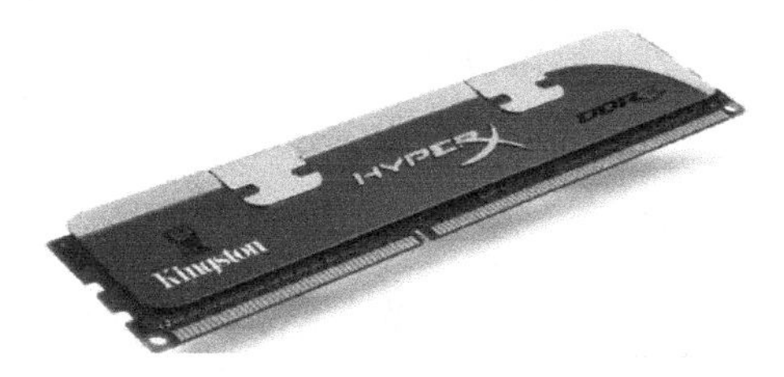

图7-1-6　台式机内存

图7-1-7　台式机显卡

图 7-1-8　台式机硬盘

图 7-1-9　DVD 光驱

上述硬件都安装在台式机的机箱内部，加上外在可见的显示器、键盘和鼠标，基本上就是主流台式机的主要配置了。

下面来看看笔记本电脑的物理分解情况，如图 7-1-10 至图 7-1-13 所示。

图 7-1-10　标准笔记本电脑外观

图 7-1-11　特殊造型笔记本电脑

图 7-1-12　去掉外壳的笔记本电脑主机部分

图 7-1-13　笔记本电脑完全分解

从物理结构方面来看，笔记本电脑包含的部件与台式机是一样的，只是由于笔记本电脑高度集成的特性要求，所以全部的部件都做得尽可能小和集成化了。计算机系统中能看得见摸得着的物理设备，就是通常说的计算机硬件（Hardware）系统。操作系统以及 Office 软件、QQ 程序等，这一部分称为软件（Software）系统。

归纳如下：计算机系统是由硬件系统和软件系统组成的，二者缺一不可。硬件系统是基础，如果失去了硬件，软件系统将无从依附；软件系统是灵魂，正是因为软件的作用，才能使硬件性能得以发挥。什么软件都没有安装的计算机，称之为“裸机”。

7.2　计算机的硬件组成

构成计算机系统的所有物理设备称为计算机硬件系统，即由机械、光、电、磁器件构成的具有计算、控制、存储、输入和输出功能的实体部件。自计算机出现以来，人们就不断地开发新技术以提高计算机的性能，有些曾经主流的技术已经被淘汰，也有一些新的技术即将应用。

在详细了解现代计算机硬件系统之前，先介绍一位在计算机发展历史中具有里程碑意义的人物，他就是现代计算机之父，美籍匈牙利人约翰·冯·诺依曼（John von Neumann，1903—1957），如图 7-2-1 所示。

冯·诺依曼是 20 世纪最伟大的全才之一，他在数学、物理、经济学等方面都有极为杰出的研究成果，他最为现代人所熟知的贡献就是在发明电子计算机方面，由他提出设计思想并参与研制的世界上第一台电子计算机 ENIAC（中文名为埃尼阿克，见图 7-2-2）于 1946 年 2 月 14 日在美国费城宾夕法尼亚大学的莫尔电机学院开始运行，从此开启了人类的计算机时代。按照冯·诺依曼体系制造的计算机也就称之为冯·诺依曼机。一直到今天，人们还在按照他的理论体系制造计算机。

图 7-2-1 冯·诺依曼

图 7-2-2 ENIAC

冯·诺依曼对于计算机理论体系的贡献精髓可归纳为两点：二进制思想与存储程序控制。他基于电子元器件双稳工作的特点，建议在电子计算机中采用二进制，二进制的采用极大简化了机器的逻辑线路。存储程序控制思想的核心是所有的程序预先保存在计算机上，计算机只能按照人们预先设定的程序进行工作。

冯·诺依曼体系约定了计算机硬件系统是由五大部分组成的，分别是运算器、控制器、存储器、输入设备和输出设备。

实际上，第一台计算机 ENIAC 的研究是出于军事目的。研制电子计算机的想法产生于第二次世界大战进行期间，美国军方为了研制和开发新型大炮和导弹，设立了“弹道研究实验室”，而炮弹弹道曲线的计算量是十分惊人的，在当时的战争状态下，仅仅靠人工计算是完全不能满足需要的，所以需要制造更快的能自动运算的机器，电子计算机的设计想法由此产生。冯·诺依曼是当时电子计算机研制小组的顾问（他前期是参加美国原子弹研制工作的数学家），冯·诺依曼的加入在计算机研制过程中起到了里程碑的作用，他利用自己深厚的数学理论功底，对计算机的许多关键性问题的解决作出了重要贡献，从而保证了计算机的顺利问世。

世界上公认的第一台严格意义上的电子计算机 ENIAC 的一些指标如下：

长 30.48 米，宽 1 米，占地面积约 63 平方米（加上机器之间的空间，实际占地 170 平方米），相当于 10 间普通房间的大小，重达 30 吨，耗电量 150 千瓦，造价 48 万美元。它包含了约 18 800 个电子管，70 000 个电阻器，10 000 个电容器，1 500 个继电器，6 000 多个开关，每秒执行 5 000 次加法或 400 次乘法，是当时最快的继电器计算机的 1 000 倍、手工计算的 20 万倍。

自 ENIAC 出现至今，按计算机的核心部件的制造技术来划分，大体可分为如表 7-2-1 所示的 4 个阶段。

表 7-2-1　计算机发展阶段划分

阶段划分	时　间	制造技术	性能指标	图　示
第一代	1946—1957 年	电子管	5 千至 4 万（次/秒）	
第二代	1958—1964 年	晶体管	几十万至百万（次/秒）	
第三代	1965—1970 年	中小规模集成电路	百万至几百万（次/秒）	
第四代	1971 年至今	大规模和超大规模集成电路	几百万至几亿（次/秒）	

新一代的智能计算机技术尚在研究之中，这可能是未来计算机的一个新的发展方向。现阶段计算机的特点是：运算速度和精度不断提高，存储功能更加强大，价格持续下降，个人计算机体积越来越小，巨型机系统集成度越来越高，应用范围越来越广。

在日常工作中，计算机被广泛应用于科学计算、数据处理（目前应用最广的领域）、过程检测与自动控制、计算机辅助系统、人工智能、多媒体应用等领域。

前面看到了现代个人计算机常见的物理硬件组成，也知道了冯·诺依曼体系约定的硬件系统五大部分，那么它们是如何对应的呢？简单地说，就是上述的物理硬件设备一般都应该是这五大部分中的某一类。下面看一下现代计算机的硬件逻辑结构，如图 7-2-3 所示。

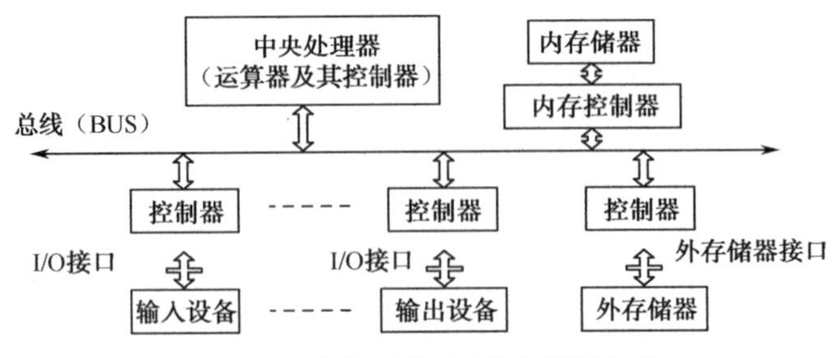

图 7-2-3　现代计算机的硬件逻辑结构

从逻辑结构中可以看出，个人计算机是采用总线结构进行连接的，系统总线（BUS）由 3 个部分构成，分别是数据总线（负责数据传送）、控制总线（负责传送控制指令）和地址总线（负责直接内存寻址）。这种采用总线结构方式连接的计算机系统，就像由很多管道组成的自来水系统一样，管道中水的流量（计算机系统中对应的是带宽）不是由最粗的水管决定的，而是由最细的水管决定的。与之相似的是，计算机系统同样害怕出现瓶颈设备，这将会极大地影响计算机整体的性能。举个简单的例子，假设计算机 CPU 的主频是 3GHz（这已经足够快了），而内存却是 256MB，那这样的计算机系统运行起来同样会觉得很慢。所以，计算机系统的硬件配置，最重要的是性能均衡，不要出现明显的弱项。

下面将前面介绍过的物理设备与计算机的逻辑体系对应起来。

（1）CPU（Central Processing Unit，中央处理器）是计算机的运算核心和控制核心，对应冯·诺依曼体系的运算器和控制器。

（2）内存储器（Memory，简称内存），俗称内存条，对应冯·诺依曼体系的存储器（是存储器中的一种）。内存条实际上是计算机的主存（硬盘、光盘等称之为辅存），所有存于外部设备中的数据和程序，都要先读到内存中，再交由 CPU 处理；CPU 处理过的数据，也要先提交到内存中，再传到外部设备，所以内存性能的好坏对计算机系统有重要影响。内存通常包含 3 种类型，如图 7-2-4 所示。

内存构成

- 随机存储器（Random Access Memory）RAM：内存条的主要制造技术。数据可反复读写，断电后其中保存的数据会丢失。
- 只读存储器（Read Only Memory）ROM：某些老式主板上的BIOS采用此技术，出厂时一次写入，通常不可改写，断电数据不丢失。
- 高速缓冲存储器（Cache）：通常说的1、2、3级缓存指的就是它，位于CPU内部，速度极快，用来协调CPU和内存速度不匹配问题。

图 7-2-4　内存的类型

通常说的内存，如无特别说明，一般指的就是随机存储器 RAM。

（3）I/O 设备（Input/Output 设备，输入/输出设备），用于人与计算机之间数据的输入和输出。这种设备种类比较繁多，常见的键盘、鼠标、显示器、扫描仪、打印机、投影仪、话筒、耳机都属于 I/O 设备。

（4）外存储器（为了和内存 Memory 区别，外存通常拼写为 Storage），也叫辅助存储器，对应冯·诺依曼体系的存储器部分。与内存相比，其特点为：能长时间保存数据，断电数据不丢失；容量更大，单位容量造价更低，速度较慢。常用的外存有硬盘、U 盘、光盘等。

（5）辅助设备，不在冯·诺依曼体系的五大部分之中，但却是计算机系统运行必不可少的，如主机箱是用来支撑各部件并实现电磁屏蔽的，电源适配器是将照明电流转换成计算机使用的电流模式的，主板更是重要的辅助设备，它最重要的功能是对各部件起连接控制作用。

下面对常见的计算机硬件进行详细介绍。

首先，来看一种比较常见的计算机硬件配置清单，如表 7-2-2 所示。

表 7-2-2　计算机硬件配置清单示例

处理器	● 英特尔®酷睿™ i5 双核处理器 480M（2.66GHz，睿频可达 2.93GHz，3MB 三级高速缓存，1066 MHz 前端总线，35W）
内存	● 2GB DDR3 内存
硬盘	● 640GB 硬盘（5400 转）
光驱	● DVD-SuperMulti 刻录光驱（薄型）
液晶屏	● 14 英寸超薄高清 LED 背光丽镜宽屏（1366×768）
显卡核心	● ATI Mobility Radeon™ HD 6550M 独立显示芯片
显存	● 1GB DDR3 独立显存
无线模块	● 802.11a/b/g/N 无线模块
蓝牙模块	● 标配蓝牙 3.0 模块
摄像头	● 标配 130 万像素高级摄像头

续表

电池	● 标配6芯锂离子电池
体积	● 342（W）mm×245（D）mm×24/28.8（H）mm
重量	● 2.11kg
接口	● 多合一读卡器（SD，MMC，MS，MS PRO，xD） ● USB 2.0接口（3个） ● HDMI接口 ● VGA接口 ● 耳机/音箱/音频输出接口 ● 麦克风/音频输入接口 ● RJ-45以太网络接口

这个清单看起来很清楚，但是各个部分的性能参数到底是什么意思呢？这个机器的整体性能是好还是坏呢？如果给你一个报价，它是否值这么多钱呢？解决以上问题，都需要对计算机硬件的常识有详细的了解。

1．CPU

CPU中文名称为中央处理器，在硬件清单中有时候也简称为处理器，是计算机的核心。衡量CPU性能的常见指标有主频、字长、内核数量、Cache容量、系统前端总线频率、工作电压等。

CPU制造工艺水平的高低实际上可以代表一个国家电子制造工业的整体水平，全世界能生产计算机使用的CPU的厂家有很多，最高水平的制造企业主要集中在美国。比较常见的品牌包括Intel（英特尔）、AMD、IBM（主要生产高端的非民用的CPU，所以在个人计算机市场反而不如Intel知名度高）等。另外，随着近年来智能手机的流行，专门针对智能手机而开发的CPU也有很多，智能手机的CPU在不精确分类的情况下也可列入计算机范畴，比较知名的智能手机CPU生产厂商包括高通（Qualcomm，美国）、德州仪器（TI，美国）、三星（韩国）、苹果（美国）等。

（1）主频：CPU工作时的时钟频率，CPU最重要的性能指标之一，单位是Hz，现在主频单位已经发展到GHz水平，1GHz=1000MHz=10^9Hz。主频对计算机的运算速度有重要影响，在其他条件均相同的情况下，主频越高，运算速度越快（但请特别注意：主频不是运算速度的指标，运算速度的指标通常为MIPS，称之为百万次每秒）。

（2）字长：CPU在单位时间内（同一时间）能一次处理的二进制数的位数，对CPU的性能有重要影响。前几年主流的CPU的字长为32位，现在主流的CPU的字长均为64位。简单来说，64位字长的机器可以用64位二进制位来表示控制指令、内存地址等。根据二进制的特点，理论上64位机最多可以表示2^{64}种指令、2^{64}B（字节）直接内存地址（当然还要配合64位的操作系统才能充分发挥性能），比32位机在性能上有质的飞跃。

（3）内核数量：传统的个人计算机都是单核的，也就是封装了一个CPU核心，由于价格和制造工艺的复杂度问题，以前只有服务器和巨型机才使用多核结构。现在随着工艺水平的提高、价格的下降，个人计算机的CPU采用双核已经成为主流，未来一定会向更多核心方向发展。所谓双（多）核，就是在一个CPU封装结构中，安放两（多）个CPU核心。双核不是简单的一加一等于二这么简单，它要求比较复杂的多CPU连接技术，随着核心数量的增加，连接难度会以几何级数增长。多CPU结构可以使得在不提高CPU主频（采用半导体技术的CPU主频的提高现在已经接近极限了）的情况下，系统性能得到较大提升。

（4）Cache：高速缓存，封装于CPU内部，由于制造成本比较高，通常容量都不大。其出现的主要原因是 CPU 的速度更快、造价更高，而主存（内存）速度往往没有 CPU 快，这样有可能因为 CPU 要一直等待内存传送数据而造成 CPU“空转”，从而产生资源浪费。在 CPU 内部封装 Cache 等同于在 CPU 内部建立了一个小“仓库”，可以把经常执行的指令和少量数据保存在这里，以方便 CPU 充分发挥运算能力。

（5）系统前端总线：前端总线是处理器与主板北桥芯片（主板上最重要的芯片组）或内存控制器之间的数据通道，其频率高低直接影响 CPU 访问内存的速度。

（6）工作电压：CPU 正常工作所需的直流电由主板提供。早期的 CPU 工作电压为 5 伏左右，前几年主流的 CPU 的工作电压为 3.5 伏左右，现在最新的 CPU 的标准电压仅需 1.6 伏（或者更低）。不要小看这区区的几伏电压的变化，由于 CPU 的工作频率实在太高，电压越高，机器的发热量就越大，耗电量也越大。所以，作为全球大量使用的电子设备，计算机核心电压的下降，对于节能降耗有重要现实意义。而且 CPU 电压的下降，对于需要电池供电、内部空间狭小、散热困难的笔记本电脑来说，更具有极大的实用价值。

2. 主板

主板（Mainboard）是计算机主机中最大的一块集成电路板，是计算机中其他配件的最重要连接部件。台式机主板大多为矩形，笔记本电脑主板需要根据机身造型单独特别设计，多数为不规则形状。大部分主板都是采用 Intel、nVidia、VIA 的芯片组，芯片组决定了主板所支持的 CPU、显卡及内存的类型。

前面展示的图片为台式机所用标准主板（另有一种小尺寸的主板，称为小板或迷你板，主要用于小尺寸机箱），下面简单标注一下其主要结构，如图 7-2-5 所示。

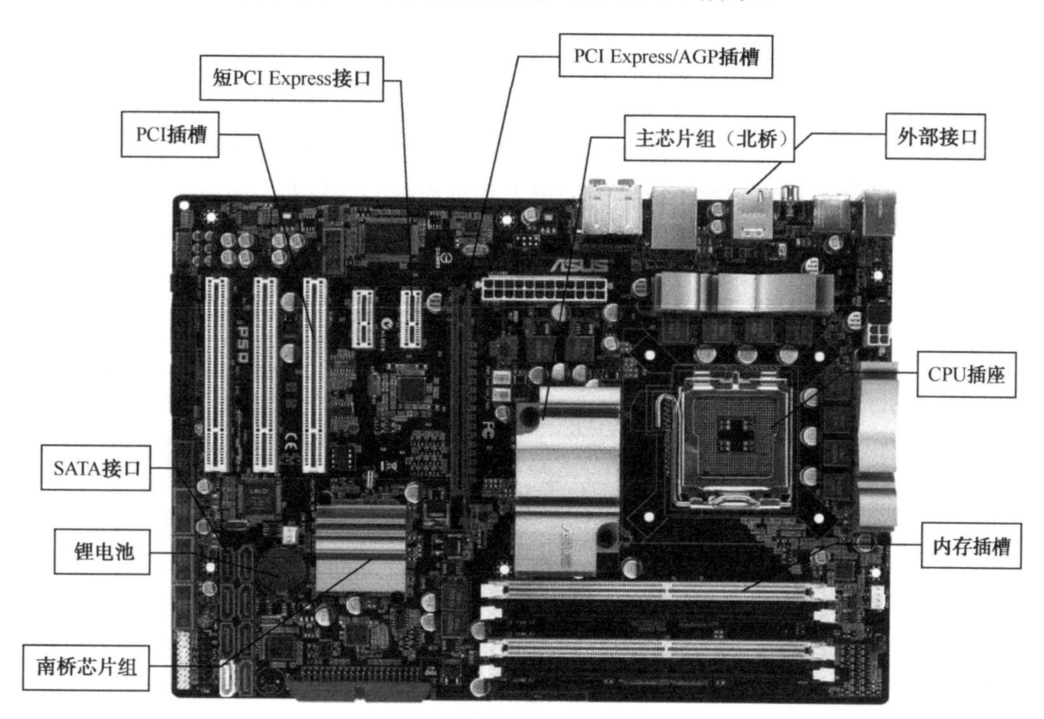

图 7-2-5　主板主要部件

按集成度来划分，主板通常可分为集成（一体化）主板和非集成主板两种。所谓集成主板就是大部分的功能扩展卡都使用集成芯片固化在主板上了，不需要再安装其他扩展板卡，直接安装 CPU 就能使用。这种主板具有高集成度和节省空间的优点，但也有维修不便和升级困难的缺点，主要用在低端台式计算机中。笔记本电脑由于其空间紧凑的要求，无论是低端还是高端产品，均采用高度集成的主板，所以笔记本电脑想进行硬件升级是非常困难的。

主板的构造和作用全面讲解起来比较复杂，对于普通用户而言，实际上不需要花费太多时间去了解，大概只需要知道如下这些常识：

（1）CPU 插座是安放 CPU 的地方，每种 CPU 必须与匹配它的插座联合使用。为了避免用户安放错误，一般 CPU 和插座对应的位置都有卡位槽来进行定位。

（2）内存插槽也要与对应类型的内存匹配，同样有卡位槽来避免用户安放错误。每个主板能安放的内存条数不尽相同，台式机主板通常是 4 条左右，笔记本电脑通常有两个内存插槽。

（3）北桥芯片是主板上最重要的芯片，通常所说的芯片组指的就是它。传统的北桥芯片负责 CPU、内存和显卡这 3 个数据流量最大最快的部件之间的数据通信连接与控制。北桥芯片通常要覆盖散热片来散热。

（4）南桥芯片主要连接一些 I/O 设备，数据处理量不大。南桥芯片和北桥芯片中间再使用数据通路连接（少数特殊主板将南桥和北桥芯片集成在一起）。

（5）PCI Express/AGP 插槽：这是两种不同的接口标准（通常主板上仅提供某一种，接口在主板上的位置相似），都是主要为显卡提供的。AGP（Accelerated Graphics Port）是前几年主流的显卡接口标准，AGP 8X 的传输速率可达到 2.1GB/s。PCI Express 是新一代的总线接口标准，2001 年年底由 Intel、AMD、DELL、IBM 等 20 多家业界主导公司起草技术规范，2002 年完成，近年已经开始逐渐普及应用。用于取代 AGP 接口的 PCI Express 接口位宽为 X16（PCI Express 接口有长短不同的形状），将能够提供 5GB/s 的带宽速率。

（6）PCI 插槽是传统的系统总线标准，应用很广泛，即使是最新的主板上面也会保留几条 PCI 插槽，主要用来连接低速设备，比较常见的有声卡、网卡、系统还原（保护）卡等。

（7）SATA 接口，主要用来连接使用 SATA 接口的硬盘（或其他设备）。

（8）锂电池是为主板上的一种保存硬件配置信息的芯片（CMOS）供电用的，如果将电池拿下，CMOS 中被改动的信息将丢失，重新安装电池后，系统硬件配置信息会恢复到出厂状态。

另外，现在主流的主板通常都不需要另配声卡和有线网卡，基本上都通过芯片集成在主板上了。主板提供的对外接口（见图 7-2-6）是用户直接接触比较多的，下面单独介绍。

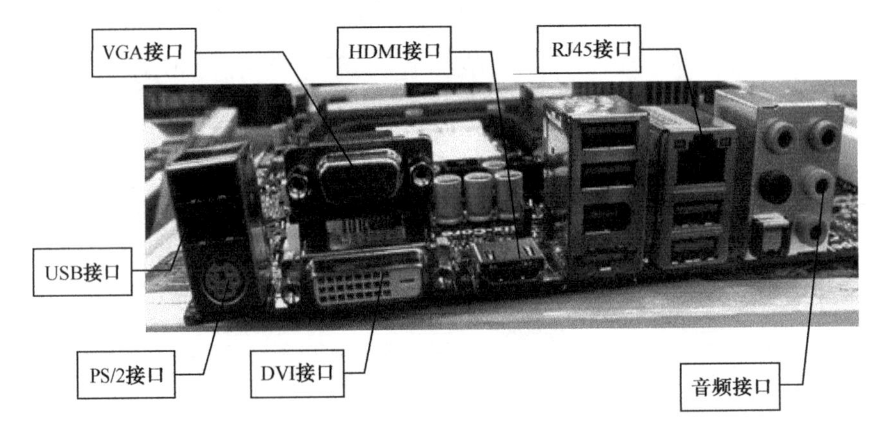

图 7-2-6　主板对外接口

主板提供的对外接口也称为背板接口。

每一种主板对外提供的接口都不完全相同，由主板生产时的主流应用技术特点、生产厂家风格和制作成本等方面来决定，包含了全部接口类型的主板是不存在的。下面就当前主流应用接口进行简要介绍。

（1）VGA 接口（Video Graphics Array 接口，也称 D-Sub 接口）：计算机最常见的标准视频输出接口，常规的显示器和投影仪的视频输入信号源都采用此接口类型。此接口由显卡提供，所输出信号为模拟信号。

（2）USB 接口（Universal Serial Bus，通用串行总线）：最流行和常见的计算机用户接口，现在可见到 3 种标准（外观上基本是一样的）：USB 1.1、USB 2.0 和 USB 3.0。每台计算机理论上最多可支持 127 个 USB 接口。USB 2.0 传输速率大约为 60MB/s，逐渐开始普及的 USB 3.0 理论上速度为 2.0 标准的 10 倍。USB 2.0 接口还可向外提供约 5 伏电压和 100 毫安的电源负载，所以已经成为很多电子产品的标准充电接口了。USB 接口还支持热插拔。综合以上优点，就不难理解为何有如此多的设备（U 盘、移动硬盘、手机、数码相机、摄像头、扫描仪、打印机等）采用 USB 接口了。

（3）PS/2 接口：一种比较老的接口标准，专用于 PS/2 接口的键盘和鼠标（现在的键盘和鼠标也基本上采用 USB 接口了），连接使用颜色区分，鼠标的接口为绿色，键盘的接口为紫色。该接口虽然接近淘汰，但现在很多主板上还至少保留一个键盘接口。

（4）DVI 与 HDMI 接口：DVI 是数字视频标准接口，用于输出数字视频信号（VGA 是模拟信号）。HDMI（High Definition Multimedia Interface，高清晰度多媒体接口）是输出高清视频+音频信号的接口，可将计算机中的音视频信号以很高的清晰度向外输出（如将计算机中的 DVD 电影信号传输到屏幕更大的液晶电视上），从而达到极好的欣赏效果。

（5）RJ-45 接口：就是俗称的网线接口，用于连接有线模式网络，该接口由网卡提供。

（6）音频接口：也是大家比较熟悉的，一般有两个接头，一个用来连接声音输出（耳机或音箱），另一个用来连接声音信号输入（话筒等），音频接口由声卡提供。

另外还有一些不常见的或者是即将（已经）被淘汰的接口，如 1394（FireWire 火线）接口、LPT 接口（打印机专用）、COM 口等，就不再详细介绍了。

主板的制作工艺：主板的制作工艺主要依赖于 3 个专业方向，大体上可概括为电子信息工程（负责主板上的电子元器件，如电阻、电感、电容、二极管、三极管、芯片及电路的设计和制作）、微电子工程（负责 PCB 印制电路板的设计、加工、电镀处理等）和表面贴装（SMT，负责电子元器件在印制电路板上的自动装配）工艺。主板的设计制作与芯片的设计制作工艺都是电子行业的基础技术，其水平往往可代表一个国家的电子工业设计加工能力。

3. 内存

内存（见图 7-2-7）作为计算机最重要的存储设备，其性能对计算机系统有重要影响。通常用户关心的内存指标包括容量、工作频率和制式标准。

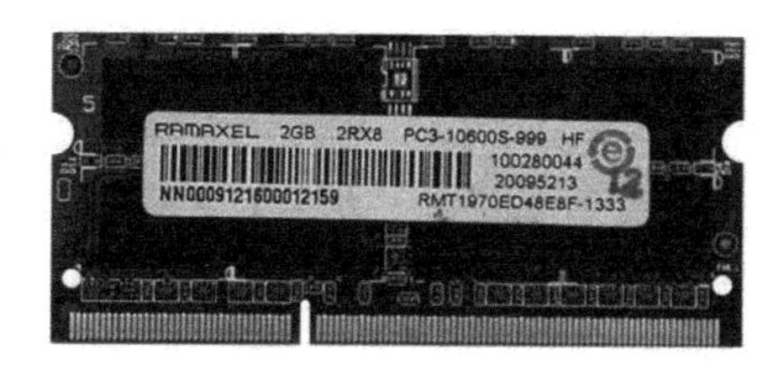

图 7-2-7　笔记本内存

（1）容量：现在主流内存的容量已经以 GB 为单位了，通常是一条内存 2GB 左右。容量太小的内存已经不能满足当前计算机系统的需求了，操作系统和应用软件都越做越大，功能越来越多，这些都需要大容量内存的支持。

选配内存的时候需要注意以下几个问题：

① 内存的容量要和主板插槽个数、CPU 位数、操作系统位数相匹配。理论上 32 位机（或 32 位操作系统，如果 64 位机装 32 位的系统，同样按 32 位机对待）只能最多支持 4GB 的内存容量（计算方法：内存按字节编址，32 位机直接寻址个数为 2^{32} 个字节，换算成 GB 即可）。

② 为计算机系统额外增加内存的时候，最好选配与原有内存容量、速度均相同的型号，否则可能会因为不兼容而导致机器无法启动。

（2）工作频率：内存工作时电磁振荡的时钟频率，通常以 MHz（兆赫）为单位来计量。与 CPU 的衡量指标类似，频率不是内存的速度计量单位，但通常频率越高，速度越快。现在主流的内存工作频率为 1 333MHz 以上。内存的工作频率是由主板上的主芯片组决定的。

（3）制式标准：这个概念实际上是比较宽泛的，通常可包含尺寸、芯片类型、引脚（接口的金属触点，细长条形，俗称金手指）数量、卡口位置等。

尺寸方面最明显的就是台式机和笔记本电脑用的内存大小是不同的，台式机的要长一些。

主流芯片现在是 DDR 第三代，简称 DDR3，DDR（Double Data Rate，双倍速率同步动态随机存储器）是相对于以前的 SDRAM（Synchronous Dynamic Random Access Memory，同步动态随机存储器）而言的，简单说就是 DDR 利用了时钟上升沿和下降沿都可实现数据读写，在不改变时钟频率的情况下，读写速度是 SDRAM 的 2 倍。DDR3 相比前几代产品速度变得更快而工作电压却变得更低了，效能有了极大的提高。

对于引脚数量，用户不需要太多注意，金手指中间那个豁口（卡口）是为了避免用户将内存插反而设置的，不同类型的内存卡口位置都不同。

4．硬盘

图 7-2-8 为个人计算机最重要的外部（辅助）存储器。传统硬盘逻辑结构如图 7-2-9 所示。

（a）拆开的台式机硬盘

（b）带胶垫保护的笔记本电脑硬盘

（c）固态硬盘（SSD）

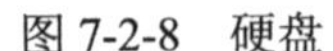

图 7-2-8　硬盘

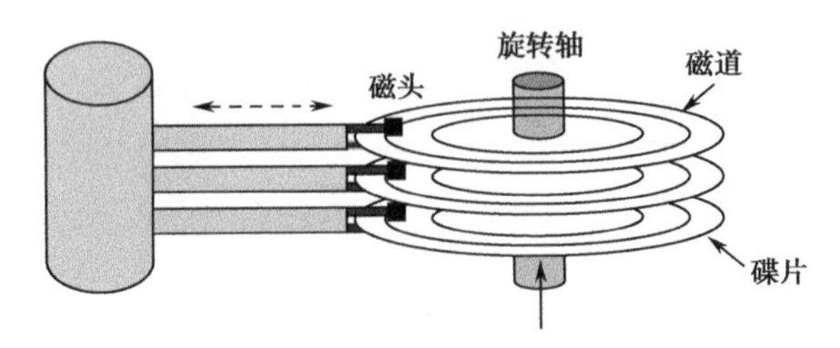

图 7-2-9　传统硬盘逻辑结构

硬盘最重要的指标包括容量、速度和制式标准等。

（1）容量：主流个人计算机硬盘（一块）容量通常为几百个 GB 以上，1TB（1024GB）以上容量的也比较常见，硬盘可以成组使用构成硬盘组以提供更大的容量。个人电脑中常见的 C 盘、D 盘、E 盘（A 盘和 B 盘盘符由于历史原因被分配给软驱使用，现在基本废弃了）等都是从物理硬盘划分出来的逻辑区间而已。

（2）速度：硬盘的速度与内存相比要慢得多，这是因为硬盘通常是由磁性物质来保存数据的，数据查找要靠磁头进行机械定位。硬盘的速度问题也是影响现在计算机系统运行速度的重要因素，因为 CPU 和内存都是速度飞快的设备，但是要等待硬盘这个“蜗牛”来提供数据，否则计算机运行速度一定比现在通常情况下要快得多。近两年开始普遍使用的固态硬盘（SSD）是解决硬盘速度瓶颈的一个比较好的解决方案，但是单位容量的造价比传统硬盘要高一些。

常规硬盘速度衡量指标是平均存取时间，在几毫秒至几十毫秒之间，由硬盘的旋转速度、磁头寻道时间和数据传输速率所决定。主流台式机硬盘的转速为 7200 转/分钟，笔记本电脑硬盘（或移动硬盘）通常采用 5400 转/分钟的转速。市场上常见的机械式硬盘数据传输速度几乎没有太大的差别，其间的微小差距根本不是人的感觉能敏锐分辨出来的，所以大多数用户仅关心容量基本上也就够了。

（3）硬盘的制式标准：包含硬盘尺寸、接口类型等信息。主流硬盘尺寸：台式机硬盘多为 3.5 英寸，笔记本电脑硬盘多为 2.5 英寸，少数特殊类型笔记本电脑硬盘有采用 1.8 英寸的；移动硬盘的盘芯多数也是 2.5 英寸的，可以与笔记本电脑互换。个人电脑中比较常用的硬盘接口类型包括 IDE（ATA）和 SATA，如图 7-2-10 所示。IDE 接口类型是多年前的标准接口，采用一排宽线进行连接；现在主流接口类型为 SATA，使用较细的线连接。

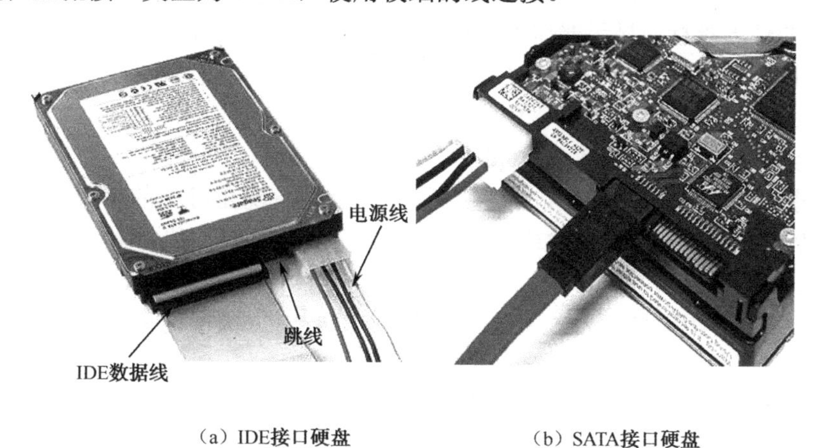

（a）IDE接口硬盘　　（b）SATA接口硬盘

图 7-2-10　硬盘接口

SATA 接口类型相比传统的 IDE 接口，其优点在于数据传输更加可靠，连线也更简单。

5．光驱与光盘

与硬盘驱动器不同，光盘和光盘驱动器是分开的，光盘采用光学原理存储数据，传统的光驱是 CD 模式，现在主流配置为 DVD（Digital Versatile Disc，数字多功能光盘）标准。光驱是可选设备，有些轻薄的笔记本电脑已经不再配置光驱了，需要的时候可使用外置式光驱。光盘也属于辅助存储器。

DVD 的格式有 5 种标准，大多数的 DVD 驱动器都是对所有格式兼容的。最常见的单面单层的 120mm DVD 盘片容量大约为 4.5GB。按光盘是否可写入数据来分，最常见的光盘类型为两种：一种是只读式的 DVD-ROM（如果是 CD 标准，则为 CD-ROM），其中的数据多为通过工厂设备预先压入，不可再次改写；另一种为可进行一次刻录的 DVD-R 盘片，可通过刻录机（许多光驱都是刻录读取一体的）将数据写入光盘。可以多次改写数据的光盘也有，称之为 DVD-RW，但是成本比较高，不是常见类型。

光盘的制式标准包括尺寸、光驱读写速率等。常见的光盘尺寸有两种：大一些的为外径 120mm

（称为 5 寸盘，约 5.25 英寸），小一些的为外径 80mm（称为 3 寸盘，约 3.5 英寸）。光驱的读写速率一般不是同一个速度，读数据的速度要快一些，DVD 标准约定单倍速的数据传输速率约为 1350KB/s。

6. 显示系统

个人计算机的显示系统由显卡和显示器构成。显卡也称为显示适配器，在当前使用的个人电脑当中，在显卡上面花费的金额往往要大于 CPU。显示器作为 PC 的标准输出设备，是用户接触最多、体验效果最明显的设备，其重要性不言而喻。

（1）显卡的性能指标。个人电脑常见的显卡有两类：一种是集成显卡，就是将显示芯片直接集成在主板上，某些集成显卡还要占用内存的空间用于图像数据处理，集成显卡的性能一般，在不注重显示效果的商务应用中比较多；另一类是独立显卡，在注重显示效果的个人应用中比较常见。某些中档以上的电脑还会配置集显/独显双模式，在电脑的不同应用环境下由操作系统来自动切换以实现最经济的能源消耗。生产集成显卡的制造商主要有 Intel、VIA（S3）、SIS；生产个人电脑独立显卡的主流制造商有两个，分别是 ATI（AMD 公司旗下品牌，AMD 公司是唯一一家既能制造顶级 CPU 又能制造顶级独立显卡和主板芯片组的公司）、nVidia（英伟达）。

对于个人用户来说，显卡最重要指标有两个：一个是显示芯片（图形处理器，GPU），另一个是显存容量，现阶段显存的主流配置标准已经达到 1GB 以上。

（2）显示器的性能指标。显示器作为最重要的输出设备，其性能好坏对用户有非常重要的影响。衡量显示器性能的指标很多，有些是很专业的指标，对于普通用户来说，最常见最重要的指标包括类型、尺寸、分辨率、刷新率、色彩、亮度等。

① 显示器当前常见的类型是 LCD（液晶显示器）。

② 尺寸是指屏幕对角线的长度，一般用英寸来衡量。现在可见的屏幕尺寸很多，通常选用屏幕尺寸要考虑的因素比较多，如笔记本电脑的便携性、台式机屏幕与使用者之间的距离等，屏幕尺寸太大和太小都不好，建议屏幕尺寸标准为：笔记本电脑 13～14 英寸左右为黄金尺寸，可兼顾便携性与实用性；台式机 17～22 英寸为佳，太大了可能连在屏幕上找鼠标指针都困难了。

关于屏幕尺寸的另一个问题是，有些标称尺寸相同的屏幕，外观却有的接近方形，有的却是长条形，这是什么原因呢？这是因为屏幕尺寸是按对角线测量的，外观接近方形的屏幕，它的宽和高的比例为 4∶3，这就是传统的屏幕造型，现在称之为普屏。接近长条形的是现在更加流行的宽屏，更加适合人眼的观测习惯，符合人体工程学，宽屏常见的宽高比有两个标准，分别是 16∶9 和 16∶10，以 16∶9 的比例较常见。

③ 最高分辨率是指在同一个屏幕上能支持的水平像素和垂直像素乘积的最大值，这个数据越大，说明显示器的性能越强。传统屏幕比较常见的分辨率为 1024×768，宽屏常见的分辨率为 1366×768。当然，分辨率和屏幕尺寸是相关的，屏幕尺寸越大，支持的分辨率就应该越高。

④ 刷新率。屏幕上的东西之所以能动态显示，是利用了人眼的视觉暂留现象。其基本原理是：屏幕上的所有内容，每秒钟全部快速更新许多次，因为更新太迅速，人眼无法察觉，就觉得是动态的了，这与电影胶片每秒钟放映 24 格连续的画面产生动态影片是相同的道理。屏幕每秒钟能更新的次数称为刷新率，单位是 Hz。主流液晶屏的刷新率常规指标是 60Hz，一般不应选择低于这个指标的屏幕，否则日常应用中眼睛会很快感觉到疲劳。

⑤ 显示器的色彩和亮度通常不是很好衡量，普通用户难以掌握专业的测量数据，再加之不同人眼的色差问题，就更难以抉择了。即使是两个基础数据相同的不同品牌显示器，因为制造厂

家的风格等问题，也会产生不同的视觉效果，建议选择口碑比较好的显示器品牌。另外，当前的笔记本电脑主流显示器，应用了一些更加先进的技术，如 LED 背光技术、广视角技术等，可以使当前的液晶显示器呈现出比传统的液晶显示器更加亮丽的屏幕效果、更加清晰的图像和可视角度以及更低的功耗等。

7．网络应用设备

现在的个人电脑应用在很大程度上依赖于互联网，对于不能上网的计算机，就会觉得它好像没什么用了。作为支持网络应用实现的物理硬件，网络常规设备也是应该了解的。

（1）有线网卡：网卡是网络适配器的简称，因为通常都做成卡状。实际上网卡有许多造型，也有适应不同网络模式的，常规的放于台式机箱内部安装在主板上的独立网卡形状如图 7-2-11 所示。还有笔记本电脑适用的 PC 转接口网卡、USB 转接口网卡等造型。

常规网卡一般连接双绞线网线，可提供 10/100Mbps 网络连接速度；1 000Mbps 以上带宽的网卡也有，但是个人电脑配置这一标准的不多。现在的主板上大多数都集成了有线网卡，基本上不需要用户去独立购买配置了。

（2）网线：是有线上网模式的连接导线，通常局域网连接均使用双绞线。之所以叫双绞线是因为网线中有 8 根铜线，每两根按一定方式两两相绞。网线连接的接头是 RJ-45 接口，俗称水晶头，如图 7-2-12 所示，水晶头要插入网络连接设备（如网卡、交换机或路由器）的接口。网线按照不同的电气标准分为 5 类线、超 5 类线等，普通网络使用 5 类线就可以了。

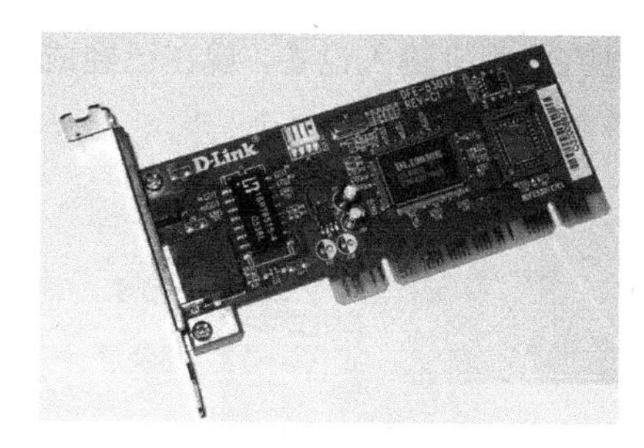

图 7-2-11　常规有线网卡

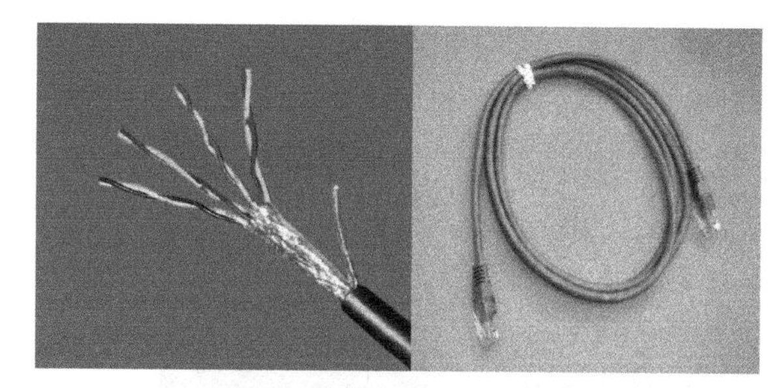

图 7-2-12　双绞线和水晶头

（3）无线网卡：是适用于使用无线模式进行网络连接的网络适配器，其特点是不需要导线连接，计算机可任意移动位置，不受物理线路约束。无线上网模式已经成为笔记本电脑上网的首选。

（4）光纤设备：是使用光纤进行网络连接的设备，通常包含光纤、光中继器和光电转换模块等。

（5）路由器（Router）：连接互联网中各局域网、广域网的设备，它会根据信道的情况自动选择和设定路由，以选择最佳路径，是网络中最重要的设备之一。家庭配置网络的首选就是无线路由+笔记本电脑无线上网。

（6）交换机（Switch）：是一种用于电信号转发的网络设备。它可以为接入交换机的任意两个网络节点提供独享的电信号通路，能极大地改善网络通信质量。通常家庭用户极少使用交换机组网，单位局域网内部比较常用。

8．其他外部设备

以计算机为核心，还可连接许多相关设备，下面简要介绍一下其他常用设备。

（1）键盘：标准输入设备，最基础的计算机硬件之一。对于计算机来说，鼠标可以没有，但是键盘是必需的。键盘造型均为直板，也有许多不同的形状和类型，如图 7-2-13 所示。

（a）标准直板键盘

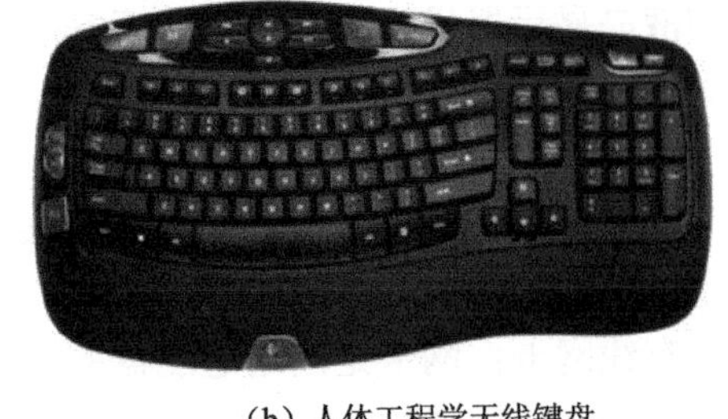

（b）人体工程学无线键盘

（c）笔记本电脑键盘（正面）

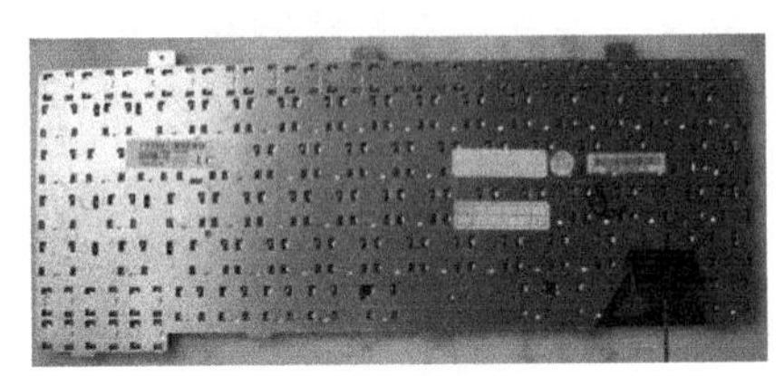

（d）笔记本电脑键盘（背面）

图 7-2-13　键盘

（2）鼠标：鼠标是随着 Windows 操作系统的出现而出现的计算机输入设备，现在已经成为标准设备。鼠标的造型和所用技术可谓多姿多彩，如图 7-2-14 所示。

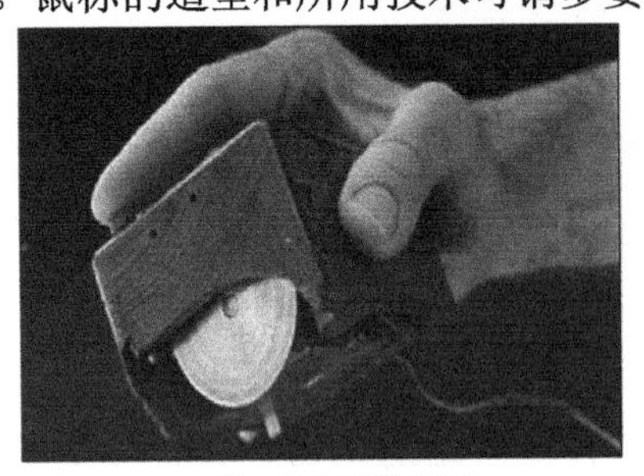

（a）第一款鼠标的原型

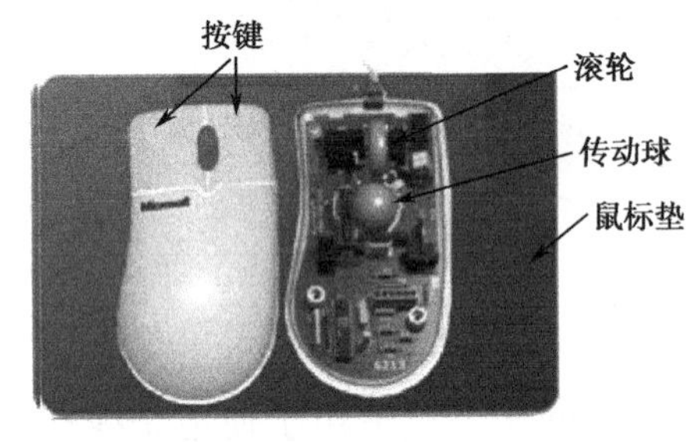

（b）机械式鼠标（现在已淘汰）

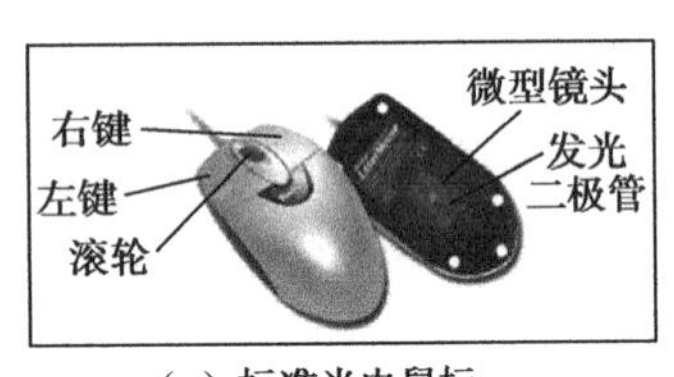

（c）标准光电鼠标

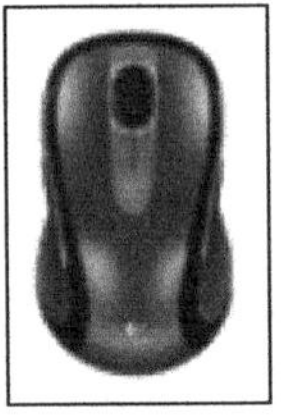

（d）无线鼠标

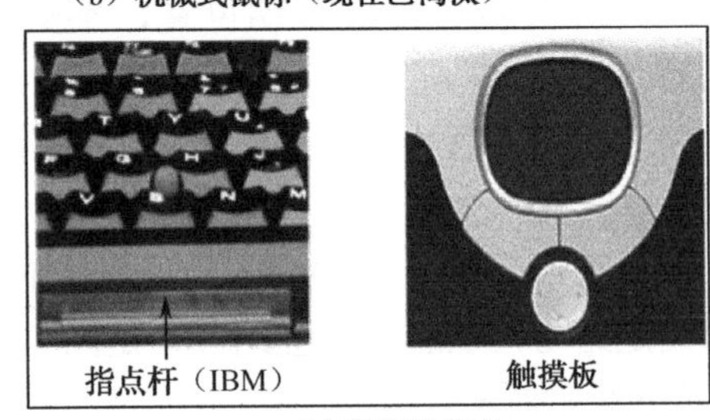

（e）近似鼠标的设备

图 7-2-14　鼠标

（3）打印机：办公中常用的标准输出设备，常见的有 3 类，分别是针式（机械式）打印机、激光打印机和喷墨打印机，如图 7-2-15 所示。针式打印机是最古老的一种打印机，但是当前还在被广泛使用，其原因是它是唯一的一种接触式打印机，可以打印多层发票等，而且故障率低，极其省墨。办公室中为了追求打印速度和打印效果，比较常用单色激光打印机。彩色喷墨打印机和彩色激光打印机由于彩色墨盒成本比较高，只有在必要的时候才使用。

（a）针式打印机

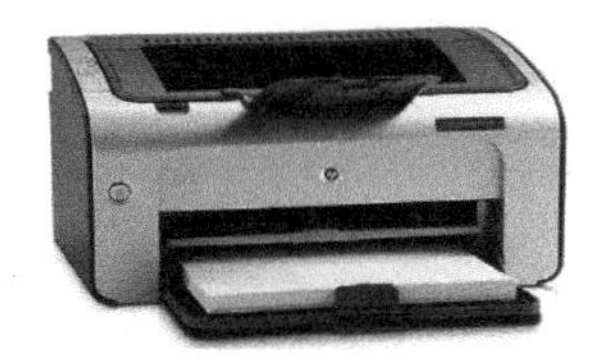

（b）激光打印机

（c）喷墨打印机

图 7-2-15　打印机

（4）耳机/音箱：如图 7-2-16 至图 7-2-18 所示，为输出设备，用于将声音文件进行还原以输出声音信息。通常可按声音还原效果的不同分成不同等次。声音输出设备需要与声卡联合使用，基本上现在的个人计算机已经不再装配独立声卡了，均在主板上实现了声卡集成，如图 7-2-19 所示。声卡质量的好坏对声音还原效果也有重要影响。

由于笔记本电脑本身的功率和体积问题，笔记本电脑的内置音箱（见图 7-2-19）先天上就不可能做得功率很大、间距很开，所以笔记本电脑自带的音箱的音质和音量是不可能达到顶级的，选配笔记本电脑的时候这一项就不必强求了。

图 7-2-16　耳机

图 7-2-17　外置式音箱

图 7-2-18　笔记本电脑内置音箱

图 7-2-19　主板上的集成声卡芯片

（5）麦克风（也叫话筒）：属于输入设备，用于将声音信息输入计算机，实现语音录入的功能。个人计算机配置的麦克风（见图 7-2-20）基本上性能都一般（原因是个人计算机通常不带功放设备），能满足语音录入即可。另外，笔记本电脑上通常也会在屏幕的边缘处配置一个内置式话筒，外观上仅是一个小孔，这种话筒的语音录入质量也很一般，仅仅是能用罢了。

（6）摄像头：属于输入设备，用于图像的输入，可生成动态图像或捕捉静止画面（见图 7-2-21）。现在摄像头的图像生成质量比较高，有些甚至不输于专业的录像设备。摄像头经常用于视频对话或视频会议等应用环境。摄像头的造型多种多样，有在笔记本电脑屏幕边缘集成的内置式摄像头，有需要使用数据线连接的外置式摄像头，甚至还有一些非常小巧的针孔式摄像头。摄像头的性能指标通常用像素来衡量，主流产品均在百万像素以上。

（a）与耳机连接在一起的麦克风

（b）台式麦克风

图 7-2-20　麦克风

（a）外置式摄像头

（b）内置式摄像头

图 7-2-21　摄像头

（7）数码相机/摄像机：它们本身是独立的电子设备，如图 7-2-22 和图 7-2-23 所示，如果与计算机相连，则可成为输入设备，为计算机提供高品质的图像输入。它们的特点是本身即拥有相当大的存储空间，能够容纳照片或视频资料，必要的时候可将图像资料输入计算机进行保存或处理。数码相机本身拥有高品质的光学镜头，镜头后面是一种称为 CCD 的电荷耦合元件，能够将光学信号转化成数字信号进行处理。数码相机/摄像机的主要性能指标也是像素，主流产品现在均为千万像素级别。需要注意的是，光学镜头也是数码相机/摄像机的重要部件，甚至是最贵的部件，两台相同像素的相机可能会因为镜头的不同而产生非常大的成像差别。数码相机/摄像机的另一个指标是存储量，通常可以采用大容量的存储卡（相机常用）、光盘或硬盘（摄像机常用）来提供充足的存储空间。

（a）卡片式数码相机

（b）单反数码相机

图 7-2-22　数码相机

（a）便携式数码摄像机

（b）专业数码摄像机

图 7-2-23　数码摄像机

（8）扫描仪：输入设备，如图 7-2-24 所示，经常用来将照片、文档等平面材料扫描成数字图片输入计算机进行处理，属于办公常用设备，广泛地应用于文字识别、文档编辑、出版物处理、材料归档等场所。扫描仪的技术指标通常包括扫描尺寸、扫描速度、图像分辨率、接口等。常见的扫描仪造型有平板式（家庭常用）和滚筒式（出版业常用）两种，接口现在基本上都是 USB 的。滚筒式扫描仪速度更快，家用扫描仪扫描尺寸通常为 A3 幅面。图像分辨率使用 dpi 来表示，即每英寸长度上扫描图像所含有像素点的个数，家用扫描仪分辨率标准通常为 600～2400dpi。

（a）平板式扫描仪

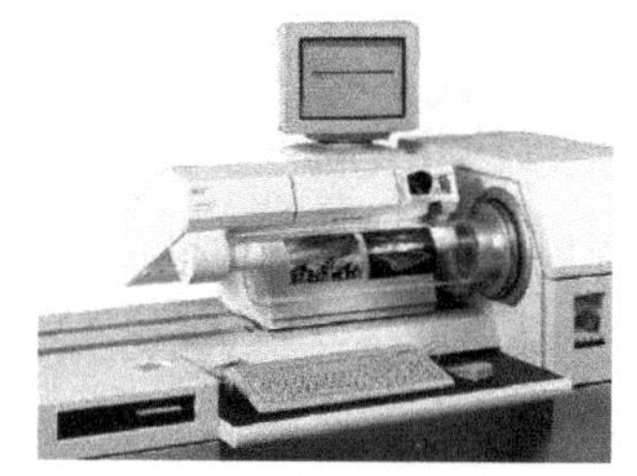

（b）专业滚筒式扫描仪

图 7-2-24　扫描仪

7.3　计算机的软件组成

软件是计算机系统的重要组成部分。计算机的软件系统可以分为系统软件、驱动软件和应用软件三大类。

7.3.1　操作系统

操作系统（Operating System，OS）是管理计算机硬件与软件资源的程序，同时也是计算机系统的内核与基础。操作系统是管理计算机全部硬件资源、软件资源、数据资源、控制程序运行并为用户提供操作界面的系统软件的集合。

操作系统是一款庞大的管理控制程序，大致包括 5 个方面的管理功能：进程与处理机管理、作业管理、存储管理、设备管理、文件管理。目前，应用最广泛的操作系统主要有 Windows 2003/2008 Server、Windows XP、Windows 7、UNIX 和 Linux 等，这些操作系统所适用的用户人群也不尽相同，用户可以根据自己的实际需要选择安装不同的操作系统。

1．Windows XP

Windows XP 的中文全称为视窗操作系统体验版，是微软公司发布的一款视窗操作系统。它发行于 2001 年 10 月 25 日，原来的名称是 Whistler。Windows XP 操作系统可以说是最为经典的一款操作系统，如图 7-3-1 所示为 Windows XP 的标志。

Windows XP 曾经是使用最为广泛且使用人数最多的操作系统之一。它对计算机硬件要求不是特别高，其安装方法也基本都是图形界面形式的，这让用户使用起来非常方便、简单，这些都是 Windows XP 深受用户喜爱的原因。如图 7-3-2 所示为 Windows XP 最为经典的界面。

2．Windows 7

Windows 7 是由微软公司开发的一种目前主流的操作系统，具有革命性的意义。Windows 7 操作系统继承了 Windows XP 的实用和 Windows Vista 的华丽，同时进行了一次升华，它比 Windows Vista 的性能更高、启动更快、兼容性更强，具有很多新特性和优点，如提高了屏幕触控支持和手写识别，支持虚拟硬盘，改善多内核处理器，改善开机速度和内核处理等。如图 7-3-3 所示为 Windows 7 操作系统的标志和桌面图。

图 7-3-1　Windows XP 标志

图 7-3-2　Windows XP 界面图

3．服务器操作系统——Windows Server 2008

Windows Server 2008 是微软的一款服务器操作系统，它代表了下一代 Windows Server 操作系统。使用 Windows Server 2008 可以使 IT 专业人员对其服务器和网络基础结构的控制能力更强，图 7-3-4 为 Windows Server 2008 操作系统包装外观。Windows Server 2008 通过加强操作系统和保护网络环境提高了系统的安全性，通过加快 IT 系统的部署与维护，使服务器和应用程序的合并与虚拟化更加简单，同时，为用户提供了直观的管理工具，为 IT 专业人员提供了灵活性。

图 7-3-3　Windows 7 标志和桌面

图 7-3-4　Windows Server 2008

4．Linux 操作系统

Linux 是一套免费使用和自由传播的类 UNIX 操作系统，是一个基于 POSIX 和 UNIX 的多用户、多任务、支持多线程和多 CPU 的操作系统。它能运行主要的 UNIX 工具软件、应用程序和网络协议，支持 32 位和 64 位硬件。Linux 以它的高效性和灵活性著称。Linux 模块化的设计结构使得它既能在价格昂贵的工作站上运行，也能够在廉价的个人计算机上实现全部的 UNIX 特性，具有多任务、多用户的能力。

Linux 之所以受到广大计算机爱好者的喜爱，主要原因有两个：一是它属于自由软件，用户不用支付任何费用就可以获得它和它的源代码，并且可以根据自己的需要对它进行必要的修改，无约束地继续传播；另一个原因是，它具有 UNIX 的全部功能和特点，稳定、可靠、安全，有强大的网络功能，任何使用 UNIX 操作系统或想要学习 UNIX 操作系统的人都可以从 Linux 中获益。

7.3.2　驱动程序

驱动程序的英文名为 Device Driver，全称为设备驱动程序，是一种可以使计算机和硬件设备通信的特殊程序，相当于硬件的接口。操作系统只有通过驱动程序才能控制硬件设备的工作。因此，驱动程序被称为“硬件的灵魂”、“硬件的主宰”和“硬件和系统之间的桥梁”等。

在 Windows 操作系统中，如果不安装驱动程序，则计算机可能会出现屏幕不清楚、没有声音、分辨率不能设置等现象，所以正确安装驱动程序是非常必要的。

1．驱动程序的作用

正是通过驱动程序，各种硬件设备才能正常运行，达到预定的工作效果。硬件如果缺少了驱动程序的“驱动”，那么本来性能非常强大的硬件就无法根据软件发出的指令进行工作，硬件就是空有一身本领都无从发挥，毫无用武之地。从理论上讲，所有的硬件设备都需要安装相应的驱动程序才能正常工作。但像 CPU、内存、主板、软驱、键盘、显示器等设备却并不一定需要安装驱动程序也可以正常工作，而显卡、声卡、网卡等却一定要安装驱动程序，否则便无法正常工作。

2．驱动程序的界定

驱动程序可以界定为官方正式版、第三方驱动、微软 WHQL 认证版、发烧友修改版和 Beta 测试版等版本。

（1）官方正式版。官方正式版驱动是指按照芯片厂商的设计研发出来的，经过反复测试、修正，最终通过官方渠道发布出来的正式版驱动程序。通常官方正式版的发布包括官方网站发布及硬件产品附带光盘这两种方式。稳定性、兼容性好是官方正式版驱动最大的亮点，同时也是区别于发烧友修改版与测试版的显著特征。

（2）第三方驱动。第三方驱动一般是指硬件产品 OEM 厂商发布的基于官方驱动优化而成的驱动程序。第三方驱动拥有稳定性、兼容性好，基于官方正式版驱动进行优化并比官方正式版拥有更加完善的功能和更加强劲的整体性能。

（3）微软 WHQL 认证版。WHQL 是 Windows Hardware Quality Labs 的缩写，是微软对各硬件厂商驱动的一个认证，是为了测试驱动程序与操作系统的相容性及稳定性而制定的。也就是说通过了 WHQL 认证的驱动程序与 Windows 系列的操作系统基本上不存在兼容性的问题。

（4）发烧友修改版。发烧友修改版的驱动最先出现在显卡驱动上，由于众多发烧友对游戏的狂热，对于显卡性能的期望也就比较高，这时候厂商所发布的显卡驱动就往往不能满足游戏爱好者的需求了，因此经修改过的以满足游戏爱好者更多的功能性要求的显卡驱动也就应运而生了。发烧友修改版驱动又称改版驱动，是指经修改过的驱动程序。

（5）Beta 测试版。测试版驱动是指处于测试阶段，还没有正式发布的驱动程序。这样的驱动往往稳定性不够，与系统的兼容性也不够。

3．驱动程序的获取

常见的驱动程序的获取方法分为以下 3 种：

（1）Windows 操作系统附带了大量的通用驱动程序。安装操作系统时，有些驱动程序会被附加地安装，但是操作系统中的驱动程序是很有限的。

（2）硬件厂商提供的驱动程序。一般情况下，每一款型号的硬件产品都有相对应的驱动程序。硬件厂商都会提供相关的驱动程序安装光盘，用户只需要安装光盘中的驱动程序即可。

（3）直接从网络上下载相关驱动程序。一般来说，硬件厂商会将相关的驱动程序发布到网络上供用户下载。由于发布的驱动程序是最新的升级版本，所以性能和稳定性是最强的。下载驱动程序（以显卡为例）的具体操作步骤如下：

① 在桌面上用鼠标右击【计算机】图标，在弹出的快捷菜单中执行【属性】命令，打开【系统】窗口，如图 7-3-5 所示，在左侧窗格中单击【设备管理器】按钮。

② 打开【设备管理器】窗口，如图 7-3-6 所示，显示计算机的所有硬件配置，单击【显示卡】前的按钮，在列表中选择弹出的型号并用鼠标右击，在弹出的快捷菜单中执行【属性】命令。

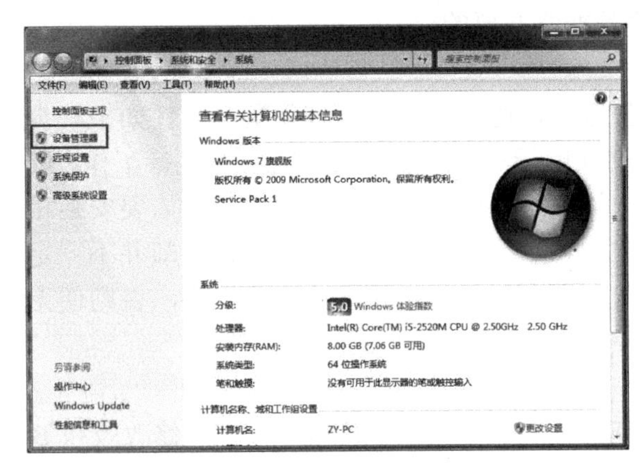

图 7-3-5　【系统】窗口

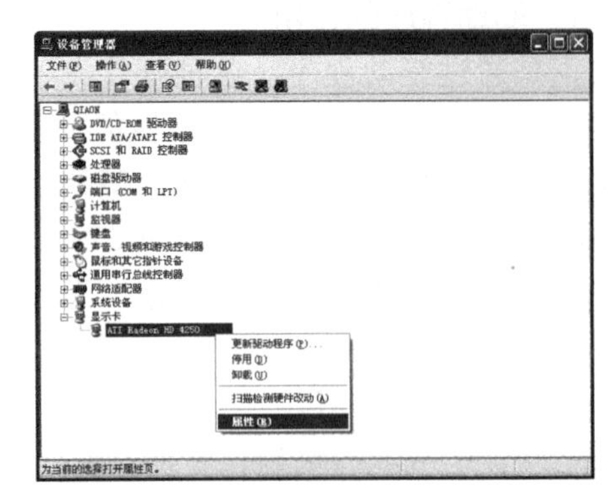

图 7-3-6　【设备管理器】窗口

③ 打开【ATI Radeon HD 4250 属性】对话框，如图 7-3-7 所示，用户可以查看设备的类型和型号。

④ 选择【驱动程序】选项卡，用户可以查看驱动程序的提供商、日期、版本和签名程序等信息。单击【更新驱动程序】按钮，可根据系统提示安装最新的驱动程序。

单击【详细信息】选项卡，用户可以查看驱动程序的详细信息和安装路径，如图 7-3-8 所示。

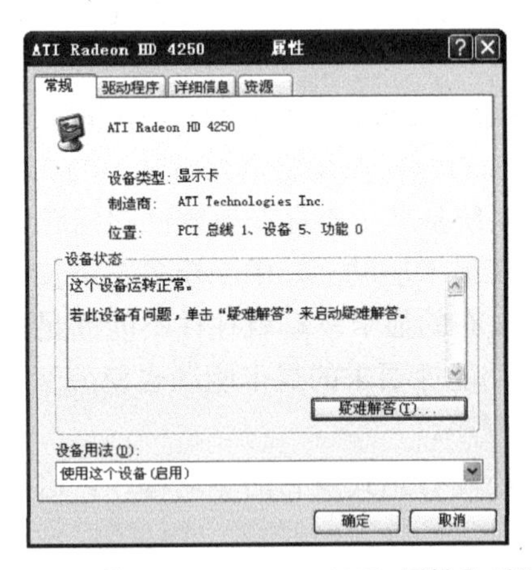

图 7-3-7　【ATI Radeon HD 4250 属性】对话框

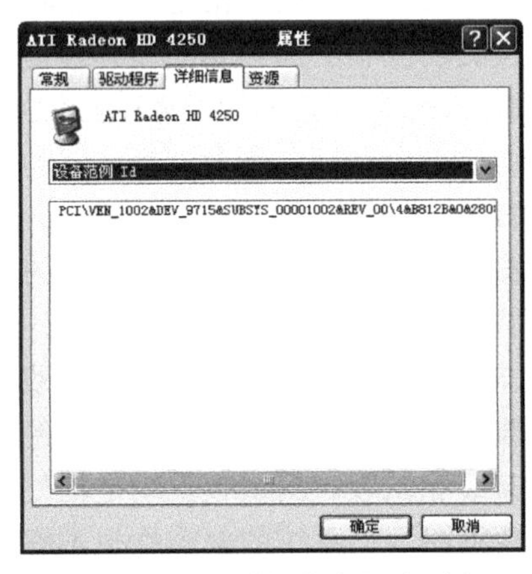

图 7-3-8　【详细信息】选项卡

4．驱动程序的安装顺序

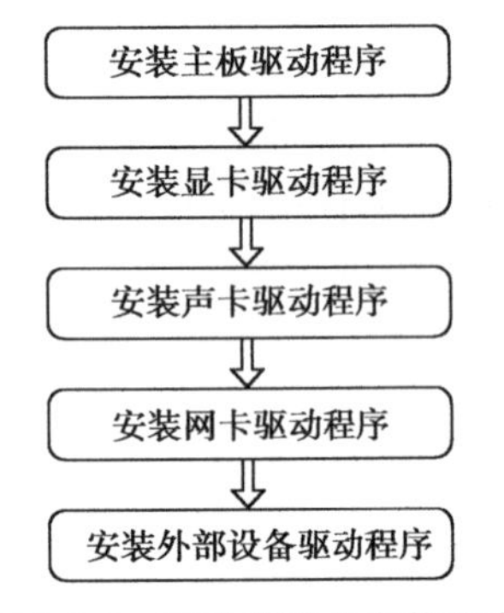

图 7-3-9　驱动程序的安装顺序

一台计算机的操作系统安装完成后，接下来的工作就是安装驱动程序，而各种驱动程序的安装是有一定的顺序的。如果不能正确地安装驱动程序，可能导致某些硬件不能正常使用。

如图 7-3-9 所示为正确的驱动程序安装顺序。

7.3.3　应用程序

所谓应用程序，是指除了系统软件以外的所有软件，它是用户利用计算机及其提供的系统软件为解决各种实际问题而编制的计算机程序。常见的应用程序有：各种用于科学计算的程序包、各种字处理软件、信息管理软件、计算机辅助设计软件、计算机辅助教学软件、实时控制软件和各种图形图像设计软件等。

应用软件是指为了完成某项工作而开发的一组程序，它能够为用户解决各种实际问题，主要包括如下类别：

（1）办公处理软件，如 Microsoft Office、WPS Office 等。

（2）图形图像处理软件，如 Photoshop、CorelDRAW 等。

（3）各种财务管理软件、税务管理软件、辅助教育等专业软件。

7.4　软件开发基础知识

平时对计算机的操作实际上都是在操作各种各样的软件。软件，英文为 Software，中国内地和香港地区翻译为“软件”，中国台湾地区称之为“软体”。其本质是一系列按照特定顺序组织的计算机数据和指令的集合。

软件并不只是包括可以在计算机（这里的计算机是指广义的计算机，如智能手机也可归入广义计算机范畴）上运行的电脑程序，与这些电脑程序相关的文档一般也被认为是软件的一部分。简单地说，软件就是程序（Program）加文档的集合体。

1．软件开发基础

软件生成：软件是由人使用某种工具（称之为软件开发工具）、利用某种程序设计语言来开发的。生产软件的商业化单位是软件公司；制作软件的人员广义上叫软件工程师（按职能可划分成许多不同的角色）。程序设计语言种类极多（如 Java、C/C++、VB、PHP、C#、JavaScript 等），各有不同的特色，所有程序设计语言的根本作用都是将人的思想转化成计算机可以识别的机器程序（电信号）。

2．软件开发方法

现在的软件越做越大，功能越来越复杂，已经很难由某（几）个人来单独完成了，而且开发的成本也越来越高，风险也越来越大了。所以，大多数的软件公司在开发软件的时候都会采用工程管理的方法来控制软件的开发，相关的专业技术叫作软件工程。

3．软件开发工具

软件开发工具是一些非常特殊的软件，使用这些软件就可以方便地开发出更多的软件。

软件开发工具大体上可以分为 9 大类，分别是：

（1）软件需求工具，包括需求建模工具和需求追踪工具。

（2）软件设计工具，用于创建和检查软件设计，因为软件设计方法的多样性，这类工具的种类很多。

（3）软件构造工具，包括程序编辑器、编译器和代码生成器、解释器和调试器等。

（4）软件测试工具，包括测试生成器、测试执行框架、测试评价工具、测试管理工具和性能分析工具等。

（5）软件维护工具，包括理解工具（如可视化工具）和再造工具（如重构工具）。

（6）软件配置管理工具，包括追踪工具、版本管理工具和发布工具。

（7）软件工程管理工具，包括项目计划与追踪工具、风险管理工具和度量工具。

（8）软件工程过程工具，包括建模工具、管理工具和软件开发环境。

（9）软件质量工具，包括检查工具和分析工具。

大多数的软件开发从业人员，往往只是使用上述的某一（几）种软件进行工作而已。现在也有一些大型的集成开发环境，包含了上述若干类软件的功能，为软件开发人员提供了极大的便利。简单举例如下：

（1）建模（CASE）软件最有名的莫过于 Rose（著名的 UML 建模工具，见图 7-4-1）与 Power Designer。

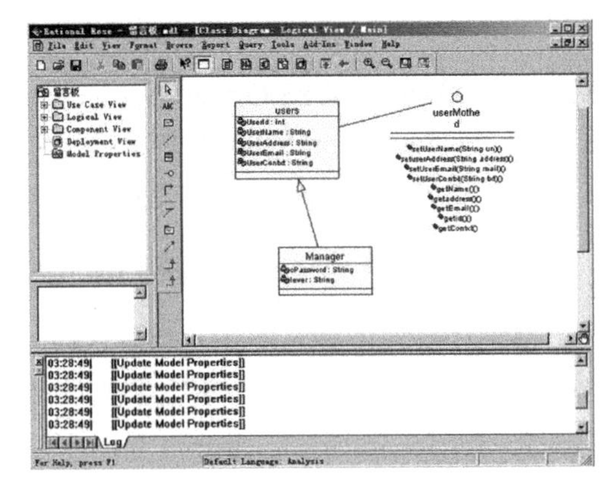

图 7-4-1　Rational Rose 建模软件

（2）Java 平台。知名的开发软件平台比较多，主要流行的有 Eclipse（见图 7-4-2）、MyEclipse、NetBeans 等。

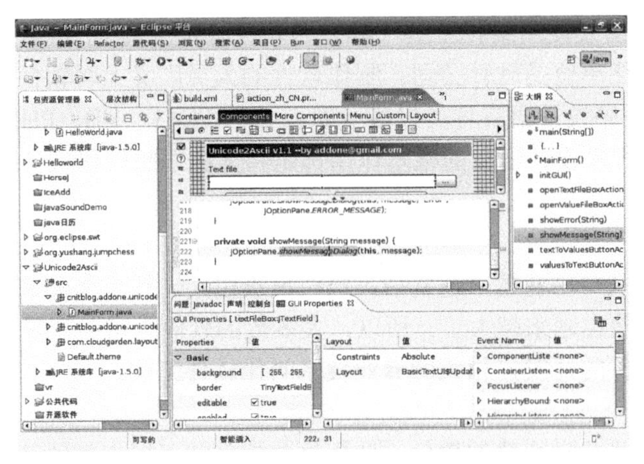

图 7-4-2　Eclipse 集成开发环境

（3）微软公司的开发平台主要是 Microsoft Visual Studio（简称为 VS，见图 7-4-3）。

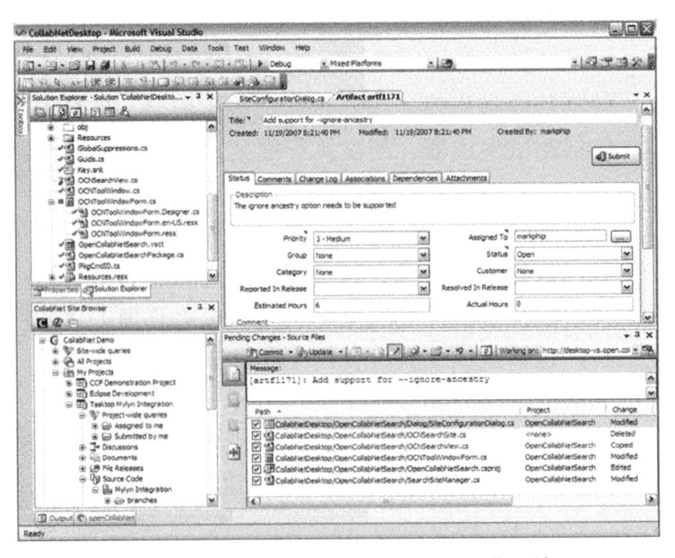

图 7-4-3　Microsoft Visual Studio 开发环境

（4）安卓手机系统及应用开发总体上比较流行基于 Eclipse 平台的移动应用开发扩展，包含一系列的 Android SDK 工具包，比较有趣的一个是 Android 的模拟器（见图 7-4-4）。最近几年，Android Studio 得到了越来越多的应用。

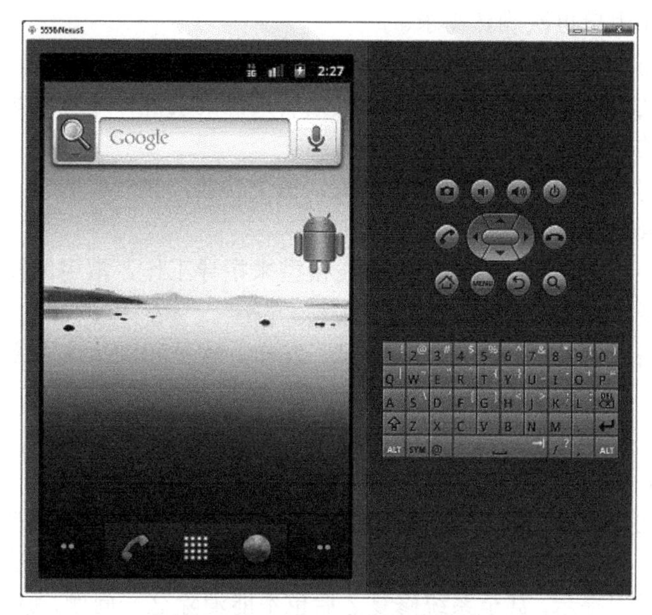

图 7-4-4　Android 开发模拟器

（5）项目管理软件很多，不一定仅适用于软件开发项目。事实上，我们日常工作中的很多项目（从超大型的、大型的到小型的都有）的管理早就由软件来帮忙了。适合大型项目管理的软件很多，有些甚至需要专门开发。中小型项目比较通用的有微软公司的 Project 等（见图 7-4-5）。

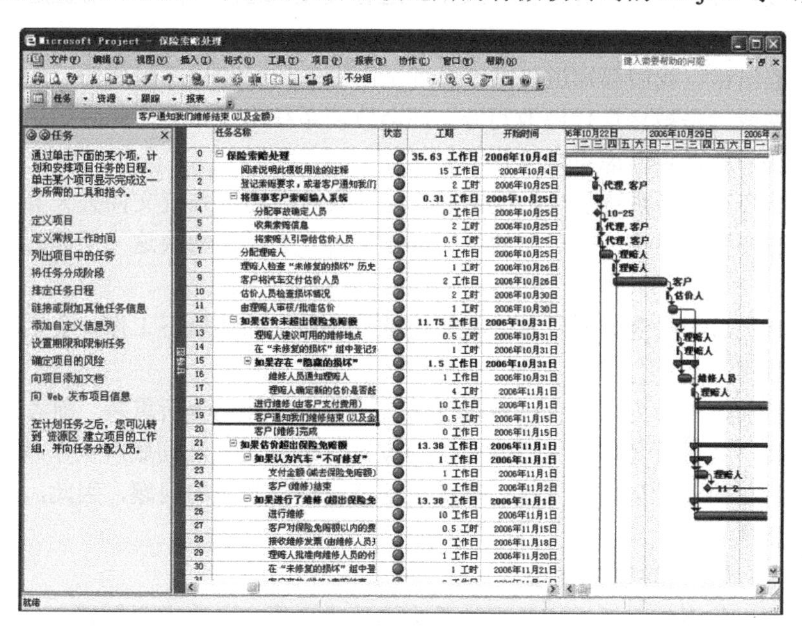

图 7-4-5　项目管理软件 Project

4．软件开发过程

软件工程约定软件的开发流程大体上包含如下过程：

（1）系统分析员和用户初步了解需求，然后列出系统大的功能模块，每个大功能模块有哪些小功能模块。

（2）系统分析员深入了解和分析需求，根据自己的经验和需求做出系统功能需求文档，列出相关的界面和界面功能。

（3）系统分析员和用户再次确认需求。

（4）根据确认的需求文档对每个界面或功能做系统的概要设计。

（5）把概要设计文档交给程序员，程序员根据所列出的功能一个一个地编写代码模块。

（6）测试编写好的系统。

（7）交付用户使用，用户使用后一个一个确认每个功能，执行验收。

（8）后期维护和管理。

在实际开发过程中，会采用许多不同的开发模型来指导工作，常用的模型包括瀑布模型、快速原型模型、螺旋模型和混合模型等。

每个软件都有从需求到设计，到开发、测试、发布、维护和淘汰这一系列的过程，这个过程叫作软件生命周期。

7.5 安装操作系统

用户误删除系统文件或者病毒程序将系统文件破坏等导致系统中的重要文件丢失或受损，甚至系统崩溃无法启动，此时就不得不重装系统了。另外，有些时候，系统虽然能正常运行，但是却经常出现不定期的错误提示，甚至系统修复之后也不能消除这一问题，那么就必须重装系统了。

1．什么情况下重装系统

当系统出现以下 4 种情况之一时，就必须考虑重装系统了：

（1）系统运行变慢。当垃圾文件分布于整个硬盘而又不便于集中清理和自动清理，计算机感染了病毒而无法被杀毒软件清理等都会导致系统运行缓慢，这样就需要对磁盘进行格式化处理并重装操作系统了。

（2）系统频繁出错。我们都知道，操作系统是由很多代码和程序组成的，如果在操作的过程中误删除某个文件或者是被恶意代码改写等，都会致使系统出现错误，此时如果该故障不便于准确定位或轻易解决，就需要考虑重装操作系统了。

（3）系统无法启动。当系统引导出现错误、目录表被损坏或系统文件丢失等都会导致系统无法启动，如果无法查找出系统不能启动的原因或无法修复系统以解决这一问题时，就需要重装操作系统了。

（4）为系统减肥。一些电脑爱好者为了能使电脑在最优的环境下工作，会定期重装系统，这样就可以为系统减肥。

重装操作系统的方式分为两种：一种是覆盖式重装，一种是全新重装。前者是在原操作系统的基础上进行重装，其优点是可以保留原系统的设置，缺点是无法彻底解决系统中存在的问题。后者则是对系统所在的分区重新格式化，其优点是彻底解决系统的问题，因此，在重装操作系统时，建议选择全新重装。

2．重装操作系统前应注意的事项

为了避免重装操作系统之后造成数据的丢失等严重后果，用户需要做好充分的准备。那么在重装操作系统之前应该注意哪些事项呢？

（1）备份数据。在因系统崩溃或出现故障而准备重装系统前，首先应该想到的是备份好自己的数据。如果硬盘不能启动，这时需要考虑用其他启动盘启动系统，然后复制自己的数据，或将硬盘挂接到其他电脑上进行备份。但是，如果在平时就养成备份重要数据的习惯，这样就可以有效避免硬盘数据不能恢复的现象。

（2）格式化磁盘。重装系统时，格式化磁盘是解决系统问题最有效的办法。如果系统感染病毒，最好不要只格式化 C 盘，如果有条件能将硬盘中的数据能备份或转移，尽量将整个硬盘都进行格式化，以保证新系统的安全。

（3）牢记安装序列号。如果不小心丢掉自己的安装序列号，那么在全新重装系统时，安装过程将无法进行下去。因此，在重装系统之前，首先将序列号读出并记录下来以备稍后使用。

正规的安装光盘的序列号会在软件说明书或光盘封套的某个位置上。但是，如果用的是某些软件合集光盘中提供的测试版系统，那么，这些序列号可能是存在于安装目录中的某个说明文本中，如 SN.TXT 等文件。

3．重装操作系统

如果用户计算机中只安装了一个操作系统，可以使用安装光盘重装系统。首先将系统安装盘插入光驱，并设置从光驱启动，格式化系统盘后，就可以按照安装单操作系统一样重装单系统。在重装操作系统时，如果用户只需在现有的磁盘中重装 Windows 操作系统，那么只需将系统盘进行格式化操作即可。具体的操作步骤如下（以 Windows XP 为例，Windows 7 安装见与本书配套的实践指导）。

（1）将系统的启动项设置为从光驱启动，当界面出现【Press any key to boot from CD or DVD…】提示信息时，迅速按下键盘上的任意键。

（2）随即计算机通过光驱载入光盘中的内容，如果用的是 Windows XP 专用安装光盘，则直接进入 Windows XP 的安装界面，如图 7-5-1 所示。

（3）加载文件完毕后，将进入【欢迎使用安装程序】页面。按下【Enter】键，进入【Windows XP 许可协议】界面，如图 7-5-2 所示。

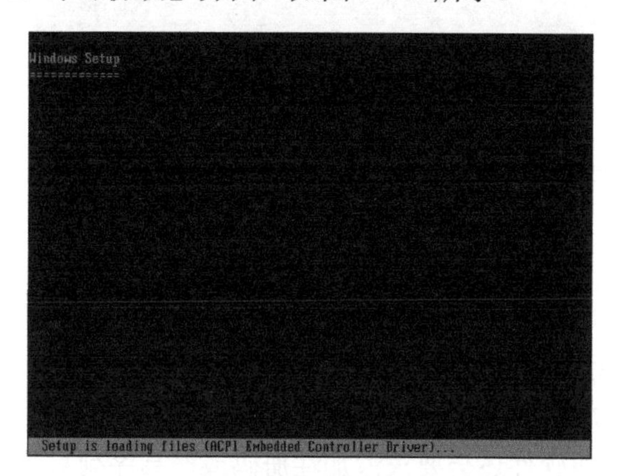

图 7-5-1　Windows XP 的安装界面

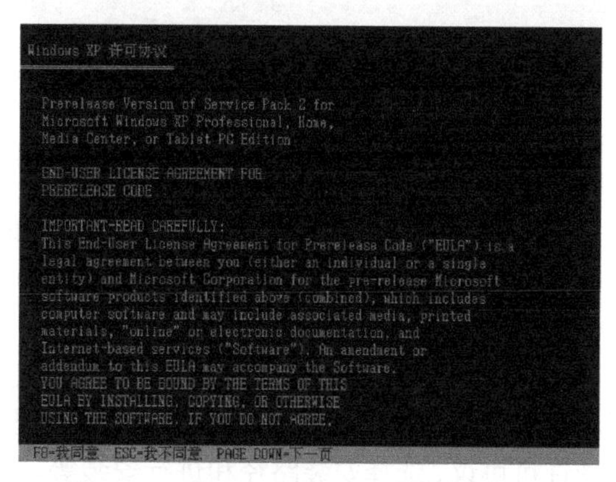

图 7-5-2　【Windows XP 许可协议】界面

（4）按下【F8】键表示同意协议，接着进入选择安装驱动盘界面，在其中选择原来的系统安装盘，即 C 盘，如图 7-5-3 所示。

（5）按下【Enter】键，进入格式化分区界面，用户可以通过方向键移动光标来对所安装的磁盘区进行格式化方式的选择。这里选择【用 NTFS 文件系统格式化磁盘分区（快）】方式，如图 7-5-4 所示。

（6）按下【Enter】键，Windows XP 安装程序提示是否格式化，如图 7-5-5 所示，这里按【F】键确认格式化，接着会显示格式化的进度。

（7）格式化完毕后，安装程序开始复制文件，如图 7-5-6 所示，此后根据提示操作即可，这里不再赘述。

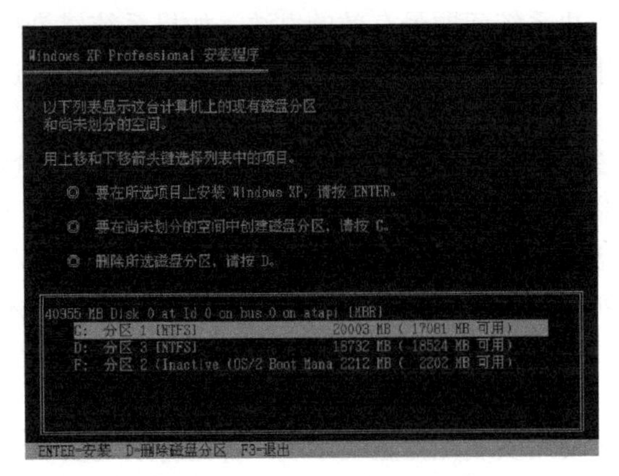

图 7-5-3　选择安装驱动盘界面

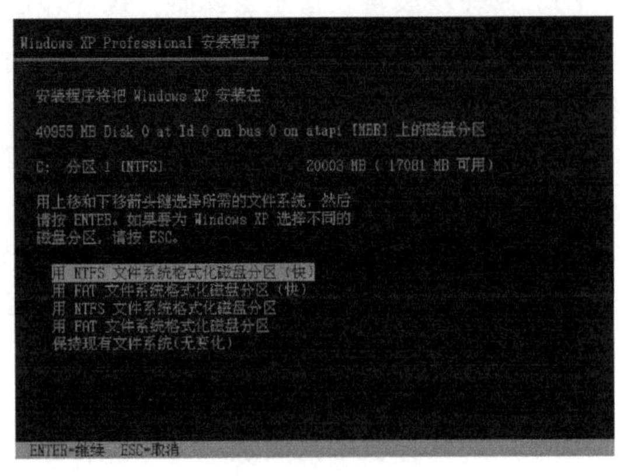

图 7-5-4　格式化分区界面

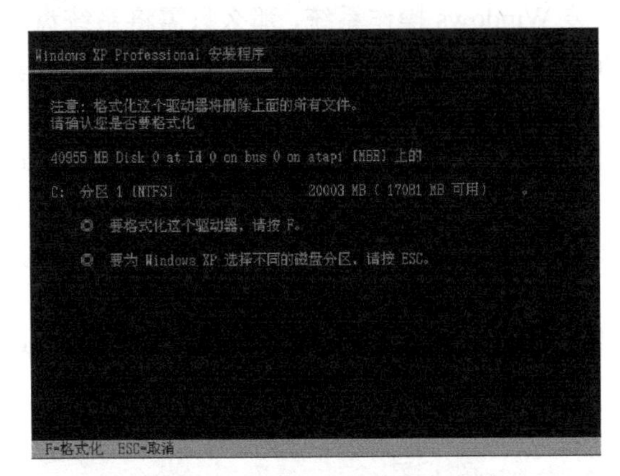

图 7-5-5　提示是否格式化界面

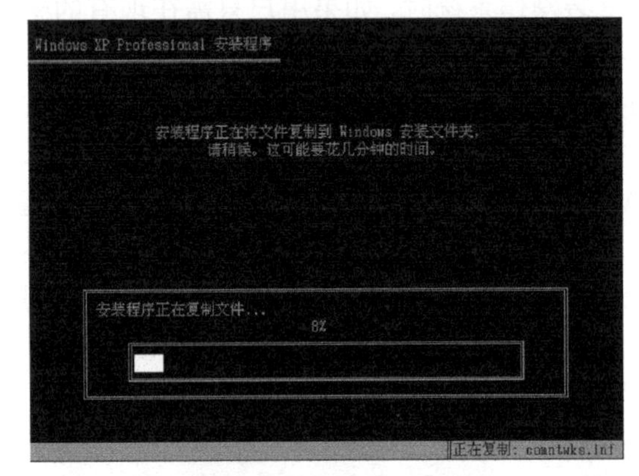

图 7-5-6　显示复制进度

7.6　软件的安装与卸载

众所周知，一台完整的计算机包括硬件和软件，用户需要借助软件来完成各项工作。在学习软件的操作之前，首先要做的就是安装软件。

1．软件的安装

安装软件分为免注册和需注册两种，两者的区别主要在于前者不会在系统中加入注册信息，后者会随着系统的重装而不能使用，而前者则不会受影响。安装过程大致为：运行软件的主程序、接受许可协议、选择安装路径和进行安装等。有些收费软件还会要求添加注册码或产品序列号等。

常规软件安装起来比较简单，但是一些大型系统类的软件可能安装起来非常烦琐，必须专业人员才能胜任。

2．软件的卸载

计算机中安装的应用程序过多，会导致计算机运行速度变得缓慢，此时用户可以将不用的软件卸载，从而腾出更多的空间以保证计算机的正常运行或其他软件的安装。

软件的卸载不是仅仅删除软件本身的数据这么简单，还牵扯到与操作系统的一系列互动。常见的软件卸载方法有：

（1）使用软件自带的卸载程序。

（2）使用控制面板里的【卸载程序】功能。

（3）使用第三方卸载工具，如 360 软件管家（或其他类似软件）。

第 8 章　信息技术基础

8.1　信息与数据

（1）信息：信息是指事物运动的状态及状态变化的方式，是认识主体所感知或所表述的事物运动及其变化方式的形式、内容和效用。

（2）信息技术：用来扩展人的信息器官功能，协助人们进行信息处理的一类技术。

（3）信息处理活动：包括信息收集、信息加工、信息存储、信息传递、信息使用。

（4）现代信息技术的三大领域：微电子技术，通信技术，数字技术（计算机技术）。

（5）当代电子信息技术的基础有两项：微电子与光纤技术，数字技术。

（6）现代信息技术的主要特征：以数字技术为基础，以计算机为核心。

（7）信息处理系统：用于辅助人们进行信息获取、传递、存储、加工处理、控制及显示的综合使用各种信息技术的系统。

（8）信息与数据：

① 信息是客观事物属性的反映，是经过加工处理并对人类客观行为产生影响的数据表现形式。

② 数据是反映客观事物属性的记录，是信息的具体表现形式。

任何事物的属性都是通过数据来表示的。数据经过加工处理之后，成为信息。而信息必须通过数据才能传播，才能对人类有影响。

8.2　数字化基础

把自然世界中的信息转换成计算机可以识别并能够处理的数据的过程称为数字化处理。由于计算机是使用数字电路设计实现的机器，基于电路设计的原因，计算机中的一切数据均采用二进制进行表示和处理。

计算机内部之所以采用二进制，其主要原因是二进制具有以下优点：

（1）技术上容易实现。用双稳态电路表示二进制数字 0 和 1 是很容易的事情。

（2）可靠性高。二进制数据中只使用 0 和 1 两个数字，传输和处理时不易出错，因而可以保障计算机具有很高的可靠性。

（3）运算规则简单。与十进制数相比，二进制数的运算规则要简单得多，这不仅可以使运算器的结构得到简化，而且有利于提高运算速度。

（4）与逻辑量相吻合。二进制数 0 和 1 正好与逻辑量“真”和“假”相对应，因此用二进制数表示二值逻辑显得十分自然。

（5）二进制数与十进制数之间的转换相当容易。

要想深刻了解计算机数字化处理的过程，先从数制转换开始。

8.2.1　数制及相互转换

数制也称计数制，是指用一组固定的符号和统一的规则来表示数值的方法。编码是采用少量的基本符号，选用一定的组合原则，以表示大量复杂多样的信息的技术。计算机是信息处理的工具，任何信息必须转换成二进制形式的数据后才能由计算机进行处理、存储和传输。

1．基本概念

（1）数位、基数和位权。

① 数位是指数码在一个数中所处的位置。

② 基数是指在某种进位计数制中，每个数位上所能使用的数码的个数。例如，二进制数基数是 2，每个数位上所能使用的数码为 0 和 1。

③ 对于多位数，处在某一位上的“1”所表示的数值的大小，称为该位的位权。例如，二进制数第 2 位的位权为 2，第 3 位的位权为 4。

（2）常用进制数及其书写方式。

计算机中常用到的进制数是二进制数、八进制数、十进制数、十六进制数。进制数的书写方式有两种：

用（进制数）+下角标，如 $(1001)_2$、$(45)_8$。

用大写字母表示：B（二进制）、D（十进制）、O（八进制）、H（十六进制），如 1001B、450、3AH。十进制在书写的时候可以不用标识出符号。

2．数制与编码

（1）二进制（二进位计数制）：具有 2 个不同的数码符号 0、1，其基数为 2；二进制数的特点是逢二进一。例如：

$$(1011)_2=1\times2^3+0\times2^2+1\times2^1+1\times2^0=(11)^{10}$$

（2）十进制（十进位计数制）：具有 10 个不同的数码符号 0、1、2、3、4、5、6、7、8、9，其基数为 10；十进制数的特点是逢十进一。例如：

$$(1011)_{10}=1\times10^3+0\times10^2+1\times10^1+1\times10^0$$

（3）八进制（八进位计数制）：具有 8 个不同的数码符号 0、1、2、3、4、5、6、7，其基数为 8；八进制数的特点是逢八进一。例如：

$$(1011)_8=1\times8^3+0\times8^2+1\times8^1+1\times8^0=(521)_{10}$$

（4）十六进制（十六进位计数制）：具有 16 个不同的数码符号 0、1、2、3、4、5、6、7、8、9、A、B、C、D、E、F，其基数为 16；十六进制数的特点是逢十六进一。例如：

$$(1011)_{16}=1\times16^3+0\times16^2+1\times16^1+1\times16^0=(4113)_{10}$$

3．不同数制的转换

（1）十进制整数转换为 *R* 进制数——除 *R*（基数）取余法，余数倒序排列。

（2）十进制纯小数转换为 *R* 进制数——乘 *R*（基数）取整法，整数正序排列。

（3）*R* 进制数转换为十进制数——乘权求和法（见上述举例）。

（4）八、十六进制数转换为二进制数——每 1 位八进制数码用 3 位二进制数码表示，每 1 位十六进制数码用 4 位二进制数码表示。

（5）二进制数转换为八、十六进制数——从小数点开始分别向左向右展开，每 3 位二进制数码用 1 位八进制数码表示，每 4 位二进制数码用 1 位十六进制数码表示。

8.2.2 数值计算

1．*R* 进制算数运算法则

加法运算：逢 *R* 进一。

减法运算：借一位，当 *R* 用。

2．逻辑运算

（1）二进制有两个逻辑值：1（逻辑真），0（逻辑假）。

（2）逻辑加（也称“或”运算，用符号“OR”、“∨”或“+”表示）：当 A 和 B 均为假时，结果为假，否则结果为真。

（3）逻辑乘（也称“与”运算，用符号“AND”或“∧”表示）：当 A 和 B 均为真时，结果为真，否则结果为假。

（4）取反（也称“非”运算，用符号“NOT”或“~”表示）。

（5）异或（用符号“XOR”表示）：两个值不同时为真，相同时为假。

8.2.3 数值信息表示

1．整数表示（定点数）

计算机中的整数一般用定点数表示，定点数指小数点在数中有固定的位置。整数又可分为无符号整数（不带符号的整数）和整数（带符号的整数）。无符号整数中，所有二进制位全部用来表示数的大小；有符号整数用最高位表示数的正负号，其他位表示数的大小。如果用一个字节表示一个无符号整数，其取值范围是 0～255（2^8-1）；表示一个有符号整数，其取值范围-128～+127（-2^7～$+2^7$-1）。例如，用一个字节表示整数，则能表示的最大正整数为 01111111（最高位为符号位），即最大值为 127，若数值＞|127|，则“溢出”。计算机中表示一个带符号的整数，数的正负用最高位来表示，定义为符号位，用“0”表示正数，“1”表示负数。

带符号整数有原码和补码两种表示方式，其中带符号的正数的补码就是原码本身；带符号的负数的补码是由原码取反再加一换算得来的，计算机中带符号的负数采用补码的形式　存放。

原码到补码的换算过程是：保持最高位符号位不变，其余各位取反，然后末位加 1。

补码到原码的换算过程是：保持最高位符号位不变，其余各位取反，然后末位加 1。

说明：如果是正数，则补码就是其原码本身；反推，如果带符号数补码的最高位是 0，则该补码表示形式也是该数值的原码表示形式。

2．浮点数表示

实数一般用浮点数表示，因为它的小数点位置不固定，所以称为浮点数。它是既有整数又有小数的数，纯小数可以看作实数的特例。任何一个实数都可以表示成一个乘幂和一个纯小数之积，57.6256、-1984.043、0.004567 都是实数，以上 3 个数又可以表示为：

$$57.6256=10^2\times(0.576256)$$

$$-1984.043=10^4\times(-0.1984043)$$

$$0.004567=10^{-2}\times(0.4567)$$

其中，指数部分（称为“阶码”，是一个整数）用来指出实数中小数点的位置，括号内是一个纯小数（称为“尾数”）。二进制的实数表示也是这样，例如：

$$1001.011=2^{100}\times(0.1001011)$$

$$-0.0010101=2^{-10}\times(-0.10101)$$

在计算机中通常把浮点数分成阶码和尾数两部分，其中阶码一般用补码定点整数表示，尾数一般用补码或原码定点小数表示。阶符表示指数的符号位，阶码表示幂次，数符表示尾数的符号位，尾数表示规格化的小数值。

阶符	阶码	数符	尾数

用科学计数法表示：$N=S\times2^i$，其中 S 为尾数，i 为阶码。

阶码用来指示尾数中的小数点应当向左或向右移动的位数；尾数表示数值的有效数字，其小数点约定在数符和尾数之间，在浮点数中数符和阶符各占一位；阶码的值随浮点数数值的大小而定，尾数的位数则依浮点数的精度要求而定。

8.2.4 字符的编码

1. 西文字符编码（ASCII 码）

西文字符集：由拉丁字母、数字、标点符号及一些特殊符号组成。

西文字符的编码：对字符集中每一个字符各有一个二进制编码，通常记为十进制数或十六进制数。

标准 ASCII 码——美国标准信息交换码（American Standard Code for Information Interchange）使用 7 个二进位对字符进行编码。每个 ASCII 字符以一个字节存放（8 位，最高位为 0），标准的 ASCII 字符集共有 128 个字符，其中含 96 个可打印字符（常用字母、数字、标点符号等）和 32 个控制字符。

一般要记住几个特殊字符的 ASCII 码：空格（32）、A（65）、a（97）、0（48）。

数字、字母的 ASCII 码是连续的；对应大小写字母 ASCII 码相差 32。

不同类型的 ASCII 码的十进制数值由小到大的排序：数字<大写字母<小写字母

2. 汉字字符的编码

（1）我国汉字编码的国家标准：

① GB2312—80（6763 个常用简体汉字和 682 个图形符号）。

② GBK—95（21003 个汉字和 883 个图形符号）。

③ GB18030—2000（27000 多个汉字）。

（2）GB2312—80 字符集。

GB2312 包括 6763 个汉字和 682 个非汉字字符。

① 一级常用汉字 3755 个，按汉语拼音排列。

② 二级常用汉字 3008 个，按偏旁部首排列。

③ 非汉字字符 682 个。

GB2312 构成一个二维平面，分成 94 行和 94 列，行号称为区号，列号称为位号，唯一标识一个汉字。

将区位码的区号和位号分别加上 32（20H），得到国标码；将国标码的两个字节的最高位置 1（加 128，即 80H），得到 PC 常用的机内码。汉字的区位码、国标码、机内码有如下关系：

国标码=区位码+2020H

机内码=国标码+8080H

机内码=区位码+A0A0H

汉字机内码为双字节，最高位是 1；西文字符机内码为单字节，最高位是 0。

8.2.5 数据容量计算

了解了计算机数字化处理的常识，还有另一个常识也是必须了解的，这就是计算机数据容量的换算。如常见的文件是多少 MB，硬盘的容量是多少 GB，这些都代表什么含义呢？使用计算机的人必须要了解数据容量的换算方法。

计算机中衡量数据容量的单位通常包括位（bit）、字节（Byte）、千字节（KB）、兆字节（MB）、吉字节（GB）、太字节（TB）。

其换算方法为：

8bit（位）=1Byte（字节）　　二进制数的一个“0”或一个“1”称为 1bit

1024Byte（字节）=1KB

1024KB=1MB

1024MB=1GB

1024GB=1TB

也就是说，除了 1Byte=8bit 外，其余的单位换算都是 1024 倍的，这是因为计算机数据均以二进制数来表示的，而 1024 恰好是 2^{10}。

特别说明：以上是计算机操作系统中计算数据容量的方法，而硬件制造商往往不是按照这个标准来计算容量的。如硬盘容量的换算，制造商通常是按照 1000 这个单位来计量的，这样应该能比较容易理解，为什么一块标称 600GB 的硬盘，在操作系统中怎么计算都不到 600GB 了。

了解了基本符号和数字信息在计算机中表示的方法之后，还需要知道计算机中常见的声音数据、图像数据和视频数据的处理方法。而这些数据类型，在当今已成为计算机处理的主要数据类型。

8.3　音频处理基础

8.3.1　声音信息表示

1．基本概念

声音：声音是振动波，具有振幅、周期和频率。

声音三要素为：

（1）音调（高低）；

（2）音强（强弱）；

（3）音色（特质）。

声音的质量：简称音质。音质与频率范围成正比，频率范围越宽音质就越好；也与音色有关，悦耳的音色、宽广的频带，能带来好音质。

声道：音源位置。

2．声音数字化

声音信息的数字化处理，通常包括获取（合成）、编码压缩、解码还原、播放输出等过程。PC 中实现数字化声音处理的主要设备是声卡。

声音信息数字化的过程是：通过话筒来录制声音，此时得到模拟信号；然后经过取样和量化过程转换成数字信号[也称模/数（A/D）转换]；数字信号经过编码压缩得到数字化声音文件。声音的重建过程与之相反，通过解码、数/模转换（D/A 转换）、插值处理、放大还原、输出等一系列过程来完成。

经过数字化处理的音频信息，便于通过计算机及其网络进行传播，具有易编辑、抗干扰等一系列优点。

3．数字化音频的质量标准

一般由取样频率、量化位数、声道数目和压缩编码方法来确定数字化音频的质量标准。

图 8-3-1 为现在最常见的 MP3 文件信息，包含了数字化声音播放时长、文件大小、位速（也叫码率，表示每秒钟播放的数据量）等。

图 8-3-1　MP3 文件及信息

4．常见的声音压缩编码标准

（1）MPEG-1。MPEG-1 声音压缩编码是国际上第一个高保真声音数据压缩国际标准，它分 3 个层次：

① 层 1（Layer 1）：编码简单，用于数字盒式录音磁带。

② 层 2（Layer 2）：算法复杂度中等，用于数字音频广播（DAB）和 VCD 等。

③ 层 3（Layer 3）：编码复杂，用于互联网上的高质量声音传输，如 MP3 音乐，压缩率可达 10:1。

（2）MPEG-2。MPEG-2 的声音压缩编码采用与 MPEG-1 声音相同的编译码器，层 1、层 2 和层 3 的结构也相同，但它能支持 5.1 声道和 7.1 声道的环绕立体声。

（3）杜比数字 AC-3（Dolby Digital AC-3）。美国杜比公司开发的多声道全频带声音编码系统，它提供的环绕立体声系统由 5 个全频带声道加一个超低音声道组成，6 个声道的信息在制作和还原过程中全部数字化，信息损失很少，细节丰富，具有真正的立体声效果，在数字电视、DVD 和家庭影院中被广泛使用。

5．关于合成声音

计算机可以合成语音，即模拟人说话的声音；也可以合成音乐。合成语音的特点是：发音清晰、语调自然、可任选说话人。合成语音现已广泛应用于文稿校对、语言学习、语音秘书、自动报警、残疾人服务、股票交易、航班动态查询等领域。

合成音乐最有名的是 MIDI（Musical Instrument Digital Interface，乐器数字接口），其本质是使用计算机文件记录乐器的乐谱，具有数据量小、易于修改的特点，其缺点是无法合成出所有各种不同的声音（如语音），音质也不大好。

常见的声音文件格式有 WAV、MOD、MP3、RA、CDA、MID 等。

8.3.2 音频处理软件示例——Adobe Audition 软件

Adobe Audition 是一个专业级的音频编辑和混合环境，如图 8-3-2 所示，它由大名鼎鼎的 Adobe 公司出品，其功能特性可专为在录音室、广播设备和多媒体后期制作方面工作的音频专业人员设计，可提供先进的音频混合、编辑、控制和效果处理功能。

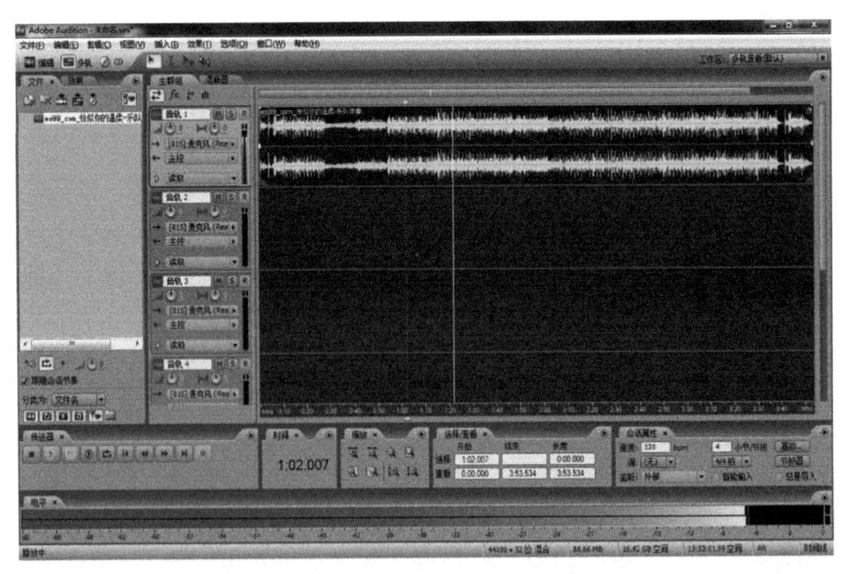

图 8-3-2 Adobe Audition 工作界面

Adobe Audition 能够以前所未有的速度和控制能力，录制、混合、编辑和控制音频，如创建音乐，录制和混合项目，制作广播点，整理电影的制作音频，或为视频游戏设计声音。使用 Adobe Audition 可以轻松地创建个人录制工作室。

使用 Adobe Audition 来录制歌曲的典型流程如下：

（1）麦克风调试；

（2）噪声采样；

（3）插入伴奏；

（4）录取人声；

（5）降低噪声；

（6）效果处理；

（7）伴奏人声合并；

（8）保存合并后的音乐。

需要说明的是，使用 Adobe Audition 这一款软件来进行专业的音频处理，需要掌握比较专业的音频处理技术和良好的软件使用能力，另外还要有专业的硬件设备，而专业的音频处理设备通常都比较昂贵。

8.4 图像处理基础

8.4.1 图像信息表示

1．基本概念

（1）图像：图像是由扫描仪、摄像机等输入设备捕捉实际的画面产生的数字图像，由像素点阵构成的位图。

（2）分类：计算机中的图像从处理方式上可以分为位图和矢量图。

（3）图像的获取：是指从现实世界中获得数字图像的过程。

（4）图像获取的过程：实质上是模拟信号的数字化过程。它的处理步骤如下：

① 扫描：将画面划分为 $M \times N$ 个网格，每个网格称为一个取样点。

② 分色：将彩色图像取样点的颜色分解成 3 个基色（RGB）。

③ 取样：测量每个取样点每个分量的亮度值。

④ 量化：对亮度值进行 A/D 转换，把模拟量用数字量来表示。

（5）数字图像获取设备：从现实世界获得数字图像过程中所使用的设备通称为数字图像获取设备。数字图像获取设备的功能是将现实的景物输入到计算机内并以取样图像的形式表示。常用的数字图像获取设备有扫描仪、数码相机和数码摄像机等。

2．图像的表示方法与主要参数

（1）图像的表示方法：一幅取样图像由 M（行）$\times N$（列）个取样点组成，每个取样点称为像素（picture element，简写为 pixel）。彩色图像的像素由多个彩色分量组成，黑白图像的像素只有一个亮度值。

黑白图像：每个像素亮度取值 0 或 1。

灰度图像：每个像素亮度取值有一个范围，如 0～255。

彩色图像：每个像素分为 3 个分量，如 R、G、B。3 个分量的取值分别有一个范围。

（2）取样图像的属性：

图像分辨率（包括垂直分辨率和水平分辨率）：图像在屏幕上的大小。

位平面的数目（矩阵的数目）：彩色分量的数目。

颜色模型：描述彩色图像所使用的颜色描述方法，也称为颜色空间的类型。常用颜色模型包括 RGB（红、绿、蓝）、CMYK（青、品红、黄、黑）、HSV（色彩、饱和度、亮度）、YUV（亮度、色度）等。

像素深度：像素的所有颜色分量的二进制位数之和，它决定了不同颜色（亮度）的最大数目。

图像数据量的计算公式（以字节为单位）：

数据量=图像水平分辨率×图像垂直分辨率×像素深度/8

3．图像的压缩编码

由于数字图像中的数据相关性很强，数据的冗余度很大，因此对数字图像进行大幅度的数据压缩是完全可能的。而且，人眼的视觉有一定的局限性，即使压缩前后的图像有一定失真，只要限制在人眼允许的误差范围之内，也是可以的。

数据压缩可分为无损压缩和有损压缩两种类型。

常用图像文件格式如表 8-4-1 所示。

表 8-4-1　常用图像文件格式

名　称	压缩编码方法	性　质	典 型 应 用	开发组织/公司
BMP	RLC	无损	Windows 应用程序	Microsoft
TIF	RLC，LZW	无损	desktop publishing	Aldus，Microsoft
GIF	LZW	无损	Internet	CompuServe
JPEG	DCT，Huffman	无损/有损	Internet，数码相机等	ISO/IEC
JPEG 2000	小波变换，算术编码	无损/有损	Internet，数码相机等	ISO/IEC

4．计算机图形

计算机通过运算而产生的图形称之为矢量图，也称为面向对象的图像或绘图图像。

计算机图形学（computer graphics）：研究如何使用计算机描述景物并生成其图像的原理、方法与技术。

景物的建模与图像的合成过程包括：

（1）景物的模型（model）：景物在计算机内的描述。

（2）景物的建模（modeling）：人们进行景物描述的过程。

（3）绘制（rendering）：也称图像合成，根据景物的模型生成图像的过程，所产生的数字图像称为计算机合成图像。

使用计算机合成图像能生成实际存在的具体景物的图像，还能生成假想或抽象景物的图像；能生成静止图像，还能生成各种运动、变化的动态图像。

计算机合成图像广泛应用于计算机辅助设计和辅助制造（CAD/CAM）、地形图、交通图、天气图、海洋图、石油开采图、作战指挥和军事训练、计算机动画和计算机艺术以及电子出版、数据处理、工业监控、辅助教学（CAI）、软件工程等领域。

常用的绘图软件包括 AutoCAD、MAPInfo、ARCInfo 以及微软公司的 Microsoft Visio、Word 和 PowerPoint。

图 8-4-1　3D 效果

5．3D 技术

3D 是 Three Dimensions 的缩写，就是三维图形。在计算机里显示 3D 图形（见图 8-4-1），就是在平面里显示三维图形。不像现实世界里，真实地存在三维空间，有真实的距离空间。计算机里只是看起来很像真实世界，因此在计算机显示的 3D 图形，就是让人眼看上去像真的一样。

3D（三维数字化）技术，是基于计算机/网络/数字化平台的现代工具性基础公用技术，包括3D软件的开发技术、3D硬件的开发技术，以及3D软件、3D硬件与其他软硬件数字化平台设备相结合在不同行业和不同需求上的应用技术。

近年来，3D技术得到了显著的发展与普及。3D技术的应用普及，有面向影视动画、动漫、游戏等视觉表现类的文化艺术类产品的开发和制作，有面向汽车、飞机、家电、家具等实体物质产品的设计和生产，也有面向人与环境交互的虚拟现实的仿真和模拟等。具体讲，包括3D软件行业、3D硬件行业、数字娱乐行业、制造业、建筑业、虚拟现实、地理信息GIS、3D互联网，等等。

8.4.2 图像处理软件示例

1. Photoshop

Photoshop是Adobe公司旗下最为有名的图像处理软件之一，是集图像扫描、编辑修改、图像制作、广告创意、图像输入与输出于一体的图形图像处理软件，深受广大平面设计人员和电脑美术爱好者的喜爱，以至于人们对使用Photoshop处理图像都简称为PS了。

Photoshop系列软件（见图8-4-2），广泛地应用于平面设计、修复照片、广告摄影、影像创意、艺术文字、网页制作、建筑效果图后期修饰、绘画、三维贴图、婚纱照设计、视觉创意、图标制作、界面设计等各个领域。

该软件对使用者的要求是：具有比较熟练的计算机操作技术、良好的美术功底和一定的艺术创造力。

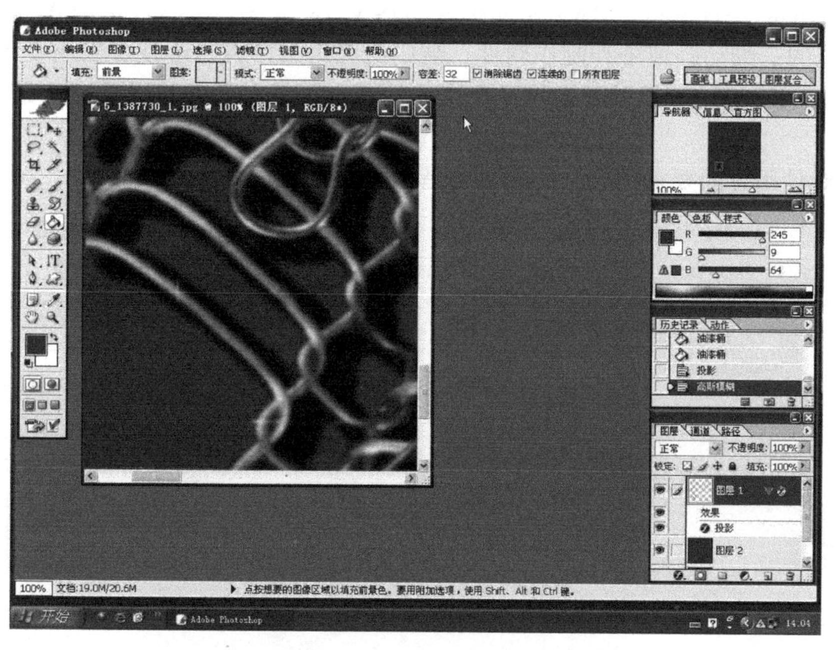

图8-4-2 Photoshop主界面

2. AutoCAD

如图8-4-3所示，AutoCAD（Auto Computer Aided Design）是美国Autodesk公司生产的计算机辅助设计软件，用于二维绘图和基本三维设计，现已经成为国际上广为流行的绘图工具。.dwg文件格式成为二维绘图的事实标准格式。

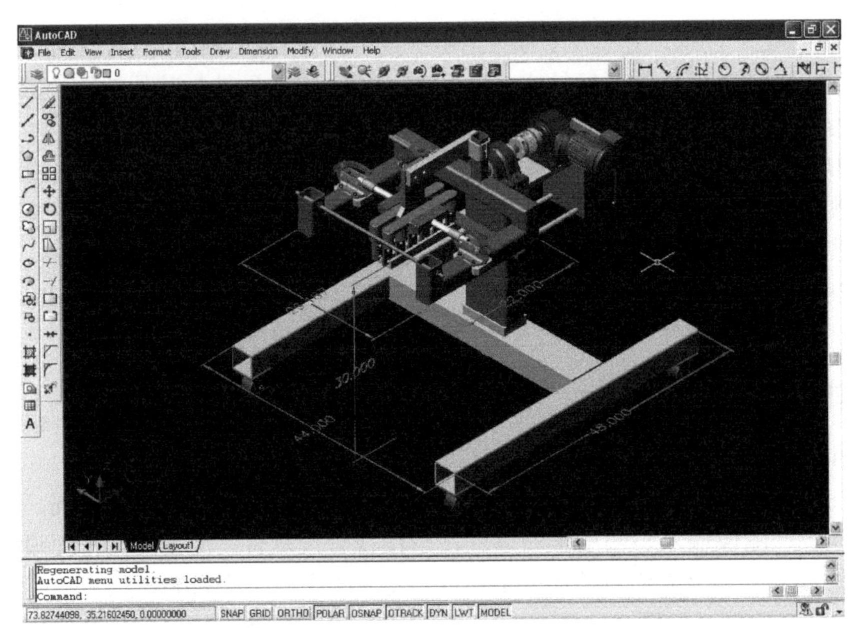

图 8-4-3　AutoCAD 主界面

AutoCAD 现已广泛应用于土木建筑、装饰装潢、城市规划、园林设计、电子电路设计、机械设计、服装鞋帽设计、航空航天、轻工化工等诸多领域。

3．3D MAX

如图 8-4-4 所示，3D Studio MAX 常简称为 3DS MAX 或 3D MAX，也是 Autodesk 公司开发的基于 PC 系统的三维动画渲染和制作软件，被广泛应用于广告、影视、工业设计、建筑设计、多媒体制作、游戏、辅助教学以及工程可视化等领域。其最有名的应用是 3D 游戏和影视特效制作。

这款软件对使用者的要求更高一些，主要是建模和渲染方面的能力。

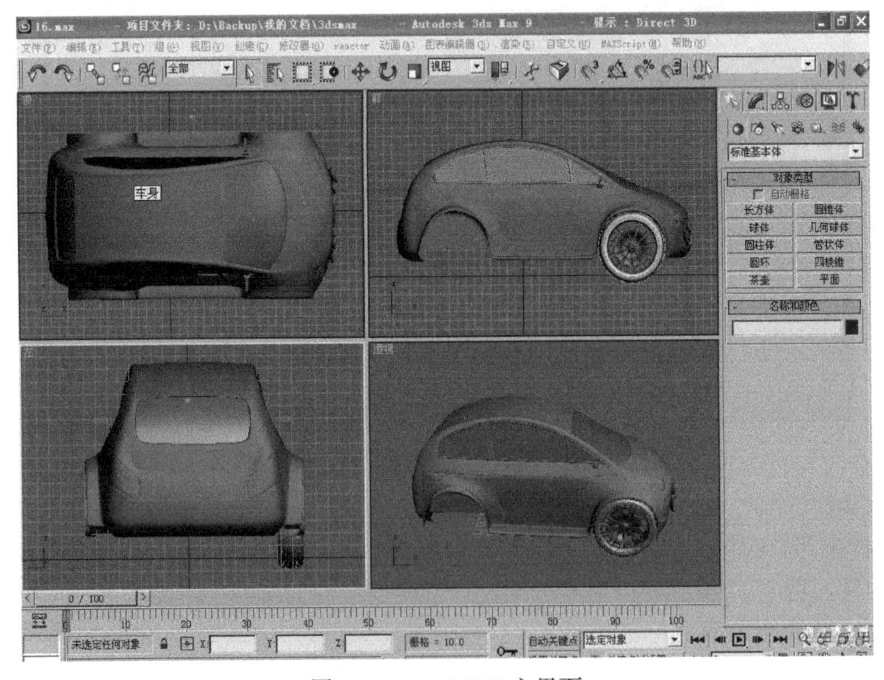

图 8-4-4　3D MAX 主界面

8.5 视频处理基础

8.5.1 视频信息表示

视频（video）通常称为动态的图像，本质上是内容随时间变化的一个图像序列，利用人眼的视觉暂留原理，在一定的时间内（一般按秒计）连续输出内容相关联的一组图片（如常规的电影胶片是一秒钟播放 24 幅画面；我国电视标准是 PAL 制式，每秒钟播放 25 幅画面），从而产生动态的效果。可在计算机中处理的视频有两种常见的生成模式：一种是使用视频捕获设备来获取的自然视频信息；另一种是由计算机合成的动画视频。在现实世界中，这两种类型的图像处理技术都会产生巨大的社会效益，如视频经编辑处理后产生的电影、电视剧、新闻节目、动画片等。

在计算机内部，视频信息进行数字化处理的方法是：以一帧帧画面为单位分别进行处理，每一帧画面采用的技术与静止图像技术相同。对应的硬件设备是视频卡，在 PC 中通常就是显卡。显卡在视频处理过程中的作用是：将模拟视频信号（及伴音信号）数字化并存储在硬盘中。数字化后的视频图像，经彩色空间转换（从 YUV 转换为 RGB），与其他图像叠加，显示在屏幕上。在获取数字视频的同时，视频卡还要使用数字信号处理器（DSP）进行音频和视频数据的压缩编码。

常见的视频捕获设备有数字摄像头、数字摄像机、数码相机和带摄像头的手机等。这些数字化视频捕获设备性能指标通常包括有效像素、镜头类型、焦距、存储类型、存储容量等。

数字视频在计算机内部要进行压缩编码，以减小存储容量，输出的时候要反向进行解码以实现图像信息的还原。目前有许多视频编/解码标准，最经典的是 MPEG（Motion Picture Expert Group，运动图像专家组）系列标准。

（1）MPEG-1：一种运动图像及其伴音的编码标准。

码率：1.2Mb/s～1.5Mb/s。

图像质量：200 多线，相当于一般家用录像机。

应用：数码相机和数字摄像机，VCD。

（2）MPEG-2：针对数字电视（DTV）应用的编码标准。

码率：1.5Mb/s～60Mb/s 甚至更高。

特点：通用性好，向下兼容 MPEG-1。

应用：数字卫星电视，高清晰度电视（HDTV）广播，数字视盘 DVD。

（3）MPEG-4：为视听对象编码（Coding of audio-visual objects），是针对多媒体应用的图像编码标准，一种分辨率可变的视听对象编码标准，使用的是一种新的压缩算法。它支持自然的（取样）和计算机合成视频和音频，功能强，应用前景广。

现实计算机应用中，可能会看到很多不同的视频文件格式，其数量之多，简直到了令用户眼花缭乱的地步了。这些不同的视频文件标准由不同的公司或组织制定，其目的就是为了实现更高的压缩比，建立更好的图像质量，争取用户，抢占视频传播这个广阔的市场。常见的视频图像文件格式有：RM、RMVB、MPEG1～4、MOV、MTV、DAT、WMV、AVI、3GP、AMV、DMV 等。

8.5.2 视频处理软件示例——会声会影软件

会声会影（见图 8-5-1）是友立资讯（中国台湾）推出的一款操作简单而功能强大的视频剪辑软件，具有成批转换功能与捕获格式完整的特点，特别适合非专业的、家庭娱乐式的媒体编辑处理工作。结婚回忆、宝贝成长、旅游记录、个人日记、生日派对、毕业典礼等所有美好时刻，都可轻轻松松通过会声会影剪辑出精彩且有创意的家庭影片，与亲朋好友一同分享欢乐。

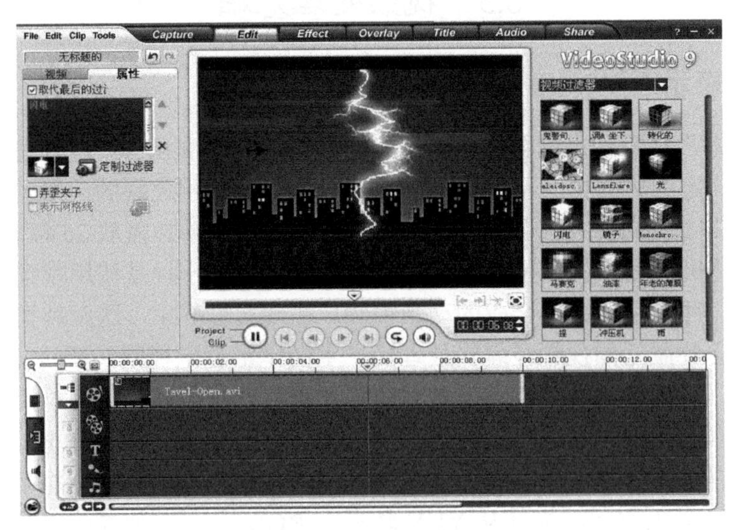

图 8-5-1　会声会影主界面

第9章　网络空间安全

9.1　网络技术基础

计算机网络从20世纪60年代开始发展至今，经历了从简单到复杂、从单机到多机、由终端与计算机之间的通信演变到计算机与计算机之间的直接通信等一系列发展历程，目前正向着物联网、移动网、全光网等智能化模式转变，我们的生活也被其深深地影响，可以说，网络正在切实地改变着我们的世界。

9.1.1　网络技术概述

计算机网络从产生到发展，总体可以分成4个阶段：

第1阶段：20世纪60年代末到20世纪70年代初，为萌芽阶段。其主要特征是：为了增加系统的计算能力和资源共享，把小型计算机连成实验性的网络。第一个远程分组交换网是ARPANET，由美国国防部于1969年建成，第一次实现了由通信网络和资源网络复合构成计算机网络系统，最初只实现了4个节点的连接，但是它标志着计算机网络的真正产生，ARPANET是这一阶段的典型代表。

第2阶段：20世纪70年代中后期，是局域网络（LAN）发展的重要阶段（也叫多机互联网络阶段），局域网络作为一种新型的计算机体系结构开始进入产业部门。

第3阶段：整个20世纪80年代，是计算机局域网的发展时期（也叫标准化网络阶段）。其主要特征是：局域网完全从硬件上实现了ISO的开放系统互联通信模式协议的能力。计算机局域网及其互联产品的集成，使得局域网与局域网互联、局域网与各类主机互联以及局域网与广域网互联的技术越来越成熟。

第4阶段：20世纪90年代初至今，是计算机网络飞速发展的阶段（也叫互联与高速网络阶段）。计算机的发展已经完全与网络融为一体，体现了“网络就是计算机”的口号。如图9-1-1所示为现代计算机网络的逻辑结构。

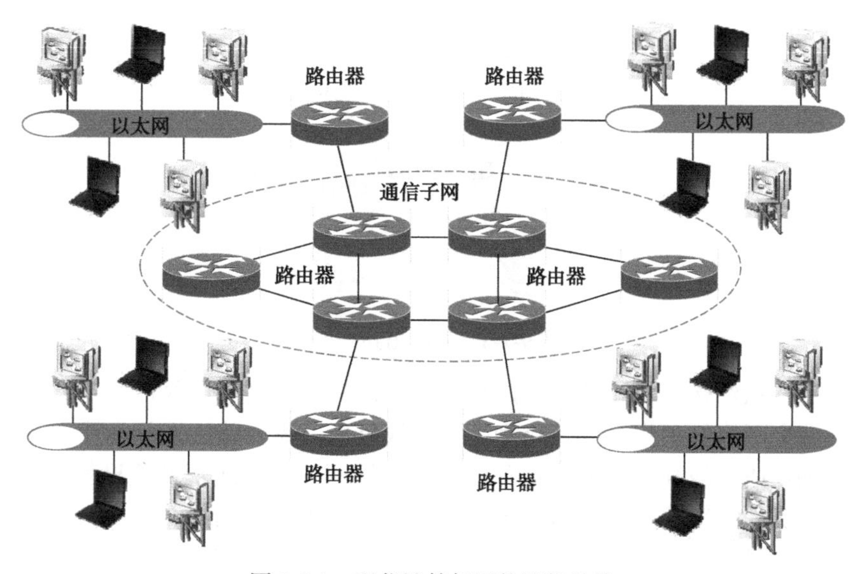

图9-1-1　现代计算机网络逻辑结构

（1）计算机组成网络之后，有以下主要功能：数据通信、资源共享、负载均衡、分布处理和集中管理。

（2）计算机网络的特点有：可靠性、高效性、独立性、扩充性、廉价性、分布性和易操作性。

（3）计算机网络的应用主要体现在以下几个方面：数字通信、分布式计算、信息查询、远程教育、虚拟现实、电子商务、办公自动化、企业管理与决策等。

一个完整的计算机网络系统是由网络硬件和网络软件组成的，硬件包括服务器、终端设备、交换机、路由器和通信设备等，如图 9-1-2 所示。

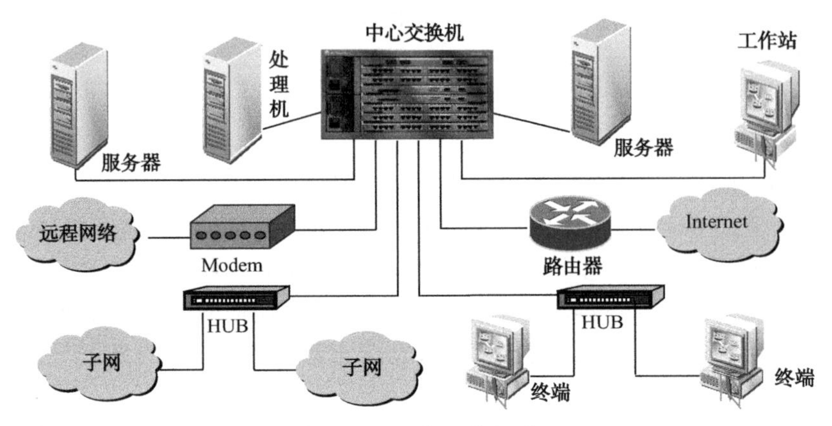

图 9-1-2　网络硬件组成

计算机网络软件系统包括网络操作系统、网络协议软件、网络通信软件、网络管理软件和网络应用软件。

计算机网络中的通信线路和节点相互连接的几何排列方法和模式称为网络的拓扑结构，主要有总线型、星型、树型、环型、网状等。

局域网多采用星型拓扑结构（见图 9-1-3），星型结构的优点为：单点故障不影响全网，结构简单，增删节点及维护管理容易，故障隔离和检测容易，延迟时间较短。缺点为：成本较高，资源利用率较低，网络性能过于依赖中心节点，一旦中心节点出现故障，则整个网络系统都可能陷入瘫痪。为了避免上述风险，网络可靠性要求较高的局域网多采用双核心结构。

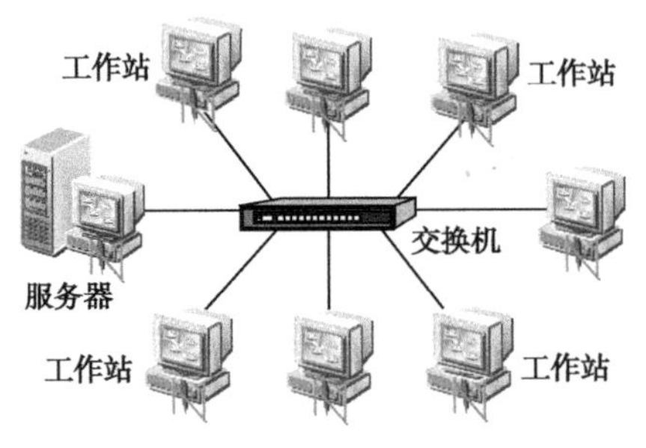

图 9-1-3　星型拓扑结构

广域网多采用网状结构（见图 9-1-4），其优点为：具有较高的可靠性，某一线路或节点有故障时，不会影响整个网络的工作。其缺点为：结构较复杂，需要路由选择和流量控制功能，网络控制软件复杂，硬件成本较高，不易管理和维护。广域网一般由运营商建设和管理。

计算机网络分类的标准很多，按覆盖范围分类，可分为局域网、城域网、广域网。按传播方式分类，可分为广播网络、点-点网络。按传输介质分类，可分为有线网和无线网：有线网传输介质主要有双绞线和光纤；无线网主要有微波通信网和卫星通信网。

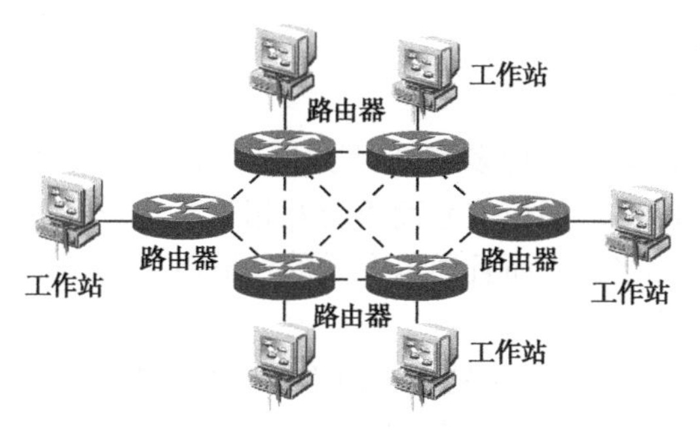

图 9-1-4　网状拓扑结构

根据目前网络构建的发展趋势，计算机网络的发展方向将是 IP 技术和光网络，光网络将会演进为全光网络，主要技术热点包括三网合一技术、光通信技术、IPv6 技术、宽带接入技术、3G/4G 移动网络技术。

9.1.2　数据通信基础

计算机网络的基础是数据通信，数据通信是指发送方将需要发送的数据转换成信号并通过物理信道传输到接收方的过程，如图 9-1-5 所示。

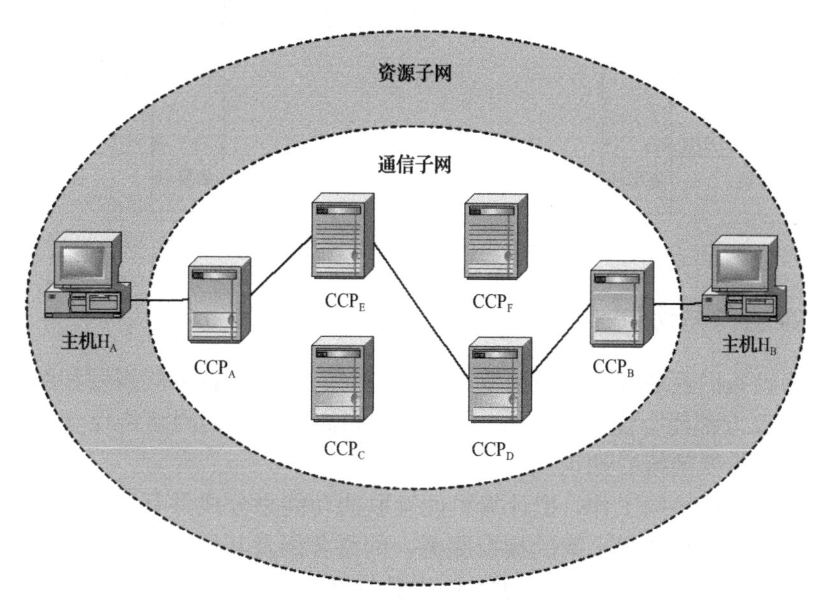

图 9-1-5　两台主机的通信过程

传统的通信信号为模拟信号，现代数据通信采用的都是数字信号。

数据通信的主要技术指标包括数据传输速率、信道容量、带宽、误码率和时延。

传输介质是通信网络中发送方和接收方之间的物理通路，主要就是前述的有线和无线类型，如光纤、双绞线和微波等。

为了实现高效安全的通信，网络通信系统设计中要解决的基本问题有以下几个方面：

（1）数据传输类型。

（2）是选择频带传输还是基带传输。

（3）数据通信方式。

（4）是串行通信还是并行通信。

（5）是单工通信、半双工通信还是全双工通信。

（6）数据传输的同步方式。

（7）是同步通信还是异步通信。

实际的通信网络中，广泛采用各种多路复用技术。所谓多路复用技术，就是在一条实际存在的通信介质信道中，同时传输多路通信信号而不会互相干扰。采用多路复用的原因是，通信工程中用于通信线路铺设的费用相当高，而且通信介质的传输能力都超过单一信道所需带宽，为多路复用实施提供了可能。

常见的多路复用类型包括频分多路复用（FDM）、时分多路复用（TDM）和波分多路复用（WDM）。数字电信号传输普遍采用时分复用技术，光信号传输普遍采用波分复用技术。现在手机的通信信号模式，如 CDMA（code division multiple access，码分多址）、WCDMA（宽带码分多址）和 TD-SCDMA（时分同步码分多址）都是复用技术的典型代表。如图 9-1-6 所示为异步时分复用。

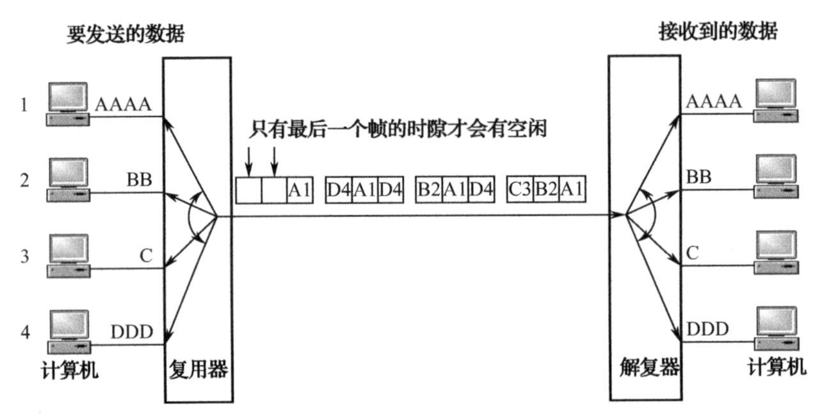

图 9-1-6　异步时分复用

9.1.3　网络体系结构与协议

为了实现网络设备的互通互联，通信双方必须遵守一些双方认可的规则和约定（类似于两个人说话，必须使用双方都能听懂的语言），这些规则和约定称之为网络协议（Protocol）。网络协议是网络技术中十分重要的核心知识点。

为了完成计算机间的协同工作，把计算机间互联的功能划分成具有明确定义的层次，规定了同层次进程通信的协议及相邻层之间的接口服务，网络各层及其协议的集合称为网络体系结构。

计算机之间相互通信涉及许多复杂的技术问题，而解决这一复杂问题十分有效的方法是分层解决。为此，人们把网络通信的复杂过程抽象成一种层次结构模型。采用分层实现的好处在于可以减轻问题的复杂程度，一旦网络发生故障，可迅速定位故障所处层次，便于查找和纠错；在各层分别定义标准接口，使具备相同对等层的不同网络设备能实现互操作；各层之间则相对独立，一种高层协议可放在多种低层协议上运行；也能有效刺激网络技术革新，因为每次更新都可以在小范围内进行，不需对整个网络“动大手术”。

1. ISO/OSI 模型

国际标准化组织 ISO 于 1981 年制定了开放系统互联参考模型，即 OSI（Open System Interconnection）。OSI 模型将整个网络按照功能划分成 7 个层次（见图 9-1-7）。

在实际定义的时候，会话层和表示层并没明确约定应具体完成哪些功能，不同的网络系统实现这两层功能的时候还会有所不同，所以，实际的网络传输模式并不是理想化的 7 层模式。网络数据传输用到了 OSI 模型的下面 4 层结构（见图 9-1-8），上层实际上就是由软件完成的。

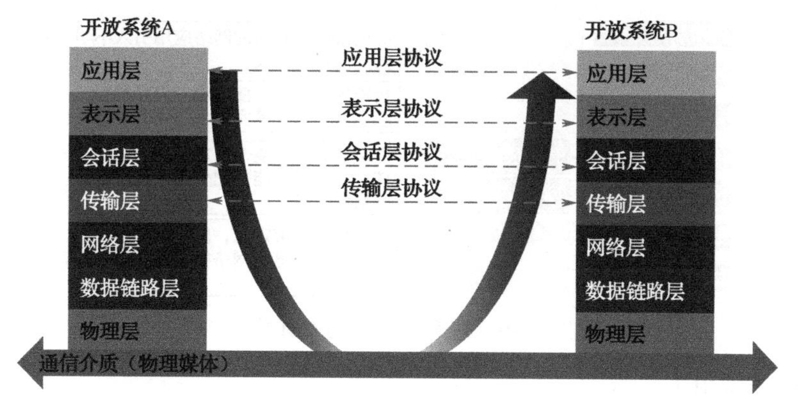

图 9-1-7　OSI 结构

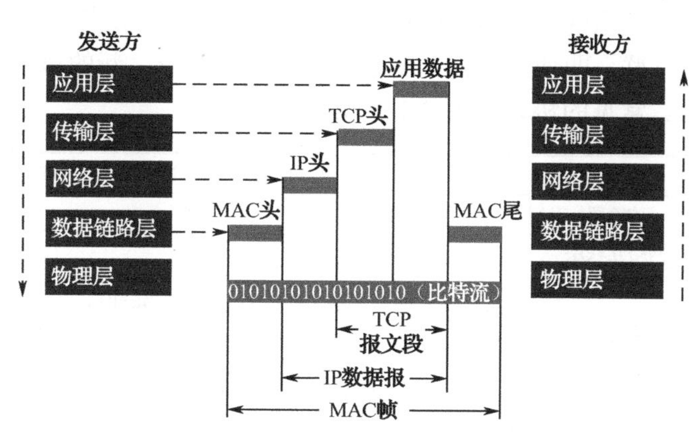

图 9-1-8　OSI 模型实际上的数据传输

2．TCP/IP 模型

在今天真正得以实现的互联网中，起作用的并不是 ISO/OSI 模型，而是 TCP/IP 模型体系。美国国防部高级研究计划局（ARPA）从 20 世纪 60 年代开始致力于研究不同类型计算机网络之间的相互连接问题，并成功开发出了著名的传输控制协议/网际协议（TCP/IP），这就是前面提到过的计算机网络的起源。

TCP/IP 协议具有如下特点：

（1）开放的协议标准：可以免费使用，并且独立于特定的计算机硬件与操作系统。

（2）独立于特定的网络硬件：可以运行在局域网、广域网，更适用于互联网中。

（3）统一的网络地址分配方案：使得整个 TCP/IP 设备在网络中都具有唯一的 IP 地址。

（4）标准化的高层协议：可以提供多种可靠的用户服务。

由于上述特点，再加上 TCP/IP 模型分层较少，易于硬件实现，所以很快得到了很多大公司的支持，从而成为互联网上事实上的协议标准。TCP/IP 协议是当今互联网的基石。

TCP/IP 参考模型分为 4 层：应用层、传输层、网络互联层、主机到网络层。TCP/IP 的结构与 OSI 结构的对应关系如图 9-1-9 所示。

具体来说，TCP/IP 模型中的底层是主机到网络层，其主要功能是负责与物理网络的连接；网络互联层负责异构网或同构网进程间的通信，将传输层分组封装为数据报格式进行传送，每个数据报必须包含目的地址和源地址；传输层的主要功能是提供可靠的数据流传输服务，确保端到端应用进程间无差错地通信，常称为端到端（End-to-End）通信；应用层主要功能是为用户提供网络服务，如 FTP、Telnet、DNS 和 SNMP 等。

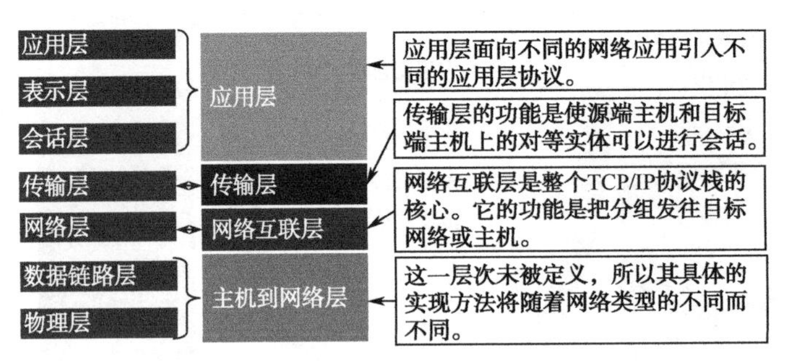

图 9-1-9　TCP/IP 模型与 OSI 模型

3．协议与相关规范

1969 年，网络诞生之初，ARPA 按照层次结构思想进行计算机网络模块化研究的时候，开发了一组从上到下单向依赖关系的协议栈（Protocol Stack），也称为协议簇，这些协议相互匹配合作，完成了网络设备的互通互联，即使到现在，基于网络的不同需求，新的协议还在不断产生，协议簇在持续不停地壮大中。常见的协议如图 9-1-10 所示。

<table>
<tr><td>应用层</td><td colspan="3">FTP、TELNET、HTTP</td><td>SNMP、TFTP、NTP</td></tr>
<tr><td>传输层</td><td colspan="3">TCP</td><td>UDP</td></tr>
<tr><td>网络互联层</td><td colspan="4">IP</td></tr>
<tr><td rowspan="2">网络接口层</td><td rowspan="2">以太网</td><td rowspan="2">令牌环网</td><td>802.2</td><td>HDLC、PPP、FRAME-RELAY</td></tr>
<tr><td>802.3</td><td>EIA/TIA-232、499、V.35、V.21</td></tr>
</table>

图 9-1-10　TCP/IP 分层与常见协议

（1）IP 地址。在 Internet 上，每台主机、终端、服务器以及路由器都有自己的 IP 地址，这个 IP 地址是全球唯一的，用于标识该机在 Internet 中的位置。现在使用的 IP 地址是 IP 协议的第 4 个版本约定的，简称 IPv4，过几年将要向 IPv6 进行过渡。IPv4 使用 32 位二进制数进行主机编址，IP 地址与 IP 地址的分类如图 9-1-11 所示。

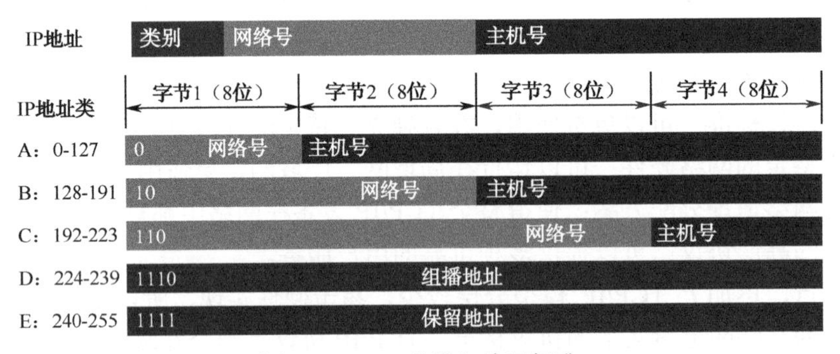

图 9-1-11　IP 分类与编码标准

在实际使用中，将 32 位二进制数分成 4 个字节，每个字节转换成对应的十进制数，中间加点进行分隔来表示 IP 地址，如 58.213.133.89，这种表示方法称为“点分十进制”。

（2）路由交换技术。同一个网络区域内的主机可以直接相互通信，而不同网络区域内的主机则无法直接相互通信，必须通过路由器（Router）进行中转。两个使用 TCP/IP 协议的网络之间的连接通常依靠路由器来完成（见图 9-1-12）。交换机（Switch）可以使同一个网络内的冲突域分隔开，能够有效地提高网络访问性能。交换机和路由器是现在组网过程中最常见的网络设备。

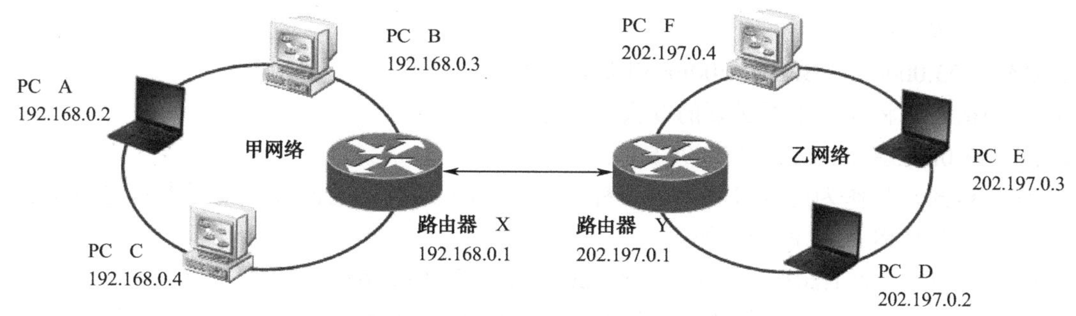

图 9-1-12 通过路由器实现跨网连接

（3）域名系统。由于 IP 地址很不好记忆，所以 Internet 采用了一套和 IP 地址对应的地址表示方法，称为域名系统（DNS）。DNS 使用与主机位置、作用、行业有关的一组字符来表示 IP 地址，这组字符类似于英文缩写或汉语拼音（如前面所示的 IP 地址 58.213.133.89 对应的域名为 www.njcit.cn）。Internet 的域名系统和 IP 地址一样，采用典型的层次结构，每一层由域或标号组成。

如新浪网 www.sina.com.cn，从右往左解释为：cn 代表“中国”，com 代表是“商业组织”，sina 是“主机名”。

域名的层次结构给域名的管理带来了方便，每一部分授权给某个机构管理，授权机构可以将其所管辖的名字空间进一步划分，最后形成树形的层次结构。

中国总的域名管理机构是中国互联网络信息中心（China Internet Network Information Center，CNNIC），其域名为 www.cnnic.net.cn。如果想建立网站，一般不必向 CNNIC 申请域名，直接向域名申请网站注册（域名采用注册机制，每个域名都是独一无二的，有些好域名被人注册再拿来出售的话，通常都价格很高，这有些像拍卖车牌靓号），域名网站再向 CNNIC 备案即可。政务和公益机构（如学校）注册域名需要在单独的注册管理中心申请。

（4）关于 IPv6。IPv4 本身存在一些先天性的局限性，因而面临着以下问题：

① IP 地址的消耗引起地址空间不足：IP 地址只有 32 位，可用的地址有限，最多接入的主机数不超过 2^{32}，全球可用的 IPv4 地址已经于 2011 年 2 月分配完毕。

② IPv4 缺乏对服务质量优先级、安全性的有效支持。

③ lPv4 协议配置复杂，特别是随着个人移动计算机设备上网、网上娱乐服务的增加、多媒体数据流的加入，以及出于安全性等方面的需求，迫切要求新一代 IP 协议的出现。

为此，互联网工程任务组 IETE 开始着手下一代互联网协议的制定工作，IETE 于 1991 年提出了请求说明，1994 年 9 月提出了正式草案，1995 年底确定了 IPng 的协议规范，被称为“IPv6”，1995 年 12 月开始进入 Internet 标准化进程。

相比 IPv4，IPv6 做了很多改进，主要包括：

① 扩大了地址空间。

② 地址自动设定。

③ 提高了路由器的转发效率。

④ 增加了安全认证机制。

⑤ 增强组播以及对流的支持。

IPv6 地址长度为 128 位，是 IPv4 的 4 倍，理论上可编址 2^{128} 个，据说可以给地球上的每粒沙子都编一个 IP 地址。

IPv6 有 3 种格式：首选格式、压缩格式和内嵌格式。

- 首选格式，如：

21DA:00D3:0000:2F3B:02AA:00FF:FE28:9C5A

- 压缩格式，将地址中不必要的 0 去掉，如：

21DA:D3:0:2F3B:2AA:FF:FE28:9C5A

- 内嵌格式，是作为过渡机制中的一种方法。IPv6 地址的前面部分使用十六进制表示，而后面部分使用 IPv4 地址，如：

0:0:0:0:0:0:192.168.1.201　或::192.168.1.201　或::ffff:192.168.1.201

IPv6 现在已经发展为成熟技术，再过一些年，将进入 IPv6 时代，现在的很多计算机与网络设备都已经开始支持 IPv6 编址了。

9.1.4 网络综合布线技术

所谓综合布线系统，是指按标准的、统一的和简单的结构化方式编制和布置建筑物（或建筑群）内各种系统的通信线路，包括网络系统、电话系统、监控系统、电源系统和照明系统等。综合布线系统是一种标准通用的信息传输系统。

综合布线系统是智能化办公室建设数字化信息系统基础设施，将所有语音、数据等系统进行统一的规划设计的结构化布线系统，为办公提供信息化、智能化的物质介质，支持将来语音、数据、图文、多媒体等综合应用。如图 9-1-13 所示为综合布线施工场景。

图 9-1-13　综合布线施工场景

没有综合布线系统，就无法获取各种信息。综合布线系统是智能建筑、物联网、数字化城市的基础，也是建筑物的基础设施。

进行综合布线需要遵守很多相关规定，最重要的标准是国家标准 GB50311—2007《综合布线系统工程设计规范》和 GB50312—2007《综合布线系统工程验收规范》。按照 GB50311 标准规定，综合布线系统工程按照以下 7 个部分进行分解：

（1）工作区子系统；

（2）水平子系统；

（3）垂直子系统；

（4）建筑群子系统；

（5）设备间子系统；

（6）进线间子系统；

（7）管理间子系统。

进行工程设计的时候要根据工程规模和需要，可能包含全部或部分子系统。在进行施工之前，要进行用户需求分析，根据用户需要和真实建筑环境进行详细的方案设计，生成大量的施工用专用图纸，这些图纸主要包括建筑（群）平面设计详图（见图 9-1-14）、立体设计详图[见图 9-1-15（a）]、分层设计详图[见图 9-1-15（b）]、走线施工详图（见图 9-1-16）等，还要进行信息点统计，然后才能进行真正的施工进程。

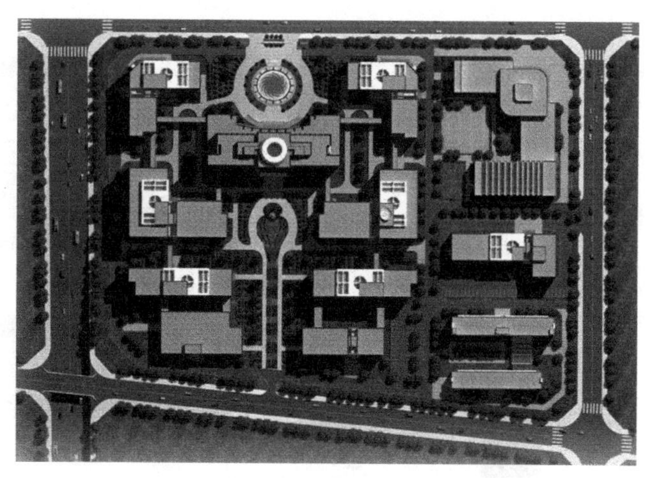

图 9-1-14　建筑群平面设计详图

(a)

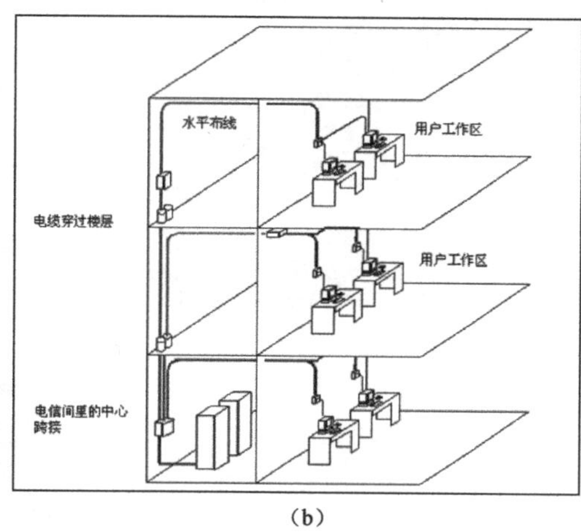

(b)

图 9-1-15　建筑透视图和布线系统结构

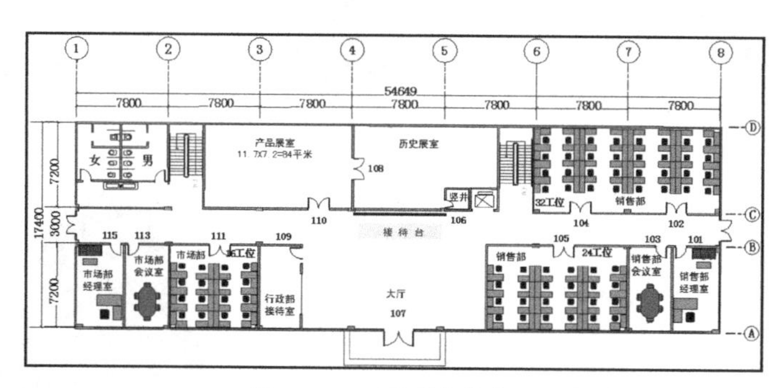

图 9-1-16　平面走线布局

除此之外，工程施工也需要大量的工作表来进行统计和计算。

综合布线进入真正的施工时，需要使用大量的专用器材、专用工具（见图 9-1-17），也需要采用专门的技术（见图 9-1-18）。

为了保证综合布线工程顺利进行，通常需要组建专门的施工队伍，指定项目经理、技术负责人和各相关岗位人员，进行项目协调、统一管理，保证工期和工程质量，遵守施工规范，注意施工安全等。概括起来，综合布线技术是一门综合性要求非常高的实用技术。

图 9-1-17　综合布线常用器材与工具

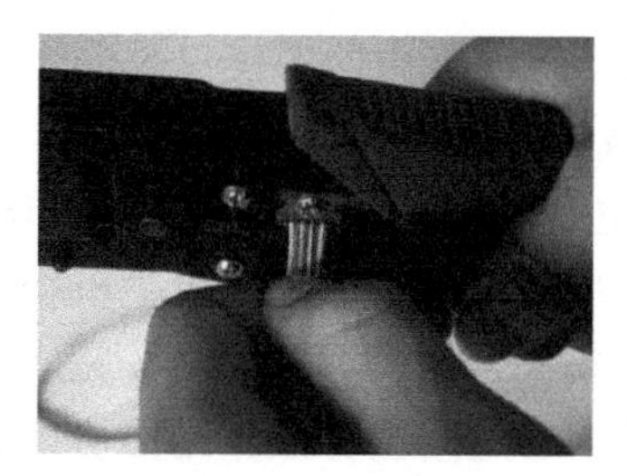
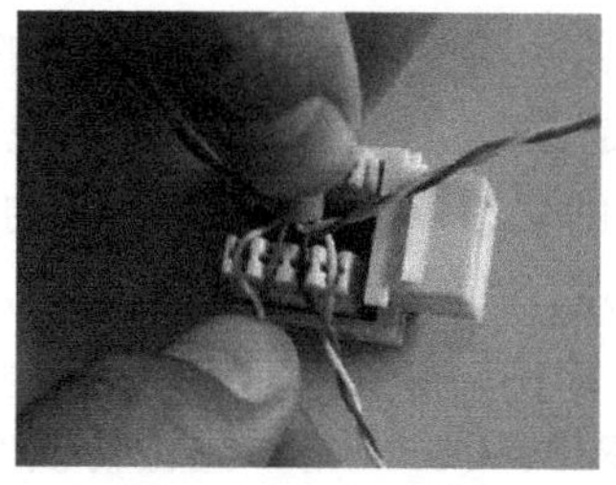
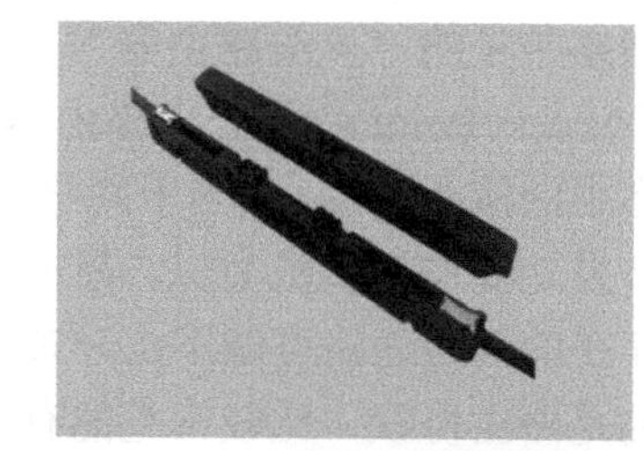
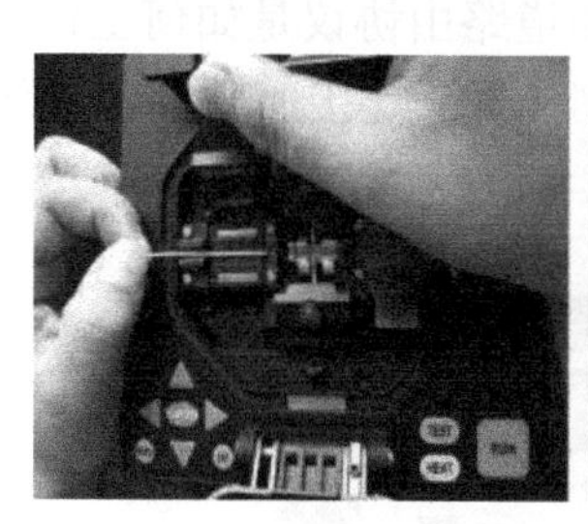

图 9-1-18　综合布线常用施工技术

9.1.5　网络设备管理

在网络系统中，存在大量的各种各样的专用设备，进行这些设备的管理和维护需要大量的具备良好专业技能的工程技术人员。比较典型的网络设备包括交换机（二层、三层）、路由器、服务器、网络终端设备等。

如前所述，服务器、路由器或交换机本质上是有专门作用的特殊计算机，其制造工艺、操作系统类型或软件系统都与常用的 PC 不一样，设备管理技术主要包括相关设备的配置、监控、排错、性能优化等。

网络设备的主要生产厂商有 CISCO（思科）、华为、H3C（华三）、锐捷。

下面简要地介绍一下这几类设备。

1．交换机

交换机（Switch）属于网络常用设备[见图 9-1-19（a）]，主要起网络接入、VLAN 划分、数据转发等作用，按其工作在 ISO 模型的层次而划分为二层交换机（能实现物理层接入、数据链路层数据帧转发等工作）和三层交换机（除了包含二层交换机的全部功能外，还能实现网络层即 ISO 模型的第三层的常用路由功能）。三层交换机是介于二层交换机和路由器之间的中间设备，其特点是路由功能不如专用路由器全面，但数据转发速度极快，所以在有些需要简单路由功能而特别强调转发速度的应用环境（如网络汇聚），三层交换机就是一个非常合适的设备了。另外，三层交换机在价格方面也比一些高端路由器有优势。所以，二层交换机、三层交换机和路由器各有其合适的应用场合，要根据网络实现的需求而确定设备选型。

专用交换机一般都使用命令方式来进行操作和管理，在交换机内部有专用的操作系统，称之为 IOS；不同公司的产品其操作系统不同，命令也各有区别，但网络原理都是一样的。当然，一些大公司（如思科）的产品会有其他产品所不支持的特色，这也是这些大公司产品的优势所在。

交换机（或路由器）本身不带显示器或键盘，对其进行配置是通过普通电脑实现的，配置有两种模式：本地配置和远程配置。新机器必须进行本地配置，一旦配上远程管理模式之后，交换机就可以通过远程网络进行管理了。

2．路由器

此处所讲的“路由器”是专业网络设备[见图 9-1-19（b）]，并不是我们日常生活中配置家庭无线网络常见的“无线路由器”，日常家庭无线网络配置所用的“无线路由器”仅仅是一个无线“AP（Access Point）”而已。路由器是典型的三层设备（可以完成ISO网络层及以下的功能），也是网络中的核心设备，相当于网络中的交通指挥警察。路由器的主要功能是数据转发和路由功能，数据转发功能与交换机类似，最核心的功能是路由。所谓路由，是指网络中如果两台主机相互通信，存在的网络通路可能不止一条，路由器要帮助数据包确定一条最合适的通信路径。完成路由功能的是路由协议，比较常见的有 RIP、OSPF 等，路由协议的核心是路由算法。路由协议被封装在路由器的操作系统中，实际上网络管理员去配置的时候不需要知道路由协议是如何工作的，只要使用合适的命令将其启用并配置正确即可。路由器可以实现跨网（段）连接，通过多个路由器的相互接力，一个更大范围的网络就能够实现互通互联了。

(a) (b)

图 9-1-19 思科 3560 交换机与 2811 路由器组

3．服务器

平时访问的网络资源，其实都保存在分布于不同物理位置的各种类型的服务器中。如果想搭建一个网络服务平台（如网站），就需要去建立和管理服务器。专业的服务器是专门的计算机设备，其硬件工艺与普通 PC 不同，上面所运行的操作系统和相关软件都需要单独设计。

有些小型网络应用，并不购买专用的服务器，而是使用普通的高性能 PC 代替，这在系统要求不高的环境中也可以，但一定要知道的是，普通 PC 和专用服务器还是存在很大差异的。

同样的硬件服务器设备，可以根据不同的需要将其搭建成 Web 服务器、FTP 服务器、DNS 服务器或 E-mail 服务器，造成上述区别的是基于硬件之上的软件系统。

服务器中最核心的软件系统是服务器操作系统，比较常用的服务器操作系统有 Windows Server、Linux 和 UNIX。Windows Server 秉承了微软公司产品的典型特征，大部分的服务器功能配置都可通过鼠标操作窗口完成（Windows Server 也支持命令模式）；UNIX 操作系统通常与服务器捆绑销售，不同公司的服务器有不同的 UNIX 版本；Linux 是一个类 UNIX 操作系统，其操作特性、功能甚至风格都与 UNIX 很相像，但两者确实是不同的操作系统。Linux 是一个开源的操作系统软件，近些年发展得很快，影响力与日俱增，是一个非常好的平台系统。

9.2 网络应用

9.2.1 网络接入

用户需要接入网络的时候，首先要找 ISP（网络服务供应商，如中国电信、中国移动等），对于单位用户和个人用户，接入网络的方式有所不同。

1．单位园区网

很多单位有自己的办公场地（一些单位的场地还很大，如大学），这些单位接入网络的时候，一般都需要先构建好自己的园区网，此时采用如前所述的网络综合布线技术，组建（或招标）专业的网络建设队伍，来完成网络搭建。园区网建设完毕之后，再与运营商进行连接（现在普遍使用光纤专线），开通网络即可。单位园区网组建成本高，接入带宽大，年服务费高，且单位需配备专职网络管理人员。

2．个人用户网络接入

个人用户网络接入一般有两种类型：一是直接使用3G/4G网络；二是宽带有线接入。以宽带有线接入为例，其步骤是：用户首先到运营商的营业厅，持有效证件，开通宽带业务（现在宽带的带宽越来越高，有些地区已经提供光纤入户的光宽带业务了），此时用户会得到上网的账户信息，包括用户名和密码；然后，运营商会派安装人员上门，为用户进行线路接入和配置，线路接入的方法不一而足，比较常见的形式是网线直接入户；当安装人员连接好线路后，用户即可使用账号上网了。

3．家庭无线网络配置

当用户完成上述宽带接入之后，一般还会配置小型无线网络，以完成家庭中各种终端设备的网络接入。其基本方法是：将账户信息配置在无线路由器（本质上是无线 AP）中，通过无线路由器的中转，可以同时接入多个终端设备上网。

以此为例，其配置步骤为：

（1）准备一个无线路由器，家用级别的仅仅需要几十元。

（2）将无线路由器接通电源，将接入家庭的网线插入路由器后端的 WAN 接口。

（3）再准备一根网线，一端接入无线路由器的任一 LAN 口（见图 9-2-1），另一端接入电脑的网线插口。

图 9-2-1　无线路由器接口

（4）修改电脑有线本地网络连接的 IP 地址为 192.168.1.2（注：其实这个 IP 地址可以是192.168.1.2～192.168.1.254 之间的任意一个），默认子网掩码是 255.255.255.0。

（5）打开电脑中的浏览器，在地址栏输入 192.168.1.1 并按【Enter】键，进入路由器连接登录界面（见图 9-2-2），输入用户名 admin，输入密码 admin，进入无线路由器管理界面（注：家用无线路由器出厂的时候默认的管理 IP 地址一般都是 192.168.1.1，用户名和密码默认都是 admin，这些信息会贴在无线路由器背面的标签上。如果使用的是别人配置过的无线路由器，这些信息被修改过的话，可以将无线路由器在通电的情况下，按住背后的 RESET 按钮 7 秒钟以上，即可恢复出厂原始状态）。

（6）进入操作管理界面后，会在左边看到一个设置向导（不同厂家的无线路由器配置界面可能会略有不同，但大体相似）（见图 9-2-3），单击【设置向导】链接进入。

（7）进入初始界面后，直接单击【下一步】按钮，进入设置向导，选择上网方式（见图 9-2-4）。如果使用账号和密码登录网络，需要选中【PPPoE】单选按钮，再单击【下一步】按钮。

（8）在接下来的界面中输入运营商提供的账号和密码（见图 9-2-5），单击【下一步】按钮。

（9）进入无线设置界面，这里可以设置信道、模式、安全选项、SSID 等（见图 9-2-6）。SSID 是一个名字，即 WLAN 名称，可以自己取，模式大多用 11bgn；无线安全选项建议选择 wpa-psk/wpa2-psk，这样比较安全；然后设置 PSK 密码，即连接无线路由器的密码。

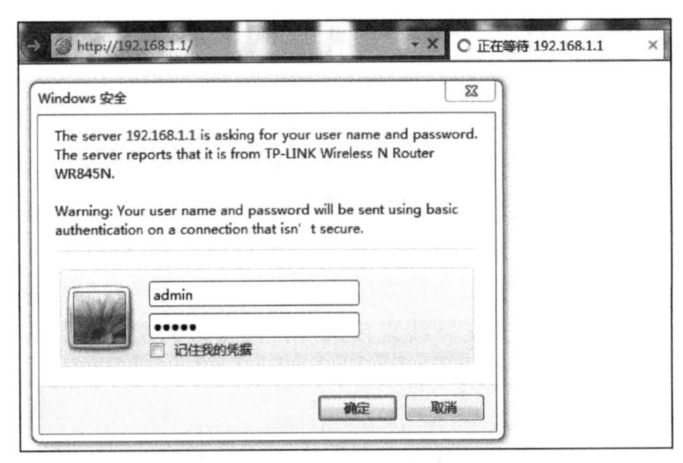

图 9-2-2　无线路由器登录

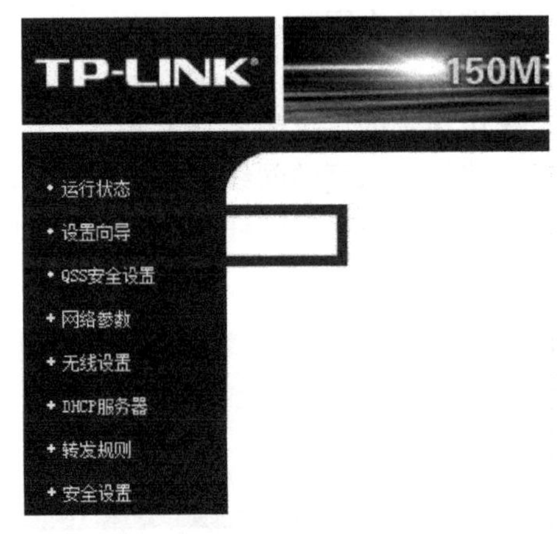

图 9-2-3　单击【设置向导】链接

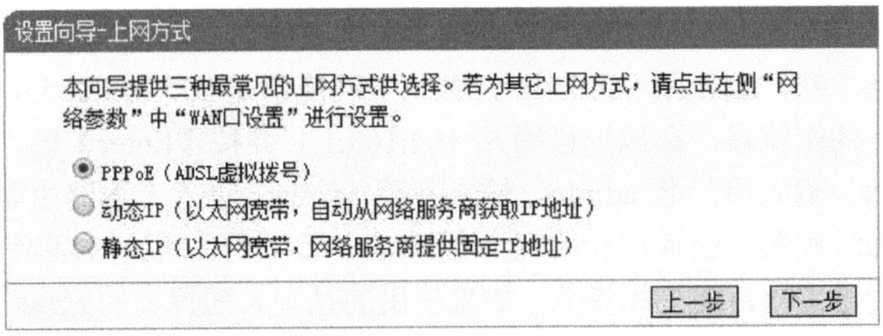

设置向导-上网方式

本向导提供三种最常见的上网方式供选择。若为其它上网方式，请点击左侧“网络参数”中“WAN口设置”进行设置。

PPPoE（ADSL虚拟拨号）
动态IP（以太网宽带，自动从网络服务商获取IP地址）
静态IP（以太网宽带，网络服务商提供固定IP地址）

上一步　下一步

图 9-2-4　选择上网方式

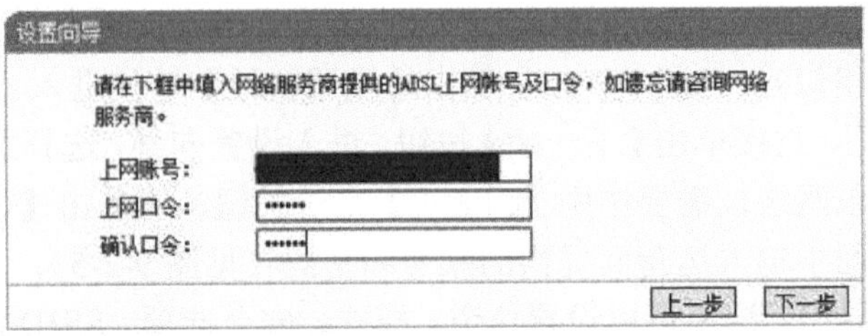

设置向导

请在下框中填入网络服务商提供的ADSL上网帐号及口令，如遗忘请咨询网络服务商。

上网账号：
上网口令：
确认口令：

上一步　下一步

图 9-2-5　输入账号和口令

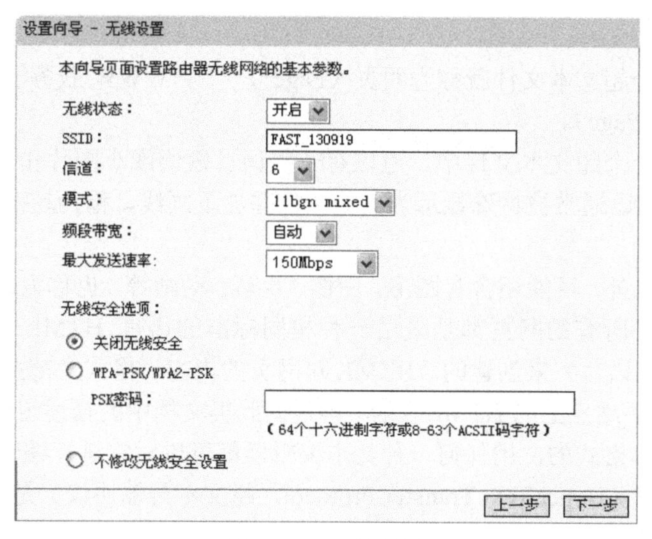

图 9-2-6　无线设置

（10）单击【下一步】按钮，完成无线路由器基本配置，路由器会自动重启。重启成功后，无线路由器就可以正常工作了，但还需开启无线路由器的 DHCP 服务（此服务可以使电脑特别是手机，再也不用配置固定的 IP 地址了），具体方法是：使用前述的方法，再一次登录无线路由器的配置管理页面，单击左侧的【DHCP 服务器】链接，在右侧的设置界面（见图 9-2-7）中，选中【启用】单选按钮，其余采用默认设置即可，单击【保存】按钮，重启路由器，即完成全部配置（这样配置好无线路由器后，在配置电脑的网络连接时，IP 地址和 DNS 服务器都选择【自动获取】选项，手机上网只需找到网络 ID，输入自己设置的 PSK 密码即可）。

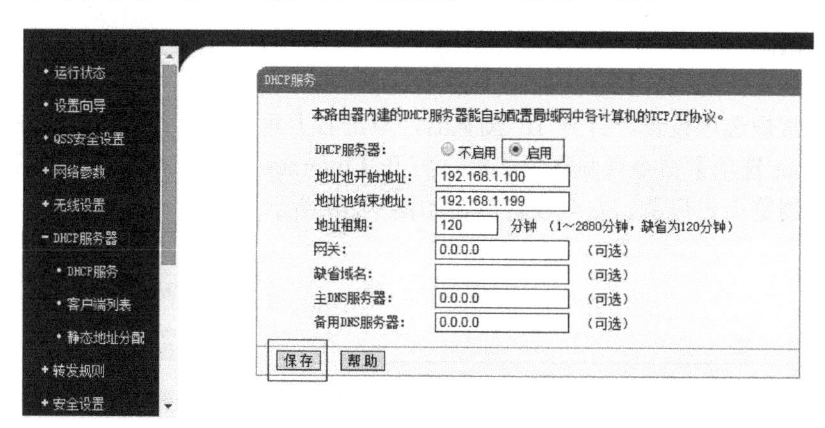

图 9-2-7　启用【DHCP 服务器】

9.2.2　浏览器的使用

1．网络术语

（1）浏览器。进入 Internet 后，通常要通过一个专门的客户服务程序来浏览 WWW，这个程序称为浏览器。

（2）WWW。WWW 是 World Wide Web（全球信息网）的缩写，也称为 Web 或 3W，中文译为万维网。

（3）网站与网页。通常将提供信息服务的 WWW 服务器称为 WWW（或 Web）网站，也称为网点或站点。WWW 中的信息资源主要由一篇篇 Web 页组成，这些 Web 页均采用超文本（Hyper

Text）的格式。

WWW 网上的各个超文本文件就称为网页（Page），一个 WWW 服务器上诸多网页中为首的一个称为主页（Home Page）。

（4）超链接。在一个超文本文件中，可以有一些词、短语或小图片作为“连接点”，这些作为“连接点”的词或短语通常被特殊显示为其他颜色并加下画线，称为超链接（Hyper Link），简称链接。

超文本除了文字以外，可能还含有图形、图像、声音、动画等，也称为超媒体（Hyper Media）

（5）HTML。几乎所有的网页都是采用一种相同标准的语言 HTML（Hyper Text Mark-up Language，超文本标记语言）来创建的。HTML 对网页的内容、格式及链接进行描述，而浏览器的作用就是读取 WWW 站点上的 HTML 文档，再根据此类文档中的描述组织并显示相应的网页。HTML 文档本身是文本格式的，用任何一种文本编辑器都可以对它进行编辑。

（6）HTTP。HTTP（Hyper Text Transfer Protocol，超文本传输协议）是浏览器与 WWW 服务器之间进行通信的协议。

（7）URL。URL（Uniform Resource Locator，统一资源定位器）是进入 Internet 后查阅信息的有效途径，是指明资源地址的手段，用于在 Internet 中按统一方式来指明和定位一个 WWW 信息资源的地址，即 WWW 是按每个资源文件的 URL 来检索和定位的。

每个网页都有自己不同的 URL 地址，每个 URL 地址由所使用的传输协议、域名（或 IP 地址）、文件路径和文件名 4 部分组成。例如：

http://www.bta.net.cn/bta/educat/educat000.htm（协议）（域名）（路径）（文件名）

此处的协议可以是超文本传输协议 HTTP、文件传输协议 FTP 等，协议后面必须紧跟一个“:”和两个“/”。

2．浏览器操作

浏览器的常规操作是很容易掌握的，下面介绍几个实用的操作。

（1）浏览器常规选项设置。打开 IE 浏览器，单击右上角的【设置】按钮，在打开的下拉菜单中执行【Internet 选项】命令（见图 9-2-8），打开【Internet 选项】对话框，然后进行各项常规设置，如主页、浏览历史记录、安全设置等，如图 9-2-9 所示。

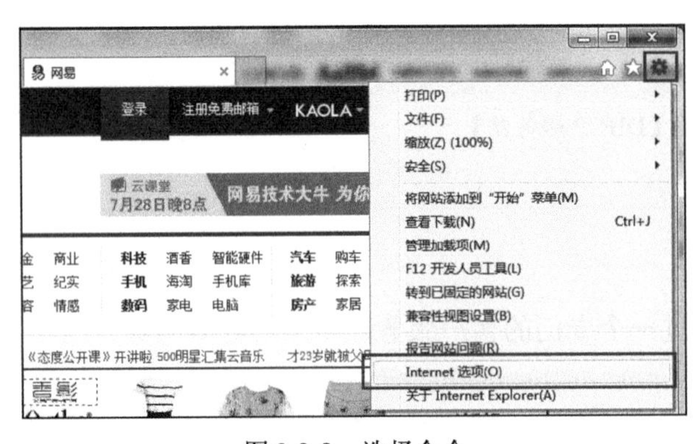

图 9-2-8　选择命令

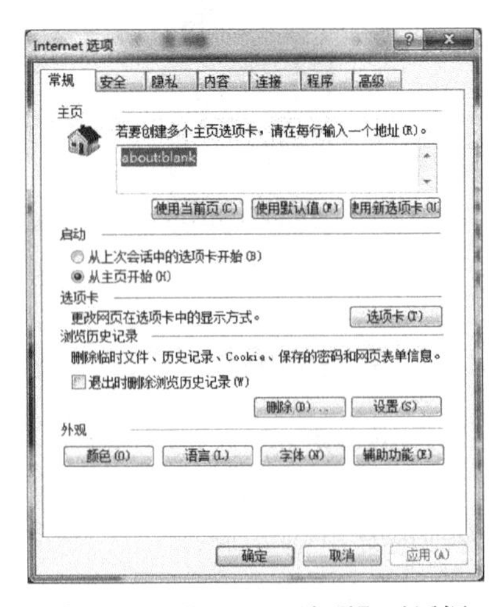

图 9-2-9　【Internet 选项】对话框

（2）保存网页。可以把网页文件保存下来（有些网页经过网站方的安全设置后，是不能被保存的），以供后续使用，其操作步骤是在前述如图 9-2-8 所示的对话框中，执行【文件】→【另存为】命令，即可按需保存网页了，如图 9-2-10 所示。

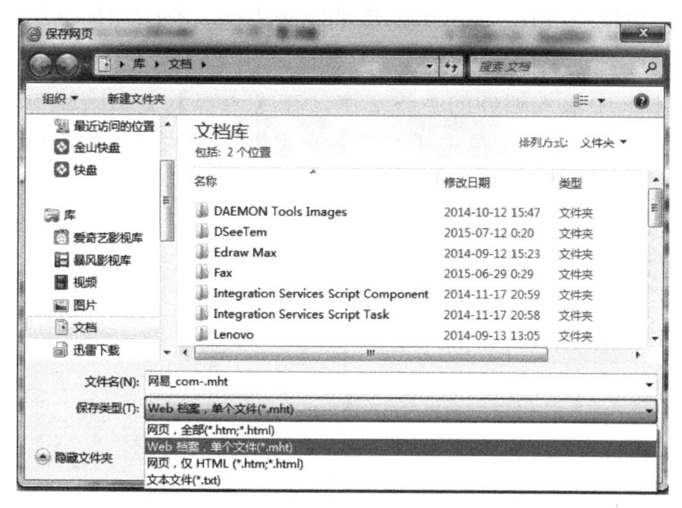

图 9-2-10　保存网页

（3）收藏网页。可以把一些网页的链接添加到“收藏夹”中，以后在需要的时候通过“收藏夹”再打开网页。将网页添加到收藏夹最快的方法是在网页上单击鼠标右键，执行【添加到收藏夹】命令即可。

打开收藏夹的方法是单击浏览器右上角的五角星形状的【收藏夹】按钮。

9.2.3　电子邮件的使用

1．注册邮箱

要使用电子邮件功能，首先需要有一个电子邮箱，在提供电子邮件服务的网站上可以很方便地注册申请，如图 9-2-11 所示，申请到的邮箱地址是形如“×××@163.com”的格式，@（发音类似英文单词 at）符号前面的部分是收件人地址，@符号后面的部分是收件人邮箱所在的服务器域名。如果给多个人发邮件，各邮件地址间通常使用逗号进行分隔，但这不是统一规定的，有些邮件系统是采用分号分隔的。

图 9-2-11　邮箱申请

2．书写并发送电子邮件

下面以网易邮箱提供的以@163.com为后缀的邮箱为例，介绍如何书写电子邮件。

登录邮箱后，在邮件管理页面单击【写信】按钮，在【收件人】文本框中输入收件人的邮箱地址，在【主题】文本框中输入邮件的主题文字，在【内容】文本区域中输入邮件的内容，如图 9-2-12 所示。如果需要带附件，单击【主题】文本框下方的【添加附件】链接，如图 9-2-13 所示，在弹出的对话框中选择要上载的文件。

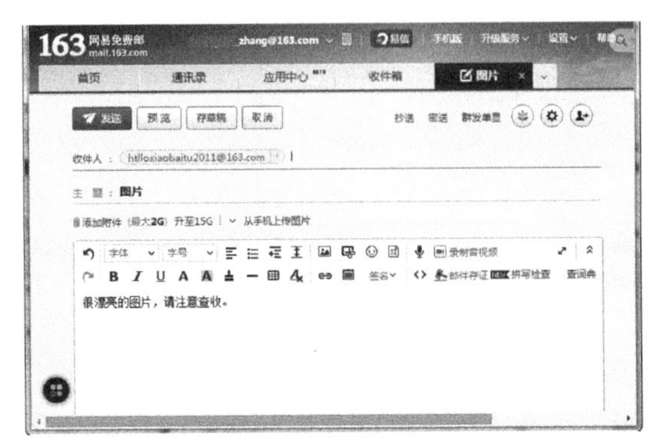

图 9-2-12　输入邮件内容

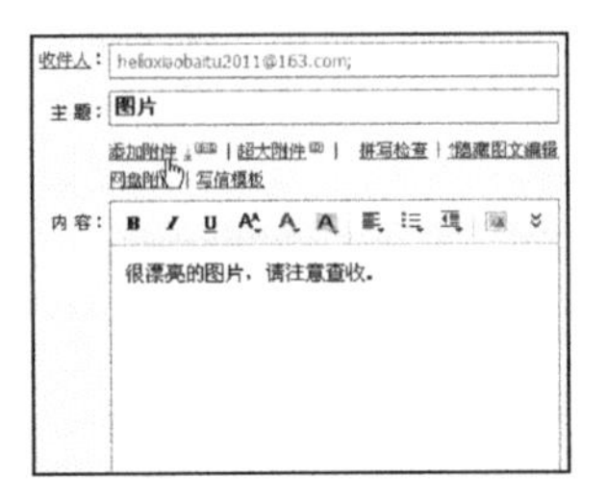

图 9-2-13　【添加附件】按钮

单击【打开】按钮，即可在【写信】界面中看到添加的文件，如图 9-2-14 所示，然后单击【发送】按钮即可。

图 9-2-14　添加的附件

3．接收邮件

登录邮箱之后，在邮箱管理页面（见图 9-2-15），即可接收并查看邮件。

在邮箱管理页面单击【收信】按钮，如图 9-2-16 所示，此时邮箱会自动接收最近发送过来的邮件，并打开【收件箱】窗格。在右侧的收件箱中可查看邮箱中所有的信件（用户也可以通过单击左侧【收件箱】标签打开收件箱。单击需要查看的邮件，在打开的页面中即可查看邮件的内容）。

用户除了可以接收并查看普通邮件外，还可以接收带有附件的邮件，并将附件下载到本地计算机中。

图 9-2-15　邮箱管理页面

图 9-2-16　【收件箱】窗格

4．使用 Outlook 管理邮件

Outlook 2010 是 Microsoft Office 2010 套装软件的组件之一，它的功能很多，可以用它来收发电子邮件、管理联系人信息、记日记、安排日程、分配任务等。在邮件管理方面，其最大的特点是可以将邮件服务器上的邮件同步到本地电脑中进行统一管理，再也不用担心邮件丢失等问题。它还可以同时管理多个邮箱账户，随时帮助用户跟踪邮箱，查看是否有新邮件，是办公方面的好助手。

使用 Outlook 收发邮件首先需要将在网络上申请的邮箱账号配置到 Outlook 中（事实上，现在手机上也有很实用的邮件客户端 APP 工具，在使用之前也需要进行配置），如图 9-2-17 所示。在配置的时候，除了添加邮箱地址、密码等信息外，还需要添加接收邮件服务器和发送邮件服务器的信息。具体的一些配置参数（如收发邮件服务器地址、端口参数等），可以查看网上邮箱里面的使用帮助。

配置完成后，就可以在电脑联网的时候，直接使用 Outlook 进行邮件的收发工作（见图 9-2-18），而不必每次都登录到网页上进行操作。

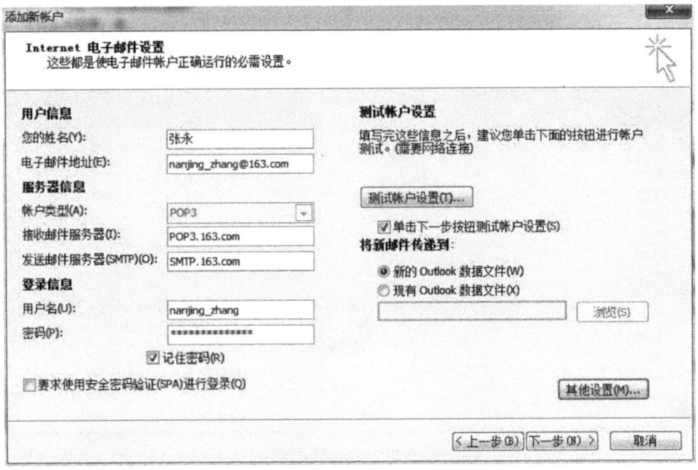

图 9-2-17　添加新账户

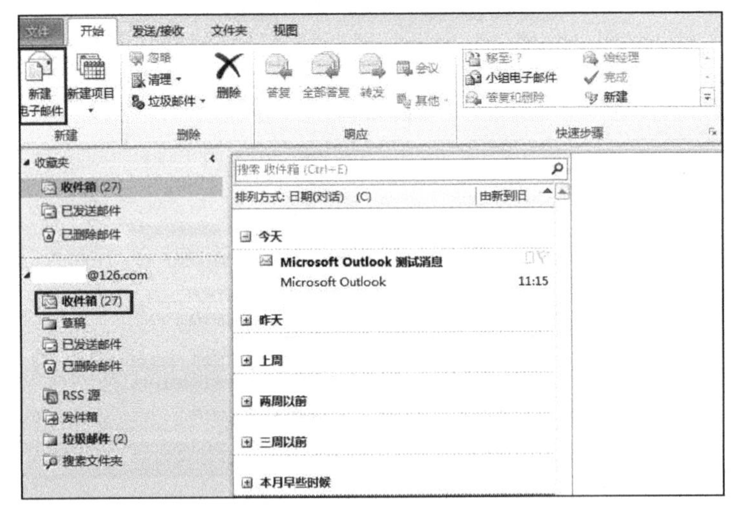

图 9-2-18　邮件收发

9.3　移动互联网络

全球移动互联网用户增长迅速，并逐步超越固定互联网用户规模。国内移动互联网规模日益增加，据 CNNIC（China Internet Network Information Center，中国互联网络信息中心，中国互联网管理权威机构）数据平台统计，截至 2016 年 12 月，中国手机网民规模达到 6.95 亿（见图 9-3-1），中国已真正进入移动互联网时代。

移动互联网已经成为当前全球信息产业竞争的焦点，IT 业界有一定影响力的公司或企业无不纷纷加入，各种产品或理念层出不穷。凡是能抓住移动互联网机遇并提供优秀产品的公司（如苹果、谷歌、三星）都大获成功。反之，也有一些曾经的行业翘楚没有跟上时代的步伐而日趋没落。可以说移动互联网是互联网的延伸，未来的发展方向（见图 9-3-2）。

移动互联网如果从技术层面进行定义，就是以宽带 IP 为技术核心，可以同时提供语音、数据、多媒体等业务的开放式基础电信网络。如果从终端角度定义，就是用户使用手机、上网本、笔记本电脑、平板电脑、智能本等移动终端，通过移动网络获取移动通信网络服务和互联网服务。

要想在移动互联网市场获得成功，必须符合 4 大成功要素中的一项或几项，这 4 大要素分别是：

（1）移动终端：要满足易用性、便携性及与应用紧密结合。

（2）移动网络：要确保覆盖范围与速度。
（3）移动平台与应用：要不停地提供基于移动互联网的创新与应用产品（见图 9-3-3）。
（4）定价：要通过合理的定价实现多方互赢。

图 9-3-1　CNNIC-中国手机网民规模及其占网民比例（2016 年）

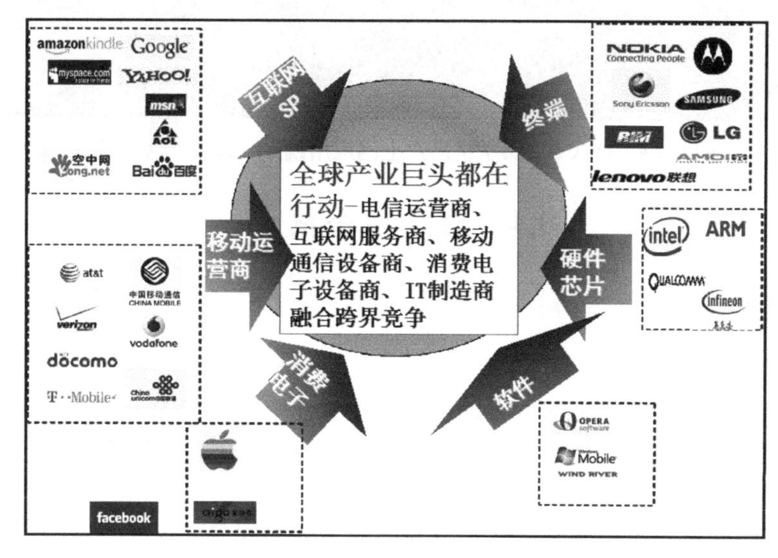

图 9-3-2　移动互联网态势

图 9-3-3　移动网络用户典型应用

中国的移动互联网用户网络应用范围日趋扩大，随着网速的提高（4G时代的到来）、资费的下降，视频应用等也已成为移动互联网的主流应用（见图 9-3-4）。

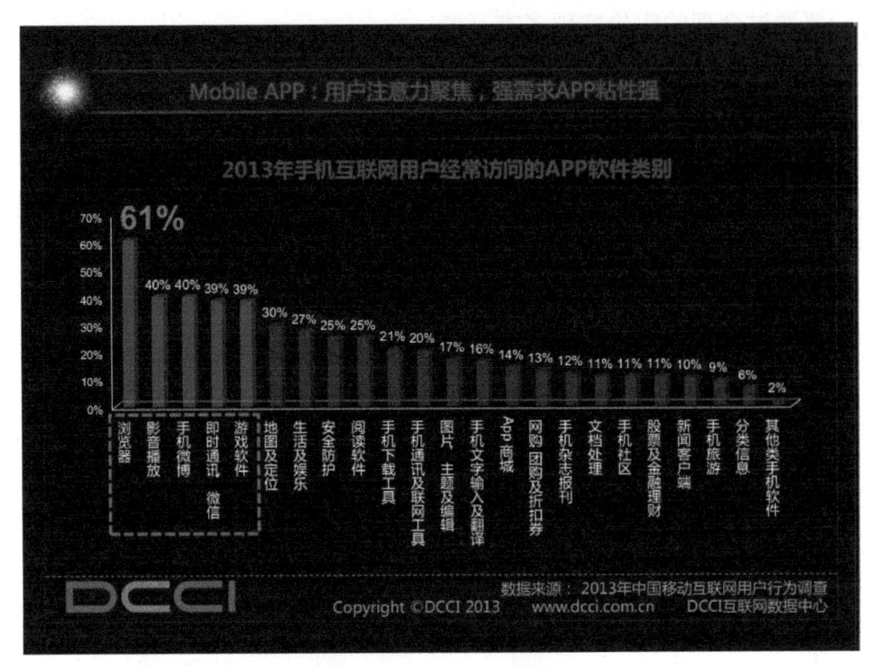

图 9-3-4 DCCI-中国手机用户上网应用统计（2013 年数据）

9.4 信息安全技术

9.4.1 信息安全概述

随着计算机网络技术的发展，网络中传输的信息的安全性和可靠性成为用户所共同关心的问题。人们都希望自己的网络能够更加可靠地运行，不受外来入侵者的干扰和破坏，所以解决好网络的安全性和可靠性，是网络正常运行的前提和保障，也是实现计算机系统信息安全非常重要的一个组成部分。

网络安全，是指网络系统的硬件、软件及其系统中的数据受到保护，不受偶然或者恶意的攻击而遭到破坏、更改、泄露，系统连续可靠正常地运行，网络服务不会中断。图 9-4-1 为典型的计算机网络系统安全规划。

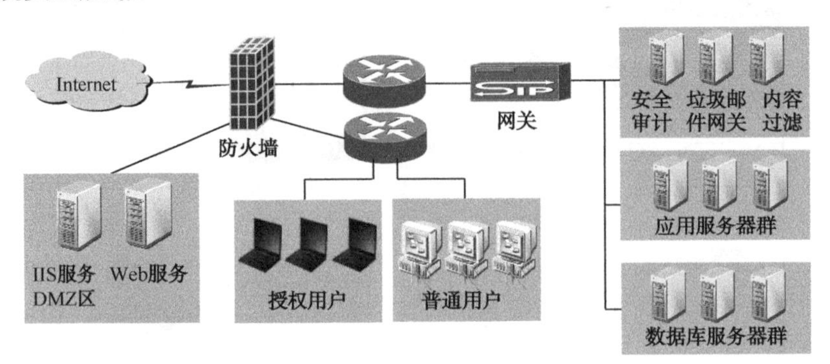

图 9-4-1 典型计算机网络系统安全规划

为了实现数据的保密性、完整性和可用性，可以采用的信息安全技术手段有身份认证技术、数字签名技术以及访问控制技术。

计算机网络系统受到的主要威胁包括黑客攻击、计算机病毒和拒绝服务攻击 3 个方面。

有很多网络安全问题是由于系统漏洞造成的，网络安全漏洞实际上是给不法分子以可乘之机的“通道”。

黑客（入侵者）可以采用多种手段破坏我们的计算机系统，常用的破坏手段有中断、窃取、篡改和假冒。

为了保障信息安全不受侵害，在网络设计和运行中应考虑一些必要的安全措施，以便使网络得以正常运行。网络的安全措施主要从物理安全、访问控制、传输安全和网络安全管理等 4 个方面进行考虑。

1. 物理安全措施

物理安全性包括机房的安全性、所有网络的网络设备（包括服务器、工作站、通信线路、路由器、交换机、磁盘、打印机等）的安全性以及防火、防水、防盗、防雷等。除了在系统设计中需要考虑网络物理安全性之外，还要在网络管理制度中分析物理安全性可能出现的问题及相应的保护措施。

2. 访问控制措施

访问控制措施的主要任务是保证网络资源不被非法使用和非常规访问。其包括以下 8 个方面：

（1）入网访问控制；

（2）网络的权限控制；

（3）目录级安全控制；

（4）属性安全控制；

（5）网络服务器安全控制；

（6）网络检测和锁定控制；

（7）网络端口和节点的安全控制；

（8）防火墙控制。

3. 网络通信安全措施

（1）建立物理安全的传输媒介。

（2）对传输数据进行加密。

4. 网络安全管理措施

除了技术措施外，加强网络的安全管理，制定相关配套的规章制度，确定安全管理等级，明确安全管理范围，采取系统维护方法和应急措施等（见图 9-4-2），对网络安全、可靠地运行，将起到非常重要的作用。实际上，网络安全策略是一个综合问题，要从可用性、实用性、完整性、可靠性和保密性等方面综合考虑，才能得到有效的安全策略。

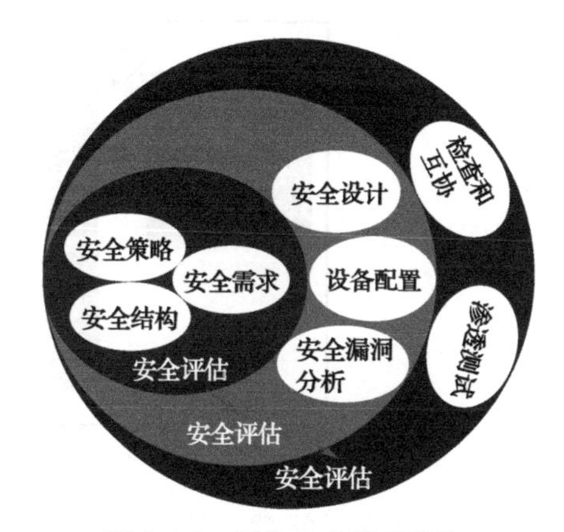

图 9-4-2　网络安全管理措施

9.4.2　加密与认证

数据加密和数字认证是信息安全的核心技术。其中，数据加密是保护数据免遭攻击的一种主要方法；数字认证是解决网络通信过程中双方身份的认可，以防止各种敌手对信息进行篡改的一种重要技术。数据加密和数字认证的联合使用，是确保信息安全的有效措施。

1. 数据加密技术

计算机密码学是研究计算机信息加密、解密及其变换的科学，密码技术是密码学的具体实现，它包括 4 个方面：保密（机密）、消息验证、消息完整和不可否认性。

密码技术包括数据加密和解密两部分（见图 9-4-3）。加密是把需要加密的报文按照以密码钥匙（简称密钥）为参数的函数进行转换，产生密码文件；解密是按照密钥参数进行解密，还原成原文件。数据加密和解密过程是在信源发出与进入通信之间进行加密，经过信道传输，到信宿接收时进行解密，以实现数据通信保密。

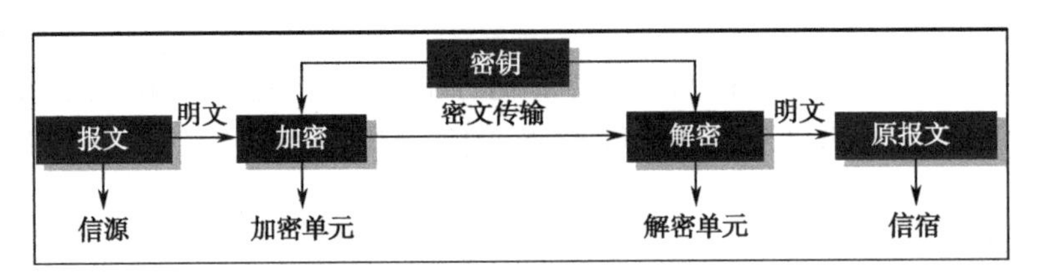

图 9-4-3　加密解密模型

2．数字认证技术

数字认证是一种安全防护技术，它既可用于对用户身份进行确认和鉴别，也可对信息的真实可靠性进行确认和鉴别，以防止冒充、抵赖、伪造、篡改等问题。数字认证技术包括数字签名、数字时间戳、数字证书和认证中心等。

（1）数字签名。“数字签名”是数字认证技术中最常用的认证技术。在日常工作和生活中，在书面文件上签名有两个作用：一是因为自己的签名难以否认，从而确定了文件已签署这一事实；二是因为签名不易伪造，从而确定了文件是真实的这一事实。计算机网络中传送的报文所进行的数字签名与上述原理是一致的。

在网络传输中如果发送方和接收方的加密、解密处理的信息一致，则说明发送的信息原文在传送过程中没有被破坏或篡改，从而得到准确的原文。数字签名的验证及文件的传送过程如图 9-4-4 所示。

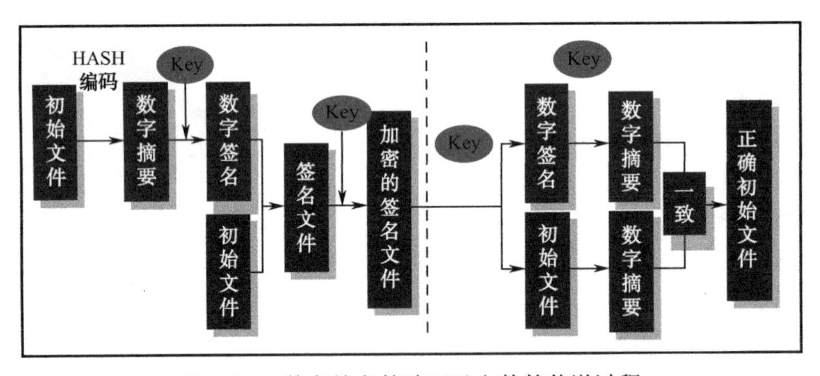

图 9-4-4　数字签名的验证及文件的传送过程

（2）数字时间戳。某些时候需要对电子文件的日期和时间信息采取安全措施，数字时间戳（DTS）就是为电子文件发表的时间提供安全保护和证明的。DTS 是网上安全服务项目，由专门的机构提供。数字时间戳是一个加密后形成的凭证文档，它包括 3 个部分：

① 需要加时间戳的文件摘要；

② DTS 机构收到文件的日期和时间；

③ DTS 机构的数字签名。

数字时间戳的产生过程：用户首先将需要加时间戳的文件用 HASH 编码加密形成摘要，然后将这个摘要发送到 DTS 机构，DTS 机构在加入了收到文件摘要的日期和时间信息后，再对这个文件加密（数字签名），然后发送给用户。

（3）数字证书。数字证书很像密码，是用来证实身份或对网络资源访问的权限等可出示的一个凭证。数字证书包括客户证书、商家证书、网关证书和 CA 系统证书。

（4）认证中心。认证中心（CA）是承担网上安全电子交易认证服务、签发数字证书并能确认用户身份的服务机构。它的主要任务是受理数字凭证的申请，签发数字证书及对数字证书进行管理。

CA 认证体系由根 CA、品牌 CA、地方 CA 以及持卡人 CA、商家 CA、支付网关 CA 等不同层次构成，上一级 CA 负责下一级 CA 数字证书的申请、签发及管理工作。

打开某一个网站（如淘宝），然后执行【Internet 选项】命令，在打开的对话框中选择【内容】选项卡，单击【证书】按钮可查看该网站的 CA 证书（见图 9-4-5），从而判断该网站是否为受信站点。

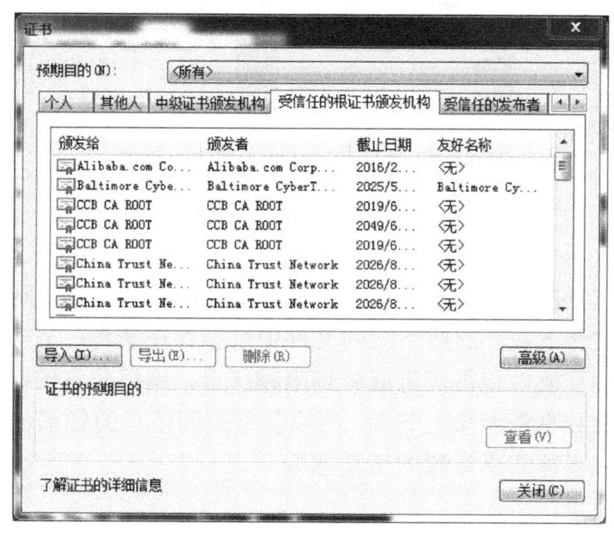

图 9-4-5 淘宝网的证书列表

9.4.3 防火墙技术

为了防范病毒和黑客，可在局域网和 Internet 之间插入一个中介系统，竖起一道用来阻断来自外部通过网络对该局域网的威胁和入侵的安全屏障，这个屏障就是“防火墙”（Firewall）。

防火墙由软件和硬件设备组合而成，工作在内部网和外部网之间、专用网与公共网之间的界面上，如图 9-4-6 所示。

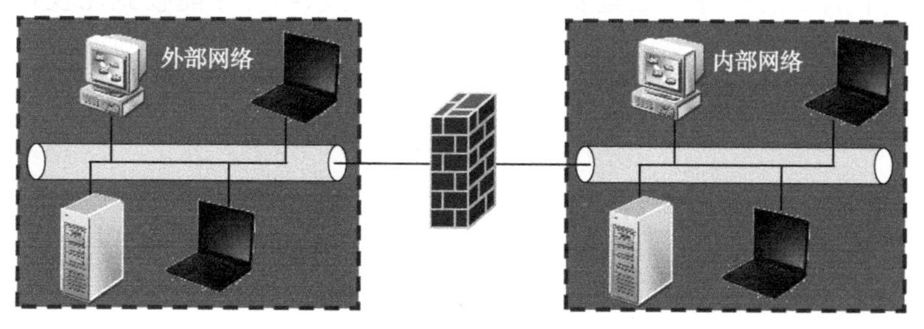

图 9-4-6 防火墙的位置

防火墙的主要作用有 4 点：

（1）作为网络安全的屏障；

（2）可以强化网络安全策略；

（3）对网络进行监控审计；

（4）可以防止内部信息的外泄。

防火墙根据其工作原理可以分成 4 种类型：特殊设计的硬件防火墙、数据包过滤防火墙（见图 9-4-7）、电路层网关和应用级网关。安全性能高的防火墙系统需要组合运用多种类型防火墙，构筑多道防火墙工事。

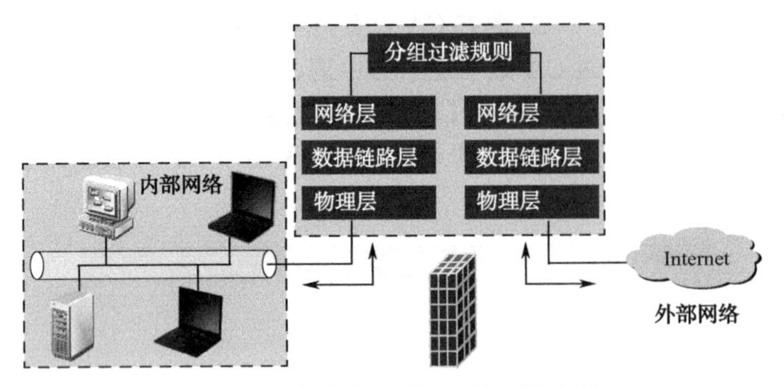

图 9-4-7　数据包过滤防火墙工作原理

9.4.4　病毒防治

网络的迅速发展和广泛应用给病毒提供了更快捷方便的传播途径。网络带来了两种不同的安全威胁：一种威胁来自文件下载，这些下载的文件中可能存在病毒；另一种威胁是电子邮件。

网络使用的简易性和开放性使得病毒威胁越来越严重，网络病毒的防治技术显得非常重要。

一旦计算机网络中的共享资源染上病毒，网络各节点间信息的频繁传输将把病毒感染到共享的所有机器上，从而形成多种共享资源的交叉感染。

网络病毒具有如下特点：

（1）感染方式多；

（2）感染速度快；

（3）清除难度大；

（4）破坏性强；

（5）激发形式多样。

可靠、有效地清除病毒并保证数据的完整性是一件非常必要和复杂的工作。网络环境的病毒查杀可以使用网络版杀毒软件完成，选择优秀的杀毒软件非常重要，但是，杀毒软件绝不是万能的，对付网络环境下病毒的最好方法是要积极地预防，防杀结合才能收到比较好的效果。